L'impact des politiques du logement sur les bailleurs privés de 1914 à 2014

Jean BIGOT

L'impact des politiques du logement sur les bailleurs privés de 1914 à 2014

La nationalisation rampante du logement

L'exaspération des bailleurs privés devant le fardeau fiscal et l'acharnement législatif conduit au démantèlement du parc privé

L'Harmattan

5-7, rue de l'Ecole-Polytechnique, 75005 Paris

http://www.harmattan.fr
diffusion.harmattan@wanadoo.fr

ISBN : 978-2-343-04397-5
EAN : 9782343043975

SOMMAIRE

PREFACE

C'est avec grand plaisir que je réponds à la demande de Jean BIGOT de préfacer son livre *« L'impact des politiques du logement sur les bailleurs privés de 1914 à 2014 – La nationalisation rampante du logement »*.

Jean BIGOT a mis sa formation d'économiste au service de ses convictions, que nous partageons, c'est-à-dire la défense de la propriété privée et des propriétaires. Tâche ardue dans un contexte de crise macro-économique profonde qui rejaillit inévitablement sur le monde de l'immobilier, et rendue encore plus difficile par les croyances des hommes politiques français ; comme le dit l'auteur : *« Le talon d'Achille de notre démocratie est de croire à la dépense publique pour résoudre les problèmes de société, en faisant l'impasse sur l'analyse économique préalable »*.

Un des intérêts de ce livre est que l'auteur ne manie pas la langue de bois : il parle cash, et c'est rafraichissant pour nos esprits ! Car les bonnes intentions, *« l'émotionnel »* pèsent lourd dans l'échec d'une politique dirigiste depuis 100 ans, malgré les milliards dépensés pour le logement.

Après une histoire du logement et une analyse de ses caractéristiques, l'auteur fait le bilan des politiques du logement. Un bilan malheureusement catastrophique, marqué par une ingérence féroce de la puissance publique sur un marché prétendument libre, l'échec patent du parc HLM à remplir convenablement sa mission, une tension extrême dans certaines zones tendues comme la région parisienne et, à l'inverse, une vacance grandissante dans des régions naguère prospères, mais aujourd'hui en déclin.

Face à cette situation, Jean BIGOT propose un certain nombre de pistes d'action, marquées essentiellement par un retour à la liberté du parc privé, la privatisation des HLM, le plaidoyer pour une inflation maitrisée et la monétisation de la dette, etc.

Des propositions de réforme plus précises sur le plan juridique et fiscal sont également faites.

Ce livre apparait donc comme une contribution importante au débat d'idées, absolument essentiel aujourd'hui : les politiques doivent s'engager sur des idées, car les Français se soucient peu des querelles de personnes et ont compris que le déclin pourra être enrayé avec une politique claire, sans concessions et visionnaire.

Cela est aussi valable pour le secteur du logement, essentiel à nos concitoyens.

Je souhaite bon vent au livre de Jean BIGOT.

Jean PERRIN
Président de l'Union nationale de la propriété immobilière - UNPI

AVERTISSEMENT

« Le moraliste ignore ses faiblesses et au lieu de s'en prendre à lui-même, il s'en prend à son prochain ».

Aharon Appelfeld « l'Histoire d'une vie »

L'histoire législative du logement est l'illustration de la maxime d'Aharon Appelfeld, les pouvoirs publics ont cru pouvoir solutionner la crise du logement en s'en prenant aux bailleurs privés par une succession de règlementations qui n'ont jamais résolu la crise du logement des métropoles.

L'échec du parc public à loger les plus modestes, l'impossibilité du ministère du Logement à comprendre l'existence en province de la vacance locative en raison de la crise du logement parisienne, son obsession à vouloir construire toujours plus de logements publics comme si la reconstruction d'après-guerre n'était pas finie, la manipulation du lobby du logement qui ignore l'expérience désastreuse de l'Espagne avec ses villes désertes, la paupérisation des petits propriétaires qui ne peuvent plus vivre d'une vie de travail, après avoir placé leurs économies dans une maison à louer, l'acharnement fiscal et législatif sur la propriété locative avec la hausse continue des taxes foncières et l'insoutenable férocité législative, l'absence de concertation de l'Etat avec les bailleurs privés, la concurrence déloyale du parc public, prémices peut-être d'une nationalisation, le coût exorbitant du logement public qui ne peut vivre de ses seuls loyers... c'est le décryptage de cette étude.

Les enjeux majeurs de notre société en dehors de la paix et de l'aide aux pays pauvres sont le pouvoir d'achat des ménages, l'emploi, la protection de l'environnement, la lutte contre la misère ; le logement est un moyen de la politique nationale et un objectif personnel des ménages en ce qu'il est le symbole du confort et de la réussite sociale avec l'accession à la propriété… sinon la variable d'ajustement dans le budget des familles pauvres ; cela en même temps que le revenu annuel de 2,2 millions de propriétaires bailleurs.

Le contexte national est la désindustrialisation de la France avec la perte de productivité des entreprises sous les coups de boutoir d'une administration qui réclame une charge d'impôts de plus en plus forte pour assurer ses fins de mois. On ne peut avoir un PIB dévoré par la dépense publique et prétendre partager plus de richesse entre les citoyens, nous payons l'excès de Keynésianisme et ses illusions de relance de l'économie par la dépense publique ; vient un moment où il faut choisir entre dépenses privées des ménages (c'est-à-dire la consommation privée) et les dépenses publiques. En matière de logement, l'Etat pense encore que l'intérêt général réside dans la création de toujours plus de logements publics. L'appellation de logement social ne doit pas faire illusion depuis que le parc public loge près de la moitié des locataires (45 %). Il ne faudrait pas permettre la méprise entre le devoir d'aider les ménages les plus modestes, avec la généralisation de l'assistance à la location alors que la location est d'abord une activité marchande gérée par des bailleurs privés. Le problème toujours pas résolu du logement en France, se situe dans cette confusion d'une nécessité d'aider les plus modestes dans une mission qui peut appartenir à l'Etat, avec la réalité d'une activité marchande exercée par 2,2 millions de bailleurs. Tout se passe comme si l'Etat entretenait la croyance que la location est une activité sociale qui aurait vocation à se généraliser à l'ensemble des locataires, dans une sorte d'assistanat bienveillant de la puissance publique quitte à l'imposer aux bailleurs privés. Ce nouveau droit régalien est source de malentendus, en ce qu'une partie de l'opinion voudrait transférer ce nouvel intérêt général aux bailleurs privés, au détriment de leurs propres ressources notamment par le financement de la trêve hivernale, des impayés de loyers et des dégradations.

La problématique du logement posée par le rapporteur de la commission des affaires sociales du Sénat, à l'occasion de la proposition de loi relative aux expulsions locatives (Rapport 463 d'Isabelle Pasquet du 27 avril 2011) est explicite d'une méprise sur la façon de poser la question sur un plan politique, fiscal et social alors qu'il s'agit d'un problème économique ayant des répercussions sociales.

« ... la solution au problème du logement en France ne dépend pas seulement de ce texte, mais de deux autres variables : le système de construction et de mise sur le marché de logements sociaux en provenance du parc public ou privé, d'une part, la résorption du différentiel entre la solvabilité de la demande et le coût de l'offre de location, d'autre part »

Le rapporteur pense que le problème du logement ne peut se résoudre que par la construction de nouveaux logements sociaux et c'est le premier travers de la classe politique que d'avoir enfermé la problématique du logement dès le départ dans une décision qui appartient à la logique de la reconstruction d'après-guerre. La raison de cette erreur réside dans le consensus qui existe sur cette manière de résoudre le problème avant de l'avoir posé.

Le deuxième objectif retenu par le rapporteur, de réduire l'écart entre la capacité de solvabilité et le prix de revient appartient à une logique paternaliste ; elle est spécifique au logement, car l'alimentation des classes pauvres ne soulève pas autant d'enthousiasme de la part des pouvoirs publics. Chacun peut comprendre la nécessité d'assistance aux ménages les plus modestes, mais la généralisation de l'assistance, fausse la réponse pour les autres ménages solvables qui représentent 80 % des locataires : *comment réduire le différentiel entre la solvabilité de la demande et le coût de l'offre ?* Cette manière de systématiser la vision du monde locatif comme si les locataires étaient des individus mineurs, ne peut que conduire à des propositions irréalistes. Chacun comprend que toute extension de la mission de l'Etat a pour contrepartie un supplément d'impôt et une réduction des libertés individuelles. C'est aux ménages solvables d'arbitrer entre les différentes dépenses de consommation, d'épargne et d'investissement ; la préoccupation de l'Etat dans ces choix familiaux ne peut que devenir pesante.

Le rapport du Sénat continue avec une autre affirmation sans plus de fondement :

« L'inadéquation, quantitative et qualitative, de l'offre à la demande de logements s'aggrave du fait de l'insuffisance des moyens consacrés à la politique du logement et de leur répartition peu favorable aux catégories modestes et moyennes de la population »

Après avoir posé un diagnostic social sur le problème économique du logement, le rapporteur propose une solution économique pour résoudre un problème social dans un sophisme qui conclut à la nécessité implicite de lever plus d'impôts pour mettre encore plus de moyens dans la politique du logement !!!

La politique du logement est cadenassée dans une « bouillie » de bons sentiments qui se termine toujours par la fausse solution fiscale. Le talon d'Achille de notre démocratie est de croire à la dépense publique pour résoudre les problèmes de société, en faisant l'impasse sur l'analyse économique préalable. On ne résout pas un problème social ayant fatalement des imbrications économiques par une analyse exclusivement sociale avec un cataplasme fiscal.

L'objectif de cette étude était d'analyser les 100 ans de mesures réglementaires, fiscales, économiques et sociales afin de comprendre pourquoi la crise du logement existe encore malgré les centaines de milliards d'euros affectés au logement depuis la dernière guerre. Les individus se doivent une solidarité matérielle certes, mais quand elle fait défaut, il faut sortir de l'émotionnel pour observer la réalité. Quand le marché peut résoudre la demande solvable, l'Etat ne doit pas interférer et doit se cantonner à la seule demande insolvable.

Les effets externes de l'intervention de l'Etat ont été désastreux en créant la vacance locative en régions, nous verrons que les logements sociaux surabondants en province conduisent à la destruction équivalente de logements privés et même plus, par un effet d'éviction supplémentaire.

Il existe un consensus national pour éradiquer la misère locative, mais celui-ci a dérapé avec des vœux pieux, des idées inconsistantes et des banalités dangereuses qui ont fait la preuve de leur nocivité comme le blocage des loyers, la taxe sur les logements vacants et la volonté naïve de réaliser une égalité légale entre propriétaires et locataires. La construction de logements, n'importe où, ne fera pas le miracle d'un nouveau keynésianisme. Notre société est exsangue du fait notamment de la mondialisation et ce n'est pas parce que le bâtiment n'est pas délocalisable qu'il peut à lui seul sauver notre économie ; créer des emplois ne signifie rien en soi, c'est créer de la richesse efficiente qu'il faut pour ensuite créer des emplois. Keynes avait raison quand les dépenses publiques étaient inférieures à 30 ou 40 % du PIB (voir la signification des sigles dans le glossaire) et que le budget était en équilibre, mais faire du keynésianisme à notre époque est une aberration. Il semble que lorsque la moitié du PIB est annexé par les pouvoirs publics, que le budget est durablement en déséquilibre et que la dette publique ne fait que croître alors, l'économie privée est étranglée par l'impôt et la croissance retombe ; le service public entre en concurrence avec la satisfaction des besoins privés. Le débat ne se situe plus entre libéralisme et socialisme, mais entre satisfaction des besoins privés et consommation de services publics.

En matière de logement, la vision de la réalité qui est imposée à l'opinion est celle des associations les plus bruyantes comme le DAL, Jeudi Noir et la Fondation Abbé Pierre. Les associations de propriétaires ne sont pas entendues par les pouvoirs publics, car elles ne manifestent pas dans la rue et représentent un électorat jugé négligeable ; dans les médias, un propriétaire pauvre ou ruiné ne fait pas autant recette qu'un locataire expulsé.

Il y a le parti pris de certains économistes, qui s'attachent au malheur locatif dans une vision manichéiste des relations locatives. L'illustration la plus frappante est l'affirmation que le mal logement progresserait avec les logements indignes du parc privé en contradiction avec les chiffres sur le confort sanitaire. A cela, s'ajoute le regard faussé des observateurs parisiens qui se font une religion de la crise parisienne du logement en l'extrapolant à la France entière alors que Paris avec 20 % de la population n'est qu'une minorité géographique et démographique.

Des informations sans fondement circulent sans autre référence que la répétition de la rumeur, ainsi on entend qu'il y aurait 2 millions de logements vacants, 10 millions de personnes mal logées avec des procès d'intention manifestes comme l'affirmation que les propriétaires de logements vacants laisseraient malicieusement ces logements vides ; la réalité est toute autre, les propriétaires de logements vacants se désespèrent de les voir inoccupés à cause de la pléthore de logements neufs et sociaux.

Il faut aussi observer que le statut du chercheur, selon qu'il soit locataire ou propriétaire, parisien ou provincial, conditionne son jugement ; des expériences personnelles interfèrent également : un député UMP reconnaissait avoir voté la suppression d'un mois de dépôt de garantie, car le propriétaire du studio parisien de son fils ne le lui avait pas restitué intégralement.

Cet ouvrage rapporte également le ressenti des petits propriétaires qui sont acculés aux affres de la fiscalité et de la règlementation d'une administration qui les ignore. Ils se sentent stigmatisés par les accusations de « marchands de sommeil » ; nombreux sont ceux qui ont été ruinés par un seul locataire indélicat sans être assistés par l'Etat qui met souvent plus de deux ans avant d'accorder le concours de la force publique. Sur les 2,2 millions de propriétaires bailleurs, 79 % ne possèdent qu'un ou deux logements.

Cette recherche auprès des propriétaires privés avait initialement pour but d'évaluer la pertinence de leurs revendications et de leur ressenti de mal aimés dans leur activité de bailleur. Peu à peu, s'est imposé un environnement locatif hostile où il est apparu que les différents ministres du Logement, les élus locaux et nationaux ainsi que les médias étaient instrumentalisés par l'industrie du bâtiment qui se préoccupait du maintien de son chiffre d'affaires et de la sauvegarde de ses emplois. A cette fin, il y avait concordance improbable entre cette industrie et les associations de protection des locataires dans une sémantique culpabilisante par sa généralité, pour les propriétaires privés, accusés de louer des logements indignes ou de les laisser vacants par égoïsme dans le mépris des sans-abris ...tout cela pour produire toujours plus de logements publics dans une bétonisation inhumaine des cités.

Au final, l'instrumentalisation intellectuelle de la recherche sur le logement a utilisé le tronçonnage de l'information et de l'analyse pour empêcher toute vue d'ensemble sur le logement, mais en justifiant un ministère du Logement qui serait le garant d'une politique crédible même au détriment des petits propriétaires privés. Ce camouflage a permis aux lobbies politiques de contrôler les privilèges des bénéficiaires de logements publics bradés et de s'octroyer ainsi la reconnaissance sociale et électorale. L'industrie du bâtiment associée aux différents pouvoirs politiques était assurée d'un minimum annuel de mises en chantier, ce qui garantissait ses emplois et surtout ses marges.

INTRODUCTION

En 2011, il y avait 31 millions de logements en France pour 63 millions d'habitants soit un logement pour deux personnes. On recensait 27 millions de résidences principales ; la France compte 15 millions de propriétaires de leur résidence principale soit 57 % des ménages, ce qui la situe dans la moyenne européenne (81 % en Espagne, 60 % au Royaume-Uni, 43 % en Allemagne, 39 % en Suède). Les 11,8 millions de locataires sont répartis dans le parc privé pour 6,6 millions et dans le parc public pour 5,2 millions.

Il y a davantage d'ouvrages et de rapports sur le logement social que sur le logement privé comme si ce dernier allait de soi, vivant son bonhomme de chemin... ou était sans intérêt avec une première impression d'indifférence pour une catégorie sociale qui ne se plaint jamais et à qui l'on prête un statut de rentier. Les faits recouvrent une autre réalité, derrière ce que l'on appelle le logement privé, il y a deux millions de petits propriétaires qui luttent tous les jours pour survivre avec ce complément de retraite, si malmené depuis quelques années par les gouvernements de droite, ce qui ne manque pas de surprendre a priori, mais nous verrons justement pourquoi. Les expressions logement social ou logement public sont équivalentes, c'est la planète HLM sous perfusion de l'Etat, qui prétend au monopole du logement des petits revenus et pourtant il y a plus de ménages modestes dans le parc privé que dans le parc public.

La mode est au concours de bonté dans le social ; les plans de communication sont plus importants politiquement que les réalisations elles-mêmes ce qui fausse en permanence le paysage locatif. La présentation des statistiques est toujours orientée vers la dramatisation pour attirer l'attention des médias et solliciter l'aide de l'Etat. Il est utile de démystifier les idées reçues et de proposer une alternative au tout social ou tout public, pour limiter les déficits budgétaires et proposer une nouvelle rationalité dans l'utilisation des dépenses publiques pour le logement. Les ressources fiscales ne sont pas inépuisables et de même que l'on ne dit plus que la santé n'a pas de prix, on ne peut plus dire que le logement social n'a pas de prix.

Que l'on ne fasse pas de faux procès aux propriétaires privés, leurs idées et propositions ne sont pas de droite ou de gauche, même si certains voudraient les classer selon ce catalogue simpliste, il exprime l'opinion des propriétaires bailleurs que les chercheurs et les technocrates ont apparemment oubliés. La justification du parc privé se situe dans le revenu complémentaire de posséder une ou deux maisons pour compenser l'absence ou l'insuffisance de retraite d'un travailleur indépendant, de sa conjointe non salariée ou celle d'une épouse divorcée qui a élevé ses enfants... et qui n'ont pas assez cotisé pour avoir tous leurs trimestres, les eussent-ils qu'ils ne pourraient vivre avec 400 ou 800 €. A la possibilité de survie de ces vieilles personnes qui ont enrichi la France avec 50 ou 60 heures de travail hebdomadaires pendant 45 ou 50 ans, s'ajoute le service d'un véritable intérêt général, d'offrir un toit à une ou deux familles.

L'idée des HLM au sortir de la guerre était une idée généreuse, mais fallait-il envahir le pays de ces millions de logements hideux, comme des cages pour un élevage humain sordide ? Fallait-il faire de ces cubes en béton, empilés par tas disgracieux, des ghettos de la misère, des zones de non-droit ? Fallait-il imposer autant les contribuables pour arriver à ce piètre résultat ? N'aurait-il pas fallu aider plutôt les Français vieillissants à se constituer le même patrimoine que celui des sociétés HLM, leur donnant les moyens de finir dignement leur vie et la certitude d'avoir le même nombre de logements que ces millions de cubes standardisés qui font penser au film « Les temps modernes » de Charlie Chaplin où l'on imagine ces ouvriers robotisés, rentrer le soir dans les mêmes boites à dormir.

C'est donc la colère, le sentiment d'injustice et la certitude que l'Etat s'attaque aux fondements de la République qui inquiètent les petits propriétaires. Ils ont voté Sarkozy en 2007, car autrefois la droite, pensaient-ils, défendait mieux la propriété ; en 2012, leur opinion politique a changé, car les dernières réformes de leur candidat, les ont laissés pantois devant autant de mépris d'une vie de travail. Les lois Scellier ont été faites pour les promoteurs nationaux avec l'alibi du soutien de l'emploi sans se soucier de la vacance locative des territoires. La concurrence du parc public est devenue patente avec la surproduction conjointe du parc public et de ces logements fiscaux ; elle apparaît déloyale maintenant que les propriétaires privés n'arrivent plus à louer du fait de l'abondance des logements. Les critères de sélection dans le parc public permettent à plus de la moitié des Français d'accéder à ce parc sous assistance ; les listes d'attente réelles, pour ces logements privilégiés n'existent plus sauf à Paris et dans quelques grandes villes. Bien plus surprenant, les sociétés HLM ont même des difficultés à remplir leurs immeubles, elles sont obligées de faire passer des petites annonces pour trouver des locataires ! Que l'on ne s'y trompe pas, les listes d'attentes n'excluent pas la vacance locative et ne sont plus une preuve de besoins insatisfaits, car les bailleurs sociaux préfèrent les locataires solvables surtout depuis l'augmentation du nombre des impayés de loyers ; comme les bailleurs privés, ils préfèrent attendre une bonne candidature, quitte à laisser s'allonger la liste d'attente. La pénurie d'après-guerres est loin ! La crise parisienne du logement ne doit pas cacher la forêt de la vacance locative qui gagne la France comme une gangrène. Nous sommes dans le paradoxe de payer des impôts pour construire des logements inutiles à moins que cette surproduction de logements publics n'annonce une nationalisation rampante du logement ou une « espagnolisation » du bâtiment dont on découvre les méfaits après que les dirigeants espagnols se soient bercés d'illusions sur une croissance facile dopée par le bétonnage de leurs côtes. Les mêmes causes ayant les mêmes effets, il n'est pas douteux que la surproduction de logements locatifs, qu'ils soient publics ou privés aura les mêmes conséquences avec une crise immobilière suivie d'une explosion du chômage, apanage de toutes les crises économiques. Pour avoir voulu créer trop d'emplois inutiles, l'Espagne a récolté le chômage.

Une autre question surgit : pourquoi personne ne parle de ce gâchis ? Est-ce que les médias dominés par l'actualité parisienne n'oseraient plus se déplacer en province pour filmer une autre vérité ? Ou bien est-il impossible de critiquer les logements sociaux en raison d'un tabou insurmontable et d'un intérêt général vieillot datant des années cinquante ? La surprotection de l'Etat a fragilisé les HLM, leur faisant perdre le sens de la réalité besogneuse d'une gestion de « bon père de famille » qui est le secret de la longévité. L'aide à la pierre qui a fait la fortune des sociétés HLM a des effets pervers que l'on commence à découvrir avec la surproduction. L'Etat ne pourra plus financer ce qu'il s'est imposé avec la loi SRU, il devra choisir entre le renoncement à cette loi ou fiscaliser toujours plus. Le Grenelle de l'Environnement arrive trop tôt ou trop tard, car le surcoût de travaux énergétiques des logements publics et privés ne permettra plus les équilibres budgétaires publics et domestiques des bailleurs privés. Il est peut-être temps d'imaginer l'après-HLM et de ne réserver ce système qu'à Paris et dans les métropoles, du moins provisoirement là aussi, pour ne pas rester dans le dogmatique.

D'autre part, il faut se demander pourquoi le logement serait encore sujet à polémique après la multiplication des ouvrages et rapports sur ce sujet depuis des décennies. Serait-il tout simplement un faux problème ? Le logement avant d'être une controverse nationale est affaire de budget des ménages, en ce sens qu'il est la principale dépense contrainte bien avant les assurances, les impôts, l'alimentation…Même cette dernière peut s'adapter aux variations de revenus avec des gammes de prix différents. L'espace de liberté dans la gestion des dépenses des ménages se limite aux produits périphériques, considérés comme accessoires par les anciennes générations et primordiales par les plus jeunes. L'arrivée de l'informatique, de la téléphonie mobile, des jouets sophistiqués, des voyages et autres loisirs ont créé des nouveaux besoins irrépressibles, renvoyant au second plan les dépenses obligatoires du logement qui deviennent paradoxalement la variable d'ajustement du budget familial. On a entendu par exemple «*je n'ai pas pu payer le loyer, car j'ai dû acheter les jouets des enfants* » ou «*j'ai dû aller en Martinique pour voir ma fille* ». Depuis quelques années il existe un réel sentiment de frustration lié à la perte de valeur, dans la hiérarchie des dépenses. Le logement devient, non plus la première dépense qu'il est nécessaire de satisfaire avant les autres, pour justement jouir paisiblement de celles-ci, mais au contraire une anomalie exorbitante qui doit se contraindre elle-même à s'adapter aux nouveaux besoins de loisirs. Le réflexe est alors de se retourner vers l'Etat pour faire cesser ce qui est perçu comme une odieuse obligation des propriétaires qui veulent absolument encaisser leurs loyers, prétendant gagner de l'argent en dormant comme des rentiers. Si l'on n'y prend pas garde, ce qui est encore marginal, car dans leur grande majorité, des locataires s'acquittent scrupuleusement de leurs loyers, pourrait devenir l'alibi du loyer toujours moins cher avec la pression sur l'Etat, afin qu'il construise toujours plus des logements subventionnés. A cela, s'ajoutent les préoccupations des divers ministres du Logement de droite et de gauche qui souhaitent interdire aux propriétaires le refus des candidatures insolvables avec les différentes tentatives de garanties locatives à leurs frais, dans un véritable déni du droit de propriété, voulant transférer un service public, le droit au logement, sur une catégorie sociale. Que dirait-on si l'Etat voulait obliger les commerces alimentaires à nourrir gratuitement ses clients les plus pauvres ?

La question du logement serait-elle une fausse question nationale ? Ne serait-elle qu'un problème parisien ou la manifestation de l'inquiétude de l'industrie du bâtiment qui s'alarmerait d'une possible réduction de ses profits avec l'effondrement des permis de construire ? Serait-il plus prosaïquement le souci de certaines industries qui s'inquièteraient de devoir augmenter les bas salaires à défaut de faire baisser les loyers par une surproduction immobilière, suicidaire à long terme, mais bénéfique à court terme ?

En fait, le logement correspond à deux intérêts généraux liés entre eux : l'intérêt général des locataires qui n'est pas fatalement de rester toute une vie locataire dans une sorte d'asservissement locatif et celui des propriétaires privés qui ne peuvent vivre sans leurs loyers qui sont un complément de retraite. En ce sens, le logement public ne peut prétendre être utile que s'il se limite aux ménages les plus modestes… ce qui n'est plus le cas.

PREMIÈRE PARTIE

HISTOIRE DU LOGEMENT

CHAPITRE I

Histoire de la pensée émotionnelle et sociale du logement

« Les bons pauvres ne savent pas que leur office est d'exercer notre générosité ».
Sartre dans Les mots.

Le logement a toujours été au centre des préoccupations quotidiennes des hommes, car avec le vêtement, il est la protection du corps contre le froid et le chaud dans une extension de la protection de notre intimité. L'alimentation est certes un besoin plus vital, mais la maison est comme le prolongement du ventre de la femme enceinte qui protège et nourrit le fœtus. La symbolique de la maison qui rassure est inhérente à toutes les civilisations, elle déclenche des passions chaque fois que son existence est en jeu. Il a fallu des millénaires pour que s'élaborent des philosophies et des politiques du logement, mais le sujet est de plus en plus sensible avec l'élévation du niveau de vie, le logement étant un marqueur social.

Dans une histoire de la pensée occidentale, il est impossible d'échapper aux fondements religieux de notre civilisation chrétienne. Nos principes moraux proviennent de la Bible : la bonté, la culpabilité, la pitié, la fraternité, la solidarité, la sainte colère, l'indignation, et même l'intérêt général qui est la version politique des qualités précédentes.

A. LES ORIGINES DE LA PENSEE DU LOGEMENT

Le concept de logement est relativement récent. Nos ancêtres habitaient chez leurs parents qui eux-mêmes tenaient le logement familial de leurs aïeux. On n'habitait pas tant dans un logement que chez quelqu'un ou dans une famille. On disait « chez nous » et non pas « chez moi ». Il y avait une composante familiale qui primait la notion géographique du lieu et pourtant c'est la terre qui faisait la référence. Le nom de famille des nobles reprenait celui de la terre sur laquelle la famille vivait, l'individu appartenait à la famille qui possédait à la terre. Par une inversion prétentieuse de valeur, la noblesse croyait posséder la terre qui en définitive avait le dernier mot. Si l'on ajoute que les premiers humains étaient des nomades pour lesquels le logement ne signifiait rien qu'une halte de la nuit et accessoirement un abri provisoire contre les dangers naturels, cela nous permet de comprendre que l'histoire de la pensée du logement est récente.

Le droit au logement était le droit de construire sa cabane ou sa maison sur une terre libre ou sujette à autorisation et protection. D'une certaine manière le permis de construire marque la fin de cette liberté de construire son habitation dans sa forme et dans sa localisation. Une évolution comparable serait souhaitable pour certains auteurs sous la forme du permis de louer pour les bailleurs avec la création concomitante d'un droit au logement encore plus prégnant. L'envahissement de nouveaux droits n'est pas forcément un gage de plus de bonheur, mais remplit une fonction rassérénante pour les pouvoirs publics, par la création de nouvelles catégories juridiques, comme dans un enfermement juridique des particuliers au nom d'un intérêt général du classement par des élites, pour mieux caserner le peuple.

Dans l'antique Grèce, les nobles étaient seuls autorisés à posséder la terre. Il existait déjà un statut social attaché à la terre. Aristote dans « Les Politiques » rappelle que parmi les premières cités grecques, certaines avaient choisi la mise en commun des terres, des femmes et des enfants, que ces choix avaient des inconvénients, par le risque plus élevé de conflits, par les confrontations permanentes des individus ; il relève également que dans la propriété collective, les individus sont moins attentifs à la préservation des biens communs que lorsqu'ils sont la propriété d'un seul. Il préconise le partage des repas en commun parallèlement avec un statut de la propriété individuelle. Le partage des repas avait pour objectif de créer de la solidarité entre membres de la cité. Les discussions portaient déjà sur le point de savoir si ces repas devaient être financés par la collectivité ou par les individus eux-mêmes. Aristote rapporte que l'intérêt de la propriété individuelle provient aussi du plaisir que l'on retire à faire des cadeaux à autrui ; ce plaisir n'existe pas dans le cas de la propriété commune des biens puisque tout est à tout le monde. Le souhait d'égaliser les fortunes faisait partie des enjeux philosophiques avec des propositions de limiter la différence entre citoyens dans un maximum du quintuple. Evidemment le patrimoine des esclaves n'était pas pris en compte puisque rien ne leur appartenait. D'autres auteurs proposaient de ne tenir compte que des patrimoines fonciers à l'exclusion des biens meubles (esclaves, troupeaux, numéraires...) Aristote poursuit sans illusion, en écrivant qu'il vaudrait mieux limiter les désirs plutôt que les richesses, mais que vouloir limiter les richesses des puissants est impossible puisque les désirs sont infinis et que les gens distingués s'indigneront d'être comptés au nombre des égaux, ce qui sèmerait hostilité et sédition.

Les Romains ont établi un droit écrit de la propriété individuelle pour stabiliser leur empire, tellement il est évident que les bases d'une société sont d'abord celles du droit de propriété qui seul garantit la liberté individuelle face à l'Etat et aux élites. Chaque société qui veut éviter le droit du plus fort et éviter la justice privée doit fixer dans le marbre les règles de la possession privée des meubles et immeubles. Alexandre le Grand qui a construit en une quinzaine d'années le plus grand empire de tous les temps dans un minimum de temps a prouvé que la force militaire ne suffit pas à enraciner un empire, car à sa mort il s'est disloqué. Les individus ont besoin de posséder ce qui garantira leur liberté sans avoir besoin de combattre pour protéger leurs biens, la paix ne peut exister sans cette garantie du droit de propriété. Même celui qui ne possède pas de maison a besoin de posséder un minimum de choses ne serait-ce que ses vêtements. Et c'est entre autres choses, ce qui nous différencie des animaux qui n'ont pas besoin de posséder un vêtement, une arme ou un outil pour vivre.

Le droit de propriété a oscillé entre la propriété individuelle et celle des élites au pouvoir. La religion catholique est devenue source d'un nouvel apport sociologique dans la pensée du logement. Dorénavant le bien public décrété par les élites ou suggéré par les philosophes, ne s'inspirerait pas seulement de préoccupations politiques pour une meilleure organisation de la cité, mais subirait l'influence d'organisations spirituelles ou religieuses qui seraient le ferment d'une nouvelle organisation sociale.

1. Le communisme accepté des premiers chrétiens

L'histoire de la pensée du logement en France est marquée par le christianisme et le communisme de fait des premiers chrétiens qui avaient mis en pratique le partage des biens comme le mentionne la Bible dans les Actes des apôtres (Acte 2 44-45 et Acte 4 32-35)

*2 44 - Tous ceux qui croyaient étaient dans le même lieu, et **ils avaient tout en commun.***

*2 45 - Ils vendaient leurs propriétés et leurs biens, et **ils en partageaient le produit entre tous, selon les besoins de chacun.** 4 32 - Nul ne disait que ses biens lui appartinssent en propre, mais **tout était commun entre eux**. 4 35 - et l'on faisait des distributions **à chacun selon qu'il en avait besoin.***

Les ordres religieux dans les monastères ont appliqué ce communisme des biens en partageant toutes leurs richesses et en vivant pauvrement individuellement. Avant d'être le communisme marxiste des biens de production, le communisme des premiers temps était celui du logement, des meubles, des vêtements et de l'argent domestique. Les communismes du XIXe siècle sont les héritiers du christianisme dans une continuité de l'appartenance commune tribale.

Pour comprendre l'histoire du droit de propriété et ses errements, il faut rappeler que Jésus-Christ, serait né dans une étable, un 25 décembre. Déjà, dans l'an zéro de notre ère, une famille n'a pas trouvé de logement au cœur de l'hiver et comble de cruauté sociale, cette mère de famille a accouché sur la paille d'une écurie dans l'indifférence villageoise. Le christianisme aurait une revanche sociale à prendre sur la catégorie des propriétaires qui a refusé d'héberger son fondateur pendant les premiers jours de son existence. Mais si le couple de Marie et de Joseph a pu pardonner à la société, et même si Jésus avec sa philosophie humaniste du pardon a relativisé cette honte de ne pas avoir été accueilli à

Bethléem alors qu'il n'était qu'un bébé. Aucun chrétien n'a pu oublier cet égoïsme social, d'autant que depuis 2000 ans, les catholiques rappellent chaque Noël avec insistance, cet épisode de la crise du logement en Palestine ; si bien que l'on peut dire que les crèches dans les églises du monde entier, pendant deux semaines du 25 décembre au 6 janvier, sont un rappel du scandale des sans-abris. Il n'est pas étonnant que ce soit un prêtre catholique, l'abbé Pierre, qui ait été à l'origine de la dénonciation de la crise du logement en France, les Evangiles nous expliquent que le recensement romain avait causé une telle affluence que toutes les chambres et toutes les hôtelleries étaient complètes. De même que les bombardements de la guerre pouvaient expliquer la raréfaction des logements, de même le recensement romain était censé expliquer l'insuffisance de l'offre locative. Au-delà des explications politiques et économiques, l'Eglise Catholique stigmatise plus ou moins consciemment, le scandale des sans-abris et des mal-logés, la crise du logement serait de la responsabilité des propriétaires qui refusent leurs logements aux plus pauvres. Circonstance aggravante, Joseph n'était qu'un ouvrier et Marie était sans profession, l'histoire suppose qu'ils étaient pauvres bien qu'ils aient eu les moyens de s'acheter une ânesse comme moyen de locomotion, ce qui les situerait dans la classe moyenne ; la tradition chrétienne n'aurait pas pardonné cette incurie locative ? Au surplus, comme les discours de Jésus sont parsemés de critiques sur les riches, les pharisiens et les percepteurs, n'importe quel psychanalyste serait tenté d'analyser l'Evangile d'après ce traumatisme de la petite enfance de Jésus. Cela nous inciterait à penser que les gouvernements de droite plus proches du catholicisme, sont plus empressés que ceux de gauche à rogner tous les avantages des bailleurs privés.

A l'inverse, l'Etre suprême de Robespierre n'est pas né dans une étable, ce dernier n'avait pas de ressentiment contre les nouveaux propriétaires qui avaient acheté les biens nationaux, ils avaient contribué au transfert de propriété des biens de la noblesse et du clergé vers la bourgeoisie et donc à l'anéantissement des privilèges de l'aristocratie. La première République aimait les propriétaires qui le lui rendaient.

2. Saint Martin de Tours

Le deuxième événement de l'histoire récente de la pensée du logement est l'épisode de saint Martin de Tours. Quand il était légionnaire romain au IVe siècle, l'officier Martin a partagé son manteau en deux, avec son épée pour en donner la moitié à un sans-abri qui errait à moitié nu au cœur de l'hiver. L'iconographie chrétienne a reproduit cette scène destinée à frapper l'imagination populaire. L'effort de communication de l'Eglise Catholique par l'image et par le texte revient encore sur le dénuement des pauvres en hiver, avec la nécessité de construire une solidarité matérielle entre les humains. Martin est devenu évêque de Tours après avoir fondé l'Abbaye de Ligugé près de Poitiers. Après sa mort, il fut l'objet d'un culte extraordinaire puisque la basilique Saint-Martin de Tours fut le troisième lieu de pèlerinage de la chrétienté après la Terre Sainte et Rome. Ce n'est qu'avec le pèlerinage de Saint-Jacques-de-Compostelle que les pèlerins français prirent le chemin inverse des Espagnols, les chemins de saint Jacques étant d'abord les chemins de saint Martin. Ainsi, pendant un millénaire, l'occident a eu comme modèle un homme qui en hiver avait donné la moitié de sa richesse pour un sans-abri. Au XXIe siècle où l'habillement est un acquis social, il est difficile de concevoir que le partage d'un manteau soit extraordinaire, mais à cette époque l'habillement était un signe social d'importance. On se rappelle Voltaire qui se demandait, si pour un peuple marchant pieds nus, le port de souliers n'était pas le début du luxe. L'autre symbolique, est aussi celle du froid de l'hiver qui renvoie au 25 décembre de la naissance de Jésus.

3. Les mauvais riches : la malédiction catholique

Dans l'histoire de l'humanité, les propriétaires ont toujours été proches du pouvoir politique dont ils formaient le soutien politique et la base électorale. C'est dans l'Evangile (Luc 16-19-31) que l'on trouve la première référence moralisatrice sur le mauvais riche qui s'empiffrait en ne laissant pas une miette de pain à Lazare le mendiant dont on suppose qu'il était SDF. La punition est terrible, le mauvais riche finira en enfer alors que Lazare ira directement au ciel devenant saint Lazare ; selon la tradition chrétienne occidentale, il apparaît que les pauvres ont la meilleure part, car il leur suffit d'être pauvres pour gagner le Paradis ! Tous les propriétaires catholiques connaissent cette histoire qui a pour conséquence d'instiller de la culpabilité dans leur catégorie professionnelle. Le journal « La Croix » relaie régulièrement le malheur locatif auprès de ses lecteurs catholiques, ce qui indique une cible privilégiée. Aussi les propriétaires privés, même les non croyants, sont influencés par notre culture judéo-chrétienne, ils ont tendance à faire du social avec leur argent, aussi longtemps qu'ils n'ont pas été spoliés par un locataire.

La remarque est d'importance, car quelques bailleurs sociaux et nombre d'élus ont tendance à donner des leçons aux bailleurs privés dans les trop rares réunions entre élus, bailleurs publics et privés. Il faut cependant faire la différence entre le propriétaire privé qui prend un risque avec son argent en louant à un locataire pauvre et le bailleur public qui ne prend aucun risque avec son argent, mais avec celui de la collectivité, pour s'enorgueillir de faire du social... avec l'argent des autres !

On assiste actuellement à des tentatives de suppression de la succession par des droits élevés avec le support d'idéologies égalitaristes extrémistes : « *un être arrive nu sur terre et doit donc repartir sans laisser d'héritage* ». Cette idéologie naturaliste est le prolongement de l'utopie sociale de Jésus, sur une comparaison avec la vie « *des oiseaux du ciel qui ne sèment ni ne moissonnent ni ne recueillent en des greniers* » (Mathieu 6 -26) « *Ne vous amassez point des trésors sur terre. Quiconque ne renonce à tous ses biens ne peut être mon disciple.* » (Luc 14- 33). Or cette philosophie chrétienne fait fi de la différence fondamentale qui sépare les humains des animaux. Ces derniers n'ont pas besoin de posséder ni outil, ni arme, ni même de vêtements, car ils ont tout en naissant du moins dès que les parents les abandonnent. Les hommes au contraire ont besoin de s'approprier ces vêtements, ces outils et ces armes s'ils veulent survivre. Le credo d'un enfant est celui de la propriété, il a besoin d'avoir ses jouets pour développer son intelligence et son rapport avec autrui. Le débat entre être et avoir est un non-sens ou un luxe de nantis, car il faut avoir pour être. Même les moines qui font vœu de pauvreté ont besoin d'une bure et d'une chambre pour avoir le loisir de méditer, le vrai sujet de controverse est celui du statut de la propriété : doit-elle être collective ou individuelle ?

Les pays communistes ont tenté l'expérience de la propriété collective et y ont renoncé ayant compris qu'elle engendrait la pauvreté pour le peuple. Par contre la pauvreté généralisée d'une classe sociale se vit mieux quand elle est partagée sans la publicité de la richesse d'autrui. Les russes ont reproché à Gorbatchev de les avoir libérés de la propriété collective en abandonnant le communisme. Ainsi c'est l'envie qui crée du ressentiment social : le sentiment de pauvreté disparait quand tout le monde est pauvre.

Le catholicisme n'a pas résolu ses contradictions entre les richesses du Vatican et des ordres religieux et la stigmatisation des riches. L'Evangile de Luc (Luc 18-24) rapporte les propos de Jésus « *Comme il est difficile à ceux qui ont des richesses de pénétrer dans le Royaume de Dieu. Il est plus facile à un chameau de passer par le trou d'une aiguille qu'à un riche d'entrer dans le Royaume de Dieu.* »

Il ressort de ces passages de l'Evangile que la richesse visible est immobilière ce qui signifie dans la mémoire collective que les bailleurs sont riches et qu'ils ont l'exclusivité de la richesse. Cette richesse est porteuse de malédiction et c'est dans ce sens qu'il faut lire l'Evangile, les riches n'iront pas au Paradis, ils sont condamnés par Jésus.

B. La pensee du logement au XVIIIe et au XIXe siecle

1. L'aspiration du peuple à devenir propriétaire

La propriété immobilière n'est plus devenue le quasi-monopole de la noblesse et du clergé après 1789. Avec la vente des biens nationaux, il y a eu dans un premier temps, transfert de la propriété immobilière vers la bourgeoisie qui est devenue une classe sociale spécifique, avant de devenir la classe dominante par son pouvoir d'achat.

La bourgeoisie qui a fait la République est issue de l'artisanat, du petit commerce, des petits propriétaires et des professions libérales. Le Tiers Etat était constitué de ces travailleurs indépendants et de ces petits notables qui avaient l'habitude de prendre en mains leur destinée. C'est la classe moyenne et non le peuple dans le sens restrictif des classes défavorisées tel qu'on l'entend aujourd'hui, qui a fait la Révolution. L'erreur d'analyse qui consiste à croire que c'est le peuple-ouvrier qui a fait la Révolution française est une idée marxiste révisionniste ; les meneurs n'étaient pas les ouvriers, mais les maitres-artisans, les petits bourgeois propriétaires et la petite noblesse, tous ceux qui ne supportaient plus le mépris de la haute noblesse : Robespierre s'appelait Maximilien de Robespierre et 90 % des premiers députés républicains étaient des bourgeois et principalement des juristes.

Il reste de la Révolution, l'aspiration pour chaque citoyen de posséder sa maison et si possible d'en obtenir une autre. L'état de locataire n'est pas signe de réussite sociale même si pour les nouvelles générations, les dépenses en logement entrent en concurrence avec celles des loisirs et ce n'est plus la propriété qui est mise en avant, mais son prix de revient. Avant d'être le droit de propriété industriel, le droit de propriété était celui de détenir son logement. Les classes moyenne et populaire veulent la réalisation de ce droit de propriété pour elles-mêmes et voient avec suspicion les règlementations, la fiscalité étourdissante et les taux d'intérêts qui les en dissuadent, en craignant la montée en puissance des bailleurs publics comme une résurgence de l'Ancien Régime. Ces gros propriétaires publics vont à l'encontre du sens de l'histoire qui va de la tribu collective et de la famille au sens large vers l'individualisation des destins. Il y a une crainte de perdre son identité avec ces multipropriétaires sociaux-publics qui tentent de s'accaparer le monopole du logement sous le prétexte de loger les plus pauvres.

La période du XVe au XVIIIe siècle avait vu l'émergence d'une nouvelle classe sociale de marchands-armateurs (spéculant dans le commerce des épices et de la soie notamment) et de fabricants drapiers. Ils furent les précurseurs du capitalisme du XIXe siècle, concomitamment avec l'apparition d'une classe de propriétaires-bailleurs. Les besoins de main-d'œuvre de la révolution industrielle entrainaient les déplacements des populations agricoles à la recherche d'un emploi. De nouvelles cités furent créées près des centres miniers et industriels ; les nouveaux salariés devinrent les nouveaux locataires et l'on peut imaginer à la lumière des romanciers du XIXe que la crise du logement, non identifiée sous ce vocable, a été sévère. Dickens et Zola ont décrit la misère ouvrière qui était aussi la misère locative, mais qui a été moins remarquée. On aurait pu évoquer les concepts de logements indignes et de crise du logement s'ils avaient été à la disposition des romanciers.

Louis Blanc en 1839 avait formulé cette phrase « *De chacun selon ses moyens, à chacun selon ses besoins* ». On a ici une autre base philosophique du droit au logement.

2. La mixité sociale verticale

Les grandes villes connaissant déjà la surpopulation et la raréfaction des terrains avec pour conséquence l'aggravation du coût du foncier, on vit alors la construction d'immeubles à 6 étages où les classes sociales aisées habitaient les premiers niveaux, laissant les derniers étages aux salariés et aux gens de maison. Zola décrit parfaitement cette mixité sociale verticale avec le concierge au RDC qui faisait la police de l'immeuble pour le compte du ou des propriétaires. La cage d'escalier et l'entrée assuraient le brassage de la population, ce modèle d'architecture avait été copié sur les châteaux et hôtels particuliers où la domesticité regagnait les combles à la fin de la journée.

3. Le statut de locataire

Le locataire avait surtout des devoirs : payer son loyer, avoir une vie morale irréprochable, ne pas faire de bruit, ni de scandale puisqu'il habitait au dessus de ses propriétaires ou de ses employeurs. L'ordre était assuré par cette proximité, au besoin le concierge faisait quelques rappels d'autant plus efficaces que la sanction pouvait être lourde et immédiate avec la mise à la porte instantanée, raccourci de l'expulsion judiciaire actuelle. Les contentieux judiciaires devaient être rares, les romanciers n'en font pas état, les locataires étaient respectueux, connaissant la valeur d'un toit.

Les romans décrivent la misère ouvrière et la pauvreté, mais pas la jalousie ou l'envie des locataires ; le prix des loyers n'était pas une revendication, l'état du logement n'était que la conséquence de la misère ; le responsable de cette pauvreté quand le romancier s'avisait d'en chercher un, était l'employeur qui ne payait pas un salaire suffisant même si l'employeur était aussi le propriétaire. Ce fait est d'autant plus remarquable que l'on constate actuellement une tendance à l'inversion des responsabilités avec la mise au pilori des propriétaires notamment par la chasse aux logements indignes dans le seul parc privé.

Les baux actuels qui rappellent les obligations des locataires font imaginer que les usages ont été dressés minutieusement avec le temps, ils sont d'ailleurs toujours acceptés par les locataires et pour l'essentiel, sont même repris dans la loi du 6 juillet 1989. Pour certains propriétaires abusant de leurs prérogatives, il y a encore cette nostalgie du pouvoir suprême du propriétaire du XIXe siècle, qui les autorise à un mépris pour leurs clients, en leur refusant cette qualité dans un paternalisme locatif et un orgueil hors d'âge ; pour certains locataires, c'est de la rancune inextinguible, vieille d'un siècle qui préside à tous les discours revendicatifs. Notre histoire locative récente ne prédispose pas à des relations locatives harmonieuses.

4. Le statut de propriétaire

Les propriétaires appartenaient à différents corps de métier, cela va de soi et l'emprunt bancaire n'était pas pratiqué pour l'achat d'un immeuble ou d'un appartement. On devenait propriétaire à la fin d'une vie, avec les économies de son travail, il y avait du mérite à devenir propriétaire, les voisins et locataires respectaient cette progression sociale d'un individu ou d'une famille. Dans certains cimetières anciens qui ont conservé leurs tombes du XIXe ou celles du début du XXe siècle, on retrouve sous le nom du décédé l'inscription PROPRIETAIRE, pour toute épitaphe. Ce mot sonne comme un titre de gloire et a la vertu d'une médaille. Cette époque reconnaissait les propriétaires comme des gens ayant réussi leur vie. On ne voit pas de tombes avec l'inscription INDUSTRIEL, COMMERCANT, NOTAIRE ou BANQUIER, car c'était l'apanage des besogneux, nous avons perdu le sens de cette réalité, car il est dorénavant commun de devenir propriétaire, il suffit d'obtenir un emprunt. L'autre moyen d'être propriétaire était d'être héritier d'un propriétaire, les romans ne nous indiquent pas de différences d'appréciation de statut social entre un héritier et un propriétaire qui l'est devenu par son seul travail. Seule la bourgeoisie appréciait différemment un « parvenu » d'un héritier, accordant plus de vertu à celui qui s'est contenté de naitre ; la différence tenant à ce que l'héritier avait le loisir de faire des études alors que le parvenu qui avait eu le mérite de réussir grâce à ses seules qualités industrieuses, n'avait pas eu la possibilité de se cultiver, trop occupé de son ascension sociale.

La réussite sociale parfaite au XIXe siècle était de ne rien faire, sans vivre aux dépens de la société pour cela, mais en vivant de sa rente. Le modèle de l'aristocrate de l'Ancien Régime encaissant ses fermages n'avait pas quitté l'inconscient de la bourgeoisie, comme le citoyen d'Athènes qui seul avait le droit d'être propriétaire de la terre et ne devait pas travailler. Devenir rentier était la réussite absolue, avouer un métier, même celui de médecin, de juge ou d'avocat était l'aveu d'un laborieux qui devait travailler pour faire vivre sa famille. Il nous est resté l'image d'Epinal du propriétaire qui vit de ses loyers sans rien faire. Beaucoup de réformes récentes contre les propriétaires proviennent de cette croyance fixée dans l'inconscient collectif que les propriétaires sont trop riches et qu'il faut les taxer pour arriver à l'égalité sociale dans le souci d'une revanche sociale sur le passé ou d'un besoin de repentance pour honorer ces locataires méprisés dont on ignorait le statut misérable.

C. Les destructions de la Deuxieme Guerre ont bouleverse la structure du logement ainsi que les comportements sociaux

1. Les circonstances démographiques dans un contexte de reconstruction insuffisante

a. La reconstruction des logements, longtemps après celle des infrastructures

L'après-guerre est l'époque des bidonvilles qui a marqué notre société comme une honte inapaisable. Tous les responsables politiques ont l'impression qu'il n'y aura jamais assez de logements et les lobbies du bâtiment les aident à entretenir cette culpabilité du SDF. Cette impression provient d'une réalité, il manquait probablement entre 3 et 4 millions de logements en 1945 (le parc de logements en 1939 était déjà en sous-effectif d'environ 2 millions d'unités en raison du faible rythme de construction dû à l'encadrement des loyers de 1914 d'une part et on estime à 500 000 le nombre de logements détruits pendant la Deuxième Guerre et à 1,4 million celui des logements endommagés d'autre part.

Pourtant le premier plan de modernisation de l'économie de la période 1946-1950 n'a pas été orienté vers la reconstruction de ces logements, il privilégiait les déblaiements, les remises en état et les reconstructions d'infrastructures jugées prioritaires pour le démarrage des industries de base. L'Etat préféra encourager l'amélioration des logements vétustes et la réparation des logements ayant subi les dommages de guerre plutôt que la construction de logements neufs. A cet effet, il créa le FNAH qui deviendra l'ANAH ; le parc de résidences principales s'est accru seulement de 350 000 unités entre 1946 et 1954. Il faudra attendre 1956 pour que le nombre de 300 000 logements neufs construits par an soit atteint, mais à cette date, la reconstruction des logements détruits ou endommagés par la guerre n'était pas encore terminée.

b. La croissance démographique du baby-boom et les rapatriements d'Algérie

Avec le baby-boom d'après-guerre, on enregistrait 300 000 mariages et 800 000 naissances chaque année, ce qui créait une nouvelle demande quantitative, mais aussi un besoin de logements plus spacieux pour accueillir ces familles nombreuses.

A partir de 1963, la croissance démographique continua avec des naissances toujours importantes et s'amplifia avec les rapatriements d'Algérie. Les enfants du baby-boom devenant adultes eurent besoin de nouveaux logements ce qui, s'ajoutant aux effets de l'exode rural, contribua à accroître la demande de nouveaux logements urbains. Ce nouvel épisode de la crise du logement a contribué à faire du logement un axe central de la politique.

2. Le logement militant depuis l'abbé Pierre

La société des années cinquante n'a pas admis que le logement soit une cause secondaire par rapport à la reconstruction des infrastructures et de l'industrie et le logement a été vécu comme un droit bafoué. Après des années de guerre, puis de sacrifices pour la reconstruction, de 1939 à 1956, le pays a découvert le droit de bien vivre et a engagé une croisade pour le logement. Le droit de manger à sa faim n'a pas été aussi impérieux, car il a été mis en exergue par Victor Hugo avec Jean Valjean et c'est peut-être l'histoire de cette condamnation injuste pour un vol de pain qui a évité la dramatisation du « mal-manger ». On se met à imaginer le même écrivain dénonçant un marchand de sommeil en 1870 ce qui aurait permis une prise de conscience plus rapide du droit au logement et aurait évité la dramatisation que l'on connaît et les mesures coûteuses et inutiles que nous verrons plus loin.

a. Les faits : le scandale des sans-abris et des mal-logés

L'exode rural déversait les populations vers les villes et plus particulièrement vers Paris. Les sans-abris ont augmenté dans les grandes villes et ont réveillé la conscience collective par l'intermédiaire de l'abbé Pierre lors d'un hiver rigoureux. Une femme venait de mourir gelée sur le trottoir du boulevard Sébastopol en serrant sur elle le papier lui signifiant son expulsion ; voici des extraits de cet appel de l'Abbé Pierre du 1er février 1954 diffusé à 1 heure du matin sur Radio Luxembourg.

« Chaque nuit, ils sont plus de 2000 recroquevillés, sous le gel, sans toit, sans pain, plus d'un presque nu. Devant l'horreur, les cités d'urgence ce n'est même plus assez urgent....La météo annonce un mois de gelées terribles. Tant que dure l'hiver, que ces centres subsistent, devant leurs frères mourants de misère, une seule opinion doit exister entre hommes : la volonté de rendre impossible que cela dure. Je vous prie, aimons-nous assez tout de suite pour faire cela. Que tant de douleur nous ait rendu cette chose merveilleuse : l'âme commune de la France. Merci ! Chacun de nous peut venir en aide aux sans-abris. Il nous faut pour ce soir 5000 couvertures, 300 grandes tentes américaines, 200 poêles catalytiques... Grâce à vous, aucun homme, aucun gosse ne couchera ce soir sur l'asphalte ou sur les quais de Paris. Merci. »

Il devenait scandaleux de laisser des gens dormir dans la rue. Il fallut bien entendu plusieurs années pour comprendre et pour que l'opinion publique admette que l'on pouvait trouver des solutions. L'inconscient collectif venait d'assimiler sans encore le savoir, la nuit de Noël à Bethléem avec la naissance du fondateur de la civilisation chrétienne dans une étable, laisser d'autres humains dormir dans des cartons en hiver ramenait notre histoire 2000 ans en arrière : inconcevable ! L'abbé Pierre fut dès lors le personnage préféré des Français pour avoir dénoncé notre régression, les propriétaires culpabilisaient de laisser se reproduire cette crise du logement de l'an zéro.

Ces derniers, dont la moyenne d'âge dépasse 60 ans pour la moitié d'entre eux sont majoritairement de culture chrétienne, même s'ils ne sont plus croyants ; ils ont accepté de loger les plus pauvres même sans beaucoup de garanties, ce qui explique que le parc privé loge encore en 2014 plus de pauvres que le parc public. Comment faire pour refuser un logement la veille de Noël, à une jeune femme vivant dans la rue ? C'est d'ailleurs cet acte de compassion de la part des propriétaires qui se retourne maintenant contre l'ensemble des locataires quand la locataire secourue devient un problème social avec troubles de voisinage, impayés de loyers et dégradations.

b. Les premières réactions : des mécanismes médiatico-fiscaux et législatifs nouveaux : la manipulation émotionnelle au service du logement militant

Les déclarations d'intention : une thérapie pour guérir une angoisse collective suscitée par une actualité émotionnelle

Tout le monde critique les déclarations d'intention des politiciens qui sont rarement suivies d'effets même si on ne peut leur reprocher, elles répondent à trois objectifs : c'est un exercice de style qui n'engage que ceux qui reçoivent les promesses, c'est aussi une méthode de sondage pour tester les réactions collectives et les résistances des lobbies et enfin c'est une thérapie démocratique, l'opinion publique est rassurée par une simple phrase ; les déclarations d'intention sont la réponse adaptée à l'actualité émotionnelle, les mots comblent les manques.

Un ostracisme spécifique à un groupe social par l'extension de la faute d'un seul

Un nouveau phénomène apparait qui est celui du reproche fait aux seuls propriétaires privés de ne pas pouvoir loger tous les Français ; la société oubliant les destructions de la guerre et les effets catastrophiques de l'encadrement des loyers de 1914, demande à l'Etat de sanctionner les propriétaires privés, délibérément accusés de ne plus remplir la fonction de logeur national traditionnel et comme de plus, il est reconnu que certains logements sont vieillots ou dégradés, l'accusation se transforme en non assistance à locataires mal logés. Il y a transfert de responsabilité de l'Etat vers les bailleurs privés qui endossent le rôle de boucs émissaires. Cet ostracisme social a été entretenu par l'Etat avec l'adoption d'un certain nombre de lois qui apparaissent avec le recul comme autant de manières de condamnations, de vivre de la misère des pauvres. Pour simplifier, le marxisme reproche au patronat de créer la misère et notre société accuse les bailleurs privés de profiter de cette misère.

Les propriétaires ne doivent pas se leurrer, une partie de l'opinion publique leur fait grief de s'enrichir au détriment des locataires contraints de se loger à des conditions estimées inacceptables en raison d'un rapport de force jugé humiliant. L'illustration par l'image d'une seule expulsion même légalement justifiée par un jugement, même si le locataire a été de mauvaise foi en utilisant abusivement toutes les procédures et en laissant un logement dévasté ; de cela, l'opinion ne retient que le choc des photos de l'expulsion ; le fait que le reportage soit partial ou pas, est indifférent, car le spectateur se projette dans le locataire expulsé avec le sentiment que cela peut lui arriver. Le mécanisme psychologique d'identification n'existe pas avec les autres risques de la vie en société même si les conséquences sont parfois plus dramatiques comme avec un médicament ayant des effets secondaires mortels, des aliments avariés, des financiers ruinant des milliers d'épargnants, des promoteurs malhonnêtes ne terminant pas la maison, des élus s'enrichissant sans scrupules, etc. Le logement suscite les passions au-delà du raisonnable, car aucune profession n'est mise en accusation à partir de la faute d'une minorité ; dans chaque milieu professionnel il existe des aigrefins, mais les condamnations individuelles satisfont l'opinion publique, ce qui n'est pas le cas dans l'immobilier locatif où la faute d'un seul rejaillit sur l'ensemble des propriétaires... et entraîne une nouvelle loi.

L'opération médiatique « Canal Saint-Martin »

Observons tout d'abord à la manière de Lacan que les « Enfants de Don Quichotte » ont choisi le canal Saint-Martin qui renvoie au saint du même nom dont on ne peut s'empêcher de faire la liaison avec l'épisode du manteau coupé pour protéger du froid un malheureux à moitié nu en hiver.

La manière dont a été orchestrée la mise en scène pour aboutir à la loi sur le droit au logement opposable (la loi DALO) est un modèle du genre. Quelques dizaines de tentes ont été montées sur les berges du canal Saint-Martin en décembre 2006 pour la première fois ; pendant quelques jours, des équipes de télévision filmaient les SDF et les badauds reluquant cette misère affichée. Un seul SDF avait bien pris ses habitudes sous l'arche d'un pont du canal avec un semblant de jardinet clôturé. La plupart des tentes étaient vides, mais elles étaient dressées officiellement pour attirer des volontaires voulant expérimenter le froid sous la tente. Quelques participants dont on suppose qu'ils étaient sans-abris avaient monté un stand sympathique dégageant une convivialité non agressive et non ségrégationniste à la manière d'une porte ouverte sur le non-logement. Un autre SDF dormait à 200 mètres du canal sur un trottoir avec pour sommier une palette et des cartons, ayant pour tente la seule voûte des cieux. Celui-là semblait plus réel et cultivait davantage la culpabilité d'aller dormir dans un lit au chaud. Du coup, les tentes du canal Saint-Martin apparaissaient comme une opération marketing réussie de promotion de la misère, destinée au président Chirac qui fit voter la loi DALO le 5 mars 2007 soit trois mois après les premières tentes.

On ne sait pas si on doit se réjouir de ce que notre pays prenne enfin des mesures pour loger les sans-abris ou (et) si l'on doit s'inquiéter de l'efficacité marketing d'une petite association non représentative, qui a eu une telle influence dans une démocratie.

c. Les bonnes intentions et la manipulation

Le concours de bonté locative

Proust disait dans son ouvrage *A l'ombre des jeunes filles en fleurs* que la chose du monde la mieux partagée est… la bonté. Cette phrase passée inaperçue est pourtant le socle de nos relations sociales ; celle qui autorise le législateur, détenteur de la bonté publique (traduisons *Bien Public ou Intérêt Général*), à contraindre les propriétaires de réduire toujours plus leurs droits, pour le bien supposé des locataires, censés être les victimes des baux d'habitation et les bénéficiaires exclusifs de l'intérêt général.

Sartre ne disait pas autre chose quand il écrivait dans « Les mots » que « *les bons pauvres ne savent pas que leur office est d'exercer notre générosité* ». On doit étendre cette phrase à l'Etat si l'on veut comprendre la fonction des élites : la pauvreté a pour fonction sociale de permettre aux élus d'exercer leur générosité avec l'argent public, c'est le ciment de la République qui anesthésie les rebellions de la misère et permet d'engranger les votes.

Selon cette loi proustienne du concours de bonté, chaque individu se valorise en mettant en avant sa bonté, quitte à l'imposer. Les guerres saintes, les tribunaux de l'inquisition, la dictature du prolétariat se sont justifiées par un bien supérieur (objectif final de l'idéologie) au mal nécessaire pour sa mise en œuvre. Notre culture chrétienne est basée sur la bonté et la fraternité qui est inscrite dans nos gènes occidentaux et sur les frontons de nos mairies laïques. Nous ne pouvons pas échapper à la bonté sociale et notamment à la bonté locative dans l'immobilier.

L'opportunisme de quelques célébrités dans leur campagne anti-pauvreté : une mode qui n'est pas dénuée d'hypocrisie

Chaque individu qui défend le droit au logement ou qui explique qu'il va le faire (les déclarations d'intention de future bonté sont également reconnues) y gagne un prestige et augmente son crédit dans le concours de bonté. Chacun pense aux acteurs, actrices, chanteurs, joueurs professionnels et journalistes qui se créent une popularité avec seulement une petite phrase pour les sans-abris et les mal-logés. Il n'est pas nécessaire d'héberger soi-même un sans-abri, il suffit de demander aux autres de le faire ; par exemple il est bien vu de demander à l'Etat ou aux propriétaires de faire un effort pour libérer des logements vacants. Il ne faut pas être dupe, la promotion d'un artiste se fait mieux dans une pantomime de défenseurs des locataires pauvres ; la publicité est gratuite et vaut largement une campagne de promotion coûteuse.

Le concours de bonté est comme un prix littéraire, les meilleurs ne se contentent pas d'une phrase, un président de la Fondation Abbé Pierre, a pu récupérer son investissement en bonté en étant nommé Haut Commissaire aux Solidarités Actives dans le gouvernement Fillon avec un rang de ministre. Les pouvoirs publics ont besoin de la bonté médiatisée. Le Président Sarkozy a marqué des points en supprimant un mois de dépôt de garantie sur les deux habituellement demandés aux locataires, il s'est bien placé en prenant soin d'annoncer lui-même les réformes anti-bailleurs, sinon le prix du concours de bonté aurait pu être décerné à son ministre du Logement. Il est impératif pour les impétrants, d'avoir une caméra de télévision qui enregistre clairement les déclarations d'intention, le scoop rejaillit sur l'orateur.

Quand Louis Blanc définissait l'idéal social d'un communisme qui permettrait de donner à chacun selon ses besoins, il s'agissait d'une utopie courageuse dans un contexte difficile en 1839. Louis Blanc se mettait en opposition avec la société, il ne militait pas pour sa carrière sociale personnelle.

On est loin également de l'abbé Pierre qui n'a jamais pu être suspecté d'avoir bénéficié personnellement de sa campagne pour les sans-abris. N'hésitons pas davantage, il s'agit d'une tartufferie nécessaire à la paix sociale.

La société a du concilier socialisme et salaires conséquents, avec l'apparition de ces nouveaux « bons riches » qui n'auraient pas d'engagement financier dans le monde de l'entreprise, le bon riche est le pendant de la belle personne dans l'apparence sociale. Le « bobo » serait la version laïque de la dame de charité, les deux sachant se prémunir de la culpabilité d'être riche, tel un antidote, soit en faisant l'aumône, soit en votant social ou en affichant des opinions sociales. Rappelons Marc Dugain dans « La malédiction d'Edgar « *La compassion est le modeste prix à payer pour se débarrasser du malheur d'autrui* ».

Le logement est une cause qui attire nombre de personnalités en recherche de médiatisation facile, de reconnaissance populaire et d'absolution de leurs égoïsmes, ce qui fait penser à cette autre phrase de Marc Dugain « *les illuminés, ces gens qui ne sachant quoi faire de leur vie, découvrent une cause qui leur parait noble et s'y engouffrent* ».

3. Une communication larmoyante

Le concours de bonté locative a été le prélude d'une société aseptisée, écologisée où tout doit être harmonieux, propre, gentil, à une époque où les trottoirs sont envahis de poubelles, de crottes de chiens, d'immondices, où les gens aboient, s'insultent, se klaxonnent, s'agressent où l'Etat fiscalise, verbalise, taxe, où les profiteurs se trouvent chez les riches comme chez les pauvres. La société se bipolarise, dans une nouvelle dialectique du bien idéalisé, mais irréaliste et du mal quotidien avec la chasse aux sorcières qui en est le corollaire.

a. La désinformation de certains médias

Parfois, certains médias pratiquent la désinformation en rapportant un misérabilisme locatif. L'exemple de Télérama dans son numéro 3227 du 19 au 25 novembre 2011 est assez exemplaire de la méthode utilisée. L'article commence page 37 avec un titre accrocheur : *Dix millions de mal-logés, cent mille sans domicile...* qui donne envie de continuer la lecture. L'article se poursuit avec le cas d'une locataire parisienne qui a reçu un congé pour vente et qui a de la peine à quitter son logement bon marché (600 € par mois pour 40 m^2), on la comprend ! Elle explique qu'elle va gagner du temps avec la trêve hivernale, ce qui est déjà un signe objectif de l'utilisation maximum des droits des locataires ou plutôt des failles de la loi, car on nous dit qu'elle est sous le coup d'une expulsion par la force publique. Cela signifie donc qu'elle a refusé d'appliquer la loi, voulant spolier le propriétaire qui avec un logement valant 450 000 € n'avait aucune rentabilité avec un loyer aussi faible et n'avait donc aucun intérêt à le conserver.

NB. Le rendement brut est de 1,6 % (600 x 12 = 7200/ 450 000 = 1,6 %) ; si l'on enlève les taxes foncières (600 €), les impôts sur le revenu (1000 €), l'assurance (300 €), les frais de copropriété (500 €), de gestion (400 €), l'ISF (entre 0 et 4500 €), le propriétaire arrive à un taux de rendement net de 0,6 % (2 800/450 000) et qui peut être nul avec un ISF de 4500 €… en supposant qu'il n'y ait pas de travaux. Le propriétaire n'a pas les moyens de faire des travaux avec son seul loyer et l'on a une explication de la dégradation des logements parisiens… le moindre placement sans risque sera plus élevé.

Le journaliste a besoin de souligner que le propriétaire va faire une bonne plus-value comme si c'était honteux de gagner de l'argent. Sur le plan de la technique émotionnelle de rédaction, le contraste entre « la pauvre locataire » et le propriétaire qui s'enrichit, permet de recueillir l'adhésion du lecteur et même de soulever son indignation. Le papier est donc devenu vendeur par la complicité qui s'établit entre le journaliste et le lecteur. Ensuite viennent d'autres informations qui mêmes fausses ou incomplètes ne seront pas mises en doute ; ainsi le journaliste nomme plusieurs fois ses sources, se retranchant derrière leurs avis d'expert, il cite le nom de Thierry Repentin qui est présenté comme un simple élu, quand même sénateur, spécialiste au PS des questions de logement. On ne nous dit pas qu'il était le président de l'USH, la confédération qui regroupe tous les organismes HLM. On se demandait pourquoi il était si dithyrambique sur le logement social, en proposant de passer le seuil de la loi SRU de 20 à 25 %. Le journaliste rapporte l'affirmation du DAL (association pour le Droit Au Logement) selon laquelle il manquerait un million de logements (dont 600 000 HLM bien sûr). Le journaliste n'a pas pris la peine d'appeler l'UNPI, l'association des propriétaires, pour une confirmation ou une infirmation du chiffre. Autre affirmation, il y aurait deux millions de logements vacants que les propriétaires garderaient vides comme pour un plaisir d'ennuyer les locataires ! C'est ce qu'on appelle une information à charge, mais on est hypnotisé par l'histoire de Brigitte et l'on ne se demande pas si on n'irait pas plus vite en expulsant les 300 000 locataires HLM qui dépassent officiellement les plafonds, mais se maintiennent abusivement à la place des familles modestes. Dans l'erreur totale, on note également qu'un logement HLM revient moins cher à l'Etat qu'un logement Scellier. Il y a malgré cela un peu de vérité dans cet article… pour rapporter un euphémisme savoureux : « *le déficit en logement est surtout criant en région parisienne* ». On ne dit pas qu'il y a surproduction de logements en dehors de Paris, ça n'intéresse pas Brigitte, notre locataire parisienne, pourtant... une bonne idée à la fin : demander à l'Etat des incitations fiscales pour encourager les propriétaires à vendre ou louer, mais avec la loi sur les plus-values exonérées après 30 ans de détention, il n'était pas certain qu'elle recueille l'attention du gouvernement Fillon… ni des propriétaires paralysés par cette loi !

b. La dramatisation de l'information sur le logement

Si l'on considère les statistiques du logement depuis 1914, il est évident que le confort des logements s'est amélioré. L'Enquête nationale sur le Logement (ENL) en 2006, établit que seuls 353 000 logements n'ont pas un des trois éléments de confort (WC à l'intérieur, salle de bains, eau courante) selon la définition légale. Des associations incluent dans leurs définitions de confort, d'autres éléments pour arriver à un nouveau concept de « confort normal » : la surpopulation dans un logement, l'absence d'eau chaude, le chauffage insuffisant ou une mauvaise isolation, etc. Pour ne reprendre que les critères d'isolation ou de normes électriques, on constate que chaque année les logements neufs dès qu'ils sont livrés, ne sont plus aux normes en raison de la prolifération accélérée de ces normes. Il est courant qu'un logement neuf, aux normes au moment du permis de construire ne le soit plus à la fin du chantier ! Certains critères sont définis par l'INSEE, sans correspondance avec une définition légale, ce qui introduit une confusion avec les logements insalubres. Avec ces critères, l'INSEE annonce cinq millions de logements « sans confort minimum » sur les 26 millions, ce qui ferait 19 % de logements sans confort, en contradiction avec l'Enquête nationale sur le Logement qui relève seulement 1,5 % de logements sans confort ; ces chiffres n'apportent guère de précisions sur ce que sont réellement ces logements de qualité médiocre ou inconfortables et donnent l'impression d'une étude plus émotionnelle que scientifique. On ne sait pas non plus si les logements vétustes du parc public ayant été construits il y a 60 ans, sont inclus dans ces statistiques.

Certaines associations triturent les chiffres en ajoutant par exemple le nombre d'enfants concernés par ces logements inconfortables. Ainsi le quinzième rapport annuel de la Fondation Abbé Pierre en 2010, annonce *« Près de 600 000 enfants concernés »* et chaque année le titre du rapport est plus sensationnel que celui de l'année précédente. De tels titres malmènent l'information objective, en instillant du tragique, ce qui discrédite l'association dans son manque de mesure. Le corps du texte rapporte que 142 147 personnes vivent dans des logements meublés dont rien ne dit qu'ils sont inconfortables ou que ce mode de logement peut rendre service aux locataires préférant ne pas avoir à acheter des meubles pour une durée courte de location. Il n'empêche que ces locataires en meublés sont assimilés à des mal-logés, dans une vision passéiste du logement quand seuls les pauvres vivaient dans des meublés avant la Deuxième Guerre ! Plus loin encore, on affirme que les 5 millions de logements de qualité médiocre abritent 10 millions de mal-logés. Enfin le rapport ne distingue pas la surpopulation dans les logements privés, de celle des logements publics, laissant supposer qu'elle ne concerne que le parc privé alors qu'elle concerne davantage le parc public comme nous le verrons dans le tableau 91. Il est frappant de constater l'omerta journalistique sur le parc public.

c. Le mal logement : un sujet d'information opportuniste et une victimisation

La politique du logement s'appuie sur l'exploitation médiatique de la mort des sans-abris et sur les expulsions des locataires qui sont présentés comme des victimes d'une catégorie sociale avide d'argent, oubliant que le parc public demande également le concours de la force publique pour ses expulsions et qu'il préfère un candidat locataire solvable à un sans-abri, ce qui explique les listes d'attente même en cas de vacance locative ! Cette victimisation a un fort potentiel émotionnel par la suggestion que cela peut arriver à chacun.

4. Les conséquences d'une législation protectrice des locataires

a. La méfiance des propriétaires face à la prolifération législative

Entre la prise de conscience de l'abbé Pierre de 1954 et la loi Quillot de 1982, il s'est écoulé à peine 30 ans, on est passé d'une protection absolue des propriétaires à l'inverse. Pour les gouvernants de droite, les propriétaires sont des électeurs indéfectibles qui ne se plaindront pas beaucoup s'ils sont maltraités par la loi et pour les gouvernants de gauche, il s'agit d'une mission sociale à haute valeur ajoutée médiatique. Les réformes vont donc toujours dans le même sens du toujours plus de droits pour les locataires, dans une accélération législative. L'inquiétude est donc palpable chez les propriétaires qui anticipent les réformes en se protégeant davantage. Quand le président Sarkozy a fait supprimer un mois de dépôt de garantie, les bailleurs ont réagi aussitôt en veillant davantage à la solidité des garanties offertes par les locataires et par les garants. Ils devaient se prémunir contre la mauvaise habitude prise par certains locataires de ne pas payer le dernier mois de loyer. Comme il y a toujours un décompte de charges à effectuer à la fin du bail et que le logement n'est pas forcément remis propre et en bon état, cela ôte aux bailleurs la possibilité de retenir les charges locatives et les dégradations sur le dépôt de garantie amoindri. Les bailleurs qui veulent récupérer ces sommes doivent saisir le tribunal, s'il s'agit de petites sommes, les honoraires d'un avocat dépasseront l'enjeu financier espéré, les bailleurs doivent alors assurer eux-mêmes leur plaidoirie devant le tribunal. Pour les petits propriétaires qui sont les plus nombreux, il s'agit d'une tâche insurmontable, en raison de leur moyenne d'âge élevée, la seule solution consiste à abandonner la créance et à demander encore plus de garanties à la signature du nouveau bail. Il est facile de comprendre que cette mesure qui était censée aider les locataires a eu pour effet d'éliminer les locataires présentant une solvabilité trop faible ou incertaine. L'autre conséquence est l'incitation aux faux renseignements (fausses fiches de paie, faux contrat de travail, fausse carte d'identité, fausses quittances de loyer, etc.) pour les locataires insolvables, afin d'accéder aux logements souhaités ; les locataires interrogés déclarent que s'ils font de faux papiers, ce n'est pas par plaisir, incriminant la méfiance des propriétaires. La recrudescence très sensible de faux papiers entraine à son tour une suspicion accrue des bailleurs qui pénalise les locataires honnêtes, mais faiblement solvables. La conclusion est inquiétante, une loi qui protège trop les locataires se retourne contre les plus modestes en raison du manque de sécurité du droit de propriété.

b. Le début de la fronde des propriétaires et la sanction électorale

Les propriétaires privés mettent une vie à accumuler un patrimoine immobilier. Quand ils empruntent, ils doivent rembourser pendant 20 ans tous les mois et s'ils ont dix biens à raison d'un achat par an, ils doivent être vigilants pendant 30 ans pour que leurs banquiers ne vendent pas aux enchères les efforts de toute une vie de travail. Quand ils meurent, leurs héritiers doivent vendre en quelques mois une majeure partie du patrimoine pour payer les droits de succession. Si la période n'est pas favorable, ils peuvent tout perdre en bradant leurs biens. Depuis 2013, les tribunaux commencent à être saisis des premières faillites personnelles de propriétaires accédants écrasés d'impôts, d'agios, de dettes locatives et subissant la vacance locative.

La fronde des propriétaires s'organise devant la pluie de réformes anti-bailleurs. Quand l'Etat ne respecte plus sa garantie constitutionnelle de la propriété, il y a un sentiment de trahison qui génère le besoin de défense civile. Les propriétaires commencent à ne plus tenir compte de la jurisprudence qui a tendance à spolier leurs droits ; il en est ainsi pour les 8 % de frais de gestion du Trésor Public sur les ordures ménagères, l'interdiction de facturer les frais d'envoi de quittance ; les diagnostics ne sont que faiblement respectés, la GRL est presque totalement ignorée.

Notons que les conditions étaient remplies pour une sanction électorale, les propriétaires n'avaient rien à perdre avec l'arrivée au pouvoir de la gauche, la droite leur ayant tout pris. Cet électorat de 2,2 millions de ménages de bailleurs, représentant plus de 4 millions d'électeurs (soit 10 % du nombre d'électeurs et bien plus que le nombre d'agriculteurs qui fait trembler le monde politique) qui votait plutôt à droite a été exaspéré par la politique de Nicolas Sarkozy et a sans doute contribué au basculement historique du sénat à gauche puis à l'élection de François Hollande en 2012, même si depuis la loi ALUR (loi pour l'Accès au Logement et un Urbanisme Rénové) de Madame Duflot peut leur faire regretter leurs votes.

5. Les effets pervers des bonnes intentions

a. Le concept hasardeux de logement social pour les pauvres

En imaginant le concept de logement social réservé aux plus pauvres, on a peut-être inventé un assistanat locatif qui ne serait pas sans inconvénients ; être pauvre donne droit à un logement à prix réduit, ce qui est une compensation sociale que notre société accepte en payant plus d'impôts. Il est cependant nécessaire d'être vigilant pour que ce droit ne dégénère pas en handicap social définitif par une revendication du pire.

Il serait malsain que le droit d'être reconnu pauvre, entraine l'obligation de le rester, c'est toute l'ambiguïté d'un statut inférieur, quand il est reconnu par la société, il devient signe de déclassement. Or c'est ce qui se passe avec des générations de la même famille se succédant dans le même logement social, comme dans un début de statut de paria ; quand la pauvreté devient héréditaire on s'approche de la caste des intouchables, notre société doit rester attentive pour éviter qu'un avantage acquis ne se transforme en inconvénient définitif.

b. Une mobilité résidentielle insuffisante qui évolue vers l'immobilisme de la pauvreté

Le logement social a été institué pour les salariés pauvres, afin de les aider à sortir d'une mauvaise passe et pour trouver rapidement un logement près des lieux d'embauche, ce devait être passager. Le logement public a valorisé dans un premier temps les locataires-ouvriers qui pouvaient y accéder, le confort moderne était prévu avec une salle de bains, un chauffage central comme dans les maisons bourgeoises et un WC dans l'appartement alors que nombre de propriétaires devaient se contenter d'une cabane au fond du jardin. Après les salariés pauvres, sont arrivés les chômeurs et les barres d'immeubles sont devenues des rassemblements de pauvres ; avec le temps et la dégradation des relations de voisinage, cette architecture gigantesque a évolué vers des ghettos, accumulant les risques inhérents aux ensembles concentrationnaires. Le bruit fut un nouveau facteur d'hostilité entre voisins et ces immeubles construits à la hâte, sans préoccupations phoniques devinrent pathogènes. Il a suffi de peu pour que la politesse habituelle entre voisins ne devienne agressivité. Les cages d'escaliers avec trop de locataires sans les concierges du XIXe siècle, sont devenues des pôles d'incivilité avec les tags, les boites à lettres défoncées, parfois les commerces illicites et la violence qui les accompagne. Pour beaucoup de locataires en province, le logement social n'est plus synonyme de progrès social, mais de régression sociale ; l'image n'est plus porteuse. Le parc public se conçoit soit comme une étape préliminaire, un mauvais moment à passer, avant d'aller choisir un logement privé plus spacieux, soit les locataires se résignent et enclenchent le cycle de leur future vie de locataires sociaux. Mais peut-on être fier d'un modèle social qui introduit la ségrégation et était-ce le projet initial des concepteurs de HLM que de vouloir parquer les pauvres dans des cités, sans espoir de sortie ?

c. La stigmatisation des propriétaires

La rancœur de devoir habiter un logement social génère de la jalousie voire de l'agressivité vis à vis des propriétaires et cela devient de plus en plus flagrant dans les quartiers soumis trop rudement à la mixité sociale. Ce voisinage plus ou moins subi alimente l'insatisfaction de sa condition défavorisée et génère une pensée sociale de pourfendeurs de riches à qui l'on reproche la misère des pauvres ; le sentiment d'injustice sociale s'aggraverait de cette proximité. Chardonne faisait déjà dire au narrateur de « Vivre à Madère » :

« La justice sociale et la misère du monde vous préoccupent ; c'est nouveau chez les gens de votre bord. On devine que vous êtes prêt à mettre le feu partout dans ce pauvre monde. J'ai remarqué ce genre chez plusieurs de vos amies qui vont chaque nuit, après la danse, mettre leurs bijoux en sûreté. Elles sont outrées par les abus. C'est une mode. »

Cependant entre le moment où Chardonne écrit et les années 2010, on est passé de la constatation de la misère à la recherche de coupables, ce qui permet de s'exonérer d'une culpabilité personnelle de cette misère sociale.

Certains médias ne sont pas étrangers à cette réputation de « *salauds de propriétaires* ». Croyant sans doute faire un bon mot, c'est avec cette expression que la journaliste Béatrice Schonberg de France 2 a commencé son interview de Jean Perrin le président de l'UNPI, en 2011. « *Êtes-vous un salaud de propriétaire ? »*

C'est dans les réunions avec les élus que la mise au pilori des propriétaires est la plus expressive, les présidents départementaux des chambres de propriétaires sont souvent interpellés sur les logements indignes se trouvant dans leur ville comme s'ils en étaient responsables.

D. UNE NOUVELLE SEMANTIQUE EMOTIONNELLE DE L'HABITAT A VISEE MORALISATRICE

1. Les logements indignes, indécents, insalubres du parc privé et les logements... vieillissants du parc public

Les logements dégradés dans le parc privé sont légalement dénommés indignes, indécents ou insalubres alors que le même état pour un logement public est qualifié seulement de vieillissant ou de vétuste par un euphémisme qui prêterait à sourire. Cette sémantique est d'autant plus discriminatoire qu'elle sert de prétexte à certains élus et fonctionnaires pour entrer en croisade contre les logements indignes du parc privé au lieu de les aider à rénover les logements les plus dégradés ; dans le même temps, les crédits octroyés à l'ANAH aux bailleurs sont en baisse sensible avec une allocation réservée aux seuls logements sociaux et aux propriétaires occupants pauvres. A l'inverse, la stratégie envers les mêmes logements dégradés du parc public ne donne pas lieu à critique, mais justifie des suppléments de crédits avec l'institution spécifique de l'ANRU.

La vétusté alléguée dans le parc public ne présuppose pas d'intention maligne, ni de comportement avaricieux. Il est reconnu que ce mot renvoie à une simple insuffisance d'entretien du logement devant un vieillissement inéluctable, il en va autrement de mots ayant une charge émotionnelle empruntée à la morale comme « indigne » ou « indécent ». Il est significatif que des textes légaux emploient des vocables empruntés à la morale dans un domaine où la vertu n'a rien à voir, plutôt que des définitions empruntées au bâtiment, on n'a jamais vu un maçon ou un architecte dire qu'un mur était indécent.

a. Le logement indigne

Le logement indigne est selon la loi du 25 mars 2009 celui qui est « *un déni au droit au logement et porte atteinte à la dignité humaine* ». Le préfet peut prendre des mesures, les textes font la différence entre les bailleurs de bonne foi et les bailleurs de mauvaise foi, pour la remise en état des logements. Notons cette référence à la bonne foi qui si elle est prévue par le texte est utilisée avec réticence sur le terrain par des techniciens ou des élus dans les commissions sur le logement indigne. Cela ne concerne pas les logements inconfortables à qui il manquerait des éléments de confort comme le chauffage, l'absence de WC ou de salle de bains, mais des logements dangereux, en ruine, insalubres avec des risques de saturnisme par exemple ou impropres à l'habitat comme des caves.

Il s'agit d'une définition subjective voire émotionnelle, car elle recouvre peu d'éléments objectifs. D'ailleurs le terme d'indigne est impropre, car ce n'est pas un logement qui peut être indigne, mais les conditions dans lesquelles peuvent vivre des personnes. La dénomination de logement inhabitable serait moins moralisatrice, car elle se réfèrerait aux caractéristiques du logement lui-même sans y apporter d'éléments émotionnels. Pour comprendre la définition de logements indignes il conviendrait sans doute d'y associer leurs propriétaires sous l'appellation de « *marchands de sommeil* ». Personne ne peut défendre les marchands de sommeil par l'exploitation de la misère humaine qui fait leur fonds de commerce, mais on ne peut gouverner un pays en faisant des catégories sociales aussi imprécises, au risque d'engendrer une forme de racisme catégoriel administratif en raison du risque de stigmatisation sur l'ensemble des bailleurs. Il conviendrait peut-être de revenir à la définition ancienne connue de bidonville ou de taudis en caractérisant ce qu'est un taudis ou ce qu'il n'est pas, pour ne pas créer de confusion avec les logements vétustes. C'est la Fondation Abbé Pierre qui comprend le mieux cette situation et qui éclaircit le mieux le paysage des logements indignes en distinguant les propriétaires occupants âgés, dans un bâti ancien en zone rurale, les nouveaux accédants qui n'ont pas les moyens de rénover, les propriétaires bailleurs impécunieux incapables de financer les travaux d'habitabilité et les marchands de sommeil : « *Ces différentes catégories de mal-logés ont des problématiques propres, liées à l'état de leur logement, à leur statut et à leurs ressources. Ce qu'ils ont en commun, c'est généralement leur éloignement des dispositifs et leurs nombreuses difficultés qui viennent s'ajouter aux problèmes de logement (santé, santé mentale, isolement, faiblesse des ressources, manque d'autonomie, etc.)* ».

Leur nombre s'élèverait à 600 000 selon la Fondation, on ignore la genèse de ce chiffre. Dans les départements ruraux, des listes commencent à être établies selon les indications croisées du cadastre et de la DDT (Direction Départementale des Territoires) et ces administrations déclarent sous le sceau de la confidence que les marchands de sommeil sont beaucoup moins nombreux que ce que peuvent sous-entendre les données brutes ; ainsi dans un département rural, la première série de logements contrôlés, susceptibles d'être déclarés indignes, n'a confirmé que 10 logements indignes sur les 100 soupçonnés d'indignité. Il faut donc être prudent sur les chiffres avancés par l'administration et sur ceux de la Fondation Abbé Pierre ; en fait, les logements très dégradés sont souvent des logements voués à l'abandon, occupés par des ménages en fin de vie, victimes de l'exode rural et voués à la destruction faute de demande. Les propriétaires s'inquiètent de ces listes noires qui ne sont pas sans rappeler d'autres listes noires pendant les périodes sombres de notre histoire.

L'absence du contradictoire dans les visites de l'administration est une anomalie. Lors des contrôles demandés par les locataires, le propriétaire n'est presque jamais convoqué par les services d'hygiène (voir plus loin des extraits du Livre blanc de l'UNPI 16) il s'agit d'une instruction à charge sans le respect des droits de la défense, souvent les logements sont dégradés par les locataires eux-mêmes et il suffirait de demander au propriétaire l'état des lieux d'entrée pour s'en convaincre. Il semble que depuis les critiques de l'UNPI, les propriétaires soient plus souvent convoqués dans certains départements, lors de ces contrôles de l'administration, ce qui permettra plus de loyauté. Le préfet des Deux-Sèvres a même dit en public en février 2014, devant les administrations et les élus qu'il fallait déterminer si la dégradation du logement était due au locataire ou au propriétaire, ce qui est une grande première.

b. Le logement insalubre

Un logement insalubre défini dans la loi du 10 juillet 1970 est un logement qui présente des risques pour la santé des occupants ou pour le voisinage. Le mot insalubre se réfère à la santé, recouvrant une définition scientifique et non pas moraliste. Les règles minimales de salubrité sont définies dans un règlement sanitaire départemental, il s'agit de logements dégradés et sans confort. Le logement insalubre se réfère à une liste de critères objectifs non respectés (surface habitable minimale, hauteur minimale sous plafond de 2,20 m, éléments de confort tels que le chauffage, l'éclairage naturel et ouvertures sur le dehors, eau potable avec orifice d'évacuation) avec des éléments de dégradation ou d'absence de conformité tels que mur fissuré, humidité importante, présence de plomb.... A Paris le règlement précise qu'une des pièces du logement doit avoir au moins 9 m^2, le préfet peut prescrire des mesures pour remédier à l'insalubrité. Un tel arrêté entraine la suspension du paiement des loyers, mais pas des charges, avec l'hébergement temporaire des occupants à la charge des bailleurs. La faiblesse du texte tient à ce que l'humidité par exemple n'est pas définie selon qu'elle est récurrente, ce qui nécessite des travaux d'isolation et d'aération ou accidentelle à la suite d'un dégât des eaux qui n'aurait pas été déclaré par le locataire (l'eau qui est restée dans les murs pendant des mois, avant la réparation de la fuite aura besoin de nombreux mois de chauffage pour s'évaporer). Les deux humidités ont les mêmes apparences avec des murs noircis. De plus, avec la pose récente d'ouvertures en double vitrage sans ventilation mécanique ou blocage de celle-ci par les locataires, l'humidité de l'air a les mêmes conséquences sur les murs quand les pièces ne sont pas suffisamment ventilées par le locataire. Les fonctionnaires et les magistrats qui doivent apprécier l'humidité en relation avec l'insalubrité ou par rapport aux travaux de remise en état, n'ont pas la compétence d'un technicien du bâtiment et sont enclins à confondre les différentes origines d'humidité et dans le doute, l'imputent au propriétaire exonérant ainsi les locataires des travaux de remise en état.

c. Le logement indécent

Le logement indécent (loi SRU du 13 décembre 2000 et 13 juillet 2006, décret du 30 janvier 2002 à voir en annexe) entre dans une autre stratégie quand la santé est moins mise en danger (on ne sait pas où est le seuil de la mise en danger !) Les pouvoirs publics ne peuvent intervenir directement dans les rapports locatifs, cette action appartient aux locataires qui peuvent saisir le juge qui prescrira aux bailleurs les travaux nécessaires avec éventuellement une réduction de loyer.

La notion de décence est là encore subjective par opposition à indécent qui est un terme péjoratif venant initialement d'un comportement contraire aux bonnes mœurs, il y a emprunt linguistique abusif par utilisation d'un mot moraliste pour qualifier un ensemble de matériaux neutres. Les critères retenus sont néanmoins plus objectifs avec des normes minimales portant sur le confort, la sécurité ou sur la surface du logement, notons que certaines normes sont inapplicables comme l'absence de proximité des WC avec la cuisine, dans un studio ! Le mot indécent ne convient donc pas pour des logements qui sont simplement dégradés, désuets ou non confortables. Nos grands-parents diraient démodés, par référence à certains logements en bon état qui avaient les WC à l'extérieur et pas de douche jusqu'en 1990, sans que leurs occupants propriétaires ou locataires songent à penser qu'ils étaient indécents. On disait qu'ils n'avaient pas tout le confort moderne. L'ANAH finançait d'ailleurs en priorité les travaux de ces logements à qui il manquait un élément de confort (WC, douche ou chauffage) sans s'émouvoir d'un état d'indécence et cela jusque dans les années 2000, il y a eu substitution linguistique abusive du manque de confort vers l'indécence.

Il faut ici comparer cette diabolisation de l'absence de confort avec d'autres secteurs de l'économie. Dans l'industrie automobile par exemple, il n'est venu à l'idée de personne de dire que les 2 CV Citroën étaient indécentes, car moins confortables, plus bruyantes, plus dangereuses ou plus lentes que les Mercédès bien qu'elles manquaient d'éléments de confort. De même, les produits bas de gamme de l'alimentation, consommés par les clients les plus pauvres dont on sait qu'ils sont plus malsains ou même cancérigènes, plus sucrés ou plus salés et qu'ils favorisent l'obésité, avec des huiles hydrogénées, des conservateurs, des colorants, des graisses inconnues, etc. n'ont jamais été taxés d'indécents ou d'indignes par l'administration.

Ces différentes notions établies sur une période de 40 ans auraient besoin d'être clarifiées par un texte unique définissant objectivement plusieurs catégories de logements inconfortables et insalubres.

Le paradoxe est que les différents organismes en charge du logement ne savent pas combien de logements seraient concernés par ces qualificatifs de logements indignes, indécents ou insalubres, ce qui ressort de l'étude détaillée de l'INSEE « Les situations marginales par rapport au logement : méthodes et sources statistiques publiques. Rapport du groupe SML *(Situations marginales par rapport au logement)*, sous la direction de Maryse Marpsat ». Le groupe de travail a préconisé une surreprésentation des situations de mal-logement dans l'échantillon de l'enquête logement afin de pouvoir les analyser plus en détail et *« de progresser dans cette connaissance du mal-logement »*.

d. Des logements publics vétustes ... ou mortifères, dans le parc public ?

Le choix des mots à consonance moralisatrice pour le parc privé fait remarquablement opposition avec le vocabulaire scientifique pour qualifier le même état de dégradation des logements publics.

Ces obligations de décence, de salubrité et de dignité des logements s'imposent également au parc public qui ne peut donc se contenter d'affirmer de manière fataliste que le parc public subit la vétusté inhérente à toute chose. L'article 1719 du Code civil modifié le 25 mars 2009 et encore une fois le 29 juillet 2011 pour introduire le mot décent sans le définir, précise sans faire de différenciation entre parc public et privé que le bailleur doit entretenir la chose louée. Les bailleurs publics ne peuvent se prévaloir de la vétusté pour ne rien faire, ils ont l'obligation d'entretenir leurs logements sociaux.

Il existe une différence de traitement médiatique et administratif pour le même état de vieillissement dangereux des logements selon qu'ils sont publics ou privés. De nombreux incendies ont ravagé des immeubles et des maisons du parc public causant des dizaines de morts et des centaines de blessés graves, comme on le verra dans le chapitre VIII. Il y a eu aussi des incendies dans le parc privé avec des morts, mais comme le parc public possède davantage d'immeubles à plusieurs étages, le nombre de victimes est plus important à chaque sinistre. On ne connaît pas les décisions politiques avant la mise en place de l'ANRU pour éradiquer ces logements mortifères du parc public alors que le législateur n'en finit pas de modifier la loi pour imposer au parc privé des logements dignes, décents et salubres.

2. La tentative d'idéologiser les rapports locatifs avec une sorte de « marxisme locatif »

Pour compléter l'histoire de la pensée du logement on ne peut passer sous silence la tentative d'assimilation des rapports locatifs à des rapports de classes.

a. Rappel de l'environnement idéologique

Le XXe siècle a été marqué par l'idéologie marxiste comme le XIXe l'a été par l'idéologie libérale et le XVIIIe par les philosophes des lumières. L'occident a analysé les rapports de l'industrie en étudiant l'influence des deux facteurs de production, le travail et le capital. Les économistes libéraux avec Smith et Ricardo ont théorisé l'économie libérale qu'ils observaient, privilégiant le capital par l'accumulation de travail qu'il représentait, ce qui devait donner son nom au capitalisme. La théorie marxiste reprenant les mêmes analyses libérales a expliqué que la plus-value produite par le travail était extorquée par les détenteurs du capital qui s'enrichissaient de plus en plus en paupérisant la classe ouvrière. Les travailleurs, propriétaires de leur seule force de travail, étaient payés juste ce qu'il fallait pour entretenir cette force de travail ; autrement dit, il était de l'intérêt des capitalistes de maintenir en bonne santé les travailleurs pour qu'ils puissent continuer à travailler le lendemain. Il fallait donc que le salaire couvre le loyer et la nourriture, mais pas davantage. Marx appelait cela le renouvellement de la force de travail par analogie avec la maintenance du capital. Cette vision mécanique de la maintenance de la santé recouvrait assez bien la politique des bas salaires du XIXe siècle qui servaient juste à maintenir en vie les ouvriers de l'industrie, jusqu'à l'âge de la retraite qui correspondait assez bien avec l'espérance de vie des travailleurs manuels. Cette idéologie a marqué les intellectuels du XXe siècle et par extension, la sociologie européenne ; les rapports de force dans la société, sont encore analysés à l'aune du marxisme du XIXe.

b. Une plus-value unique et non pas répétitive au sens marxiste d'une production aliénante

Les propriétaires de logements n'ayant pas d'emprunt sont détenteurs d'un capital immobilier locatif qui produit une marge restreinte dans l'exercice annuel de la gestion courante ; dans le meilleur des cas un logement loué dégage un rendement net de 1 à 3 %. Le terme de rente était parfois utilisé par comparaison avec le rendement d'un placement financier, on comparait les propriétaires à des rentiers par la simplification de la gestion locative. L'accroissement de la fiscalité immobilière directe et indirecte, ne permet plus aux propriétaires ayant des emprunts d'avoir des revenus tirés de la location. Le seul espoir de marge réside dans la revente, c'est à dire quand le bien n'existe plus. Il s'agit donc d'une plus-value unique et finale comme pour une plus-value de stock qui ne se produit qu'une fois, lors d'un transfert de propriété alors que la plus-value marxiste est une plus-value répétitive, inhérente à la gestion, qui se produit quotidiennement à chaque acte productif.

La comparaison de ces deux types de plus-value révèle une différence fondamentale qui ne permet pas d'identification économique ou idéologique. La plus-value marxiste sous-entend un rapport de force malsain entre des individus ayant des intérêts de classes opposés, la plus-value immobilière ne suppose aucun rapport de force, car elle se calcule à partir du patrimoine d'un seul et même individu dans un espace-temps qui est lui seul, créateur de cette plus-value.

La location est un service et non pas un produit, ni un commerce, pour l'administration fiscale c'est une activité civile. Il n'y a pas de facteur de production puisqu'il n'y a pas de production. Ce faisant, il n'y a pas d'exploitation d'un facteur de production au sens marxiste et donc pas de confiscation de plus-value d'une production. L'emploi du même mot de plus-value pour une création de richesse répétitive (dans un processus de production dans l'industrie) ou pour un arbitrage financier (en cas de revente immobilière) a déclenché une confusion dans l'esprit du public. La revente d'un bien à un prix supérieur à son achat est une valorisation d'un investissement, c'est un bénéfice de bilan et non pas un bénéfice d'exploitation, l'expression plus-value en matière immobilière est donc tout à fait inappropriée.

Cette impropriété du terme a cependant eu des conséquences idéologiques désastreuses. Le public a transposé le modèle marxiste de la confiscation de la plus-value et de la lutte des classes, du domaine de la production vers l'investissement locatif, les bailleurs seraient une sorte de « patronat » qui exploiterait une autre sorte de classe prolétaire : « la classe locataire ». Les loyers deviendraient des profits injustes et confiscatoires du pouvoir d'achat des locataires comme dans une « extorsion » de fonds. Les locataires ne seraient plus des consommateurs d'un service locatif, mais les agents exploités d'un mécanisme locatif abusif, ils seraient la nouvelle classe aliénée par des propriétaires avides d'argent.

La « *plus-value locative de niveau de vie* » pour les ménages aisés

Soyons clairs, ce sont les hausses de loyers de la région parisienne et des grandes métropoles, correspondant à la loi de l'offre et de la demande qui ont entrainé ce sentiment d'impuissance face à la loi du marché. Les locataires de province qui ont vu leurs loyers baisser ou stagner depuis 10 ans, n'ont pas l'impression de subir une exploitation de la part de leurs propriétaires. Ils ont constaté au contraire qu'ils avaient intérêt à rester locataires pour continuer à profiter du système locatif et dépenser plus ailleurs. La location est un moyen d'augmenter son train de vie en ce qu'elle revient moins cher qu'un achat de logement, le différentiel entre le coût d'un achat immobilier et la location est le gain ou « *la plus-value locative de niveau de vie* » sur cette dépense contrainte, si l'on conserve ce mot. Il s'agit alors d'un choix pour les locataires.

c. La tentation d'un système social vaguement marxiste dont le moteur serait la jalousie

Un sentiment est venu polluer les relations entre locataires et propriétaires, c'est la jalousie. Les bailleurs qui ont emprunté pour acheter ont constitué un patrimoine grâce aux loyers et à l'argent de la banque, il en est résulté une impression d'argent facile qui fait oublier le risque de faillite pris par ces propriétaires pendant la durée des emprunts. L'envie est un sentiment important qui doit être pris en compte en donnant les moyens de devenir propriétaires à ceux qui le veulent. En ce sens, la privatisation des HLM est la solution équitable pour ceux qui ont enrichi les bailleurs publics avec leurs loyers pendant des années.

La jalousie n'est pas un sentiment reconnu avec aisance dans les rapports sociaux comme dans la vie quotidienne, ce sentiment honteux est donc dissimulé derrière une pseudo analyse économique de lutte des classes alors que le mécanisme décrit par Marx n'a rien à voir avec la relation locative contractuelle. La méthode utilisée est émotionnelle, on se sert de cas extrêmes de familles vivant dans des taudis, ce que personne ne peut défendre, pour laisser imaginer des généralisations abusives. Cette méthode émotionnelle aboutit à la simplification abusive que le propriétaire est riche, qu'il gagne de l'argent en dormant comme les épargnants ; se crée ensuite une sorte de modèle social avec l'hypothèse d'une oppression généralisée dans le cousinage de la lutte des classes. C'est le sentiment de pitié pour les locataires mal logés qu'utilisent les partisans du logement public pour le généraliser dans un paradigme idéalisé où toute la société serait heureuse de loger dans des logements bon marché, grâce aux impôts des plus riches dans une nouvelle redistribution fiscale.

d. La propriété immobilière : rente ou production de richesse

Le problème plus philosophique qu'économique qui pollue la théorie économique et la politique économique du logement consiste à se demander si le logement privé est une rente ou une activité productive de richesse. Le statut officiel des bailleurs privés selon l'administration fiscale est celui de rentier en ce que l'activité de bailleur privé serait une activité civile. On pourrait comprendre que la chasse ou la pêche soient des activités civiles, mais on peut rester perplexe sur cette dénomination pour une activité qui génère 40 milliards d'euros de chiffre d'affaires par an.

Si le logement privé est considéré comme une rente, les pouvoirs publics n'auront aucune difficulté à taxer toujours plus les détenteurs de cette rente qui seront considérés comme des profiteurs, s'enrichissant sans travailler. Si les bailleurs privés sont considérés comme des créateurs de richesses, avec les loyers encaissés venant gonfler le PIB et comme des créateurs d'emplois dans l'artisanat avec les travaux d'entretien, l'opinion publique réprouvera l'oppression fiscale et législative qui s'abat sur eux depuis 1982 et surtout depuis les lois votées sous le quinquennat Sarkozy et la loi ALUR. On le voit l'enjeu est de taille et il passe par une problématique sociologique et électoraliste.

Les locataires représentent 12 millions de ménages soit environ 28 millions d'électeurs (à comparer avec les 4 millions de propriétaires bailleurs électeurs), les analystes politiques les considèrent comme une cible uniforme dont il serait préjudiciable de négliger les aspirations. Les économistes marxistes voient dans le logement privé un moyen d'accumulation patrimoniale, de placement sécuritaire comme l'or et donc comme un nouveau processus d'exploitation. Certains parlent même de rentiers qui comme au XIXe siècle sécurisaient leurs avoirs dans la pierre à la fin d'une vie de travail, leur déniant le caractère de producteur de richesse, en les assimilant à des financiers. Il est vrai que l'on ne fait pas fortune en travaillant au SMIC, mais en accumulant du capital ; cependant, le fait d'introduire cette considération pragmatique dans un raisonnement économique revient à faire de la morale avec ce qui apparait juste ou injuste. Le biais de ce raisonnement consiste à faire une échappée moraliste dans un raisonnement économique pour en déduire une nouvelle conclusion économique qui devient donc plus péremptoire que scientifique. Le bailleur privé deviendrait un rentier par un argument d'autorité, ce qui gommerait son aspect producteur de richesse pour souligner son aspect exploiteur par la référence au locataire qui lui, devrait travailler pour payer son loyer.

Le défaut majeur de cette conception idéologique consiste à produire de la punition, car dans tout système social, ce qui est injuste doit être puni ; si donc percevoir un loyer est injuste, la société doit protéger le locataire et punir le propriétaire. En regard de ce qui se passe depuis 1982 avec la loi Quillot, il apparait que la société française a choisi cette conception moraliste de la location.

Le fondement économique de cette analyse de « l'injuste loyer » se trouve dans la philosophie économique des physiocrates. David Ricardo, économiste classique du XIXe siècle définit la rente comme « *la portion du produit de la terre que l'on paie au propriétaire pour avoir le droit d'exploiter les facultés productives et impérissables du sol* ». Il y a eu transfert de la définition de la rente agricole vers la rente immobilière, les physiocrates attribuaient à la terre le pouvoir de créer de la richesse comme un facteur de production et justifiaient ainsi le revenu qu'il convenait de verser au propriétaire.

Les physiocrates ont voulu justifier les revenus des féodaux propriétaires des terres et surtout justifier l'absence de travail de cette catégorie professionnelle. Si la terre procurait de la richesse en tant que facteur de production, indépendamment du travail du laboureur, il était normal que son propriétaire ait une position sociale dominante même sans travailler. La révolution de 1789 en abolissant les privilèges des nobles a mis en exergue l'injustice de l'existence de cette classe sociale qui vivait sans travailler, en oubliant l'origine de ces privilèges peut-être justifiés en leur temps, mais qui remontant à de nombreuses générations étaient effacés de la mémoire collective.

Par extension, car l'esprit humain a besoin de se raccrocher à un passé merveilleux, les propriétaires immobiliers seraient les successeurs de ces détenteurs de la rente foncière. Ce faisant, il est resté dans l'inconscient populaire l'impression que les propriétaires immobiliers étaient les nouveaux rentiers dont le principal privilège consistait à percevoir des loyers sans travailler ; ce n'est peut-être pas seulement l'analyse marxiste de l'exploitation des travailleurs, mais le fonds de révolte paysanne contre les anciens seigneurs qui transparait ici. Si tel est le cas, on peut comprendre les aspects émotionnels et irrationnels qui surgissent dans les rapports annuels de la Fondation Abbé Pierre notamment et dans la foudre législative et fiscale qui s'abat sur les bailleurs privés. La comparaison des deux types de rentes semble abusive, car l'immobilier ne produit de la richesse que si les biens sont construits par le travail de l'homme et entretenus régulièrement par des travaux permanents ce qui n'est pas le cas de la terre qui produit des richesses gratuites avec la pluie et le soleil même sans travail (c'est l'économie de la cueillette) et même si le travail améliore les rendements.

Les économistes libéraux considèrent l'activité d'un bailleur par référence à celle d'un entrepreneur, considérant le locataire comme un client, le loyer devenant la rémunération d'un service. Par analogie, les autres secteurs de services ne sont jamais considérés sous l'angle moraliste du juste et de l'injuste, l'avocat, le notaire, le comptable... facturent des honoraires, le loueur de voiture facture un service comparable à celui d'un bailleur sans que quiconque ne s'avise de les déclarer justes ou injustes.

Ce n'est pas aux propriétaires privés d'assurer la redistribution sociale du logement. Si l'on étendait ce raisonnement aux autres activités, ce serait par exemple aux supermarchés de nourrir les pauvres, aux fournisseurs d'énergie de livrer gratuitement le gaz et l'électricité aux plus modestes, etc. (Notons que la vente de l'énergie à prix réduit a été mise en place pour les ménages modestes)

On voit bien qu'il s'agit d'un faux débat qui introduit de la division politique et de la haine sociale dans un secteur économique. Les propriétaires immobiliers sont des travailleurs indépendants comme des artisans utilisant du capital et du travail, pour produire de la richesse nationale en pratiquant un service de logement.

3. Le droit de propriété individuel garantit la liberté individuelle face aux élites qui accaparent le pouvoir

Le peuple, même dans une démocratie, a rarement l'occasion de choisir sa façon de vivre, les élites bloquent l'ascenseur social au profit de leurs héritiers. L'histoire récente des régimes communistes est intéressante en ce qu'elle a exploré un nouveau mode de gouvernance des élites basé sur le pouvoir grâce à l'appartenance d'un parti et non plus sur la propriété individuelle. Le rejet de la propriété individuelle pouvait s'affirmer dès lors qu'il était compensé par le pouvoir individuel et les privilèges de l'élite. La société communiste totalitaire a permis aux fonctionnaires dotés du pouvoir, d'exclure n'importe quel individu de la société en satisfaisant le besoin de toute puissance qui est inscrit chez un grand nombre d'humains. Les psychanalystes dénomment ce besoin comme étant la régression au stade anal dans l'évolution de l'enfant, le bébé devient tyrannique avec sa mère quand il comprend que ses larmes déclenchent son attention. La peur de la solitude se surmonte avec le pouvoir d'action sur son entourage, ce besoin de pouvoir égocentrique est antérieur au besoin de posséder. Les sociétés totalitaires, communistes ou fascistes ont toutes supprimé le droit de propriété, car étant synonyme de liberté, il était vécu par le pouvoir central comme une provocation. La Révolution française a été une réaction contre la monarchie absolue qui ne tolérait pas la propriété privée du peuple. C'est pourquoi la Déclaration des droits de l'homme et du citoyen a été si absolue dans l'affirmation du droit de propriété comme garant de la liberté face aux détenteurs du pouvoir. L'histoire de l'humanité a toujours été celle de l'histoire des rapports de force entre les élites et le peuple dans la confiscation ou la restitution de la liberté ; dans cette histoire, l'enjeu a toujours été le droit de propriété et non pas l'intérêt général qui est presque toujours celui des élites. Il faut se méfier d'une société qui brandit trop souvent l'intérêt général comme mode de gouvernance, c'est souvent le prélude à la perte de liberté des minorités.

CONCLUSION DU CHAPITRE

Il existe une dialectique du droit de propriété et du droit au logement dans une construction idéologique exclusive l'une de l'autre. Chaque avancée du droit au logement réduit le droit de propriété par la volonté publique qui fait la part belle aux locataires. Nous sommes dans le prolongement de la révolte de mai 68 associée à un cousinage approximatif avec la lutte des classes. Cette évolution est spécifiquement française et typique d'un pays riche qui brise les tabous de la propriété si adorée. Il s'agit d'un cycle répétitif où le respect de la propriété privée alternerait avec l'engouement de la propriété collective. La monarchie absolue était une forme de la propriété collectiviste illustrée par la phrase de Louis XIV « L'Etat c'est moi ». Il n'est pas impossible que le logement privé disparaisse au profit des bailleurs publics dans une sorte de nationalisation qui à son tour disparaitrait pour défaut de gestion et suppression de la liberté. L'idéal libertaire républicain est phagocyté par l'idéal collectiviste après deux siècles de libéralisme. Faut-il attendre les nouvelles générations pour redécouvrir les vertus individualistes de la propriété privée dans une nouvelle révolution ?

L'anomalie de cette tendance à la nationalisation du logement est assez incompréhensible dans un pays qui tente de privatiser la santé au détriment de l'hôpital public. Pour cela une sémantique sociale péjorative a été inventée avec les logements indignes et les marchands de sommeil afin d'inciter les pouvoirs publics à construire toujours plus, dans l'absence de statistiques et d'analyse économique et dans le plus grand déni de la paupérisation des petits propriétaires qui ont absolument besoin de ce complément de retraite pour subsister. Nous allons voir comment le droit de propriété est malmené depuis un siècle par la législation avec cette tendance à la collectivisation du logement.

CHAPITRE II

Histoire législative du logement

> « *Dans le domaine du logement comme dans d'autres, l'accumulation des textes consacrés au logement ou au développement de la cohésion sociale n'est donc pas un gage d'efficacité de l'action publique* ».
>
> Isabelle Pasquet,
> sénatrice, dans sa proposition de loi du 27 avril 2011,

A. L'APOGEE DU DROIT DE PROPRIETE

1. Un Droit de Propriété absolu sous l'ancien régime. Le droit des Féodaux

Le droit de propriété sous l'Ancien Régime était un concept inconnu pour plus de 90 % des Français, c'était un privilège royal, nobiliaire ou ecclésial, la terre donnant le nom de famille. Une province devenait anglaise par un simple mariage ou par la prise d'un château emblématique. Maintenant, quand un Anglais achète le même château, il ne devient pas anglais, les employés du château restent français et le propriétaire paie ses impôts fonciers à la France et non pas à l'Angleterre.

NB. Il semble que cette loi d'airain subisse une première exception en 2011 avec la possibilité pour les sociétés étrangères de l'Emirat du Qatar qui achètent des biens immobiliers en France, d'échapper à la dernière loi du gouvernement Fillon sur les plus-values à 30 ans ainsi qu'à l'ISF.

L'article 3 du Code civil stipule que *« les lois de police et de sureté obligent tous ceux qui habitent le territoire »*. Le même article prend la peine de bien souligner que *« les immeubles, même ceux possédés par les étrangers sont régis par la loi française »*. Cet article 3 fait partie des 6 premiers articles du Code civil, constituant le titre préliminaire. Cette place en tête du Code civil est l'affirmation que l'on en a bien fini avec l'ancien droit de propriété et des privilèges associés à la caste nobiliaire des anciens propriétaires fonciers, c'est aussi le signe fort que le Code civil est bâti sur le droit de propriété.

Les artisans se sont affranchis du servage en devenant propriétaires de leur outil de travail et de leur boutique, les fermiers se sont libérés de l'autorité du seigneur en devenant des agriculteurs autonomes. Il a fallu des siècles pour que les féodaux, l'Eglise Catholique et la Royauté abandonnent leurs droits de propriété aux serfs, aux métayers, aux maîtres-artisans...Il a fallu des jacqueries réprimées violemment et la guillotine de Robespierre pour que la Révolution française proclame dans la Déclaration des droits de l'homme et du citoyen qu'avec la liberté, le droit de propriété était un droit inaliénable de l'homme.

2. Le droit de propriété depuis la Révolution

La Déclaration des droits de l'homme et du citoyen de 1789 a enregistré le droit de Propriété comme étant le deuxième droit naturel et imprescriptible de l'homme.

Article II - Le but de toute association politique est la conservation des droits naturels et imprescriptibles de l'homme. Ces droits sont la liberté, la propriété, la sûreté et la résistance à l'oppression.

Le dernier des 17 articles de la Déclaration éprouve encore le besoin de rappeler que la propriété est un droit inviolable et sacré dont nul ne peut être privé. Cette même Déclaration explique en préambule pourquoi selon elle *« l'ignorance, l'oubli ou le mépris des droits de l'homme sont les seules causes des malheurs publics et de la corruption des Gouvernements ».* Le droit de propriété garantit la liberté et la paix civile, car sans droit de propriété il n'y a pas de liberté possible sur le long terme, les rédacteurs auraient pu vouloir le « bien commun » ou le « bien public » ou « l'intérêt général » concepts au libellé généreux, mais tellement général, vague et imprécis qu'ils auraient été fatalement vidés de leur sens avec le temps, par l'opportunisme des élites du moment.

La Révolution en abolissant le droit de propriété de la monarchie, de la noblesse et du clergé a produit l'inverse d'une nationalisation en privatisant les biens nationaux ; les révolutions suivantes dans le monde, notamment avec différents Etats communistes iront à l'opposé en supprimant le droit de propriété privé. En ce sens, la Révolution française a ceci d'exceptionnel qu'elle n'a pas succombé à une idéologie, mais a consacré le désir humain le plus enraciné qui est celui de posséder son logement et de le transmettre à ses enfants.

La maison symbolise le château fort et ses fortifications, le propriétaire est maître et seigneur chez lui, la loi républicaine a donné à son humble demeure la puissance du châtelain. La force publique doit respecter la sécurité des propriétaires comme autrefois les seigneurs devaient protéger la vie de leurs vassaux ; par extension, les locataires seront ensuite protégés en leur domicile, mais par un autre moyen juridique que le droit de propriété qui est un reste de la vassalité féodale : le bailleur doit garantir la jouissance paisible des lieux loués à son locataire (article 6 de la loi du 6 juillet 1989).

Les premiers républicains avaient compris que leur liberté dépendait du droit de posséder leur habitation, leur boutique, leur ferme...tout comme l'ancienne puissance détenait son pouvoir, de la possession des terres et des outils de travail. Le pouvoir économique préexiste au pouvoir politique qui lui est subordonné, plus tard Marx reprendra la même analyse pour en déduire que la propriété des moyens de production confère le pouvoir absolu sur la société.

Avec le droit au logement qui entraine une réduction du droit de propriété, notre société se trouve confrontée à l'article XVII de la Déclaration qui exige que *« La propriété... nul ne peut en être privé, si ce n'est lorsque la nécessité publique, légalement constatée, l'exige évidemment, et sous la condition d'une juste et préalable indemnité ».*

C'est cet article XVII qui fonde la responsabilité pécuniaire de l'Etat dans l'indemnisation des bailleurs spoliés par des locataires protégés par l'Etat. Quelle est la *juste et préalable indemnité* que l'Etat doit verser aux bailleurs qui sont contraints de respecter la loi du 6 juillet 1989 en tolérant des procédures longues pour l'expulsion d'un locataire ? La juste indemnité pour le respect de la trêve hivernale est plus facile à chiffrer, elle est fatalement égale aux loyers et charges perdus du fait de la contrainte légale de conserver un locataire impécunieux pendant l'hiver en cas de refus du concours de la force publique.

La seule discussion juridique qui peut exister est de déterminer si la réduction partielle du droit de propriété peut donner lieu à indemnité ou si seule, la disparition totale du droit de propriété doit être indemnisée. Il semblerait que l'emploi du mot «*juste*», permette la proportionnalité entre le préjudice et l'indemnisation, car si le droit de propriété est inviolable et sacré, toute restriction qui diminue les fruits de la propriété doit être indemnisée à hauteur de la perte subie ; ce qui signifierait qu'une amputation partielle du droit de propriété doit donner lieu à une indemnité proportionnelle au préjudice subi. En l'espèce, le préjudice se calcule à partir du manque à gagner que constitue la perte des loyers.

Toute construction intellectuelle à partir de l'intérêt général par exemple, est sans effet sur ce socle juridique de l'intégrité de la propriété. Ainsi les différentes atteintes légales au droit de propriété en faveur des locataires depuis la loi Quillot, auraient dû donner lieu à indemnisation des propriétaires-bailleurs en proportion des préjudices subis sauf à renier la Déclaration des droits de l'homme et du citoyen de 1789. Faudrait-il attaquer l'Etat pour démembrement illégal de la propriété sans la juste et préalable indemnité au nom de la Déclaration des Droits de l'Homme ? Ce pourrait être le sujet d'une thèse et d'une plainte auprès de la Cour Européenne.

3. Le droit de propriété dans le Code civil

Le Code civil prévoit dans le Livre Deuxième, un Titre II sur la propriété avec les articles 544 et suivants où le droit de propriété est absolu sous la réserve de respecter le cadre législatif.

L'article 544 définit ainsi la propriété : « *La propriété est le droit de jouir et de disposer des choses de la manière la plus absolue, pourvu qu'on n'en fasse pas un usage prohibé par les lois ou par les règlements* ».

La violation de propriété est un délit, puni d'un à deux ans de prison selon que le délit est commis par un particulier ou par un dépositaire de l'ordre public (articles 226-4 et 432-8 du Code Pénal). Si même un criminel est protégé dans sa maison de 22 heures à 6 heures du matin, au nom du droit de propriété, les innocents doivent se sentir a fortiori en sécurité dans leur domicile.

4. Rappel du droit de propriété dans la Déclaration universelle des droits de l'homme

La Déclaration universelle des droits de l'homme, qui reprend une partie de la Déclaration des droits de l'homme et du citoyen de 1789, a été adopté le 10 décembre 1948 à Paris par l'Assemblée Générale des Nations unies qui comprenait 58 pays. Son article 17 prévoit :

1 – Toute personne aussi bien seule qu'en collectivité a droit à la propriété.

2 – Nul ne peut être arbitrairement privé de sa propriété.

L'alinéa 2 confirme que les bailleurs notamment, ne peuvent être privés de leur droit de propriété et comme cet article ne prévoit pas d'exception, il fonde les demandes d'indemnisation envers l'Etat pour toutes les atteintes au droit de propriété : trêve hivernale, limitations du droit de reprendre son bien, fiscalité spoliatrice, discriminations fiscales avec l'ISF sur les immeubles locatifs à qui l'on dénie le statut de biens professionnels, etc.

Il y a une corrélation entre le droit de propriété d'un pays et son développement économique. Les investisseurs immobiliers et industriels, n'investissent que s'ils ont la certitude de conserver leur bien et pour cela il leur faut la garantie d'un droit de propriété stable. Quand le cadastre est incertain, que les titres de propriété sont verbaux, il est difficile d'envisager une construction d'usine. Le décollement d'un pays pauvre ne peut se faire que lorsque l'Etat de ce pays peut garantir la sécurité des investissements par un droit de propriété inviolable et un cadastre incontesté. Dans les pays où le droit de propriété n'est pas sacré, les investisseurs doivent avoir des moyens de pression sur l'Etat pour protéger leurs propriétés, ce qui n'est pas à la portée des petits investisseurs et explique leur absence.

B. Le declin du droit de propriete

Ce sont les deux guerres mondiales qui indirectement ont entamé le droit de propriété.

1. Le blocage des loyers de 1914, la première intervention de l'Etat sur le marché : un échec retentissant… non retenu

L'INED dans un article de P. Longone paru en septembre 1975 dans la revue Population et société rappelle que *« le blocage des loyers en 1914 a paralysé la construction et provoqué le vieillissement du parc des logements(sous-entendu privés) : en 1914, on dénombrait 150 000 logements vétustes dans un parc de 11,5 millions de logements ; en 1946, avec les mêmes normes, il y avait 3 500 000 logements vétustes dans un parc de 12,3 millions de logements ; de 1918 à 1939 on construisait chez nous 14 % du parc alors que l'Allemagne et la Grande-Bretagne qui avaient eu beaucoup moins de destructions en bâtissait 30 %... »* et de continuer *« depuis vingt-cinq ans, une législation très complexe a multiplié les incitations pour redresser la situation désastreuse héritée de l'entre-deux-guerres »*.

Le pourcentage de logements vétustes est passé de 1,3 % en 1914 à 28,4 % en 1946, ce qui mérite une explication. Le blocage des loyers de 1914 (ainsi que les 18 lois réglementant les loyers, de 1918 à 1947) a réduit le pouvoir d'achat des propriétaires qui n'ont pas eu les moyens d'entretenir leurs logements et a découragé les investisseurs potentiels. La conséquence de cette désaffection sera un déficit de 2 millions de logements au début de la Deuxième Guerre mondiale. La démonstration a été faite à l'époque que lorsque l'Etat intervenait sur le marché, ce dernier perdait ses mécanismes de régulation et entrait dans un cycle de récession. L'Etat, en voulant résorber une crise du logement à court terme, en a créé une autre à long terme par son impatience, mais n'a jamais tiré les leçons de son interventionnisme maladroit. Au contraire, il a tiré prétexte de ce dysfonctionnement du marché causé par son action, pour intervenir à nouveau en 1939, en 1948, puis en 1982 et réalimenter la crise du logement. Nous expliquerons et chiffrerons plus loin les mécanismes récessifs de l'action publique provoqués par la réglementation du marché.

2. Le deuxième blocage des loyers de 1939 et les autres atteintes du Droit de Propriété avec les lois de 1948, de 1982, 1986 et 1989

Le contrôle des loyers de 1914 conjugué avec l'inflation a eu pour conséquence à la fin de la guerre, des loyers et des prix de cession de logements extrêmement bas selon Jacques Friggit qui écrit dans « De Philippe Auguste à François Hollande, le prix des logements à Paris sur huit siècles »

« Ce contrôle des loyers équivalent en pratique à un blocage de la plupart des loyers (en 1914)*, combiné au triplement des prix à la consommation, divisa par 3 le prix des logements à Paris en monnaie constante. Pendant l'entre-deux-guerres, les gouvernements successifs ne levèrent jamais complètement les contrôles des loyers, craignant l'impopularité que cela aurait suscité (...) Au début des années 1930, le prix des immeubles locatifs augmenta fortement à Paris. Les auteurs de l'époque fournissent deux explications : d'une part, à la fin*

des années 1920, le contrôle des loyers fut allégé ; d'autre part, et surtout semble-t-il, certains investisseurs, ayant redécouvert la volatilité du placement en actions lors du krach boursier de 1929, cherchèrent refuge dans la sécurité supposée du placement en logement. Le retournement des prix en 1935 coïncida avec la diminution de 10 % des loyers imposée par le gouvernement Laval dans le cadre d'une politique ouvertement déflationniste. L'inflation des prix à la consommation qui reprit à partir de 1937 ramena rapidement l'indice à son niveau de 1930 en monnaie constante. (...)

En 1939, de nouveaux contrôles des loyers, semblables à ceux instaurés en 1914, furent mis en place. (...) Alors que la Première Guerre mondiale avait multiplié les prix à la consommation par 3, la Seconde les multiplia par 15 ; les loyers étant étroitement contrôlés le prix des logements en monnaie constante diminua d'autant et atteignit un minimum à la fin des années 1940. C'est la loi de 1948 qui organisa la sortie du contrôle des loyers. Sous son effet, la croissance du prix des logements fut très forte jusqu'en 1965. Elle fut ensuite beaucoup plus modérée, parallèle à celle du revenu par ménage. L'année 1965 apparaît de ce fait comme une année charnière en matière de prix des logements, refermant en quelque sorte la parenthèse troublée ouverte en 1914. Ainsi, rétrospectivement, en matière de prix des logements comme dans bien d'autres domaines en France, les deux guerres mondiales apparaissent comme l'événement déterminant du XXe siècle. Néanmoins, ce n'est pas une conséquence directe de destructions humaines et physiques, mais l'effet indirect de la conjonction des contrôles des loyers et de la très forte inflation des prix à la consommation ».

La loi de 1948 avec ses 103 articles sur des loyers administrés et le droit au maintien dans les lieux sous certaines conditions a entamé le droit de propriété de manière plus systématique.

Selon le Compte du logement 2011, « *la loi du 1er septembre 1948 avait pour objectif de réglementer le secteur locatif, préservant la paix sociale tout en incitant les investisseurs à s'intéresser à l'immobilier. Pour ce faire, elle instaurait :*

- *la liberté des loyers pour la construction privée neuve ;*
- *le maintien dans les lieux pour les locataires en place avant sa promulgation ;*
- *le calcul des loyers en fonction de la "surface corrigée", qui devait donner une base "scientifique" à la revalorisation des loyers ;*
- *l'augmentation progressive des loyers (après une période de blocage qui durait depuis 1914) pour parvenir à terme au niveau du marché ;*
- *la création de l'allocation logement, qui devait solvabiliser les ménages subissant ces hausses de loyer et les encourager à se loger dans le parc neuf à loyers libres.*

Dans les faits, le réajustement ne s'est pas fait au rythme de l'augmentation du coût de la vie, et a conduit à une sous-évaluation des loyers qui a fait obstacle à un entretien normal des immeubles par leurs propriétaires.

Cette loi a organisé dans un chapitre, le droit au maintien dans les lieux sauf en cas de reconstruction par le propriétaire, avec le droit de reprise par le propriétaire et celui de l'expulsion pour ceux qui n'ont pas droit au maintien dans les lieux. Le texte prévoit le relogement provisoire des sinistrés et réfugiés. Le chapitre III réglemente les prix des loyers en établissant une valeur locative administrative de chaque logement avec un encadrement prévu par décret et instituant une surface corrigée compliquée. C'est ce chapitre qui a donné lieu à des commentaires opposés en ce que les propriétaires ont eu le droit d'augmenter les loyers qui avaient subi le blocage des loyers concomitamment avec une inflation galopante, de même que les locataires pouvaient demander une réduction de loyer si celui-ci dépassait la valeur locative administrative.

Enfin, la loi prévoit un chapitre pénal surprenant de 17 articles pour les infractions à cette loi, dans une sorte de pénalisation d'une loi civile avec des amendes civiles et des peines d'emprisonnement surtout pour les propriétaires qui violeraient certaines dispositions. L'article 54 va même jusqu'à punir de deux ans d'emprisonnement un propriétaire qui refuserait une famille en raison du nombre d'enfants. C'est cette loi qui met un terme au droit de propriété dans la privation de liberté du propriétaire de choisir son locataire ; elle met fin également à la contractualisation des rapports locatifs en privilégiant les sanctions pénales par rapport aux indemnisations civiles allant parfois jusqu'à cumuler les deux peines. La postérité retiendra la loi de 48 comme globalement répressive pour les bailleurs en ce que l'article 51 punit de deux ans d'emprisonnement et d'une amende civile le dépassement du « loyer licite ». Cette amende civile a même été actualisée le premier janvier 2002 pour être portée à 22 500 €, ce qui accrédite la connotation répressive de cette loi par les pouvoirs publics actuels même si certains auteurs comme Jacques Friggit la considèrent comme une « *loi de respiration des loyers* » en ce qu'elle a permis de contrecarrer certains blocages.

L'emploi du mot « licite » pour une valeur locative est significatif du début de la moralisation des rapports contractuels (à partir de 1948) qui n'existe pas dans les autres secteurs de la vie marchande. Il n'y a pas de prix licite pour une automobile, ni pour une baguette de pain, il préfigure l'emploi des adjectifs indigne, indécent. La loi ALUR-Duflot reprendra le même principe des loyers administratifs licites avec des sanctions pénales que l'on croyait oubliées.

L'article 56 de la loi de 48 crée un amalgame regrettable entre « *l'espérance chimérique d'une location* » et « *le détournement de la fortune d'autrui* » par l'égalité de la condamnation à cinq ans d'emprisonnement assortie d'une amende de 22 500 €. Les propriétaires sont sous la même menace d'emprisonnement qu'un gangster pour avoir le tort de posséder un logement et de ne pas le louer à quelqu'un qui avait l'espoir de devenir locataire. Si donc un propriétaire faisait visiter à 10 candidats un logement, il prenait le risque de faire 9 mécontents qui auraient pu se prévaloir d'une espérance chimérique de devenir locataire ! L'actualisation de la loi au 1er janvier 2002 avec cette amende de 22 500 € doit-elle faire craindre aux propriétaires, un emprisonnement pour exercer simplement le droit de choisir son locataire ?

On le voit, cette loi complexe faite d'interdits et d'autorisations à demander est obsolète, mais toujours applicable, les conditions sociologiques et économiques qui existaient en 1948 ne sont plus les mêmes en 2014. L'Etat prenant prétexte des destructions de la guerre a réduit le droit de propriété dans une sorte de tutelle de ses administrés, bien éloignée de la Déclaration des droits de l'homme et du citoyen, en oubliant son article XVII et « *la juste et préalable indemnité* » en compensation de la restriction du droit de propriété.

Il y avait encore 200 000 logements qui étaient concernés en 2006, par cette loi de 1948 ce qui est moralement inacceptable et économiquement dramatique (voir tableau 103).

La loi Quillot du 22 juin 1982 : l'aggravation de l'inégalité des rapports locatifs et sa conséquence économique

La loi Quillot a réglementé encore plus le droit de l'habitat avec l'obligation de rédiger un bail écrit, réduisant la liberté des cocontractants ; son objectif était de protéger les locataires, en durcissant les procédures d'expulsion. Les initiateurs empreints de bonne volonté voulaient une certaine égalité entre le droit de propriété et le droit de jouissance de l'habitat ce qui fut la cause d'une nouvelle chute des investissements privés comme nous le verrons plus loin.

Les Chambres syndicales de propriétaires, ont noté à la suite de la loi Quillot, une remontée extraordinaire de leurs effectifs, par exemple la chambre des propriétaires du Nord-Pas-de-Calais a vu le nombre de ses adhérents évoluer de 880 à 4500 en un an, soit une multiplication par 5, elle correspond à la même progression de la Fédération nationale dont les adhérents sont passés de 50 000 à 250 000 à la suite de la loi Quillot. Dans un premier temps, les propriétaires se sont mobilisés croyant pouvoir défendre leurs droits puis constatant la surdité des pouvoirs publics, ont commencé à délaisser l'investissement locatif. A partir de cette date le parc privé a commencé à décroître en valeur absolue (tableau 101).

Les lois du 23 décembre 1986 et du 6 juillet 1989

Selon leurs auteurs, ces deux lois poursuivaient le rétablissement de « l'équilibre » entre bailleurs et locataires. C'est du moins ce que l'Etat a voulu que l'on retienne de ces réformes, 1986 a été un coup d'essai puis voyant l'absence de réaction des propriétaires, le gouvernement a été plus loin, certain de son impunité. Il est remarquable de constater que Jacques Chirac qui était Premier ministre en 1986 fut remplacé par Michel Rocard en 1989, il y avait donc convergence de vue entre la gauche et la droite pour limiter les droits des propriétaires. La loi votée sous Jacques Chirac avait comme motif affiché de favoriser l'investissement locatif alors qu'il s'agissait principalement d'une loi restreignant les droits des propriétaires ! D'ailleurs le nombre de logements privés a encore chuté entre 1984 et 1988 (tableau 101).

Le droit au logement

La loi de 1989 rappelle ce nouveau droit au logement sans définir ce que doit être ce droit, l'article 1 dit seulement qu'il s'agit d'un droit fondamental. S'agit-il d'un droit gratuit ? C'est une question qui se pose avec les aides au logement et le souhait des derniers ministres du Logement de droite et de gauche, d'imposer une garantie locative qui permettrait aux locataires de rester dans les lieux pendant deux ans sans payer. Certains locataires sociaux très pauvres bénéficient déjà d'un logement peu cher grâce à l'allocation logement et même dans certains cas l'allocation logement dépasse le montant du loyer.

Les droits et obligations des bailleurs et des locataires doivent-ils être équilibrés ?

Cette bonne intention du législateur de l'équilibre des rapports locatifs serait louable en théorie, mais de quel équilibre et de quelle égalité parle-t-on ? Comment faire pour qu'un bailleur qui a mis toutes les économies d'une vie de travail dans l'achat d'une maison ne soit pas ruiné par l'attitude d'un seul locataire qui lui, ne prend aucun risque dans une location ?

Cette problématique de l'équilibre entre locataires et propriétaires appartient à l'illusion du rabot égalitaire qu'affectionne notre société. A côté de l'égalité des droits, existe l'égalité des devoirs et il est malsain de vouloir l'égalité entre un bailleur privé ou public et un locataire, l'un possède une maison, l'autre veut simplement en jouir. Pour que le locataire n'ait pas à payer les grosses réparations et les impôts les plus élevés, il est évident que le propriétaire doit posséder un pouvoir économique plus important. Ainsi le locataire peut profiter des efforts de son propriétaire ce qui génère des devoirs, la paix sociale est à ce prix. Sur le plan économique, il s'agit de la vente d'un service même s'il y a des composantes sociales dans l'accès à ce service, il va de soi que si l'offreur ne reçoit pas de garanties de paiement et de remise du bien dans l'état d'origine, il sera réticent à maintenir son offre.

Toute volonté de l'Etat d'imposer d'autres obligations aux bailleurs revient à bloquer le marché, en droit, le législateur qui a posé cette formule de l'égalité des droits n'a pas engagé sa responsabilité sur les devoirs réciproques, c'est pourtant la question fondamentale qui se pose pour que l'obligation de restituer le bien d'autrui en bon état soit garantie par l'Etat, en cas d'insolvabilité d'un locataire. Il ne peut y avoir de rapports équilibrés entre deux contractants quand l'un des deux prend des risques plus importants que l'autre. Dans le cas analogue d'un banquier qui prête de l'argent, il n'y a pas égalité des contractants, l'emprunteur subit les clauses du banquier, acceptant l'hypothèque et la caution, les conditions de remboursement, les frais… ou bien ne signe pas.

Ce souhait d'égalité réciproque d'obligations pose en fait la garantie illimitée et gratuite de l'Etat en cas de carence d'un locataire.

Une loi d'ordre public qui supprime la liberté du contrat

La loi de 1986 sur le logement est d'ordre public, les parties n'ont plus le droit de discuter des éléments essentiels du bail, ce qui est une violation flagrante de la liberté de contracter garantie par la Déclaration des droits de l'homme.

La réévaluation du loyer (art 16 à 19) en cas de loyer manifestement trop faible, ne peut se faire que par référence aux 3 ou 6 loyers équivalents dans un espace géographique restreint et pour des logements similaires ; c'est une disposition utopique qui n'est pratiquement pas applicable en raison de la quasi-impossibilité de trouver des références comparables dans un même secteur géographique, surtout dans une ville petite ou moyenne. La loi a été faite pour des logements en résidence avec des superficies et des conceptions uniformes, mais la majorité des logements se trouve dans un bâti ancien, avec des architectures différenciées ce qui interdit des comparaisons raisonnables.

Cette disposition pénalise les propriétaires bienveillants qui ont négligé de suivre les réévaluations annuelles de loyers, c'est donc la manifestation d'une hostilité de l'Etat vis-à-vis des propriétaires privés seulement, car les bailleurs publics réévaluent tous les ans les loyers sociaux. La vérification par un juge qui n'a pas le temps de se déplacer, qui n'a aucun critère objectif dans les textes et qui n'a pas à sa disposition un observatoire fiable des loyers par impossibilité de le réaliser dans l'essentiel de la France rurale, relève donc d'une appréciation personnelle et donc d'une insécurité juridique. Dans ce cas, il apparait que seul le recours à un organisme paritaire comme la Commission de Conciliation pourrait permettre de trouver une solution équitable. Le maintien d'un loyer sous-évalué est en réalité un privilège pour le locataire qui en profite au détriment de son bailleur négligent ou obligeant qui a oublié de réévaluer son loyer. Il n'y a aucune raison morale qui puisse justifier cet effet d'aubaine pour les locataires, il conviendrait que la revalorisation des loyers soit d'ordre public pour éviter que les propriétaires âgés ou fragiles ne soient abusés en raison de leur propre gentillesse. L'Etat doit protéger aussi bien le locataire que le propriétaire surtout quand celui-ci est vulnérable, l'égalité des droits souhaitée par l'Etat devrait ici se traduire par un renforcement des droits des propriétaires.

NB. La ministre du Logement Cécile Duflot a voulu mettre en place un observatoire des loyers qui serait plus fiable que CLAMEUR selon elle. Il convient de rappeler que quel que soit l'observatoire en place, il y aura des effets passoires pour les logements anciens dans les centres-villes classés. Seuls des professionnels de l'immobilier sont en mesure d'affecter des coefficients de comparaisons.

L'interdiction de prélèvement automatique (art 4) sur le compte courant du locataire est incompréhensible. Les loueurs de voitures et les hôteliers ont le droit de prendre l'empreinte de la carte bancaire, ce qui leur permet de prélever sans autorisation la totalité de la franchise en cas d'accident ou de départ furtif. EDF a le droit de prélever directement les règlements de factures même en cas de facturation estimative. Or ces prélèvements sont bien plus faibles que le montant des loyers, il s'agit d'une différence de traitement qui apparaît vexatoire et discriminatoire pour les bailleurs.

L'interdiction de la responsabilité collective des locataires (art 6) est ressentie comme une autre injustice et une limitation du droit de propriété. Par exemple, la dégradation de la porte d'entrée de l'immeuble, le bouchage d'une colonne de tout à l'égout ou toute autre dégradation dans les communs ne peut donner lieu à facturation à l'ensemble des locataires. Le bailleur doit alors faire une enquête pour découvrir le responsable. On ne peut dire que le résultat soit heureux, car il entraine la suspicion des locataires entre eux. Par contre, en contradiction avec ce qui précède, le ménage des communs est réparti entre tous les locataires même si l'un d'entre eux salit beaucoup plus que les autres occupants. Cet article 6 doit être modifié pour des raisons pragmatiques, le bailleur n'a pas à supporter les dégradations d'un seul locataire.

Le bailleur ne peut s'opposer aux aménagements réalisés par le locataire qui ne constituent pas une transformation de la chose louée (art 6). Cet article est une véritable incitation à aller devant le juge, car certains locataires indélicats ont estimé qu'une centaine de trous de chevilles, que des murs jaunis par la fumée de cigarette ou une peinture noire ou violette sur un mur, n'est pas une transformation de la chose louée ! Le propriétaire ne serait plus maitre chez lui, par la préséance du droit de jouissance sur le droit de propriété. Cet article entre d'ailleurs en contradiction avec l'obligation de remettre le bien loué dans l'état d'origine, ce qui crée une nouvelle insécurité juridique par l'arbitrage discrétionnaire du juge pris entre deux règles de droit opposées.

L'inégalité des durées de préavis (art 15)

Le locataire peut mettre fin à tout moment à son bail, sans motif, avec un préavis de trois mois. Avec quelques motifs particuliers, ce préavis se réduit à un mois, la jurisprudence a tendance à généraliser ce préavis réduit, en cas de doute sur le motif. Quand il y avait crise du logement dans toute la France, cette disposition était sans conséquence financière pour les bailleurs, ils pouvaient retrouver aussitôt un autre locataire. Avec la vacance locative qui se généralise, ce n'est plus le cas.

Face à cela, le bailleur ne peut résilier le bail que tous les trois ans à l'issue d'une période triennale, avec un préavis de six mois ; il y faut au surplus un des deux motifs prévus par la loi : la vente ou la reprise pour habiter. Cette disposition inégalitaire n'a guère de fondement équitable pour un petit propriétaire qui n'ayant qu'un logement locatif peut avoir besoin de le vendre rapidement face à un événement imprévu : décès, difficulté financière ou familiale, etc. Si l'on peut comprendre davantage l'absence d'urgence pour une société immobilière de capitaux qui n'invoquerait pas de difficulté financière pour revendre un bien, les propriétaires restent pantois devant une telle différence de traitement entre un bailleur individuel et un locataire, surtout dans un pays ayant un tel secteur locatif public.

Un dépôt de garantie qui n'inclut pas les charges

Le dépôt de garantie demandé est toujours net de charges ce qui est une anomalie, car les charges mensuelles sont liées au loyer mensuel. Il est tout à fait illogique de ne pas demander un dépôt de garantie qui ne serait pas assorti de l'acompte mensuel de charges. Chacun sait bien qu'en cas de départ furtif, le dernier mois de loyer n'est pas payé et alors le bailleur ne pourra pas récupérer les charges. De plus, avec l'imputation de la TEOM (taxe d'enlèvement des ordures ménagères) au nom du propriétaire, ce dernier ne pourra pas facturer et retenir cette taxe sur le dépôt de garantie en cas de disparition du locataire ou de non-paiement du dernier mois de loyer.

3. Les abus législatifs

La responsabilité du propriétaire dans le paiement de la taxe d'habitation du locataire

L'article 1686 du CGI (Code général des impôts) stipule :« *Dans le cas de déménagement furtif, les propriétaires... sont responsables des sommes dues au titre de la taxe d'habitation par leurs locataires, s'ils n'ont pas, dans les trois mois, fait donner avis du déménagement au comptable du Trésor.* » Cette disposition est inique par le transfert d'une responsabilité individuelle d'un individu sur un autre, sans aucun fondement moral ; le bailleur est sommé d'indiquer le départ de son locataire et dans certains départements, l'administration transforme cette obligation en exigeant du bailleur qu'il donne l'adresse de son ancien locataire faute de quoi il est menacé d'avoir à payer la taxe d'habitation de ce dernier ; autrement dit, il est invité à la délation auprès des Finances Publiques !

La facturation de la taxe des ordures ménagères du locataire, au propriétaire-bailleur

On cherche en vain la justification juridique ou morale de cette mesure qui est une sorte de mise sous tutelle des locataires en évacuant leur responsabilité directe, par comparaison, les pouvoirs publics ne demandent pas le paiement de l'impôt sur le revenu des locataires par leurs propriétaires. Notons que certains départements facturent directement les ordures ménagères aux locataires, dans ce cas la taxe devient une redevance et est proportionnelle au nombre d'occupants (ce qui est plus juste en termes de comportement citoyen) et non plus égale à un pourcentage de la taxe foncière. Les bailleurs seraient inspirés en listant les communes et les départements vertueux qui établissent une redevance au lieu de la taxe.

La taxe sur les logements vacants : une taxe discriminante basée sur un procès d'intention

Cette taxe récente de 1998 est discriminante en ce que les bailleurs publics en sont exonérés. Or depuis 2007, la vacance locative a gagné le parc public, cependant les bailleurs publics dissimulent cette vacance par deux méthodes, d'abord en ne la décomptant qu'à partir du quatrième mois de vacance et surtout en inventant le concept de vacance technique destiné à sortir de la vacance officielle, les logements en cours de travaux et ceux qui sont programmés pour une rénovation même pour une date incertaine ou en attente de décision ou d'arbitrage. On ne voit pas ce qui justifie la différence de traitement entre les deux parcs.

La vacance est une étape provisoire dans la vie d'un logement et il entre dans les prérogatives d'un bailleur de gérer comme il l'entend, au mieux de ses intérêts. Condamner par une taxe, le droit de laisser son logement vacant en attendant une opportunité qui ne dépend pas de la seule volonté du bailleur, est une entrave au droit de propriété, cette entrave est un abus de la puissance publique dès lors qu'elle repose sur une intention supposée malveillante. Il n'y a pas le respect du contradictoire par l'absence de convocation du bailleur privé avant la mise en place de la taxe sur les logements vacants or en l'espèce cette taxe ressemble à une condamnation pénale dans un simulacre de procès accusatoire dont l'administration fiscale est à la fois le procureur et le juge.

4. La décadence accélérée du droit de propriété et la destruction corrélative du parc privé

Les nouvelles limitations du droit de propriété des bailleurs

Depuis 1989 de nouvelles restrictions sont venues limiter les droits des bailleurs. Les deux gouvernements du Président Sarkozy ont procédé à quantité de réformes qualifiées même de réformes anti-bailleurs.

La suppression d'un mois de dépôt de garantie, réduisant celui-ci de deux mois à un mois, a appauvri les bailleurs pour que les locataires s'enrichissent d'autant. Cette réforme n'a rien coûté à l'Etat, faisant ainsi la démonstration de son caractère démagogique. Les bailleurs endettés qui avaient par exemple plus de 20 logements, ont dû emprunter, souvent par des crédits à la consommation, pour compenser la perte de trésorerie. Ainsi un bailleur qui avait 30 logements et autant d'emprunts, au loyer moyen de 500 € a vu sa trésorerie amputée de 15 000 €. Les bailleurs accédants qui n'ont pas de trésorerie, ne peuvent provisionner les dépôts de garantie en raison de l'absence récente de rentabilité de leurs investissements locatifs, mais surtout cette réduction leur a ôté la possibilité de retenir les dégradations éventuelles si le locataire déménage en ne payant pas le dernier mois de loyer. Cette loi contribue à la hausse des contentieux locatifs judiciaires pour de petites sommes, elle participe à l'encombrement des tribunaux.

Note. Le législateur a dû estimer que la disparition d'un mois de loyer était négligeable dans la trésorerie d'un bailleur alors que la Grèce qui ne représentait que 2 % du PIB de l'Europe a mis celle-ci en danger. Or sur un an cette amputation d'un mois correspond à 8 % des recettes. La CAF a constaté un nomadisme locatif, d'ailleurs compréhensif, à la suite de cette loi, les locataires autres que les Parisiens, ont voulu récupérer ce mois de préavis en déménageant.

Les diagnostics inutiles qui ne sont justifiés que par les créations d'emplois

Les diagnostics donnent bonne conscience aux détenteurs du pouvoir, ils pensaient présenter cette œuvre législative dans un bilan auprès de leurs électeurs, comme si l'accumulation de textes était source de progrès. La publicité qui en a été faite n'a pas convaincu les locataires qui étaient censés en être les bénéficiaires, par contre le coût de ces diagnostics a encore alourdi la gestion des investisseurs.

Le Diagnostic de Performance Energétique (DPE) doit permettre de renseigner le candidat locataire sur l'isolation du logement, sa consommation de chauffage et sa production de CO2. Il est exceptionnel encore aujourd'hui que l'on se préoccupe de sa production de CO2, de plus l'énergie électrique qui ne produit pas de CO2 est la plus coûteuse, ce n'est donc pas un argument pour le locataire ni pour le propriétaire. Le classement de A à F ne signifie pas grand-chose ; à surface égale, des classements C peuvent consommer davantage que des classements D, ce qui est tout à fait anormal et relativise l'intérêt du DPE. Au-delà 19 degrés, la consommation augmente considérablement pour chaque degré supplémentaire. Chaque locataire a une demande de chauffage individualisée qui dépend surtout de sa frilosité et de la façon dont il vit dans son logement. Selon une enquête du journal de « Particulier à Particulier », 4 % des bailleurs ne savent pas ce qu'est un DPE et seuls 66 % des bailleurs avaient réalisé un DPE en 2010 alors qu'ils n'étaient que 55 % à avoir fait effectuer le diagnostic sur le plomb,. Ceux qui n'ont pas réalisé de diagnostic estiment pour 29 % que c'est trop cher et pour 31 %, que ces diagnostics n'ont aucun intérêt, ni pour le locataire, ni pour le bailleur.

Le Constat de Risques d'Exposition au Plomb (CREP) doit informer le locataire sur les risques de saturnisme dans le logement. Le CREP inventorie les anciennes peintures au plomb et les revêtements en plastique qui contiennent du plomb. Notons que le plomb n'est plus utilisé dans les revêtements en PVC, ni dans les peintures depuis 30 ou 40 ans et qu'un tel revêtement n'a pas une telle durée de vie. Le risque de saturnisme est réel quand de jeunes enfants lèchent et avalent des éclats de peintures au plomb pendant des jours entiers sans s'arrêter. Ces diagnostics ne sont utiles que dans les taudis où vivent de jeunes enfants, mais ailleurs ils sont complètement inutiles, d'autant que si une peinture neuve recouvre une ancienne peinture au plomb, il n'y a plus aucun risque de saturnisme ; le risque réel est celui d'ingérer du plomb provenant des canalisations d'eau en plomb, cependant les maisons anciennes qui ont été rénovées ont en général enlevé leurs anciennes tuyauteries en plomb pour les remplacer par des tuyaux en cuivre plus fiables. Il convient de signaler que la majorité des canalisations en plomb encore existantes provient des réseaux enterrés de distribution d'eau potable, mais comme le remplacement des tuyaux en plomb coûterait cher aux collectivités, le CREP n'a pas pour mission de déceler le plomb hydrique pour ne pas faire peur aux locataires et ne pas obliger les municipalités à changer leurs réseaux d'adduction d'eau ! Pourtant les canalisations d'eau en plomb sont potentiellement plus dangereuses et il est même recommandé dans les maisons ayant des canalisations d'eau en plomb, de tirer l'équivalent d'une chasse d'eau chaque matin pour ne pas boire l'eau qui a stagné dans les conduites d'eau en plomb durant la nuit et qui est chargée de plomb. Dans cet exemple précis, on voit bien que ce sont les bailleurs qui sont visés par ce diagnostic, car les collectivités ne sont pas concernées !

Le diagnostic sur l'amiante devient obligatoire dans les parties communes des immeubles collectifs, mais pas dans les parties privatives.

Ces diagnostics sont payés par les bailleurs, ils coûtent entre 80 et 150 € par diagnostic, selon la taille du logement, il faut donc que les bailleurs assument environ 200 à 300 € par logement sans aucun profit pour personne si ce n'est pour les sociétés de diagnostics qui ont créé des emplois avec la trésorerie des bailleurs. Ces embauches ne sont d'ailleurs que provisoires, car lorsque les diagnostics sont effectués, ils ne se renouvellent que six ou dix ans plus tard, il y a eu déjà de nombreux licenciements dans ces sociétés de diagnostics, ce qui décrédibilise l'argument de la création d'emplois durables.

Un seul diagnostic est gratuit si le bailleur se procure les imprimés auprès de sa mairie, c'est celui des risques naturels et technologiques et il ne fait que deux pages, c'est le seul qui peut être utile pour renseigner les locataires sur les risques d'inondation par exemple.

Normes de confort et d'habitabilité

La loi SRU s'est immiscée dans le droit de propriété en définissant des normes de confort et d'habitabilité. Par exemple, les WC ne doivent pas être à l'extérieur du logement. Ses émules dans une amnésie de l'histoire du logement depuis la guerre, n'ont pas confiance dans la loi du marché qui a pourtant éradiqué des millions de taudis et de logements inconfortables comme nous le verrons plus loin avec les statistiques de l'INSEE et cela sans les réglementations pesantes actuelles.

Certains voudraient l'application des normes pour handicapés dans l'ensemble des logements même dans les immeubles à plusieurs étages sans se demander comment feront les handicapés aux derniers étages avec les ascenseurs bloqués en cas d'incendie. Les normes pour l'accès des handicapés dans les commerces n'ont pu être appliquées en raison des surcoûts prohibitifs et de la quasi-impossibilité de réalisation dans les petits commerces.

Les contrôles des assainissements individuels par les SPANC (Service Public d'Assainissement Non Collectif)

Depuis le 1er janvier 2006, la loi sur l'eau impose aux collectivités de contrôler les assainissements individuels. Les textes ne sont pas précis sur le financement de ces contrôles et nombre de collectivités facturent ces contrôles au propriétaire (notons que le même service est fait gratuitement pour les assainissements collectifs). Il s'agit donc d'une nouvelle taxe qui pénalise les propriétaires ruraux. Dans certains départements, les propriétaires ont résisté en refusant de payer ce service public, il est en effet surprenant que les particuliers qui réalisent à leurs frais l'assainissement qui protège la ressource en eau soient obligés de payer le déplacement du technicien venu les surveiller. On oublie que la collectivité se trouve dispensée de réaliser ces assainissements individuels. Pour faire une comparaison avec d'autres contrôles de l'administration, que dirait-on si les fonctionnaires de police faisaient payer leurs contrôles d'identité ou si les fonctionnaires de l'urbanisme faisaient payer leurs contrôles de conformité des permis de construire ? Il s'agit d'une dérive des services publics avec la disparition de la gratuité du service public.

La loi demandait aux collectivités de faire les contrôles avant le 31 décembre 2012 et certaines collectivités ont imposé des pénalités et des astreintes dès 2010 aux propriétaires qui refusaient de payer ou qui ont refusé le contrôle. Par exemple la Communauté de Communes du Val de Sèvres dans les Deux-Sèvres a fait appliquer des amendes égales au double du tarif devant le mécontentement de ses administrés qui refusaient ces contrôles (200 € au lieu de 100 € dès 2010). Certains directeurs d'assainissement ont redoublé de zèle administratif malgré les règlements imprécis, modifiés depuis. Par exemple, les premières instructions stipulaient que c'était à l'occupant de payer le contrôle sans se préoccuper du statut de locataire ou de propriétaire, puis certaines collectivités ont voulu faire payer les propriétaires non occupants, pour le premier contrôle, en prévoyant pour la suite des contrôles successifs un paiement par les locataires. Les SPANC se sont montés hâtivement sans aucune concertation avec les propriétaires, ni avec l'administration centrale, avec des tarifs qui vont de la gratuité à 190 € donnant l'impression d'une anarchie administrative et la certitude d'une inégalité incohérente.

Les prescriptions des SPANC, en cas d'assainissement jugé non conforme, peuvent atteindre 10000 à 15 000 € pour la mise en œuvre des travaux de conformité, sans compter la remise en état du terrain et des plantations ce qui désespère les propriétaires incapables de financer de telles sommes. De nombreuses associations de propriétaires et de locataires dans toute la France se sont élevées contre la méthode arbitraire, le manque de transparence, la disparité des coûts des contrôles, l'absence de qualification des contrôleurs qui ont une formation plus administrative et répressive que technique, les prescriptions fantaisistes ou abusives et la hâte à réaliser ces contrôles, ce qui fait douter de leur désintéressement financier.

L'absurdité de cette nouvelle réglementation apparait dans le cas suivant. Un technicien constate que l'installation ne produit aucune pollution par résurgence, mais ne peut vérifier celle-ci au motif que le système est dissimulé par un béton sur la propriété et un enrobage sur la route, car la commune s'est accaparé l'ancien chemin privé, le technicien a imposé au nouveau propriétaire de rechercher l'installation en découpant le béton et le bitume. Le nouveau propriétaire a assuré que depuis son achat, il y a 15 ans, il n'a jamais été nécessaire de vidanger la cuve, le technicien lui a répondu que peut-être un jour il y aurait des difficultés, mais surtout il se retranchait derrière le texte qui imposait cette recherche inutile !!!

Le sénateur Bernard Piras de la Drôme s'est ému de ces dysfonctionnements et a posé une question écrite à la ministre de l'Écologie le 19 mai 2011. Il a semblé que les textes étaient en cours de révision, tellement chacun s'accordait à reconnaître qu'ils sont imprécis et provoquent l'hostilité des propriétaires et des locataires. L'association de locataires CLCV est d'ailleurs très active pour critiquer cette loi, ces associations s'élèvent contre cette nouvelle intrusion des pouvoirs publics, source d'une nouvelle occasion de taxation.

Enfin cette loi n'a pas prévu le financement des mises en conformité par l'ANAH, faute de ces financements, on peut craindre l'impossibilité de mise en conformité chez les propriétaires pauvres. Une solution serait de n'exiger les contrôles que lors des mutations, comme pour l'assainissement collectif, ce qui permettrait aux vendeurs d'obtenir le financement, avec le produit de la vente, pour une éventuelle mise en conformité.

La suppression des 14 % d'abattement forfaitaire pour frais de gestion et son remplacement par 20 € par logement

L'abattement forfaitaire de 14 % a été supprimé en 2006 sous la présidence Chirac, sans aucune explication. Avant cela, les bailleurs pouvaient, déduire 14 % de leurs recettes pour compenser les frais de gestion, de recouvrement des loyers, et l'amortissement du capital qui dans ce secteur est considérable en raison de l'importance et de la durée des emprunts. L'impôt sur les revenus fonciers ne frappait que les recettes nettes comme dans n'importe quelle entreprise ou comme pour n'importe quel particulier. Maintenant les bailleurs ne peuvent retenir que 20 € de frais de gestion pour un logement et pour une année ! Ils ne peuvent plus déduire les factures de petites annonces, les frais téléphoniques, d'affranchissement, de papeterie, d'informatique, de matériels de bureau, de chauffage du bureau pour les bailleurs professionnels, d'électricité, de carburant, d'amortissement de voiture, etc. et encore moins amortir le capital. Le simple envoi des quittances maintenant à la charge des bailleurs coûte environ 8 € de timbres par an pour un seul locataire. Si pour un propriétaire n'ayant qu'un logement ces frais sont négligeables, il n'en est pas de même pour les bailleurs professionnels avec des frais de gestion de 5 à 8 %. D'ailleurs ces frais sont connus, car les agences immobilières qui gèrent les biens des bailleurs, facturent entre 5 et 8 % des loyers. Pourquoi ne pas retenir ces chiffres incontestables ?

Notons que l'Etat facture 8 % de « frais de rôle » pour la gestion des ordures ménagères à la charge là encore du propriétaire !

La GRL une nouvelle charge et une fausse bonne idée

La GRL qui a remplacé le Locapass gratuit est une nouvelle charge pour les bailleurs privés. Cette assurance qui doit garantir les impayés de loyers coûte entre 2,5 % et 4 % des loyers selon les assureurs et n'est payée que par les propriétaires privés, les bailleurs publics conservent eux seuls, le privilège du Locapass gratuit.

La taxation de la plus-value de moins de 30 ans

Les plus-values immobilières sont le complément indispensable de la gestion d'un patrimoine qui ne rapporte plus suffisamment avec les seuls loyers. L'augmentation continue et déraisonnable des taxes foncières ainsi que la création des nouvelles taxes ajoutées à la hausse des impôts et des travaux nécessaires pour l'entretien du patrimoine ont réduit à néant la marge laissée par les seuls loyers. Dans un patrimoine important, d'un bailleur accédant, il est indispensable depuis 2007- 2008 de vendre un bien tous les ans ou tous les deux ans pour payer les dépenses courantes et assurer le salaire des propriétaires accédants ou des actionnaires en cas de SCPI. La taxation des plus-values devrait tenir compte également des éventuels déficits fonciers comme cela existait avant la réforme Raffarin qui a supprimé la compensation entre les plus-values et les déficits fonciers. Cette réforme est un vrai défi aux règles comptables et devra être revue, car dans toute entreprise et dans tout bilan, les pertes sont compensées par les bénéfices.

Pour prétendre à l'équité fiscale il faudrait ramener la plus-value immobilière globale lors d'une vente, à une plus-value annuelle en divisant la plus-value par le nombre d'années de détention. Les contribuables comprendraient mieux la taxation de la plus-value par la comparaison avec un autre revenu, jamais dans cette option, la part de l'impôt n'atteindrait 30 %, cela permet d'affirmer que la taxation actuelle des plus-values est inéquitable.

Avec la vente d'un bien de 300 000 €, acheté ou recueilli dans une succession pour une valeur de 100 000 € vingt ans auparavant, la plus-value annuelle serait de 10 000 € (200 000 € divisée par 20). L'incidence fiscale logique si elle était ramenée à l'année ne génèrerait guère d'impôt malgré le triplement de la valeur du bien.

La conséquence de cette taxation jusqu'à 30 ans de détention est une incitation au « dessous de table » pour échapper à la spoliation de cette mesure. Cette règlementation a bloqué le marché immobilier. Le Président Hollande a ramené à 22 ans la durée de détention pour l'impôt, mais pas pour la CSG.

La base économique de la plus-value devrait tenir compte de la réalité de la durée de la détention or Jean Bosvieux rappelle que selon une étude d'Anne Laferrère, l'ancienneté moyenne de détention est de l'ordre de 15 ans pour les logements achetés et de 14 ans pour les logements reçus à titre gratuit. Violer cette pratique économique pour des considérations fiscales ou électorales aura des conséquences sur les comportements des investisseurs dans le sens d'un désintéressement accru de ce type d'investissement.

5. Une jurisprudence restreignant de plus en plus les droits des bailleurs

Ce paragraphe a simplement pour objectif, par quelques exemples, d'attirer l'attention sur la participation de la jurisprudence à l'évolution du droit locatif dans le sens d'une réduction du droit de propriété au détriment des propriétaires ; cette partie sera plus largement développée dans le chapitre VII.

Une liste des réparations locatives obsolète interprétée en faveur des locataires par la jurisprudence

Les décrets du 26 août 1987 sur les charges récupérables et les réparations locatives ont donc 25 ans. Sur le plan technique ils sont obsolètes sur nombre de points. Le bâtiment a évolué : les bilames et pistons n'existent plus dans les chaudières et chauffe-eau, les chaudières neuves n'ont plus d'allumage piézo-électrique, il n'y a plus de mastic sur les fenêtres en double vitrage, on ne remplace plus les clavettes dont personne ne se souvient à quoi elles servaient, on ne pratique plus de rodage des sièges de clapets des robinets, car il n'y a plus d'artisans pour le faire, on remplace le robinet, on ne remplace plus le flotteur de chasse d'eau, mais l'ensemble du mécanisme, car on ne trouve plus de flotteur séparé, bientôt il sera moins coûteux de remplacer le réservoir en entier que de changer le mécanisme, etc.

Le terme de « menue réparation », sans indication de chiffres, qui est employé à plusieurs reprises ne signifie rien, il est source de malentendus continuels entre bailleurs et locataires, en raison de leur âge, ces décrets posent plus de problèmes qu'ils n'en résolvent.

Par exemple, on sait que le remplacement d'une ampoule est une réparation locative, mais quand l'ampoule est alimentée par un transformateur basse tension comme dans une salle de bains, est-ce que son remplacement est une réparation locative ? Le coût du transformateur lui-même est de 50 € environ ce qui est encore une petite réparation et donc serait à la charge du locataire, mais si l'on ajoute la main-d'œuvre de l'artisan et son déplacement pour 80 € pour arriver à 130 €, on dépasse certainement les petites réparations locatives. Alors quoi faire ? On devine que l'Etat n'est pas pressé de légiférer sur ce point pour ne pas heurter les locataires. Le problème se pose aussi pour les groupes de sécurité des chauffe-eau qui s'usent rapidement, les robinets mitigeurs... Il n'existe pratiquement plus de petites réparations à moins de 150 €, en raison des frais de déplacement et de l'augmentation régulière de la main-d'œuvre surtout dans les grandes villes. La jurisprudence varie d'un tribunal à l'autre et même d'un juge à l'autre dans le même tribunal, mais est plutôt favorable aux locataires selon l'enquête de 2010 du journal de « Particulier à Particulier ».

La vétusté, un concept à géométrie variable, soumis à l'appréciation personnelle des juges, source d'insécurité juridique

La vétusté devient peu à peu une nouvelle façon de violer le précepte de « la jouissance en bon père de famille ». L'usure du logement varie en fonction de l'usage plus ou moins respectueux de ses occupants ; par exemple la cuvette d'un WC chez un propriétaire occupant peut avoir une durée de vie de 30 ou 40 ans, car l'eau ne peut l'user même si elle est calcaire alors que certains WC dans les logements locatifs, sont noirs en moins de 2 ans si le locataire ne détartre jamais. De même, une tapisserie ou une peinture seront en parfait état en 20 ou 30 ans chez les uns alors qu'il est fréquent de devoir repeindre un logement de fumeur après seulement deux ans. Dans ce cas, il s'agit d'une usure anormale n'ayant rien à voir avec la vétusté, pourtant les bailleurs entendent dans ces cas-là, le locataire prétendre qu'il a bien le droit de fumer chez lui. La loi n'a rien prévu et c'est donc au juge de décider, de manière arbitraire fatalement, s'il y a vétusté ou dégradation.

Le chiffrage des dégradations soumis à l'appréciation souveraine des juges ressentie comme un arbitraire aléatoire en l'absence de barème et de grille de vétusté

Il n'y a pas de textes sur le chiffrage des dégradations et les magistrats ne sont pas des professionnels du bâtiment ce qui pose évidemment la question de l'appréciation des dégradations par un juriste qui n'a que le Droit pour l'aider à trancher ; la méconnaissance du bâtiment est un handicap pour les magistrats qui ne comprennent pas par exemple la nécessité de refaire la totalité d'un carrelage pour une quarantaine de carreaux cassés (exemple vécu). Ne connaissant pas le niveau de compétence technique des juges en matière de bâtiment, les bailleurs hésitent à introduire une instance à l'occasion de travaux de réfection. Bien des espoirs sont déçus et c'est souvent la prestation de l'avocat défendeur, qui lui-même ne connaissant pas mieux la technique du bâtiment, va aller vers la facilité en déplaçant le débat vers la forme pour escamoter le fond ; il y a une réelle insécurité juridique, déplorable pour l'équité. Le coût d'une expertise est souvent disproportionné par rapport aux enjeux en cause, il manque un barème et une grille de vétusté. L'échevinage avec un assesseur locataire et un autre propriétaire serait une solution. Ce point sera approfondi dans le chapitre VII.

Les 8 % de frais de rôle sur les ordures ménagères : une pénalité pour service rendu qui génère de la résistance

L'Administration des Impôts facture aux propriétaires les ordures ménagères dues par les locataires même si le logement est vide, le bailleur devient une sorte de percepteur bénévole, car il ne reçoit aucune commission. Pire, si le logement est vacant pendant plusieurs mois il devra payer la taxe sans pouvoir la refacturer.

L'Etat ajoute 8 % de frais pour la gestion de cette taxe que les bailleurs refacturaient logiquement aux locataires et personne n'y trouvait à redire ; il n'y avait pas de prise de bénéfice par les bailleurs, mais simplement service gratuit. Le 30 octobre 2002, un arrêt regrettable de la Cour de Cassation a jugé que ces 8 % ne faisaient pas partie de la liste limitative des charges récupérables pour en tirer la conséquence inique que les bailleurs n'avaient pas le droit de refacturer ces frais de gestion de rôle.

On en arrive donc à la situation invraisemblable que le bailleur est obligé d'avancer le montant de la taxe d'enlèvement des ordures ménagères (TEOM) de son locataire même si celui-ci ne le paye pas et qu'en plus il doit subir 8 % de pénalité pour avoir le seul tort d'être propriétaire en étant destinataire de la TEOM à la place de son locataire !

Pourtant en droit, l'accessoire suit le principal et donc les propriétaires sont fondés à refacturer les 8 % de frais de rôle, car ils sont l'accessoire de la TEOM. L'avis d'imposition s'impose aux propriétaires qui subissent déjà l'obligation d'avancer cette taxe avec l'incertitude d'être remboursés par les locataires. Si les locataires recevaient directement la TEOM, les frais de rôle de 8 % leur seraient facturés, il y a donc un effet d'aubaine pour les locataires qui refusent de payer ces 8 %. L'argument de l'absence de service pour les locataires des frais de rôle soulevé par la Cour de Cassation est hypocrite, car une taxe n'a pas pour objet de rendre service aux contribuables ; il démontre au contraire la partialité des juges suprêmes qui depuis peu ne s'intéressent bien souvent qu'au sort des locataires. L'autre argument sur le fait que les frais de rôle ne sont pas mentionnés sur la liste des charges récupérables est également fantaisiste, il démontre seulement que la liste est obsolète, l'équité et le bon sens commandent d'ajouter ces frais de rôle à la refacturation de la TEOM. Enfin cette dernière est attachée à l'occupation et non à la détention de l'habitation ce qui devrait mettre hors de cause le propriétaire. Le dernier moyen pour justifier le basculement des frais vers le propriétaire est le plus surprenant de la part de hauts magistrats qui manifestement sont bien éloignés de la gestion : « *la modicité de la somme ne mettrait pas en péril sa trésorerie et le propriétaire peut déduire ces frais de rôle de ses revenus* » ! C'est encore une chance semble-t-il. On pourrait dire aussi avec la même inconséquence que si le propriétaire ne percevait plus ses loyers il ne paierait plus d'impôts ; devrait-il s'en réjouir ?

6. La calamiteuse loi ALUR-Duflot : désastreuse pour les bailleurs dans un premier temps, catastrophique pour les locataires ensuite, qui annonce un désastre immobilier

Ce dernier avatar contre les propriétaires va accroitre le sentiment d'injustice et de stigmatisation qui encouragera la désertion de l'investissement locatif. Avec un texte indigeste de 177 articles, où est le choc de simplification ?

a. Une loi plus contraignante

Le contrat de bail devra respecter un contrat type défini par décret

Le contrat devra indiquer :

- La surface habitable avec la sanction d'une action par le locataire en diminution de prix, si la surface indiquée sur le bail est inférieure de plus d'1/20e à la réalité, notons que les diagnostiqueurs indiquent la surface dans le DPE.
- Le montant et la date de versement du dernier loyer acquitté par le précédent locataire, lorsque celui-ci a déménagé moins de 18 mois avant la signature du bail.
- Le montant et la nature des travaux effectués dans le logement depuis l'expiration du dernier bail.
- Le loyer de référence et le loyer de référence majoré correspondant à la catégorie de logement, définis par le préfet dans les zones tendues où s'applique l'arrêté.
- Le renoncement éventuel à la GUL (Garantie Universelle des Loyers).

En cas d'absence d'une des mentions obligatoires, le locataire peut dans un délai d'un mois à compter de la prise d'effet du bail, mettre en demeure le propriétaire de porter ces informations dans le bail. A défaut de réponse dans un délai d'un mois, le locataire peut saisir le tribunal dans un délai de trois mois à compter de la mise en demeure, afin de demander une diminution de loyer.

Deux diagnostics supplémentaires qui vont alourdir la gestion locative et qui portent à cinq le nombre de diagnostics obligatoires

- Un diagnostic sur l'amiante

Ce sont les poussières d'amiante qui sont dangereuses pour la santé et non pas les tuyaux en amiante-ciment, ni les plaques d'amiante-ciment disposées dans les cloisons, ni les tôles éverites anciennes en amiante-ciment, il n'est pas certain que ce diagnostic soit d'une grande utilité pour les logements.

- Un diagnostic sur l'installation électrique

Tout le monde sait que les normes électriques changent tous les ans, mais que ce n'est pas pour cela qu'un logement qui n'est pas aux normes du jour met en péril la sécurité des personnes. Les nouvelles normes électriques imposent par exemple 3 prises de courant, une prise TV et une prise téléphone dans chaque chambre, mais leur absence ne met pas en danger les occupants. Il y a confusion entre l'absence de mise aux normes et la mise en danger d'autrui. Cette mesure est utile pour éliminer les taudis, mais était-ce bien nécessaire pour les millions de logements en bon état qui ne sont pas aux normes, mais qui sont protégés par des disjoncteurs différentiels ?

b. Une loi déséquilibrée en faveur des locataires

Les pièces justificatives

La liste des pièces justificatives sera fixée par décret en Conseil d'Etat. Il est possible désormais de vérifier la véracité des avis d'imposition avec le numéro fiscal et la référence de l'avis sur : https://cfsmsp.impots.gouv.fr/secavis/

L'état des lieux

Dans un délai de 10 jours après l'état des lieux d'entrée, le locataire peut demander au bailleur de compléter ce document s'il a constaté des troubles qui se sont révélés avec l'utilisation du bien et qui n'étaient pas détectables le jour de la rédaction de l'état des lieux. Par contre, lorsque l'état des lieux de sortie a été établi, le bailleur ne peut rien ajouter même s'il constate rapidement des dysfonctionnements parfois dissimulés par l'ancien locataire !

Il faut craindre des dérives en fonction de la jurisprudence à venir sur les dysfonctionnements constatés, car ces observations pourront se faire après l'emménagement dont chacun sait qu'il peut être cause de rayures sur les sols et de coups dans les cloisons et les escaliers. Or si le bailleur n'a pas noté de problèmes dans l'état des lieux du locataire entrant, c'est qu'il n'a rien constaté dans l'état des lieux de sortie du précédent locataire. Cela veut dire qu'il devient victime des dysfonctionnements cachés par le locataire précédent. En effet, ceux-ci sont rarement le fait des bailleurs pour la simple raison qu'ils n'habitent pas dans le logement. Cette mesure consacre l'inégalité locataires-bailleurs et devra être modifiée si l'on veut éviter d'aggraver le sentiment d'ostracisme légal vis-à-vis des bailleurs.

La révision du loyer

Avant la loi Duflot, les bailleurs pouvaient revaloriser leurs loyers et même remonter cinq ans en arrière selon la même prescription quinquennale qui s'appliquait à toutes les activités. Dorénavant, les bailleurs qui auraient oublié de revaloriser leurs loyers perdront le bénéfice de cette revalorisation au-delà l'année écoulée. C'est-à-dire que la prescription de revalorisation deviendrait annuelle, en contradiction avec celle du Code civil qui était utilisée habituellement, il s'agit donc d'une nouvelle discrimination à l'encontre des propriétaires.

La prescription locative

Par exception avec la prescription quinquennale des consommateurs, la prescription des loyers impayés et des charges locatives est réduite à trois ans seulement. Dans les relations locatives ce sont généralement les propriétaires qui peuvent être amenés à demander des régularisations et très anecdotiquement les locataires, il s'agit là aussi d'une discrimination supplémentaire à l'encontre des propriétaires.

Le défaut d'assurance

Le défaut d'assurance du locataire peut être pallié par la possibilité pour le bailleur de souscrire à sa place une assurance multirisques habitation, mais alors le bailleur doit renoncer à demander la résiliation du bail pour ce motif. Le dilemme qui se posera alors au bailleur sera de se faire rembourser la prime d'assurance par le locataire or si ce dernier n'a pas payé son assureur on peut supposer qu'il ne paiera pas davantage son bailleur. Plus grave, si le bailleur refuse de prendre cette assurance et qu'un sinistre survienne, qu'adviendra-t-il de sa responsabilité ? On peut craindre une jurisprudence qui incrimine le bailleur ayant refusé cette possibilité et s'il s'agit d'un incendie ne faut-il pas redouter une faillite si aucun assureur ne veut payer ? Les bailleurs devront donc vérifier auprès de leur assureur que ce dernier prendra bien en charge le sinistre, ce qui donnera lieu à une augmentation des cotisations. Comme il n'y a plus de sanction, on cherche les motifs qui pousseront les locataires à s'assurer, ce qui est une déresponsabilisation supplémentaire et une source nouvelle de contentieux. On est loin de la volonté de l'Etat de vouloir apaiser les relations locatives.

La mise en conformité aux normes de décence

Dorénavant, la CAF pourra en plus du locataire, demander la mise en conformité d'un logement. Or dans bien des cas, l'expert diligenté et la commission sur les logements insalubres ne cherchent pas à savoir qui du locataire ou du propriétaire est responsable de cet état de fait ; le propriétaire n'est même pas toujours convoqué ce qui est une violation du contradictoire. Les bailleurs ont intérêt à avoir un état des lieux d'entrée sans équivoque sur la qualité de leurs logements avec un dossier de photos signées par les locataires.

Les détecteurs de fumée

Les détecteurs de fumée devaient être posés par les locataires or les bailleurs ont constaté que cela n'avait jamais été fait, la loi Duflot met désormais cette obligation à la charge des propriétaires. L'entretien, c'est à dire le changement de pile doit être fait par le locataire. Les bailleurs doivent s'assurer lors de l'état des lieux de sortie que la pile est en état, mais comment faire quand le détecteur est au plafond et qu'il n'y a plus aucun meuble dans le logement, doivent-ils se munir d'un escabeau lors de l'état des lieux ? Est-ce que leur responsabilité sera engagée en cas de piles usagées et qu'ils n'auront pu le vérifier ou auront oublié de le faire ? Cet article sera source de contentieux.

Les honoraires d'agence

La loi prévoit le partage des honoraires des mandataires pour effectuer la « visite du preneur », constituer son dossier et rédiger le bail. Ces honoraires seront plafonnés par décret, les autres honoraires de négociation sont à la charge du seul bailleur. Or chacun sait que ce sont les honoraires de négociation qui sont les plus élevés, il s'agit d'une discrimination supplémentaire vis-à-vis des bailleurs et d'une difficulté probable avec les agences immobilières, car on ne sait ce qui distingue la « visite du preneur », de la négociation. Cet article sera source de contentieux.

Les congés

Le congé du bailleur se durcit : en cas de congé pour reprise, il faudra indiquer les noms et adresses du bénéficiaire de la reprise, la nature du lien entre le bailleur et le bénéficiaire, le caractère réel et sérieux de la décision de reprise. Il n'est que de se rappeler l'histoire du motif réel et sérieux dans l'instance prud'homale pour être certain que cette intrusion d'un motif réel et sérieux sera l'occasion de multiples procédures pendant des années tant que la jurisprudence n'aura pas dit en quoi consiste ce motif. Plus étonnante est la possibilité pour le juge de se saisir d'office pour vérifier la réalité du motif du congé et le respect des obligations du présent article. Il s'agit d'une perte de liberté pour les bailleurs dans l'exercice de leur droit de propriété pourtant réputé inaliénable. Au demeurant, la pénalisation vient s'inviter dans le droit du logement avec une amende pénale comprise entre 3000 et 20 000 € en cas de congé frauduleux. Une notice prise par arrêté, relative aux obligations du bailleur et aux voies de recours et d'indemnisation du locataire sera jointe au congé. En cas d'un bien acheté occupé, la possibilité de donner congé est sévèrement encadrée « *En cas d'acquisition d'un bien occupé, tout congé pour vente n'est autorisé qu'à compter du terme du premier renouvellement du bail en cours et tout congé pour reprise n'est autorisé qu'à compter du terme du bail en cours ou, si le terme du bail intervient moins de deux ans après l'acquisition, après un délai de deux ans* ». La lecture de ce texte consacre la complexification du droit du logement et le rendra difficilement applicable aux non professionnels que sont habituellement les propriétaires d'un seul bien. Ces nouvelles contraintes vont peser sur l'investissement locatif.

Les délais de préavis

Trois nouveaux cas de préavis réduits à un mois viennent de se créer :

- Dans les zones tendues couvertes par un observatoire des loyers.
- La condition de l'âge (plus de 65 ans) pour bénéficier du préavis réduit d'un mois disparaît au profit d'un motif médical. Par contre, il n'y a pas de sanction pénale pour motif médical frauduleux ou de complaisance comme on aurait pu s'y attendre dans une égalité de droits locataire-propriétaire.
- Le locataire qui obtient un logement HLM bénéficie d'un préavis réduit ce qui est un indice supplémentaire de concurrence déloyale dans la mesure où les bailleurs privés ayant des logements sociaux n'ont pas droit à cette réduction de préavis.

Deux nouveautés pénalisantes risquent d'écarter à l'avenir les locataires âgés qui souhaiteraient entrer dans le parc privé dans la mesure où les locataires âgés de plus de 65 ans ayant de faibles ressources ne peuvent recevoir de congé sans une offre de relogement sauf si le bailleur a lui-même plus de 65 ans. La même obligation existe si le locataire a à sa charge, une personne de plus de 65 ans ayant de faibles ressources, vivant habituellement dans le logement. Comment fera un bailleur privé n'ayant qu'un seul logement pour offrir un relogement ?

Restitution du dépôt de garantie

Le délai de restitution reste de deux mois sauf si l'état des lieux de sortie est conforme à celui d'entrée. A défaut de respecter le délai prévu, le dépôt de garantie dû sera majoré de 10 % du loyer mensuel, pour chaque période mensuelle commencée avec retard.

Les retards de paiement des locataires ne sont plus sanctionnés

A l'inverse, les retards de paiement des locataires ne seront plus sanctionnés par une majoration de retard ou une clause pénale comme cela était possible avant la loi ALUR, ce qui va obliger les bailleurs à plus de circonspection dans le choix des locataires et donc à éliminer de facto les candidatures incertaines ! Cette disposition rendra plus difficile l'accès au parc privé pour les ménages pauvres ou les renverra vers les logements dégradés, ce qui contribuera à maintenir en place toute une partie du parc privé en mauvais état. Il s'agit d'une discrimination à l'encontre des propriétaires.

Une réglementation spécifique pour les zones tendues

Au total 28 agglomérations seraient concernées par ces zones tendues : Ajaccio, Annecy, Arles, Bastia, Bayonne, Beauvais, Bordeaux, Draguignan, Fréjus, Genève, Annemasse, Grenoble, La Rochelle, La Teste-de-Buch-Arcachon, Lille, Lyon, Marseille-Aix-en-Provence, Meaux, Menton-Monaco, Montpellier, Nantes, Nice, Paris, Saint-Nazaire, Sète, Strasbourg, Thonon-les-Bains, Toulon, Toulouse. A long terme, toutes les villes de plus de 50 000 habitants peuvent être concernées si l'Etat veut faire baisser les loyers dans une ville.

Dans les zones tendues, le préfet fixera chaque année, sur proposition de l'observatoire des loyers, par secteur géographique et par type de logement, un loyer de référence, un loyer de référence majoré (qui ne pourra être supérieur à 20 % du loyer de référence) et un loyer de référence minoré (qui ne pourra être supérieur au loyer de référence diminué de 30 %).

Dans les zones régies par un observatoire des loyers, les bailleurs pourront « librement » choisir le montant des loyers à condition de ne pas dépasser le loyer de référence majoré. Le bailleur aura la possibilité d'appliquer au loyer de base « un complément de loyer exceptionnel » pour des logements exceptionnels. Les caractéristiques du logement doivent alors être mentionnées dans le bail.

Le locataire pourra saisir le tribunal si le loyer est supérieur au loyer de référence majoré. Il pourra saisir la Commission Départementale de Conciliation ou le juge pour contester le complément de loyer exceptionnel. La loi ALUR-

Duflot permet donc au locataire de renier sa signature dès qu'il est entré dans les lieux, ce qui est exorbitant du droit commun et autorise la mauvaise foi en violation de l'article 1134 du Code civil qui stipule que « *les conventions doivent être exécutées de bonne foi* ». Par contre le bailleur qui se serait trompé dans le montant du loyer ne pourra pas revenir sur le loyer fixé dans le bail (sauf si son loyer est inférieur au loyer de référence minoré, mais ne pourra dépasser le loyer minoré) ce qui fait penser à une loi à deux vitesses.

Lors du renouvellement du bail, le locataire pourra contester son loyer si celui-ci dépasse le loyer de référence majoré. Le bailleur qui souhaitera augmenter son loyer lors du renouvellement devra envoyer un texte très précis avec les articles de loi, 6 mois avant la fin du bail sous peine de nullité.

Ces loyers de référence s'appliqueront aux logements neufs contrairement à la loi de 1948 et à celle du 6 juillet 1989. Cette disposition sera un frein aux nouveaux investissements dans les zones tendues, car le neuf est presque toujours plus cher que l'ancien et ne permet pas le même rendement ; ainsi la loi Duflot va accentuer la crise du logement dans les zones tendues. On a déjà noté en juin 2014, un blocage du marché immobilier. Les observatoires des loyers ne sont pas obligés de tenir compte des différences de prix entre l'ancien et le neuf, le loyer de référence intègrera les baisses de loyer des logements conventionnés social et très social ce qui tirera la moyenne vers le bas et situera le loyer de référence majoré bien en deçà du prix du marché. Or chacun sait que sur le long terme les prix administrés trop éloignés de la réalité ont des conséquences désastreuses sur le marché.

Ces prescriptions ont un relent de la loi de 1948 or on connaît les dégâts qu'a occasionnés cette loi de 1948. Il est donc facile de prévoir que la loi ALUR va entrainer une vétusté du parc privé par impossibilité pour les bailleurs de réaliser les rénovations nécessaires. Cette loi accélèrera la destruction du parc privé, puis augmentera la crise du logement et dans un troisième temps pourrait précipiter la nationalisation du logement.

Les logements meublés

Les logements meublés constituant la résidence principale du locataire sont dorénavant soumis au droit commun ce qui réduira l'intérêt de ce type de location.

La Garantie Universelle des Loyers (GUL)

Le gouvernement a renoncé à l'interdiction de la caution personnelle. La GUL sera possible pour les baux n'ayant pas de garant, elle couvrira les contrats de location à compter du 1er janvier 2016, mais ne sera pas obligatoire.

La solidarité des locataires s'arrête si l'un d'eux résilie le bail

Avant la loi ALUR, la solidarité des époux se maintenait en cas de divorce, l'époux qui donnait son préavis était responsable du paiement des loyers de son ex-épouse, dorénavant cette solidarité disparaît. Ainsi les bailleurs qui avaient sélectionné un couple en fonction des revenus d'un seul se trouveront démunis si le locataire restant en place n'a pas de revenu. La loi permet donc que les conditions qui prévalaient au contrat puissent s'anéantir sans que le bailleur ait de recours. Si l'on imagine le cas le plus probable d'une mère de famille sans profession, élevant seule ses enfants, abandonnée par son mari, se retrouvant sans ressources le temps du divorce, puis n'ayant qu'une pension alimentaire faible ou même versée irrégulièrement...que se passera-t-il ? On imagine le désarroi d'un bailleur modeste qui aura fait confiance à un couple solvable et qui devra affronter l'insolvabilité d'une locataire sans ressources et ne pourra l'expulser avant deux ans et qui n'obtiendra pas le concours de la force publique en raison des enfants en bas âge ! Les juges devront trancher le futur litige judiciaire entre deux pauvretés. Il s'agit selon les bailleurs d'une mesure inique ; pour se protéger, les bailleurs devront donc demander à l'époux le plus solvable de devenir le garant du moins solvable ; on est dans l'invraisemblable !

On ne connaitra les conséquences de la loi ALUR-Duflot sur le marché qu'après plusieurs années de fonctionnement, mais il est évident pour tous les professionnels et surtout pour les bailleurs privés qu'il s'agit d'un choc de complexification qui mettra hors la loi, la plupart des petits bailleurs qui n'ont pas une connaissance suffisante du droit. Certains articles de la loi sont difficilement compréhensibles, car ils ont été rédigés trop rapidement sans concertation avec les bailleurs privés, le manque de précision de certains articles permettra une recrudescence des contentieux locatifs. Le cousinage de cette loi avec le Code du travail permet de prévoir une jurisprudence contradictoire pendant les premières années, mais surtout les 79 % de bailleurs qui n'ont que 1 ou 2 logements et qui n'emploient pas d'expert-comptable comme dans les petites entreprises, seront condamnés systématiquement pour non-respect de la loi. La conséquence est facile à prévoir, ils abandonneront dès la première condamnation et le parc privé diminuera au profit du parc public. L'Etat devra financer encore plus le parc public en s'endettant davantage. Sur le plan électoral, ces condamnations à la chaine génèreront de la frustration et de la colère et la future majorité devra revoir intégralement la loi Duflot. Les commentaires ci-dessus ne concernent que les bailleurs et locataires, mais la loi ALUR est également un non-sens pour les professionnels qui vivent de l'immobilier et qui estiment déjà que la loi ALUR provoquera des milliers de licenciements.

Le 13 juin 2014, le gouvernement a pris conscience que la loi ALUR a déjà eu l'effet inverse de ses objectifs en effrayant les bailleurs privés qui revendent leurs biens ou attendent avant de se décider à un nouvel achat, si bien que l'immobilier est paralysé. Et ce sont les agents immobiliers, les syndics, les entrepreneurs du bâtiment qui rapportent la peur des bailleurs privés et font prendre conscience à l'Etat que la loi ALUR est la loi de trop en gelant les transactions, l'Etat envisage de « détricoter » la loi. Mais quelle sera l'importance de la prise de conscience ? La loi sera-t-elle supprimée ? On le voit, les députés qui ont voté n'ont pas mesuré les conséquences négatives de la réforme de Madame Duflot, ce qui est l'illustration de l'autisme politique d'une élite parisienne.

CONCLUSION DU CHAPITRE

Ce chapitre a recensé les attaques successives (législatives, jurisprudentielles et fiscales) contre le droit de propriété. Il en ressort une impression de guerre incessante contre les propriétaires et une infantilisation des locataires, mais cette aide aux locataires durant leur vie professionnelle se retourne contre eux au moment de la retraite, car avec des revenus amoindris ils doivent toujours payer un loyer n'ayant pas été incités à devenir propriétaires de leur logement. Il est clair que la volonté de l'Etat de réduire la part des dépenses de logement dans le budget des ménages a pour objectif de favoriser la consommation des autres biens de consommation. Est-ce que ce choix est judicieux à long terme sachant que le bâtiment est un des moteurs de la croissance ? Sur le long terme, il est pourtant évident que l'incitation à devenir locataire social entraine souvent l'obligation de le rester et donc de ne pas devenir propriétaire ; or un propriétaire ne paye généralement des mensualités que sur 20 ans.

La loi ALUR est un monstre administratif qui demandera des années pour être compris et appliqué, ce qui entrainera une mise hors la loi de la majorité des petits propriétaires qui seront donc la cible de locataires avertis de leurs droits et enclins à plus de procédures judiciaires ; c'est une catastrophe annoncée au même titre que la prétendue protection de la loi de 48. Les gouvernants semblent ne pas avoir de mémoire, les mêmes causes ayant les mêmes effets, la protection à court terme des locataires sera la cause d'une nouvelle crise du logement par la désaffection des petits bailleurs découragés. L'incertitude viendra de la part de marché que s'octroiera le parc public grâce à la loi Duflot-ALUR au détriment du parc privé. Il faut espérer qu'un peu de bons sens s'empare d'une nouvelle majorité pour revoir cette loi calamiteuse et revenir sur les lois Sarkozy qui avaient déjà déséquilibré les rapports locatifs…à moins que les décrets nécessaires à son application, ne vident cette loi de ses aberrations.

Après ce constat de la dégradation législative du droit de propriété, nous allons caractériser le logement français à l'aide de statistiques qui illustrent l'invasion du logement public et la perte de parts de marché du parc privé dans un secteur en expansion quantitative et qualitative.

DEUXIÈME PARTIE

CARACTÉRISTIQUES DU LOGEMENT FRANÇAIS

CHAPITRE III

Les principaux chiffres du logement

Article II de la Déclaration des droits de l'homme et du citoyen - *« Le but de toute association politique est la conservation des droits naturels et imprescriptibles de l'homme. Ces droits sont la liberté, la propriété, la sûreté et la résistance à l'oppression. »*

Les références suivantes proviennent des Comptes du logement, de l'INSEE, de l'INED (Institut d'Etudes Démographiques), des Enquêtes logement et de CLAMEUR (l'observatoire privé des loyers).

A. LES GRANDS AGREGATS : LOGEMENT ET DEMOGRAPHIE

Le graphique 1 illustre la part croissante du parc public depuis la Deuxième Guerre mondiale, une simulation pour l'année 2033 tirée du tableau 100 démontre la tendance vers la nationalisation du logement.

Graphique 1 - Répartition Parc public/ Parc privé

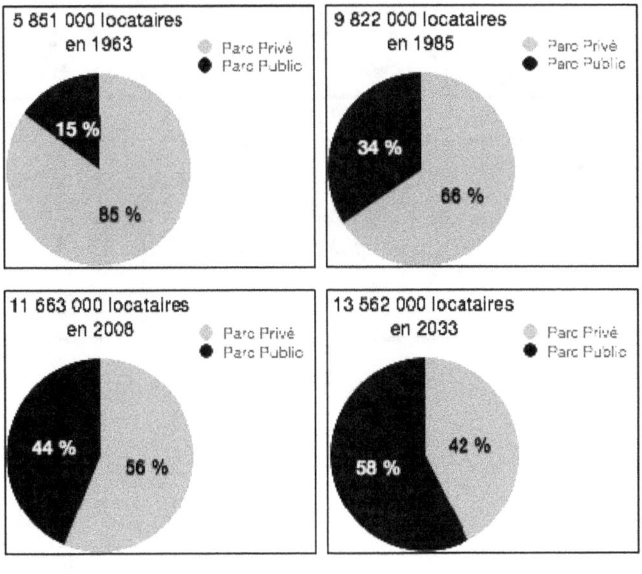

Le premier tableau permet de situer le logement par rapport aux grands agrégats macro-économiques.

Tableau 1 - Les grands agrégats des comptes du logement

	Montant en valeur (milliards d'euros)					Évolution annuelle (en %)			
	1984	2000	2009	2010	2011	2011/ 1984	2011/ 2000	2010/ 2009	2011/ 2010
LES DEPENSES EN LOGEMENT	135,2	291,5	424,8	430,9	443,7	4,5	4,0	1,4	3,0
Dépenses courantes de logement	84,8	203,7	293,8	304,6	308,8	4,9	4,1	3,7	1,4
Loyers (yc redevances)	52,1	149,9	219,5	224,8	229,2	5,6	4,1	2,4	2,0
Énergie	23,5	34,9	46,6	51,2	49,7	2,8	3,9	10,0	-3,0
Charges	9,2	18,9	27,7	28,6	29,9	4,5	4,2	3,3	4,4
Dépenses d'investissement	49,2	84,2	124,9	119,9	128,3	3,6	3,6	-4,0	7,0
Logements neufs	30,5	46,0	71,6	62,3	67,8	3,0	3,1	-13,0	8,9
Travaux	16,5	31,8	44,7	46,0	47,0	3,9	3,8	2,9	2,2
Acquisition-cessions logements anciens	2,1	6,4	8,6	11,7	13,6	7,1	6,2	35,9	15,8
Flux financiers	1,3	3,6	6,2	6,4	6,6	6,3	5,8	3,0	3,0
LES FINANCEMENTS PUBLICS	13,9	25,2	39,1	42,4	44,9	4,4	5,3	8,5	6,1
Avantages conférés aux consommateurs	4,7	13,7	17,6	17,6	18,2	5,1	2,6	0,3	3,4
dont aides personnelles perçues	4,5	12,3	15,6	15,9	16,3	4,9	2,6	2,0	2,7
Avantages conférés aux producteurs	9,2	11,5	21,5	24,7	26,7	4,0	7,9	15,2	8,0
dont aides à la pierre (1)	4,8	4,8	7,7	8,7	8,9	2,3	6,1	13,8	2,0
PIB en valeur	695	1 440	1 886	1 937	1 997	4,0	3,0	2,7	3,1
Revenu disponible des ménages (RDB)	465	913	1 265	1 290	1 324	4,0	3,7	2,0	2,6
	Ratio en %					Ecart en points			
Le poids du logement dans l'économie									
Dépense en logement/PIB	19,5	20,2	22,53	22,2	22,2	0,1	0,2	-0,3	0,0
Avantages conférés/PIB	2,00	1,75	2,07	2,19	2,25	0,2	0,1	0,4	-0,3
Dépenses courantes nettes des aides personnelles / RDB	17,3	20,9	22,0	22,4	22,1	0,0	0,0	0,1	0,1

Source : CSL 2011 et Insee-Comptes nationaux

Les aides à la pierre sont des aides versées. Elles comprennent des frais de gestion et ne sont donc pas strictement incluses dans les avantages conférés.

Les propriétaires sont assimilés par la Comptabilité nationale à des producteurs et à des consommateurs de service logement. En achetant leur logement, les propriétaires occupants deviennent des producteurs comme les bailleurs, l'achat est un investissement dont la production est rémunérée par un loyer fictif (imputé) qui rémunère le service du logement considéré alors comme une consommation. Les loyers imputés aux propriétaires occupants et aux propriétaires de résidences secondaires s'ajoutent aux loyers réels des locataires privés et publics. Ce sont ces loyers imputés (fictifs, ou virtuels) que l'Etat a envisagé de taxer en 2013, ce qui aurait créé une quatrième taxe à partir d'un même bien (taxe foncière, taxe d'habitation, taxe sur les loyers virtuels, ISF).

La progression des dépenses de logement doit être analysée avec précaution, car la production de résidences secondaires est inclue dans les dépenses de logements et ne signifie donc pas que les ménages sont pénalisés, car il s'agit au contraire d'un significateur d'enrichissement.

Tableau 2 - Evolutions comparées de la population et du nombre de ménages

	1975	**1982**	**1990**	**1999**	**2005**	**Evolution annuelle moyenne 1975-2005 (%)**
Champ : France métropolitaine						
Population (en milliers)	52 599	54 296	56 652	58 492	60 702	0,48
Nombre de ménages (en milliers)	17 745	19 589	21 542	23 776	25 689	1,24
Nombre de personnes par ménage	2,88	2,70	2,57	2,40	2,31	-0,74

Source : Insee et SESP, recensements 1975 à 1990, estimations à partir du recensement 1999, de Sitadel, et de l'enquête annuelle de recensement 2005

L'impact du vieillissement de la population sur la taille des ménages

Le nombre de ménages a augmenté pour trois raisons principales : l'augmentation de la population, son vieillissement et l'accroissement des divorces ; les deux facteurs principaux sont : l'évolution de la structure par sexe et par âge de la population, et les comportements de cohabitation (à sexe et âge donnés). La structure par âges importe, car les ménages de personnes âgées, qui n'ont plus d'enfants à charge, sont des ménages plus petits que la moyenne, l'espérance de vie plus élevée des femmes explique qu'après 60 ans, nombre de ménages se réduisent à une personne. Depuis vingt ans, les déformations de la structure par âges expliquent une bonne moitié de l'évolution du nombre de personnes par ménage.

Tableau 3 - Ménages selon le nombre de personnes en 1999 et 2008 selon l'INED

Nombre de personnes du ménage	Nombre de ménages	1999	Nombre de ménages	2008
Ensemble	23 808 072	100 %	26 615 476	100 %
1	7 380 109	31 %	8 914 849	33,5 %
2	7 414 180	31,1 %	8 776 420	33,0 %
3	3 848 586	16,1 %	3 911 419	14,7 %
4	3 276 615	13,8 %	3 303 676	12,4 %
5	1 322 024	5,6 %	1 240 991	4,6 %
6 et plus	566 558	2,4 %	468 123	1,8 %

Source INED (Institut d'études démographiques)

En 1999, l'INED décompte 23 808 072 ménages et l'INSEE 23 776 000. Il y a toujours de petites différences d'une source à l'autre, l'écart ici est de 32 072 ménages. Ce tableau de l'INED permet de comprendre où se situe le marché du logement. Manifestement, ce sont les ménages d'une et deux personnes qui sont les plus nombreux, cela ne signifie pas que le marché est prédominant pour les studios et les T2, car comme nous le verrons, la demande de surface habitable de logement par personne progresse d'année en année.

Seuls, les ménages d'une et deux personnes ont augmenté en pourcentage en 10 ans, gagnant chacun deux points, ce qui représente 1 534 740 ménages d'une personne, de plus en 2008 qu'en 1999 et 1 362 240 ménages de deux personnes de plus pour la même période.

Tableau 4 - Répartition des locataires en fonction du nombre de personnes dans un logement

	Nombre moyen de personnes	**1 pers**	**2 pers**	**3 pers**	**4 pers**	**5 pers**	**6 pers ou plus**	**Ensemble**
Propriétaires occupants	2,48	25,3	35,6	15,7	15,5	5,9	2,0	100,0
Locataires du parc privé	2,05	45,7	27,0	12,9	8,8	3,5	2,1	100,0
Locataires du parc social et des collectivités territoriales	2,46	36,6	25,1	15,4	11,8	6,3	4,8	100,0
Autres statuts	2,10	44,3	25,6	13,5	11,4	3,8	1,4	100,0
Ensemble des résidences principales	**2,37**	**32,2**	**31,8**	**14,9**	**13,3**	**5,3**	**2,5**	**100,0**

Lecture : 25,1 % des ménages du parc locatif social sont composés de deux personnes. Le parc privé loge davantage de locataires célibataires (45,7 % au lieu de 36 % dans le public) ou en couple (27 % au lieu de 25,1 %) que le parc public qui loge plus de familles d'au moins 3 personnes (15,4 % au lieu de 12,9 %).
(1) Locataires de logements meublés soumis à la taxe d'habitation, ménages logés gratuitement et locataires soumis à un bail rural.
Source : SOeS, Filocom.

B. CARACTERISTIQUES DES LOGEMENTS

1. Evolution du confort

Tableau 5 - Évolution des conditions de logement

	1963	1967	1970	1973	1978	1984	1988	1992
Nombre moyen de pièces par logement	3,23	3,37	3,46	3,58	3,7	3,79	3,91	3,98
Nombre moyen de personnes par logement	3,19	3,06	3,06	2,93	2,79	2,67	2,62	2,54
Nombre moyen de personnes par pièce	0,99	0,91	0,89	0,82	0,75	0,71	0,67	0,64
Surface moyenne des logements, en m^2			68	72	77	82	85	86
Part des logements ne possédant pas à la fois								
W-C et installation sanitaire, en %			48,6	39	26,9	15	9,6	6,2
Part des logements surpeuplés, en % (1)	37,1	27,5	23,9	21,7	17,1	12,8	11,8	10,9
Part des ménages se déclarant mal logés, en %	23,8	18,8	16,1	15,2	13,4	10,2	8,9	8,1

(1) Situation où il manque au moins une pièce par rapport au nombre normatif de pièces
Source : Enquête logement Insee et Compte du Logement paru mai 1996 INSEE PREMIERE N° 456

Ce tableau dans lequel on peut regretter l'absence de ventilation entre parc public et privé, permet de constater que tous les indicateurs de confort se sont améliorés sensiblement : la surface moyenne des logements est passée de 68 m^2

en 1970 à 86 m² en 1992 (voir graphique 18) et le confort sanitaire a évolué de 1970 à 1992 : les logements ne possédant pas à la fois un WC et une salle d'eau passent de 48,6 % à 6,2 %. Les logements surpeuplés ont régressé de 37,1 % à 10,9 % de 1963 à 1992.

Tableau 6 - Evolution du confort sanitaire

Part des logements	1984	1988	1992	1996	2002	2006
sans confort sanitaire	15 %	9,6 %	6,2 %	4,1 %	2,6 %	1,5 %

Selon l'INSEE, repris dans les comptes du logement de 2008, l'inconfort sanitaire des logements recule passant de 15 % en 1984 à 1,5 % en 2006 (graphique 17).

Tableau 7 - Diffusion en 20 ans des équipements utilisant le gaz, le fioul et l'électricité

DIFFUSION EN 20 ANS DES EQUIPEMENTS UTILISANT LE GAZ ET L'ELECTRICITE

Énergie principale de chauffage	Parc de logements en 2011 (en milliers)			Évolution entre 1991 et 2011 (en milliers)			Évolution annuelle moyenne entre 1991 et 2011 (en %)		
	Locataires	Propriétaires	Ensemble	Locataires	Propriétaires	Ensemble	Locataires	Propriétaires	Ensemble
AIC	230	800	1 030	-1 700	-1 550	-3 250	-10,2	-5,2	-6,9
Fioul	770	3 050	3 820	-870	80	-790	-3,7	0,1	-0,9
Gaz	5 570	6 150	11 720	2 290	3 180	5 470	2,7	3,7	3,2
Électricité	3 970	5 240	9 210	2 100	2 570	4 670	3,8	3,4	3,6
Autres	990	770	1 760	-170	-260	-430	-0,8	-1,5	-1,1
Ensemble	11 530	16 010	27 540	1 650	4 020	5 670	0,8	1,5	1,2

Source : Ceren et Compte satellite du logement
Champ : résidences principales en France métropolitaine
AIC : Appareil indépendant de chauffage

Lecture : Entre 1991 et 2011, 870 000 locataires n'ont plus de chauffage au fioul alors que 80 000 propriétaires se sont munis d'un tel chauffage.

Les propriétaires ont plus souvent un chauffage au fuel que les locataires (3 050 milliers contre 770 milliers) ce qui s'explique probablement par la taille des logements plus vastes en zone rurale chez les propriétaires.

Entre 1991 et 2011, il y a eu 2 290 000 locataires supplémentaires dont les logements ont été équipés d'un chauffage gaz ainsi que 3 190 000 propriétaires. Les installations de chauffage électrique ont progressé de 2 100 000 dans le parc locatif et de 2 570 000 chez les propriétaires. Les chauffages indépendants (AIC) ont considérablement baissé aussi bien chez les locataires (recul 1,7 million) que chez les propriétaires (moins 1,55 million) ce qui est le signe net d'une amélioration de confort thermique dans l'ensemble de la population.

2. Les charges des locataires

Tableau 8 - Charges des locataires en 2006

	Individuel	Collectif	Ensemble
Ménages locataires[1] (en milliers)	2 368	7 488	9 856
Charges (en euros par mois)	142	142	142
Surface habitable (en m^2)	86,6	62,0	67,9
Charges (en euros/m^2 par mois)	1,64	2,29	2,09

Source : Insee, enquête Logement.
(1) - France métropolitaine, ménages locataires d'un local loué vide, non compris les ménages locataires d'un meublé et les sous-locataires.

Les charges des immeubles collectifs sont plus élevées au m^2 que celles des logements individuels. Elles s'expliquent principalement par l'entretien des parties communes qui n'existe pas dans le logement individuel. Ce poste revient de plus en plus cher en raison des coûts de main-d'œuvre et du transfert de cette fonction vers des sociétés spécialisées pour des raisons de simplification de gestion pour les bailleurs et les syndics et de l'imputation plus facile à démontrer en cas de contentieux judiciaire. Les charges des communs comprennent aussi les ascenseurs, les gardiens.

3. Le poids des charges dans les dépenses locatives a augmenté en 2010 plus vite que les loyers

En 2011, selon le Compte du Logement, les loyers (réels et virtuels) s'élevaient à 218,2 milliards d'euros alors que les charges étaient de 49,7 milliards pour l'énergie et l'eau et à 29,9 milliards pour les autres charges ; le total des charges de 79,6 milliards représente 36,4 % des loyers. Les loyers sont indiqués très souvent charges comprises ce qui donne l'impression que les loyers augmentent plus que l'indice des prix alors que ce sont les charges qui grèvent de plus en plus le budget des ménages, cela d'autant plus que les aides au logement ne tiennent pas compte des charges. Les loyers ont augmenté de 2,7 % entre 2010 et 2012 alors que le total des loyers et charges a augmenté de 4,1 % passant de 297,8 à 310,2 milliards. En 2010, le poste énergie et eau a progressé de 11,9 %.

Tableau 9 - Le montant des dépenses courantes dans les logements ont augmenté de 4,2 % en 2010

LE MONTANT DES DEPENSES COURANTES DANS LES LOGEMENTS ORDINAIRES PROGRESSE DE 4,1 % EN 2012

Ensemble des logements ordinaires	Valeur (en milliards d'euros)		Évolution 2012p/2011 (en %)			Évolution 2011/2010 (en %)		
	2012p	2011	Valeur	Volume	Prix	Valeur	Volume	Prix
Loyers	224,2	218,2	2,7	1,1	1,6	2,0	1,1	0,9
Énergie et eau	55,7	49,7	11,9	6,7	4,9	-3,0	-10,5	8,4
Charges	30,3	29,9	1,5	-0,4	2,0	4,4	1,9	2,5
Dépenses courantes (RP+RS)	310,2	297,8	4,1	1,9	2,2	1,4	-0,8	2,2

Source : Compte du logement 2011, prévision pour 2012

Prévision

(1) Les logements ordinaires ne comprennent pas les meublés, ni les hébergements, ils sont constitués des logements loués vides. Dans ce tableau, les loyers globaux incluent les loyers fictifs des propriétaires occupants.

Tableau 10 - Evolution des dépenses courantes dans les logements ordinaires 1992/2012

DEPENSES COURANTES DANS LES LOGEMENTS ORDINAIRES

En milliards d'euros

	1992	2002	2003	2004	2005	2006	2007	2008	2009	2010	2011	2012p
Loyers	101,7	155,7	162,7	170,6	180,0	189,0	197,0	203,0	208,8	213,9	218,2	224,2
Énergie et eau	28,9	35,9	38,0	39,4	41,9	44,0	44,3	48,2	46,6	51,2	49,7	55,7
Charges	14,1	20,3	21,3	22,6	23,9	25,4	27,1	28,2	27,7	28,6	29,9	30,3
Ensemble	144,7	211,9	222,0	232,6	245,8	258,4	268,4	279,4	283,1	293,7	297,8	310,2

Source : Compte du logement 2011, prévision pour 2012

Prévision

A partir de 2002, l'ensemble des dépenses courantes en logement progresse chaque année, plus rapidement que les seuls loyers alors que pour la période de 1992 à 2012, les loyers ont davantage augmenté que l'ensemble des dépenses locatives. C'est dans la décennie 1992/2002 que l'inversion a eu lieu, les charges ont augmenté plus vite que les loyers.

Graphique 2 - Hausse du prix de l'énergie : 1988/ 2008

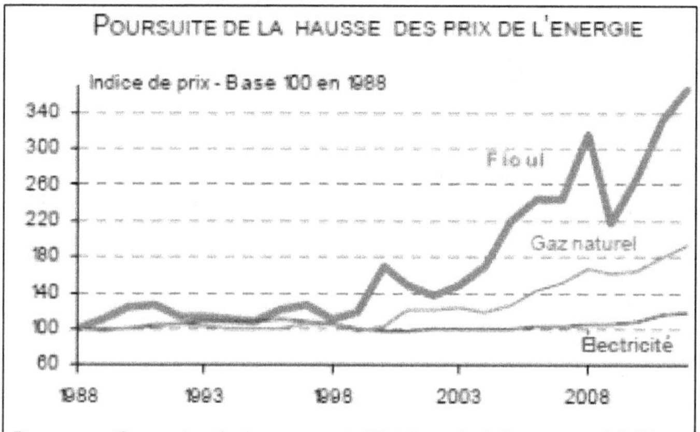

Source : Compte du logement 2011, prévision pour 2012

C'est le chauffage au fioul qui augmente le plus rapidement. La relative stabilité du prix de l'électricité incite les bailleurs à développer le chauffage électrique, car le coût de l'abonnement du gaz naturel est important dans la facture de chauffage et s'ajoute à l'entretien de la chaudière dans les frais fixes.

Le graphique suivant permet de comparer les loyers et les charges des locataires et des propriétaires. Contrairement à certaines affirmations, les charges des locataires HLM ne sont pas plus faibles que celles des bailleurs privés. Les charges de chauffage des locataires publics sont légèrement plus élevées avec 900 € que celles des locataires privés (800 €) ainsi que les autres charges 1400 € au lieu de 1200 €. Au final les charges totales (énergie plus charges) sont de 2300 € par an pour les locataires du parc public au lieu de 2000 € pour les locataires du parc privé.

La surface moyenne des collectifs est de 62 m^2 au lieu de 86,6 m^2 pour l'habitat individuel comme nous le verrons dans un tableau ci-dessous, ce qui aggrave le poids des charges au m^2 et qui pénalise les locataires publics ainsi que les locataires privés habitant en résidence. Les charges des copropriétés privées sont probablement aussi élevées que celles des collectifs publics, seules les charges des petits immeubles privés sans ascenseur et celles des logements individuels sont inférieures.

Graphique 3 - Dépenses par type d'occupants

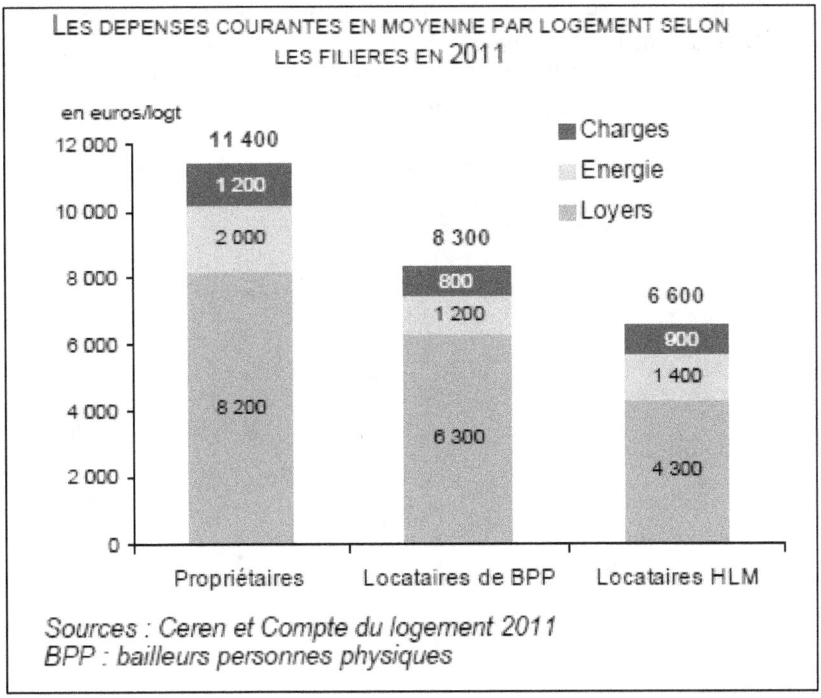

Graphique 4 - Structure des logements Propriétaires - Locataires

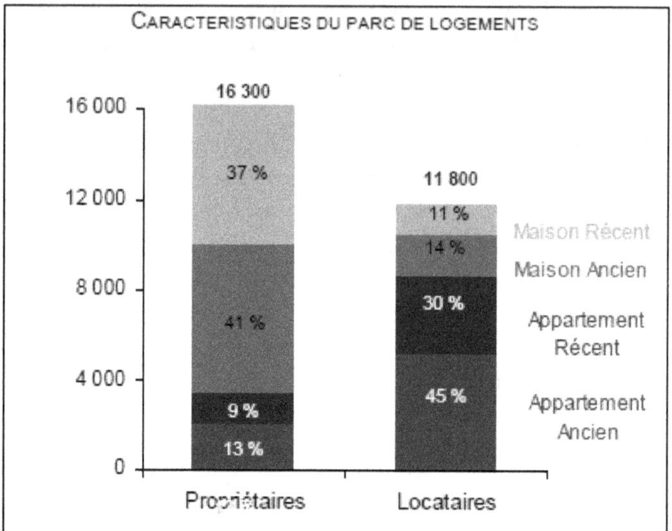

Sources : Ceren et Compte du logement 2011
Logement ancien : construit avant 1975

Le graphique 4 souffre du regroupement des locataires du parc privé avec ceux du parc public ce qui ne permet pas de comparaison entre les deux parcs. Les propriétaires habitent le plus souvent dans des maisons 78 % (37+41) plutôt que dans des appartements 22 % (9+13) à l'inverse des locataires qui logent pour 75 % (30+45) d'entre eux dans des appartements.

Graphique 5 - Evolution des poids relatifs des loyers et charges : 1991 - 2011

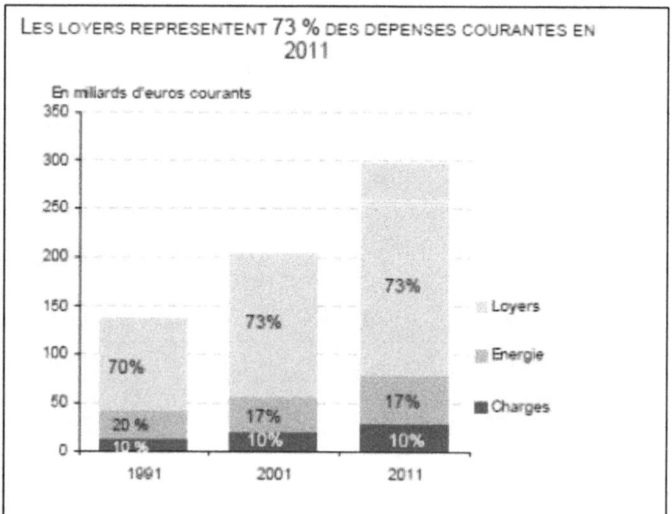

Source : Compte du logement 2011

La moyenne de 27 % de charges sur l'ensemble des dépenses en logement en 2001 et 2011, pour l'ensemble des loyers réels et imputés aux propriétaires occupants, ne doit pas dissimuler qu'en 2011, elle était de 38,3 % (2300/6600) pour les locataires du parc public, de 24 % (2000/8300) pour ceux du parc privé et de 28 % (3200/11400) pour les propriétaires occupants (voir graphique 3).

C. LES BAILLEURS ET PROPRIETAIRES OCCUPANTS

Tableau 11 - Évolution des modes d'occupation des logements

Effectifs en milliers et en %								
	1963	1967	1970	1973	1978	1984	1988	1992
Nombre de résidences principales	14 816	15 740	16 407	17 124	18 641	20 364	21 256	22 131
Proportion de ménages propriétaires	42,2	43,8	44,8	45,5	46,7	51,2	53,6	53,8
Proportion de ménages locataires	45,2	43,7	44,1	43,3	43,9	41,4	39,1	39,4
- dont locataires de logements sociaux	7,4	8,9	11,1	13,0	15,1	16,5	17,0	17,1
Proportion de logés gratuitement	12,6	12,5	11,1	10,2	9,4	7,9	7,3	6,7

Source : Enquête logement Insee et Compte du Logement paru mai 1996 INSEE PREMIERE N° 456

L'effort de construction a été considérable de 1963 à 1992 ; passant de 14,816 millions de résidences principales à 22,131 millions avec 7,315 millions des résidences principales supplémentaires, soit un accroissement de 49,3 % en près de 30 ans et une moyenne de construction annuelle de 252 000 logements. La part de propriétaires occupants est passée de 42,2 % à 53,8 %, ce qui traduit un enrichissement du pays. Le nombre de locataires du parc public a plus augmenté que celui du parc privé pour passer de 7,4 % à 17,1 % des résidences principales, ce qui correspond à la prise de parts de marché du secteur public sur le parc privé. Les ménages logés gratuitement ont diminué de moitié en 30 ans ce qui confirme l'augmentation du pouvoir d'achat des ménages qui sont plus nombreux à pouvoir supporter un loyer.

Tableau 12 - Progression des propriétaires occupants et des bailleurs publics, stagnation des bailleurs privés de 1985 à 2008 (en milliers)

	1985	1990	1995	2000	2005	2007	2008
Propriétaires	**11 015**	**12 098**	**12 835**	**13 822**	**15 106**	**15 698**	**16 000**
Accédants	5 116	5 513	5 260	5 248	5 219	5 198	5 184
Non-accédants	5 899	6 585	7 575	8 574	9 886	10 500	10 816
Locataires[1]	**9 822**	**9 944**	**10 549**	**10 979**	**11 402**	**11 580**	**11 663**
Secteur libre	6 454	6 042	6 050	6 236	6 446	6 527	6 566
Secteur social et logements des collectivités locales et des établissements publics	3 368	3 902	4 499	4 743	4 956	5 053	5 097
Total des résidences principales	**20 837**	**22 042**	**23 384**	**24 801**	**26 508**	**27 278**	**27 663**

(1) Y compris les ménages logés gratuitement. Ils représentent 2,8 % des ménages en 2008

Sources : INSEE :SOeS Comptes du logement 2008

En 23 ans, de 1985 à 2008, le nombre de résidences principales est passé de 20 837 000 à 27 663 000. Cette augmentation de 6 826 000 logements s'explique par l'accroissement du nombre de propriétaires occupants pour 4 985 000 ménages et par l'accroissement du parc public à hauteur de 1 729 000 logements sociaux. L'accroissement du parc privé locatif a été négligeable avec 112 000 logements en 23 ans. A noter que de 1985 à 1990, le parc privé a perdu 450 000 logements et qu'il faudra attendre 2005 pour retrouver le niveau de 1985. Cette période a donc été marquée par un bouleversement de la structure du logement locatif, le parc public gagne encore des parts de marché en passant de 34,2 % à 43,7 %. Il s'approche de 50 % dont le dépassement signerait le déclin du parc privé et le début de la collectivisation du logement. Ce sujet sera développé dans le chapitre VIII du bilan des politiques du logement. Les propriétaires accédants stagnent avec une progression négligeable de 68 000 en 23 ans. Par contre le nombre de propriétaires n'ayant plus d'emprunt progresse de 4 917 000 unités, soit une hausse de 83,3 %, ce qui indique là encore un enrichissement du pays.

Tableau 13 - Evolution du parc de logements de 1985 à 2011

LE PARC DE LOGEMENTS EN 2011

En milliers de logements

	1985	1990	1995	2000	2010	2011	Évolution en % 2011/2010
Ensemble des propriétaires dont	11 000	12 087	12 823	13 816	16 197	16 395	1,2
Accédants	5 113	5 508	5 253	5 247	5 157	5 153	-0,1
Non accédants	5 887	6 579	7 570	8 569	11 041	11 242	1,8
Ensemble des locataires* dont	9 835	9 942	10 550	10 983	11 770	11 848	0,7
Secteur libre	6 456	6 042	6 055	6 248	6 613	6 643	0,5
Secteur social et logements des collectivités territoriales et des établissements publics	3 379	3 900	4 495	4 735	5 157	5 205	0,9
Ensemble des résidences principales	**20 835**	**22 029**	**23 373**	**24 799**	**27 967**	**28 243**	**1,0**
Résidences secondaires	2 532	2 837	2 891	2 946	3 160	3 177	0,5
Logements vacants	1 923	1 939	2 008	2 046	2 371	2 422	2,2
Ensemble des logements ordinaires	**25 290**	**26 805**	**28 272**	**29 791**	**33 497**	**33 842**	**1,0**

Source : Insee

Champ : France entière

**Les ménages logés gratuitement sont regroupés avec les locataires. Ils représentent 2,8 % des ménages en 2011.*

Le nombre des résidences principales varie d'un tableau à l'autre sans que l'on ait d'explication, alors que ces chiffres proviennent de la même source, l'INSEE. Ainsi dans le tableau 12 ce nombre est de 20 837 milliers en 1985 alors que dans le tableau 13 il est de 20 835 milliers pour la même année.

Les ménages logés gratuitement sont regroupés avec les locataires, mais on ne sait pas s'ils sont comptabilisés dans le nombre des locataires privés ou publics. Ils représentent 2,7 % des ménages en 2009 au lieu de 6,7 % en 1992.

Ce tableau distingue les propriétaires accédants, des non-accédants, mais on ne sait pas si cette proportion se retrouve chez les bailleurs privés.

Tableau 14 - Evolution des acquisitions de logements et des travaux en milliards d'euros

	2005	**2006**	**2007**	**2008**
Acquisition de logements neufs	57,0	66,2	70,1	72,5
Acquisition de logements anciens	143,4	160,9	170,1	154,6
Travaux	34,9	37,0	39,2	41,2
Total	**235,2**	**264,1**	**279,4**	**268,3**

Source : SOeS, comptes du logement 2008.

Les achats de logements anciens sont encore plus importants (plus du double) que les achats de logements neufs, mais leur pourcentage a diminué en quatre ans, passant de 61 % à 57,6 % de l'ensemble des dépenses.

Tableau 15 - Evolution des achats d'après le tableau 14
En milliards d'euros et en %

	2005		**2008**	
Neuf	57	28,5 %	72,5	31,9 %
Ancien	143,4	71,5 %	154,6	68,1 %
Total	200,4	100	227,1	100

La part de marché du logement ancien, même si elle reste majoritaire a eu tendance à baisser de 2005 à 2008 passant de 71,5 % à 68,1 % ce qui traduit une préférence accrue pour le neuf ou un marketing plus offensif de la part des promoteurs constructeurs avec les incitations fiscales accordées par l'Etat à ces derniers sous des gouvernements de droite, il sera intéressant de suivre cette évolution sous les gouvernements de gauche après 2012.

Tableau 16 - Evolution du bâtiment d'après le tableau 14
En milliards d'euros et en %

	2005		**2008**	
Neuf	57	62 %	72,5	63,7 %
Travaux de rénovation	34,9	38 %	41,2	36,3 %
Total	91,9	100	113,7	100

La préférence pour le neuf se confirme avec un chiffre d'affaires supérieur pour la construction par rapport à la rénovation. La part du marché du neuf passe en trois ans de 62 à 63,7 %. Les deux marchés progressent ce qui démontre la bonne santé du bâtiment pendant cette période. L'artisanat qui majoritairement occupe le créneau de la rénovation voit ses parts de marché diminuer et peut donc légitimement s'inquiéter pour son avenir si cette tendance se confirme.

Tableau 17 - Evolution de la localisation du parc de logements

ÉVOLUTION DE LA LOCALISATION DU PARC DE LOGEMENTS

En %

Localisation en métropole	1985	1990	1995	2000	2010	2011
Communes rurales	22,9	22,9	22,9	22,7	21,7	21,8
Unités urbaines de moins de 100 000 habitants	29,8	30,0	30,1	30,4	31,2	31,2
Unités urbaines de 100 000 habitants et plus	29,3	29,4	29,7	30,0	30,7	30,6
Agglomération parisienne	18,0	17,7	17,3	16,9	16,4	16,4
Ensemble	**100,0**	**100,0**	**100,0**	**100,0**	**100,0**	**100,0**

Source : Insee - Séries prenant en compte les nouveaux zonages en unités urbaines portant sur 2007 (UU 2010) et interpolées sur la période 1999-2007 afin de rendre progressifs les basculements de communes d'une zone à une autre entre les deux dates.
Champ : Ensemble des résidences principales, France métropolitaine.

Le Compte du Logement 2011, d'où est tiré ce tableau indique que la France des villes de moins de 100 000 habitants concentre plus de résidences principales que celle des grandes villes. De plus, en pourcentage ce sont les communes rurales qui se développent le plus, à l'inverse de l'agglomération parisienne, le coût du foncier est probablement l'explication. Contrairement à une idée reçue, la majeure partie du parc de logements en 2011, se situe dans les communes de moins de 100 000 habitants avec 53 % et plus surprenant, ce pourcentage a augmenté depuis 1985 où il était de 52,7 %.

Tableau 18 - Les propriétaires occupants selon le type de logement, la localisation et l'année de construction

	Ensemble des propriétaires occupants (%)	Dont	
		Logements individuels (%)	Logements en immeuble collectif (%)
Répartition par type d'habitat	100,0	77,5	22,5
Nombre de pièces			
1 ou 2 pièces	10,8	6,0	27,2
3 pièces	19,5	15,5	33,6
4 pièces	32,0	33,3	27,4
5 pièces	23,7	27,9	9,2
6 pièces ou +	14,0	17,3	2,6
	100,0	100,0	100,0
Année construction			
avant 1949	32,1	32,7	29,7
entre 1949 et 1974	24,1	20,8	36,2
entre 1975 et 1999	30,4	32,4	23,1
après 1999	13,4	14,1	11,0
	100,0	100,0	100,0
Localisation			
Commune rurale	29,0	36,1	4,7
U. U < 20 000 h.	19,4	22,6	8,4
U. U de 20 à 100 000 h.	13,0	13,2	12,1
U. U > de 100 000 h.	25,9	21,2	42,2
Agglomération parisienne	12,7	6,9	32,6
	100,0	100,0	100,0

Source : MEDDE – SOeS, Filocom 2011
Champ : France métropolitaine, ménages propriétaires de leur résidence principale
U. U = Unités Urbaines 2010

Plus de la moitié des propriétaires occupants (56,2 %) ont un logement construit avant 1974. 61,4 % des propriétaires occupants vivent dans une ville de moins de 100 000 habitants et donc 38,6 % des propriétaires occupants habitent une ville de plus de 100 000 habitants, y compris l'agglomération parisienne.

Tableau 19 - Répartition des locataires selon le type de logement, la localisation et l'année de construction

	Ensemble des locataires (%)	Dont	
		Logements individuels (%)	Logements en immeuble collectif (%)
Répartition par type d'habitat	100,0	25,0	75,0
Nombre de pièces			
1 ou 2 pièces	37,8	14,3	45,6
3 pièces	30,4	27,0	31,5
4 pièces	22,4	35,4	18,1
5 pièces	7,3	16,6	4,2
6 pièces ou +	2,1	6,7	0,6
	100,0	100,0	100,0
Année construction			
avant 1949	29,8	40,3	26,2
entre 1949 et 1974	29,9	16,4	34,5
entre 1975 et 1999	25,6	24,5	26,0
après 1999	14,7	18,8	13,4
	100,0	100,0	100,0
Localisation			
Commune rurale	11,5	33,6	4,1
U. U < 20 000 h.	14,8	24,7	11,5
U. U de 20 à 100 000 h.	15,5	14,2	16,0
U. U > de 100 000 h.	37,5	23,5	42,1
Agglomération parisienne	20,7	4,0	26,3
	100,0	100,0	100,0

Source : MEDDE – SOeS, Filocom 2011
Champ : France métropolitaine, ménages locataires de leur résidence principale
U. U = Unités Urbaines 2010

A l'inverse de la localisation des propriétaires occupants, les locataires vivent majoritairement dans les villes de plus 100 000 habitants : 68,4 % (42,1 + 26,3).

Tableau 20 - Répartition des locataires du parc public selon le type de logement, la localisation et l'année de construction

	Ensemble des locataires du secteur social (%)	Dont	
		Logements individuels (%)	Logements en immeuble collectif (%)
Répartition par type d'habitat	100,0	15,4	84,6
Nombre de pièces			
1 ou 2 pièces	26,7	10,2	29,7
3 pièces	34,9	25,8	36,5
4 pièces	29,2	43,1	26,7
5 pièces	8,1	17,3	6,4
6 pièces ou +	1,1	3,6	0,7
	100,0	100,0	100,0
Année construction			
avant 1949	9,1	14,1	8,1
entre 1949 et 1974	43,8	14,4	49,6
entre 1975 et 1999	35,8	48,3	33,3
après 1999	11,3	23,2	9,0
	100,0	100,0	100,0
Localisation			
Commune rurale	6,6	24,7	3,3
U. U < 20 000 h.	12,9	24,3	10,8
U. U de 20 à 100 000 h.	16,7	16,6	16,8
U. U > de 100 000 h.	38,1	29,5	39,7
Agglomération parisienne	25,7	4,9	29,4
	100,0	100,0	100,0

Source : MEDDE - SOeS, Filocom
Champ : France métropolitaine, HLM, SEM, État et coll. locales
U. U = Unités Urbaines 2010

Le pourcentage des locataires du parc public logeant dans un immeuble collectif de 84,6 % est plus élevé que celui du parc privé 69,4 % (voir tableaux 20 et 21). Une des fragilités du parc public tient dans le chiffre de 49,6 % de son parc construit de 1949 à 1974 et celui de 88,7 % construit en 50 ans ce qui indique que les travaux de rénovation vont se concentrer sur une même période. Notons que le parc public a plus de logements de 4 pièces que le parc privé. 63,8 % des locataires du parc public habitent des villes de plus de 100 000 habitants.

Tableau 21 - Répartition des locataires du parc privé selon le type de logement, la localisation et l'année de construction

CARACTERISTIQUES DES LOGEMENTS EN 2011

	Ensemble des locataires du secteur privé (%)	Dont	
		Logements individuels (%)	Logements en immeuble collectif (%)
Répartition par type d'habitat	100,0	30,6	69,4
Nombre de pièces			
1 ou 2 pièces	44,3	15,5	57,0
3 pièces	27,7	27,3	27,9
4 pièces	18,4	33,2	11,9
5 pièces	6,8	16,4	2,6
6 pièces ou +	2,8	7,6	0,6
	100,0	100,0	100,0
Année construction			
avant 1949	41,9	48,3	39,0
entre 1949 et 1974	21,7	17,0	23,9
entre 1975 et 1999	19,7	17,3	20,7
après 1999	16,7	17,4	16,4
	100,0	100,0	100,0
Localisation			
Commune rurale	14,4	36,3	4,8
U. U < 20 000 h.	15,9	24,7	12,0
U. U de 20 à 100 000 h.	14,8	13,5	15,4
U. U > de 100 000 h.	37,1	21,8	43,8
Agglomération parisienne	17,8	3,7	24,0
	100,0	100,0	100,0

Source : MEDDE – SOeS, Filocom 2011
Champ : France métropolitaine, ménages locataires de leur résidence principale dans le secteur privé
U. U = Unités Urbaines 2010

54,9 % des locataires du parc privé habitent dans les villes de plus de 100 000 habitants.

Tableau 22 - Structure des logements privés et surface moyenne des logements, durée d'occupation d'un logement et taux de mobilité résidentielle

	Studios et 1 pièce	2 pièces	3 pièces	4 pièces	5 pièces et plus	Ensemble
Structure du marché en %	24,5	30,9	24,9	11,8	7,9	100 %
Surface moyenne en m^2	26,3	44,0	64,8	83,7	117,0	56,6
Durée d'occupation en mois	30	39	46	50	52	40
Taux de mobilité résidentielle	39,7	30,6	26,3	23,8	23,2	29,8

Source CLAMEUR au premier semestre 2006 par Michel Mouillart, Professeur d'Economie à l'Université de Paris Ouest, Directeur Scientifique de CLAMEUR

Le tableau se lit ainsi : Les 3 pièces représentent 24,9 % du parc de logements privés avec une surface moyenne de 64,8 m^2. Leur durée moyenne d'occupation est de 46 mois, le taux de mobilité résidentielle représente la proportion de locataires qui changent de logement au cours d'une année. Ainsi 39,7 % des locataires de studios et d'une pièce ont déménagé dans l'année. Le taux de mobilité résidentielle global de 29,8 % communiqué par CLAMEUR est certainement plus proche de la réalité vécue par les propriétaires privés que celle mesurée par l'INSEE qui donne un taux de mobilité plus faible avec 18 % pour le parc privé et 9 % pour le parc public. Notons que depuis la loi Sarkozy restreignant d'un mois le dépôt de garantie conjuguée avec la vacance locative, les propriétaires privés constatent une rotation plus grande, certains bailleurs privés importants en province ont constaté une mobilité proche de 50 % qui s'apparenterait à une sorte de tourisme locatif. Ce tableau est intéressant en ce qu'il donne la durée moyenne d'occupation d'un logement qui est plus parlante que le taux de mobilité, il apparait que le locataire d'un logement de 5 pièces était plus stable en 2006, en demeurant 52 mois, qu'un locataire de studio qui ne restait que 30 mois.

D. COMPTES DES BAILLEURS PUBLICS ET PRIVES

Les Comptes du logement dans un paragraphe Comptes des bailleurs pour 2008, estiment que « *les bailleurs privés perçoivent en moyenne 6338 € par logement et acquittent 2816 € de charges. Ils dégagent une rentabilité brute de 55,8 %* ». Les impôts sur le revenu auxquels sont assujettis les bailleurs privés représentent 18 % des charges (soit 9,3 % de la production).

Tableau 23 - Les ressources et les charges des bailleurs personnes physiques par logement

En euros et en %

	1984	2001	2002	2003	2004	2005	2006	2007	2008	2009	2010	2011
Montant des ressources par logement	1 778	4 537	4 719	4 896	5 096	5 351	5 648	5 856	6 000	6 174	6 279	6 338
Montant des charges par logement	842	2 020	2 073	2 124	2 220	2 360	2 456	2 564	2 642	2 760	2 788	2 816
RBC / Production (%)	53,0	55,8	56,3	56,8	56,6	56,1	56,7	56,4	56,2	55,9	56,1	55,8
Intérêts / Production (%)	4,6	6,8	6,9	7,1	7,4	7,9	8,7	9,2	9,9	10,2	10,2	10,3
Impôts sur revenus fonciers/ Production (%)	9,1	8,3	8,3	8,3	8,2	8,8	8,2	8,4	8,4	9,3	9,4	9,3

La production est évaluée par le montant des loyers nets de CRL (anciennement CACRDB). En 2006, la CRL a été supprimée.
Source : Compte du logement 2011

La production est évaluée par le montant des loyers nets de CRL (anciennement CACRDB). En 2006, la CRL a été supprimée pour les bailleurs personnes physiques.
RCB : Résultat Brut Courant

Ce tableau ne représente pas la trésorerie des bailleurs, car le résultat brut est normalement amputé des grosses réparations éventuelles non comprises dans ces chiffres. Il ne s'agit que de moyennes, car avec un patrimoine important, ces chiffres ne sont plus représentatifs : l'impôt sur le revenu est plus élevé ainsi que l'ISF, les remboursements de capital ne sont pas compris dans les charges, car fiscalement ce ne sont pas des charges même s'ils amputent la trésorerie. Dans le cas des propriétaires accédants, la charge des remboursements rend la trésorerie négative, ce qui n'apparait pas ici. On ne connait pas la proportion de bailleurs accédants, ni la structure de leur trésorerie qui est déficitaire depuis 2007 selon les observations des propriétaires privés. Sont en cause la vacance locative qui ne permet plus d'augmenter les loyers au même rythme que celui des charges supportées par les bailleurs, notamment la fiscalité foncière, l'accroissement des prix immobiliers et des travaux.

Tableau 24 - Les ressources et les charges des bailleurs HLM par logement

LES RESSOURCES ET LES CHARGES DES BAILLEURS HLM

En euros et en %

	1984	2001	2002	2003	2004	2005	2006	2007	2008	2009	2010	2011
Montant des ressources par logement	1 749	3 315	3 378	3 488	3 596	3 705	3 828	3 942	4 045	4 214	4 299	4 300
Montant des charges par logement	1 201	1 940	1 994	2 014	2 026	2 041	2 092	2 173	2 262	2 299	2 199	2 266
RBC / Production (%)	37,9	42,1	41,3	42,6	44,2	45,4	45,8	45,3	44,5	46,3	49,7	47,6
Intérêts / Production (%)	51,9	22,8	23,3	22,1	20,1	18,9	18,3	19,1	20,0	19,1	15,2	15,0

La production est évaluée par le montant des loyers nets de CRL (anciennement CACRDB). En 2006, la CRL a été supprimée.
Source : Compte du logement 2011

En 2011, les ressources mensuelles moyennes des bailleurs publics étaient de 358 € par mois et par logement (4300/12) ; les charges d'exploitation sont beaucoup plus élevées que celles des bailleurs privés en raison des frais de personnels et des charges plus élevées dans des immeubles collectifs, en 2011, elles atteignent 52,4 % (100-47,6) dans le tableau 24, contre 44,2 % (100-55,8) pour les bailleurs privés dans le tableau 23.

En 2011, le résultat brut courant était de 47,6 % pour les bailleurs sociaux et de 55,8 % pour les bailleurs personnes physiques. Les intérêts par rapport à la production sont plus élevés chez les bailleurs publics (15 %) que chez les bailleurs personnes physiques (10,3 %) ce qui indique un taux d'endettement supérieur pouvant expliquer également les charges plus élevées. Notons le désengagement financier des bailleurs HLM depuis 1984 où les intérêts représentaient 51,9 % de la production contre 15 % en 2011.

Tableau 25 - Ressources, charges et marge brute des Producteurs

RESULTAT BRUT COURANT DANS LES LOGEMENTS ORDINAIRES

	1984	2000	2001	2002	2003	2004	2005	2006	2007	2008	2009	2010	2011
Ressources (Md€)	54,2	145,8	148,7	155,7	162,7	170,7	180,1	189,4	197,5	203,5	210,4	215,4	218,7
Emplois (Md€)	28,4	51,4	52,2	53,5	54,9	57,5	60,8	64,8	69,2	73,8	77,8	79,5	82,3
Résultat brut courant (Md€)	25,8	94,4	96,6	102,2	107,8	113,1	119,3	124,6	128,3	129,7	132,6	135,9	136,4
Production (Md€)	51,6	142,4	148,0	155,3	162,2	170,1	179,6	188,8	196,9	202,9	208,7	213,8	218,1
RBC/Production (%)	49,9	66,3	65,3	65,8	66,4	66,5	66,5	66,0	65,2	63,9	63,5	63,6	62,5

La production est évaluée par le montant des loyers nets de CRL (anciennement CACRDB), totalement supprimée en 2006.
Source : Compte du logement 2011

Il apparait que depuis 2000, la marge brute des producteurs diminue d'année en année de 66,3 % en 2000 à 62,5 % en 2011. Cependant il faut être prudent avec l'interprétation de ces valeurs, car les loyers imputés des propriétaires occupants inclus dans ce tableau, sont évalués en fonction d'hypothèses sujettes à caution, ils ne sont pas relevés statistiquement.

Tableau 26 - Les loyers réels des locataires et ceux imputés aux propriétaires

MONTANT TOTAL DES LOYERS* ET EVOLUTION EN 2012 ET 2011

Ensemble des logements occupés France entière	Valeur des loyers (en milliards d'euros)		Évolution 2012 (p)/2011 (en %)			Évolution 2011/2010 (en %)		
	2012 (p)	2011	Valeur	Volume	Prix	Valeur	Volume	Prix
Résidences principales (RP)	204,4	198,9	2,7	1,1	1,6	2,0	1,1	0,9
Propriétaires occupants (loyers imputés)	138,0	134,3	2,8	1,2	1,6	2,0	1,2	0,8
Locataires, dont :	66,4	64,6	2,7	1,1	1,6	2,0	1,0	0,9
Locataires d'un particulier	41,4	40,2	2,8	1,2	1,6	2,1	1,2	0,8
Locataires HLM	18,2	17,7	2,7	1,1	1,6	2,2	1,1	1,1
Résidences secondaires (loyers imputés)	19,8	19,3	2,8	1,2	1,6	2,1	1,2	0,8
Ensemble des logements (RP + RS)	**224,2**	**218,2**	**2,7**	**1,1**	**1,6**	**2,0**	**1,1**	**0,9**

Source : Compte du logement 2011, prévision pour 2012

(*) Montant des loyers effectivement payés par les locataires et montant des loyers imputés aux propriétaires.

Note. Ce tableau des Comptes du logement interroge, car le total des loyers privés et publics ne correspond pas à la somme des loyers publics et privés, ainsi pour 2012 (41,4 + 18,2 = 59,6 et non pas 66,4) il en est de même pour 2011 ; de même le montant des loyers de 218,2 milliards d'euros en 2011 ne correspond pas à ceux du tableau 25 de 218,7.

Le tableau 13 précédent, indique en 2011 un total de 16,395 millions de propriétaires occupants et 11,848 millions de locataires. La valorisation théorique des loyers des propriétaires occupants (P.O.) s'élève à 134,3 milliards d'euros, on suppose que le nombre de P.O. est celui 16,395 millions du tableau 13. La valorisation pour chaque P. O. serait donc de 8 191,52 € par an ou 682,6 € par mois. On s'aperçoit qu'une taxation de 10 % sur ces loyers fictifs envisagée en 2013, serait une charge supplémentaire de 819 € par an et par P.O.

La valeur des loyers réels versés par 11,848 millions de locataires est de 64,6 milliards d'euros soit un loyer annuel moyen de 5 452 € par an ou 454 € par mois. Cette différence s'explique sans doute par la surface habitable moyenne plus élevée chez les P.O. mais on ne connait pas la méthode d'évaluation des loyers imputés.

Les chiffres sur les loyers encaissés par les bailleurs publics de 17,7 milliards en 2011 du tableau 26 sont en contradiction avec les données des tableaux 13 et 24 de l'INSEE, car si l'on multiplie le nombre de logements sociaux de 5 205 000 du tableau 13 par les ressources de 4300 € annuels en 2011 du tableau 24, on obtient 22 milliards d'euros au lieu de 17,7 milliards du tableau 26. Il y a un écart inexpliqué de 4 milliards d'euros, cependant on retiendra plus loin le chiffre plus crédible de 20 milliards d'euros de loyers annuels encaissés par le parc public.

Le loyer moyen pour la même année d'un locataire privé est de 6 051 € par an (40 200 000 000/6 643 000 locataires) ou 504 € par mois. Le loyer moyen d'un locataire public est de 17 700 000 000/5 205 000 soit de 3 400 € par an ou 283 € par mois (ou 3 842 € par an si l'on retient les 20 milliards d'euros de loyers annuels). L'inégalité est flagrante, un locataire privé paie 1,8 fois plus qu'un locataire public.

Tableau 27 - Evolution des charges des producteurs par poste en millions d'euros : 1984/2011

LES CHARGES DES PRODUCTEURS PAR POSTE DANS LES LOGEMENTS ORDINAIRES

En millions d'euros

	1984	2003	2004	2005	2006	2007	2008	2009	2010	2011
Entretien et petits travaux des parties communes	2 054	2 848	2 956	3 135	3 267	3 441	3 638	3 565	3 755	3 777
Services extérieurs (1)	1 637	3 944	4 439	4 432	4 617	4 758	4 932	5 088	5 245	5 392
Frais de personnels d'immeuble ou de gestion(2)	1 065	3 167	3 322	3 467	3 596	3 655	3 770	3 925	4 056	4 172
TFPB	2 807	11 367	11 943	12 876	13 727	14 381	15 001	16 339	17 167	18 041
Prélèvement sur le potentiel financier des HLM	-	-	-	-	-	-	-	-	-	175
Intérêts des emprunts	15 883	24 337	25 273	26 718	29 331	32 304	35 642	37 585	37 864	39 345
Autres impôts et taxes (3)	1 755	2 822	2 911	3 242	3 145	3 304	3 382	3 800	3 891	3 942
Prestations de service, frais de baux et d'agence, dépenses d'énergie dans les logements vacants	464	1 204	1 253	1 343	1 400	1 527	1 620	1 616	1 670	1 736
Primes d'assurances	278	531	601	641	621	695	714	770	813	813
Loyers imputés aux ménages logés gratuitement	2 481	4 711	4 826	4 958	5 060	5 119	5 113	5 097	5 042	4 946
Ensemble des emplois	**28 424**	**54 931**	**57 523**	**60 811**	**64 763**	**69 183**	**73 812**	**77 786**	**79 502**	**82 338**

Source : Compte du logement 2011
(1) Honoraires de syndic, rémunérations d'intermédiaires, petits travaux.
(2) Les frais de personnels de gestion ne concernent que les bailleurs sociaux.
(3) Impôts sur les revenus fonciers, taxes sur les logements vacants.

Ce tableau inclut les propriétaires occupants.

Rappelons que seuls les intérêts des emprunts sont incorporés dans les charges, les remboursements de capital sont exclus. Ce tableau illustre l'impact sur l'investissement locatif, de la hausse de la taxe foncière (TFPB) qui est passée de 2,807 milliards à 18,041 milliards d'euros, ce qui correspond à un sextuplement (6,42) en 27 ans alors que les loyers n'ont été multipliés que par 4,4 (tableau 1). Par comparaison les impôts sur les revenus fonciers ont doublé (2,246) seulement, ce qui signifie que les revenus locatifs génèrent de moins en moins de rentabilité. Les services extérieurs (honoraires de syndic et petits travaux) ont triplé en 24 ans.

La taxe foncière devient ainsi la charge la plus importante après les intérêts d'emprunts. Si l'on rapproche ce chiffre de 18 milliards en 2011 à celui des recettes locatives réelles et virtuelles de 218,2 milliards en 2011 (tableau 26) on s'aperçoit qu'elle représente 8 % des charges des propriétaires bailleurs et propriétaires occupants. Il serait utile de différencier la TFPB versée par les bailleurs privés de celle versée par les bailleurs publics ainsi que celle des propriétaires occupants pour avoir une vue de son poids relatif par rapport aux recettes locatives correspondantes, qu'elles soient réelles ou virtuelles. Il apparait déjà que les bailleurs privés en province qui paient parfois en TFPB, l'équivalent de 2 et 3 mois de loyers soit entre 16 et 25 % des recettes locatives, sont pénalisés par les impositions de taxes foncières alors qu'à Paris la taxe foncière ne représente parfois qu'un demi-mois de loyer ce qui contribue à réduire la moyenne nationale.

Les erreurs du tableau 27 : un manque d'explication

Plusieurs aspects du tableau 27 sont inexpliqués, ce qui n'en facilite pas l'analyse. Le total des charges est de 82,338 milliards en 2011, il convient sans doute de retirer les 4,946 milliards de loyers imputés aux ménages logés gratuitement ce qui ramènerait à 77,392 milliards les charges des producteurs. Le tableau 10 indique des charges de 79,6 milliards (49,7 + 29,9) pour l'ensemble des producteurs. Il y a donc des incohérences entre ces chiffres qui font penser à des explications insuffisantes entre les tableaux ou des dénominations imprécises qui imposeraient l'analyse des chiffres du logement par un organisme centralisateur unique. Tout ceci ne fait que confirmer le rapport de l'IREF « *La vérité sur le logement social* » sur la lecture des Comptes du logement qui ne nous permet pas une lecture compréhensible des agrégats du logement.

Tableau 28 - Les charges par poste en pourcentage des producteurs

LES CHARGES PAR POSTE

En structure (en %)

	1 991	2001	2002	2003	2004	2005	2006	2007	2008	2009	2010	2011
Entretien et petits travaux des parties communes	15,1	11,2	11,0	10,3	10,0	10,3	10,6	10,8	10,8	10,9	10,9	10,7
Petits travaux dans le logement	54,7	55,8	56,4	56,0	55,8	54,8	55,2	56,1	55,2	54,7	52,5	52,4
Multirisques-habitation (primes-indemnités)	12,5	11,9	11,4	12,4	13,0	13,3	13,1	12,7	13,1	13,1	15,6	15,4
Frais de personnels	6,5	6,8	6,4	6,2	6,3	6,3	6,1	5,6	5,5	5,8	5,9	5,9
Prestations de service (*)	6,5	9,2	9,7	10,2	10,3	10,6	10,5	10,2	11,0	11,2	10,8	11,2
Déménagements	2,9	3,0	3,0	2,9	2,8	2,7	2,5	2,5	2,4	2,2	2,3	2,3
Frais de baux et d'agence	1,7	2,0	2,0	2,0	1,9	1,9	2,0	2,1	2,0	2,1	2,1	2,1
Ensemble des charges (millions €)	**13 530**	**19 542**	**20 308**	**21 262**	**22 649**	**23 900**	**25 438**	**27 046**	**28 197**	**27 702**	**28 617**	**29 882**

(*) : taxes de balayage et d'enlèvement des ordures ménagères
Source : Compte du logement 2011

Les charges ont plus que doublé en 20 ans. La hausse principale en pourcentage est la taxe d'enlèvement des ordures ménagères dans le poste prestations de service, qui double pratiquement, passant de 6,5 % à 11,2 % en 20 ans. De manière étonnante l'entretien des parties communes diminue passant de 15,1 % à 10,7 %, le poste le plus important est celui des petits travaux intérieurs qui dépassent la moitié du budget. Les primes d'assurance augmentent régulièrement depuis 2001, passant de 11,9 % à 15,4 %.

E. CHIFFRES SUR LE LOGEMENT SOCIAL

Tableau 29 - Plan de financement moyen d'un logement social (PLUS) entre 2000 et 2010 (en euros par logement)

	2000		2010	
Subvention de base État	4 600	6 %	1 900	1 %
Subvention foncière État	800	1 %	2 000	1 %
Subventions collectivités locales	3 600	5 %	11 000	8 %
Subventions 1 %	400	1 %	3 800	3 %
Autres subventions	1 000	1 %	1 800	1 %
Prêts	62 200	81 %	105 000	74 %
Fonds propres	4 100	5 %	16 800	12 %
Total	**76 700**	100 %	**142 300**	100 %

Source : DHUP

En 2010, le taux d'effort des HLM (emprunt plus apport personnel) est de 86 % ce qui signifie que les subventions représentent ici 14 % de l'investissement ce qui entre en contradiction avec les évaluations du ministère du Logement qui estime la part des subventions à 30 % selon le rapport de l'IREF ! On ne sait pas comment sont valorisées les donations de terrains par les communes.

Tableau 30 - Mises en chantier des organismes HLM
(en nombre de logements)

Année	**Logements neufs mis en chantier**	**Acquisition-amélioration**	**Logements foyers**	**TOTAL**
2005	39 700	6 100	5 300	51 100
2006	45 000	8 900	7 300	61 200
2007	53 300	11 200	6 600	71 100
2008	54 600	11 100	7 200	72 900
2009	77 100	14 300	8 100	99 500
2010	70 400	10 600	10 700	91 700

Source : SOES enquête sur le parc locatif social. Les reconstructions après démolition ne sont pas déduites. Repris dans le Compte du logement 2010.

En 2011, l'activité devait atteindre 103 000 lancements selon l'USH (Union Sociale de l'Habitat qui regroupe l'ensemble des organismes HLM). Ces chiffres sont à comparer avec les logements locatifs privés aidés fiscalement, moins nombreux, qui ont été seulement d'un million en 27 ans (tableau 99).

Tableau 31 - Nombre de logements sociaux démolis

Au 1er janvier de l'année	**Logements démolis ANRU et hors ANRU**
2005	11 000
2006	13 100
2007	12 900
2008	14 400

Source : Compte du logement 2010

En 4 ans, le parc public a démoli 51 400 logements ce qui représente 1 % de son parc.

F. Explication de la surproduction en province par les investissements publics en progression malgre une baisse des investissements prives

Tableau 32 - Production en équivalent logement par catégorie de maitre d'ouvrage

	1998	1999	2000	2001	2002	2003	2004	2005	2006	2007	2008
Nombre de logements en milliers											
Sté HLM, Office, OPAC	38,5	36,3	32,7	31,5	32,9	32,1	32,0	33,8	38,2	41,8	45,4
SEM	5,2	5,0	4,3	3,3	3,3	3,7	3,6	3,8	4,1	5,0	5,5
État ou coll. Locales	3,6	3,4	3,4	3,2	3,0	3,3	3,4	3,9	3,9	4,0	3,7
SCI, Saci, SCV	66,9	85,7	78,4	73,4	77,7	85,2	96,7	115,4	137,9	149,3	148,2
Particuliers	144,5	165,1	168,0	166,2	170,6	171,5	187,1	197,6	207,8	209,7	200,1
Autres	21,0	23,9	21,5	20,9	21,5	22,6	27,2	35,2	43,1	52,5	59,5
Ensemble	**279,5**	**319,3**	**308,4**	**298,6**	**309,0**	**318,4**	**350,0**	**389,7**	**435,1**	**462,3**	**462,3**
Évolution en %											
Sté HLM, Office, OPAC	- 10,4	- 5,7	- 9,9	- 3,6	4,3	- 2,2	- 0,5	5,7	13,0	9,4	8,4
SEM	- 8,3	- 3,8	- 13,4	- 23,7	- 0,5	14,1	- 3,4	4,5	7,4	22,9	10,5
État ou coll. locales	- 6,5	- 4,9	1,9	- 6,3	- 6,6	7,9	4,5	15,7	0,0	2,1	- 8,9
SCI, Saci, SCV	5,3	28,1	- 8,5	- 6,4	5,8	9,6	13,6	19,3	19,5	8,2	- 0,7
Particuliers	4,8	14,2	1,8	- 1,1	2,6	0,5	9,1	5,6	5,2	0,9	- 4,6
Autres	- 1,4	14,1	- 10,2	- 2,6	2,9	5,0	20,3	29,4	22,5	21,7	13,4
Ensemble	**1,6**	**14,2**	**- 3,4**	**- 3,2**	**3,5**	**3,1**	**9,9**	**11,3**	**11,6**	**6,3**	**0,0**

Source :SOeS estimation à partir de Sit@del2 base au 30/09/09 repris dans compte du logement 2008
SEM : Société d'Economie Mixte, OPAC : Office Public d'Aménagement et de Construction
SCI : Société civile immobilière

Ce tableau ne permet pas de connaitre la part de logements locatifs privés, ni celle des résidences secondaires. Il faut regretter ce manque de ventilation qui n'autorise pas de comparaison annuelle entre la production de logements locatifs privés et publics. De même, il n'éclaire pas sur la progression des propriétaires occupants.

Les particuliers ont sans doute éprouvé des difficultés pour louer leurs logements en 2008, car ils ont diminué leurs investissements de 4,6 %, soit 9600 logements de moins qu'en 2007 malgré les investissements Scellier ; ce serait un indice permettant de confirmer le début de la vacance locative. Pendant cette même année, les Sociétés HLM, les offices et les OPAC ont augmenté leur production de 8,4 % soit 3600 logements, les SEM ont également progressé de 10,4 % soit 500 logements de plus que l'année précédente avec 5 500 logements.

G. HEBERGEMENT COLLECTIF

L'hébergement collectif est une composante importante du logement, car il concerne les personnes vulnérables et sans revenus. Il comprend les maisons de retraite, les foyers de travailleurs, les résidences étudiantes, les établissements spécialisés (adultes handicapés, personnes en difficulté sociale).

Tableau 33 - L'hébergement collectif en 2011

	En 2011					Évolution moyenne annuelle sur la période 1990-2011		
	Lits occupés		Redevance par lit	Redevance totale		Lits occupés	Redevance par lit	Redevance totale
	En milliers	En %	En euros	En millions	En %	En %	En %	En %
Personnes âgées	750	61,7	10 560	7 920	72,0	3,1	3,4	6,6
Adultes handicapés	120	9,9	15 490	1 855	16,9	3,9	2,5	6,4
Personnes en difficulté sociale	57	4,7	7 940	456	4,1	3,3	2,5	5,8
Travailleurs	131	10,8	3 590	471	4,3	-0,7	3,5	2,8
Étudiants	156	12,9	1 700	296	2,7	1,7	3,9	5,1
Ensemble	**1215**	**100,0**	**8 920**	**10 998**	**100,0**	**2,3**	**3,9**	**6,3**

Source : Compte du logement 2011

Le lit d'un adulte handicapé génère une redevance de 15 490 euros par an, celui d'une personne âgée 10 560 euros alors que celui d'un étudiant est de 1 700 euros seulement, car les prestations sont simplifiées et les subventions élevées.

Les personnes âgées et les adultes handicapés représentent 88,9 % des recettes de l'hébergement qui s'élèvent en 2011 à 10,998 milliards d'euros pour 1 215 000 lits occupés. Il n'est pas inutile de rapprocher ces chiffres des recettes locatives de 20 milliards d'euros des bailleurs publics pour 5 millions de logements ou des 39,7 milliards d'euros de loyers des 6,5 millions de locataires du privé pour comprendre le risque d'explosion des redevances des personnes âgées par l'allongement de l'espérance de vie conjugué au papy-boom ; les naissances après guerre atteignent l'âge de la retraite depuis la fin des années 2000.

Tableau 34 - Redevance totale par type d'hébergement

LES RESSOURCES DES PRODUCTEURS SELON LE TYPE D'ÉTABLISSEMENT EN 2011

Type d'hébergement	Personnes âgées	Adultes handicapés	Personnes en difficulté	Travailleurs	Étudiants	Total
Ressources (en millions d'euros)	8 434	1 994	522	539	410	11 898
Redevances	7 920	1 855	456	471	296	10 998
Subventions d'exploitation	503	95	65	63	114	840
Indemnités d'assurances	11	44	1	5	0	60

Source : Compte du logement 2011

L'hébergement collectif qui percevait 11,898 milliards d'euros de redevances en 2011, recevait 840 millions de subventions représentant 7 % des ressources des producteurs.

Graphique 6

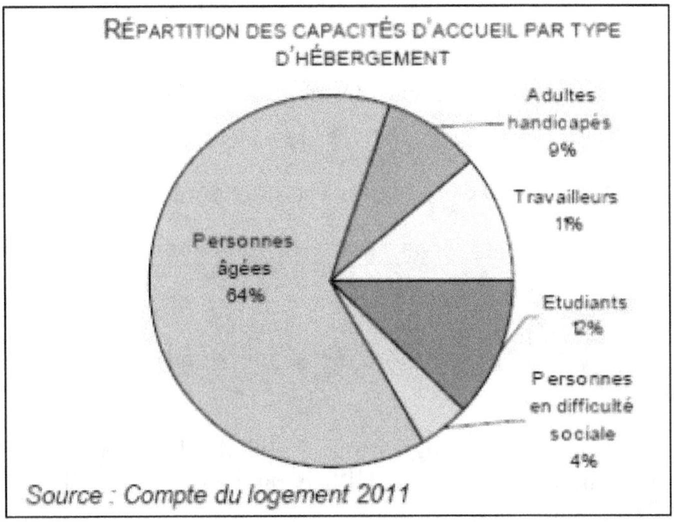

Graphique 7

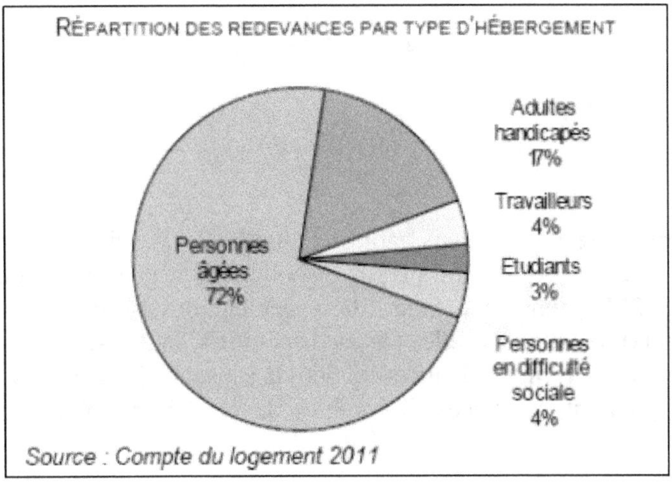

Tableau 35 - Evolution des ressources d'hébergement de 1990 à 2011

En millions d'euros

	1990	2002	2003	2004	2005	2006	2007	2008	2009	2010	2011
Personnes âgées	2 190	6 073	6 605	6 733	6 866	7 531	7 728	7 775	7 809	7 859	7 920
Adultes handicapés	543	1 208	1 477	1 708	1 861	1 870	1 884	1 786	1 900	1 887	1 855
Personnes en difficulté sociale	137	179	156	269	385	311	334	337	337	423	456
Travailleurs	260	345	320	353	348	369	398	422	421	449	471
Étudiants	104	173	183	192	203	237	248	259	269	282	296
Ensemble	3 235	7 978	8 740	9 255	9 664	10 319	10 592	10 580	10 737	10 900	10 998

Source : Compte du logement 2011

Les ressources de l'hébergement ont été multipliées par 3,4 de 1990 à 2011 soit en 21 ans.

Tableau 36 - Evolution du nombre de lits occupés par type d'hébergement

En milliers

	1990	2002	2003	2004	2005	2006	2007	2008	2009	2010	2011
Personnes âgées	406	681	715	720	724	727	733	738	742	746	750
Adultes handicapés	56	100	104	108	113	117	119	119	120	120	120
Personnes en difficulté sociale	29	29	33	38	40	40	41	43	51	56	57
Travailleurs	149	140	136	137	130	133	132	130	127	129	131
Étudiants	112	137	140	144	148	151	151	153	155	156	156
Ensemble	753	1 088	1 129	1 147	1 154	1 169	1 176	1 183	1 194	1 206	1 215

Source : Compte du logement 2011

L'hébergement collectif a progressé de 753 000 à 1 215 000 places en 18 ans soit une augmentation de 61 %. Seul l'hébergement des travailleurs a diminué passant de 149 000 à 131 000.

Tableau 37 - Capacité d'accueil par type d'hébergement

En milliers

	1990	2002	2003	2004	2005	2006	2007	2008	2009	2010	2011
Personnes âgées	429	697	736	774	812	848	885	889	895	901	906
Adultes handicapés	58	97	102	106	111	115	119	121	122	122	122
Personnes en difficulté sociale	33	31	32	37	42	44	45	45	48	57	63
Travailleurs	172	168	166	162	162	154	159	159	157	154	157
Étudiants	138	157	159	161	162	165	166	168	170	172	173
Ensemble	829	1 151	1 195	1 241	1 289	1 326	1 375	1 383	1 392	1 405	1 421

Source : Compte du logement 2011

La comparaison de ces deux tableaux montre les tensions dans le secteur étudiant qui occupe toutes les places disponibles chaque année depuis 1990 (173 000 en 2011) ainsi que pour l'hébergement des adultes handicapés qui progresse au rythme des nouvelles places disponibles. Ici, c'est l'offre qui permet à la demande de s'exprimer. Seule exception, la capacité d'accueil des travailleurs a baissé et pourtant les places disponibles de cet hébergement n'ont pas été occupées.

Tableau 38 - Charges globales d'hébergement par catégorie

CHARGES SELON LE TYPE D'HÉBERGEMENT

En millions d'euros

Type d'hébergement	1990	2002	2003	2004	2005	2006	2007	2008	2009	2010	2011
Personnes âgées	1 586	4 309	4 659	4 726	4 813	4 918	5 069	5 145	5 162	5 204	5 234
Adultes handicapés	396	596	611	557	598	584	581	510	573	574	575
Personnes en difficulté sociale	107	187	168	239	316	376	318	347	326	353	387
Travailleurs	265	340	353	360	345	376	405	436	431	436	463
Étudiants	156	178	187	182	195	192	238	263	259	282	290
Total	2 510	5 610	5 978	6 064	6 267	6 446	6 611	6 701	6 751	6 849	6 949

Source : Compte du logement 2011

Tableau 39 - Charges d'hébergement par lit

CHARGES PAR LIT SELON LE TYPE D'HÉBERGEMENT

En euros

Type d'hébergement	1990	2002	2003	2004	2005	2006	2007	2008	2009	2010	2011
Personnes âgées	3 910	6 320	6 520	6 570	6 650	6 760	6 910	6 980	6 960	6 980	6 980
Adultes handicapés	7 060	5 970	5 870	5 140	5 300	4 990	4 900	4 270	4 790	4 800	4 800
Personnes en difficulté sociale	3 640	6 430	5 060	6 350	7 990	9 390	7 820	7 990	6 400	6 320	6 740
Travailleurs	1 780	2 420	2 590	2 630	2 650	2 820	3 070	3 350	3 400	3 390	3 530
Étudiants	1 140	1 120	1 160	1 120	1 190	1 150	1 420	1 550	1 500	1 630	1 670
Total	3 230	5 060	5 200	5 210	5 350	5 440	5 540	5 580	5 570	5 600	5 640

Source : Compte du logement 2011. Les montants sont arrondis à la dizaine d'euros.

Tableau 40 - Répartition des charges par poste

RÉPARTITION DES CHARGES PAR POSTE

En %

	1990	2002	2003	2004	2005	2006	2007	2008	2009	2010	2011
Charges locatives (*)	19,6	16,9	16,4	16,6	16,5	16,9	16,9	17,2	17,3	17,6	17,7
Services extérieurs	13,1	16,0	15,7	16,1	15,6	15,5	15,4	15,4	15,3	15,3	15,3
Frais de personnels	58,2	60,3	61,5	61,6	62,6	62,3	62,2	62,0	62,2	62,0	61,9
Impôts et taxes autres que la TVA	0,4	0,4	0,5	0,6	0,5	0,5	0,7	0,5	0,6	0,6	0,6
Intérêts des emprunts	8,5	6,3	5,7	5,1	4,7	4,6	4,6	4,6	4,5	4,4	4,4
Autres dépenses	0,1	0,1	0,1	0,1	0,1	0,1	0,1	0,1	0,2	0,2	0,2
Total	100,0	100,0	100,0	100,0	100,0	100,0	100,0	100,0	100,0	100,0	100,0

Source : Compte du logement 2011

(*) Ce poste regroupe l'entretien et les petits travaux des parties communes, ainsi que les dépenses d'énergie

H. SITUATION DE L'ETAT DU LOGEMENT EN FRANCE DANS LE TEMPS ET DANS L'ESPACE

Jacques Friggit dans le « Prix des logements sur le long terme » étudie leur évolution. Dans le graphique 8, ce dernier a illustré l'évolution des prix des logements par rapport aux revenus dans plusieurs pays : France, USA, Royaume-Uni, Allemagne, Espagne, Pays-Bas qui indique que l'année 2000 a vu une hausse plus ou moins importante du prix des logements par rapport aux revenus des ménages, réduisant d'autant leur pouvoir d'achat immobilier. A l'exception de l'Allemagne, les trois autres pays de la zone euro ont vu les prix du logement croitre après l'année 2000. L'Espagne, la France et le Royaume-Uni ont des indices beaucoup plus élevés que les USA et les Pays-Bas.

Le comportement atypique de l'Allemagne (avec une courbe qui baisse après 2000) par rapport aux autres pays mériterait une analyse approfondie ; est-ce que l'habitude des taux d'intérêt bas en Allemagne n'a pas créé l'effet d'aubaine qui s'est produit dans les autres pays où les emprunteurs ont cru pouvoir accroitre leur pouvoir d'achat et donc ont contribué à faire monter les prix immobilier ?

Graphique 8 - Comparaison de l'évolution du prix des logements
par rapport aux revenus des ménages

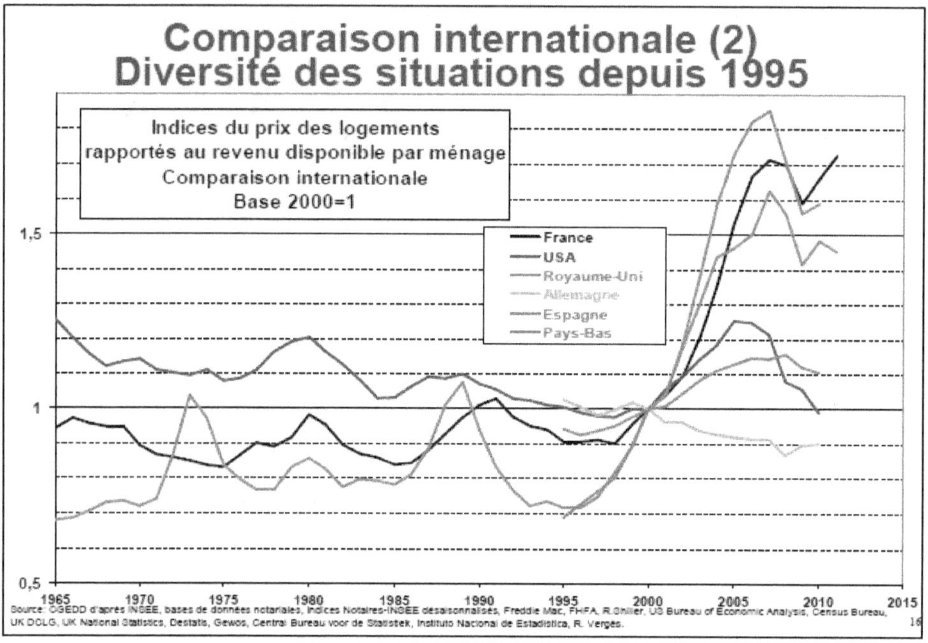

Source : Jacques Friggit : Le prix des logements sur le long terme.

Le graphique 9 suivant de Jacques Friggit, tiré de l'article « De Philippe Auguste à François Hollande, le prix des logements à Paris sur huit siècles » indique l'évolution des prix des logements par rapports aux revenus des ménages de 1840 à 2011 qui démontre une évolution continue selon le même rythme à l'exception du trou de 1914 à 1965 et de la hausse brutale de la décennie 2000-2010. A partir de 1914, les prix des logements chutent considérablement, la Première Guerre mondiale est en cause avec le blocage des loyers de 1914. Les prix ont remonté jusqu'à 1930-35 l'immobilier servant de valeur refuge, pour rechuter jusqu'en 1939 et remonter légèrement durant la période 1940-44, l'immobilier servant encore de valeur refuge. Après une nouvelle baisse qui s'arrêtera 1950, on assiste à un rattrapage des prix jusqu'en 1965, date à partir de laquelle les prix ont repris le trend de longue période jusqu'en 2000.

Graphique 9 - Evolution de l'indice du prix des logements de 1840 à 2011

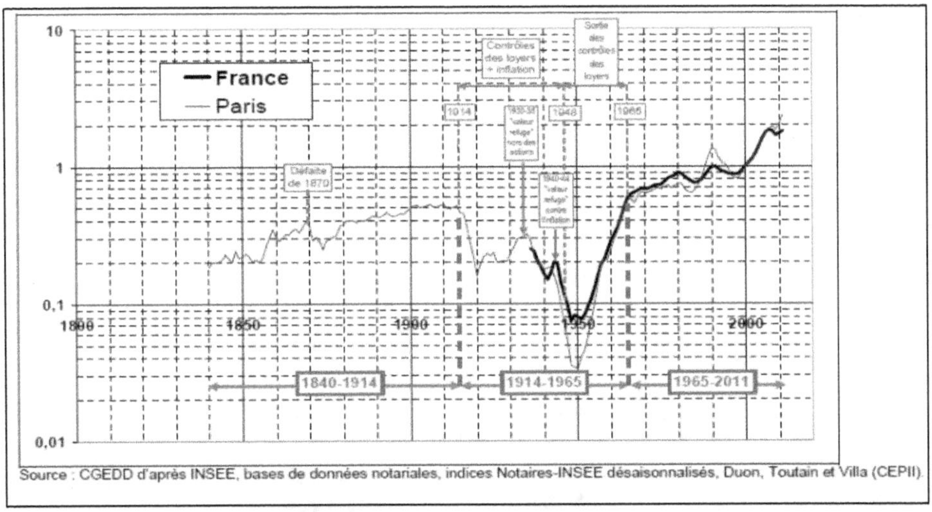

Source : Article de Jacques Friggit « De Philippe Auguste à François Hollande, le prix des logements à Paris sur huit siècles » paru dans le numéro de septembre 2012 de VARIANCE, la revue de l'association des anciens élèves de l'Ecole nationale de la Statistique et de l'Administration Economique.

CHAPITRE IV

L'offre locative privée

Chaque génération essaie. Construire quelque chose. Consolider ce que l'on possède. Ou l'agrandir. Quand tu travailles jour et nuit comme un damné et que tu n'as plus le temps de voir ta femme et tes enfants, quand tu sues pour construire ce que tu désires, tu vis les plus beaux moments de ta vie.

Laurent Gaudé dans « Le soleil des Scorta »

Les deux marchés du logement avec le secteur privé et le secteur public se caractérisent depuis 2007 par une territorialisation marquée avec deux zones : une zone tendue avec une crise du logement qui ne s'est jamais démentie et une zone détendue en province avec la surproduction récente de logements publics et de logements Scellier, avec pour conséquence la vacance locative et la crise immobilière.

L'offre locative privée est une expression utilisée couramment par Jacques Mayer, un bailleur qui, à partir de rien, s'est constitué un patrimoine important à Orléans. Même modestement en tant que bailleur, il a contribué à réduire la crise du logement dans sa ville, c'est-à-dire qu'il a accru l'offre locative privée, en gérant ses logements, agissant comme un entrepreneur avec des salariés, prenant des risques avec les emprunts. Il faut admirer de telles réussites et non pas les jalouser ; si davantage de propriétaires avaient suivi le même chemin, les bailleurs publics auraient été inutiles, nos impôts n'auraient pas été aussi élevés et la crise du logement aurait disparu même à Paris. Ceci doit nous inspirer une autre voie que le logement public et l'Etat aurait à gagner en aidant les bailleurs privés à se constituer un patrimoine plutôt que de subventionner les bailleurs publics, pour construire, entretenir et … démolir !

A. ANALYSE DU PARC PRIVE

1. Typologie des bailleurs. La moitié des propriétaires fait partie des classes pauvres

Il y a 2,2 millions de propriétaires privés qui font de l'investissement locatif, détenant 6,5 millions de logements en comprenant les meublés et les logements à titre gratuit, ce qui équivaut à une moyenne de 2,95 logements par propriétaire. Selon l'ANAH, les investisseurs institutionnels détiennent 10 % des logements privés, les bailleurs privés individuels détiennent le reste soit 90 % du parc privé locatif ; 60 % d'entre eux ne possèdent qu'un bien et 19 % ont deux logements. D'après une étude réalisée par l'ANIL en novembre 2012 par Jean Bosvieux, 20 % des bailleurs détiennent plus de la moitié du parc privé, les 2 % de bailleurs possédant dix logements ou plus en possèdent à eux seuls 16,5 %. Cependant la détention d'un nombre élevé de logements n'est pas significateur de revenus, car on ne sait quel est le pourcentage d'entre eux qui sont endettés. Le revenu mensuel médian des propriétaires est de 2400 € contre 1 700 € pour la moyenne des ménages, alors que les classes sont dites supérieures avec un revenu de 4000 €, nous sommes loin de l'image du riche propriétaire. Il semblerait donc que la moitié des propriétaires privés ne font même pas partie des classes moyennes, mais des classes pauvres, seule une minorité de propriétaires appartient à la classe supérieure et c'est probablement les 2 % qui ont plus de 10 logements.

Dans le tableau ci-dessous de l'ANIL, 35 % des bailleurs sont retraités et c'est ailleurs qu'il faut rechercher l'origine des revenus des bailleurs. Ce tableau classe les bailleurs d'après leur profession. On s'aperçoit que la catégorie la plus importante est celle des cadres et professions libérales avec 23,3 % puis viennent les commerçants et chefs d'entreprises et les professions intermédiaires pour un total de 49,4 % ; cela confirme que ce sont essentiellement des non-salariés qui s'orientent vers l'investissement immobilier pour un complément de retraite.

Tableau 41 - Répartition des bailleurs selon la catégorie socio-professionnelle (CSP)

CSP de la personne de référence du ménage	Part des bailleurs	Part de l'ensemble des ménages
Agriculteur actif	0,7 %	0,5 %
Agriculteur retraité	2,3 %	2,1 %
Commerçant, artisan, chef d'entreprise actif	10,8 %	5,2 %
Commerçant, artisan, chef d'entreprise retraité	7,5 %	2,6 %
Cadre, profession libérale actif	23,3 %	10,9 %
Cadre, profession libérale retraité	9,3 %	4,6 %
Profession intermédiaire actif	15,3 %	14,7 %
Profession intermédiaire retraité	7,1 %	6,5 %
Employé actif	2,6 %	6,4 %
Employé retraité	4,7 %	9,3 %
Ouvrier actif	1,0 %	4,2 %
Ouvrier retraité	4,4 %	9,3 %
Inactif	10,6 %	23,5 %
Indéterminée	0,4 %	0,2 %
Ensemble	100,0 %	100,0 %

Source : Jean Bosvieux, ANIL, Bailleurs et locataires dans le privé, novembre 2012

Il serait intéressant de connaître le revenu des inactifs pour savoir s'ils vivent de leurs revenus comme les vrais rentiers d'autrefois.

a. Tradition du parc privé : le rôle de la bourgeoisie, les propriétaires héréditaires

Traditionnellement, c'est la petite bourgeoisie qui possédait la presque totalité des logements loués. Ce sont les propriétaires héréditaires qui ont recueilli dans la succession de leurs parents, la ou les maisons avec les locataires en place. Selon l'étude de Jean Bosvieux, un tiers des bailleurs a reçu son patrimoine par héritage ; comme l'or, l'immobilier a la réputation d'être une valeur refuge. L'autre avantage que procurait l'immobilier était l'espoir de plus-value après des années de détention, mais depuis 2007, la perspective de plus-value n'existe plus en France à l'exception de la région parisienne et de quelques grandes villes.

b. Les nouveaux petits propriétaires de deux logements pour un complément de retraite

Selon la même étude de l'ANIL, les deux autres tiers des bailleurs ont acheté leurs biens. Il est nécessaire de souligner l'échec de l'Etat dans la politique des retraites des travailleurs indépendants. Ces propriétaires ont souhaité se procurer un complément de retraite, la leur étant trop faible avec parfois seulement 400 à 800 € par mois, ils ont absolument besoin de leurs loyers pour vivre.

NB. Il existe une très grande disparité des retraites en France entre une pension de 2000 € par mois versée à une employée d'assurance qui a travaillé seulement pendant 20 ans puis ayant démissionnée a perçu le RSA pendant 20 ans et celle de 800 € allouée à un petit patron qui a travaillé pendant 50 ans, avec des semaines de 50 à 60 heures ! Ces deux exemples sont tirés de la vie réelle. Un autre exemple assez courant est celui d'une commerçante qui vit au dessus son ancien commerce avec 1000 € de retraite, si celui-ci reste vide, elle ne pourra plus payer sa taxe foncière et devra puiser dans ses économies jusqu'à leur épuisement.

Le logement locatif privé n'est pas seulement un marché pour les locataires qui doivent déménager provisoirement pour un nouveau travail ou un moyen de se loger durablement à bas prix par rapport à un achat impossible, c'est aussi le complément de retraite des bailleurs. Il y a aussi les épouses divorcées qui n'ayant pas travaillé pendant qu'elles élevaient leurs enfants et commençant à travailler à 45 ans, n'auront pas assez de trimestres pour obtenir une retraite. Les différents ministres du Logement n'ont jamais perçu cette réalité, oubliant cet intérêt général des retraités pauvres. La stratégie de ces retraités a été de se procurer des revenus complémentaires sur un marché de proximité, ne demandant pas trop de connaissances juridiques ou économiques, mais un petit capital procuré par un emprunt.

c. Les nouveaux propriétaires fiscaux

Les différents gouvernements ont depuis 30 ans mis au point des lois de défiscalisation pour les investisseurs qui s'engageraient à conserver pendant 9 ans un bien destiné à la location d'une résidence principale. Les différents dispositifs ont gardé le nom des ministres du Logement qui ont installé cette défiscalisation : Méhaignerie, Périssol, Robien, Besson, Scellier, Duflot, etc. Ces lois ont contribué à résorber la crise du logement en province dès 2006-2007 en raison du coût du foncier faible par rapport à Paris. Les investisseurs séduits par les promesses des promoteurs, d'acquérir un bien qui se paierait pratiquement avec les seuls loyers et leur permettrait d'obtenir une réduction d'impôt, ont beaucoup acheté. La loi Scellier est devenue la cause apparente d'un désastre immobilier en province, elle a créé (avec la construction de logements sociaux également) une surproduction de logements locatifs dans la totalité de la France rurale. Les investisseurs mal informés par les promoteurs, n'arrivent plus à louer au risque de perdre leur avantage fiscal et ne pourront pas revendre ou obtenir de prix supérieur à leur prix de revient ; certains parlent d'abus de confiance, car il était prévisible que tous les logements construits ne seraient pas loués.

Ces nouveaux propriétaires ne connaissent pas l'immobilier, ni même parfois leur investissement, ayant acheté sur plan, dans le bureau du promoteur. Ils délèguent la gestion, sans avoir rencontré leurs locataires et vendront 9 ans plus tard, remettant en même temps que les milliers d'autres investisseurs sur le marché, un bien dévalorisé par l'excès d'offre. Ils ont acheté un produit d'épargne défiscalisé et n'ont pas forcément l'âme d'un bailleur capable de supporter les aléas de la location. Bien des déceptions sont à prévoir qui pèseront sur les motivations des futurs investisseurs.

d. Les nouveaux propriétaires endettés, appelés pudiquement propriétaires accédants

Dans les années 80, la crise du logement sévissait encore dans toute la France. Les travailleurs indépendants qui savaient qu'ils n'auraient pas une retraite suffisante ont emprunté pour acheter des logements. Les plus audacieux ont acquis un patrimoine de 20 à 50 logements, mais le plus grand nombre s'est limité de 1 à 5 biens.

Ce faisant, la crise du logement s'est estompée en province pour disparaître complètement en 2007. Ceux qui ont achevé leurs achats dans les années 90-95 ont pu rembourser leurs emprunts avant 2010 ; les autres qui ont poursuivi au-delà cette date, sont maintenant très endettés alors que le marché locatif provincial se saturait. Ils ne réalisent plus de marge et peinent à entretenir leur patrimoine avec la hausse des taxes foncières, celle des travaux et la stagnation des loyers puis leur baisse, ils enregistrent une perte de 2 à 10 % chaque année, ce qui est considérable et les met en situation de faillite ; en effet au-delà de 30/40 logements il s'agit d'une activité à plein temps ce qui impose une marge pour vivre. Aucun économiste n'a étudié la paupérisation des quasi professionnels de la location, car l'actualité locative qui inspire seule les ministres du Logement se concentre à Paris avec des loyers en hausse continue et des plus-values substantielles.

L'administration des Impôts qui avait reçu des instructions pour effectuer des contrôles auprès des investisseurs immobiliers a vite déchanté avec ses « *forts enjeux* ». C'est ainsi qu'elle appelait les contribuables immobiliers importants en espérant faire d'importants redressements. Les inspecteurs se sont rendus à l'évidence, l'immobilier locatif ne rapporte plus et plus grave encore avec les impayés de loyers, les dégradations et la vacance locative, ces contribuables perdent de l'argent. On peut être riche en patrimoine et manquer de trésorerie ! Ces bailleurs sont atteints du même syndrome que les propriétaires de champs de pommes de terre de l'ile de Ré non imposables, mais soumis à l'ISF.

Un propriétaire qui a 50 logements doit prévoir la réfection de deux couvertures par an ainsi que le remplacement d'autant de chaudières, de WC. Il gère aussi 3 ou 5 dégâts des eaux par an ; à chaque tempête il doit faire déplacer le couvreur et l'électricien pour l'antenne. A chaque déménagement, il doit repeindre les murs même si son locataire n'a que peu dégradé le logement. C'est un budget indispensable pour s'adapter au nouveau marché provincial depuis la vacance locative. S'il a des emprunts, il ne peut plus vivre de sa seule gestion, il doit vendre tous les ans ou les deux ans, un bien pour reconstituer sa trésorerie, payer ses taxes foncières, ses impôts et ses travaux d'entretien. La fiscalité immobilière n'est pas adaptée à son profil.

Depuis le début de 2013, deux faits nouveaux viennent confirmer l'évolution dramatique de l'investissement locatif privé, la vacance locative s'étend dorénavant aux villes moyennes de 200 000 habitants et les premières faillites d'investisseurs immobiliers existent depuis 2013, selon les juridictions d'Instance.

e. Evolution nécessaire de l'état de propriétaire-bailleur-rentier vers le métier d'entrepreneur-bailleur

Un propriétaire de 50 logements malgré son statut officiel de « rentier » est devenu un entrepreneur qui doit constamment anticiper les évolutions du marché locatif. Sa première contrainte est d'équilibrer son budget, la deuxième est d'entretenir son patrimoine, la troisième est d'offrir des produits en adéquation avec la demande. Il se bat en permanence contre l'obsolescence technique et les impératifs de la mode, de la décoration intérieure pour adapter ses biens au marché. Il doit être gestionnaire, comptable, agent immobilier, juriste (droit locatif, droit judiciaire, droit des affaires, droit fiscal, droit notarié, droit de la construction, droit administratif, droit bancaire, droit des assurances…). Il doit maitriser les techniques du bâtiment pour discuter avec les experts des compagnies d'assurances, les fonctionnaires de l'urbanisme, les architectes, les plombiers, les maçons, etc. Il doit savoir plaider devant un tribunal, présenter un dossier à la banque, le défendre devant les administrations, demander des délais de paiement à l'administration, aller requérir ses loyers quand ses locataires ne paient plus, évaluer l'opportunité de saisir le tribunal ou d'abandonner ses créances. Il est percepteur bénévole avec la taxe des ordures ménagères, indicateur de l'administration des impôts recouvrant la taxe d'habitation. Il doit connaitre un bon notaire, un bon huissier, un bon avocat.

Il ne suffit pas d'aller porter ses chèques à la banque. Le mot de rentier ne convient plus, car l'immobilier n'est plus un produit de placement comme le serait un produit d'assurance ou d'épargne en raison des aléas quotidiens de la gestion locative.

2. Le placement immobilier comme valeur refuge ? Et non plus comme bien de rapport ?

Selon Jean Perrin, le président de l'UNPI « *les rendements locatifs sont en baisse régulière depuis 2002. Il en résulte que les investisseurs ne sont pas attirés par le placement immobilier pour son rendement, mais uniquement par les perspectives de plus-values ou en raison d'une méfiance pour les autres types de placements* ». Et d'ajouter avec pertinence : « *On mesure tout le danger que représente cette situation. Si le marché se retourne, les investisseurs n'auront aucune raison de conserver un placement dont la rentabilité est faible et cela précipitera la baisse des prix* »... et relancera la crise du logement par voie de conséquence.

Au surplus, la baisse des loyers et des prix immobiliers est régulière depuis 2009, dans plus de la moitié de la France, mais l'effondrement de la bourse a dirigé une partie des investisseurs vers la pierre ce qui a limité la crise immobilière. Dans les régions détendues, les prix ont chuté entre 25 et 50 %. Les statistiques ne rendent pas compte de cet effondrement du marché, car d'une part les ventes de logements neufs se font à des prix qui augmentent ce qui gonfle la moyenne des prix et d'autre part les propriétaires retirent de la vente leurs biens quand ils s'aperçoivent que les offres rares sont trop basses. Seuls, maintiennent leurs ventes les propriétaires qui n'ont pas le choix, ainsi le placement immobilier en province n'est plus ni un bien de rapport, ni une valeur refuge, seules les très grandes villes peuvent espérer attirer des investisseurs immobiliers.

3. Les faiblesses du parc privé sur des marchés segmentés

Les propriétaires-bailleurs âgés n'ont pas les économies nécessaires à la rénovation des grands logements et ne peuvent plus emprunter en raison du refus de l'assurance décès au-delà 65 ans. De plus, l'ANAH ne finance plus les logements à loyers libres, favorisant exclusivement les logements sociaux dans des zones spécifiques (les OPAH), ce qui contribue aussi au vieillissement du parc privé.

a. L'exception des propriétaires de logements insalubres

Selon l'enquête de l'ANIL précitée, le parc privé a 25 % de logements en mauvais état, mais seuls 1,5 % de logements n'ont pas le confort sanitaire. Contrairement à une idée reçue dans les ministères et chez les élus, les logements en mauvais état trouveront toujours preneurs, car leurs propriétaires ne sont pas exigeants sur les garanties de leurs futurs locataires. Les loyers correspondent souvent au montant de l'allocation logement et les propriétaires n'ont donc jamais d'impayés de loyers, ni de procédures judiciaires. Les logements étant déjà en mauvais état, il n'y a plus de risques de dégradations, ce sont eux qui ont les meilleurs rendements locatifs dépassant 10 ou 12 %. Leurs propriétaires revendent sans difficulté ces immeubles malgré la surproduction environnante de logements neufs, car il s'agit d'un autre marché. L'ANAH serait la solution appropriée pour aider ces propriétaires à rénover ces logements, mais il manque une volonté politique et les crédits correspondants qui vont de préférence vers les bailleurs publics.

Cependant, reste le problème du logement ou de l'hébergement de ceux qui sont en rupture de société, vivant avec de gros chiens, avec le bruit, la musique, l'alcool… n'ayant aucun horaire, empêchant leurs voisins de dormir, ne sachant pas toujours qu'il faut payer son loyer, son eau et son électricité, etc. Il en résulte que ces locataires sans revenus ont de plus en plus de difficultés à trouver un propriétaire acceptant leur mode de vie et les bailleurs publics sont réticents pour les loger en raison des risques de dégradation et des nuisances qu'ils occasionnent à leur entourage immédiat. Il ne s'agit même plus d'un problème de garantie des loyers ou de dégradations, il est impossible de loger ces personnes dans un immeuble collectif, car les autres locataires déménagent aussitôt. Ils ne peuvent être logés que dans des maisons individuelles avec un voisinage éloigné.

Les mises sous curatelle ne résolvent que le paiement des loyers, l'accompagnement social est souvent une mesure transitoire, ne reste que l'hébergement dans des structures spécialisées avec des investissements spécifiques et un personnel spécialisé.

b. Une exception quasi parisienne : les marchands de sommeil

Les marchands de sommeil profitent de l'immigration clandestine, ils se situent surtout à Paris et plus rarement en province. On les connait par les reportages, mais il n'y a pas de statistiques fiables sur cette économie quasi souterraine, on sait seulement qu'elle est marginale. Cette catégorie de propriétaires devrait relever du Code pénal, mais il s'agit d'un marché presque clandestin, l'image des marchands de sommeil ternit celle de l'ensemble des bailleurs privés par une identification inappropriée, voire malveillante, des activités de loueurs de taudis avec celles de bailleurs de logements. Cette assimilation sert ceux qui veulent une nationalisation du logement et alimente la fureur législative qui s'est emparée des pouvoirs publics depuis 2007.

La définition d'un logement indigne par une commission qui n'entend pas le propriétaire, n'est pas fatalement un choix de gestion, mais peut être la conséquence de comportements asociaux de locataires en difficulté ; il s'agit aussi parfois du résultat de la pauvreté du bailleur et avant de condamner le propriétaire, il serait nécessaire de faire l'historique du logement, pour savoir en combien de temps il a été dégradé et de quelle manière. Ne pas procéder ainsi, relève du refus du contradictoire, voire d'un procès d'intention malveillant par certains élus et fonctionnaires. Dans le livre blanc 2014 de l'UNPI 16, les rédacteurs ont noté un ensemble de dysfonctionnements du GIP Charente solidarités et du PACT qui sont chargés de recenser les logements indignes principalement dans le parc privé de Charente, car le parc public subit moins de contrôles selon le GIP (20 % contre 80 % dans le parc privé). Les bailleurs sont assez souvent écartés du contrôle soit parce que le locataire refuse l'entrée de son propriétaire, soit parce que le bailleur n'a pas été prévenu ; il s'agit donc dans ces cas là d'une enquête à charge ce qui ne semble pas gêner les techniciens en raison des failles du décret. Interrogés lors d'un exposé devant l'assemblée générale de l'UNPI Charente, le 15 mai 2014, ils ont expliqué qu'ils appliquaient la loi et que les bailleurs pouvaient faire des contestations ultérieures ce qui est assez consternant sur l'absence de déontologie de ces diagnostiqueurs, car chacun sait bien que les échanges de courriers ne favorisent pas le dialogue et que la charge de la preuve sera plus difficile à apporter sans la présence des parties. De plus, le livre blanc de la Charente rapporte des erreurs matérielles de la part des diagnostiqueurs qui nécessitent des échanges de courriers et des contre-visites ; dans d'autres cas, les propriétaires ont été sommés de faire les travaux alors qu'ils n'ont pu démontrer, en raison de l'absence du contradictoire, que c'étaient leurs locataires qui avaient dégradé le logement. Il sera utile de suivre l'évolution de ces mises en causes unilatérales par l'administration afin de vérifier s'il y a eu violation de la Convention Européenne des Droits de l'Homme dans son article 6 qui stipule que tout homme a droit à un procès équitable.

En regard de l'histoire récente du logement, avec les bidonvilles de l'après-guerre, la stigmatisation des logements indignes dans le seul parc privé, provient de la manière de poser le problème du logement sur le seul plan émotionnel. Les petits propriétaires qui ont été ruinés par les impayés de loyers et les dégradations d'un locataire sans scrupules sont des victimes et non pas des marchands de sommeil. Par définition, un logement est d'abord neuf avant d'être dégradé et c'est souvent l'utilisation anormale de ce logement qui peut entrainer son vieillissement accéléré. Il n'a pas été possible de savoir si l'administration a mis en cause des bailleurs publics après la découverte d'un logement indigne. Les rares condamnations du parc public ont lieu quand il y a mort d'homme.

Selon la DDTM (Direction des territoires et de la mer) du Calvados, le prérecensement des logements réputés indignes provient de la base fiscale Filocom qui s'appuie sur les déclarations des propriétaires concernant la qualité de leurs logements. Il existe un repérage des logements PPPI (Parc Privé Potentiellement Indigne) à partir des catégories 6, 7 et 8 et des revenus fiscaux de référence. Ainsi la recherche sur les logements privés potentiellement indignes sélectionne les résidences de catégorie 6, occupées par un ménage au revenu fiscal de référence inférieur à 70 % du seuil de pauvreté (PPPI B1) et les résidences de catégorie 7 et 8, occupées par un ménage au revenu fiscal de référence inférieur à 150 % du seuil de pauvreté (PPPI B2). Notons qu'il semblerait qu'il n'y ait pas de repérage du parc public potentiellement indigne par l'administration et que les enquêtes sur l'indignité proviendraient seulement des plaintes des locataires du parc public, ce qui expliquerait leur moindre importance. (voir en annexe le décret sur la décence du 30 janvier 2002)

- Catégorie 8. Aspect délabré, qualité de construction particulièrement délabré. Ne présente plus les caractères élémentaires d'habitabilité.
- Catégorie 7. Qualité de construction médiocre, matériaux bon marché, logement souvent exigu en collectif, absence très fréquente de locaux d'hygiène.
- Catégorie 6. Qualité de construction courante, matériaux habituels dans la région, mais durabilité moyenne, conditions d'habitabilité normales, mais dimension des pièces réduites, et absence à l'origine assez fréquente des locaux d'hygiène dans les logements anciens.

On attend les statistiques réelles sur les logements indignes qui devraient être accessibles vers 2015.

B. Les deux zones du logement depuis 2007

Depuis 2007, la France immobilière s'est vue coupée en deux : d'un côté la France urbaine et touristique qui ne parvient pas à résoudre sa crise du logement et de l'autre la France rurale qui vient de la résoudre, mais qui connait une autre calamité, la surproduction de logements. On le sait, toute surproduction a pour conséquence la dépression ; dans l'immobilier cela commence par la vacance locative et la baisse des loyers, suivie d'une crise immobilière avec la baisse des prix. Malgré la mise en garde de la Fondation Abbé Pierre sur le danger de classer les territoires en deux, cette classification permet d'éviter d'encourager la production dans les secteurs détendus.

« En effet, s'il est caricatural, voire dangereux, de classer les territoires en deux catégories (les marchés « tendus », « détendus »), force est de reconnaître que chaque territoire est porteur d'enjeux propres » 17e rapport sur le Mal Logement de la Fondation Abbé Pierre.

1. Le marché des métropoles avec la crise du logement qui perdure

Paris est l'exemple majeur de la crise du logement en France, d'autres métropoles connaissent dans leurs centres-villes également les mêmes symptômes. On peut citer Marseille, Lyon, Toulouse, Bordeaux, Lille, Nice, Nantes, etc. D'autres villes plus modestes ont subi jusqu'en 2012, la même crise, car elles sont situées dans un secteur touristique : Grenoble et La Rochelle par exemple et bien sûr la côte d'Azur ont illustré cette double pression de l'habitat avec les résidences principales et les résidences secondaires.

Dans ces zones urbaines et touristiques, les prix des loyers augmentent, car il n'y a jamais assez de logements ; en conséquence les prix de vente ne baissent pas, permettant des plus-values substantielles. C'est la loi de l'offre et de la demande. Une petite annonce à Paris va déclencher 30 visites ce qui permet aux bailleurs de demander de plus en plus de garanties et de sélectionner le locataire idéal parmi les 20 ou 30 candidats souhaitant louer le logement.

La raison de ces hausses continues tient dans la rareté des terrains. Les bords de mer limitent l'expansion dans un seul sens. Grenoble est confronté comme toutes les zones montagneuses à la difficulté de trouver d'autres terrains constructibles, Paris à l'instar de toutes les capitales, subit la pression démographique des nouveaux arrivants et immigrants et des cadres ce qui alimente la demande et les prix. L'inflation des prix de location est non seulement causée par la demande locative, mais aussi par les coûts des travaux d'entretien et de rénovation qui subissent aussi la loi de l'offre et de la demande. Les travaux à Paris sont entre deux et quatre fois plus couteux que des travaux identiques en province.

En 2013, la vacance locative a atteint Grenoble, La Rochelle et Rouen et sans doute d'autres grandes villes, mais ces informations sont très discrètes comme censurées par le lobby du Bâtiment et de l'immobilier qui craint une aggravation de la réduction des permis de construire, corrélative à une diffusion d'informations sur l'extension de la vacance locative.

2. Le marché des zones rurales avec la vacance locative

On entend par zones rurales (pratiquement toutes les villes de moins de 100 000 habitants), toute la France à l'exception des métropoles et des zones touristiques. Plus de la moitié de la France subit la vacance locative par l'excès d'offre, ce qui représente entre un et deux millions de logements vides en recherche de locataires comme nous le verrons, certaines zones rurales sont frappées par la vacance locative depuis 2007. Des propriétaires s'étaient déjà plaints de ne plus trouver de locataires dès 2006 lors du congrès de l'UNPI. En 2007, je réalisais une enquête auprès des présidents de chambres de l'UNPI et 30 départements se disaient déjà touchés par la vacance. Seuls, les présidents de chambre concernés par le phénomène de la vacance ont répondu, ce volontariat a certainement minoré les chiffres réels.

Quatre départements disaient constater les premiers signes de la vacance avec la disparition des 30 appels téléphoniques pour une petite annonce. L'évolution s'est faite progressivement passant de 30 à 20 puis 10 puis 5. Quand il n'y a plus que 5 appels téléphoniques pour une annonce pendant une semaine, cela signifie le début de la vacance locative, car sur les 5 appels, il n'y a qu'une ou deux visites pour un logement ayant un bon rapport qualité-prix, or ce nombre n'est pas suffisant pour déclencher la signature d'un bail.

La vacance locative peut évoluer vers l'absence d'appels téléphoniques pendant un mois, puis pendant de nombreux mois. Sachant qu'il devient très rare de louer lors de la première visite, la vacance locative devient insurmontable et dure 6 mois ou un an. Les pouvoirs publics n'ont pas pris cette vacance locative au sérieux en la minimisant, car ils sont persuadés que ce sont les logements en mauvais état qui ne se louent pas, ce qui est assez souvent faux quand on regarde les photos des petites annonces sur le site de location « leboncoin ». Il est vrai que les locataires connaissant la pléthore de logements à louer, prennent le temps de visiter et seuls les logements ayant un bon rapport qualité-prix se louent rapidement.

Le début de la vacance locative subie : panorama français en 2007

Enquête réalisée par Jean Bigot sur la vacance locative en 2007 auprès des présidents de chambres des propriétaires affiliés à l'UNPI, reprise dans le Propriétaire Immobilier, la revue de l'UNPI et dans Le Monde du 4 février 2008.

Une prise de conscience lente et difficile de la vacance locative

Un exemple : La vacance locative a commencé à Niort en 2007, par une réduction des appels téléphoniques, en 2010 les logements en moins bon état sont restés vides, puis ce fut le tour des logements en parfait état dans l'été 2011. Des agences ont commencé à proposer une réduction des frais d'agences, un promoteur, Akerys a offert à Niort les trois premiers mois de location en juin, juillet, août 2011 (voir ci-dessous), les HLM ont commencé à faire passer des annonces pour leurs propres logements, étant eux-mêmes touchés par la vacance locative (voir plus loin). Ce dernier signe aurait pu alerter les pouvoirs publics. En 2007, il y avait environ 500 logements vides à Niort ville préfecture de 60 000 habitants, ce qui correspondait à 3 % du parc locatif de 17 000 logements ; la Direction de l'équipement alertée, niait ces chiffres, les HLM reconnaissaient en privé 100 logements vides, mais disaient qu'il s'agissait d'une vacance technique en attente de travaux. En 2011, l'UNPI 79 affirmait qu'il y avait 2000 logements vides ; la direction des territoires niait toujours ce chiffre, reconnaissant qu'il y avait tout au plus 1400 logements vides, inventant le terme pudique de « secteur détendu » ! La même direction mettait au point dans le même temps une carte prévisionnelle des besoins pour les 20 ans à venir. Il était clair que les chiffres avancés par l'UNPI dérangeaient les statisticiens commandés par la Direction Départementale des Territoires (DDT) et pourtant la mairie de Niort en mars 2012, reconnaissait 2300 logements vides après vérification sur Filocom (fichier d'origine fiscale). En 2013, la vacance locative dépassait 3000 logements et des centaines de logements neufs continuaient à envahir le marché. Cela n'empêchait pas les bailleurs publics et les promoteurs nationaux de continuer à construire !!!

Petite annonce d'Akerys du 19 mai 2011

leboncoin.fr Locations Locations - Deux-Sèvres

Accueil | Déposer une annonce | Offres | Demandes | Mes annonces | Boutiques | Compte Pro | Aide

Accueil > Toute la France > Locations > APPPARTEMENTS T3 ET T2 BIS A LOUER sur NIORT

APPPARTEMENTS T3 ET T2 BIS A LOUER sur NIORT

Ceci est une annonce de professionnel. Numéro Siren : 400158572

Mis en ligne par akerys services immobiliers le 19 mai à 22:26.

Contacter l'annonceur

Envoyer un email

akerys services immobiliers : 0618158012

Gérer votre annonce

Modifier

Supprimer

Remonter en tête de liste

Mettre en avant

Loyer mensuel : **442 €** Code postal : **79000**

Charges comprises : **Non** Type de bien : **Appartement** Pieces : **3**

Surface : **56 m²**

GES : C (de 11 à 20) Classe énergie : C (de 91 à 150)

akerys vous offre vos loyers

de juin juillet aout 2011

pour toutes RESERVATIONS avant le 31 MAI 2011

N'HESITEZ PLUS CONTACTEZ NOUS AU 06 18 15 80 12

Il faudra attendre le 10 février 2012, pour que le principal bailleur des Deux-Sèvres, Habitat Sud-Deux-Sèvres reconnaisse dans la presse avoir 150 logements vides, en organisant une campagne publicitaire et promotionnelle pour louer ces logements ; on ne parlait pas encore de vacance technique. A la même époque où la neige et un froid glacial recouvraient la France, il y avait à Niort quelques SDF qui dormaient dans la rue, le recoupement de ces deux informations a surpris la population. Comment un bailleur social pouvait-il indiquer qu'il possédait des logements vides alors que des candidats locataires sans revenus ne pouvaient accéder à ces logements vides !

Le Crédit Foncier a classé 60 villes à risque, éligibles pour le Scellier et recommande de ne pas y investir en Duflot, en raison de la vacance locative et surtout parce que les loyers élevés demandés ne correspondent pas à la demande et le Crédit Foncier ajoutait cette évidence : si les locataires ne peuvent pas payer les loyers, le bien restera vide et l'investisseur perdra son avantage fiscal. Le Crédit Foncier précise que les villes non citées ne sont pas exclues pour autant des mêmes risques, elles sont juste moins exposées : Bailleuil, Saint-Quentin, Charleville, Elbeuf, Châlons-en-Champagne, Forbach, Brest, Saint-Brieuc, Laval, Le Mans, Tomblaine, Erstein, Sélestat, Colmar, Mulhouse, Belfort, Montbéliard, Lorient, Angers, Cholet, Blois, Dijon, Besançon, La Roche-sur-Yon, Niort, Poitiers, Villefrance sur Saône, Bourg-en-Bresse, Angoulême, Limoges, Roanne, Saint-Etienne, Clermont-Ferrand, L'Isle-d'Abeau, Divonne-les-bains, Thonon-les-bains, Annemasse, Sillingy, Seynod, Aix-les-bains, Périgueux, Bergerac, Brive, Valence, Montélimar, Gap, Agen, Montauban, Albi, Castres, Alès, Carpentras, Manosque, Salon-de-Provence, Sète, Béziers, Narbonne, Perpignan, Tarbes…

Paris ne connait pas la vacance locative or les décisions politiques se prennent à Paris dans un environnement locatif confronté à des prix élevés, dans ce contexte de crise immobilière parisienne, il est difficile de faire comprendre que la province souffre de l'inverse. La vacance locative subie est souvent exposée comme étant le risque lié à l'espoir d'un rendement élevé ; les investisseurs fiscaux subissant la vacance locative sont présentés comme des personnes n'ayant pas évalué le risque de ne pas trouver de locataire. Ce serait donc leur faute et la vacance serait la juste sanction de leur naïveté, un promoteur a même écrit pour se dédouaner des logements Scellier restés vides, qu'il en était de même pour les rendements du loto qui étaient la contrepartie du risque élevé de perdre.

Une première impression : l'Etat serait responsable de la vacance locative en province avec la loi Scellier

L'Etat habitué à donner des leçons n'admet pas facilement ses erreurs d'appréciation. Il apparait que ce dernier est responsable de la vacance pour avoir voté la loi Scellier dans les départements déjà saturés de logements en 2007 et surtout pour ne pas l'avoir retiré dans la France rurale quand il a été averti par ses Directions Départementales de l'Equipement et par ses préfets. L'intérêt général des propriétaires commandait la suppression de la loi Scellier dans la trentaine de départements « détendus » dès 2007. Or cette loi qui devait s'arrêter au 31 décembre 2012 a été prolongée en 2013 : cinq ans de gâchis, de cadeaux fiscaux inutiles, de surproduction et à la clé une crise immobilière et du chômage.

Il convient d'analyser dans le détail cette faillite des services de l'Etat, le vocabulaire feutré de « départements détendus » est à mettre en cause, car il élimine le côté dramatique de la vacance locative. Cette vacance est en effet un drame pour les propriétaires qui ont besoin de percevoir leurs loyers pour vivre, si les loyers ne sont plus encaissés, ils ne peuvent plus boucler le budget familial. Parler de détente du marché locatif sans se préoccuper de ces bailleurs âgés qui ne pourront plus se nourrir ou se chauffer, témoigne d'un parti pris préoccupant.

Les pressions du lobby des promoteurs et des constructeurs ont fermé les yeux des fonctionnaires et des élus en charge de l'habitat. Certains promoteurs réalisaient plus de la moitié de leur chiffre d'affaires avec les logements défiscalisés ; ils souhaitaient finir leurs programmes ou en lancer d'autres, ils ont plaidé le risque de faillites et le soutien nécessaire de l'emploi. Les divers gouvernements n'ont pas eu le courage de leur refuser la loi Scellier, prenant le risque d'une crise immobilière à moyen terme, entrainant encore plus de licenciements dans le bâtiment. La loi Duflot qui a pris la suite du Scellier a été soumise à la même pression du lobby du Bâtiment.

3. Logements vacants : abandonnés, inoccupés ou disponibles

L'expression de logements vacants recouvre plusieurs situations : les logements en déshérence en raison de l'exode rural, les désindustrialisations locales, la désertification des campagnes et d'une manière générale, les conséquences du progrès technique qui occasionne des transferts de bassins d'emplois. Dans les années 70, les logements vacants étaient ceux qui ne trouvaient plus preneurs, que ce soit pour la location ou pour l'achat, il s'agissait de logements mal situés par rapport aux emplois nouveaux, les maisons des agriculteurs ont été les principales victimes de cette obsolescence de la destination. Des millions de résidences principales se sont transformées en résidences secondaires ou en maisons abandonnées. Dans chaque village, il y a encore de nombreuses maisons qui tombent en ruine faute d'habitants ou parce que les réparations sont trop importantes, ce sont les logements abandonnés, victimes essentiellement du niveau de vie de notre société et de la désertification de la France rurale.

Les logements disponibles en état, à la location ou à la vente, sont une catégorie récente, car dans notre histoire il n'y a jamais eu de logements en surnombre du fait de la croissance démographique régulière dans notre pays ainsi que de l'immigration constante. Il s'agit d'une nouvelle vacance locative subie.

Les logements inoccupés qui déclenchent régulièrement les foudres des ministres du Logement et des associations de locataires sont des logements plus ou moins habitables situés dans des secteurs tendus et qui pourraient être remis en location si le propriétaire le voulait bien ou le pouvait financièrement. Il y a aussi des statuts d'inoccupation variables (les logements en attente de vente, de règlement de succession, de financement de travaux, etc.) qui sont des vacances techniques.

Il conviendra de distinguer ces différents types de logements vacants pour que l'Etat ne continue pas à s'engager dans des constructions inutiles faute de statistiques et d'analyses fiables géographiquement et évite les procès d'intention pour les détenteurs de ces logements vacants. Il est évident que la taxe sur les logements vacants perd de son sens selon le type de vacance.

CONCLUSION DU CHAPITRE

Le logement a été le signe de la réussite sociale de la bourgeoisie par sa capacité à loger la population qui n'avait pas les moyens de devenir propriétaire. Cette fonction locative avait un sens social indispensable à l'équilibre de la société, historiquement, les propriétaires logeaient les ménages les plus modestes, puisque l'Etat n'était pas conscient de cette nécessité impérieuse. Ce rappel permet de comprendre l'agacement des propriétaires bailleurs devant les leçons de morale régulières de l'Etat. De même que la santé publique a d'abord été l'œuvre des particuliers et des associations, de même le logement a été celle de bailleurs individuels. C'est cette histoire des bailleurs privés qui permet d'expliquer qu'il y a plus de ménages modestes dans le parc privé que dans le parc public malgré sa dénomination officielle de parc social.

L'autre fonction sociale du parc privé a été et est encore de fournir une retraite complémentaire à deux millions de ménages, ce qui allège d'autant les décaissements des Caisses de retraite.

Le foisonnement normatif récent entraine l'obligation pour les petits bailleurs de se professionnaliser pour ne pas risquer la faillite devant les nouvelles lois qui les dépossèdent peu à peu du droit de propriété accordé par la Révolution française. La surproduction de logements publics dans certaines régions fait courir un autre risque qui est celui de la vacance locative subie avec l'effet dramatique de diminuer les revenus de substitution de tous ceux qui ont une retraite insuffisante. Le délaissement progressif de l'investissement locatif par les propriétaires privés a été occasionné par l'arrivée des bailleurs publics largement financés par l'Etat, dans une croyance idéologique que le parc public remplirait mieux la fonction d'hébergement des Français que le parc privé.

CHAPITRE V

L'offre locative publique

> *Je pense à tous les changements, aux révoltes généreuses... D'abord l'idéal... une belle exaltation...on veut le bien des hommes... Puis trop de gens s'en mêlent et c'est épouvantable.*
>
> Chardonne dans « Vivre à Madère ».

Le début du logement social date de la fin du XIXe siècle. La loi Siegfried du 30 novembre 1894 a créé les Habitations Bon Marché (HBM), la loi Loucheur de 1928 prévoyait la construction de 260 000 logements en 5 ans.

Dans le langage de l'administration, on parle davantage de logement social que de logement public, par une pudeur qui fait redouter l'accusation de collectivisation du logement. Les bailleurs sociaux ne veulent pas être dénommés bailleurs publics, pourtant cette appellation conviendrait mieux à la réalité, car tous les bailleurs publics sont plus ou moins des bailleurs sociaux avec des degrés certes, selon le type de prêt et selon les revenus des locataires plus ou moins élevés alors qu'il y a des bailleurs sociaux dans le parc privé. La véritable césure n'est donc pas entre bailleurs sociaux et bailleurs privés, mais entre bailleurs publics et bailleurs privés, car c'est le statut juridique et fiscal du bailleur qui fait la différence entre ces deux catégories, le choix des mots fait partie de la stratégie conjointe de l'Etat et des bailleurs sociaux-publics. Cette sémantique politique a pour but de ne pas effrayer les contribuables-électeurs qui sont appelés à financer les logements de près de la moitié des locataires français. Après la guerre, les hommes politiques au pouvoir, les gaullistes y compris, se sont forgé une méfiance du marché par réaction et en souvenir du marché noir, ils se sont convaincus que seul l'Etat pouvait sauver la France même dans le domaine économique. Le plan Marshall issu de la théorie de Keynes a justifié l'aide de l'Etat pour la reconstruction, quitte à endetter le pays et réduire la consommation individuelle et l'investissement privé, au profit de la dépense publique. La guerre a eu pour conséquence néfaste, la croyance que l'économie de marché était moralement condamnable avec les profits des collaborateurs et donc inefficace à servir l'intérêt général défini par les résistants ; à la manière d'une punition, ces derniers ont infligé une cure de planifications conçue comme seul recours. Les gaullistes acceptaient l'étatisation dans la tradition colbertiste tout en refusant la collectivisation communiste. En ce sens, il y a eu connivence entre les gaullistes, les démocrates chrétiens, les socialistes et les communistes pour privilégier l'influence des pouvoirs publics dans l'élaboration de plans quinquennaux, des nationalisations et des logements publics pour lutter contre la crise du logement privé initiée par le blocage des loyers de 1914. Cette tradition récente explique que la droite française est aussi collectiviste que la gauche en matière de logement.

A. LE PARC PUBLIC EST LE PRODUIT D'UNE MODE PLANIFICATRICE ET D'UNE NECESSITE PROVISOIRE DE L'APRES-GUERRE QUI DURE DEPUIS TROP LONGTEMPS

Dans le premier plan quinquennal de l'après-guerre, l'Etat a oublié la reconstruction des logements détruits, privilégiant la reconstruction des infrastructures ; ce faisant il faisait supporter le poids de son incurie à deux catégories sociales : les propriétaires appauvris par le blocage des loyers et les locataires devant vivre dans des bidonvilles à la périphérie des villes ou dans les taudis des centres-ville.

Depuis le deuxième plan quinquennal, l'Etat a voulu rattraper le retard de reconstruction en bâtissant rapidement des habitats collectifs, est née alors cette croyance superstitieuse pour qui n'analyse pas les causes, que seul l'Etat pouvait gérer la crise du logement alors qu'il l'avait initié par plusieurs blocages des loyers depuis 1914.

1. Caractéristiques du parc public

a. Les Offices publics de l'habitat

Les Offices publics de l'habitat regroupent depuis le 1er février 2007, les OPAC et les OPHLM. Ils sont rattachés aux collectivités locales et gérés par un conseil d'administration composé de représentants des collectivités locales, de l'administration, de partenaires financiers et sociaux et de locataires. Il y avait 274 Offices publics de l'habitat en 2010, gérés par 6 000 administrateurs et 46 500 salariés. Ce parc comporte 2 261 600 logements représentant 52 % de l'ensemble du parc public de 4 310 300 logements ; 94 % des logements sont en milieu urbain, dont 57 % dans des villes de plus de 100 000 habitants et 21 % en région parisienne. Les offices estiment loger 4,6 millions de personnes. Ils reconnaissent 96 700 logements vacants soit 4,5 % du patrimoine.

L'agglomération parisienne est estimée à 11 millions d'habitants (Ile de France 11 598 866 alors que les 366 communes de l'agglomération parisienne définie par l'INSEE regroupent 10 197 678 habitants). La population française étant de 63

961 956 à la date du 1er janvier 2008, l'agglomération parisienne regroupait 18 % de la population française.

Si l'on compare ces chiffres, on s'aperçoit que les offices publics ont construit 21 % de leur parc dans l'agglomération parisienne soit à peine plus que les 18 % de la population française que représente l'Ile-de-France. On a peut-être une première explication de la crise parisienne du logement, les offices auraient trop construit en province et pas assez à Paris ; il aurait été assez logique de construire davantage dans cette ville.

En 2009, les offices déclaraient percevoir 8 milliards d'euros de loyers.

b. Les autres organismes HLM

Les SA d'HLM qui sont de droit privé, sont dorénavant dénommées Entreprises Sociales pour l'Habitat (ESH). Elles étaient 284 en 2007, auxquelles il faut ajouter 163 coopératives HLM, 57 sociétés de crédit immobilier, 19 filiales financières et environ 200 sociétés d'économie mixte (SEM) qui gèrent 490 000 logements sociaux. Les loyers des SA d'HLM sont plus élevés que ceux des Offices, les SA pratiquent davantage la réhabilitation d'immeubles des centres-villes et sont davantage en concurrence avec les propriétaires privés.

L'ensemble des organismes publics représentait 800 sociétés, gérant 5,2 millions de résidences principales en 2011 avec 76 000 salariés selon l'USH ou 85 000 salariés selon l'IREF. La population logée dans le parc public serait de 10 millions de personnes.

2. Une nécessité historique provisoire qui dure depuis trop longtemps

Les premières HLM des années cinquante ont logé les ouvriers embauchés pour la reconstruction du pays après la guerre, la nouveauté du confort des HLM a fait oublier la promiscuité dans les barres d'immeubles. La stratégie patrimoniale des sociétés HLM a été encouragée par l'Etat ; on ne connaissait pas encore l'évolution vers les ghettos et ses difficultés. La politique d'immigration pour relancer l'économie s'était réalisée avec une intégration harmonieuse des différentes nationalités : italiens, espagnols, portugais, algériens... Vers les années 1990, la crise économique a détruit les emplois qui permettaient d'absorber l'immigration ; la mondialisation et le coût de la main-d'œuvre a entrainé des délocalisations avec des destructions d'emplois industriels créateurs de richesses dits emplois productifs. Les nouveaux immigrants n'ont pas trouvé de travail, ils ont été logés dans les cités HLM et on pourrait presque dire à la place des salariés licenciés. Les inconvénients des logements collectifs sont alors apparus, les rendant soudainement obsolètes ou inadaptés. Certains immeubles mal construits sont devenus de « nouveaux bidonvilles verticaux » plus modernes, mais bruyants et dangereux (incendies à propagation foudroyante) voire pathogènes pour la vie sociale par la production d'incivilités et de violences ; ces immeubles commencent à être détruits. On entend parfois, pour justifier a postériori ces destructions, que la durée de vie d'un immeuble social est de 40 ans ! Comment expliquer alors qu'un immeuble privé a une durée de vie de 100, 200 ou 300 ans, certains datant même du Moyen Age !

B. LA STRATEGIE FINANCIERE DES BAILLEURS PUBLICS

Les entités du parc public ont une gestion indépendante des pouvoirs publics et l'on constate qu'elles ont une stratégie de type capitaliste d'accumulation de capital immobilier, ce qui peut surprendre pour des dirigeants de ces organismes qui affirment vouloir sortir du libéralisme.

1. La valeur financière du patrimoine du parc public

Le patrimoine des HLM n'a jamais été estimé comme si une pudeur de s'être enrichi sous couvert de mission publique imposait une discrétion sur le capital accumulé depuis la guerre. Il peut s'évaluer de plusieurs façons ; si l'on estime approximativement à 100 000 € la valeur d'un logement qui serait la fourchette basse, cela représenterait 520 milliards d'euros pour les 5,2 millions de logements publics. Une autre méthode d'évaluation consisterait à estimer la surface bâtie des logements sociaux ; avec une surface moyenne du parc public de 60 m^2 par logement, le parc public représenterait 300 millions de m2 et à 2000 € le m^2 la valeur foncière serait de 600 milliards d'euros. La dernière méthode consiste à évaluer le patrimoine à partir des loyers encaissés qui sont d'environ 20 milliards d'euros de recettes annuelles. Avec un rendement de 6 %, la valeur vénale serait de 333 milliards, mais ce prix ne serait réaliste qu'à l'occasion d'une vente globale du parc public. Si les HLM vendaient individuellement à leurs locataires, le prix retiré serait plus élevé que lors de ventes de lots importants. Une vente à la découpe pourrait dépasser 500 milliards de recettes. Ces évaluations sont sous estimées en raison de la valeur supérieure des immeubles parisiens. Avec un pourcentage de 21 % des constructions dans l'agglomération parisienne, le parc parisien représente un million de logements sociaux ce qui avec une moyenne de 60 m^2 par logement constitue une surface habitable de 60 millions de m^2. En banlieue parisienne le prix du m^2 ne dépasse pas 4000 €, mais à Paris ce prix peut s'élever à 10 ou 20 000 €. Il se peut que la valeur du seul parc parisien soit de 500 à 700 milliards d'euros. La valeur totale du parc HLM ne serait alors guère éloignée de 1000 milliards d'euros.

Ces calculs ne prétendent pas être une valeur d'expertise, car certains immeubles en province ne valent rien en raison de leur âge et de leur manque de confort. Ces chiffres n'ont d'intérêt ici que par comparaison avec la dette publique pour comprendre l'impasse dans laquelle les différents gouvernements de droite et de gauche ont conduit le pays ; en cas d'insolvabilité de l'Etat, les logements publics pourraient servir de garantie ou être privatisés.

Si ces investissements avaient été faits par des particuliers, le patrimoine de la nation aurait été plus élevé par le choix d'emplacements plus judicieux et surtout par le refus de concentration de logements sociaux avec des tours et des barres d'immeubles inhumaines. Le logement concentrationnaire est le principal échec du logement public par l'absence de prise en compte de la vie des locataires agglutinés dans des machines à habiter, il ne pouvait en être autrement en raison de la puissance financière des organismes HLM ; ils n'avaient pas le temps dans la gestion du quotidien d'élaborer des permis de construire de logements individuels ; seuls des particuliers auraient pu mettre en place des logements sociaux dispersés en raison de la faiblesse de leurs moyens financiers individuels.

2. Les supermarchés du logement social : une stratégie d'accumulation capitaliste

Tous les superlatifs conviennent pour les usines à sommeil qui caractérisent le logement public : supermarchés du logement, « bétonvilles », architecture stalinienne, cités inhumaines, barres d'immeubles, tours, verticalisation du parpaing...

a. Le gigantisme des HLM pour mieux négocier les subventions

Contrairement à une idée reçue, le coût de fonctionnement des sociétés HLM est proportionnel à leur gigantisme, de même que le prix de revient du mètre carré d'un immeuble est plus élevé que celui d'une maison individuelle. La tentation de faire des économies d'échelle en regroupant plusieurs organismes HLM est une mode, mais surtout un prétexte pour donner de la puissance à ces groupes et favoriser leur pouvoir de négociation avec l'Etat ainsi qu'avec les multinationales du bâtiment. On verra dans le chapitre suivant qu'après les exonérations fiscales, la principale activité lucrative des HLM est l'obtention de subventions, il est évident que l'Etat est plus facile à convaincre par une société HLM de 180 000 logements que par une autre ne possédant que 1 000 logements. Une grosse société HLM peut recruter des cadres de grandes écoles ayant des réseaux dans la haute administration et dans les multinationales du bâtiment, ce qui favorise les négociations pour les futurs financements et subventionnements.

b. Mégalomanie des HLM ? Ou gigantisme nécessaire pour conserver ses privilèges ?

La propriété immobilière locative française est détenue pour presque la moitié par les bailleurs publics, ils ont gagné en puissance financière l'équivalent de multinationales. Par exemple une société HLM détenant 180 000 logements dans la région parisienne a un capital théorique de 54 milliards d'euros avec une valorisation moyenne de 300 000 euros par logement. On imagine les rentrées fiscales d'une telle société qui serait privatisée... simplement avec l'ISF, cela peut s'estimer à environ un milliard d'euros par an de rentrées fiscales en 2012

(270 millions d'ISF et 700 millions de contribution exceptionnelle sur la fortune), l'Etat a ici des sources fiscales potentielles pour diminuer la dette.

Les ministres du Logement semblent regarder avec circonspection cette nouvelle puissance inquiétante à qui l'Etat a peut-être trop délégué la mission de loger les plus pauvres. Les privilèges des bailleurs publics ressemblent à ceux que l'Ancien Régime réservait à sa noblesse et à son clergé qui remplissaient des missions de service public : exemptions de taxes foncières, d'impôts sur le revenu et sur le patrimoine, subventions et taux d'intérêt proches de zéro, gratuité des terrains à bâtir. Les bailleurs publics sont devenus une institution et comme toutes les institutions civiles ou religieuses, l'institution sociale du logement pense d'abord à assurer sa pérennité, même avant la mission qui lui était confiée. Ne peut-on penser que l'argent utilisé à la défense de ses intérêts n'est pas consacré à loger les sans-abris toujours aussi nombreux après un demi-siècle de subventions ?

Que peut avoir à défendre l'USH, la confédération des organismes HLM, si les HLM ont une mission de service public ? Les autres services publics n'ont pas besoin de lobbying, il n'y a pas de lobbying de la police, de l'armée ou de la justice, les syndicats défendent les conditions de travail des salariés seulement, mais pas l'activité de la profession.

c. Une évolution parallèle à celle de la grande distribution dans la destruction d'emplois

Le lobby des HLM s'exprimant par l'USH évoque 76000 salariés comme autant d'emplois créés (85 000 avec les HLM corporatives réservées aux salariés d'entreprises et administrations spécifiques). Le raisonnement rappelle celui des supermarchés qui avancent eux aussi des milliers d'emplois créés, sans dire que ces emplois ont entrainé la disparition de 360 000 emplois d'épiciers de village, provoquant la faillite de milliers de petits commerçants. Il est certain que la grande distribution a détruit des dizaines de milliers d'emplois et a déplacé les autres, des villages vers les villes, contribuant à désertifier la France rurale. Les supermarchés communiquent sur le nombre de leurs salariés, cela évite les questions sur la capitalisation financière.

La problématique est identique pour les sociétés HLM qui n'évoquent jamais la valeur monétaire de leur patrimoine pour éviter les jalousies justifiées de ceux qui n'ont pas eu les mêmes subventions et facilités pour accumuler des milliards d'euros. Les emplois créés par les organismes HLM ne sont pas des preuves de création de richesses, au contraire, ils correspondent à des manques à gagner des petits bailleurs privés qui n'ont pas de retraites comme nous l'avons vu. Les 85 000 emplois créés représentant une masse salariale de 2 à 3 milliards d'euros par an, sont autant de revenus qui ne sont pas distribués aux petits retraités bailleurs qui auraient pu avoir des revenus locatifs complémentaires.

d. Une puissance financière qui thésaurise, un premier bras de fer avec l'Etat avec les « dodus dormants »

Le rapport parlementaire 3805 annexe 47 est accablant pour les bailleurs publics. *« Ces organismes qui bénéficient d'importants soutiens publics et avantages fiscaux...présentent une situation globalement confortable, tant en termes de fonds propres que de rentabilité économique. Déjà amortie, la partie la plus ancienne de leur parc génère des excédents dont une part était simplement thésaurisée ou investie dans des placements financiers sans projets concrets en perspective. Fin 2010 le cumul de la trésorerie de l'ensemble des HLM est de 10 milliards d'euros. »*

On ne saurait mieux dire que l'argent public donné à ces organismes n'est pas utilisé pour sa fonction sociale qui consiste à entretenir ses logements. Quand l'Etat a voulu mutualiser les recettes de ces organismes, les plus aisés se sont rebiffés ; le rapport par un vocabulaire choisi veut empêcher « *les stratégies d'évitement de la taxe sur les dodus dormants* ». L'Etat a voulu que les HLM optimisent leur gestion, mobilisent leurs ressources inemployées ou cèdent une partie de leur parc, l'USH (Union Sociale de l'Habitat) est aussitôt montée au créneau pour défendre ses privilèges, l'Etat a du créer l'ANRU pour financer les travaux de rénovation des bailleurs publics qui préféraient conserver intacte leur trésorerie.

L'Etat prend enfin conscience que les stratégies financières des HLM posent des problèmes d'équité et risquent de contrecarrer une bonne gestion des investissements et des ressources. Le rapport parlementaire va jusqu'à évoquer que *les stratégies de certains* organismes HLM *ne sont pas dénuées d'effets pervers*. Les objectifs des organismes HLM ne sont pas identiques à ceux de l'Etat comme si deux conceptions de l'intérêt général sur le logement public étaient en conflit.

Les sociétés HLM commencent à se faire concurrence entre elles, en allant sur d'autres marchés locaux ; ainsi de grosses sociétés nationales d'origine parisienne qui ont des capitaux disponibles, investissent dans des régions à forte probabilité de plus-values comme La Rochelle par exemple. Les constructions se font avec des prêts aidés et après 15 ans de détention, les appartements se vendent à la découpe au prix fort, dans un simulacre de privatisation qui est demandé par l'Etat. Dans ces cas-là, les logements sont de qualité et en 15 ans ils n'ont pas eu le temps d'être dégradés par les locataires qui ont été choisis soigneusement ; ces organismes HLM font de substantielles plus-values grâce aux fonds publics et sont exonérées d'impôts sur cette plus-value, ils désorganisent les marchés locaux. Ces pratiques ne sont pas illégales, au contraire, elles respectent la lettre de la loi, seule la déontologie est mise à mal dans le silence des pouvoirs publics.

C. UN MARCHE DE VENTE DE DROITS

L'autre caractéristique du logement public est d'avoir créé un « marché » de droits à faire valoir à l'intérieur de plafonds surdimensionnés des ressources des candidats locataires ce qui suscite une demande à peine limitée par un taux d'effort. Sans cette limite financière individuelle, il ne peut y avoir d'équilibre sur ce pseudo marché qui est condamné à être un marché administré sous assistance avec une demande tendant vers l'infini. Dans ce contexte, les candidatures les plus solvables ont plus de chances d'aboutir au détriment des ménages modestes et ce « marché » contrairement à ce que l'on pouvait espérer, génère de la frustration... pour ceux qui sont rejetés. Pour satisfaire leurs électeurs qui n'ont pas eu droit à un logement social, les élus sont donc incités à demander toujours plus de logements sociaux dans une spirale de toujours plus de dépenses publiques, mais cela indépendamment des besoins réels qui pouvaient être satisfaits par le parc privé.

1. Le parc social : un commerce de droits à faire valoir

a. Les plafonds de ressources pour accéder à un logement social

Les plafonds de ressources pour avoir droit à un logement social sont variables selon le type d'emprunt aidé dont a bénéficié le bailleur social.

Tableau 42 - Plafonds de ressources pour Paris et communes limitrophes et en Régions au 1er janvier 2012 (ne sont pas indiqués les plafonds de l'Ile de France pour ne pas alourdir le tableau)

Selon le type de prêt :	**PLAI**		**PLUS**		**PLS**		**PLI**	
	Paris	Régions	Paris	Régions	Paris	Régions	Paris	Régions
Une personne	12 285	10 678	22 334	19 417	29 234	25 242	40 201	27 184
Deux personnes	20 028	15 559	33 378	25 930	43 391	33 709	60 081	36 302
Trois personnes	26 254	18 709	43 756	31 183	56 882	40 537	72 223	43 656
Quatre personnes	28 736	20 818	52 242	37 645	67 914	48 938	86 510	52 703

PLAI : Prêt locatif aidé d'intégration, PLUS : Prêt locatif à usage social, PLS : Prêt locatif social, PLI : Prêt locatif intermédiaire

La lecture de ces plafonds montre que la presque totalité des Français peut se loger dans le parc public, seul le PLAI est plus limitatif. C'est cette anomalie qui crée une concurrence déloyale avec le logement privé et est la source du dérapage du logement public vers la nationalisation du logement. Rappelons que le revenu moyen des Français est de 1 700 € par mois soit 20 400 € par an pour une personne.

Le logement social à deux vitesses source d'injustice sociale

Le plus choquant dans l'existence du logement social-public est la possibilité pour des locataires aux revenus élevés, d'accéder à ces logements bien placés, confortables pour un prix de location largement en dessous de celui du prix du marché, dans un déni du concept d'assistance aux ménages pauvres. Ces HLM de luxe éliminent de fait les ménages les plus modestes aux ressources incertaines. Ces HLM à deux vitesses sont sources de privilèges, car en nombre limité ; chacun comprend que la décision d'octroi a du mal à respecter l'égalité des candidats locataires. Le problème de justice sociale qui est posé est celui de savoir si un pays qui se dit républicain peut éliminer l'accès au logement dit social, de familles en grande difficulté sur des critères financiers ; il est évident que c'est ce système de possibilités trop larges (60 à 70 % des Français ont droit à un logement social), d'accès à un logement privilégié qui condamne les moins fortunés à être rejetés par les bailleurs publics. Comment expliquer autrement l'existence de sans-abris en 2014, avec des organismes qui ont mission de les loger et reçoivent pour cela des subventions ?

A égalité de revenus, tout le monde s'accorde également à dire qu'il faut introduire de la transparence dans ces choix pour éviter les pressions et les tentations des décideurs de favoriser leurs amis politiques.

Le plafond du PLI de 40 000 € par an est à peine inférieur à ce qui est considéré comme le revenu d'un célibataire riche avec 4000 € mensuel. Il s'agit ici du dérapage du logement social, car ce dernier perd sa légitimité quand il finance le logement des cadres, des hauts fonctionnaires et des élus aux salaires les plus élevés de la société ; les finances publiques sont alors détournées de la finalité pour laquelle elles ont été engagées.

b. La vente de privilèges ne permet pas d'équilibre stable entre l'offre et la demande

Sur un marché, les acheteurs fixent le prix de vente par l'effort financier qu'ils sont prêts à consentir pour obtenir le produit convoité, si le produit est trop cher il ne se vend pas. Dans le secteur public du logement, les bailleurs offrent un logement pour une clientèle ayant un statut de « client privilégié » déterminé seulement par des plafonds de revenus, en fait, il s'agit d'un « pseudo marché » de privilèges à revendiquer dont l'équilibre économique n'existe pas. Sans juger ce type de marché qui a été établi pour compenser socialement la discrimination des salaires et revenus, il faut bien mesurer qu'il n'est pas possible de déterminer les équilibres de prix et de quantités sur ce secteur, par l'absence de taux d'effort significatif. En violant les lois du marché, même pour une cause juste, il est évident que personne ne pourra définir un équilibre stable et que l'on est condamné à rester dans le flou de chiffres idéologiques et électoraux tendant vers l'infini…donc vers la collectivisation.

Une demande de droits gratuits déconnectée du taux d'effort : la politique de loyers à bas prix crée la crise du logement.

C'est l'absence de contraintes pour les demandeurs qui crée ce modèle économique intenable, les contraintes économiques pèsent seulement sur les contribuables et non pas sur les producteurs (et à peine sur les demandeurs).

On peut illustrer ce propos par deux exemples. A Paris les demandes de logements sociaux sont plus élevées que l'offre disponible et on peut imaginer qu'il n'y aura jamais assez de logements disponibles ; si à un instant donné il y avait un million de demandeurs ayant droit à un logement social et que par miracle il soit possible de construire dans la même journée ce million de logements sociaux, on pourrait croire que la crise du logement serait terminée, il n'en est rien, car voyant ces privilégiés entrer dans ces nouveaux logements, les autres locataires qui paient des loyers plus élevés, se porteraient aussitôt candidats pour bénéficier de ces loyers avantageux. Il s'en suivrait donc une nouvelle crise du logement due à cette nouvelle demande insatisfaite et donc paradoxalement il faut se demander si ce n'est pas la politique de loyers à bas prix qui crée la crise du logement.

Quand un bien essentiel et rare tend vers la gratuité, il est naturel que la demande s'accroisse à l'infini, c'est l'absence de taux d'effort qui crée l'impression de relative gratuité. Les locataires sans revenus professionnels argumentent leurs candidatures auprès des bailleurs privés en soulignant que l'allocation logement paiera la majeure partie du loyer ; ils insistent sur l'absence de taux d'effort dans leur budget familial avec la faiblesse de la part résiduelle à payer. Par exemple, un bailleur privé avait reçu la candidature de deux jeunes couples mineurs sans revenus, vivant encore chez leurs parents, pour la colocation d'une maison neuve de 140 m^2 et à l'aide des simulations de la CAF pensaient pouvoir convaincre le bailleur qu'il serait toujours payé par les seules allocations ; l'un des couples avait même inclus le surcroît d'allocations qu'occasionnerait la future naissance d'un enfant, en l'espèce, c'était le loyer gratuit qui avait déclenché cette demande. Il est illusoire de croire que l'offre de logements à bas prix peut résoudre la crise du logement et pourtant les ministres du Logement continuent d'espérer !

L'autre exemple se situerait au contraire dans une ville où il y aurait une vacance locative dans le parc public. La liste d'attente traditionnelle pour obtenir un logement à bas prix n'existe plus, ce qui incite les locataires du privé à venir demander un logement dans le secteur social jusqu'à ce que les logements publics se remplissent. Constatant leurs logements à nouveau occupés, les bailleurs publics peuvent demander d'autres subventions pour construire de nouveaux logements sociaux. Les bailleurs privés voient leur vacance locative s'aggraver et sont condamnés à vendre leurs logements locatifs ce qui a pour conséquence l'effondrement du marché immobilier privé et la ruine des propriétaires privés qui ne possèdent qu'un ou deux logements. Dans un deuxième temps, ces derniers pourront solliciter l'octroi au minimum vieillesse et deviendront eux aussi à charge pour la société, avec de nouvelles demandes de logements, l'Etat devra construire encore plus et augmenter les impôts sur une base rétrécie de contribuables, ce qui fera entrer la société dans un cercle vicieux d'assistanat. Les taxes foncières sur la propriété privée devront augmenter pour compenser le manque à gagner dû à l'accroissement des bailleurs publics toujours exonérés de taxes foncières (on peut citer l'exemple de locataires dans le parc privé qui ont été démarchés par un bailleur public leur proposant un logement neuf vacant à prix réduit). On le voit, il n'y a jamais d'équilibre stable entre l'offre et la demande dans le secteur public à bas prix, mais au contraire une logique permanente de demande infinie.

A terme, le système social-public deviendra trop lourd et le logement social sera condamné à disparaitre dans sa version publique à moins que le pays accepte la nationalisation du logement. Il est donc compréhensible que ce modèle aspirant à l'infini dans un monde fini, ne peut qu'exploser.

2. Comment se manifeste l'utilité sociale des HLM ?

a. La longueur de la liste d'attente, signe d'utilité sociale ?

La symbolique du besoin social de sociétés HLM est la liste d'attente, plus elle est longue, plus les bailleurs publics pensent être porteurs d'utilité sociale. Par une inversion des objectifs sociaux de départ, la réussite sociale des pouvoirs publics ne serait pas tant de loger les locataires dans le besoin, mais de justifier à tout moment de la nécessité de construire des HLM, à partir de la longueur des listes d'attente des candidats locataires.

Quand la liste d'attente n'existe plus, il ne reste qu'une solution aux bailleurs publics qui consiste à solliciter une hausse des plafonds de revenus des ménages ayant droit à un logement social ; cette nouvelle demande, artificielle en ce qu'elle est suscitée, pourra remplir les logements vacants. La récente demande de taux de 25 % de la loi SRU s'inscrit dans cette logique expansionniste du parc public. Il faut craindre que dans quelques années le taux SRU s'élève à 30 % puis à 35 %.

b. L'utilité sociale du parc public diminue avec la vacance locative privée

Dans les zones détendues, les bailleurs publics sont très inquiets de la vacance locative en raison de la perte de recettes, mais surtout de la perte de crédibilité de leur utilité sociale, les interventions des bailleurs publics sont presque agressives avec les représentants de l'Etat. Ce dernier veut faire appliquer le quota de la loi SRU alors que les premiers prennent conscience qu'en cas de surproduction de logements leur utilité sera mise en cause, ce qui pourrait initier leur démantèlement. Les représentants de l'Etat dans les régions détendues ont pris conscience de ce risque et pour faire oublier la vacance locative, se lancent dans une guerre des chiffres de logements vacants avec les bailleurs privés. Pour certains tenants du logement social, l'utilité sociale maximum des HLM se réaliserait avec le logement social pour tous. Dans cette lutte d'influence sur les croyances de la nécessité d'accroître toujours plus le parc public, les municipalités essaient de convaincre les bailleurs publics d'investir dans leurs communes pour augmenter le nombre d'habitants, pour maintenir les écoles à défaut de percevoir les taxes foncières.

CONCLUSION DU CHAPITRE

Le secteur public du logement tente de monopoliser l'action sociale du logement alors que le parc privé loge plus de ménages modestes que le parc public. Ce dernier s'est fonctionnarisé dans une sorte de gigantisme kolkhozien qui crée des ghettos incontrôlables, sources de délinquance et de mal-être pour les locataires.

Le logement social d'après-guerre orienté vers les travailleurs pauvres et les réfugiés d'Algérie risque de déraper vers un assistanat locatif qui se manifeste par une mobilité résidentielle réduite par rapport au parc privé, sacrifiant d'autre part tout un pan de l'économie privée du logement avec les externalités négatives consistant à priver 2 millions de propriétaires d'un complément de retraite et surtout de priver l'artisanat local des travaux de rénovation du parc privé.

L'autre aspect moins connu du logement social est celui du logement résidentiel dans des HLM de luxe, réservées à des privilégiés ayant des salaires élevés. Cet abus est obtenu grâce au type d'emprunt dont a bénéficié au départ le bailleur public. Il s'agit donc d'un passe-droit légal qui est d'autant plus choquant que les familles les plus pauvres ne peuvent accéder à ces logements tant que ces privilégiés n'abandonneront pas spontanément ces logements bien placés, confortables et peu coûteux. Il serait cohérent que les locataires de ces HLM de luxe retournent dans le parc privé pour éviter cette concurrence déloyale.

La politique de loyers à bas prix entraine une demande toujours plus grande qui n'est limitée que par la capacité budgétaire de l'Etat à offrir des logements presque gratuits ; si l'on n'y prend garde il faut s'attendre à une demande infinie de logements gratuits et donc à la quasi-obligation de construire toujours plus avec les finances des contribuables. Dans un cercle vicieux, cet expansionnisme du logement social aboutit à son tour à une demande illimitée de droits à faire valoir sans contrepartie d'un effort financier personnel réaliste. A terme, si cette tendance se poursuit, cette collectivisation insidieuse aboutira à la réduction sensible voire à la disparition du parc privé et à l'inflation des dépenses publiques. Le résultat pourrait être, dans une phase ultérieure, la disparition du logement public comme dans la fable de La Fontaine où la grenouille qui avait voulu devenir aussi grosse que le bœuf, finit par exploser.

CHAPITRE VI

Les aides au logement et leur pertinence

« *La compassion est le modeste prix à payer pour se débarrasser du malheur d'autrui* »
Marc Dugain dans la Malédiction d'Edgar.

En 2012, c'est la somme de 39,5 milliards d'euros qui a été versée pour les aides au logement, soit les deux tiers de l'impôt sur le revenu alors que les prélèvements fiscaux sur le logement s'élevaient à près de 60 milliards. Comme le souligne le rapport de l'IREF « La Vérité sur le logement social » de Jacques Garello et de Nicolas Lecaussin, cet effort de la nation mériterait une totale transparence, mais est ce possible ? Les auteurs estiment que les rapports de la Commission des Comptes ne facilitent pas la compréhension des aides par la juxtaposition de séries statistiques qui se contentent de mesurer les évolutions conjoncturelles. Le Conseil d'Analyse Stratégique avait recensé 27 structures d'intervention sur le logement, fournissant 7 types d'aides aux consommateurs et 27 aux producteurs.

A. LES AIDES A LA PIERRE : SUBVENTIONS, EXONERATIONS FISCALES, PRETS BONIFIES…

1. Quelques chiffres évocateurs relevés par l'IREF

Un logement HLM à Brest (page 32 du rapport IREF) qui coûte 183 000 € aura reçu 150 000 € de subventions diverses (80 000 € de subventions directes et 70 000 € d'aides indirectes de taux d'intérêt et de fiscalité). Le ministère du Logement estime la subvention de l'Etat à 30 % du coût pour un logement social neuf de type PLUS et à 47,5 % pour les logements PLAI. Les collectivités locales aident le parc public indirectement par des donations de terrains ou des ventes à des prix préférentiels qu'il est difficile d'évaluer. L'IREF relève qu'il est impossible d'estimer le coût réel du logement social en raison de ces aides en nature, des avantages fiscaux comme l'exonération d'ISF, d'impôt sur le revenu, d'absence de frais de succession, de réduction de frais d'enregistrement, d'exonération de taxes foncières, de travaux d'aménagement sur les infrastructures et d'équipements publics payés par la collectivité, etc. L'autre difficulté provient aussi des nombreux acteurs qui interviennent dans le financement du logement social. L'IREF écrit « *...l'opacité des aides à la construction est extrême et... l'on a tendance à sous-évaluer les efforts consentis par la nation en faveur du logement social* ».

Le rapport de l'IREF conclut « *les aides sont complètement déconnectées de la loi de l'offre et de la demande* » ce qui contribue à ignorer les tendances du marché et explique par exemple que la loi Scellier a encore été appliquée dans les zones détendues jusqu'au 31 décembre 2012 malgré les demandes de suppression par les propriétaires privés depuis 2008 et qu'elle ait été remplacée par une loi équivalente avec la loi Duflot. Il est étrange que les propriétaires privés qui réclament la suppression d'une niche fiscale censée les aider et encore plus inconcevable que l'Etat qui prétend vouloir faire des économies n'entende pas cette demande. L'IREF poursuit « *L'ensemble des aides est déterminé... par l'administration centrale en dehors de toute considération de prix et de qualité... La politique de l'Etat en matière d'aides au logement donne l'impression d'une gabegie, mais surtout démontre l'opacité d'un système devenu trop complexe par l'empilement des réglementations de circonstances et des amendements électoraux.*

« Si le logement social, à travers le système des aides est synonyme de coûts de construction prohibitifs et de loyers sous-évalués, on peut d'une part craindre pour son avenir à moyen terme, et d'autre part s'interroger sur la priorité qui continue à lui être donnée pour relever le défi de la crise du logement en France ... Paradoxalement, les aides publiques pourraient être un cadeau empoisonné fait au logement social ».

Cette démonstration suggère que si le logement privé bénéficiait des mêmes aides que le logement public, il serait en mesure de pratiquer des loyers moins élevés que ceux du parc public.

2. Comparaison des aides à la pierre accordées aux bailleurs publics et privés

L'IREF a évalué les aides à la pierre pour le parc privé et le parc public que pour une étude complète nous renvoyons au rapport *« La vérité sur le logement social »*. Les avantages fiscaux en 2008 ont été de 10 milliards pour le parc public (TVA 5,5 %, taxes foncières), de 3 milliards pour le parc privé locatif (Borloo, TVA 5,5 %) et de 2,3 milliards pour les propriétaires occupants (intérêts d'emprunt, TVA à 5,5 %). Le tableau 11 du rapport IREF page 30, compare les aides reçues par les deux parcs.

Tableau 43 - Evaluation du coût global annuel de ces aides
En millions d'euros - 2008

	Public	Privé
Subventions nouveaux logements PLAI/PLUS	500	
Réduction taux d'intérêt CDC de 1 % (prêts PLAI et PLUS)	3.000	
Garantie publique de 100 milliards de prêts (0,25 %)	250	
Subvention 1 % aux HLM	854	
Exonération Taxe foncière	950	
Exonération Impôt sur les Sociétés pour les HLM	350	
Exemption de taxe foncière de 25 ans pour les HLM	400	
Exonération de taxation des plus-values	30	
Exonération Taxe locale d'équipement	10	
Exemption droits d'enregistrement	10	
Exonération de TVA sur les apports de terrains et acquisition	100	
TVA réduite 5,5 % pour constructions neuves HLM	860	
TVA réduite à 5,5 % pour construction logements privés		110
Exonération fiscale sur les PEL/CEL		900
Primes PEL/CEL		1.500
Exonération fiscale Borloo, Besson, de Robien ...		500
Déduction des intérêts d'emprunt sur l'IR		220
Prêt conventionné PC		
Prêt à taux zéro PTZ		700
TOTAL	7 314	3 930

Source IREF

Officiellement le secteur public reçoit annuellement 7,314 milliards d'euros (qu'il faut rapprocher des 20 milliards annuels de loyers) alors que le parc privé ne reçoit que 3,93 milliards d'aides pour des recettes locatives du double. Les aides indirectes des logements sociaux (terrains gratuits, exonérations diverses...) ne sont pas prises en compte dans cette comparaison et aggravent donc l'inégalité de traitement des deux parcs public et privé.

Le tableau suivant de l'IREF a repris une étude de l'USH (Union Sociale de l'Habitat), il compare les aides reçues pour la construction d'un logement HLM-PLUS de 130 000 € et le montant de l'avantage Scellier.

Le chiffre de 32 500 € avancé par l'USH pour un logement Scellier est erroné, car selon le Secrétaire d'Etat au logement Benoit Apparu, le coût du Scellier est de 25 000 € alors que les autres dispositifs ne dépassaient pas 22 000 € (voir chapitre IX).

Tableau 44 - Montant des aides reçues pour la construction dans les parcs public et privé
En euros

Logement de 130.000 €	HLM-PLUS	SCELLIER	Normal
Subvention Etat (surcharge foncière incluse)	4.000	-	-
Subvention 1 % logement	3.200	-	-
Subventions collectivités territoriales et autres	10.400	-	-
Baisse taux de TVA (5,5 %)	17.400	-	-
Exonération Taxe foncière de 25 ans	9.700	-	-
Avantage de taux de prêt CDC de 99.400 €	13.600	-	-
Exonération fiscale	-	32.500	-
Déduction intérêt d'emprunt	-	-	-
Prêt à taux zéro	-	-	-
Total	58.300	32.500	0

Source : IREF

Un certain nombre de collectivités locales donnent le terrain, et dans cet exemple de l'USH, il n'y a pas de valorisation du terrain, il y a lieu d'ajouter une valeur moyenne de 15 000 € pour le terrain donné par les collectivités.

NB. Les taux de taxes foncières varient considérablement d'un département à un autre : ainsi un immeuble locatif à Niort subit fréquemment 3 mois de loyer alors que dans le département de Charente Maritime, la taxe foncière est équivalente à un mois de loyer. Le calcul ci-dessus de l'incidence de la taxe foncière pourrait atteindre 20 000 et même 30 000 € sur 25 ans dans certaines villes.

3. Le total des aides à la pierre, des exonérations fiscales, etc. sur 25 ans dépasse le coût de construction d'un logement HLM !

La construction d'un logement de 130 000 € TTC est celle d'un pavillon de 60 à 90 m^2 selon les régions et le prix du terrain. Pour un loyer de 500 € par mois, le total des loyers espérés sur 25 ans serait de 150 000 € dans le privé ; dans le secteur public le loyer pourrait être de 420 € (environ 5 € du m^2) soit 126 000 € sur 25 ans et cela sans tenir compte des augmentations annuelles.

L'IREF a souligné de manière pertinente que les aides du logement public officielles décomptées ne sont que celles liées à la construction. Nous avons voulu aller plus loin en estimant les aides indirectes dans les tableaux suivants.

L'ISF : On peut supposer qu'en raison du montant élevé des subventions et de l'ancienneté moyenne des emprunts, le passif est négligeable. L'importance du patrimoine d'un bailleur public justifierait un taux d'ISF de 1,8 % compte tenu de la contribution exceptionnelle sur la fortune, ce dernier serait de 130 000 x 1,8 % = 2 340 € soit 58 500 € sur 25 ans.

L'impôt sur les sociétés peut être évalué à un taux d'imposition de 30 % volontairement modeste, sur une marge de 5 %. Le loyer d'un logement de ce prix est évalué à 420 €. Soit un impôt annuel de 420 x 12 x 5 % x 30 % = 75 € soit 1875 € sur 25 ans.

Droits de mutation : supposons qu'un logement privé soit vendu tous les 25 ans, les droits de mutation sont de : 130 000 x 7 % = 9100 €. Le tableau 74 indique des frais de mutation de 10,033 milliards par an, ce qui en fait le troisième poste fiscal lié au logement. Cet avantage est donc probablement minoré dans le tableau ci-dessous, car les bailleurs publics n'ont pas la même contrainte de vendre pour équilibrer leur budget en raison des aides octroyées.

Garantie locative : les bailleurs sociaux bénéficient gratuitement du « Locapass », la garantie des loyers, ce qui représente une économie de 2,5 % du montant des loyers si l'on compare à ce que coûte la GRL ou la GUL. Pour un loyer de 420 € c'est une économie de 126 € par an soit 3 150 € pour 25 ans de détention du logement.

Tableau 45 – Economies simulées sur 25 ans par un bailleur HLM sur un seul logement
En euros

Aides diverses d'un logement public (voir tableau ci-dessus)	58 300
Valorisation du terrain reçu gratuitement	15 000
Exemption de taxes foncières pendant 25 ans*	
Exemption d'ISF pendant 25 ans 2340 x 25	58 500
Exemption d'impôt sur le revenu ou des sociétés 75 x 25	1 875
Absence de frais de mutation et de succession	9 100
Economie de GRL ou de GUL 420 x 12 x 2,5 % x 25 =	3 150
TOTAL des subventions et des exemptions sur 25 ans	145 925 €

**Les taxes foncières ont déjà été estimées à 9700 € dans les 58 300 €.*

Ce tableau ne prétend pas à la réalité que personne ne connaît d'ailleurs, il s'agit d'estimations sans doute sous-évaluées notamment avec les taxes foncières. Néanmoins, l'économie que réalise une société HLM par rapport à un bailleur privé sur une période de 25 ans est de 145 925 €. Si l'on rapproche ce chiffre du prix de revient du logement (130 000 € TTC), il est facile de constater que la société HLM a eu plus d'aides diverses que le montant de l'investissement de départ. On relève que le plus grand avantage financier est l'exemption d'ISF ce qui explique la colère des bailleurs privés vis-à-vis de cet aspect fiscal de la concurrence déloyale. Les dirigeants des sociétés HLM répètent à l'envie « *Nous n'avons que nos loyers pour équilibrer nos comptes* », ce qui est vrai uniquement dans les exercices annuels, mais est faux en regard du bilan total de l'opération ; dans l'exemple suivant, les bailleurs publics reçoivent ou recevront sur 25 ans, des aides (145 925 €) de manière certaine indépendamment des loyers (126 000 €) qui seraient finalement l'accessoire dans l'ensemble de leurs recettes. Le bilan de l'opération sur 25 ans est le suivant :

Tableau 46 – Trésorerie d'un bailleur public sur 25 ans hors frais de gestion
En euros

Cout de la construction	130 000	Avantages directs et subventions	145 925
Intérêts	30 000	Loyers	126 000
Disponibilité de trésorerie	111 925		
TOTAL	271 925		271 925

Les intérêts sont estimés à partir du différentiel du prix d'achat et des subventions (130 000 – 58 300).

Le logement HLM sur la période de 25 ans a rapporté 111 925 € brut en supposant que les loyers n'aient pas augmenté ! Les aides ont rapporté plus que le coût initial ce qui fait dire que le logement a été gratuit.

L'économie de TVA de 15 308 €

La construction d'un logement privé est affectée d'un taux de TVA de 19,6 % (devenu 20 % le premier janvier 2014) au lieu du taux de 5,5 % pour les bailleurs publics, soit un gain de 12,6 %. Le montant de 130 000 TTC est de 121 495,32 HT pour le bailleur public alors que le bailleur privé paiera 145 308,4 € TTC (121 495,32 x 119,6%). L'économie supplémentaire due à la différence de TVA est de 15 308,4 € pour le bailleur public qu'il convient d'ajouter dans le tableau suivant.

Tableau 47 – Trésorerie d'un bailleur privé dans le même cas, hors frais de gestion
En euros

Coût de la construction	145 308	Loyers sur 25 ans	150 000
Intérêts	60 000		
Perte			55 308
TOTAL	205 308		205 308

La fiscalité n'est pas mentionnée ici pour comparer avec un logement public équivalent, elle a déjà été incluse dans la simulation du tableau 45.

Une première approche : le montant de la concurrence déloyale du parc public : 700 milliards d'euros en 25 ans ?

Les propriétaires privés se plaignent de concurrence déloyale. Dans le même cas, toutes choses égales par ailleurs, ils auraient perçu 150 000 € de loyers. Leur perte est de 55 308 € sur les 25 ans à comparer avec la marge brute du bailleur public de 111 925 € (dans les deux cas, la simulation a été faite hors frais de gestion). La concurrence déloyale peut donc se chiffrer à 167 233 € en additionnant la marge brute du bailleur social et la perte brute du bailleur privé (111 925 + 55 308) € sur la période de 25 ans.

Pour chaque million de logements publics, la concurrence déloyale s'élèverait à 167,233 milliards d'euros. Si l'on compare le nombre de logements publics en 1963 de 880 000 avec celui de 2010 de 5,157 millions c'est donc environ 4,3 millions de logements publics qui ont été construits au détriment du parc privé ce qui représente approximativement une concurrence déloyale de 700 milliards d'euros (4,3 x 167) en un demi-siècle, en euros de 2009.

Bien évidemment, la discussion peut porter sur la méthodologie à utiliser ainsi que sur le nombre de logements sociaux qui font concurrence au parc privé (par exemple avec l'estimation de 2,76 millions de logements publics en surnombre on arriverait seulement à 460 milliards d'euros, ce qui ne serait déjà pas anodin). Le tableau 83, donne plusieurs autres définitions du surnombre de logements publics, peu importe la méthode, il reste que la concurrence s'établit en centaines de milliards d'euros. Elle est devenue déloyale en ce que les bailleurs privés ont été écartés des avantages dont a bénéficié le parc public, même quand ils pratiquent des loyers sociaux.

Etablissement d'un même bilan fiscal et financier pour un bailleur privé en province hors frais de gestion

Pour des raisons de simplification, l'ISF ne commencerait à être applicable qu'après la fin de l'emprunt de 20 ans.

L'impôt sur le revenu existe quand les intérêts deviennent négligeables, on a supposé que l'assujettissement à l'impôt commence après 15 ans de détention. On a arbitrairement estimé celui-ci à 1 000 € par an, sachant qu'en réalité il progresse chaque année en fonction de la baisse des intérêts.

Tableau 48 - Trésorerie d'un bailleur privé en province sur une période de 25 ans*
En euros

		Loyers sur 25 ans
Coût de la construction	145 308	150 000
Intérêts	60 000	
Taxes foncières pendant 25 ans**	15 000	
ISF pendant 5 ans 1450 x 5	7 250	
Impôt sur le revenu 1000 x 10	10 000	
Frais de mutation ou de succession***	9 100	
GRL 420 x 12 x 2,5 % x 25 =	3 150	
PERTE		99 808
TOTAL	249 808	249 808

**Cette trésorerie est établie hors frais de gestion (frais de personnel, téléphone, publicité, papeterie, comptable, etc.)*
***La taxe foncière a été évaluée à 1,5 mois de loyer environ.*
**** La durée de détention d'un bien est de 15 ans pour un bien acheté et de 14 ans pour un bien hérité.*

La perte de 99 808 € correspond assez bien à la nouvelle réalité locative depuis 2007, l'investisseur doit prévoir une perte annuelle de 3 992 € soit 332 € par mois. Cette disponibilité de trésorerie ne mentionne pas les travaux qui deviendront nécessaires après 10 ou 15 ans en raison de la rotation plus élevée des locataires du privé qui entraine plus de dégradations, ni des périodes de vacance locative entre deux locataires, ni des éventuels impayés de loyers. Aucune hausse des loyers n'est prévue, car depuis 2007, la concurrence due à la vacance locative en province ne le permet pas alors que les bailleurs publics augmentent leurs loyers tous les ans.

4. Le cadeau fiscal annuel et les autres aides pour le parc public : 20 milliards d'euros en plus des aides à la pierre

Une autre manière d'apprécier le montant de la concurrence déloyale du parc public est de chiffrer globalement les privilèges du parc public par année. Sur les 44 taxes et impôts frappant la propriété immobilière seules 3 ou 4 concernent le parc public qui se trouve exonéré de la majeure partie du fardeau fiscal.

Exonération de taxe foncière pendant 15 ou 25 ans

Le PAP (tableau 49 ci-dessous) estimait à 18 millions d'euros en 2011, les exonérations de taxes foncières sur le bâti à caractère social, mais ne semble pas communiquer les exonérations de taxes foncières des 15 ou 25 ans en cas de construction neuve au lieu des deux ans du parc privé. Si l'on estime en moyenne à 100 000 logements par an, la construction neuve du parc public et à 800 euros par an la taxe foncière moyenne d'un logement, c'est donc 80 millions d'euros par an qu'économise le parc public pour les constructions annuelles. A un instant T, il y a 15 années d'encours d'exonérations (voire 25 sur certains prêts), c'est donc 1 200 millions d'euros environ (15 x 80) par an qui pourraient représenter l'exonération de taxes foncières par rapport à la charge qui pèse sur le parc privé.

Le parc public échappe à l'ISF

Le PAP n'évoque pas l'économie d'ISF du parc public. Avec 5,2 millions de logements et 800 bailleurs publics, chacun devrait déclarer un patrimoine de 650 millions d'euros avec une moyenne de 6 500 logements valant 100 000 euros chacun, ce qui représenterait un ISF annuel de 8 millions d'euros pour chaque bailleur et donc un total de 6,4 milliards d'euros par an. Il faut tenir compte des emprunts à déduire dont on ne connait pas le montant global pour évaluer à 5 milliards d'euros théoriques par an, l'ISF que devrait payer le parc public.

L'absence de fiscalisation des subventions HLM

Les propriétaires privés qui reçoivent une subvention de l'ANAH doivent la déclarer, elle s'ajoute aux autres revenus fonciers et est donc frappée par l'impôt sur le revenu, c'est une autre anomalie si l'on compare avec les allocations familiales exonérées d'impôt.

Il convient d'ajouter aux revenus des sociétés HLM, l'ensemble des subventions accordées, en retenant l'estimation de l'IREF de 7 milliards par an d'aides diverses, le parc public devrait déclarer cette somme dans ses revenus imposables. Avec un taux minimum de 30 % c'est donc 2,1 milliards d'euros d'économie d'impôts sur les sociétés que réalise chaque année le parc public.

Exemption d'impôt sur le revenu et sur les sociétés

Le PAP établit à 700 millions d'euros en 2012, l'exonération d'impôt sur les sociétés ce qui représente 3,5 % d'impôts sur les recettes.

Economie de frais de succession et de mutation

Le parc public ne paie pas de frais de succession alors que tous les particuliers et les actionnaires de sociétés paient cet impôt lors des transmissions de patrimoines à leurs héritiers. Si l'on estime que la moyenne des transmissions se fait tous les 30 ans avec des droits de 40 % et une valorisation du parc public à 500 milliards (Mds) d'euros, ce poste représente 6,6 milliards d'euros par an (500 Mds x 40 % / 30 ans).

Les bailleurs publics n'ont pas la même nécessité d'arbitrer pour équilibrer leurs comptes, ils économisent des frais de mutation d'au moins 1 Mds d'euros.

Exemption de plus-values

Le parc public ne paie pas de plus-values à l'occasion de ventes, l'économie réalisée était de 10 millions d'euros en 2011 dans le PAP.

Le parc public payait la TVA à taux réduit de 5,5 % estimée à 150 millions d'euros pour les terrains à bâtir et 1 030 millions d'euros pour les constructions par le projet annuel de performance (PAP) ci-dessous.

Tableau 49 - Dépenses fiscales en faveur du logement social
(en millions d'euros)

	2009	2010	2011	2012
1. Imposition à l'impôt sur les sociétés au taux réduit de 16,5 % (19 % à compter du 1er janvier 2009) des plus-values de cessions de biens immobiliers ou de titres de sociétés à prépondérance immobilière à des bailleurs sociaux réalisée avant le 31 décembre 2011	70	nc	nc	-
2. Exonération des plus-values immobilières réalisées à l'occasion des cessions d'immeubles au profit des collectivités territoriales en vue de leur cession par celles-ci à des organismes de logements sociaux	nc	nc	nc	nc
3. Exonération des plus-values immobilières réalisées à l'occasion des cessions d'immeubles au profit des organismes concourant au logement social	10	10	10	-
4. Dégrèvement d'office de la taxe d'habitation en faveur des gestionnaires de foyers et des organismes sans but lucratif agréés pour les logements loués à des personnes défavorisées	20	24	26	27
5. Exonération de taxe foncière sur le bâti en faveur des immeubles à caractère social	4	8	18	nc
6. Taux de 5,5 % pour certaines opérations (livraisons à soi-même d'opérations de construction, livraisons à soi-même de travaux d'amélioration, de transformation, d'aménagement et d'entretien, ventes, apports, etc.) portant sur les logements sociaux et locaux assimilés suivants : – logements sociaux à usage locatif ; – logements destinés à la location-accession ou à l'accession sociale à la propriété avec acquisition différée du terrain ; – logements relevant des structures d'hébergement temporaire ou d'urgence ; – logements relevant de certains établissements d'accueil de personnes âgées ou handicapées ; – immeubles sociaux apportés aux sociétés civiles immobilières d'accession progressive à la propriété	1 000	1 130	1 030	1 030
7. Exonération d'impôt sur les sociétés pour les organismes d'HLM et des offices publics d'aménagement et de construction (OPAC)	800	750	700	700
8. Taux de 5,5 % applicable aux terrains à bâtir achetés par des organismes d'HLM ou des personnes bénéficiaires de prêts spécifiques pour la construction de logements sociaux à usage locatif	100	150	150	150
9. Imposition au taux réduit de 16,5 % (19 % à compter du 1er janvier 2009) des plus-values déclarées par les organismes en charge du logement social lors de la cession d'immeubles réalisée avant le 31 décembre 2010 si les sommes sont employées dans un délai de 3 ans dans des logements locatifs sociaux (construction, acquisition, réhabilitation)	nc	nc	nc	nc
10. Application du droit réduit de 1,10 % et de 3 % pour les actes et conventions conclues à compter du 6 août 2008 sur les cessions d'actions de sociétés d'économie mixte exerçant une activité de construction ou de gestion de logements sociaux et d'organismes d'HLM	nc	nc	nc	nc
11. Exonération des transferts de biens de toute nature opérés entre organismes HLM et sociétés de crédit immobilier ou leurs unions en matière de droit proportionnel	nc	nc	nc	nc
12. Exonération de TVA des cessions de terrains par les collectivités locales aux offices publics d'HLM	15	6	nc	nc
TOTAL	2 019	2 078	1934	1907

nc : non chiffrable
Source : projet annuel de performances (PAP).

Tableau 50 - Estimation de l'ensemble des impôts économisés annuellement par le parc public
En millions d'euros

Economie de taxes foncières	1 200
Economie d'ISF	5 000
Economie de l'absence d'imputation fiscale des subventions	2 100
Economie d'impôt sur les sociétés	700
Economie de frais de succession 6 600 et de mutation 1000	7 600
Economie sur les plus-values	100
Economie des taux de TVA réduits à la construction	1 030
Economie sur les taux de TVA réduits sur les terrains	150
TOTAL	17 880

Même si ce calcul n'a pas la prétention de refléter l'exacte réalité en raison de la discrétion qui règne sur les comptes des bailleurs publics, ils sont un ordre de grandeur assez fiable. C'est donc 17,88 milliards d'euros environ que les bailleurs publics économisent fiscalement chaque année par rapport à un même patrimoine qui serait détenu par des bailleurs privés.

Les autres niches fiscales du logement social

Les subventions des collectivités locales : 1,1 milliard d' euros pour 100 000 logements annuels

Selon le rapport n° 3805 des députés François Scellier et Gilles Carrez enregistré le 12 octobre 2011, les collectivités territoriales finançaient à hauteur de 3600 € un logement HLM en 2000 et à 11 000 € en 2010. Ces aides non répertoriées représentent pour 100 000 logements annuels la somme de 1,1 milliard d'euros.

Les éco-prêts bonifiés : 1,2 milliard d'euros

En 2009 et 2011, le mouvement HLM a bénéficié d'un éco-prêt bonifié de la Caisse des Dépôts et Consignations à 1,9 % sur 15 ans, il s'agissait de s'inspirer de l'éco-PTZ alloué au secteur privé. Une première enveloppe de 1,2 milliard d'euros a été débloquée pour financer la réhabilitation énergétique de 100 000 premiers logements. (Rapport 3805 de l'Assemblée nationale)

Les prêts pour les propriétaires bailleurs privés ne dépassent pas 20 ans alors que les prêts pour le logement public peuvent atteindre 50 ans pour la partie de la charge foncière, au taux du livret A qui était de 3,32 % au 1er août 2011 et qui a baissé depuis à 1 % en juillet 2014, les prêts PLS sont indexés sur le livret A.

Ainsi le logement public reçoit environ 20 milliards d'euros par an (17,88 + 1,1 +1,2) de cadeaux fiscaux et aides diverses sans compter les aides à la pierre. Chaque année, le montant des aides fiscales et des aides diverses au logement public est approximativement égal à ses recettes locatives.

Ceci signifie aussi que le logement public coûte 40 milliards par an et qu'il est financé pour moitié par ses loyers et pour l'autre moitié par des aides de l'Etat. Il est temps de se demander si cet argent ne serait pas mieux utilisé par le parc privé pour obtenir de meilleurs résultats.

5. Simulation des mêmes cadeaux fiscaux pour le parc privé : la démonstration du gâchis des finances publiques dans la préférence du logement public sur le logement privé

Avec des dépenses annuelles de 20 milliards d'euros, si l'Etat octroyait 50 000 € pour la construction d'un pavillon, les propriétaires privés pourraient construire par an 400 000 pavillons de 100 m^2 à 150 000 €, terrain compris. Avec un emprunt complémentaire de 100 000 € sur 20 ans, le coût serait de 630 € par mois, soit l'équivalent d'un loyer en province. Comme il s'agirait de propriétaires privés, l'Etat et les collectivités pourraient encaisser les recettes fiscales qu'ils ne peuvent obtenir du parc HLM. C'est une solution pour abonder les recettes fiscales des collectivités.

De même, si l'Etat subventionnait l'achat d'appartements à Paris à hauteur de 170 000 € l'unité, pour de jeunes propriétaires occupants qui ont des revenus importants, mais qui sont incapables d'acheter en raison des prix parisiens prohibitifs, il serait possible de construire annuellement 117 647 appartements de 60 m^2 à 7 000 € le m^2. Le résiduel de 250 000 € financé par un emprunt coûterait aux acheteurs 1 500 € par mois sur 20 ans soit l'équivalent d'un loyer parisien d'un appartement de 60 m^2.

Tableau 51 - Simulations de subventions de 20 milliards d'euros par an accordées aux propriétaires privés accédants

400 000 pavillons dans une ville de moins de 100 000 habitants		117 647 Appartements de 60 m^2 à Paris	
Achat et construction	150 000	Achat	420 000
Subvention Etat	50 000	Subvention	170 000
Emprunt	100 000	Emprunt	250 000
Coût emprunt 20 ans	630	Coût emprunt	1 500
Loyer équivalent	630	Loyer équivalent	1 500

Cette comparaison démontre que le parc public coûte plus cher que le parc privé qui pourrait construire 400 000 pavillons ou plus de 110 000 appartements à Paris, chaque année simplement avec ce que l'Etat perd en recettes fiscales dans le parc public. Si l'on ajoute les subventions reçues par le parc public en aides à la pierre lors de la construction, la comparaison est encore plus consternante sur le gâchis de l'argent public qui serait mieux utilisé avec un subventionnement du parc privé. On peut s'étonner que le lobby du bâtiment n'ait pas suggéré cette aide à l'accession à la propriété.

Si ces cadeaux fiscaux au parc public étaient utilisés dans l'aide à la personne, ce serait une masse de 20 milliards d'euros que la CAF pourrait redistribuer par an, aux sans-abris et aux locataires insolvables ; il n'est pas douteux que la crise du logement serait éradiquée même à Paris. Si l'on retient le chiffre d'un million de mal-logés et que l'on ne verse que 10 milliards sur les 20, chacun pourrait recevoir 10 000 € par an ce qui solvabiliserait leur demande et leur permettrait d'accéder librement au marché privé sans être obligé de se cantonner au logement public, cela, en faisant abstraction des 15 milliards d'aides à la personne déjà versés par la CAF.

Les aides de l'Etat au parc public constituent un privilège fiscal sans intérêt pour la collectivité, car le parc privé pourrait produire des logements à meilleur prix. La loi Scellier par la surproduction brutale de logements en province a démontré que le secteur privé quand il est incité fiscalement, est plus efficace que le secteur public pour satisfaire les besoins en logements des Français. Depuis le temps que le secteur public est subventionné, il aurait dû résoudre la crise du logement, ce n'est pas l'insuffisance de financements qui est en cause, mais l'absence de performance de la gestion publique et la concurrence qu'il exerce sur le logement privé en incitant aux désinvestissements des bailleurs privés.

Il convient de se demander si le logement public n'est pas devenu la principale cause de la crise du logement par l'absence de rentabilité des organismes HLM atteints de gigantisme et par l'accaparement presque exclusif des subventions et cadeaux fiscaux du logement au détriment du parc privé.

B. Les aides a la personne

Les aides à la personne regroupent les aides versées aux locataires et aux propriétaires occupants, en raison de l'occupation de leur logement et non plus à l'occasion d'un investissement immobilier. On les appelle parfois les aides aux consommateurs par opposition aux aides aux producteurs qui concernent l'aide à la pierre.

Tableau 52 - Répartition des bénéficiaires par type d'aides
(en milliers)

	2001	**2002**	**2003**	**2004**	**2005**	**2006**	**2007**	**2008**	**2009**	**2010**
APL	2 751	2 708	2 637	2 586	2 567	2 482	2 496	2 620	2 619	2 622
ALF	1 247	1 240	1 225	1 235	1 255	1 244	1 263	1 350	1 356	1 335
ALS	2 200	2 221	2 221	2 234	2 252	2 199	2 216	2 344	2 364	2 353
Total	**6 198**	**6 168**	**6 083**	**6 055**	**6 074**	**5 925**	**5 975**	**6 315**	**6 338**	**6 310**

Source : Statistiques annuelles de la CNAF et de la CCMSA
APL : Allocation Personnalisée au logement
ALS : Allocation Logement à caractère Social
ALF : Allocation Logement à caractère Familial

Tableau 53 - Les bénéficiaires des aides personnelles au logement au 31 décembre 2010 (en milliers)

	APL	ALS	ALF	Ensemble
Locatif (hors foyers)	*2 212*	*1 982*	-	*5 210*
Foyers	*255*	*301*	-	*556*
Total locatif	2 467	2 283	1 016	5 766
Accession à la propriété	155	70	319	544
Total	**2 622**	**2 353**	**1 335**	**6 310**

Source : statistiques de bénéficiaires CNAF et CCMSA.

En 2010, il y avait 6,31 millions de bénéficiaires d'aides personnelles dont 5 210 000 locataires, 544 000 accédants à la propriété et 556 000 hébergés en foyers. Les propriétaires représentent 8,6 % des bénéficiaires des aides à la personne, les locataires y compris les résidents en foyer, représentent 91,4 % des 6,31 millions de personnes aidées.

Tableau 54 - Montants des aides versés au 31 décembre 2010 (en milliards d'euros)

	APL	ALS	ALF	Ensemble
Total locatif	6,6	4,8	3,6	15,0
Accession à la propriété	0,3	0,1	0,5	0,9
Total	**6,9**	**4,9**	**4,1**	**15,9**

Source : statistiques de bénéficiaires CNAF et CCMSA (montants arrondis à la centaine de millions).

Les 5 210 000 locataires ont reçu 15 milliards d'euros soit 2 879 € par locataire en 2010. Les 544 000 accédants à la propriété ont reçu 0.9 milliard d'aides ce qui représente 1 654 € par propriétaire, soit presque la moitié de ce qu'ont perçu les locataires, ce qui ne correspond guère avec la volonté affichée du chef de l'Etat de l'époque, déclarant qu'il voulait une France de propriétaires. Le graphique suivant indique que les propriétaires reçoivent 6 % des aides personnelles ce qui correspond au tableau 54 (0,9/ 15,9 = 5,6 %).

Graphique 10 - Les aides personnelles

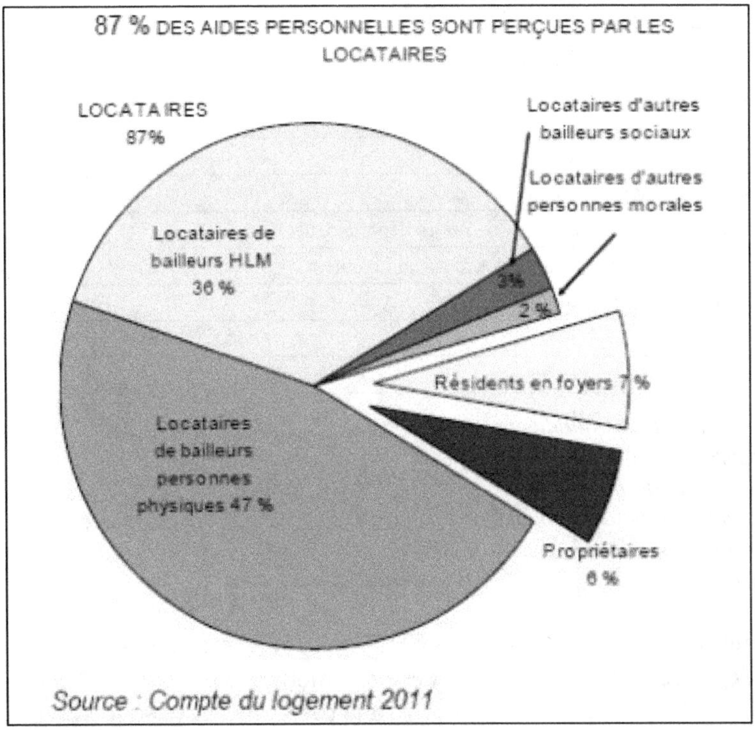

Le tableau suivant permet de situer l'aide au logement parmi les autres aides de la CAF.

Tableau 55 - Budget CNAF 2011

DEPENSES	**80 011,9**
Prestations	77 035,6
Famille	52 622,5
Famille - aides directes	43 535,9
Famille - hors petite enfance et logement	*19 926,6*
Famille - petite enfance	*15 137,9*
Famille – logement	*8 471,3*
Famille - aides indirectes (Avpf, congé maternité, majorations de pensions)	9 086,7
Précarité	24 413,1
Revenus garantis et compléments (Rsa, Api, Rmi, Rso, Aah)	*16 652,9*
Aides au logement (allocataires sans enfants)	*7760,1*
Dépenses de gestion courante	2 618,7
Autres dépenses	357,6

RECETTES	**77 421,2**
Cotisations sociales, impôts et produits affectés	52 092,6
Cotisations sociales effectivement versées	34 199,4
Cotisations sociales prises en charge par l'État ou la Sécurité sociale	827,2
CSG	9 311,4
Autres impôts et produits affectés	7 754,6
Transferts et contributions publiques	24 463,5
Prise en charge de prestations par l'État ou les départements	16 670,6
Financement par l'État d'une partie des aides au logement	7784,4
Autres transferts et contributions	8,5
Autres recettes	865,1
SOLDE	**-2 590,00**

Aah : Allocation adulte handicapé
Avpf : Assurance vieillesse du parent isolé
Api : Allocation parent isolé
Aah : Allocation adulte handicapé
Rso : Revenu de solidarité
Source : rapport d'activité CNAF 2011- en millions d'euros

Les aides au logement sont de 8 471,3 + 7 760,1 = 16 231,4 millions d'euros en 2011, elles représentent 21,06 % des prestations versées par la CNAF.

Selon l'IREF, la répartition des aides à la personne qui se sont élevées en 2009 à 15,2 milliards d'euros, s'est effectuée à raison de 6 milliards pour les locataires du public, de 7,1 milliards pour les locataires du privé et d'1 milliard pour les propriétaires occupants. D'autres aides personnelles sont fournies aux ménages en difficultés (impayés d'eau ou d'énergie) par le Fonds Solidarité Logement pour 125 millions d'euros ainsi que pour les aides au logement temporaire à hauteur de 70 millions d'euros.

Les aides de certaines collectivités comme Paris permettent à la Régie Immobilière de la Ville de Paris (RIVP) de proposer des loyers à 8,34 € par m^2 par mois au lieu de 25 à 35 € pour le prix du marché. La ville de Paris assure verser 100 millions d'euros d'aides diverses aux locataires en difficulté qui ne sont pas comptabilisées dans les chiffres ci-dessus. Les loyers sociaux de Paris sont donc de 3 à 4 fois inférieurs à ceux du marché, ce qui explique la crise parisienne du logement selon le mécanisme décrit plus haut en raison de l'écart trop important entre ces deux marchés, le différentiel stimule les files d'attente.

Le taux d'effort

Le taux d'effort est le pourcentage du loyer net à payer après la déduction des aides à la personne que reçoivent les ménages, sur les revenus du ménage. L'INED (Institut National des Etudes Démographiques) relevait en 1975 que « *le taux d'effort net des locataires oscille entre 8 % lorsqu'il s'agit de HLM et*

12,5 % pour les logements à loyer libre construits depuis 1949 ». L'USH relève les autres taux d'effort suivants.

Tableau 56 - Taux d'effort
Loyers et charges en pourcentage (y compris eau et énergie) nets des APL rapportés aux revenus

	1975	1988	1992	1996	2001	2006	Progression 1975/2006
Parc public	8	18	19	21	20	22	2,75
Parc privé	12,5	21	23	25	24	26	2,08

Source : l'USH

Il apparait que le taux d'effort a nettement progressé et plus encore dans le parc public, où il a presque triplé (2,75) que dans le parc privé (2,08), une réserve est à faire concernant les charges du parc privé, car l'eau et le chauffage ne sont pas toujours dans les charges avancées par les propriétaires. Si cette progression plus rapide du taux d'effort dans le parc public continue, ce qui est vraisemblable avec la vacance locative du parc privé qui stabilise les loyers en province, il faut envisager à terme, la désaffection des locataires du parc public quand les loyers des deux parcs seront équivalents ce qui est une autre hypothèse inattendue.

La difficulté pour certaines populations de faire acte de candidature

Il y a environ un million de personnes illettrées en France qui ont des difficultés pour remplir les formulaires d'accès aux avantages sociaux, d'autres populations ayant eu des revers de fortune ne veulent pas demander d'avantages sociaux pour ne pas subir la pitié d'autrui. Selon les pouvoirs publics, environ un million de personnes ne bénéficieraient pas des aides prévues pour elles. L'Etat doit faire un effort prioritaire pour aider ces ménages en difficulté, une enquête sur ces publics serait nécessaire.

C. Les aides aux proprietaires occupants

Tableau 57 - Montant des aides aux propriétaires occupants (PO)

En millions d'euros, 2008	Montant
Aide personnelle	*1.100*
Crédit d'impôt sur les intérêts d'emprunt	220
Prêts PTZ	1.521
Total	2.821

Source : IREF selon le Rapport de l'ANAH (2009), Comptes du Logement (2010)

Les propriétaires occupants ont perçu 200 millions d'euros de moins en 2010 qu'en 2008 (tableaux 54 et 57). La baisse des aides personnelles en direction des propriétaires occupants est préoccupante, ces derniers ne sont pas favorisés par la législation en vigueur. Seuls, les propriétaires occupants très modestes peuvent obtenir une subvention ANAH, mais ils n'ont pas forcément la possibilité financière de payer le complément des travaux et se trouvant confrontés à la complexité du dossier à remplir, abandonnent ; cette information recueillie par l'UNPI n'est pas connue du ministère du Logement.

Les propriétaires occupants ont reçu 1,5 milliard d'euros au titre des PTZ (Prêt à Taux Zéro). Ils ont bénéficié également de la réduction du taux de TVA pour les travaux d'entretien de leur logement de 5,5 % qui est passé à 7 % en 2012 et à 10 % en 2014.

L'ANAH : un budget réduit et orienté vers l'habitat social ou très dégradé et les propriétaires occupants modestes

Tableau 58 - Programme prévisionnel de l'ANAH en 2012

	Nombre de logements		**Coût total** *(en millions d'euros)*	
	LFI 2011	**2012**	**LFI 2011**	**2012**
Lutte contre l'habitat indigne (LHI) hors RHI	28 000	25 000	269	258
dont propriétaires bailleurs : production de logements à loyers maîtrisés	*16 500*	*13 500*	–	–
Opérations de résorption de l'habitat insalubre (RHI)	–	–	15	15
Aides aux propriétaires occupants modestes (hors HI)	39 000	49 000	107	133
dont précarité énergétique et autres	*30 000*	*40 000*	*78*	*104*
dont handicap et vieillissement	*9 000*	*9 000*	*29*	*29*
Copropriétés en difficulté	17 500	17 500	35	35
Humanisation des centres d'hébergement	–		20	10
Ingénierie (dont MOUS insalubrité)	–		25	31
Fonctionnement	–		20	21
TOTAL	**84 500**	**91 500**	**491**	**503**

Source : PAP. Tiré du Rapport 3805, annexe 47, de l'Assemblée nationale.
(*) Auxquels s'ajoutent 69 millions d'euros au titre du FART. (Fonds d'Aide à la Rénovation Thermique)

L'ANAH oriente principalement ses aides vers le logement social. Les bailleurs privés sont fortement invités, voire sommés de prévoir des logements sociaux dans leurs rénovations s'ils veulent profiter des subventions. Cette orientation récente de l'ANAH a détourné les bailleurs privés de ce type d'investissement en raison de l'absence de rentabilité et du risque aggravé d'insolvabilité et de dégradations. Les bailleurs publics qui ont la même population sociale, compensent ces risques financiers par l'ensemble des cadeaux fiscaux évoqués plus haut.

Les bailleurs privés ne sont que 28 000 à avoir été aidés en 2011 contre 39 000 propriétaires occupants. Ils ont reçu 269 millions d'euros soit en moyenne 9 607 € chacun. Les 39 000 propriétaires occupants modestes ont perçu 107 millions d'euros soit en moyenne 2 743 € chacun. Les 17 500 copropriétés en difficulté ont reçu 35 millions d'euros, soit une moyenne de 2 000 € chacune.

L'aide de l'ANAH : une aumône envers les bailleurs privés ?

A voir ces chiffres dérisoires, il est permis de douter de l'efficacité incitative de l'ANAH. Remplir un dossier compliqué pour recevoir 2 743 € parait plutôt symbolique et relève davantage de l'effet d'annonce que d'une réelle intention d'aider les propriétaires occupants.

De plus, il faut relativiser ces sommes qui ne sont pas des aides nettes, car elles sont soumises à l'impôt sur le revenu des personnes physiques. Il est difficile de calculer l'impôt que rapportera à l'Etat ces aides de l'ANAH, mais avec un taux de fiscalisation moyen de 20 % appliqué aux 500 millions d'euros, il faudrait soustraire 100 millions environ pour évaluer l'aide réelle apportée aux bailleurs privés. Si l'on ajoute la TVA à 10 % sur le total des travaux, sachant que les subventions financent à peu près 50 % des travaux, c'est encore 100 millions d'euros que récupère l'Etat. Au final, l'effort de l'Etat n'est pas de 500 millions, mais de 300 millions d'euros, ce qui est dérisoire par rapport aux aides diverses accordées aux bailleurs publics qui se chiffrent en milliards d'euros chaque année.

Depuis cette réorientation des aides de l'ANAH vers le social et le très social, les budgets annuels n'étaient plus consommés. En restreignant les aides aux bailleurs sur des critères sociaux et géographiques, l'Etat a diminué sa contribution à la rénovation des logements anciens et beaucoup de propriétaires ne peuvent plus entretenir leur patrimoine. La vétusté s'installe durablement, entrainant la vacance subie par la concurrence des logements neufs périphériques, privés et publics. L'autre conséquence est que les locataires très modestes ne peuvent que réinvestir les centres-villes dans l'habitat privé appartenant à des propriétaires paupérisés, n'ayant plus les moyens de combattre la vétusté. Il y a déplacement de locataires en grande pauvreté des cités HLM vers les centres des villes dans un simulacre de mixité sociale. Cette orientation récente des budgets de l'ANAH n'apparait pas cohérente avec la volonté affichée de combattre les logements en mauvais état ou indignes que les propriétaires privés voudraient rénover sans en avoir les moyens, ni même avec la volonté des maires de rénover le cœur de leurs villes rurales. Depuis 2013, l'ANAH qui n'arrivait plus à dépenser ses budgets, semble avoir pris conscience de cette contradiction et sollicite l'UNPI pour qu'elle informe les bailleurs privés que les budgets de rénovation ont été revus à la hausse.

Au final, les nouvelles aides de l'ANAH semblent vouloir assigner au parc privé un rôle de bailleur social par défaut, mais sans la fiscalité exceptionnelle réservée aux bailleurs publics ; certains observateurs se demandent si cette nouvelle mission que l'ANAH veut imposer aux bailleurs privés, ne serait pas à mettre en relation avec le fait que les bailleurs publics refusent de plus en plus, les locataires sociaux peu solvables pour leur préférer la classe moyenne en raison du type de prêts accordés par l'Etat ?

Le FART (Fonds national d'aide à la rénovation thermique) qui doit participer à la rénovation thermique du parc privé, devrait bénéficier du grand emprunt avec des prévisions d'allocations de 500 millions d'euros pour la période 2010-2017. Les bailleurs publics sont plus réactifs que les bailleurs privés pour demander le bénéfice de cette nouvelle aide.

Les hésitations des bailleurs à faire appel aux subventions ANAH

Les bailleurs privés hésitent à demander un subventionnement ANAH pour plusieurs raisons :

- Le dossier de demande de subvention est compliqué et les bailleurs disent qu'ils ont l'impression qu'il manque toujours une pièce ce qui retarde le début des travaux et contribue à accroitre les intérêts intercalaires. Les bailleurs regrettent l'époque où l'UNPI avait l'agrément de l'ANAH pour préparer les dossiers ce qui facilitait cette étape. Dorénavant le recours à un maitre d'œuvre est souvent nécessaire ce qui accroit la dépense.
- Le temps nécessaire à l'établissement du dossier ANAH et à son instruction dure de 3 à 12 mois, ce qui prive les bailleurs de revenus pendant ce laps de temps avec des mensualités d'emprunt qui obèrent la rentabilité globale du projet.
- La subvention doit être déclarée dans les revenus imposables ce qui pour certains bailleurs est dissuasif et minore l'avantage net.
- Même si la rénovation n'entraine pas une obligation de permis de construire ou d'autorisation de travaux, les bailleurs pensent que la déclaration fiscale de la subvention va entrainer une hausse de taxe foncière qui va rogner au fil des ans, l'avantage de la subvention. L'Etat serait inspiré en exonérant de taxes foncières les nouveaux logements sociaux privés pendant 15 ans.

Le volume global des aides au logement

Le rapport 3805 de l'Assemblée nationale de Gilles Carrez et François Scellier, Annexe 47, établit l'effort national en faveur du logement à hauteur de 39,5 milliards d'euros (hors collectivités territoriales) en 2012, en distinguant les dépenses budgétaires pour 60 % (23,9 milliards d'euros) et les dépenses fiscales (qui sont des exonérations et donc des manques à percevoir du Trésor Public) pour 40 % (15,6 milliards d'euros). Si l'on ajoute les contributions des collectivités locales, la dépense totale s'élève à 41,2 milliards d'euros.

Tableau 59 - Effort national en faveur du logement en France
(en millions d'euros)

	2005	**2006**	**2007**	**2008**	**2009**	**2010**	**2011** (LFI)	**2012** (PLF)
Garantie des risques locatifs				10	0	0	16	37
Aides personnelles au logement (APL et ALS via FNAL et FNH)	5 684	5 107	4 846	5 086	5 496	5 553	5 277	5 558
FSL/ALT/FAAD	42	19	41	41	52	54	54	47
Total aides budgétaires à la personne	**5 727**	**5 126**	**4 887**	**5 137**	**5 548**	**5 607**	**5 347**	**5 642**
Anciennes aides aux HLM et à l'accession	11	9						
Garantie de l'accession sociale à la propriété	32	4	4	4	5	5	5	5
Prêt à taux zéro	367	111	6					
Construction, amélioration de l'habitat et rénovation urbaine	524	627	547	526	472	483	454	308
Prélèvement financier sur le potentiel des organismes constructeurs							340	245
Plan de relance de l'économie 2009-2010					111	120		
Amélioration de l'habitat (ANAH+PAH+RHI)	388	368	327	361			4	4
Fonds national d'aide à la rénovation thermique (FART)						0	69	69
Aide au logement dans les DOM	173	173	176	184	205	225	195	216
Opérations sociales et divers	43	61	86	70	43	31	15	15
Total aides budgétaires à la pierre	**1 538**	**1 353**	**1 144**	**1 146**	**835**	**863**	**1 082**	**861**
Épargne logement	1 102	1 191	1 362	1 271	1 156	1 332	1 117	769
Compensation de l'exonération de TFPB (estimation)	109	111	116	112	112	*112*	*112*	*112*
Compensation réduction droits de mutation à titre onéreux (estim.)	1 447	1 486	1 524	1 524	1 524	*1 524*	*1 524*	*1 524*
Total aides budgétaires	**9 923**	**9 267**	**9 034**	**9 189**	**9 175**	**9 438**	**9 181**	**8 908**
Prêt à taux zéro – Éco prêt à 0 %		120	300	500	700	950	1 170	1 480
Réduction d'impôt des propriétaires occupants	400	25	25	30	32	35	32	30
Crédit d'impôt intérêts d'emprunt acquisition résidence principale				250	1 089	1 525	1 920	1 825
Crédit d'impôt développement durable	400	990	1 873	2 100	2 763	2 625	2 000	1 400

TVA sur travaux dans les locaux à usage d'habitation	5 000	4 700	4 800	5 100	5 150	5 200	5 200	5 200
Déduction des dépenses d'entretien et d'amélioration	1 000	1 270	800	800	850	880	880	880
Aides à l'investissement locatif (yc DOM)	881	784	634	780	966	1 198	1 488	1 751
Exonération des intérêts et primes des CEL et PEL	1 550	1 500	800	700	440	560	560	560
Exonération des organismes HLM de l'IS et des PVI	300	370	650	650	880	750	700	700
TVA terrains à bâtir pour construction logements sociaux	50	55	60	60	100	150	150	150
TVA sur construction, vente de logements sociaux	700	790	750	780	1 000	1 130	1 030	1 030
Exonération d'impôt sur le revenu des intérêts livret A	450	240	190	350	330	190	220	300
Autres dépenses fiscales				328	210	287	273	258
Total dépenses fiscales	**10 731**	**10 844**	**10 882**	**12 100**	**14 510**	**15 480**	**15 623**	**15 564**
Autres contributions (FRU, opér. SACI, certif. écon. énergie)	100	350					15,5	24
1 % logement (aides à la pierre, rénovation urbaine, aides perso)	3 363	3 375	3 569	3 567	3 700	3 850	3 850	3 850
Contribution régimes sociaux au financement AL et APL	3 542	3 578	3 572	3 654	3 829	3 896	3 847	4 029
Contribution du FNPF au financement de l'ALF	3 478	3 605	3 675	3 907	4 071	4 155	4 364	4 303
Contribution des employeurs au FNAL	1 794	1 902	2 250	2 425	2 565	2 617	2 771	2 828
Total contributions extérieures	**12 277**	**12 808**	**13 066**	**13 553**	**14 165**	**14 518**	**14 847**	**15 034**
Total général État	**32 931**	**32 918**	**32 982**	**34 842**	**37 850**	**39 436**	**39 652**	**39 506**

Source : Rapport précité 3805 de l'Assemblée nationale

La critique principale de ce tableau est l'absence de ventilation entre les aides au parc public et celles vers le parc privé, ce qui ne permet pas de vérifier la pertinence des aides sur le logement. Ces chiffres confirment le rapport de Jean Perrin de « 25 millions de propriétaires » page 58, les aides au logement atteignent des sommes considérables, l'aide mensuelle moyenne est de 556 € par ménage. Ce chiffre est à rapprocher de la moyenne des loyers, publics (358 € par mois en 2011, tableau 24) et privés (528 € par mois en 2011 tableau 23) ! Rappelons que les loyers encaissés par le parc public et le parc privé sont respectivement de 20 et de 40 milliards d'euros environ. Notons que l'Etat ne finance pas la totalité des aides au logement : en 2012, l'ensemble des contributions extérieures (1 % logement, régimes spéciaux, FNPF, employeurs) est de 15,034 milliards d'euros.

Tableau 60 - Contribution de l'Etat au financement des aides personnelles au logement (en millions d'euros)

	2002	2003	2004	2005	2006	2007	2008	2009	2010
Total État	5 379	5 239	5 153	5 529	5 262	4 846	5 086	5 496	5 553
1,48 % des droits sur les tabacs					144	139	143	148	153
Total employeurs + CSG	8 139	8 246	8 455	8 799	8 917	9 359	10 093	10 317	10 515
Part de l'État dans le total (%)	*40*	*38,9*	*37,9*	*38,6*	*36,7*	*33,4*	*33*	*34,4*	*34,2*

Source : ministère de l'Écologie, de l'Énergie, du Développement durable, des Transports et du Logement.

On peut situer les parts relatives des financements de l'Etat et des entreprises dans l'aide personnelle au logement. Depuis 2002, la part de l'Etat est passée de 40 % à 34,2 % en 2010, ainsi les entreprises financent les aides personnelles au logement pour près des deux tiers. Si ces aides étaient dirigées vers les salariés uniquement, les entreprises contribueraient à soutenir les salariés les moins bien payés dans une solidarité inter-entreprises, mais dans la mesure où les aides à la personne sont distribuées également à des non-salariés, les entreprises financent à la place de l'Etat l'une de ses missions. Ainsi, une part des cotisations sociales s'apparente à un impôt qui ne dit pas son nom.

D. Les aides selon le Compte du logement 2011

La question des aides au logement soulève autant de critiques que de polémiques, en raison des idéologies sous-jacentes pour les uns et des emplois et des profits dans le bâtiment pour les autres, il est nécessaire de tenter d'obtenir un autre éclairage avec les Comptes du logement.

Les deux tableaux suivants distinguent les avantages conférés, des aides directement versées, aux consommateurs que sont les ménages et aux producteurs qui sont les bailleurs privés et les propriétaires occupants d'une part et les bailleurs publics d'autre part. La différence entre les aides versées et les aides reçues représente les frais de gestion qui sont de 256 millions d'euros en 2011 pour les consommateurs (16 613 – 16 357). Si l'on rapporte ce coût de 256 millions d'euros au nombre de bénéficiaires de 6,31 millions (tableau 53), on arrive à un coût de revient annuel de 40,5 euros par bénéficiaire ce qui semble raisonnable. A noter une différence du nombre de bénéficiaires selon les sources avec 6,113 millions en 2010 selon le Compte du logement 2011, au lieu de 6,31 (tableau 64).

Tableau 61 - Evolution des avantages conférés de 1990 à 2011

LES AVANTAGES CONFERES

En millions d'euros	1990	2000	2003	2004	2005	2006	2007	2008	2009	2010	2011
Aux consommateurs	**7 586**	**13 682**	**14 766**	**15 276**	**15 466**	**15 875**	**16 027**	**17 170**	**17 585**	**17 639**	**18 237**
Evolution annuelle (en %)	*7,7*	*6,9*	*1,6*	*3,5*	*1,2*	*2,6*	*1,0*	*7,1*	*2,4*	*0,3*	*3,4*
Aides perçues (*)	7 586	12 590	13 667	14 176	14 128	14 559	14 613	15 658	16 143	16 183	16 613
dont aides personnelles	*7 540*	*12 333*	*13 421*	*13 885*	*13 803*	*14 142*	*14 241*	*15 197*	*15 613*	*15 928*	*16 357*
Avantages fiscaux	0	1 092	1 099	1 100	1 338	1 316	1 414	1 512	1 442	1 456	1 624
Aux producteurs	**9 215**	**11 517**	**11 512**	**11 149**	**12 915**	**14 158**	**16 457**	**18 634**	**21 478**	**24 741**	**26 710**
Evolution annuelle (en %)	*1,4*	*33,6*	*0,8*	*-3,2*	*15,8*	*9,6*	*16,2*	*13,2*	*15,3*	*15,2*	*8,0*
Aides perçues	1 500	1 193	1 351	1 250	1 473	1 497	1 901	2 218	2 951	3 545	3 488
Avantages de taux	3 739	2 108	1 646	1 422	1 884	2 093	2 965	3 324	3 842	5 556	6 763
Avantages fiscaux	3 542	6 107	6 133	6 055	6 968	7 752	8 462	9 741	11 077	11 695	12 506
Autres aides	435	2 109	2 382	2 421	2 589	2 816	3 128	3 350	3 609	3 945	3 953
Total Avantages conférés	**16 801**	**25 199**	**26 278**	**26 425**	**28 381**	**30 033**	**32 484**	**35 804**	**39 063**	**42 380**	**44 947**
Evolution annuelle (en %)	*4,2*	*17,6*	*1,3*	*0,6*	*7,4*	*5,8*	*8,2*	*10,2*	*9,1*	*8,5*	*6,1*

(*) aides personnelles et autres aides (fonds de solidarité logement, aide au logement temporaire), hors frais de gestion.
Source : Compte du logement 2011

Tableau 62 - Evolution des aides versées réellement de 1990 à 2011

LES AIDES EFFECTIVES VERSEES

En millions d'euros	1990	2000	2003	2004	2005	2006	2007	2008	2009	2010	2011
Aux consommateurs	**7 813**	**12 900**	**13 869**	**14 384**	**14 335**	**14 770**	**14 825**	**15 884**	**16 374**	**16 419**	**16 856**
Evolution annuelle (en %)	*7,8*	*1,1*	*0,6*	*3,7*	*-0,3*	*3,0*	*0,4*	*7,1*	*3,1*	*0,3*	*2,7*
Aides personnelles(*)	7 767	12 642	13 623	14 094	14 010	14 353	14 452	15 423	15 844	16 164	16 600
Autres aides aux consommateurs	46	258	246	291	325	417	372	461	530	255	256
Aux producteurs	**4 076**	**4 815**	**4 865**	**4 575**	**4 647**	**4 777**	**5 656**	**6 564**	**7 660**	**8 715**	**8 887**
Evolution annuelle (en %)	*-4,1*	*19,3*	*0,4*	*-6,0*	*1,6*	*2,8*	*18,4*	*16,1*	*16,7*	*13,8*	*2,0*
Subventions d'exploitation	1 040	64	46	63	63	50	44	39	40	34	14
Aides à l'investissement	2 602	2 642	2 438	2 091	1 995	1 911	2 484	3 175	4 011	4 736	4 920
Autres aides aux producteurs	435	2 109	2 382	2 421	2 589	2 816	3 128	3 350	3 609	3 945	3 953
Total Aides versées	**11 889**	**17 715**	**18 734**	**18 959**	**18 982**	**19 547**	**20 481**	**22 448**	**24 034**	**25 134**	**25 743**
Evolution annuelle (en %)	*3,4*	*5,5*	*0,6*	*1,2*	*0,1*	*3,0*	*4,8*	*9,6*	*7,1*	*4,6*	*2,4*

(*) aides personnelles y compris frais de gestion
Source : Compte du logement 2011

Chaque type d'aide a plus que doublé en 20 ans, dépassant l'indice des prix. Les avantages conférés s'élèvent en 2011 à 44,947 milliards d'euros. Les aides réellement versées sont de 25,743 milliards d'euros. Les avantages fiscaux sont classés dans les avantages conférés, car ils ne sont pas versés.

Graphique 11 - Les avantages conférés

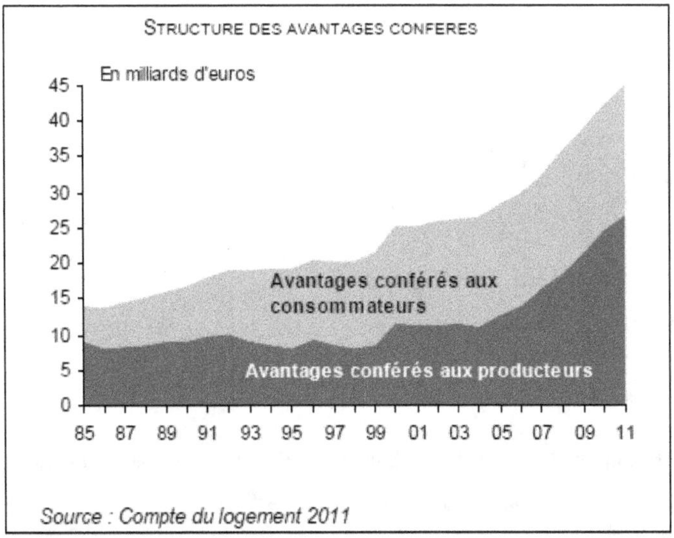

Graphique 12 - Les aides versées de 1985 à 2011 de 1985 à 2011

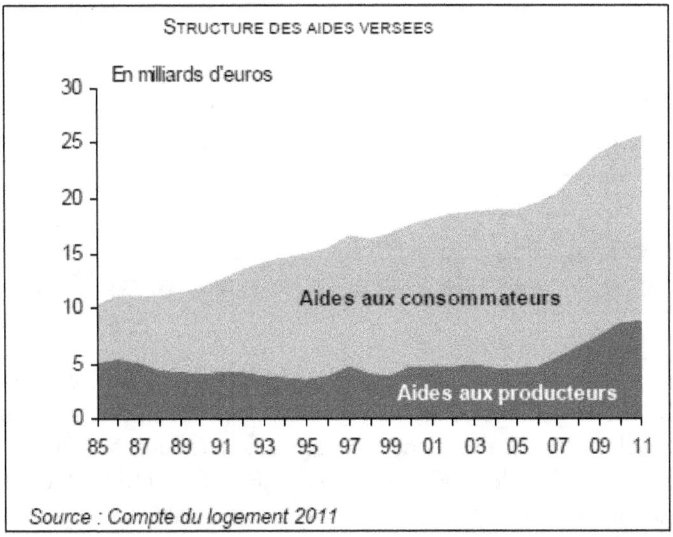

Les avantages conférés aux producteurs ont beaucoup augmenté à partir de 2004 ainsi que les aides aux producteurs à partir de 2006. Les avantages conférés aux producteurs et aux consommateurs ont pratiquement triplé en 26 ans, de 1985 à 2011 alors que les aides ont plus que doublé.

Tableau 63 - Evolution des aides aux consommateurs de 1990 à 2011

LES AIDES AUX CONSOMMATEURS

En millions d'euros

	1990	2000	2003	2004	2005	2006	2007	2008	2009	2010	2011
Aides perçues	**7 586**	**12 590**	**13 667**	**14 176**	**14 128**	**14 559**	**14 613**	**15 658**	**16 143**	**16 183**	**16 613**
Evolution annuelle en %			1,1	3,7	-0,3	3,0	0,4	7,2	3,1	0,2	2,7
- aides personnelles	*7 531*	*12 325*	*13 415*	*13 879*	*13 797*	*14 136*	*14 235*	*15 191*	*15 606*	*15 921*	*16 350*
- primes déménagement	*10*	*8*	*6*	*6*	*6*	*6*	*7*	*7*	*7*	*7*	*7*
- autres aides[(1)]	*46*	*258*	*246*	*291*	*325*	*417*	*372*	*461*	*530*	*255*	*256*
Avantages fiscaux		**1 092**	**1 099**	**1 100**	**1 338**	**1 316**	**1 414**	**1 512**	**1 442**	**1 456**	**1 624**
Evolution annuelle en %			9,4	0,1	21,6	-1,6	7,4	6,9	-4,6	1,0	11,5
dont taux de TVA à 5,5 % pour travaux	*0*	*850*	*1 069*	*1 070*	*1 308*	*1 316*	*1 414*	*1 512*	*1 442*	*1 456*	*1 624*
Ensemble des avantages conférés	**7 586**	**13 682**	**14 766**	**15 276**	**15 466**	**15 875**	**16 027**	**17 170**	**17 585**	**17 639**	**18 237**
Evolution annuelle en %		6,9	1,6	3,5	1,2	2,6	1,0	7,1	2,4	0,3	3,4

(1) fonds de solidarité logement, aide au logement temporaire, aides des régimes sociaux et prime à la cuve
Source : Compte du logement 2011

Tableau 64 - Evolution du nombre de ménages bénéficiaires et des aides perçues : 2001-2011

LES BENEFICIAIRES DES AIDES PERSONNELLES ET MONTANT TOTAL PERÇU

En milliers de ménages et en %

	2001	2002	2003	2004	2005	2006	2007	2008	2009	2010	2011
Propriétaires non accédants	18	18	17	15	14	12	11	11	9	8	7
Propriétaires accédants	870	825	772	709	647	602	583	590	556	550	543
APL	459	409	358	306	261	223	197	186	167	163	159
AL	411	416	414	403	386	379	386	404	389	387	384
En % des ménages accédants	16,5	15,7	14,7	13,6	12,4	11,6	11,3	11,5	10,8	10,7	10,6
Locataires hors foyers	**4 773**	**4 762**	**4 752**	**4 767**	**4 790**	**4 794**	**4 843**	**5 038**	**4 990**	**5 014**	**5 031**
APL	2 115	2 117	2 103	2 092	2 087	2 078	2 095	2 154	2 145	2 151	2 155
AL	2 658	2 645	2 649	2 675	2 703	2 716	2 748	2 884	2 845	2 863	2 876
En % des ménages locataires	43,2	42,8	42,4	42,2	42,1	41,8	41,9	43,3	42,5	42,8	42,8
Ensemble (hors foyers)	**5 661**	**5 605**	**5 541**	**5 491**	**5 451**	**5 408**	**5 437**	**5 638**	**5 555**	**5 572**	**5 580**
En % du nombre de ménages	22,5	22,0	21,4	21,0	20,6	20,2	20,0	20,6	20,1	19,9	19,7
Locataires en foyers	555	562	560	559	554	551	549	549	541	541	540
Ensemble	**6 216**	**6 167**	**6 101**	**6 050**	**6 005**	**5 959**	**5 986**	**6 187**	**6 096**	**6 113**	**6 120**

En millions d'euros

	2001	2002	2003	2004	2005	2006	2007	2008	2009	2010	2011
Propriétaires	1 556	1 464	1 360	1 301	1 145	1 105	1 015	1 019	997	947	940
Locataires (hors foyers)	10 124	10 822	11 099	11 598	11 688	12 046	12 226	13 133	13 515	13 837	14 240
Foyers	981	970	956	980	964	985	994	1 039	1 094	1 137	1170
Montant total perçu	**12 671**	**13 256**	**13 415**	**13 879**	**13 797**	**14 136**	**14 235**	**15 191**	**15 606**	**15 921**	**16 350**

Source : Compte du logement 2011

Le chiffre de 540 000 locataires en foyers en 2011, est différent des 1 215 000 lits occupés en hébergement du tableau 36 sans que l'on ait d'explication.

Le nombre des propriétaires accédants aidés, s'est réduit de 870 000 en 2001 à 543 000 en 2011, avec des aides en baisse de 1,556 milliard d'euros à 0,94 milliard pendant la même période, alors que les locataires ont vu leurs aides progresser pendant la même période ; l'Etat marque sa préférence pour les locataires par rapport aux propriétaires.

Tableau 65 - Evolution des aides aux producteurs privés et publics selon l'investissement

LES « AIDES A LA PIERRE » PAR SEGMENT DE PARC SELON LEUR OBJET

En millions d'euros et en %

	1990	2000	2002	2003	2004	2005	2006	2007	2008	2009	2010	2011
Propriétaires occupants	**2 019**	**2 605**	**2 586**	**2 440**	**2 236**	**1 925**	**1 756**	**1 970**	**2 317**	**2 454**	**2 581**	**2 784**
Neuf	531,8	984	880	742	606	387	205	206	319	377	437	509
Acquisition de logement existant	289,1	259	255	206	156	103	155	275	446	507	566	657
Gros entretien - amélioration	266,6	285	312	333	289	236	170	235	300	318	325	366
Autres subventions	931,4	1 078	1 138	1 160	1 184	1 199	1 225	1 253	1 252	1 252	1 252	1 252
Part des propriétaires occupants	*49,5*	*54,1*	*53,4*	*50,1*	*48,9*	*41,4*	*36,8*	*34,8*	*35,3*	*32,0*	*29,6*	*31,3*
Locatif social	**1 541**	**1 554**	**1 650**	**1 795**	**1 743**	**2 044**	**2 337**	**2 871**	**3 353**	**4 194**	**5 116**	**5 106**
Neuf	615	411	397	476	410	603	701	918	1 142	1 636	2 093	2 106
Acquisition de logement existant	33,7	59	89	100	108	106	126	141	167	221	301	288
Gros entretien - amélioration	428	264	248	249	232	215	232	286	324	382	457	463
Autres subventions	463,9	821	916	970	994	1 119	1 278	1 526	1 720	1 955	2 265	2 249
Part du locatif social	*37,8*	*32,3*	*34,0*	*36,9*	*38,1*	*44,0*	*48,9*	*50,8*	*51,1*	*54,7*	*58,7*	*57,5*
Locatif privé	**413**	**492**	**452**	**466**	**437**	**514**	**510**	**618**	**676**	**766**	**745**	**721**
Neuf	64,7	25	20	16	13	16	23	29	38	65	70	65
Acquisition de logement existant	23	25	26	22	16	12	15	22	33	35	35	37
Gros entretien - amélioration	267,7	280	229	248	221	275	237	316	333	380	348	320
Autres subventions	57,2	163	177	179	187	211	234	252	271	287	293	299
Part du locatif privé	*10,1*	*10,2*	*9,3*	*9,6*	*9,5*	*11,1*	*10,7*	*10,9*	*10,3*	*10,0*	*8,6*	*8,1*
Résidences secondaires et locaux d'hébergement	**104**	**161**	**159**	**166**	**160**	**166**	**175**	**198**	**219**	**247**	**274**	**277**
Ensemble des aides	4 076	4 813	4 846	4 867	4 576	4 648	4 778	5 656	6 565	7 660	8 716	8 888

Source : Compte du logement 2011

Les aides à la pierre pour le parc public ont été multipliées par 3,31 de 1990 à 2011 passant de 1.541 à 5 106 millions d'euros se taillant la part du lion. Pendant la même période, les bailleurs privés ont vu leurs aides évoluer de 413 à 721 millions d'euros. Ces valeurs participent de la concurrence déloyale entre parcs public et privé, d'autant plus que ce dernier est plus important que le parc public.

Les aides des propriétaires occupants sont passées de 2 019 à 2 784 millions d'euros.

Tableau 66 - Evolution des aides des producteurs privés et publics selon la nature de l'aide

LES AIDES PERÇUES PAR LES PRODUCTEURS

En millions d'euros

	1990	2000	2002	2003	2004	2005	2006	2007	2008	2009	2010	2011
Subventions locatif social	577	492	578	666	599	768	818	1 053	1 316	1 923	2 336	2 421
dont Anru					*6*	*39*	*88*	*143*	*246*	*416*	*546*	*473*
Subventions pour réhabilitation	360	221	178	174	156	143	154	200	223	246	283	291
dont Anru					*1*	*25*	*45*	*86*	*122*	*206*	*224*	*245*
Subventions ANAH + PAH	332	391	369	441	401	436	322	428	444	510	463	416
Autres aides aux producteurs	230	96	100	69	94	127	204	220	235	275	455	332
Ensemble	**1 499**	**1 200**	**1 225**	**1 351**	**1 250**	**1 473**	**1 498**	**1 901**	**2 218**	**2 955**	**3 537**	**3 461**

Source : Compte du logement 2011

NB : Les aides perçues comprennent les aides à l'investissement directement versées par les collectivités locales.
Parmi les aides des collectivités locales, seules les subventions concemant le secteur locatif social sont prises en compte.

Les subventions versées au parc public ont été multipliées par 4,19 de 1990 à 2011, passant de 577 millions d'euros à 2,421 milliards d'euros pendant que les subventions ANAH versées au parc privé ont été multipliées par 1,25 de 332 à 416 millions d'euros ce qui relativise l'importance de l'aide de l'ANAH aux propriétaires privés. Cette évolution est d'autant plus surprenante que les pouvoirs publics stigmatisent l'état vétuste du parc privé avec la campagne contre les logements indignes. Il serait sans doute plus cohérent pour les ministres du Logement d'aider davantage les bailleurs privés plutôt que d'avoir un discours moralisateur envers eux. Sur le plan de l'équité entre les deux parcs, on cherche en vain les raisons d'une telle distorsion des aides.

Graphique 13 - Les aides perçues par les producteurs

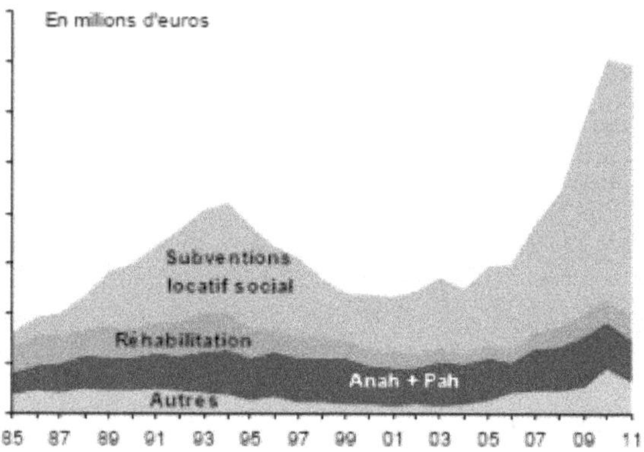

Ce graphique est l'illustration que la part des aides versées aux producteurs publics est plus élevée que celle versée aux producteurs privés qui ne reçoivent que les subventions de l'ANAH.

Les aides de taux correspondent à l'avantage d'un taux minoré par rapport au taux du marché financier. Les tableaux suivants du compte du logement 2011 ne sont pas suffisamment explicites en soi et auraient mérité de la part de leurs auteurs, plus de pédagogie pour une meilleure exploitation des chiffres.

Tableau 67 - Les aides de taux

LES AVANTAGES DE TAUX

En millions d'euros

	1990	2000	2002	2003	2004	2005	2006	2007	2008	2009	2010	2011
Prêts locatifs aidés	1 057	562	462	449	344	385	356	941	1 192	1 355	2 779	3 108
Prêts aidés aux ménages (hors 1 %)	1 650	1 080	851	688	541	1 049	1 322	1 516	1 573	1 964	2 432	3 286
Prêts 1 % (yc Pass-foncier)	689	421	534	503	532	443	411	500	549	514	317	340
Autres prêts non aidés	343	46	20	6	5	7	4	9	10	10	27	29
Ensemble	3 739	**2 108**	1 868	1 646	**1 422**	1 884	2 093	2 965	3 324	3 842	5 556	6 763

Source : Compte du logement 2011

Tableau 68 - Les avantages fiscaux aux propriétaires occupants et aux bailleurs privés

LES AVANTAGES FISCAUX AUX PRODUCTEURS SELON LE TYPE DE BENEFICIAIRE

En millions d'euros

Mesures	1990	2000	2003	2004	2005	2006	2007	2008	2009	2010	2011
En faveur des propriétaires occupants											
Réduction d'impôt pour intérêts d'emprunts	1 189	458	98	1	0	0	0	220	1 089	1 525	1 863
Travaux (propriétaires occupants)*	500	545	330	315	360	891	1 710	2 160	2 487	2 363	1 814
TVA 5,5 % pour accession dans des quartiers de rénovation urbaine	0	0	0	0	0	0	0	150	90	110	110
En faveur des bailleurs											
Mesures en faveur de l'investissement locatif	264	630	568	575	675	550	635	745	825	1 070	1 340
Déduction forfaitaire ou liée à des travaux d'amélioration et dépense d'équipement	686	1 212	1 333	1 365	1 440	1 799	1 290	1 340	1 126	1 143	1 152
Exonération de TFPB (à la charge des collectivités locales)	394	610	699	734	776	703	761	808	852	840	852
Taux de TVA à 5,5 % pour travaux (tous bénéficiaires)	0	2 199	2 630	2 730	3 362	3 384	3 636	3 888	3 708	3 744	4 175
Autres	509	453	475	335	355	425	430	430	900	900	1 200
Total	**3 542**	**6 107**	**6 133**	**6 055**	**6 968**	**7 752**	**8 462**	**9 741**	**11 077**	**11 695**	**12 506**

Source : Compte du logement 2011
** : Crédit d'impôt « développement durable »*

Il semble que ce tableau ne dissocie pas les aides des bailleurs publics de celles des bailleurs privés. Les autres tableaux suivants du Compte du logement 2011 sont livrés tels quels, sans explications et on ne peut savoir s'ils se recoupent les uns les autres de telle manière qu'il est difficile d'avoir une vue synthétique des aides aux producteurs privés ou publics.

Tableau 69 - Autres aides aux producteurs

LES AUTRES AIDES AUX PRODUCTEURS

En millions d'euros

	1990	2000	2003	2004	2005	2006	2007	2008	2009	2010	2011
TVA réduite pour les opérations d'investissement locatif social	0	805	885	887	1 034	1 219	1 488	1 715	1 973	2 309	2 317
Exonération de TFPB à la charge de l'Etat	435	31	95	106	109	111	116	112	112	112	112
Compensation par l'Etat des droits de mutation	0	1 273	1 402	1 428	1 447	1 486	1 524	1 524	1 524	1 524	1 524
Total	435	2 109	2 382	2 421	2 590	2 816	3 128	3 350	3 609	3 945	3 953

Source : Compte du logement 2011

Les explications du Compte du logement 2011 sur ce tableau ne sont guère explicites sur la qualité des bénéficiaires dont on suppose qu'il s'agit des bailleurs publics. La TVA réduite de 2 317 millions d'euros se retrouve dans le tableau suivant.

Tableau 70 - Avantages conférés aux bailleurs publics avec un taux de TVA réduit

LES AVANTAGES CONFERES PAR LE TAUX REDUIT DE TVA POUR L'INVESTISSEMENT LOCATIF SOCIAL

En millions d'euros

	2001	2002	2003	2004	2005	2006	2007	2008	2009	2010	2011
Logements neufs											
PLA CDC ordinaire - Plus	255	282	331	322	368	419	569	661	788	896	840
PLAI (PLA très sociaux)	50	27	32	26	30	38	53	73	123	193	242
PLA CFF- PLS	73	151	153	163	259	364	434	528	603	646	699
Ensemble neuf	**379**	**460**	**515**	**511**	**657**	**821**	**1 056**	**1 262**	**1 514**	**1 735**	**1 782**
Acquisition/amélioration											
PLA CDC ordinaire - Plus	26	35	43	47	59	60	60	73	71	84	68
PLAI (PLA très sociaux)	17	14	7	5	5	6	9	13	20	27	29
Ensemble acquisition/amélioration	**42**	**49**	**50**	**52**	**64**	**66**	**68**	**86**	**91**	**111**	**97**
Travaux											
Palulos fiscale	130	93	90	84	66	69	85	79	73	157	121
TVA taux réduit	201	221	230	240	247	263	279	288	296	306	318
Ensemble travaux	**331**	**314**	**320**	**324**	**313**	**332**	**364**	**368**	**368**	**463**	**439**
Total des mesures liées à la TVA réduite pour l'investissement locatif social	**752**	**823**	**885**	**887**	**1 034**	**1 219**	**1 488**	**1 715**	**1 973**	**2 309**	**2 317**

Source : Compte du logement 2011

Tableau 71 - Divers avantages conférés aux bailleurs publics

AVANTAGES CONFERES RELATIFS AUX OPERATIONS DE LOGEMENTS LOCATIFS SOCIAUX
(NEUF + ACQUISITION AMELIORATION – HORS TRAVAUX SEULS)

En millions d'euros

	1990	2000	2003	2004	2005	2006	2007	2008	2009	2010	2011
Aides perçues[1]	577	492	666	599	768	818	1 053	1 316	1 923	2 336	2 421
Dont Anru				*6*	*39*	*88*	*143*	*246*	*416*	*546*	*473*
Avantages de taux[2]	919	516	424	326	364	341	912	1 161	1 324	2 663	2 992
Avantages fiscaux	288	383	420	433	456	422	444	452	558	578	591
Autres aides aux producteurs	275	479	658	663	822	992	1 232	1 452	1 710	1 951	1 984
Ensemble	**2 059**	**1 870**	**2 168**	**2 021**	**2 410**	**2 573**	**3 641**	**4 381**	**5 515**	**7 528**	**7 988**

Source : Compte du logement 2011

(1) les aides perçues comprennent les aides à l'investissement directement versées par les collectivités territoriales.
Jusqu'en 2008, la subvention Anru comprend la part versée par l'État et la part financée par les collectivités territoriales. Depuis la réforme du 1 % (mars 2009), la subvention Anru est prise en charge par Action Logement.
(2) les avantages de taux sont adossés à la moyenne annuelle des taux d'intérêt, que ce soit pour le taux de référence ou celui du prêt aidé

On suppose que les avantages de ce tableau doivent s'ajouter avec ceux du précédent.

Tableau 72 - Avantages de prêts aux bailleurs publics

AVANTAGES CONFERES AUX OPERATIONS DE LOGEMENTS LOCATIFS SOCIAUX SELON LE TYPE

En millions d'euros

	1990	2000	2003	2004	2005	2006	2007	2008	2009	2010	2011
PLA très social / PLA-I	92	738	315	269	260	313	422	522	882	1 350	1 929
PLA-CDC, Plus	1 788	1 059	1 500	1 365	1 562	1 560	2 354	2 864	3 454	4 674	4 316
PLA CFF, PLS	179	73	353	386	588	699	865	995	1 180	1 505	1 743
Ensemble	**2 059**	**1 870**	**2 168**	**2 021**	**2 410**	**2 573**	**3 641**	**4 381**	**5 515**	**7 528**	**7 988**

Source : Compte du logement 2011

On ne sait si ces avantages recouvrent les avantages de taux d'intérêt déjà mentionnés dans le tableau ci-dessus.

Tableau 73 - Autres aides versées aux bailleurs publics

FINANCEMENT DE L'AIDE RELATIVE AUX OPERATIONS DE LOGEMENTS LOCATIFS SOCIAUX

En millions d'euros

	1990	2000	2003	2004	2005	2006	2007	2008	2009	2010	2011
Subventions d'exploitation	185	20	5	3	2	0	0	0	0	0	0
Aides à l'investissement	684	549	666	599	768	818	1 053	1 316	1 923	2 336	2 421
*Dont Anru**				*6*	*39*	*88*	*143*	*246*	*416*	*546*	*473*
Autres aides aux producteurs	275	479	658	663	822	992	1 232	1 452	1 710	1 951	1 984
Ensemble	**1 144**	**1 049**	**1 329**	**1 265**	**1 592**	**1 809**	**2 285**	**2 768**	**3 633**	**4 287**	**4 405**

Source : Compte du logement 2011

** Jusqu'en 2008, la subvention Anru comprend ici : la part versée par l'État et la part financée par les collectivités territoriales. Depuis la réforme du 1 % (mars 2009), la subvention ANRU est prise en charge par Action Logement.*

Ce tableau reprend certains chiffres du tableau 64 ci-dessus, sans que l'on ait d'explication.

Graphique 14 - Avantages au parc public

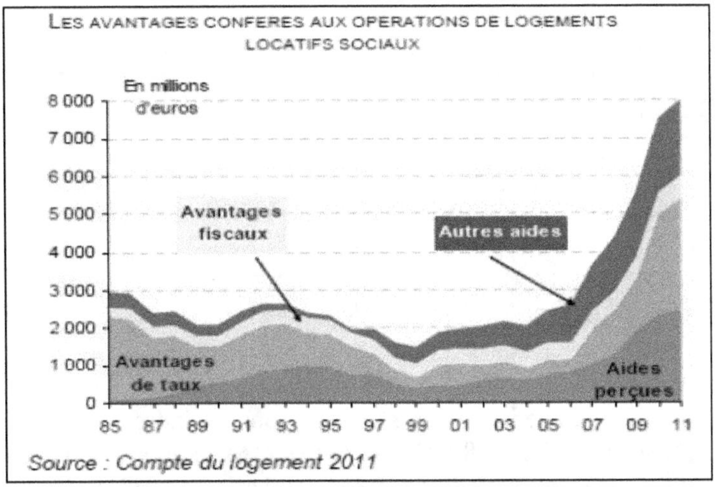

Graphique 15 - Aides versées au parc public

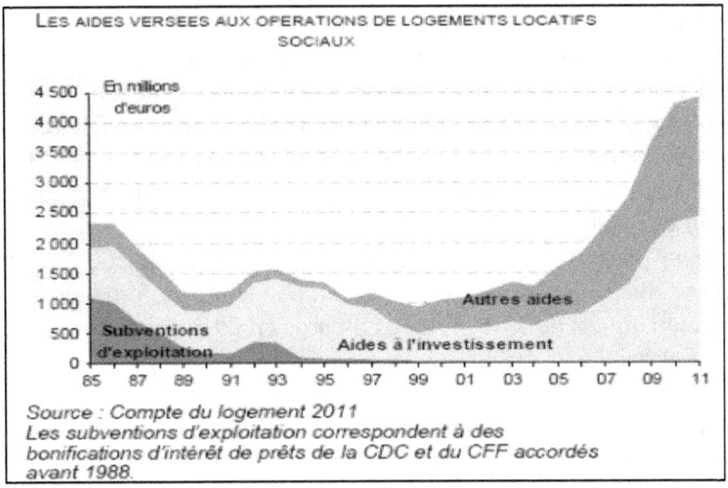

Ces graphiques illustrent la progression rapide des aides et des avantages conférés au logement public depuis 2005 et pendant la durée du quinquennat du Président Sarkozy, ce qui semble confirmer un lobbying efficace des sociétés nationales du bâtiment, auprès d'un gouvernement de droite, pour une forte croissance du parc public.

Tableau 74 - Les prélèvements fiscaux sur le logement

LES PRELEVEMENTS FISCAUX RELATIFS AU LOGEMENT

En millions d'euros

	1990	2000	2005	2006	2007	2008	2009	2010	2011
Prélèvements s'appliquant spécifiquement au logement									
Prélèvements liés à la consommation associée au service de logement	596	309	0	0	0	0	0	0	0
Prélèvements liés à la production de service de logement	7 644	12 882	16 213	16 628	17 283	17 957	19 465	20 355	21 432
dont TFPB (*)	*5 142*	*10 117*	*12 876*	*13 727*	*14 381*	*15 001*	*16 339*	*17 167*	*18 041*
dont prélèvement sur le potentiel financier des HLM									*175*
Prélèvements liés aux mutations (*)	3 791	4 391	7 524	8 884	9 437	8 639	6 726	8 692	10 033
Prélèvements liés à la construction	291	258	367	400	501	560	620	545	661
Total des prélèvements spécifiques	**12 322**	**17 840**	**24 103**	**25 912**	**27 221**	**27 156**	**26 810**	**29 592**	**32 126**
Evolution annuelle (en %)			*10,1*	*7,5*	*5,1*	*-0,2*	*-1,3*	*10,4*	*8,6*
Autres prélèvements relatifs au logement									
Taxe sur la valeur ajoutée	14 161	15 491	20 785	23 090	23 790	25 145	22 477	21 434	22 319
CSG et taxe RSA sur les revenus immobiliers	0	271	336	363	480	493	730	754	778
Autres taxes	2 883	3 193	3 396	3 407	3 276	3 462	3 641	3 787	3 864
Total des autres prélèvements	**17 044**	**18 955**	**24 517**	**26 860**	**27 546**	**29 099**	**26 849**	**25 975**	**26 961**
Évolution annuelle (en %)			*7,1*	*9,6*	*2,6*	*5,6*	*-7,9*	*-3,3*	*3,8*
Total des prélèvements	**29 366**	**36 795**	**48 620**	**52 772**	**54 767**	**56 256**	**53 659**	**55 597**	**59 087**
Évolution annuelle (en %)			*8,6*	*8,5*	*3,8*	*2,7*	*-4,6*	*3,6*	*6,3*

(*) Prélèvements effectifs, non compris la compensation versée par l'Etat
Source : Compte du logement 2011

Ce tableau synthétique est néanmoins frustrant, car trop global, il manque 3,216 milliards de prélèvements non spécifiés pour atteindre par exemple 21,432 milliards en 2011 (21 432 – 18 041 – 175 = 3 216). Il aurait été utile d'avoir le détail des autres taxes qui s'élèvent à 3,864 milliards en 2011. On peut supposer que la taxe d'habitation n'est pas incluse, car le tableau prévoit les seules taxes à la production. De même, on ne sait pas si la plus-value, la taxe sur les logements vacants et d'une manière générale les 44 taxes sur l'immobilier sont comprises. Il manque un classement des taxes liées à la consommation.

Les aides versées par les pouvoirs publics proviennent de la fiscalité immobilière qui frappe surtout les bailleurs privés et les propriétaires occupants (32 milliards d'euros en 2011, concernant essentiellement la TFPB pour 18 milliards et les mutations 10 milliards) et très peu les bailleurs publics (175 millions). Les autres prélèvements de 26,9 milliards sont constitués principalement pour 22 milliards de la TVA sur le logement. Le total de 59,087 milliards est bien supérieur aux aides allouées aux producteurs et aux consommateurs qui est de 39,5 milliards d'euros en 2011 selon le rapport 3805 de l'Assemblée nationale.

Ainsi, le logement en valeur nette n'est pas aidé par l'Etat, mais au contraire produit des recettes fiscales nettes, même quand on a déduit les aides, ce qui décrédibilise la critique sur les niches fiscales du logement.

En 2011, le taux de fiscalisation sur l'immobilier était de 27 % (59,087 / 218,7) si l'on met en rapport les prélèvements avec les ressources (virtuelles et réelles) des producteurs vues dans le tableau 25.

Une distinction de la fiscalité entre les deux types de propriété, publique et privée relèverait de la transparence et permettrait d'opérer de meilleurs choix pour une politique rationnelle du logement.

Graphique 16 - Evolution de la fiscalité immobilière directe et indirecte

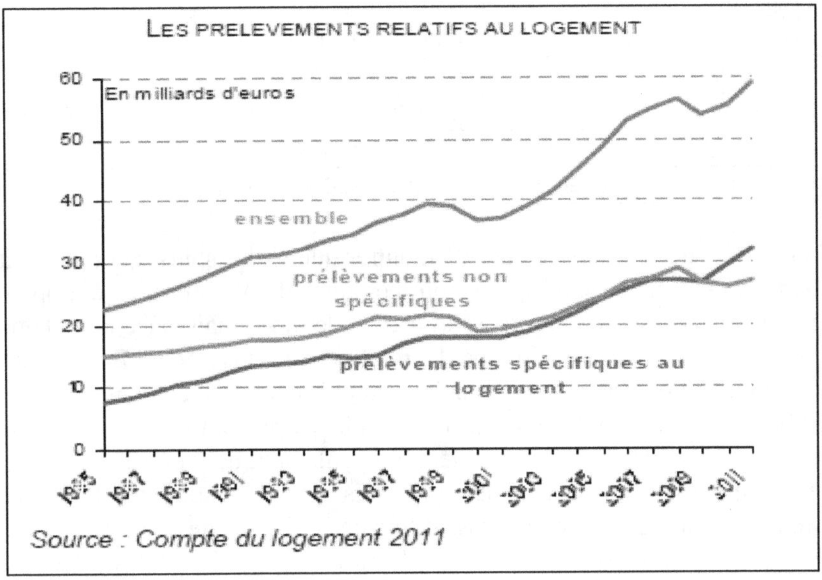

Les prélèvements spécifiques du graphique correspondent aux 32,126 milliards du tableau. Les prélèvements non spécifiques sont les autres prélèvements du tableau 74 dont la TVA avec 22,319 milliards d'euros représente qui l'essentiel de la fiscalité de ce poste.

Entre 1985 et 2011, (en 26 ans), le fardeau fiscal pour reprendre l'expression canadienne, qui pèse sur l'immobilier a triplé passant de 20 milliards à 60 milliards d'euros, or les loyers n'ont pas triplé pendant la même période ce qui explique pour une bonne part, l'effondrement de la rentabilité locative.

CONCLUSION DU CHAPITRE

Les chiffres arrondis à retenir pour 2011 : tirés des tableaux 26 et 74

Loyers des bailleurs privés	40 milliards d' €
Loyers des bailleurs publics	20 milliards d' €
Aides annuelles au parc public	20 milliards d' €
Loyers imputés aux propriétaires occupants	134 milliards d' €
Loyers imputés aux résidences secondaires	19 milliards d' €
Total loyers réels et virtuels	218 milliards d' €
Redistributions (aides fiscales diverses)	39 milliards d' €
Fiscalité immobilière	59 milliards d' € (locataires et propriétaires occupants)
Taux de fiscalité immobilière 59/218 =	27 % des loyers virtuels et réels
Triplement du fardeau fiscal en 26 ans	De 20 milliards à 59 milliards d' €

Un des buts de ce chapitre était de montrer que si des statistiques existent sur le logement, elles sont inexpliquées pour certaines d'entre elles, ce qui provoque une impression de manque de transparence ou de méconnaissance de l'économie du logement, entrainant le flou de la politique du logement. Il manque une analyse globale qui permettrait d'apprécier la politique du logement et de vérifier sa pertinence. Beaucoup de sources sont fiscales et ne sont donc pas classées en fonction de leur efficacité économique, mais seulement de leur efficacité fiscale ; même si cela est compréhensible, c'est très dommageable par l'absence de perspectives économiques qui se ressent lors des réformes des divers ministres du Logement. Les simulations d'économies du parc public qui sont des surcoûts pour les contribuables ont été faites en l'absence de données économiques des différents organismes s'occupant du logement. Elles ne prétendent pas à une réalité que personne ne connaît ; elles ont pour but de tirer la sonnette d'alarme sur ce que coûte le logement public par rapport à l'efficacité d'une gestion privée. Dans d'autres domaines comme la téléphonie, les privatisations ont permis aux consommateurs d'économiser des sommes considérables.

On a cru que les aides versées aux bailleurs publics permettraient à ces derniers de loger les populations les plus défavorisées, mais après 60 ans d'expériences coûteuses pour les contribuables, on s'aperçoit qu'il n'en n'est rien. La réactivité des investisseurs Scellier a démontré au contraire, en inondant le marché de logements parfois inutiles, qu'une aide fiscale vers le parc privé est plus productive que la même aide dirigée vers le parc public. Les aides fiscales au parc public sont égales aux loyers perçus ce qui signifie que les contribuables financent la moitié du prix de revient du parc public. Le logement public a un tel manque de rentabilité avec ses 85 000 salariés que l'Etat doit faire annuellement 20 milliards de cadeaux fiscaux principalement pour éviter sa faillite, soit bien plus que n'importe quelle niche fiscale privée. La nation doit prendre conscience de ce gâchis et orienter massivement ses aides vers le parc privé ou vers les aides à la personne avec la réserve conjoncturelle de prendre en compte la vacance locative due à la surproduction de logements depuis 2007.

La comparaison entre les aides au logement des pouvoirs publics et la fiscalité immobilière qui frappe le logement privé principalement, justifie les observateurs qui estiment que le logement n'a pas besoin de l'aide publique, ou du moins qu'il doit la réserver à une population extrêmement minoritaire. Ces mesures permettraient de baisser radicalement les taxes foncières et les droits de mutation ainsi que l'ensemble de la fiscalité immobilière (ISF, plus-value, taxe d'habitation…) et relancerait ainsi la consommation privée et donc la croissance. Il apparaît que l'état prélevait 59 milliards d'euros en 2011 et distribuait la même année 39 milliards, ainsi l'excédent de fiscalité immobilière sur la redistribution est de 20 milliards d'euros par an (59 – 39). Cette somme de 39 milliards doit donc être repensée si l'on veut éviter la destruction du parc privé dans un premier temps qui serait suivie ensuite de l'implosion du parc public trop coûteux.

Une question de société demeure, l'Etat croit encore nécessaire en 2014, de maintenir un logement public important, en demandant aux contribuables de payer pratiquement la moitié des loyers du parc public, n'est-ce pas la démonstration de l'échec de la politique du travail qui ne permet plus aux travailleurs pauvres d'avoir un logement sans l'aide de la CAF et des bailleurs publics ? C'est une question inquiétante en ce qu'elle mettrait en cause la politique salariale face à la mondialisation et la destruction des emplois industriels, mais comment y échapper ? A moins que justement le logement social ne soit le moyen de ne pas augmenter les bas salaires !

TROISIÈME PARTIE

BILAN DES POLITIQUES DU LOGEMENT

CHAPITRE VII

L'Etat contre le marché : les propriétaires privés étranglés

> *Le travail, le travail. L'ancestrale, la millénaire obsession de la survie, le besoin farouche de faire reculer la misère, d'enrichir si peu que ce soit le maigre avoir qu'on possède...L'âpreté et l'austérité des vies qui mènent un incessant combat pour tenter de faire reculer la misère. Chacun travaillant dur dans le seul but d'avoir simplement de quoi subsister.*
>
> Charles Juliet dans « Lambeaux »

On évoque toujours l'intérêt général des locataires en oubliant celui des bailleurs privés qui dans un marché libéré de la tutelle de l'Etat correspondrait souvent à celui des locataires, mais personne ne sait plus en France ce qu'est un marché locatif libre.

Préserver la paix sociale : réalité ou prétexte à ingérence dans le secteur du logement

Selon un commentaire du Compte du logement 2011 « *La loi du 1er septembre 1948 avait pour objectif de réglementer le secteur locatif, préservant la paix sociale tout en incitant les investisseurs à s'intéresser à l'immobilier* ». Les lois qui ont réduit le droit de propriété ont affiché cet objectif politique de la paix sociale. Madame Boutin quand elle était ministre du Logement avait déclaré qu'elle voulait apaiser les relations bailleurs-locataires, la suite a démontré qu'il s'agissait d'un vœu pieu, car depuis, les relations se sont encore dégradées.

A. UNE CONVERGENCE D'INTERETS POLITIQUES, ASSOCIATIFS, MEDIATIQUES ET FINANCIERS POUR PROMOUVOIR LE LOGEMENT PUBLIC AU DETRIMENT DU PARC PRIVE

Il est frappant de constater qu'il existe une véritable convergence d'intérêts catégoriels improbables pour promouvoir le logement social dans sa version publique. A priori, il n'était pas imaginable que la Fondation Abbé Pierre puisse aider les entreprises multinationales du bâtiment à créer des emplois au détriment des artisans ruraux.

1. L'après-guerre et sa troisième voie planificatrice entre communisme et libéralisme

On se rappelle que l'Etat de l'après-guerre avait gardé ses habitudes interventionnistes, se méfiant du marché qui avait enrichi les collaborateurs pendant la guerre, le système HLM pouvait prospérer à l'abri des critiques. Le dérapage a commencé quand l'Etat s'est mêlé de légiférer sur le parc privé pour éradiquer les comportements malsains d'une minorité de propriétaires ; le législateur a réglementé sans compter, abusivement souvent, s'aliénant peu à peu cette catégorie sociale. Le gaullisme avait souhaité un modèle social apaisé, une alternative au communisme abhorré, mais qui s'écarta du libéralisme sauvage incarné par les USA. Il était satisfait des sociétés HLM qui avaient mis au point un paternalisme de bon aloi dans les conseils d'administration. Les pouvoirs publics, en dépossédant peu à peu les propriétaires de leurs prérogatives légitimes, ont voulu transférer dans le monde locatif les règles du dialogue social existant dans le monde de l'entreprise. L'acharnement fiscal et législatif sur la propriété qui en a résulté est dû à la sollicitude de l'Etat qui a cru pouvoir améliorer la paix sociale dans les relations bailleurs-locataires en pénalisant de plus en plus les propriétaires qui maintenant sont excédés et découragés !

2. Des enjeux idéologiques et politiques

a. La prétendue faute du marché

Quand les initiateurs de lois prétendent rétablir l'équilibre dans les relations bailleurs-locataires, ils ont en tête le dialogue social entre les organisations de locataires et les bailleurs sociaux. Mais plutôt que de faire simple en convoquant locataires et propriétaires pour des discussions entre partenaires locatifs, l'Etat a toujours préféré la manière forte en imposant aux bailleurs toutes ces limitations du droit de propriété évoquées plus haut. Comme si cela ne suffisait pas, l'Etat a imposé une redistribution supplémentaire des revenus en taxant avec beaucoup d'imagination, mais avec un réel machiavélisme, dispersant ces multiples impositions impopulaires, pour que les électeurs n'aient pas l'impression d'un acharnement fiscal (voir les 44 taxes sur la propriété). L'Ancien Régime n'avait pas eu autant d'imagination fiscale même si l'on se rappelle que la Révolution Française avait eu aussi pour objectif de supprimer les taxes moyenâgeuses. Finalement l'Etat a bloqué le marché en décourageant les propriétaires, comme l'a très bien expliqué l'IREF page 52 de *La vérité sur le logement social*, les défaillances du marché sont invoquées chaque fois que l'Etat veut intervenir. On ne peut plus désormais parler de défaillances du marché, mais de blocage du marché par l'Etat qui a institué des règles tellement pesantes que les lois du marché ne peuvent plus remplir leur fonction d'adapter l'offre à la demande locative ; ceci explique la crise du logement dans les grandes villes et la crise immobilière dans le reste de la France, le parc privé est asphyxié, les propriétaires sont sous la botte de l'Etat.

b. Le mal-logement « ressenti » : plus le confort s'améliore, plus les ménages s'estiment insatisfaits

Il y a toujours eu des logements inconfortables, nul n'ignore que les logements de l'après-guerre étaient moins confortables que ceux d'aujourd'hui, mais pourtant l'expression de mal-logement est très récente. Or on sait que le confort s'est prodigieusement amélioré, les logements véritablement inconfortables ne représentent que 1,5 % du parc immobilier et se trouvent pour la plupart chez des propriétaires occupants aux ressources très modestes. Il demeure toujours au XXIe siècle, en France, des agriculteurs retraités sans eau courante, sans autre chauffage que la cheminée avec des WC à l'extérieur, vivant dans une seule pièce qui sert de cuisine, de salon et de chambre familiale.

Il est indispensable d'analyser cette contradiction entre le ressenti et le réel. Le « mal logement » est un concept du ressenti puisque des locataires interrogés qui se classent dans les mal-logés se plaignent de leur quartier et non pas seulement de leur logement. Le ressenti sur le « mal-logement » est exprimé par 10,2 % des ménages interrogés en 1984 (tableau 5) qu'il faut comparer avec le « mal-logement » réel de 15 % du parc immobilier (tableau 6 et graphique 17) ; en 1992, le ressenti était estimé à 8,1 % alors que l'inconfort sanitaire se réduisait à 6,2 %, cela signifie que plus le confort s'améliore plus les ménages s'estiment insatisfaits. En effet, quand un palier est atteint, comme le confort sanitaire quasi généralisé en 2006 avec 98,5 % de logements ayant le confort sanitaire, la population veut atteindre un autre type de confort.

Dans tous les domaines de la société nous perdons les critères objectifs qui nous servaient de référence depuis des décennies, pour des critères subjectifs qui permettent la dramatisation de l'actualité, dans une domination du médiatique. Par exemple, les météorologues versent dans la même mode du ressenti. Nous avons depuis l'hiver 2011-2012 la « température ressentie » qui veut inclure l'effet de refroidissement supplémentaire dû au vent ce qui aggrave l'impression de froid de 3 à 10 degrés.

Le « mal logement » est une application de ce ressenti dans une oppression idéologique et émotionnelle du spectaculaire. Il s'agit probablement d'une manipulation ordinaire au service des lobbies du bâtiment qui s'inquiètent du ralentissement de la construction de logements avec des milliers de licenciements à venir en raison de la récente vacance locative. Il est constant que depuis quelques années, il n'y a presque plus de reportages sur les avanies que subissent les propriétaires alors que celles-ci sont en progression, il n'y a pas d'observatoire des impayés de loyers, ni d'observatoire des dégradations, ni de fichiers des locataires indélicats alors que les banques ont mis en place un fichier des interdits bancaires.

3. L'artillerie médiatique au service de « l'évidence émotionnelle »

La plupart des lois sont précédées par une campagne médiatique destinée à dramatiser le sujet auprès de l'opinion publique pour que les parlementaires puissent voter une loi contre une partie de leurs électeurs. Dans quelle mesure les médias sont consentants ou instrumentalisés ? La préparation psychologique se fait à la manière d'un « tir d'artillerie médiatique » pour désamorcer les tentatives d'humeur des faiseurs d'opinion.

Ainsi, la droite sait que les propriétaires sont plutôt ses électeurs, elle ne peut sans raison légiférer contre eux, la future loi réductrice de leurs droits est destinée à contenter l'électorat adverse, le gouvernement de droite ferait donc semblant de subir la pression de la rue ou celle de « l'évidence émotionnelle » pour ne pas s'aliéner son électorat. Il semble que « l'évidence émotionnelle » soit efficace et peu coûteuse en énergie de conviction et de manipulation pour faire voter une loi auprès des parlementaires contre leur électorat, ceux-ci subiront moins lourdement la pression de leurs électeurs, sacrifiant leurs intérêts sans trop de risque de défaite électorale ultérieure.

La dramatisation de la perte du triple A a permis à un gouvernement de droite de légiférer contre ses électeurs

En août 2011 par exemple, le gouvernement Fillon s'est soudainement préoccupé de réduire le déficit budgétaire après que les USA aient vu la dégradation de leur note. La France comprit en une semaine qu'elle pouvait elle aussi perdre son triple A, pourtant cela faisait des années que l'accroissement continuel de la dette publique menaçait notre crédibilité financière. Aussi, nous avons eu la taxation dérisoire des sodas, la hausse symbolique des impôts sur les hauts revenus et la suppression des abattements de 10 % par an sur les plus-values immobilières, chacun comprend la démagogie de ces trois mesures. La suppression de l'abattement sur les plus-values pendant une durée de 30 ans a été présentée machiavéliquement sous deux angles, comme une taxation sur les seules résidences secondaires ce qui était faux, car les immeubles locatifs sont principalement concernés et comme une taxation supplémentaire sur le patrimoine qui était destinée à recueillir l'adhésion du « peuple de gauche ».

Les divers gouvernements Fillon ont pris une succession de mesures législatives pour favoriser les locataires alors que l'on pouvait penser qu'ils n'étaient pas leur électorat majoritaire. On peut dire qu'il suffit de quelques reportages à la radio ou à la télévision et que la presse écrite se fasse le relais d'une information parcellaire à caractère émotionnel, pour que l'on ait l'impression de découvrir un nouveau scandale locatif qu'il devient urgent de réformer. Le mécanisme est toujours le même, une caméra de télévision se déplace chez un locataire vivant dans un taudis ou chez un autre sous la menace d'une expulsion et l'opinion française découvre la misère d'une famille et se prend de pitié pour elle. Si l'émotion des locataires est tangible, si l'actualité n'a pas d'autres sujets prioritaires et si suffisamment de journalistes consacrent leurs journaux à répéter cette détresse réelle, mais marginale, alors le gouvernement pressé par ses députés, rédige une loi à la hâte et la tension médiatique s'apaise pour passer à un autre sujet vendeur, comme si les réformes législatives dépendaient des stratégies commerciales des rédacteurs en chef.

4. Une information orientée

a. Ce ne sont pas les loyers qui ont véritablement augmenté, mais la surface habitable par logement ainsi que l'amélioration du confort

Chaque retraité se souvient de la surface de sa chambre de bonne, sans salle de bains avec le WC sur le palier ou dans la cour quand il était étudiant ou jeune salarié. Jusqu'en 1980, il y avait des appartements en bon état qui n'étaient pas équipés de salle de bains, ni de WC, les logements pour célibataires ne dépassaient pas 10 ou 15 m^2. Depuis les années 2010, presque tous les logements ont les trois éléments de confort (eau, salle de bains, WC) ainsi qu'un moyen de chauffage adapté et surtout la surface des petits logements a pratiquement doublé avec parfois un triplement. Les studios font entre 20 et 30 m^2, un étudiant en province préfère un T 2 de 30 ou 50 m^2 avec une chambre séparée, un couple sans enfant souhaite deux chambres ou un coin bureau, etc.

Le graphique suivant tiré du Compte du logement 2011 indique la régression de l'inconfort sanitaire de 1984 à 2006 qui est passé de 15 % à 1,5 % en 22 ans.

Graphique 17 - Le recul de l'inconfort sanitaire

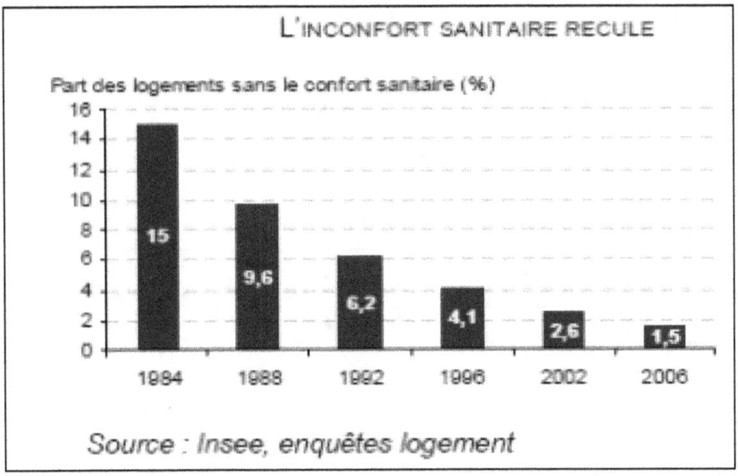

Les nouvelles normes électriques, thermiques et sismiques ont augmenté les prix de revient des rénovations et des constructions, ce qui ajouté aux nouveaux besoins de confort comme les cuisines et les salles de bains aménagées et l'évolution des goûts en matière de décoration a considérablement pesé sur les budgets des bailleurs privés. Il convient donc de relativiser l'idée, rapportée par les médias, que les loyers auraient augmenté depuis dix ans. En réalité, ce qui a augmenté ce sont les charges et les dépenses énergétiques qui ont dépassé en pourcentage les hausses de loyers (voir chapitre III).

On ne peut comparer un logement de 1970 et un autre en 2010. Jacques Friggit dans « Le prix des logements sur le long terme » évoque les effets qualité des logements expliquant la hausse du coût du budget logement dans les dépenses des ménages ; le graphique suivant regroupe 3 informations de 1970 à 2006.

- L'évolution de la surface moyenne des logements de 70 m^2 en 1970 qui atteint 92 m2 en 2006.
- La surface habitable occupée par une personne de 23 m^2 en 1970, elle était de 40 m^2 en 2006.
- Le nombre de personnes dans un logement est passé de 3,1 personnes en 1970 à 2,3 en 2006.

Graphique 18 - Les effets qualité expliquant la hausse des dépenses de logement par ménages

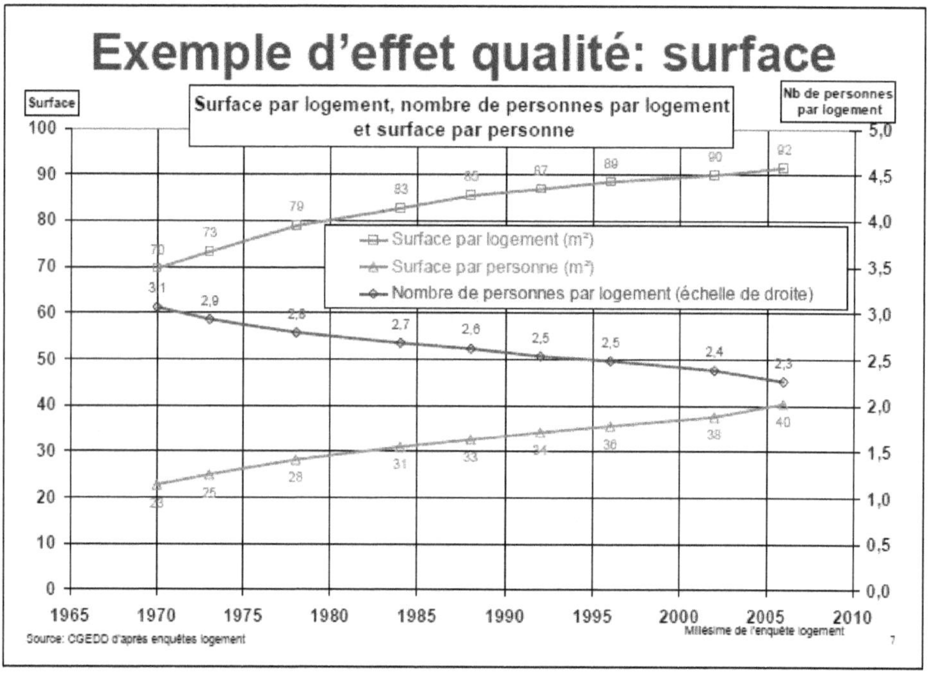

Auteur : Jacques Friggit dans « Le prix des logements sur le long terme » (CGEDD d'après l'Enquête Logement)

La fausse information d'une hausse de prix des loyers en province a été accréditée par celle des loyers en région parisienne qui est effective et importante. De plus, les hausses de loyers relevés statistiquement depuis 2007, sont boostées par les loyers des résidences neuves, ce qui fausse la réalité des appartements traditionnels en centre-ville. Les statistiques ne différencient pas les loyers des résidences neuves avec parking, balcon et ascenseur, des appartements dans l'ancien qui ont stagné ou baissé depuis 10 ans.

Depuis 2013, le ministère du Logement veut mettre en place des observatoires dans les zones tendues, mais il faut craindre, outre le temps d'apprentissage dans les méthodes de saisie des données, les influences politiques qui inciteront à minimiser ou maximiser les informations recueillies selon les préoccupations politiques ou économiques du moment. Les propriétaires privés n'ont pas confiance dans l'observatoire qu'a voulu mettre en place Cécile Duflot, car les questionnaires sont trop compliqués à remplir et perdent en confidentialité ce qu'ils veulent gagner en précision. Il reste que la source des données est celle des baux d'habitation qui ne peuvent être communiqués que par les bailleurs ou par les locataires sur la seule base du volontariat, cette solution est gratuite. L'autre inquiétude que ressentent les bailleurs privés pour ces observatoires d'Etat est un « flicage » des revenus des bailleurs qui serait un nouveau prétexte à fiscalisation et à surveillance de la vie privée des bailleurs alors que l'observatoire CLAMEUR n'a qu'un objectif statistique.

Note. En 2012, CLAMEUR annonçait une hausse de 9 % des loyers à Niort, cette hausse était factice, elle était due à la mise en location de résidences neuves luxueuses à des loyers supérieurs au marché. Cette hausse virtuelle a fait des heureux, car elle permit le réveil de programmes immobiliers endormis (Nexity, Akérys, Bouygues…) le maintien de la loi Scellier et la vente à des investisseurs étrangers à la ville, manipulés par ces chiffres flatteurs ; cette critique ne doit pas remettre en cause CLAMEUR qui a le mérite de plusieurs années d'expériences, mais au contraire doit faire refuser un observatoire étatique qui serait sous influence des pouvoirs publics et des lobbies des promoteurs.

b. Doit-on dire que les dépenses en logement ont trop augmenté ou que les revenus n'ont pas suivi

Le graphique suivant, élaboré par Jacques Friggit à partir des données INSEE et du CGEDD, indique que l'indice des prix rapporté au revenu des ménages est sorti du « tunnel de Friggit » en 2002, la hausse a été plus brutale à Paris et dans l'Ile-de-France qu'en province. Cette envolée des prix de l'ancien explique l'aggravement de la crise du logement dans la région parisienne et l'effondrement de la rentabilité de l'investissement locatif en province concurremment avec la vacance locative.

L'indice des prix des logements mesure le prix des logements par rapport aux revenus des ménages de telle manière que l'on peut dire que les prix des logements ont brutalement augmenté et (ou) que les revenus des locataires n'ont pas assez augmenté !

Graphique 19 - Evolution du prix des logements par rapport aux revenus des ménages

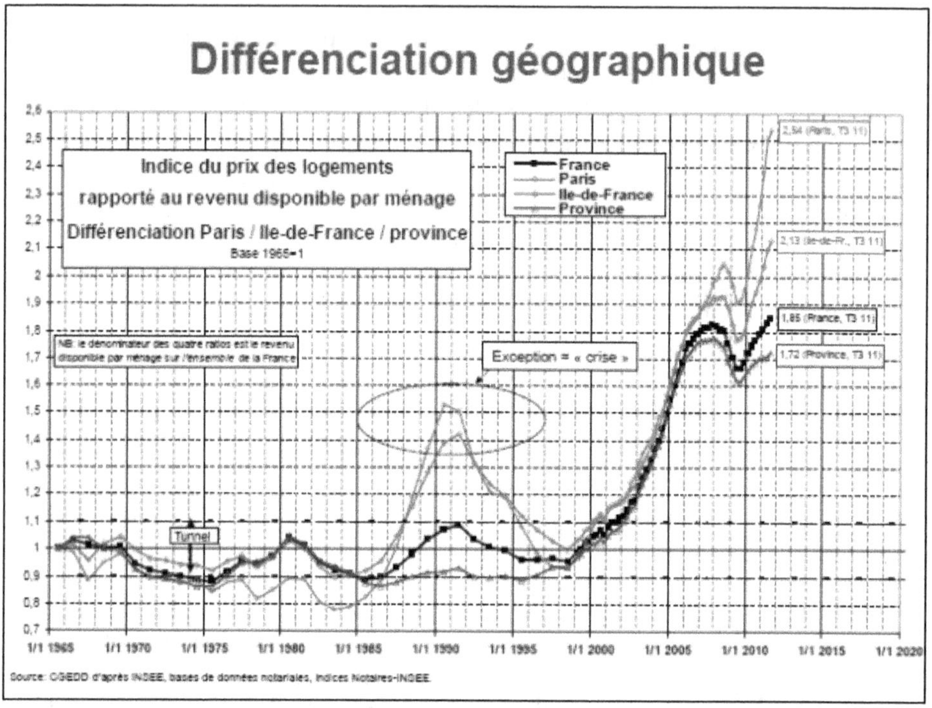

Source : Jacques Friggit « De Philippe Auguste à François Hollande, le prix des logements à Paris sur huit siècles »

Ce graphique démontre que les loyers de 1965 à 2000 pour Paris et 2002 en province, se sont insérés dans un tunnel dit « de Friggit » en suivant les évolutions de revenus (à l'exception de 1988 à 1996 pour Paris et l'Ile-de-France).

Tous les auteurs constatent que les dépenses de logement ont augmenté davantage que les revenus depuis dix ans, en incriminant la hausse du prix des logements, mais il faut se demander si cela ne provient pas aussi de la progression insuffisante des salaires. Le taux de chômage est passé de 7,2 % à 10,2 % entre le troisième trimestre 2008 et le premier trimestre 2010. Selon le CREDOC dans « Les difficultés de logement des classes moyennes et les besoins de mobilité résidentielles » de Régis Bigot « *...jamais depuis la Seconde Guerre, l'économie française n'avait connu autant de destructions d'emplois en si peu de temps... Les classes moyennes ont vu leur niveau de vie passer de 1358 € à 1500 € en 10 ans... soit une progression de 14 € par an* ».

Il est évident que cette hausse négligeable du niveau de vie pour un salarié locataire, appartenant à la classe moyenne, dans une grande ville, ne lui permet pas d'améliorer son train de vie, seuls, les locataires dans les régions peuvent déménager avec l'objectif d'une amélioration de la qualité du logement. Les hausses significatives de niveau de vie se trouvent seulement dans les classes aisées (56,9 € de progression mensuelle pour une personne seule, chaque année) ;

l'impression de l'amélioration générale du niveau de vie des Français avec une hausse moyenne de 2 % par an, ne résiste pas à l'analyse, car seules les classes aisées profitent de cette hausse, les classes moyennes et pauvres stagnent.

5. Les lobbies utilisent l'alibi de la création d'emplois pour justifier l'utilité de leurs projets

La création d'emplois est le justificatif absolu de n'importe quel projet politique. Quand les propriétaires privés veulent démontrer l'utilité sociale de leur profession, ils n'ont pas à leur disposition, car elles n'existent pas, les statistiques démontrant les apports de richesses ou les créations d'emplois que leurs investissements immobiliers apportent à la société. De même, ils sont encore moins en mesure d'affiner l'économie de leurs projets en matière d'aménagement du territoire, de maintien de l'activité en zone rurale avec l'artisanat, l'agriculture, les petits commerces de proximité, les services publics tels que les écoles, les hôpitaux, la poste... Il manque un observatoire du logement privé financé par les taxes foncières et dirigé par les propriétaires privés à l'instar de l'USH.

Cependant en dehors de l'aspect quantitatif, il existe une différence qualitative fondamentale entre des emplois créés pour construire une tour d'immeuble locatif de 30 appartements qui va faire travailler par exemple 50 ouvriers parisiens de la société Bouygues ou Nexity pendant un an et la rénovation de 30 maisons qui donnera du travail aux entreprises locales pendant des années. Dans un cas, la richesse distribuée repartira à Paris chez des actionnaires et dans l'autre cas, la richesse restera sur place et profitera aux habitants du pays dans un nouveau cycle de réinsertion locale.

Au surplus, la valeur vénale des bâtiments construits ou rénovés sera plus importante que celle de la tour qui deviendra probablement une verrue dans le paysage et sera vouée à la démolition 50 ans plus tard dans une obsolescence programmée. Dans les effets externes positifs, il faut inclure le tourisme qui se développera avec plus de bonheur grâce aux maisons rénovées constituant le patrimoine architectural du pays, il en va de la sauvegarde du bâti ancien des villes et villages.

6. La vacance locative du parc public accroit la concurrence des bailleurs sociaux

La vacance locative récente du parc public induit de nouveaux comportements ; les bailleurs publics utilisent le même marketing que celui des bailleurs privés avec le passage de petites annonces sur les mêmes supports utilisés par les particuliers et la pose de panneaux « A louer ». On s'interroge sur la légitimité d'un organisme public à faire de la publicité alors que les listes d'attente existent ! C'est la démonstration de la concurrence et par conséquent, se pose la question de l'utilité des bailleurs publics sur les marchés détendus, si les candidats locataires ne viennent pas spontanément aux guichets des bailleurs publics, cela prouve que le marché remplit sa fonction sans l'aide des bailleurs publics.

La publicité des HLM, l'aveu de la concurrence

Ci-dessous est reproduite une des petites annonces qui paraît régulièrement sur le site immobilier internet « leboncoin ».

Locations - Deux-Sèvres Appartement T4 Neuf Niort
Mise en ligne par SA HLM des Deux-Sèvres et de la Région le 5 juin à 20:43.
Ceci est une annonce de professionnel. Numéro Siren : 304326895
SA HLM des Deux-Sèvres et de la Région : ***Gérer votre annonce*** *photos disponibles*

Loyer mensuel :	*605 €*
Ville :	*Niort*
Code postal :	*79000*
Charges comprises :	*Non*
Type de bien :	*Appartement*
Surface :	*90 m^2*
Référence :	*826-01-0008*

Description :
La Sa HLM des Deux-Sèvres et de la Région propose à la location un appartement dans une résidence calme, situé au 2e Etage, dans le centre-ville de Niort, proche de la gare, de l'hôpital et à proximité d'une école.
Cet appartement se compose de : -Séjour (24 m^2) -Cuisine (8m^2) -Chambre 1 (10,5 m^2) -Chambre 2 (13m^2) -Chambre 3 (12 m^2) -Buanderie (6 m^2)
Ce logement comprend un placard dans l'entrée et dans les chambres. La salle de bain est équipée d'une douche et d'un sèche serviettes. Chauffage électrique avec programmateur. Entrée sécurisée par badge et visiophone. Possibilité d'une place de parking (25 € mensuel). Le loyer mensuel hors eau hors électricité comprend un contrat d'entretien pour ses équipements. Disponible au 09/08/2012. L'attribution de cet appartement est soumise à des plafonds de ressources supérieurs au standard HLM. Sans aucun frais de dossier, de gestion ou tout autre frais intermédiaire.
Seulement un mois de dépôt de garantie, et loyer payable à terme échu. N'hésitez pas à nous contacter pendant les horaires suivants : du lundi au jeudi de 8h à 12h et de 13h à 17h. Le vendredi de 8h à 12h et de 13h à 16h.

Notons l'argumentaire qui évoque un marketing que personne n'aurait imaginé dans les années cinquante et bien éloigné des listes d'attente : « *l'attribution de cet appartement est soumise à des plafonds de ressources supérieurs au standard HLM...loyer payable à terme échu... sans aucun frais de dossier...*»

B. LES INGERENCES DE L'ETAT SUR UN MARCHE PRETENDU LIBRE

Trop de textes tuent les textes, l'inflation de textes sur le logement avec le quinquennat Sarkozy a créé un phénomène de saturation chez les propriétaires. Ils ont eu l'impression d'un acharnement textuel qui provoque l'indifférence ou la fronde par manque d'adhésion. Mais que dire avec la loi ALUR ?

1. Des règlementations contre le marché, un acharnement textuel contre les bailleurs

La sénatrice Isabelle Pasquet dans sa proposition de loi du 27 avril 2011, déclare que *« Dans le domaine du logement comme dans d'autres, l'accumulation des textes consacrés au logement ou au développement de la cohésion sociale n'est donc pas un gage d'efficacité de l'action publique ».*

Le droit des contrats devrait être relativement libre dans un pays libéral, or dans le droit des baux d'habitation, le locataire est considéré comme un mineur assisté et protégé, car chaque année de nouvelles lois codifient un peu plus les baux au détriment des bailleurs. La loi ALUR est une nouvelle illustration de ce paternalisme législatif, dès que le propriétaire signe un bail avec un locataire, il perd son droit de jouissance pendant trois ou six ans, sans avoir la certitude d'être payé et de récupérer son bien en bon état, un autre investisseur qui loue une voiture ou simplement une chambre d'hôtel a le droit de copier l'empreinte de la carte bancaire et de la débiter en cas de départ furtif. La comparaison illustre la différence de traitement entre celui qui fait une opération commerciale et qui est protégé par le droit des contrats et celui qui loge son voisin, dans une mission d'intérêt général, mais qui est à la merci de son locataire.

a. Tout nouveau droit a un coût social, judiciaire ou financier

Le coût des réglementations

Tout nouveau droit a un coût social ou financier. L'IREF écrit dans son rapport précité page 16 que *la multiplication des réglementations, des normes nouvelles, des contrôles obligatoires pour les propriétaires contribue à l'augmentation des prix de la construction neuve, des loyers et des charges, mais aussi indirectement à l'explosion des aides au logement et à la pénurie d'offre. La CNAB (Confédération nationale des Administrateurs de Biens) a estimé le coût direct des diagnostics obligatoires pour un deux-pièces à 300 € en cas de location et à 1000 € en cas de vente.*

Ces estimations n'incluent pas les coûts indirects, les délais de vacance pour faire les diagnostics et le coût des travaux à faire éventuellement.

« Le rapport du Conseil d'Etat avance le chiffre du surcoût (d'une construction) *dû à la réglementation à 2,7 % pour une maison individuelle et à 3,8 % en habitat collectif ».*

L'IREF se demande si ces estimations sont fiables dans un tel *foisonnement normatif* ; même s'il concerne surtout le parc privé, il n'est pas sans incidence sur le parc public. L'IREF déclare que le surcoût de ces réglementations freine l'offre de logements : « *Cette constatation rend assez paradoxal le discours souvent tenu par les pouvoirs publics appelant une croissance accrue du logement social pour compenser les carences du parc privé alors que le parc privé a pour principal handicap la réglementation créée par lesdits pouvoirs publics* ».

L'observation judicieuse de l'IREF souligne la contradiction de l'action des pouvoirs publics qui incitent d'un côté les particuliers à investir dans le logement avec les lois Scellier, Duflot, etc. et de l'autre n'arrête pas de mettre des freins et des contraintes administratives, ajoutant de nouvelles réglementations dans les rapports locatifs. L'IREF estime qu'il s'agit d'un aveuglement des pouvoirs publics provenant de la multiplicité des acteurs qui ne se concertent pas, en prenant chacun des décisions sans cohérence collective. Les industriels du bâtiment rendent responsables les nouvelles normes (énergétiques, électriques, sismiques, etc.) de la baisse des permis de construire par le surcoût de la construction.

Les nouvelles règlementations environnementales : l'inutilité, la suspicion ?

Les nouvelles règlementations environnementales vont augmenter les coûts de construction et de rénovation notamment avec les SPANC (Service Public d'Assainissement Non Collectif).

Les nouvelles prescriptions d'isolation des logements sont prises au nom d'un intérêt général : projet de réduire les gaz à effet de serre et la facture énergétique, de diminuer la charge du chauffage. Les études sur la rentabilité d'un supplément d'isolation ne mentionnent pas la durée du retour sur investissement ce qui ne motive pas les propriétaires à investir. En fait, les normes d'isolation plus élevées ont probablement été suggérées par les fabricants de laine de verre. Depuis que les premières constructions BBC très isolantes sont livrées, les médecins dénoncent la recrudescence des allergies et des maladies dues à la prolifération des acariens et bactéries qui se développent dans ces espaces confinés. Ces nouvelles dépenses de santé sont des effets externes négatifs qui doivent être mis en balance avec les économies d'énergie.

Chaque propriétaire fait son propre calcul de retour sur investissement et il arbitre entre la nécessité ou la possibilité d'investir pour dépenser moins à long terme. Les préoccupations de réduction de la pollution sont comprises par les citoyens, mais la rentabilité d'une installation d'un chauffage solaire ou géothermique n'existe que sur trente ans et bien sûr aucun constructeur ne garantit son matériel sur de telles périodes ce qui rend vain tout projet de ce type.

Les préoccupations sismiques prêtent à sourire dans certains départements où l'on ne sait pas ce qu'est un tremblement de terre, le principe de précaution allégué perd de sa crédibilité, il n'a pour effet que d'augmenter les coûts de construction des nouveaux logements.

Les normes handicapées que l'on comprend par empathie avec ceux qui ont perdu leur mobilité, deviennent extravagantes quand elles se généralisent et s'imposent aux bâtiments anciens. De plus, que penser de normes handicapées dans un logement au 6e étage alors qu'en cas d'incendie, il ne sera pas possible d'emprunter un ascenseur ? De même, il semble inutile d'imposer un WC handicapé dans un petit commerce de 20 ou 30 m^2 quand des WC publics existent à proximité. L'absence de marches n'est pas toujours possible dans les petits commerces anciens des centres-villes et vouloir imposer ces normes revient à désertifier le centre des villes anciennes. Et enfin, comment les pouvoirs publics pourront-ils se mettre en conformité avec cette loi dans leurs propres établissements ou tout simplement dans le métro ?

b. Les conséquences de ces réglementations

Des interprétations inégalitaires

Le surendettement est une cause d'inégalité sociale : si un locataire a pris trop de crédits à la consommation, le juge peut effacer les dettes non seulement des organismes de crédits qui ont surendetté le locataire, mais aussi les dettes de loyers alors que le propriétaire est entièrement étranger aux comportements fautifs du locataire et du prêteur. Quel peut être le fondement moral d'un tel texte ?

La pénurie foncière administrative

Une des causes de la crise du logement est la pénurie administrative des terrains à construire avec les règlements d'urbanisme restrictifs. Les collectivités locales ont permis le mitage pendant des années or depuis dix ou quinze ans selon les régions, elles ont changé d'avis en l'interdisant. Le mitage est la possibilité de construire en dehors des villes et villages, sans continuité avec les dernières maisons de la périphérie de l'agglomération. La raison invoquée est que le coût de branchement des réseaux est plus élevé lorsqu'il faut faire 500 mètres par rapport à un branchement sur une maison voisine. En réalité, c'est plus une question de trésorerie de la collectivité qui doit installer des réseaux avant la construction des nouvelles maisons que le problème de la protection des terres agricoles, car dès que les réseaux sont installés sur une nouvelle portion de route, cela permet de nouveaux branchements par les riverains et les investissements de la collectivité deviennent opérants. On peut se demander si la vraie raison de cette nouvelle attitude est l'agacement des collectivités pour les effets d'aubaine qui profitent aux propriétaires riverains. Chacun sait que les terrains voisins des réseaux longeant les routes ne sont pas automatiquement en vente, il reste de la liberté des citoyens de vendre ou de ne pas vendre.

D'autres collectivités gèlent des zones pendant des décennies pour réserver des zones de future urbanisation, ces politiques contribuent à raréfier les terrains constructibles et donc à faire monter les prix des autres terrains disponibles. L'intérêt général invoqué n'est que celui de la collectivité locale et vient contrarier le véritable intérêt général qui est de faire baisser les prix de vente en libérant administrativement le maximum de terrains.

Un nouveau projet dénommé Bimby, qui consiste à inciter les propriétaires de maisons avec des grandes parcelles, à revendre une partie de leur jardin pour une nouvelle construction est une solution intéressante pour protéger les surfaces agricoles à condition de ne pas tomber dans une politique répressive pour supprimer ce que les urbanistes dénomment les « dents creuses ». La rétention foncière des propriétaires fait partie du droit de propriété inaliénable.

Le concept de risque locatif introduit par l'Etat

L'expression risques locatifs est déjà en soi la preuve d'une mauvaise analyse. Si les locataires savaient qu'au premier impayé ils risquaient l'expulsion immédiate, il n'y aurait pas de risque locatif pour un bailleur, au pire il serait limité à un mois. Dans tous les autres actes commerciaux de la vie sociale, chaque vendeur d'un produit ou d'un service a les moyens de se faire payer, le risque d'impayé est minime et n'est pas une cause de découragement. Le risque locatif n'existait pas il y a moins d'un demi-siècle. C'est l'Etat qui a introduit le risque locatif pour les propriétaires en proclamant le droit au logement sans la garantie du paiement. A force de répéter solennellement que le logement est un droit fondamental, les mentalités ont évolué et le devoir de payer son loyer, qui autrefois n'était pas contesté, est parfois devenu une option pour certains locataires qui préfèrent dépenser autrement leur budget.

La complexification de la loi comme instrument de mise hors la loi ?

La loi ALUR vient de franchir une nouvelle étape dans l'attaque contre le droit de propriété. D'une part elle permettra au locataire de mauvaise foi d'échapper à de nombreuses obligations, mais surtout elle devient un moyen de mettre hors la loi, les petits bailleurs en raison de l'impossibilité matérielle de respecter l'intégralité de la règlementation. Il aurait été heureux de procéder comme dans le droit du travail pour les PME, en limitant les obligations des bailleurs qui ont moins de 5 ou 10 logements. Comment imaginer un bailleur âgé de 90 ans et n'ayant qu'une maison, en conflit avec un locataire de mauvaise foi ? Le livre blanc de l'UNPI 16 rapporte des cas semblables où les bailleurs ruinés vendent leur bien. On n'ose imaginer que cette loi a été voulue aussi complexe pour inciter les bailleurs privés à se désengager. Et pourtant le résultat risque bien d'être un désinvestissement massif des bailleurs privés !

c. Un droit locatif de plus en plus inégalitaire : le locataire-roi

La dernière réforme sur les rapports locatifs avec la loi ALUR consacre de manière définitive l'inégalité des rapports locatifs en faveur des locataires. Cette loi très controversée, votée dans la hâte et sans aucune concertation avec les propriétaires à l'exception d'un seul rendez-vous avec le président de l'UNPI, attend de multiples décrets ; elle est de plus, assez vague sur de nombreux points ce qui à nouveau augmentera les contentieux locatifs avec une incertitude juridique, le temps que la jurisprudence fixe les points obscurs comme le motif réel et sérieux du congé du bailleur.

A force de réformer toujours dans le sens de la protection des locataires, ces derniers pourront abuser de leurs droits sans risquer de sanctions. On assiste à la naissance du locataire-roi après le client-roi

2. Un protectionnisme locatif excessif conforté par une jurisprudence inégalitaire

L'introduction dans le droit, du concept de personne vulnérable a des effets pervers. Le droit du travail a été la première matière juridique à violer le principe d'égalité contenu dans le Code civil qui était la base de l'égalité républicaine issue de la Révolution française. Le rapport de force dans les relations de travail a certes toujours été défavorable aux salariés, le droit du travail a donc été construit avec l'idée de la protection des salariés contre les employeurs. C'est un droit récent qui a surtout évolué à la fin du XXe siècle et qui doit s'interpréter en faveur de la partie supposée plus vulnérable. Trois dispositions assez peu juridiques d'ailleurs, précisent qu'en cas de doute celui-ci doit s'interpréter en faveur du salarié. « *Si un doute subsiste, il profite au salarié* ».

A l'inverse, le principe général du droit judiciaire est de ne retenir que les preuves pour condamner un justiciable. Les articles 6 et 9 du Code de Procédure imposent aux parties de justifier leurs allégations, on voit mal d'ailleurs, comment un juge peut condamner quelqu'un, faute de preuve, sauf à rentrer dans l'arbitraire et dans le doute, le juge doit débouter. Ce droit de la victime supposée, tout à fait exceptionnel jusque dans les années 70 a eu tendance à s'immiscer dans les autres domaines du droit des contrats chaque fois que l'une des parties est supposée plus vulnérable que l'autre, le droit immobilier n'a pas fait exception : les locataires sont supposés être plus vulnérables que les bailleurs. Lors du premier procès contre leur locataire, les bailleurs disent tous la même chose, ils ont l'impression que le magistrat est partial, simplement par la façon de poser les questions et surtout par les motivations des jugements qui parfois sont assortis de leçons de morale sans rapport avec le droit.

Les nouvelles expériences judiciaires des bailleurs

Il apparaît, selon les bailleurs en province, c'est-à-dire dans les secteurs détendus, que 2005 (et non pas 2007 année de début de la vacance locative ou 2008 début de la crise des subprimes américaines) a été une année charnière dans les contentieux judiciaires. Avant cette date, les locataires étaient dans leur ensemble, respectueux de leurs obligations, il y avait peu d'affaires d'impayés de loyers et ceux qui laissaient une petite ardoise d'un mois de loyer avaient de réelles difficultés financières, ils étaient rarement poursuivis par les bailleurs, car ils étaient de bonne foi ou offraient de payer en plusieurs fois. Depuis cette date, le comportement des mauvais payeurs a changé, la mauvaise foi est souvent au rendez-vous avec une multitude de prétextes pour ne pas honorer leurs obligations. C'est toujours de la faute du bailleur s'ils ne paient plus, lui reprochant différentes petites vexations ou malfaçons réelles ou imaginaires. Il est vrai qu'il y a des propriétaires peu scrupuleux qui louent des logements dégradés à une clientèle sans défense et ce sont ces propriétaires qui sont la cause des lois et des jurisprudences bien trop protectrices pour les locataires de mauvaise foi.

Les procédures d'expulsion sont tellement longues qu'avec un peu de savoir-faire, un locataire peut rester deux ans et demi sans payer... et recommencer chez un autre propriétaire. Certains locataires disent d'ailleurs avec cynisme « *Bon ce n'est pas grave, je vais aller squatter ailleurs* ». Il n'existe aucune loi permettant d'enrayer cette délinquance locative. Ces squatters professionnels se savent intouchables avec les délicatesses des procédures d'expulsion et l'inexistence de fichier de mauvais payeurs.

Les tribunaux sont tenus d'accepter toutes les demandes, l'article 4 du Code civil fait obligation au juge de juger sauf à se rendre coupable de déni de justice. Les justiciables abusent parfois : une cadre d'une mutuelle d'assurance a assigné son bailleur pour demander 30 € sur 2 chefs de demande...et gagné. Il y avait 15 € pour la facturation de l'envoi de 15 quittances et 15 € correspondant aux 8 % de frais de gestion des ordures ménagères qui selon une jurisprudence récente et contestable ne peuvent plus être refacturés alors que le bailleur doit les payer !

Un locataire avait assigné son propriétaire pour demander la restitution de 2 jours de loyer, cela représentait 25 €. Le propriétaire l'avait autorisé à conserver la clef deux jours de plus afin qu'il nettoie le logement. Il ne comprenait pas que le propriétaire facture ces deux jours de loyer alors que son préavis était terminé, il devint agressif. Le juge donna raison au bailleur sur les deux jours retenus. Le bailleur avait pris un avocat qui lui a couté 200 €, la demande d'article 700 du CPC fut rejetée ; bilan, le propriétaire avait gagné le procès, mais perdu 200 € !

Un bailleur réclamait à son locataire 2 mois d'impayés de loyers et 3 500 € de réfection de peintures dans une grande maison. Le locataire paya à l'audience les loyers en retard et tout en reconnaissant les dégradations notées sur le constat d'huissier, refusa de payer celles-ci au motif que le bailleur avait fait une facture d'une de ses SCI à lui-même, alléguant la nullité de la facture. Le juge estima que la facture était une preuve faite à soi-même et tout en reconnaissant les dégradations débouta le propriétaire malgré les factures d'achat de peinture et les fiches de paie du salarié de la SCI. Pourtant le même bailleur avait été indemnisé par le passé, par le même juge pour des réparations effectuées par le même salarié de la même SCI !

Voici quelques phrases relevées dans les tribunaux d'Instance et de Proximité :

– « *Vous en avez encore pour longtemps* ? » Phrase du juge adressée au bailleur timide qui lisait une page manuscrite pour exposer ses demandes. Phrase dénuée d'aménité, mais surtout destinée à déstabiliser le bailleur qui n'avait pas l'expérience de la plaidoirie, le locataire a eu droit à plus de considération.

- *« Ce qui m'ennuie c'est qu'il semble que vous deviez un loyer ».* Phrase du même juge adressée au locataire qui avait assigné son ancien propriétaire pour lui avoir retenu une partie du dépôt de garantie, le juge ne pouvait imaginer que le locataire demandeur puisse avoir une dette de loyer.
- « *Je vous ai vu il y a peu de temps, je n'aime pas voir les gens trop souvent dans ce tribunal, ce n'est pas une habitude à prendre.* » Phrase prononcée par un président de Tribunal d'Instance. Le bailleur venait pour la deuxième fois devant le même juge, il ne savait pas qu'il y avait des quotas ! Evidemment un propriétaire vient plus souvent qu'un locataire pour la raison qu'il peut avoir plusieurs locataires.
- *« Evidemment, tout ce que je vous dis, ça vous passe au-dessus de la tête. »* Phrase sans aménité, d'un juge de proximité condescendant en plein tribunal envers une justiciable stressée.
- A l'audience où ne s'était pas déplacé son locataire, la propriétaire indique que « *pressée par le temps, la juge ne m'a pas laissée m'exprimer sur le sujet, c'était l'heure du déjeuner et elle avait d'autres affaires en cours après la pause méridienne…* » Livre blanc de l'UNPI 16 en 2014

La première fois qu'un bailleur se présente devant un tribunal, il ne sait pas comment cela se passe, les questions du président peuvent parfois surprendre et il est difficile de résumer en 3 minutes un contentieux de plusieurs mois. Il ne faut donc rien espérer de sa plaidoirie qui sera peut-être écourtée de manière arbitraire, le juge n'est pas là pour écouter des doléances, mais des demandes et chaque demande doit être chiffrée et prouvée. Il faut donc tout miser sur les conclusions écrites et les pièces du dossier. Le bailleur peut avoir l'impression d'avoir fait une très mauvaise plaidoirie, mais c'est sans importance, il aura gain de cause s'il l'a bien préparée par écrit. Le magistrat doit écouter 20 affaires dans une matinée, il est donc limité par le temps, tout se jouera dans le secret de son cabinet quand il ouvrira les dossiers, s'il a les bonnes pièces prouvant les dires d'une partie il fera droit à la demande sans état d'âme.

Notons que les Commissions Départementales de Conciliation peuvent écouter les parties pendant une heure ou plus, ce qui n'est pas possible dans les tribunaux en raison du manque de magistrats.

L'évolution jurisprudentielle du droit de jouissance dans le déni du respect du bien d'autrui

Le sans-gêne de certains locataires dans le droit de jouissance érode régulièrement le droit de propriété ; par exemple un locataire qui fume dans son logement trouve anormal lors de son départ, qu'on lui facture la peinture des murs et des plafonds, car « *il a droit de fumer chez lui* ». Les propriétaires disent qu'il est difficile d'expliquer qu'il convient d'assumer les conséquences de ses droits, pourtant un logement de fumeur garde les odeurs de cigarettes et un non-fumeur allergique ne pourra habiter dans un tel logement ; il s'agit d'une réelle dégradation, car il faudra repeindre murs et plafonds et lessiver les sols pour éradiquer les odeurs, mais comment va trancher le Tribunal ? Doit-on craindre qu'il juge en fonction de sa propre expérience qui fera condamner le locataire s'il est non-fumeur ou débouter le bailleur s'il est fumeur. Le juge d'instance qui est un juge unique et solitaire, est le juge du fait et il y a toujours risque d'arbitraire quand la loi est imprécise, or la loi ne peut tout prévoir sauf à tout réglementer.

Une jurisprudence de plus en plus défavorable

L'article 5 du Code Civil interdit les arrêts de règlement ce qui n'est autre que l'interdiction pour les juges de prononcer par voie de règlement et notamment de prononcer par voie jurisprudentielle. Or dans beaucoup de plaidoiries, nombre d'avocats se réfèrent à la jurisprudence. Celle-ci, dans un pays anglo-saxon, est une source du droit impérative alors qu'en France, elle est une opinion des plus hauts magistrats du pays qui devient de plus en plus une composante du droit positif. Les juges du fond, suivent généralement l'opinion dominante de la jurisprudence même s'ils savent que celle-ci n'est pas immuable ; on a vu des changements de jurisprudence sous l'influence de magistrats persévérants et insensibles aux sirènes de la promotion de leur carrière. Les bailleurs privés estiment que la jurisprudence souffre d'un déficit démocratique en ce qu'elle n'est pas le produit du parlement, mais provient de l'élite des juristes. Ils considèrent que la jurisprudence leur est défavorable (voir l'enquête 2010, de Particulier à Particulier) depuis une ou deux décennies et imputent ce revirement au fait que les magistrats de la Cour de Cassation habitent Paris dans une ville qui subit encore la crise du logement.

NB. La découverte par le site « Atlantico » en date du 25 avril 2013, du « mur des cons » dans les locaux du Syndicat de la Magistrature, le syndicat majoritaire, est exemplaire d'un manque d'impartialité d'une partie importante de la magistrature en s'attaquant à des personnes en raison de leurs idéologies et non pas de leurs fautes, ce qui accrédite le ressenti de nombre de propriétaires de ne pas être de bons français quand ils sont devant un juge.

Les conseillers des ADIL doivent être impartiaux

Les conseillers des ADIL devraient être impartiaux, mais beaucoup de bailleurs privés se plaignent des conseils donnés aux locataires par ces conseillers qui n'ont donc que la version du locataire, n'ayant pas interrogé le bailleur ; ces derniers se retrouvant par exemple devant la Commission Départementale de Conciliation sur une demande du locataire, s'aperçoivent alors que le conseil donné par l'ADIL n'avait pas pris en compte l'ensemble des faits réels, ce qui avait donné de faux espoirs au locataire.

Une faille de la loi du 6 juillet 1989 : souvent l'évaluation des dégradations repose uniquement sur le bailleur

Les articles 6 et 9 du Code de Procédure Civile et l'article 1315 du Code Civil imposent aux parties de prouver les faits nécessaires à leurs prétentions, or il apparait que cette obligation repose exclusivement sur les bailleurs en cas d'évaluation des dégradations. Il est certes difficile pour les juges d'évaluer les travaux faits par le bailleur pour la remise en état de leur logement. Souvent les locataires se contentent d'affirmer que les factures sont exagérées en se dispensant d'apporter le moindre élément. On comprend que les magistrats préfèrent les devis ou factures de professionnels, mais le dilemme du bailleur est d'avoir à choisir entre une remise en état par un artisan ou par lui-même pour diminuer le coût des travaux en cas d'incertitude sur la solvabilité et l'honnêteté du locataire fautif. Il parait cependant que la méconnaissance du bâtiment par les magistrats soit préjudiciable surtout aux bailleurs, car les travaux sont souvent minimisés par les locataires ou considérés comme étant de l'usure normale. Par exemple, si le propriétaire établit que 30 carreaux au sol sont détruits, il doit démontrer que le même carrelage ne se fait plus, que le même bain du carrelage est impossible à retrouver, sinon le juge va vouloir indemniser uniquement les 30 carreaux alors qu'il est nécessaire de refaire la totalité du sol (exemple tiré d'un jugement).

Le locataire se plaindra souvent de devoir refaire à ses frais la totalité d'une maison, ce débat n'a pas été tranché par le législateur or il se pose pour un parquet rayé sur seulement quelques m^2, pour un mur qui a reçu une dizaine de chevilles ou est taché partiellement. Les magistrats peinent à comprendre la nécessité de refaire la pièce entière ou le mur complet et les avocats des locataires crient au scandale devant cette évidence du bâtiment ; les bailleurs ont souvent le sentiment d'avoir été bernés par la justice avec l'impression que les règles ne sont pas établies et que le juge peut faire ce qu'il veut.

Il est regrettable que la charge de la preuve ne repose pas également sur le locataire, il apparait nécessaire que le législateur édicte des règles strictes, après avis des partenaires locatifs, pour éviter ces incertitudes judiciaires.

Le recours à l'expertise est un moyen couteux et disproportionné par rapport aux enjeux des litiges courants. Une solution simple serait que les magistrats assistent à des séminaires annuels dans chaque département où seraient présents des professionnels du bâtiment, des représentants des bailleurs et des locataires, des huissiers, des avocats et des représentants de l'Etat.

L'exécution du jugement : un autre parcours du combattant

Il serait déjà satisfaisant pour les bailleurs que les magistrats aient des rencontres avec les seuls huissiers afin que ceux-ci puissent expliquer les difficultés de l'après jugement. On ne connait pas les statistiques sur l'exécution des jugements, mais une première impression des bailleurs est qu'une majorité de ceux-ci ne sont pas exécutés en raison de la disparition des locataires ou de leur insolvabilité réelle ou frauduleuse. Pour constater l'insolvabilité de leurs anciens locataires, les bailleurs doivent engager des frais d'huissiers pour découvrir que les comptes bancaires sont vides, que le mobilier est sans valeur et que la voiture même vendue aux enchères ne paiera pas les frais de procédure ! Nous sommes loin de la justice gratuite.

La nécessité d'avoir une juridiction d'Instance spécialisée dans le droit locatif

Le droit de la propriété concerne 11 millions de locataires et 21 millions de propriétaires avec des enjeux plus ou moins importants, mais nombreux. C'est donc pratiquement la totalité de la population française qui est confrontée aux litiges de la propriété.

Le droit locatif est un droit spécialisé par la nécessité de connaitre les techniques du bâtiment en même temps que les textes concernant les relations locatives or les magistrats ne connaissent que le droit ce qui les place sous influence pour ce qui est étranger à leur domaine spécifique. Le problème de la justice est d'être rendue par des généralistes alors que notre société se complexifie et que tous les domaines de la vie en société nécessitent des spécialisations.

Il est illusoire de prétendre juger en droit si l'on ne connait pas la matière spécifique de l'immobilier, c'est la mission de la défense que d'utiliser tous les stratagèmes pour gagner. Dans ce jeu de la complexification des choses simples, car un loyer impayé reste un loyer impayé, les bons avocats essaient d'entrainer le juge sur un terrain émotionnel qui est hors sujet, mais qui est bien connu des magistrats généralistes et pénalistes. Ce manque de connaissance du bâtiment par les avocats et les magistrats dessert les propriétaires en ce que la charge de la preuve repose essentiellement sur eux ; il y a un risque d'instrumentalisation avec la volonté de tout juriste en difficulté de faire privilégier la forme sur le fond (comme nous l'avons vu dans l'exemple précédent d'une facture annulée avec la certitude de dégradations réelles).

A l'intérieur des tribunaux d'instance, il serait opportun d'avoir une section bâtiment-immobilier et rapports locatifs avec des assesseurs propriétaires et locataires pour qu'il y ait confrontation de points de vue complémentaires. Les Commissions Départementales de Conciliation paritaires avec des bailleurs et des locataires ont fait la preuve de leur efficacité et peuvent devenir des tribunaux paritaires qui remplaceraient les juges de proximité voire même d'instance.

Des solutions judiciaires inadaptées et un relogement de fait aux frais des bailleurs

L'autre frein à l'offre locative privée est lié à la difficulté de l'expulsion des locataires qui ne paient plus leurs loyers. Le Rapport « Faciliter l'accès au logement en sécurisant bailleurs et locataires » de Mme Baietto-Besson directrice générale de l'ANAH et de M. Beguin du groupe Generali établi en mars 2008, à la demande de Mme Boutin ministre du Logement et de Mme Lagarde ministre de l'Economie reconnait que :

« La connaissance des motifs ayant conduit à l'expulsion est fragmentaire. Les accidents de la vie (chômage, séparation) ne représentent que 20 % des cas alors que la gestion du budget et la baisse des ressources sont à l'origine de la moitié des cas ». C'est ce qui ressort également des commissions CCAPEX de prévention des expulsions. En dehors des mauvais payeurs habituels pour lesquels

une expulsion fait partie des risques d'une stratégie de squatter, les ménages expulsés ont des difficultés pour gérer leur budget.

La relégation du paiement des loyers des locataires défaillants

Le rapport de l'ANAH cite des extraits d'une étude de décembre 2006 du CREDOC pour DGUHC /ANPEEC

« Certaines (idées) a priori conduisent les publics à sous-estimer l'importance et la gravité des situations d'impayés et à négliger le paiement du loyer. Quelques constats entretiennent par ailleurs ce défaut de responsabilité en matière d'impayé. La méconnaissance et la longueur perçue des procédures en matière de logement incitent par exemple les personnes à régler en premier lieu les dettes à effet immédiat : téléphone, électricité... La connaissance d'existence d'aides (FSL...), entretenues par certains travailleurs sociaux, et donc de filet de sécurité, peuvent également conduire à la relégation du paiement du loyer ou à son traitement. A la décharge du public, certains acteurs pointent le manque de lisibilité du dispositif de prévention et de prise en charge de l'impayé. (...) On semble ainsi avoir glissé d'un traitement de la situation en amont préconisé par les textes de 1998 à un traitement au fil de l'eau qui parait nuire à la cohérence et à la reconnaissance du dispositif.

Les expulsés sont souvent étonnés de leur expulsion pour avoir minoré le risque en raison des mauvais conseils de l'entourage ou des médias. Pour d'autres, c'est la mauvaise habitude du retard de paiement ou celle de l'absence de gestion qui habituellement n'était pas sanctionnée et n'a donc pas alerté le locataire en situation d'impayé, dans ce cas, c'est l'excès de prévention qui est cause de la déresponsabilisation. A force d'être rassurés sur les délais d'une procédure d'expulsion, les trêves hivernales et les diverses possibilités de plans d'apurement, certains locataires ne prennent plus au sérieux le risque d'expulsion. Le rapport avait abouti à la réduction des délais de procédure d'expulsion à deux ans. Ce délai est encore trop long, car il ne rend pas service au locataire en difficulté qui n'aura plus les moyens d'apurer sa dette et pénalise gravement le propriétaire en le spoliant de ses revenus.

Le rapport poursuit : *« plus la dette s'accumule moins la situation peut être apurée. Bien souvent, le locataire défaillant a déjà tendance à repousser le plus possible la prise de conscience : environ un sur deux ne se présente pas à l'audience du tribunal »*

« Même s'il ne concerne qu'une très faible proportion de personnes, le sujet des expulsions est hautement sensible et ne peut avoir de solution indépendamment de la problématique du relogement. Il peut paraître séduisant de limiter la demande de relogement en maintenant en place des locataires expulsés par décision de justice, mais il s'agit là d'une fausse solution si son coût n'est pas explicitement assumé par la collectivité. Accorder un maintien dans les lieux à des ménages expulsés au terme d'une procédure judiciaire serait inéquitable par rapport aux autres prioritaires. Impayés, expulsions et relogement sont ainsi indissociables.

« En cas d'incapacité du locataire à résorber la dette, il n'est pas normal que le bailleur particulier supporte la charge de la solidarité nationale et se voie indirectement l'objet d'une forme de réquisition tacite sans indemnité. »

C'est avec satisfaction que les propriétaires ont lu une telle déclaration. Ils espèrent que ce vœu ne reste pas lettre morte.

L'inégalité de la protection juridique

Les locataires modestes peuvent prétendre à l'aide juridictionnelle, sinon généralement ils bénéficient généralement d'une protection juridique dans leur contrat d'habitation, ce qui leur permet d'obtenir gratuitement un avocat lors des éventuelles procédures. Cette protection juridique prévoit également le paiement des expertises, des huissiers, des avoués et d'une façon générale le remboursement de tous les frais d'une procédure alors que les propriétaires n'ont pas droit à cette protection juridique systématique sauf pour le logement leur servant de domicile. La plupart des assureurs refusent d'assurer les bailleurs pour les risques liés à la location sauf à proposer une protection juridique spécifique liée à chaque immeuble. Si un propriétaire veut une protection juridique pour 5 immeubles, il doit souscrire 5 contrats d'assurance ce qui devient vite hors de prix.

La conséquence est que les propriétaires qui n'ont pas de protection juridique doivent faire l'avance des frais d'avocat, d'huissier, d'avoué, d'expert dans une inégalité financière avec leur locataire ou s'ils n'ont pas les moyens d'avoir des conseils, ils doivent subir une inégalité juridique. Dans les deux cas les propriétaires arrivent devant le tribunal en situation d'infériorité, ce qui est une violation préoccupante de l'égalité républicaine.

3. L'acharnement fiscal contre les bailleurs

L'Etat français annonce au monde son attachement à la propriété privée et massacre fiscalement les citoyens-propriétaires.

a. Une tourmente fiscale excessive et discriminatoire

L'UNPI et l'IREF ont répertorié 41 impôts et taxes (page 18 rapport IREF) qui frappent la propriété immobilière.

Liste des impôts, droits et taxes de nature immobilière

1. Impôt sur le revenu
2. Taxe foncière sur les propriétés bâties
3. Taxe foncière sur les propriétés non bâties
4. Taxe d'habitation
5. Impôt de Solidarité sur la Fortune
6. Plus-values immobilières

7. Contribution Sociale Généralisée
8. Contribution au Remboursement de la Dette Sociale
9. Taxe d'enlèvement des ordures ménagères
10. Taxe sur la Valeur Ajoutée
11. Prélèvement sur la valeur locative
12. Taxe professionnelle
13. Contribution sur les revenus locatifs
14. Droits sur les ventes d'immeubles
15. Droits sur les cessions de droits sociaux
16. Droit de partage
17. Droits fixes
18. Droits de timbre
19. Droits de succession et de donation
20. Prélèvements sur les profits immobiliers réalisés par des contribuables non domiciliés en France
21. Taxe locale d'équipement (et taxe complémentaire en Ile-de-France)
22. Versement pour dépassement du plafond légal de densité
23. Redevance pour création de bureaux en Ile-de-France
24. Taxe départementale des espaces naturels sensibles
25. Participation pour non-réalisation d'aires de stationnement
26. Taxe départementale pour le financement des CAUE
27. Taxe spéciale d'équipement de la Savoie
28. Taxe sur les logements vacants
29. Taxe sur le chiffre d'affaires des exploitants agricoles
30. Taxe de balayage
31. Taxes spéciales d'équipement
32. Taxe pour frais de chambres d'agriculture
33. Taxes pour frais de chambres de commerce et d'industrie
34. Frais de gestion de la fiscalité locale
35. Droits sur les baux et locations verbales
36. Droits sur les cessions de fonds de commerce et opérations assimilées
37. Droits sur les ventes d'immeubles.
38. Taxes de contrôles des SPANC
40. Taxe au profit des offices fonciers régionaux
41. Taxe sur les plus-values immobilières liées à la réalisation d'une infrastructure de transport

Il faut en ajouter trois nouvelles qui sont la taxe sur les bureaux en Ile-de-France, la taxe pour la gestion des eaux pluviales et la taxe archéologie destinée à financer les fouilles de la commune (elle serait de 314 € en Ile-de-France et de 277 € en régions pour un logement de 150 m^2).

Tableau 75 - Le poids de la fiscalité immobilière par rapport à la TVA et aux impôts directs
En milliards d'euros, en 2008

TVA	130,0
CSG	84,3
L'IRPP	50,7
Impôt sur les sociétés	49,3
Taxe foncière	22,9
Taxe professionnelle remplacée par CET	21,3
Droit d'enregistrement	18,0
Taxe d'habitation	13,3
Droits de mutation	9,9
CRDS	6,0
L'ISF	4,2

La caducité des valeurs locatives établies en 1970

La taxe foncière est calculée d'après les valeurs locatives cadastrales des logements en 1970. Depuis, la vie citadine a évidemment évolué et par exemple une rue qui avait à Niort une cinquantaine de commerces en 1970 ce qui justifiait des valeurs locatives élevées n'a plus que 3 commerces ; les anciennes boutiques se sont transformées en petits logements superposés détruisant l'attractivité de la rue et sa convivialité ; les impôts fonciers d'un immeuble ayant eu un commerce sont restés élevés et peuvent représenter 3 mois de loyers ce qui anéantit tout espoir de rentabilité locative sauf pour un habitat de studios minuscules ce qui induit une mixité sociale vouée à l'échec en raison de la concentration de locataires très pauvres. La taxe foncière dont le calcul compliqué interdit la compréhension voire la transparence, repose sur un effet de cliquet qui empêche toute baisse, mais n'interdit pas les hausses. L'impression d'injustice est donc prégnante, les mêmes maisons dans les rues voisines ont des valeurs locatives inférieures ce qui rend inexplicables 40 ans plus tard les différences de taxes foncières dans un même quartier. Quand les contribuables font des réclamations, ils n'obtiennent que des remises dérisoires ! Les bailleurs comme les propriétaires occupants ressentent l'impression de l'arbitraire le plus extravagant dans l'établissement des taxes foncières et cette impression perdurera tant que la méthode de calcul ne sera pas simplifiée.

Les médias ne relaient que les pourcentages de hausse d'une année à l'autre, ce qui évacue le poids en pourcentage de la taxe par rapport aux revenus fonciers. Les taxes foncières parisiennes peuvent ne représenter que la moitié d'un mois de loyer, les auteurs de réformes fiscales qui habitent Paris ne connaissent pas le poids des taxes foncières des régions. Dans certaines villes les taxes foncières ont doublé en 10 ans de 2002 à 2012.

La révision des taxes foncières commencée en 2013 qui officiellement a été mise en place pour harmoniser les taxes foncières fait craindre une revalorisation générale par référence aux taxes les plus hautes au lieu de rechercher une moyenne.

Les impôts sur flux

Ces impôts sont acceptés, car ils sont justifiés par un mouvement financier. Il y a une proportionnalité entre le flux financier et le prélèvement fiscal. Le plus indolore est la TVA, car elle est payée directement et simultanément dans l'acte d'achat. Certes, la TVA a la mauvaise réputation d'être injuste, car le taux est identique pour tous les revenus, mais il est quasiment invisible et indolore, car il ne nécessite pas une épargne préalable. Celui qui achète connait le prix TTC et adapte ses dépenses au montant TTC et les plus riches paient davantage de TVA, car ils dépensent davantage ; il est d'ailleurs normal que tous les résidents dans un pays, même ceux qui ne font que transiter, paient un impôt pour les services qu'ils utilisent.

L'impôt sur le revenu correspond aussi à un prélèvement sur un flux, mais avec un décalage dans le temps d'un an qui occasionne toujours des difficultés pour les petits revenus qui n'ont pas la possibilité d'épargner.

Les impôts sur le patrimoine : des impôts statiques sur stock

Les impôts statiques ne sont pas liés à un mouvement d'argent, ce qui oblige le contribuable à épargner à l'avance ou à demander des conditions de paiement avec des majorations de retard et éventuellement des pénalités. En ce sens, ces impôts sont plus pesants et stressants que les impôts sur flux. Les principaux impôts statiques sont la taxe foncière et la taxe d'habitation, ils ne correspondent pas à un enrichissement, au contraire ils participent à un appauvrissement, il faut payer à une date fixée alors qu'aucun événement n'a permis dans le même temps d'accumuler l'argent correspondant. Ces impôts pénalisent davantage les catégories sociales modestes que les classes aisées qui ont prévu la trésorerie nécessaire au paiement.

La Taxe Foncière, un impôt désuet et discriminatoire

Il y avait 16 millions de propriétaires en 2011, plus 3,1 millions de résidences secondaires et 2,4 millions de logements vacants (tableau 13) ; 2 millions de propriétaires bailleurs payaient 18,041 milliards d'euros au titre de la taxe foncière (TFPB) (tableau 27). Avec 33,8 millions de logements, la moyenne de la TFPB par logement est de 533 € (18 041 000 000/ 33 800 000).

La discrimination de cet impôt provient de ce que les bailleurs publics en sont exonérés pendant 15 ou 25 ans. Un fait nouveau milite pour sa limitation, en ce que la rentabilité des bailleurs accédants est inexistante depuis 2005 environ, ce qui est clairement expliqué par le graphique 20 de Jacques Friggit sur l'effondrement de la rentabilité locative dans la décennie 2000-2010 depuis la hausse des prix immobiliers et par les graphiques 22, 23 et le tableau 81 ci-dessous. Pour équilibrer leurs budgets, les bailleurs professionnels accédants doivent vendre un ou plusieurs biens chaque année, car les loyers ne suffisent plus à compenser les hausses de taxes foncières, de l'ISF, des plus-values, des travaux d'entretien, des assurances et des autres frais inhérents à la gestion locative. Ce blocage de la rentabilité interdit à de nouveaux investisseurs de venir sur ce marché s'ils n'ont pas les liquidités nécessaires. Rappelons que jusqu'en 2000, il était possible d'emprunter la totalité de l'achat et des travaux d'un immeuble avec un équilibre des loyers et des mensualités d'emprunt et de la fiscalité. Quand sur un marché il ne peut plus y avoir de nouveaux investisseurs, c'est le signe du déclin, car chaque année, des investisseurs anciens disparaissent.

L'iniquité et les bizarreries de l'ISF

L'ISF est également un impôt statique et surtout il est de même nature que la taxe foncière, en ce sens il participe de la double peine, le contribuable paie deux fois pour la même chose : posséder un bien immobilier, plus remarquable, s'il est occupant, il paiera en plus la taxe d'habitation ! Dans les conventions de notre société ou dans l'imagerie populaire, le propriétaire est riche, il y a des exceptions comme dans l'exemple ci-dessous qui incite à revoir la définition du riche, est-ce celui qui possède un capital ou celui qui a des revenus importants ?

L'absurdité de cet impôt apparait en cas de démembrement de propriété. Le nu-propriétaire n'est pas assujetti à l'ISF, c'est l'usufruitier qui doit faire la déclaration alors qu'il n'est pas le propriétaire du bien déclaré, ainsi l'Impôt de Solidarité sur la Fortune ne concerne pas ceux qui possèdent la Fortune, mais ceux qui en perçoivent les revenus. Si l'on poursuit la logique de cette contradiction, on pourrait assimiler tous les retraités qui perçoivent une pension sans travailler à des détenteurs de fortune virtuelle, celle qu'ils ont placée dans des caisses de retraites pendant une vie de travail, ils devraient donc comme les usufruitiers déclarer cette fortune à l'ISF, l'injustice de l'ISF apparait dans cette discrimination. Si l'on veut un revenu de 2 500 € mensuel il faut posséder un million d'euros rapportant 3 % d'intérêts. Avec un taux de 1,5 % c'est la somme de 2 millions d'euros qu'il faut détenir pour avoir une retraite équivalente à celle d'un professeur par exemple. Un retraité percevant 2 500 € par mois est aussi riche qu'un millionnaire, en réalité il est plus riche qu'un propriétaire ayant ce patrimoine immobilier, car il ne paiera pas de taxes foncières et ne fera pas de travaux.

L'ISF sur les logements est le symbole de cette discrimination sociale comme si la richesse immobilisée dans l'immobilier était la plus provocante. En effet, les industriels milliardaires ne sont pas assujettis à l'ISF, car il s'agit de leur outil de travail alors que les propriétaires-bailleurs sont imposables sur leur outil de travail. En effet, le patrimoine des bailleurs n'est autre que leur patrimoine professionnel sans lequel ils ne pourraient travailler, pour louer il est nécessaire d'avoir des logements ; mais justement l'idée malsaine qui sert à maintenir cette discrimination est que l'activité de loueur est une activité civile, ni commerciale, ni libérale, ni artisanale.

NB. La déclaration fiscale N° 2072-S-k de l'année 2012 que doivent remplir les bailleurs privés conseille à ceux-ci de télédéclarer ce formulaire en allant sur le portail « impots.gouv.fr, **rubrique professionnels** ». On le voit les Finances Publiques classent les bailleurs privés dans les professionnels pour le paiement de l'impôt foncier, mais leur dénient cette qualité pour l'ISF sans autre explication !

La France est un des pays qui a le plus de millionnaires, mais qui n'a guère de milliardaires, elle est avec 2,2 millions de millionnaires, la championne d'Europe, devant l'Allemagne. Cette caractéristique provient du fait qu'en France, les propriétaires sont assujettis à l'ISF ce qui permet d'étoffer cette catégorie par rapport aux pays non soumis à l'ISF qui n'ont pas cette statistique. De fait, la fortune comptabilisée des Français provient essentiellement de la pierre. Cette valeur pierre permet à la France d'avoir le quatrième patrimoine mondial en dépit d'un chômage élevé et d'une croissance faible ; cette contradiction devrait interpeller les analystes.

L'exemple des propriétaires de champs de pommes de terre de l'ile de Ré a permis d'illustrer l'anomalie de cet impôt qui frappe un patrimoine et non pas un revenu. Pour comprendre, il est nécessaire d'expliquer le mécanisme de paupérisation des bailleurs par l'impôt sur le patrimoine avec des exemples.

Exemple d'un bailleur sans revenus qui paie l'ISF

Supposons qu'un bailleur de la France rurale ait 40 logements T 2 de 50 m^2 en moyenne, avec une valeur moyenne de 60 000 € par logement, la valeur patrimoniale théorique est de 2 400 000 €. Pour se constituer ce patrimoine le propriétaire a dû souscrire des emprunts, supposons qu'il ait encore un encours d'un million d'euros qui lui coute 10 000 € par mois avec des échéances constantes. Ses logements lui rapportent en moyenne 400 € soit une recette locative mensuelle théorique de 16 000 € quand tous les logements sont loués.

Les taxes foncières ont été évaluées à 16,6 % des recettes ce qui correspond à 2 mois de loyer. La gestion comprend le téléphone, les frais d'affranchissement, les frais de carburant, la papeterie, le matériel de bureau, l'électricité, le chauffage de la pièce affectée à la gestion, les petites annonces, etc.

L'ISF est calculé sur l'actif net soit 1 400 000 € en immobilier plus les meubles, les voitures, les éventuels placements que pour des raisons de simplification nous supposerons nuls, ce qui correspond à la réalité d'un bailleur accédant ; un investisseur en phase d'acquisition n'a pas les moyens d'épargner, il doit rembourser ses emprunts. Le poste des travaux est élevé depuis la vacance locative en province, il correspond à un peu moins de 2000 € par an et par logement.

Tableau 76 – Situation de trésorerie d'un bailleur de 40 logements ayant des emprunts
En euros

Dépenses		Recettes
Mensualités d'emprunts (capital + intérêts)	120 000	Loyers 192 000
Taxes foncières	32 000	
ISF	3 500	
Assurances	5 000	
Travaux et entretien	70 000	
Gestion	4 000	
Comptable	1 000	
Diagnostics	1 000	
Impôts sur les revenus fonciers	4 000	
SOUS-TOTAL	240 500	192 000
RESULTAT		**Perte 48 500**
TOTAL	240 500	240 500

Les frais de gestion comprennent les déplacements, le téléphone, l'affranchissement, la papeterie, l'informatique, l'électricité et le chauffage du bureau utilisé à la gestion, etc.

Commentaire : payer l'ISF avec une perte de trésorerie de 48 500 €.

Ce résultat était prévisible à partir du tableau 81 du Compte du logement 2011. La perte annuelle est de 25 % (48 500/192 000). Il apparaît que notre investisseur perd de l'argent, mais paie l'impôt sur des revenus fonciers inexistants ainsi que l'ISF ce qui démontre que l'ISF est injuste et confiscatoire. Il faut comparer la perte de 48 500 € avec les impôts versés de 39 500 € (32 000 + 3 500 + 4 000) pour constater qu'un investisseur qui emprunte ne peut pas payer d'impôts, ni de taxes foncières pendant la durée de ses emprunts. Nous avons ici le fondement de la justification de l'ancien abattement forfaitaire de 14 % qui avait le mérite d'exister. Que dire aujourd'hui pour ce bailleur qui ne peut déduire que 20 € par an par logement alors qu'une seule petite annonce bien positionnée coûte 25 € !

Dans le cas présent, on peut estimer que les mensualités d'emprunts consistent en 50 % de remboursement de capital et 50 % d'intérêts. Dans la déclaration fiscale, les remboursements de capital ne peuvent être déclarés, ils sont considérés comme un revenu virtuel au motif qu'ils participeront à l'enrichissement futur de l'emprunteur. C'est cette règle fiscale qui met en difficulté tous les emprunteurs, car la fiscalité immobilière a oublié de prévoir l'amortissement des logements, pensant que tous les propriétaires héritaient du patrimoine de leurs parents ! Seuls les intérêts sont déductibles. De même, les frais de gestion réels n'ont pas le droit d'être déclarés. Seuls 20 € par logement sont autorisés ! Dans la déclaration fiscale seront donc pris seulement 800 € (40 logements x 20 € = 800 €) au lieu des 4000 € réellement dépensés. Ces deux anomalies fiscales vont aboutir à un bénéfice fiscal tout à fait théorique, ne correspondant pas à la réalité. Le tableau suivant reprend la déclaration de revenus fonciers à déclarer pour le même bailleur.

Tableau 77 - Déclaration fiscale du même bailleur de 40 logements ayant des emprunts
En Euros

Déduction autorisée		**Recettes**
Intérêts d'emprunts	60 000	Loyers 192 000
Remboursement de capital (non déductible)	0	
Taxes foncières	32 000	
ISF 0,25 %	3 500	
Assurances	5 000	
Travaux entretien	70 000	
Gestion (40 x 20)	800	
Comptable	1 000	
Diagnostics	1 000	
SOUS-TOTAL	173 300	192 000
RESULTAT	**Bénéfice fiscal 18 700**	
TOTAL	192 000	192 000

Dans l'exemple, on a supposé que les intérêts sont égaux aux remboursements de capital. En réalité, les intérêts sont plus élevés au début de l'emprunt. Plus les remboursements avancent plus les impôts augmentent, car les intérêts diminuent, alors que la trésorerie est identique si les loyers n'augmentent pas comme c'est le cas en province.

Commentaire : la déclaration fiscale aboutit au paradoxe de payer l'IRPP et l'ISF avec une perte de trésorerie de 48 500 € !

Le bénéfice fiscal qui doit être déclaré à l'administration est de 18 700 € alors que l'investisseur perd 48 500 € ; il doit payer 1000 € d'impôt sur le revenu plus 3000 € de CSG et CRDS (pour un couple sans enfants et sans autres revenus). Le total des impôts hors TVA est de 39 500 € (32 000 + 3 500 + 3 000 + 1 000) à comparer avec l'absence de revenu.

Le propriétaire doit financer une trésorerie défaillante de 48 500 €, soit en empruntant, soit en vendant un bien. Depuis la loi sur la suppression de l'exonération des plus-values de moins de 22 ans (ou de 30 ans votée sous la présidence Sarkozy) il devient presque impossible de revendre un bien sauf à payer pour une plus-value inexistante (voir cas ci-dessous).

Pour parfaire l'exemple précédent, on suppose que les banquiers ne prêteront pas d'argent pour financer une perte et des impôts, l'investisseur doit donc essayer de vendre un bien. Il doit choisir entre un bien dont le capital est remboursé et qui lui rapporte des loyers nets ou un bien ayant encore un emprunt. S'il ne veut pas aggraver sa trésorerie l'année suivante, il vendra un bien ayant un emprunt et donc ne dégageant pas de trésorerie. Supposons qu'il puisse vendre un bien 80 000 €, ce qui avec un capital restant dû de 40 000 €, lui dégagerait un excédent de 40 000 € ne lui permettant pas de financer son manque de trésorerie de 48 500 €. L'année suivante il devra recommencer. En fait, c'est plus compliqué, car un appartement seul se vend difficilement en province, le bailleur devra vendre un immeuble entier de 3 ou 4 logements. Avant la crise immobilière, il était possible de vendre assez vite un bien avec un rendement théorique de 5 à 7 %. Maintenant les acheteurs exigent un rendement de 10 à 12 % ce qui fait chuter les prix et donc rend inintéressant cette solution pour les vendeurs.

Ce cas est inconnu de l'administration, des médias et même des revues financières et patrimoniales, car il n'est pas glorieux de souligner l'impossibilité d'une réussite financière dans l'immobilier de la France rurale depuis 2007. Ce serait reconnaître que l'immobilier n'est plus une valeur refuge, mais au contraire un piège pour les nouveaux venus. Il est évident que si le bien était situé à Paris, la plus-value serait très élevée et permettrait une marge, mais surtout la vente serait plus rapide. Il est courant d'attendre un an avant de vendre un bien dans les zones détendues, même en baissant le prix de vente.

Le bouclier fiscal avait un sens moral dans ce cas de figure, car il est anormal de payer plus d'impôts que de revenus, de même, il est anormal de payer des impôts sur le revenu quand on perd de l'argent. La France ne fiscalise pas les petits revenus salariés, ni les titulaires de revenus compensatoires (RSA, Allocations diverses), il serait logique d'établir la même égalité fiscale avec les propriétaires n'ayant pas de revenus réels.

Note. Explication des valeurs vénales à partir des rendements :
Les bailleurs connaissent bien la valeur d'un prix selon le rendement, mais cette technique n'est pas connue du grand public et mérite une explication.
Valeur d'un immeuble de trois appartements T2 loués 400 € chacun.
Montant des loyers annuels : 400 x 12 x 3 = 14 400 €
Certains évaluent directement à partir de ce rendement brut quand la situation immobilière locale le permet.
Le rendement brut demandé de 10 % donne un prix de vente de 144 000 €
Le rendement brut demandé de 6 % donne un prix de vente de 14400 x 100/ 6 = 240 000 €
Selon les régions et les exigences des acheteurs, les frais de notaire et les droits de mutation sont ou ne sont pas déduits. La valeur peut alors être amputée de 20 000 € pour devenir respectivement 124 000 € ou 220 000 €.
D'autres régions demandent un rendement locatif net, il convient alors de soustraire la taxe foncière. Supposons que la taxe foncière représente 3 mois de loyers, le rendement net est de : 14 400 – 3 600 = 10 800 €.

Pour un rendement net de 10 % le prix de vente est de 108000 € moins les frais notariés de 8000 € soit 100 000 € au lieu de 144 000 €.
Avec un rendement net de 6 % le prix de vente devient 10800 x 100/ 6 = 180 000 € moins les frais notariés de 14 000 € ce qui ramène le prix à 166 000 € au lieu de 240 000 €.

L'absurdité des valeurs ISF et de celles des taxes foncières

On le voit, les estimations des valeurs vénales ne sont pas une science exacte, elles varient selon les experts et selon les régions. Cette explication est également une critique de l'ISF dont la base est évaluée selon des critères différents selon les individus, selon les régions et selon les époques. L'administration fiscale utilise une méthode comparative pour déterminer la valeur ISF d'un bien et il arrive qu'entre deux inspecteurs se succédant dans le même service, la valeur d'un même bien varie du simple au double en fonction du choix des ventes réalisées dans un même secteur immobilier géographique ; en effet il est souvent illusoire de vouloir comparer deux biens dissemblables comme deux biens situés sur deux sites différents, l'un dans un secteur demandé, l'autre dans une campagne ignorée. Les valeurs aux mètres carrés n'ont de sens que pour des comparaisons de logements neufs ayant les mêmes prestations. De plus la méthode comparative n'a de sens que lorsque les prix immobiliers sont stables.

Les banquiers ont une méthode différente, car ils estiment que le bien ne sera pas loué à longueur d'année. Ils appliquent un ratio qui va de 70 % à 50 % pour déterminer le rendement net théorique. A 70 %, le rendement attendu par la banque est de 14 400 x 70 % = 10 080 € et de 7 200 € avec un rendement théorique de 50 %. Dans ce dernier cas, l'estimation du bien se réduit à 72 000 €. Ce qu'il faut retenir de ces calculs, c'est que l'estimation d'un bien varie de 72 000 € à 240 000 €, selon les tensions du marché local et surtout selon la méthode employée par les experts, quand une valeur varie de 1 à 3, l'estimation n'a plus aucun sens. Les valeurs de l'ISF sont sujettes à caution, de même que les valeurs locatives des taxes foncières ; ces deux impôts n'ont plus de crédibilité par leur distanciation de la réalité économique, la seule valeur crédible est celle qui résulte de l'offre et de la demande, mais on ne le sait qu'une fois le bien vendu.

Prenons le cas d'un investisseur qui aurait le même patrimoine sans emprunts.

Tableau 78 – Situation de trésorerie d'un bailleur de 40 logements n'ayant pas d'emprunt
En euros

Dépenses		**Recettes**
Taxes foncières	32 000	Loyers 192 000
ISF	10 000	
Assurances	5 000	
Travaux entretien	70 000	
Frais divers de gestion	4 000	
Comptable	1 000	
Diagnostics	1 000	
Impôts année N-1	9 000	
Emprunts	0	
SOUS-TOTAL	132 000	192 000
RESULTAT	**Disponibilité : 60 000**	
TOTAL	192 000	192 000

Commentaire : un propriétaire n'ayant pas d'emprunt dégage un bénéfice réel comme le tableau 82 extrait du Compte du logement 2011 le confirme.

L'ISF est calculé sur 2 400 000 € soit 10 000 €

Le bénéfice réel est de 60 000 € soit une marge nette de 31 % (60 000/192 000). On le voit, pour vivre de son patrimoine locatif il ne faut pas avoir d'emprunt.

Le tableau suivant reprend les mêmes chiffres, mais avec les règles fiscales

Tableau 79 - Déclaration fiscale d'un bailleur de 40 logements sans emprunt
En euros

Dépenses		Recettes
Taxes foncières	32 000	Loyers 192 000
ISF	10 000	
Assurances	5 000	
Travaux entretien	70 000	
Frais gestion autorisés (40 x 20)	800	
Comptable	1 000	
Diagnostics	1 000	
Impôts année N-1	0, car pas déductibles	
Emprunts	0	
SOUS-TOTAL	119 800	192 000
RESULTAT	Bénéfice fiscal 72 200	
TOTAL	192 000	192 000

Le bénéfice fiscal de 72 200 € est plus important que le bénéfice réel de 60 000 € par l'absence de prise en compte des frais de gestion par la Direction des Finances publiques et par la non déductibilité des impôts sur le revenu de 9 000 €.

L'ensemble des impôts est de 51 000 € (32 000 + 10 000 + 9 000) pour une trésorerie réelle de 60 000 € soit 85 % du revenu. On comprend là aussi l'utilité du bouclier fiscal pour la profession d'investisseur immobilier si on inclut les taxes foncières, ce qui est légitime, car les logements sont nécessaires à la profession comme pour les biens professionnels.

L'absurdité de la taxation de la plus-value malgré une absence de plus-value

Sait-on que la plus-value est calculée à partir du prix d'achat et non pas à partir du prix de revient ? Si notre investisseur a acheté actes en mains 10 000 € une maison en ruines il y a 15 ans, qu'il y ait fait 90 000 € de travaux qu'il a déduits à l'époque, son prix de revient est de 100 000 €. S'il vend cette maison 100 000 € (compte tenu de la faiblesse actuelle du marché, il ne peut en effet espérer de plus-value réelle) la plus-value retenue par le fisc est de 90 000 € et c'est sur cette somme que sera calculé l'impôt sur la plus-value. Il devra payer 17 200 € d'impôt sur le revenu plus 12 150 € de CSG, CRDS et de prélèvements sociaux soit un total de 29 250 € alors qu'il n'a pas fait de marge ! S'il a fait un emprunt sur 20 ans il doit encore à la banque une partie du capital. On voit bien que les nouvelles lois sur les plus-values à 30 ans ou à 22 ans sont iniques, car elles taxent des plus-values inexistantes. Pire encore dans le même cas, si la vente se fait en dessous du prix de revient en raison de la crise immobilière, il y aura taxation sur une plus-value fiscale virtuelle alors qu'il y aura eu une perte comptable ! Il existe une déconnexion entre la comptabilité fiscale et la comptabilité réelle ce qui est alarmant pour l'avenir de la propriété privée !

Tableau 80 - Une plus-value fiscale malgré l'absence de plus-value réelle
En euros

Achat le 22/02/1997	9 100
Frais notariés	900
Prix acte en mains	10 000
Travaux	90 000
Prix de revient	100 000
Prix de vente 22/02/2012 (après 15 ans)	100 000
Plus-value réelle	0
Plus-value fiscale	90 000
Taxation de la plus-value	29 250 € Soit une expropriation de 29 250 €

La justification de ce type d'imposition repose sur le fait que le contribuable a déjà déduit le montant des travaux lors des déclarations de revenus fonciers antérieures, car si ces travaux n'avaient pas été déduits il n'y aurait pas lieu à imposition sur les plus-values. Le problème qui se pose aux propriétaires est l'absence de sécurité fiscale due à la succession des réformes fiscales. La décision de déduire les travaux avec un régime de plus-values à 15 ans peut se justifier si la loi ne change pas, mais si la taxation s'arrête à 30 ou 22 ans, il est probable que l'investisseur ne déduira plus ses travaux ou bien anticipera ce délai par d'autres arbitrages. Le régime fiscal actuel encourage la déduction des travaux pour relancer la rénovation du bâti ancien et créer des emplois dans l'artisanat, mais il pénalise la revente des biens en raison du régime de plus-values fiscales, ce qui est un contre signal.

Il serait nécessaire d'étendre la non-rétroactivité de la loi à toute nouvelle loi fiscale qui ne pourrait avoir d'effet que pour l'avenir, par exemple, la loi sur les plus-values à 30 ou 22 ans n'aurait dû intervenir que pour les achats postérieurs à la promulgation de la loi et aurait été indifférente pour tous les achats antérieurs. Cette non-rétroactivité permettrait de plus, de limiter la cadence législative en supprimant les effets d'aubaine des pouvoirs publics qui donnent l'impression de légiférer de manière opportuniste en fonction des lobbies ou de leurs besoins financiers.

Le premier dérapage de la loi sur les plus-values s'est fait avec la réforme Raffarin qui a décidé du prélèvement à la source par le notaire sans imputation des éventuels déficits fonciers. Auparavant la plus-value était compensée par les éventuelles pertes de l'année et des années antérieures, il y avait justice fiscale.

La taxe sur la vacance locative ne concerne que les bailleurs privés !

Les bailleurs publics qui ont des logements vacants ne sont pas sanctionnés. La taxe sur les logements vacants est en premier lieu une taxe-punition pour condamner un propriétaire pour comportement jugé asocial. Un bien qui reste vide deviendrait une faute susceptible de contravention fiscale à répétition, il s'agit bien d'un type de contravention et non pas d'un délit, car l'élément intentionnel n'est pas recherché.

La taxe est calculée à partir de la valeur locative de l'habitation (la même que celle retenue pour la taxe d'habitation). Le taux appliqué varie en fonction de la durée de vacance du logement : 12,5 % la 1ère année où le logement est imposable, 25 % à compter de la deuxième année. Il faut également ajouter des frais de gestion qui s'élèvent à 9 % du montant de la taxe. 1151 communes sont concernées.

Les propriétaires privés sont supposés mal intentionnés dans ce retrait du marché de leurs logements, pourtant aucune preuve n'établit cette malignité supposée qui ne repose que sur des témoignages anecdotiques. Comment faire croire que les propriétaires de logements vides sont assez stupides pour garder des biens qui ne rapportant plus de loyers, leur font perdre de l'argent par la nécessité d'entretenir, de supporter les charges de copropriété, l'assurance, la taxe des ordures ménagères (non récupérable auprès d'un locataire inexistant) et la taxe foncière. Ce défaut de raisonnement économique prêté à des propriétaires censés n'être intéressés que par le profit, n'était pas réaliste pour imposer une nouvelle taxe, il était donc indispensable pour faire voter une telle loi, de considérer ces propriétaires comme de mauvais français qui prendraient plaisir à laisser des malheureux dans la rue plutôt que de les loger. On comprend donc le discours moralisateur de certaines associations plus militantes que représentatives qui ont permis à l'Etat de créer cette taxe.

Dans la réalité, les propriétaires qui ont eu la malchance d'avoir des locataires ayant dévasté leur logement ont été découragés de recommencer à rénover leur patrimoine et cela sans compter ceux qui n'avaient plus les moyens financiers de le faire.

La vacance subie n'est pas différenciée de la supposée vacance volontaire, car le relevé annuel de logements vides ne permet pas de valider des intentions, ni les raisons de cette vacance. Cette taxe sur les logements vacants n'ayant qu'une base morale, ne devrait reposer que sur l'intention du propriétaire et non sur le seul constat de vacance. En droit pénal, c'est l'intention qui est essentielle dans la culpabilité, il serait logique que la punition fiscale ne repose que sur l'intention maligne avérée… pourquoi ne pas taxer également les logements HLM vacants ?

La fiscalité de la construction des logements privés

La construction neuve est grevée de plusieurs taxes :

- La taxe locale d'équipement (TLE) a pour assiette la valeur de la construction, elle varie selon les communes de 2 à 5 %.
- La Taxe Départementale des Espaces Naturels Sensibles (TDENS) dont le montant maximum est de 2 %.
- La Taxe Départementale pour le financement des Conseils d'Architecture, d'Urbanisme et de l'Environnement (TDCAUE). Elle permet de conseiller les personnes à faibles revenus qui désirent construire.
- La TVA de 20 % s'ajoute au prix de la construction, elle est réduite pour les HLM.

b. Effets indirects pervers de la fiscalité

La rigidification du marché par la fiscalité

La taxation des plus-values a un impact sur la flexibilité du marché. Les bailleurs hésitent à revendre un immeuble locatif en raison de la taxation des plus-values. Ce faisant, ils conservent des biens inadaptés au marché qui évolue. Dans la création d'un patrimoine privé, il est conseillé de commencer par l'achat d'immeubles de studios qui ont une meilleure rentabilité que les immeubles ayant de grandes superficies, puis quand les amortissements d'emprunt avancent, il vaut mieux changer la structure des appartements en éliminant les petites surfaces qui ont un taux de rotation très important et donc des risques de vacance et des frais de remise en état plus importants. De plus, il est constaté que les risques d'impayés, d'incivilités et de contentieux sont plus élevés dans les petits logements. Ainsi la taxation sur les plus-values est une entrave à la gestion d'un patrimoine immobilier qui doit sans cesse évoluer en fonction des préoccupations personnelles de ses propriétaires, mais aussi du marché et des nouvelles réglementations. De plus, s'il n'y avait aucune taxation sur les plus-values, il est probable que les ventes seraient plus nombreuses et donc génèreraient davantage de droits de mutation.

c. Une administration fiscale débordée et mal formée aux relations avec le public ?

L'administration fiscale ne gère plus les dossiers avec la même célérité qu'autrefois, parfois l'administration ne répond pas aux courriers mêmes recommandés des contribuables formant des réclamations. De plus en plus d'interlocuteurs (même les professionnels) ont l'impression que l'administration n'ayant plus d'argent, joue la montre pour ne pas répondre, espérant que les contribuables se lasseront et abandonneront leurs réclamations. La qualité du service public a baissé. Voici quelques exemples de réponses téléphoniques :

- *Je ne fais plus partie de ce service, voyez avec mon successeur*
- *Je ne retrouve pas votre courrier, je vais me renseigner*

- *On m'a passé votre courrier, mais je n'ai pas eu le temps de le traiter*
- *Nous ne savons pas comment vous répondre*
- *On a reçu le texte auquel vous faites référence, mais on n'a pas reçu les instructions pour l'appliquer*
- *Je dois voir mon supérieur... etc.*

Un autre type de dialogue est courant qui démontre l'absence de formation de certains agents des services publics.

- *Vous me demandez les références du commandement que vous avez reçu, mais vous devez bien savoir de quoi il s'agit, on vous a envoyé une lettre de relance le ...*
- *Non je n'ai jamais reçu de lettre de relance*
- *Alors vous avez des problèmes de courrier.*
- *Non pas du tout sauf avec votre administration.*
- *C'est impossible, je retrouve sur mon ordinateur la date à laquelle on vous l'a envoyé, cela se fait par informatique.*
- *Alors envoyez-moi une copie de cette lettre afin que je sache de quoi il s'agit.*
- *C'est impossible, je ne peux pas et on ne garde pas de copie papier pour des raisons écologiques que vous comprendrez.*
- *Mais si vous avez une copie sur votre ordinateur, rien ne vous empêche de me l'envoyer*
- *Non ce n'est pas possible.*
- *Mais dites moi alors de quel impôt ou de quelle taxe il s'agit.*
- *Non c'est à vous de demander au service émetteur en l'espèce le service de l'eau.*
- *Mais ils ne trouveront pas si je ne leur donne pas les références, car cela remonte d'après vous à plus d'un an ; j'ai plusieurs compteurs d'eau et je suis certain de ne rien vous devoir, il me sera difficile de m'expliquer avec eux.*

Le ton monte et le demandeur excédé donne le téléphone à son conjoint.

- *Bonjour monsieur voudriez-vous me donner les références de ce que je devrais selon vous.*
- *Oui bien sûr, vous pourriez dire à votre femme de se calmer un peu.*
- *J'ai entendu votre conversation, vous avez refusé de lui donner des références.*
- *Pas du tout, elle ne m'a pas laissé le temps de lui donner.*
- *Bon vous pouvez me les donner ?*
- *Oui tout de suite c'est le...*

Après un quart d'heure le contribuable obtient enfin les renseignements et peut faire le point avec le service émetteur. Encore, dans ce dialogue, il n'y a pas eu de leçon de morale du fonctionnaire ou d'ironie sur le niveau intellectuel du contribuable, il y a eu juste un peu de misogynie !

Quand il y avait la CRL, certains propriétaires avaient des retards de paiement et un fonctionnaire zélé bien connu, M. X prenait plaisir à téléphoner à 13 heures, aux contribuables fautifs pour leur reprocher d'encaisser même provisoirement l'argent des locataires et de se faire de la trésorerie au détriment de l'Etat. Il est à la retraite, mais plusieurs propriétaires et même ses collègues se souviennent encore de ses leçons de morale.

- *Vous détenez illégalement de l'argent qui ne vous appartient pas.*
- *Mais monsieur je suis désolé, j'ai un locataire qui me doit 6 mois de loyer et j'ai des difficultés actuellement.*
- *Ce n'est pas mon problème, vous devez restituer cet argent qui ne vous appartient pas*
- *Oui, je vais le faire bientôt.*
- *Pas bientôt, immédiatement sinon je vais vous envoyer l'huissier du Trésor*
- *Pouvez me laisser un petit délai ?*
- *Mais monsieur vous ne comprenez pas ce que je vous dis, vous faites de l'abus de bien, vous vivez avec l'argent que vos locataires vous ont avancé et qui doit revenir au Trésor Public.*

Ensuite soit le ton montait, soit le contribuable raccrochait, soit il s'engageait tout penaud à payer dans la journée, mais d'après chaque récit, les contribuables décrivaient la jouissance du petit chef qui adore humilier son contribuable, surtout à l'heure du repas.

Un autre exemple illustre la désorganisation de l'administration fiscale. Un contribuable avait reçu 5 lettres de relance pour un paiement en retard. Aucun des montants réclamés n'était identique, le contribuable paie la somme la plus élevée espérant se débarrasser d'un problème. Plusieurs mois après le paiement, il reçoit une relance pour la somme la plus faible !!! Il a du se battre pendant un mois avant que l'administration ne comprenne enfin son erreur.

Il existe néanmoins des fonctionnaires consciencieux et dans le service des recouvrements, les propriétaires ont constaté plus de compréhension en cas de retard de paiements. Les débiteurs en retard ne sont plus considérés systématiquement comme des mauvais payeurs, l'administration prend en compte les difficultés économiques de notre pays... Enfin quelques fois… car cela dépend encore trop souvent de la qualité humaine des fonctionnaires des impôts alors que cela devrait relever d'une instruction ministérielle.

d. Le conciliateur fiscal, une tentative d'humanité vouée à l'échec tant qu'il n'aura pas un statut indépendant

L'intérêt général de l'administration consistait à encaisser les impôts, au mépris des difficultés économiques et humaines des débiteurs. Le côté odieux des avis à tiers détenteurs, des saisies, des 10 % de majorations de retard et des pénalités sur des ménages et des petites entreprises en difficulté a dû apparaitre un jour, car la nécessité de rendre plus humaine les rentrées fiscales a abouti à la création des conciliateurs fiscaux dans chaque département ce qui est un premier pas vers plus d'humanité fiscale.

Cependant, cette initiative est limitée, car les conciliateurs fiscaux sont des employés de l'administration fiscale et travaillent dans les mêmes bureaux que leurs collègues chargés de recouvrer l'impôt, ce qui ne donne pas tous les gages d'impartialité que requière la fonction. Le conciliateur ne reçoit pas forcément le contribuable qui demande des délais ou se plaint d'une injustice fiscale, par contre on imagine qu'il interroge ses collègues de bureaux quand on lit les réponses adressées aux plaignants. Il s'agit d'une réforme qui a besoin d'aller plus loin dans la recherche d'un véritable statut indépendant des conciliateurs pour assurer l'impartialité des avis rendus. Les conciliateurs devraient travailler dans des locaux indépendants et ne plus dépendre de leur hiérarchie fiscale pour le déroulé de leur carrière. A terme, les Conciliateurs fiscaux devront sans doute être des représentants de la société civile.

e. La nécessaire protection des propriétaires dans les Commissions de Conciliation Fiscale

Les propriétaires siègent dans plusieurs commissions départementales : la Commission de Conciliation Fiscale, la Commission Départementale de Conciliation, la Commission de Prévention des Expulsions... Plusieurs propriétaires siégeant dans la Commission de Conciliation Fiscale se sont plaints de mesures de rétorsion sous la forme d'un contrôle fiscal, un mois ou deux après s'être opposés aux évaluations des Impôts sur des valeurs ISF ou des valeurs d'achat de biens. Hasard ou malveillance ?

La particularité de cette Commission est d'être présidée par un magistrat et de comporter autant d'inspecteurs des impôts que de représentants de la société civile (un notaire, un représentant de la Chambre de Commerce, un propriétaire, un agriculteur). La conciliation s'établit probablement le plus souvent, à mi-chemin entre l'évaluation des impôts et celle de la représentation civile. La faille du système provient de ce que les inspecteurs ont eu le temps de se concerter et adoptent une position uniforme alors que les autres représentants ne se connaissent pas, vu le petit nombre, voire même l'inexistence de réunions annuelles et donc n'ont pas les moyens de confronter leurs points de vue avant la réunion de la Commission.

Il semble nécessaire d'établir un statut protecteur pour les représentants de la société civile pour qu'ils puissent donner sereinement leur avis. Le Code du Travail protège les salariés délégués du personnel et les représentants des syndicats. Une protection identique est à rechercher pendant le temps du mandat et au-delà la fin de celui-ci, pendant une durée de deux ans comme dans le droit du travail.

4. L'effondrement des rendements locatifs avec la hausse de l'immobilier depuis 2002

Jacques Friggit suggère une autre explication à la morosité des bailleurs qui est celle de l'envolée des prix de l'ancien dans la décennie 2000-2010 dans toute la France avec pour conséquence une perte de rendement. Les prix immobiliers par rapport aux revenus des ménages sont sortis du « tunnel de Friggit » à partir de 2002.

La stabilité des loyers par rapport aux revenus des ménages et la hausse des prix immobiliers a créé une baisse historique de rentabilité qui est indépendante des pesanteurs fiscales, législatives et judiciaires, mais s'ajoute aux précédentes.

Graphique 20 - Le prix des logements sur le long terme

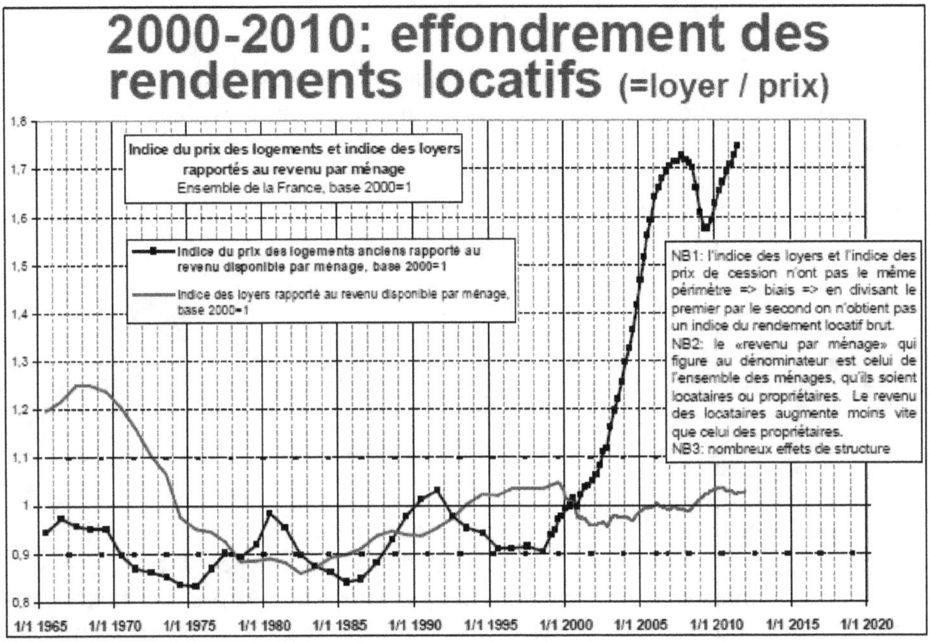

Source : Jacques Friggit (CGEDD) du 29/02/2012 – ENPC. D'après les données du CGEDD et de l'INSEE, base de données notariales et indices Notaires-Insee désaisonnalisés.

Le graphique montre que les prix des loyers rapportés aux revenus n'augmentent pas ; cet indice se tient dans un tunnel, ce qui est cohérent, car si les loyers s'élevaient plus vite que les revenus, les locataires seraient étranglés. Par contre, les prix de vente de l'immobilier dans l'ancien sont sortis du tunnel vers 2002, ce qui a pour conséquence un effondrement des rentabilités locatives. Il est en effet compréhensible que si les nouveaux investisseurs achètent de plus en plus chers leurs logements et que les loyers stagnent, les rendements seront proportionnellement plus faibles.

Le Compte du logement 2011 confirme cette analyse « *depuis 2004 - 2005 la progression annuelle des loyers est inférieure à celle des charges,*(charges de gestion des propriétaires) *ce qui dégrade le ratio de rentabilité... Par ailleurs la hausse relativement soutenue de la fiscalité foncière au cours des dernières années participe de ce mouvement* ».

Il y a eu renversement de tendance du marché immobilier depuis les années 2000. La baisse des taux d'intérêt a permis dans un premier temps l'arrivée de nouveaux investisseurs sur le marché, mais dans un deuxième temps, cette arrivée massive a contribué à faire monter les prix. Il y a eu deux conséquences : des propriétaires ont vendu réalisant de substantielles plus-values, ensuite ceux qui ont acheté trop cher ne pouvaient plus équilibrer leur budget recettes locatives-emprunt par l'impossibilité d'augmenter les loyers en raison de la stagnation des revenus des ménages. Les nouveaux investisseurs qui avaient espéré que les hausses perdurent sont donc en difficulté dans les zones détendues parce que les loyers n'augmentent plus. Les patrimoines immobiliers s'étaient constitués plus facilement pendant les périodes d'inflation à deux chiffres, en permettant le remboursement rapide des emprunts, l'augmentation des salaires permettait la hausse des loyers et des prix immobiliers ce qui n'est plus possible avec les taux bas.

Tableau 81 - Baisse de rentabilité immobilière de l'ensemble des producteurs depuis 2005
En milliards d'euros

RESULTAT BRUT COURANT DANS LES LOGEMENTS ORDINAIRES

	1984	2000	2001	2002	2003	2004	2005	2006	2007	2008	2009	2010	2011
Ressources (Md€)	54,2	145,8	148,7	155,7	162,7	170,7	180,1	189,4	197,5	203,5	210,4	215,4	218,7
Emplois (Md€)	28,4	51,4	52,2	53,5	54,9	57,5	60,8	64,8	69,2	73,8	77,8	79,5	82,3
Résultat brut courant (Md€)	25,8	94,4	96,6	102,2	107,8	113,1	119,3	124,6	128,3	129,7	132,6	135,9	136,4
Production (Md€)	51,6	142,4	148,0	155,3	162,2	170,1	179,6	188,8	196,9	202,9	208,7	213,8	218,1
RBC/Production (%)	49,9	66,3	65,3	65,8	66,4	66,5	66,5	66,0	65,2	63,9	63,5	63,6	62,5

La production est évaluée par le montant des loyers nets de CRL (anciennement CACRDB), totalement supprimée en 2006.
Source : Compte du logement 2011

Depuis 2005, le RCB (Résultat Brut Courant) a baissé de 66,5 % à 62,5 % en 2011, ce qui confirme la perte de rentabilité de l'investissement locatif. C'est un des effets négatifs de la monnaie unique que de ne pas permettre des réajustements monétaires internationaux et donc de faire peser l'inflation dissimulée sur les bas salaires. En 2005, il fallait 3300 € de revenus mensuels pour devenir primo accédant alors qu'en 2011, c'était 4400 €.

Ne pas confondre les recettes locatives et la marge nette d'un bailleur qui avoisine 60 % pour un petit propriétaire et 33 % pour un bailleur professionnel sans emprunt

Le temps consacré à la gestion d'un ou deux logements est négligeable pour un couple de retraités. Deux loyers à 500 € compensent la perte de revenus du fait de la retraite. La proximité des biens loués et du domicile du bailleur, ce qui est un cas assez général, assure de bonnes relations avec les locataires et donc limite les impayés et les conflits.

Le faible niveau de retraite limite la fiscalité directe ; les taxes foncières de 16,6 % et l'assurance représentent l'essentiel des frais. Des travaux d'entretien de 20 % sont à prévoir dans l'habitat ancien, un petit propriétaire non endetté peut donc espérer 60 % de marge nette sur ses loyers, ce qui est confirmé par le taux de 55,8 % de marge brute moyenne des propriétaires en 2011 (tableau 23). Avec ses 1000 € de recettes locatives, le propriétaire peut escompter 600 € de marge nette, ce qui additionné à sa retraite de 700 € lui laisse une trésorerie de 1300 € mensuelle nette d'impôt, car il ne sera pas imposable. Il peut vivre avec ce revenu s'il est propriétaire de sa maison et d'un jardin potager à condition d'habiter une zone rurale. Dans cet exemple, le revenu brut de 600 € mensuel peut être assimilé pratiquement à une rente, car le propriétaire ne travaille pratiquement pas pour percevoir ses fonds.

Le calcul est totalement différent pour un propriétaire ayant plus de 20 lots, car il doit faire appel à des entreprises pour l'entretien, il paye des impôts sur le revenu, l'ISF et sa marge brute redescend à 33 % dans le tableau 79. Cette marge rémunère son travail de gestion qui est celui d'un emploi à plein temps à partir de 30/40 lots, il ne s'agit plus d'une rente, mais d'un revenu procuré par un travail associé à un capital comme dans une entreprise individuelle.

Rendement et marge nette : les bailleurs privés en province ont intérêt à vendre de leurs logements

Dans les cas précédents, on peut estimer le rendement en divisant la marge nette par le capital immobilisé qui n'est autre que la valeur vénale des biens locatifs. Si les deux biens du premier propriétaire ont chacun une valeur vénale de 130 000 € le rendement sera la marge nette de 600 x 12 / 260 000 soit 2,7 %. Dans le deuxième cas il convient d'amputer la marge brute du salaire du propriétaire pour le travail accompli : pour le bailleur ayant 40 lots il est logique d'imputer un salaire de 2 000 € net ce qui représente 24 000 € annuels. Il faut y ajouter des cotisations sociales minimum de 6 000 €, soit un total de 30 000 €. Dans l'exemple précédent le bailleur avait un bénéfice réel de 58 800 €. Par équivalence avec une entreprise, la marge nette est de 28 800 € (58 800 – 30 000), le rendement devient donc 28 800 / 2 400 000 = 1,2 %.

Tous ces calculs sont établis dans l'hypothèse idéale d'absence d'impayés de loyers (évalués entre 1,5 et 2 % des loyers par le rapport « Faciliter l'accès au logement… » déjà cité) et sans vacance locative. Il apparait donc qu'avec les impayés de loyers, le rendement est inférieur à zéro et s'il y a vacance locative, le bailleur professionnel subira une perte équivalente aux loyers absents. Les bailleurs en zone rurale ont intérêt à vendre leur patrimoine depuis 2005, car il ne rapporte plus rien et n'a pas d'espoir de plus-value. Le bailleur sans emprunt assure seulement la rémunération de son travail, mais ne peut espérer de rémunération de son capital, il a donc lui aussi intérêt à se débarrasser de son patrimoine immobilier qui rapporte moins que n'importe quel placement.

Le rendement immobilier comparé aux autres investissements

Un investissement industriel doit être amorti en 5 ou 10 ans selon sa valeur escomptée à la fin de l'amortissement ce qui suppose des rendements bien plus élevés qu'un investissement locatif qui ne sera payé qu'après 15 ou 20 ans de détention avec un emprunt, sans compter les rénovations nombreuses nécessaires pour relouer.

Une maison louée 600 € en province vaut environ 130 000 à 150 000 €. La location journalière est donc d'environ 20 €. Une voiture de location de 10 000 €

se loue environ 50 € par jour et le loueur va demander une garantie pratiquement identique (même pour une journée), à celle d'une maison qui sera louée pendant des années. Ce simple exemple démontre que les loyers immobiliers sont beaucoup moins rentables que les loyers des automobiles. L'usure plus rapide d'un véhicule pourrait justifier cette différence de rendement, mais l'on oublie que les logements locatifs s'usent beaucoup plus vite depuis que le concept d'usage en bon père de famille disparait au profit de celui de la dégradation normale qui est devenue une dérive abusive du droit de jouissance.

Le risque qu'accepte de prendre un investisseur doit être compensé par un espoir de rendement proportionnel, plus le risque est grand, plus le rendement escompté doit être important ; or en matière immobilière on assiste à une vacance locative avec des risques de dégradations et d'impayés et associés à une judiciarisation plus fréquente, mais surtout aléatoire, en parallèle avec un alourdissement du fardeau fiscal qui réduit la marge nette. Il n'est pas besoin d'être grand clerc pour comprendre que cet accroissement des risques et cette diminution conjointe des rendements va décourager l'investissement locatif privé. Le seul facteur qui freinait cette prise de conscience était l'espoir de plus-value à la revente qui était incorporée au rendement escompté dans une simulation d'annualisation, mais comme cet espoir devient vain sauf à Paris et quelques métropoles, les opérateurs privés vont procéder à des désinvestissements massifs dans le domaine de l'habitat de la France rurale.

5. Les difficultés nouvelles des bailleurs accédants

Les nouveaux bailleurs privés qui veulent accéder au marché de l'investissement locatif sont confrontés à plusieurs difficultés. La charge financière devient insupportable malgré les taux d'intérêt très bas en raison de la hausse de l'immobilier depuis l'année 2000 : ainsi en 2011, le Compte du logement a estimé le poids des charges financières des accédants à 87 % de l'ensemble des charges contre 13 % pour les non-accédants.

Graphique 21 - Poids des charges financières chez les accédants

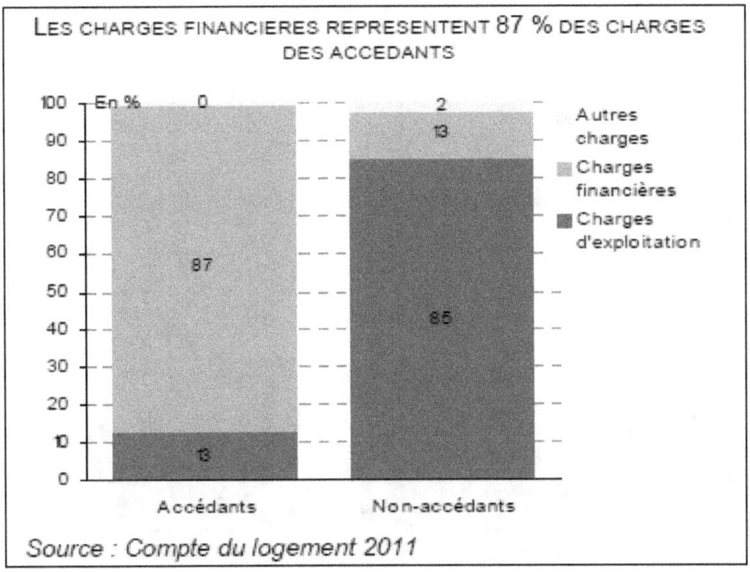

On suppose que ce graphique ne tient pas compte des remboursements de capital des emprunts qui ne sont pas considérés par l'administration comme une charge financière, mais correspondent à un amortissement. Les propriétaires estiment que cet enrichissement est « virtuel » et donc sans intérêt tant que le bien n'est pas vendu.

La baisse de rentabilité des producteurs (bailleurs et propriétaires occupants, accédants et non-accédants) depuis 2004 - 2005, s'illustre avec les deux graphiques ci-dessous produits par le Compte du logement 2011, que ce soit chez les producteurs accédants ou chez les producteurs qui n'ont plus d'emprunt. Ces résultats sont aggravés chez les bailleurs privés accédants.

Il serait utile à l'avenir que les Comptes du logement établissent des tableaux distincts pour les bailleurs privés et publics ainsi que pour les propriétaires occupants.

Graphique 22 - Diminution de la rentabilité immobilière des accédants

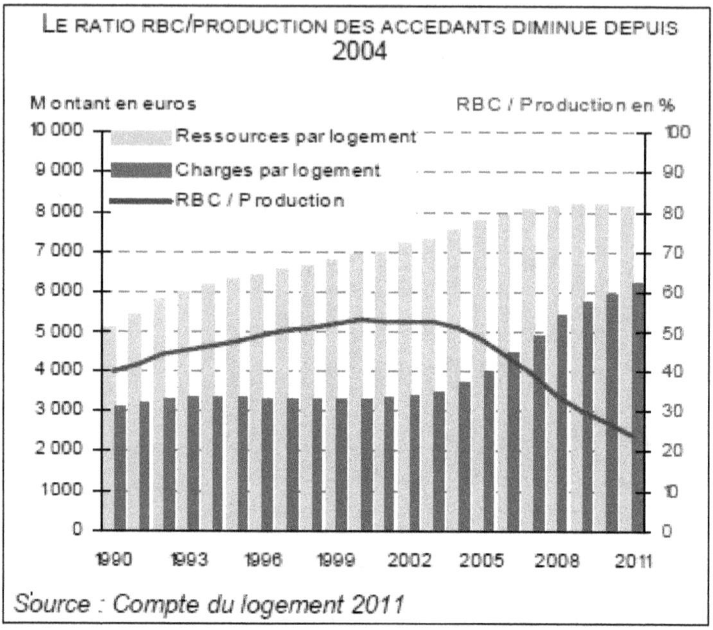

Graphique 23 - Diminution de la rentabilité immobilière des non-accédants

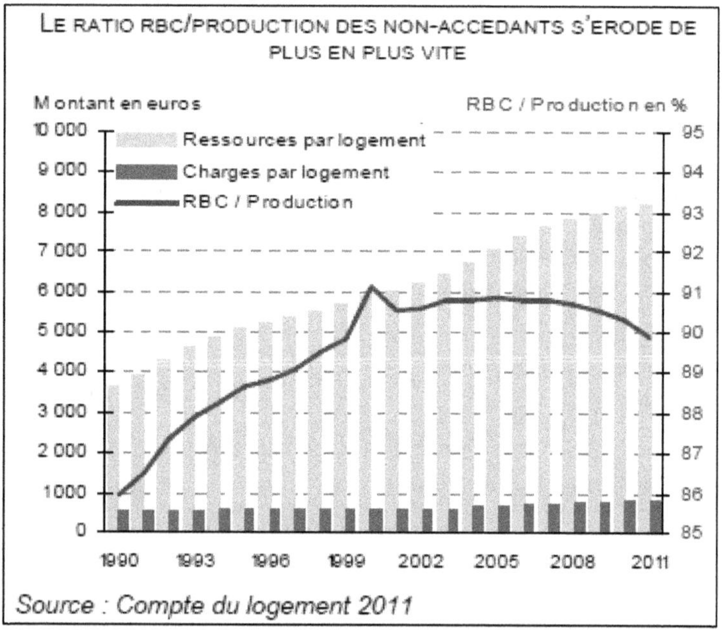

RBC : Résultat Brut Courant
Voir tableau 81 ci-dessus.

Les charges réelles des accédants proviennent essentiellement des remboursements des emprunts (capital plus intérêts) ; le graphique 21 qui n'incorpore que les intérêts verrait le total des charges de trésorerie dépasser celui des recettes locatives s'il incluait les remboursements du capital. On constate qu'en 2011, le RBC des accédants est de 23,8 % ce qui explique les premières faillites des bailleurs accédants à partir de 2012, car avec ce pourcentage, les bailleurs ne peuvent payer les charges de remboursement de capital, ni l'entretien du patrimoine et sont fragilisés par les impayés, les dégradations et la vacance locative. L'érosion de la rentabilité démarre en 2002, elle est surtout frappante chez les bailleurs accédants.

Tableau 82 - Ressources et charges par logement des producteurs accédants et non-accédants

LES RESSOURCES ET LES CHARGES DES ACCEDANTS

En euros et en %

	1984	2001	2002	2003	2004	2005	2006	2007	2008	2009	2010	2011
Montant des ressources par logement	3 672	7 018	7 196	7 347	7 526	7 760	7 944	8 090	8 141	8 198	8 197	8 152
Montant des charges par logement	2 385	3 343	3 412	3 506	3 725	4 014	4 458	4 908	5 409	5 764	5 951	6 212
RBC / Production (%)	37,7	52,5	52,7	52,4	50,6	48,4	43,9	39,4	33,6	29,8	27,5	23,8
Intérêts / Production (%)	63,1	40,7	40,4	40,6	42,1	44,0	48,1	52,5	58,0	61,5	63,5	66,5

Source : Compte du logement 2011

LES RESSOURCES ET LES CHARGES DES NON ACCEDANTS

En euros et en %

	1984	2001	2002	2003	2004	2005	2006	2007	2008	2009	2010	2011
Montant des ressources par logement	2 314	6 056	6 275	6 488	6 743	7 066	7 368	7 638	7 822	8 009	8 139	8 228
Montant des charges par logement	335	585	595	603	628	655	684	711	739	787	813	841
RBC / Production (%)	85,7	90,5	90,6	90,8	90,8	90,9	90,8	90,8	90,7	90,5	90,3	89,9
Intérêts / Production (%)	6,3	1,8	1,7	1,5	1,4	1,4	1,3	1,3	1,4	1,4	1,4	1,3

Source : Compte du logement 2011

Ces deux tableaux sont illustrés par les graphiques 22 et 23 ci-dessus.

La décrue de la rentabilité est antérieure pour les accédants, elle commence en 2002 alors que celle des non-accédants débute en 2006. On peut parler d'effondrement de la rentabilité pour les producteurs accédants qui voient leur RBC (Résultat Brut Courant) passer de 52,5 % en 2001 à 23,8 % en 2011 soit une division par deux en dix ans.

Ce chiffre doit nous alarmer, car il signifie des pertes financières pour les producteurs ayant emprunté, les nouveaux candidats investisseurs seront de plus en plus réticents pour venir sur ce marché. Il est donc prévisible que le nombre d'investissements va baisser ce qui va entrainer une baisse des prix immobiliers et des licenciements dans le bâtiment à court terme ; à moyen terme une nouvelle crise du logement pourrait apparaitre jusqu'au moment où l'investissement locatif retrouvera une nouvelle rentabilité dans le « tunnel de Friggit », avec des rattrapages des prix immobiliers et des rentabilités améliorées pour ceux qui auront pu résister à la crise.

L'incertitude proviendra du parc public avec deux hypothèses :

– soit ce dernier obtiendra de nouveaux crédits pour prendre les parts de marché abandonnés par le parc privé, quitte à endetter encore plus l'Etat par de nouvelles aides à la construction concurremment à celle à la

rénovation, cela avec le risque de trop construire si un retournement des comportements des investisseurs privés déclenchait de nouveaux projets,
- soit le parc public sera attentiste, pour ne pas risquer une vacance locative plus sévère et une faillite par surproduction, mais avec les risques d'une nouvelle crise du logement sur l'ensemble du territoire lorsque la vacance locative sera résorbée dans quelques années.

De toute façon cette dégradation de la rentabilité est préoccupante, car les producteurs repoussent les frais de remise en état et sont soumis aux risques de faillite avec des possibilités d'effet domino sur le système bancaire. C'est cette possibilité qui explique la frilosité des banques depuis 2010.

C. LES AUTRES FREINS A L'OFFRE PRIVEE

1. Les impayés de loyers et les dégradations engendrent la précarité des revenus des propriétaires

Les impayés de loyers sont le principal risque que peut subir un propriétaire. Le rapport 3805 de l'Assemblée nationale indique que les impayés de loyers touchent 6,37 % des locataires publics dont 68 % des bénéficiaires des aides personnelles au logement. Dans le secteur privé ces impayés concerneraient 3,4 % des logements dont 67 % de bénéficiaires aux aides au logement.

Ainsi les impayés de loyers affectent pour les deux tiers, des bénéficiaires d'aides au logement, ce qui explique les réticences des bailleurs privés à louer aux titulaires de revenus de substitution et indique que la prévention des impayés dans les deux parcs doit se faire en direction des publics percevant les aides au logement. Il y a une réflexion à mener entre partenaires locatifs et la CAF pour une gestion préventive des impayés de loyers dans un office de la gestion locative, bien en amont de la CCAPEX (Commission de Prévention des Expulsions).

Les impayés seraient deux fois moins fréquents chez les propriétaires de logements privés, mais cette statistique doit être lue avec circonspection dans la mesure où les petits impayés de loyers ne sont pas déclarés par les propriétaires privés. Ces derniers ne saisissent pas la justice quand la perte est inférieure à un mois de loyer en raison des frais élevés d'une procédure surtout si elle nécessite un avocat.

Le poids réel des impayés de loyers

Peu d'études ont analysé le poids des impayés de loyers. Le rapport « Faciliter l'accès au logement en sécurisant bailleurs et locataires » précité reconnaît qu'il n'est guère facile d'estimer le poids des impayés de loyers. Le rapport conclut que 4 % des locataires ont eu sur les deux dernières années, des retards de paiement de 2 mois au moins et que le montant des loyers et charges non recouvrés est de l'ordre de 1,5 à 2 % des loyers annuels. Selon ce pourcentage, les impayés de loyers s'élèveraient à 1,2 milliard d'euros par an (loyers privés 40 Mds+ loyers publics 20 Mds = 60 Mds x 2 % = 1,2), nous verrons la confirmation de ce chiffre par une autre méthode dans le chapitre X. Ce rapport indique qu'une enquête de la FFSA (Fédération Française des Sociétés d'Assurances) fait ressortir une fréquence de 4 % de sinistres avec un montant moyen déclaré de 3 000 € par sinistre alors que la GRL évalue la moyenne des sinistres à 5 500 €.

Si l'on applique ce pourcentage de 4 % à l'ensemble des locataires ce serait 440 000 locataires par an qui seraient en situation d'impayés de loyers, ce qui selon la FFSA représenterait 1,32 milliard d'euros et selon la GRL s'élèverait à 2,42 milliards d'euros de manque à gagner pour les bailleurs et donc de pertes fiscales proportionnelles.

L'INSEE constatait dans son enquête logement de 2008 qu'entre 2002 et 2006 les défauts de paiement des locataires s'étaient accrus de 30 %. Le nombre de locataires qui avouaient avoir du mal à s'acquitter de leur loyer passait de 1,372 million en 2002 à 1,789 million en 2006. Ainsi selon les sources ce seraient entre 440 000 et 1 789 000 locataires (soit 16 %) qui seraient en situation d'impayés de loyers.

Depuis la sortie de ce rapport en mars 2008 les impayés de loyers ont augmenté, mais il n'y a pas de statistiques disponibles, une agence immobilière, Laforêt Immobilier rapporte une hausse de 8 % d'impayés entre 2011 et 2012 (Votre Argent, l'Express 2 novembre 2012)

Ce rapport (Faciliter l'accès au logement) ne mentionne pas le poids des procédures judiciaires qui en cas d'insolvabilité, aggravent le sinistre et expliquent le désengagement des investisseurs en raison de la longueur et des incertitudes des procédures d'expulsion.

Ces statistiques gomment le caractère dramatique d'un seul sinistre pour un couple de retraités n'ayant qu'un loyer. Dans le cas d'un impayé de loyer de 5500 €, si l'on retient le revenu moyen d'un propriétaire de 2 400 € constitué à raison de 1000 € de revenus locatifs, c'est donc pendant 5 mois que le ménage de propriétaires doit puiser dans ses économies. Il y a toujours corrélation entre les impayés de loyers et les dégradations, le poids des dégradations dans le rapport est minimisé avec une évaluation à un quart de la dette de loyers. Dans la réalité une simple peinture d'une seule pièce coûte un mois de loyer ; si le revêtement de sol est à refaire, il faut un autre mois de loyer, etc. La peinture d'un pavillon de 3 chambres coûte environ 5 000 € et si les dégradations concernent les portes (avec un chien par exemple) et les sols, les frais s'élèvent entre 10 000 € et 15 000 €. A cela s'ajoute la période de plusieurs semaines voire des mois pour rechercher un artisan et refaire les travaux. Des retraités ont perdu la totalité de leurs économies dans la rénovation de leur unique logement. Si le propriétaire âgé n'a plus d'argent, il n'a d'autre choix que de laisser son logement vacant.

Une approche empirique des impayés : témoignages sur les locataires voyous qui relativisent le concept de logement indigne

L'UNPI 16 a fait une enquête auprès de ses adhérents sur les impayés de loyers en recueillant des témoignages de propriétaires ruinés par un ou deux locataires irresponsables. Il apparaît que la plupart de ces petits bailleurs n'ont même pas fait de procédure pour tenter de récupérer leur argent, car leurs anciens locataires s'étaient rendus insolvables. Ils n'entrent donc pas dans les statistiques d'impayés de loyer. On verra que les sinistres s'élèvent rapidement à 20 000 ou 40 000 euros, car il s'agit de vastes maisons à la campagne. Ces propriétaires agriculteurs ou artisans à la retraite n'ont pas la culture de la procédure judiciaire et préfèrent dépenser leurs dernières économies d'une vie de travail pour rénover et vendre la maison pour ne plus avoir d'ennuis, quitte à vendre en dessous du prix de revient. Il est clair qu'aucun recensement n'a été effectué pour évaluer la perte de richesses de ces dégradations. La Chambre des propriétaires de la Charente a même pu établir que des locataires voyous détruisaient volontairement leur logement pour ne plus avoir à payer de loyer, en faisant constater par une commission d'hygiène que le logement était indigne. D'où le désespoir d'une centaine de propriétaires rien que pour la seule Charente en 2014, ce qui dévalorise le concept de logement indigne que veulent monter en épingle certains fonctionnaires et certains élus de la Charente. Les témoignages suivants de l'UNPI 16 sont ceux relevés dans le livre blanc 2014 du propriétaire bailleur de l'UNPI 16. Les autres proviennent de l'UNPI 79.

- *Mes locataires sont partis à la « cloche de bois ». Ils ont quitté le logement au mois de juillet ... sans avertir, je pensais qu'ils étaient partis en vacance. L'huissier a écrit à l'adresse du logement. Comment retrouver la personne ? Il fallait se débrouiller, la CAF, EDF, le gaz, la poste, l'eau, ne donnent aucun renseignement…*UNPI 16
- *Je louais à deux hommes, ils sont partis « à la cloche de bois ». On avait essayé de tout faire impeccable, c'est tout ce qu'on a récolté.* UNPI 16
- *Mon locataire a quitté les lieux avec des loyers impayés, suivi d'un constat d'abandon par huissier. Il est introuvable. Le logement est dans un état lamentable.* UNPI 16
- *Mes locataires sont partis à la « cloche de bois ». j'ai dû rembourser la CAF du dernier mois versé. Pas de préavis, clefs (incomplètes posées dans la boite aux lettres. Beaucoup d'ordures abandonnées dans les dépendances, vêtements enterrés dans le jardin... 3 camions de détritus divers apportés à la déchetterie plus 5 voyages avec remorque et voiture : meubles cassés, jouets endommagés, vieux matelas éventrés mélangés aux crottes de chèvres, nombreuses pièces de voitures. Une chèvre avait rongé les volets, les locataires avaient arrachés les convecteurs électriques qui n'ont pas été retrouvés.* UNPI 16
- *Nous avons loué notre maison il y a 7 ans à une famille. Aujourd'hui ils viennent de quitter la maison avec des insultes et des menaces de toutes sortes. Nous retrouvons une maison complètement délabrée, encombrée de*

*détritus et d'une crasse incroyable et malsaine. Nous avons travaillé toute notre vie. Cette maison était notre économie, une retraite d'agriculteur est moins importante que leurs indemnités. Comment se fait-il que les propriétaires soient aussi mal considérés et n'aient aucun recours en rien ? Deux ans de procédure pour arriver à les expulser, 30 ou 40 000 euros de réparations…*UNPI 16

- *Des voisins nous appellent pour nous dire que nos locataires avaient déménagé dans la nuit… Dans le jardin, c'est un amas de poubelles, de détritus, de matelas, etc.(…)La chaudière est morte, il manque des pièces(…) Au bout de 3 mois de travaux et 14 000 euros de matériaux(…) l'huissier nous dit qu'ils sont insolvables(…) Nous avons pu relouer(…) A ce jour pas de loyer des nouveaux locataires, ils sont quand même partis et encore une fois avec des réparations et 5 mois de loyers impayés plus les ordures ménagères. Nous avons décidé de vendre, car nous avons perdu trop d'argent, 30 années de travail et il nous reste plus rien de nos économies ; on ne pourra pas vendre à notre prix de revient. Ce sont des gens qui vont continuer, car ils connaissent la loi mieux que nous. Dans quelques années il n'y aura plus de maisons à louer, car tout le monde souhaite revendre son bien.* UNPI 16
- *Un jour des voisins nous téléphonent pour nous dire que nos nouveaux locataires font beaucoup de bruit la nuit. On est étonné, car nos locataires ne nous ont pas donné de préavis et on n'a pas reloué la maison. On va voir sur place et personne ne répond. La maison est entourée de grands murs et donc on ne voit rien. On y retourne plusieurs fois et un jour enfin les occupants nous ouvrent. On ne les connaît pas, ils nous expliquent que ce sont nos anciens locataires qui leur ont donné les clefs, car ils sont partis dans le sud de la France. Il y a un gros chien dans le petit jardin qui a déjà labouré la pelouse et a fait ses besoins un peu partout. On leur demande des explications et ils nous insultent, ils chassent mon épouse avec un manche à balai et voyant que la situation va se dégrader avec le berger allemand qui gronde, nous partons. J'appelle le commissariat de police. C'était il y a quelques années et les policiers n'avaient pas peur des squatters, mais surtout de la justice. Ils nous conseillent d'attendre un moment où ils sont partis et de changer le verrou ce que nous faisons en toute illégalité sans doute, mais avec la garantie que la police ne nous inquiètera pas. On met un mot sur la porte avec notre téléphone. Une heure après on reçoit un appel et la jeune femme nous promet de ne plus être violente si on leur permet de récupérer leurs affaires. Nous passons un accord en les prévenant qu'au moindre incident nous appelons la police. Finalement, ils déménagent sous nos yeux et nous ne songeons pas à leur demander un loyer, ni le remboursement des dégradations, car la maison est taguée aussi bien à l'intérieur qu'à l'extérieur ! Nous sommes trop heureux de leur départ ? Comme c'était la deuxième fois qu'on avait des ennuis, on a vendu la maison. Mais on est conscient que si la police ne*

nous avait pas aidé, il aurait fallu deux ans de procédure et d'impayés supplémentaires. Maintenant plus que jamais, on aime la police et on se moque de savoir si c'était légal ou pas. UNPI 79

- *J'ai loué une maison. J'ai donné la gérance à une agence immobilière. A l'état des lieux de sortie je me retrouve avec une maison saccagée, l'agence me dit que je vais récupérer le dépôt de garantie... Avec cela je ne répare pas grand-chose(...) je me sens tellement seule que j'ai mis ma maison en vente. Je ne suis pas un marchand de sommeil, mais un propriétaire désespéré.* UNPI 16
- *J'ai un ami qui avait un locataire qui ne payait pas, il lui a demandé de partir ce qu'il a refusé alors il est venu démonter la porte d'entrée et les fenêtres, ainsi le locataire est parti et finalement c'est lui qui a raison, car avec la justice on en a pour deux ans à se désespérer de voir sa maison se dégrader. Moi c'est fini la galère avec les impayés et les dégradations, j'ai vendu et je suis débarrassé des locataires.* UNPI 79
- *Les lois françaises sont ainsi faites, tout pour la protection du locataire avec le soutien inconditionnel des organismes sociaux, qui ne font aucune différence entre un locataire correct et un locataire indélicat. Il y a des fois où je me pose la question, si mon pays n'est pas devenu un pays de non-droit ?(...) Il est facile pour un locataire d'occasionner des troubles de voisinage, de ne pas payer son loyer, de dégrader une maison, voire la saccager gratuitement en toute impunité. Ces habitués, il s'agit de leur troisième expulsion, sont connus de l'administration. Porte fenêtre et fenêtre en double vitrage cassées, prises électriques arrachées, sonnette arrachée, grille d'aération arrachée, un morceau de la gouttière en zinc a disparu, miroir, bonde et tablette de salle de bain envolés... et surtout l'incommensurable saleté, des milliers de cafards...la graisse et les accrocs sur les murs, la hotte hors d'usage... 15 000 € en impayés et dégradations, devis nettoyage et peinture 5000 €.* Voir les photos. UNPI 16
- *J'avais loué un studio neuf dans une résidence à un jeune de 20 ans qui venait d'avoir un CDI. Un an après il perd son emploi et commence à avoir des retards de loyers. Je vais tous les mois chercher son différentiel de loyer, car la CAF me verse l'allocation logement depuis son licenciement. Il me demande de ne pas venir avant midi, car il se couche tard au grand dam de ses voisins du dessus qui se plaignent de la musique la nuit. Un jour, je constate qu'il y a 4 matelas à même le sol avec 3 dormeurs à peine réveillés par la sonnette. On me déclare qu'ils sont là juste le WE. Il y a aussi 3 chiens et deux chats et de l'urine sur la moquette. Comme mon locataire est sympathique, je ne dis pas grand-chose sauf sur la propreté, j'ai été jeune moi aussi. Le mois suivant, je reviens pour le loyer vers midi et il y a toujours quatre matelas au sol et là je me fâche, car manifestement il s'agit d'une colocation abusive, je discute avec mon locataire dans le couloir et il me fait comprendre que ses amis ne veulent pas partir et que c'est lui qui paie tout. C'est pourquoi il a du mal à payer*

son loyer. J'appelle sa mère qui va se déplacer pour virer les parasites qui vivent à ses crochets. Elle est désespérée, car son fils fume et subit la mauvaise influence de compagnons vivant dans la rue. Il m'a fallu des mois pour qu'il s'en aille chez sa mère. Il a cassé devant sa mère et moi-même son canon à eau utilisé pour sa drogue, entre-temps il a fait un mois de prison pour détention et vente de stupéfiants. De sa prison, il m'a demandé d'aller nourrir son chat, ce que j'ai fait, je suis ressorti couvert de puces. Quand il est parti j'ai du refaire entièrement le logement, il s'agissait vraiment d'un logement indigne bien que la loi n'avait pas encore dit ce qu'était un logement indigne : il y avait 200 trous dans le mur, il tirait au pistolet à plomb dans le mur. La moquette neuve était pourrie, le plan de travail de la cuisine était tailladé, les sanitaires étaient entartrés, etc. Il a bien voulu signer l'état des lieux de sortie, car il était honnête, c'était dans les années 2000 à un époque où les locataires en difficulté avaient encore une morale. Il a payé un peu, avec sa mère et je les ai laissés tranquilles, car ils avaient faits des efforts et je comprenais la souffrance de sa mère qui avait dû élever seule son enfant. C'est à partir de ce moment que je n'ai plus jamais loué à un locataire faiblement solvable et j'ai relié le studio à l'appartement du dessus pour ne plus avoir de petits logements qui aggravent les risques locatifs. UNPI 79

Ces témoignages sont l'illustration que l'absence de garantie des bailleurs peut ruiner un couple ayant placé ses économies dans ce type d'investissement et une confirmation que les bailleurs ayant subi ces impayés à répétition se découragent et revendent.

La corrélation entre les impayés de loyers, les logements insalubres et la vacance dite volontaire

La dimension psychologique de la peur de l'impayé de loyers est donc fondée sur un risque réel de suppression du revenu familial, un seul impayé de loyer chez un petit propriétaire peut le conduire à la ruine. Si le montant de sinistre moyen officiel est de 5000 € par logement cela démontre aisément que la perte peut atteindre rapidement le double ou le triple ce qui explique que les petits propriétaires n'ont pas toujours les moyens de remettre leur logement sur le marché ; ils ont donc le choix cornélien entre la vacance dite volontaire par l'administration et la remise sur le marché d'un logement insalubre.

NB. Il y a un malentendu dramatique entre l'administration et les propriétaires sur la définition de la vacance volontaire. La vacance volontaire est-elle celle qui procède d'une décision volontaire du propriétaire ou celle qui est subie par les propriétaires en raison de circonstances exogènes au processus de décision ? L'administration fiscale de certains départements, suivie par la jurisprudence administrative, a décidé dans le cadre de l'article 1389 du CGI et par une lecture très particulière, en matière d'exonération de taxe foncière pour vacance locative que l'impossibilité de relouer doit être indépendante de la volonté du propriétaire. Autrement dit, si le propriétaire renonce à la location d'un bien insalubre, il s'agirait d'une vacance volontaire, de même l'impossibilité de relouer pendant les travaux de rénovation est une vacance dite volontaire, car la décision de faire les travaux a été prise par le propriétaire qui ne peut donc prétendre que cette décision est indépendante de sa volonté !!! On voit bien l'hypocrisie d'une telle jurisprudence qui fait fi des conditions du marché. Il découle de ce raisonnement biaisé que toute vacance est a priori volontaire, en droit, on dirait qu'il s'agit d'une présomption quasi irréfragable de vacance volontaire dans la mesure où la preuve de la force majeure est impossible à apporter. Ainsi la dégradation d'un logement par un locataire n'est pas assimilée à la force majeure comme si ce risque était prévisible, ce raisonnement administratif inclut donc implicitement la malignité potentielle d'un pourcentage de locataires. On attend une jurisprudence inverse (ou une réécriture de l'article 1389) qui s'émeuve de ce sous-entendu, pour considérer que la destruction d'un logement par un locataire sort de l'usage d'un bon père de famille et donc doit être considérée comme un cas de force majeure. On serait étonné du nombre de logements indignes qui entrent dans cette catégorie.

Un autre aspect toujours ignoré, concerne le lien personnel du propriétaire avec sa maison ; une forte minorité de propriétaires a reçu en héritage le logement qu'il loue (33 % selon l'ANIL), ce qui crée un sentiment d'agression quand il y a dégradation, proportionnel à la valeur émotionnelle projetée sur le bien de famille. Dans le cas où le bien unique d'un bailleur a été acheté comme un signe de réussite sociale, la destruction de ce bien par un locataire est ressentie également comme une offense personnelle. Ces effets psychologiques d'une détérioration du logement confié aux soins d'un locataire sont toujours sous-estimés par les rapports de professionnels qui n'ont pas subi personnellement ces sinistres ; il en est ainsi du rapport de l'ANAH susmentionné.

Dès lors, tout changement législatif dans les rapports locatifs qui va dans le sens d'une protection des locataires, est vécu dramatiquement comme une atteinte insupportable au droit de vivre de ses revenus et par extension d'une violation de la liberté d'entreprendre ; les propriétaires, surtout les petits, ont le sentiment d'une forte injustice sociale et expriment le désir de rejeter le carcan législatif discriminatoire.

2. Les GRL (Garantie des Risques Locatifs) ou les GUL (Garantie Universelle Locative) seront un échec tant que les locataires ne paieront pas la cotisation avec un malus-bonus

La GRL garantit les impayés de loyers pour un maximum de 70 000 euros, les dégradations pour 7 700 euros ainsi que les frais de procédure. Face à la recrudescence des impayés de loyer et des dégradations des logements, l'Etat a voulu imposer la GRL avec le paiement exclusif de la cotisation à la charge des propriétaires, la GRL a été conçue en dehors de toute consultation des bailleurs, comme une garantie professionnelle des loyers par identification avec le monde de l'entreprise. L'Etat a imaginé que les propriétaires seraient rassurés par la GRL ; comme dans le meilleur des mondes, les locataires pourraient choisir leur logement selon leurs besoins, les propriétaires ne risquant rien, n'émettraient aucune objection sur le choix des locataires et l'on arriverait à l'équilibre optimum dans une société apaisée et idéale. C'est pure naïveté, le choix d'un locataire se fait selon plusieurs critères. La solvabilité est le plus important certes (ce qui a pu abuser les différents ministres du Logement) mais d'autres critères sont retenus comme le comportement prévisible, bruyant ou calme, le mode de vie compatible avec les autres locataires de la même cage d'escalier, la détention d'animaux bruyants, l'importance de la famille compte tenu du nombre de chambres, le statut social (un étudiant ne restera que 7 à 9 mois), la profession du locataire pouvant laisser supposer un comportement plus ou moins enclin au contentieux, etc.

Les propriétaires bailleurs surtout en province, ne tirent aucun revenu de leur parc locatif tant qu'ils ont des emprunts ; ils font entre 5 et 20 % de pertes par rapport aux loyers encaissés, ils ne peuvent donc ajouter les 2,5 % de la GRL comme frais supplémentaire dans leur budget. Les autres propriétaires sont partagés et hésitent à sacrifier une partie de leur marge, préférant prendre le risque d'un contentieux judiciaire en choisissant un candidat solvable avec garant. La majorité des bailleurs estime enfin immoral de leur faire payer un risque alors que c'est un autre acteur identifié à l'avance qui le fait courir. La garantie de paiement prise par un commerçant peut se comprendre dans une activité commerciale ou la multitude des clients ne peut permettre de dépister au préalable le risque d'impayé. Dans un bail, il n'y a que deux parties, l'une qui sert un service et l'autre qui rémunère ce service, le risque d'impayé repose sur une seule personne et il serait donc cohérent dans une logique marchande de faire supporter la cotisation sur celui qui génère le risque et non pas sur celui qui le prend. Les considérations de l'Etat pour violer cette règle marchande sont sociales, ce qui est le droit régalien de la puissance publique, mais alors c'est à elle d'assumer ce choix social en décrétant la gratuité de la GRL avec la cotisation à sa charge.

Le rapport cotisations-sinistres de la GRL est déjà calamiteux et les cotisations augmenteront encore. Selon le Sénat, le coût de la GRL en 2011 a été estimé à 16 millions d'euros pour l'Etat et à 9 millions pour Action Logement (participation des employeurs à l'effort de construction) pour seulement 200 000 logements couverts, ce qui correspond à 125 € par an et par logement en coût de sinistre alors que le montant d'une cotisation annuelle est de 150 € par an pour un loyer de 500 € mensuel ; pour l'assureur il convient donc que les frais de gestion ne doivent pas dépasser 25 € par an sans compter la marge, ce qui parait difficile. Les estimations pour la même année selon le rapport d'Alain Joyandet député de Haute-Saône seraient de 10 millions pour l'Etat et de 95 millions pour Action Logement ! On ne sait quels chiffres sont les bons, mais il est clair qu'une telle garantie va coûter cher à la collectivité, car les sinistres dépasseront les cotisations.

Le rapport 3805 de l'Assemblée nationale considère que « *la garantie des risques locatifs est une alternative généreuse, mais bancale* ». Les rapporteurs soulignent les premières constatations des professionnels « *d'un manque de responsabilisation des locataires couverts par la GRL dû à l'absence de cautionnement par un tiers avec un effet contagieux sur les voisins.* »

Le rapport « Faciliter l'accès au logement » avec son sous-titre « Place d'un système assuranciel » est évocateur du parti pris des auteurs pour un système de garantie par assurance. Contrairement à ce qui est dit par ces derniers, rien ne remplace une caution personnelle d'un membre de la famille du locataire. C'est un acte gratuit pour les deux parties qui crée un lien personnel entre le bailleur et le locataire, ce dernier, sachant qu'il mettrait en péril un membre de sa famille en cas d'impayés de loyers, se met rarement en position de débiteur. Le bailleur sachant cela, sera disposé à lui faire des conditions de paiement en cas de problème ponctuel de retard de loyers. La pratique de la location par les bailleurs privés interrogés, permet d'affirmer que les impayés de loyers sont négligeables en cas de caution d'un membre solvable de la famille et en cas de contentieux judiciaire, la caution condamnée solidairement, paie entièrement la dette du locataire.

Les gestionnaires de biens préconisent la garantie des loyers par une assurance pour deux raisons : la proposition d'une assurance est présentée comme un service supplémentaire pour fidéliser les propriétaires, de plus la marge de ces derniers sur la cotisation n'est sans doute pas étrangère à cette préférence.

Deux sortes d'assurances « impayés de loyers » ont été mises en place : la GRL (Garantie des Risques Locatifs) et la GLI (Garantie des Loyers Impayés). La GRL devait permettre aux locataires ayant de petits revenus de trouver plus facilement un logement, car les revenus doivent représenter le double du montant du loyer alors que la GLI exige que le locataire ait des revenus trois fois plus élevés.

Le coût de la GRL est pour l'instant moins élevé (environ 2,5 % à 3 % du montant des loyers) que celui de la GLI qui peut atteindre de 2,75 % à 4,5 % car l'Etat et Action Logement participent au financement en garantissant le risque de sur-sinistralité. Seuls trois assureurs ont accepté de commercialiser la GRL, il y a concurrence entre la GLI qui assure les locataires présentant moins de risques et la GRL qui garantit les locataires les plus modestes, ayant donc les risques d'impayés les plus élevés. L'UNPI (Union nationale des propriétaires Immobiliers) avait prédit que la GRL serait un échec et les faits lui ont donné raison. La GRL ne se développe pas de manière universelle comme aurait souhaité le gouvernement ; ce dernier a refusé d'écouter les réticences des propriétaires privés et constate maintenant l'échec de la GRL 1, de la GRL 2 et de la GRL 2bis. La GRL ne couvre que 1,7 % des logements, ce qui est la preuve de son inefficacité et donc de son inutilité !

Certains assureurs de la GRL ont déjà jeté l'éponge en arrêtant d'assurer les propriétaires privés, même en cours de bail, parfois sans préavis en privant de fait, les bailleurs de toute garantie ; d'autres augmentent les primes n'arrivant plus à équilibrer les sinistres qui se multiplient. On doit se demander si l'équilibre pourrait exister même si la prime était à la charge exclusive des locataires sans l'instauration d'un malus personnel en cas de sinistre.

Enfin, la revue Mieux Vivre Votre Argent dans son numéro du 2 novembre 2012 cite les déboires de bailleurs ayant souscrit une assurance :

« Et il ne faut pas fonder trop d'espoirs non plus sur les assurances loyers impayés. Car, là encore, bon nombre de bailleurs ne sont pas à l'abri d'une mauvaise surprise... Un bailleur ne peut pas trop compter sur son assurance pour prendre le relais de son locataire si celui-ci cesse de payer. S'il n'a pas respecté la procédure à la lettre, par exemple l'envoi d'une lettre de relance simple dans les vingt jours de la date d'exigibilité du loyer, puis d'un courrier recommandé dans les trente-cinq jours... l'assureur peut refuser de l'indemniser. Il en va de même si c'est le professionnel gestionnaire du bien qui ne respecte pas la procédure....Enfin, si la garantie fonctionne, il faudra être patient. Car il y a toujours un délai de franchise entre le signalement de l'impayé et le premier versement : souvent trois mois... en théorie... »

Estimation prévisionnelle du coût de la GUL

Comme la GRL a échoué par trois fois, l'Etat veut essayer encore une fois avec la Garantie Universelle des Loyers (GUL) . Si l'on tient compte des chiffres précédents qui indiquent que le risque de sinistre dans une compagnie est de 4 %, il faut escompter 248 000 sinistres par an avec les 6,2 millions de locataires du parc privé. Avec une moyenne de 5 000 € par sinistre ce serait une sinistralité de 1,24 milliard d'euros par an, pour 40 milliards d'euros de recettes locatives.

On peut supposer que l'absence de malus sera une incitation à la sur-sinistralité qui entrainera un réajustement de la cotisation à la hausse. Il faut donc s'attendre à une cotisation qui atteindra probablement deux ans plus tard, 7 à 9 % des loyers. A ce prix là, dans le contexte de vacance locative et de crise économique, on peut prédire l'échec de la GUL et la déconvenue des bailleurs. Les défenseurs de la GUL soulignent que les assureurs se retourneront contre les locataires défaillants. C'est sans compter sur l'insolvabilité de certains locataires, ce qui obligera les assureurs à demander des garanties de solvabilités de plus en plus contraignantes.

Les objections des propriétaires ont eu raison de la GUL obligatoire, Cécile Duflot a abandonné, elle ne sera pas obligatoire.

3. L'absence de fichier des impayés de locataires ou de fichier crédit par locataire

La comparaison des sécurités demandées par les propriétaires dans d'autres pays permet de comprendre le besoin des bailleurs français. Le rapport précité « Faciliter l'accès au logement », relève les comparaisons internationales suivantes qui sont autant de pistes de réflexion :

« La solvabilité des locataires est souvent appréciée par des justificatifs de salaire, mais également par un accès des propriétaires à l'historique de paiement (dossier de crédit). Les investigations du propriétaire sur la solvabilité personnelle du locataire sont souvent plus approfondies qu'en France. Ces pratiques paraissent remplir la fonction de sécurisation du bailleur attribuée à la caution en France. Par exemple en Allemagne, il existe un fichier de crédit (appelé SCHUFA) auxquels peuvent avoir accès les propriétaires disposant d'un parc d'au moins 100 logements. Les autres propriétaires peuvent toutefois exiger du locataire éventuel de fournir une fiche de renseignements personnels extraits de cette base de données. C'est le cas au Canada et aux Etats-Unis. Dans ce dernier pays, les propriétaires peuvent obtenir des informations sur les locataires auprès d'organismes privés (tenant-screening bureau) qui supervisent 46 % du parc locataire privé (17 millions sur 37 millions de logements en location) et qui rassemblent notamment les historiques de crédit des locataires tenus par des agences d'évaluation de crédit. En Suisse et en Espagne, des fichiers tenus par des opérateurs privés peuvent renseigner sur la solvabilité ainsi que sur les incidents de paiement de loyers. De tels fichiers n'existent pas en France.

Au Royaume Uni, le locataire demande à sa banque de transmettre directement au propriétaire une « référence bancaire » qui atteste (au vu de l'historique du compte) que le futur locataire est en mesure de payer le loyer indiqué.

En Nouvelle-Zélande, la vérification de la solvabilité du locataire peut être effectuée par l'Administration : dans ce cas, le propriétaire fait remplir un « accord préalable de location » au locataire qu'il transmet aux autorités locales qui peuvent procéder à la vérification des antécédents de crédit.

Le dépôt de garantie peut aller en Espagne jusqu'à un an de loyers payés d'avance.

Il n'existe souvent pas d'offre d'assurance de loyers impayés. Les seuls exemples rencontrés sont le Royaume-Uni, la Suisse et l'Allemagne, mais uniquement dans ce dernier cas pour les bailleurs commerciaux. Au Royaume Uni, la prime moyenne d'une police d'assurance destinée à indemniser les propriétaires en cas de loyer impayé s'élève à 3,5 % ».

Le rapport conclut sur le *caractère archaïque et illusoire de la caution* à laquelle les bailleurs privés français sont très attachés. Les propriétaires privés non consultés ne peuvent que conclure à l'inverse en l'absence d'autres garanties qui sont refusées aux bailleurs français. Il est regrettable que ce rapport de haut fonctionnaire de l'ANAH qui n'a interrogé aucun propriétaire, ni même son vice-président Jean Perrin, le président des propriétaires de l'UNPI, soit si éloigné des réalités quotidiennes des bailleurs privés. Le rapport aurait pu se demander pourquoi une garantie qui est déclarée « archaïque » par le seul argument d'autorité d'une Inspectrice Générale de l'Equipement a de plus en plus la préférence des bailleurs. Notons le choix du mot péjoratif d'archaïque qui fleure la leçon de morale et n'est pas très éloigné du mépris.

Les comparaisons internationales permettent d'étudier plusieurs voies. Le fichier crédit individualisé par locataire, permettrait de coter chaque locataire ce qui sécuriserait les paiements, car les locataires sauraient qu'en cas d'impayés, leur note serait dégradée, ce qui serait un handicap lors du prochain déménagement et donc une incitation à toujours plus de vertu locative. Ce dossier crédit servirait également en cas de demande d'emprunt auprès des banques, pour négocier des taux plus avantageux, les banquiers feraient de meilleures propositions aux locataires ayant une bonne note personnelle sur leur fichier crédit. Ces derniers pourraient être établis par des agences privées de notation, par les banques ou par la Banque de France. Les bailleurs pourraient avoir accès à ce fichier crédit, soit directement par les locataires, soit par interrogation de la Banque de France comme pour une entreprise privée.

4. La hâte des pouvoirs publics à légiférer sur le logement déclenche l'insécurité juridique

Les réformes sur la propriété immobilière se sont caractérisées sous la présidence Sarkozy par une fébrilité alarmante pour la démocratie. Le Président annonçait une réforme sans toujours prévenir son ministre du Logement et une semaine plus tard, elle pouvait être votée par les députés. La réforme sur les plus-values de 30 ans avait même tenté la rétroactivité de la loi au 24 août 2011, en violation de l'article 2 du Code civil. Cette foudroyante manière de légiférer déconsidère les pouvoirs publics et empêche toute concertation avec les partenaires locatifs comme si le pouvoir avait peur de confronter ses idées. Les inconvénients de chaque réforme ont donc été ignorés.

5. Le découragement des petits propriétaires et ses conséquences

Les bailleurs ne savent plus s'ils doivent conserver leurs logements ou les vendre. Les perspectives de plus-values s'estompent pour la prochaine décennie sauf peut-être dans certaines grandes villes. Déjà en 2013, le délai pour une vente dans la région parisienne vient d'augmenter de plusieurs mois, ce qui est le signe annonciateur d'une dégradation des prix. L'évolution de la crise immobilière que connait la France rurale dépend maintenant d'autres facteurs exogènes.

Les petits propriétaires sont excédés par cette escalade de la réglementation, ils n'ont pas la capacité d'adaptation à ces réformes qui sont vécues comme des violations du droit de propriété. Quand ils ont reçu en héritage, un ou des biens familiaux, les droits de succession ont pour effet une expropriation de fait par l'obligation de revendre rapidement. La réussite d'une vie se mesurait pour un métayer de pouvoir acheter une ferme, pour un ouvrier de pouvoir acheter une petite maison et pour les fils de ces ouvriers d'acheter une maison plus grande que celle de leurs parents. C'est ainsi que s'est construit la France rurale en accumulant générations après générations, un capital immobilier qui fait la richesse de notre pays. En frappant, réforme après réforme, cette richesse immobilière qui a été permise par la Révolution, on est en train d'affaiblir financièrement notre pays et d'inciter les fortunes étrangères à acheter le patrimoine français. Les réformes locatives donnent l'impression qu'un locataire, par le credo du droit au logement, peut obtenir indéfiniment la jouissance d'un logement sans les sacrifices que supposaient un achat avec les économies d'une vie ou par un emprunt lourd, au détriment des loisirs.

La complexité de la réglementation aggravée par la loi Duflot-ALUR fait que la plupart des petits propriétaires sera dans l'illégalité partielle par méconnaissance de l'imbroglio législatif, réglementaire, jurisprudentiel et fiscal du droit locatif. Beaucoup de propriétaires subissent les impayés et les fourches caudines de l'administration avec le fatalisme de l'impuissance, le découragement se manifeste avec les phrases suivantes notées dans les réunions de propriétaires :

- *Je ne sais pas comment faire.*
- *Je n'ai pas le temps de faire un courrier. Je ne sais pas quoi dire à la CAF ou aux impôts.*
- *J'en ai assez de faire des courriers aux impôts ou à la CAF pour des renseignements sur mes locataires, je n'ai pas la franchise postale. Et puis ils répondent s'ils ont envie.*
- *Je ne veux pas aller devant le tribunal, car je ne saurais pas quoi dire, ce n'est pas mon métier, de toute façon les locataires ont tous les droits, on le voit bien dans la lecture des jugements.*
- *Le locataire peut faire ce qu'il veut dans mon appartement, je n'ai même pas le droit d'y rentrer.*
- *Les syndics de copropriétés poussent aux dépenses, ce n'est pas facile de s'y opposer.*
- *Faut-il vendre ou garder son bien vide devant l'absence de locataires ?*
- *Soit je fais des travaux, mais je dois emprunter et je suis trop vieux pour les assurances, soit je laisse vide, car personne ne vient visiter et alors je n'ai plus assez de revenus.*
- *On est des salauds de riches, car on a une ou deux maisons. On ne peut pas expliquer qu'on n'y arrive pas, car les gens sont jaloux de ce qu'ils n'ont pas. Moi, je ne suis pas jaloux de leurs grosses retraites et pourtant ces gens-là sont jaloux de mes deux maisons.*

La paupérisation programmée des petits bailleurs

La hausse du coût de l'énergie rend obsolètes les maisons non isolées thermiquement et l'ANAH n'a plus le rôle moteur dans la rénovation que l'on connaissait encore dans la décennie 1995-2005. Ainsi de nombreux logements restent vides parce qu'ils sont trop grands et mal isolés thermiquement. Il y a donc de nombreux bailleurs privés qui seront obligés d'abandonner ces logements, principalement dans les campagnes. Maintenant que les Anglais n'achètent plus aussi souvent, une partie du patrimoine culturel de nos campagnes est vouée aux injures du temps. Circonstance aggravante, les nouvelles normes d'isolation, d'électricité et les nouvelles demandes légitimes de confort des locataires contribuent à enchérir les rénovations. Il y a paupérisation programmée des petits bailleurs.

6. Les problèmes des propriétaires sont moins médiatisés que ceux des locataires

Le magazine MIEUX VIVRE VOTRE ARGENT note dans son numéro du 2 novembre 2012 que « la presse regorge d'articles sur la galère des locataires » et fait un inventaire succinct des problèmes que peut rencontrer un propriétaire, il y a peu d'articles sur les difficultés des bailleurs, aussi il parait important de citer de larges extraits de l'article de Virginie Franc-Jacob intitulé « Loyers impayés : une vraie galère pour les propriétaires ».

« *La presse regorge d'articles sur la galère des locataires, les interminables files d'attente pour visiter un bien, le dossier béton qu'il faut constituer pour obtenir les faveurs du propriétaire... Pas question ici de contester cette réalité douloureuse, particulièrement à Paris et dans certaines grandes métropoles. Toutefois, bien moins médiatisés sont les problèmes des propriétaires bailleurs. Or de leur côté, la vie n'est pas toute rose non plus. Et les ennuis peuvent débuter dès les premières visites. "Régulièrement, un candidat à la location prend rendez-vous et ne se présente pas, sans même se donner la peine de me prévenir." Plus ennuyeux encore, certains déclarent fermement vouloir l'appartement pour se rétracter finalement... le jour de la signature du bail. Bref, on est bien loin de l'image d'Epinal de l'appartement qui, à peine libéré, se reloue dans la semaine avec une belle hausse du loyer en prime. Au contraire, d'après l'observatoire des loyers Clameur, depuis quelques années, la vacance entre deux locataires ne cesse d'augmenter : elle atteint désormais neuf semaines ! Mais c'est après la signature du bail que la vraie galère peut commencer...*

La lenteur de la procédure est due en grande partie aux multiples étapes et aux délais à respecter entre chacune d'entre elles. Mais, de surcroît, certains locataires ne se privent pas de freiner davantage encore le déroulé des opérations. "Lorsqu'elle recevait le commandement de payer, ma locataire soldait ses impayés dans les deux mois comme l'exige la loi, relate Edilbert. Mais, pendant ce délai, elle ne réglait pas les loyers des mois en cours. Et il fallait donc lui renvoyer un nouveau commandement, qui lui laissait à nouveau deux mois pour payer..." Epuisant !...

Certes, le bailleur dispose de garanties du type cautionnement ou assurance loyers, mais, dans la pratique, les choses se révèlent souvent bien plus compliquées que sur le papier. "Il arrive fréquemment que la caution soit annulée, constate Malik Farajallah, avocat au barreau de Paris. Surtout lorsque le bailleur n'est pas passé par un professionnel pour la rédaction de l'acte." Parfois aussi, la personne qui s'est portée caution n'est finalement pas solvable...

Mais la loi, très protectrice pour le locataire, met là encore leur patience à rude épreuve. Entre l'assignation du locataire devant le juge d'instance et son éventuelle expulsion, il se passera plusieurs mois au minimum, et souvent plusieurs années : le temps de réaliser une enquête financière et sociale, d'accorder des délais au locataire pour quitter les lieux, de faire intervenir la force publique s'il refuse de s'en aller... Certes, le dossier ne va pas toujours aussi loin. Parfois, le locataire part de lui-même sans attendre la fin de la procédure... Mais non sans avoir laissé quelques souvenirs de son passage...

...même si le locataire a visiblement quitté le logement, cela ne signifie pas officiellement la fin du bail...Au risque, sinon, d'être condamné pour violation de domicile, à une peine pouvant atteindre un an de prison et 15 000 euros d'amende... Le bailleur désireux de reprendre possession d'un bien déserté par un locataire mauvais payeur doit commencer par collecter un certain nombre de preuves d'abandon du logement : attestations du voisinage, coupure d'eau, d'électricité, courrier s'accumulant dans la boîte aux lettres... Ensuite, seulement, il pourra demander à un huissier de pénétrer dans les lieux. Et, enfin, ce dernier saisira le juge d'instance. "Le juge pourra alors résilier le bail et permettre au locataire de récupérer son logement", explique Philippe Bourgeac, huissier de justice à Paris. Et, pendant ce temps, la facture continue de s'alourdir... Mieux encore : si le locataire a "oublié" de déménager ses meubles, c'est le bailleur qui devra s'en charger...

La loi protège-t-elle trop le locataire au regard du propriétaire ? A priori, ce déséquilibre peut sembler justifié. L'enjeu, pour le locataire, souvent en situation financière délicate, n'est-il pas de conserver un toit ? Mais le bailleur, lui, doit continuer de financer ce toit : charges, impôts et parfois emprunt. Et si lui-même éprouve des difficultés financières, nul fonds de garantie, nulle instance publique pour l'aider. Or, pour lui aussi, la situation peut devenir dramatique. C'est le cas de nombreux bailleurs...

Mais bon nombre de propriétaires jettent l'éponge. "Les locations aux particuliers, c'est terminé ! assène Stéphane. Je loue désormais mes appartements en bureaux." D'autres avouent préférer payer une taxe sur les logements vacants plutôt que d'avoir encore à endurer ce parcours du combattant. A trop vouloir protéger le locataire, le risque est bien de faire baisser le nombre de logements mis sur le marché. Une équation difficile à résoudre. »

7. Une stigmatisation sociologique

On ne peut terminer ce chapitre sans observer un malaise des propriétaires qui ressentant ces agressions de la société, commencent à prendre conscience qu'ils ne sont pas aimés en raison de leur activité. Ce faisant, les propriétaires privés se sentent obligés de se justifier et de prouver qu'eux-mêmes ne sont pas des marchands de sommeil. Les plaidoiries de la plupart des avocats invoquent l'humidité, la vétusté et « le coup de peinture pour cacher la misère » pour disculper leurs clients locataires, accusés d'avoir dégradé leur logement. Dès qu'un bailleur réclame le montant des dégradations de son locataire, il est accusé de « *vouloir refaire son logement sur le dos de son ancien locataire* ». Certains locataires parlent de persécution dès que le propriétaire se permet plusieurs relances, les locataires les plus audacieux portent plainte pour harcèlement moral ! Ces procès d'intention sont permis par la médiatisation des marchands de sommeil.

Dans les sous-entendus de certains avocats, ressurgit fréquemment l'autre accusation de « richesse du propriétaire » équivalente à une monstruosité dans le conflit qui l'oppose à un locataire soi-disant indigent. Etre propriétaire devient une faute dès qu'il s'agit de réclamer de l'argent à plus pauvre que soi ; même si le locataire est plus riche que son propriétaire avec une fiche de paie plus conséquente, il endosse dans le Tribunal d'Instance le rôle « d'exploité ». La sémantique du riche « qui donne un coup de pinceau » pour cacher la misère est une technique oratoire qui instrumentalise les magistrats en suggérant une hypocrisie habituelle et une manigance pour tromper le locataire. La rhétorique des propriétaires n'est pas aussi fleurie, car ils se défendent le plus souvent seuls, leur exaspération sous forme de colère agace le plus souvent les juges et ne les prédispose pas en leur faveur.

Les propriétaires sont effondrés par les audaces du pouvoir central et songent à déserter l'investissement locatif pour certains ou à entrer en résistance pour les autres. Certains propriétaires n'hésitent plus à employer des méthodes illégales pour expulser les locataires « voyous » comme le démontage des portes et des fenêtres, la coupure d'eau (exemple réel effectué par une mairie qui avait un locataire ne payant plus son loyer). Si l'Etat ne donne pas un signe fort de retournement de tendance en limitant la pression fiscale et la discrimination législative, en les insérant dans la vie publique, il y a beaucoup à craindre pour l'avenir ; comme pour chaque catégorie de population qui n'est pas représentée dans la vie sociale, la violence ou l'envie de se faire justice soi-même est une tentation.

8. Les divisions des bailleurs privés en fonction de leur statut expliquent une absence de lobbying et l'inexistence d'un syndicat professionnel

On peut évoquer une discrimination dans le foisonnement réglementaire et législatif de la propriété locative dans la mesure où d'autres professions ne sont pas assujetties aux mêmes réformes législatives suspicieuses de l'Etat. Les banques pratiquent des frais bancaires arbitraires, les loueurs de voitures conservent les dépôts de garantie sans justificatif de réparation, au moindre accrochage, les hôteliers débitent la carte bancaire en cas de départ furtif alors que les bailleurs ne peuvent pas le faire, les assureurs ont des règlements à peine compréhensibles pour un consommateur non spécialiste.

Cette discrimination de traitement vis-à-vis des bailleurs provient du fait que l'Etat ne considère pas l'activité de loueur de logement comme étant une profession. Fiscalement cette activité n'est pas commerciale, mais « civile » et l'Etat pense y trouver le fondement d'un comportement paternaliste, autoritaire avec les bailleurs et bienveillant avec les locataires.

Les bailleurs privés n'ont pas su créer un syndicat professionnel par peur d'une fiscalité commerciale qui aurait pu être encore plus défavorable, ce faisant ils exercent une activité non reconnue qui est la plus fiscalisée. La faute de l'inorganisation des bailleurs privés provient du fait qu'ils n'ont pas intégré la dimension professionnelle de leur métier, de leur apport social et commercial dans la société ; ils conservent leur vision corporatiste d'une rentrée d'argent sans assimiler que celle-ci est la contrepartie d'un service rendu à des clients-locataires. Cette absence de compréhension du marché de la location, réduit à la perception d'un loyer, les a enfermé, du moins pour certains, dans un passéisme où le locataire est supposé docile, voire infantilisé, au point de ne pas être identifié dans un processus marchand, avec la complicité de l'Etat percepteur qui trouve son compte dans cette absence de prise de conscience des bailleurs. Ce comportement paternaliste de certains propriétaires pouvait s'expliquer (sans se justifier pour autant) quand il y avait crise du logement, il s'agissait d'une autre époque.

L'UNPI n'est pas un syndicat professionnel, mais une simple association de bailleurs privés, ces derniers n'ont pas su s'organiser en syndicat professionnel comme dans toutes les autres professions, car ils n'ont jamais imaginé exercer un métier. L'explication se situe au XIXe siècle où l'on devenait propriétaire à la fin d'une vie, au moment de la retraite, à la fin d'un parcours professionnel réussi. Devenir bailleur était équivalent à devenir rentier, en comparaison le locataire était celui qui n'avait pas réussi. Cette équivalence ancienne de rentier paralyse maintenant les bailleurs individuels traditionnels qui s'honorent de ne pas avoir d'autre métier, dans une tradition des siècles précédents où il était bien vu de ne pas travailler. L'accès à l'emprunt pour devenir propriétaire a introduit une autre catégorie, celle qui doit travailler pour payer ses mensualités, il en résulte deux conceptions opposées chez les bailleurs privés : les bailleurs sans emprunt peuvent continuer à ne pas travailler en déléguant la gestion à des agences immobilières, mais les bailleurs accédants doivent travailler, car ils n'ont pas la trésorerie pour confier la gestion à autrui. Les discussions entre bailleurs privés traduisent ces écarts de situations et expliquent l'action faiblement défensive des bailleurs privés face aux agressions de l'Etat, englués dans la contradiction d'un besoin de cohésion entre eux et des aspirations divergentes de ces deux catégories de bailleurs. De plus, les intérêts des bailleurs parisiens et des grandes villes sont opposés à ceux des bailleurs des zones rurales pour une part non négligeable de leurs revendications, il n'y a pas d'action de lobbying efficace par manque de volonté commune sur des objectifs. Tant que les bailleurs privés n'auront pas intégré leur rôle de logeur, dans un marché concurrentiel avec les bailleurs publics, ni leur fonction de créateurs d'emplois, avec les travaux de rénovation et de construction, ni leur participation à l'entretien du patrimoine architectural et donc de la valorisation touristique de notre pays, l'Etat sera fondé à les considérer comme des partenaires négligeables. Ils doivent se demander quelle est leur fonction sociale pour l'insérer et l'harmoniser avec la demande de logements. Il est paradoxal que face à l'élaboration du droit au logement que l'ensemble de la société a souhaité, les propriétaires privés n'aient pas su convaincre les décideurs politiques qu'ils étaient les partenaires historiques incontournables dans une politique nationale du logement. La manifestation de cet échec des bailleurs privés à être présents dans la société est patente dans le fait que pas un président de la République, ni même un Premier ministre n'a accordé d'entretien à un président de l'UNPI.

CONCLUSION DU CHAPITRE

Les freins à l'offre locative privée sont multiples. Nous avons vu que les réglementations sur le logement sont devenues des chantiers inégalitaires par une progression du droit de jouissance des locataires au détriment du droit de propriété des bailleurs. Il y a eu partition du droit de propriété originel dans une nouvelle césure juridique qui est un facteur potentiel de crise du logement : chaque fois qu'une nouvelle règle avantage les seuls locataires, elle incite les propriétaires à sortir du marché. Au surplus, les pouvoirs publics justifient une autre limitation des droits des bailleurs privés dans une tentative opportuniste d'élaboration d'un intérêt général qui n'est que celui des collectivités locales et des élus. Cette situation produit des pénuries foncières d'origine administrative qui pèsent à leur tour sur le marché du logement ce qui initiera une crise du logement par la régulation administrative du marché. Le fardeau fiscal vient enfin alourdir la rentabilité locative, allant jusqu'aux absurdités d'impositions sur des revenus virtuels déconnectés de la réalité. Le marché est asphyxié par l'Etat dans ce qui semble être un début de collectivisation du logement !

Cette prééminence récente du droit de jouissance sur le droit de propriété ne se contente pas de limitations juridiques, mais se traduit financièrement par un transfert de charges locatives vers le bailleur, incluant progressivement les réparations et les charges locatives ainsi que les dégradations. Le concept de jouissance en bon père de famille tend à être oublié au profit du droit d'usage normal et même anormal ! Ce n'est pas un hasard, si la liste des réparations locatives n'a pas été revue depuis 1989, les élus se déchargeant sur les juges pour faire le travail qu'ils n'osent faire. La collectivité met à la charge des bailleurs ce qui appartient à la responsabilité de l'Etat avec le maintien dans les lieux des locataires impécunieux ; la trêve hivernale financée par les seuls propriétaires est symbolique du transfert d'une responsabilité étatique sur une catégorie sociale. Si le maintien dans les lieux était obligatoire seulement dans le parc public, on pourrait aisément le comprendre, en raison des subventions octroyées, mais les bailleurs privés ne recevant pas de dédommagements pour une mission publique n'ont pas à supporter seuls, le poids financier d'une solidarité nationale imposée. Il y a aussi volonté délétère de renverser le pouvoir des propriétaires, jugé exorbitant dans leur gestion de leur patrimoine, leur déniant même leur droit de laisser vacants leurs logements. Dans cette évolution, la nouvelle morale conçue sous les auspices des seuls locataires aussi bien que la jurisprudence, participent conjointement avec la loi, au démantèlement du droit de propriété. Tout ceci entraine un découragement des bailleurs institutionnels et traditionnels qui désertent peu à peu ce secteur, laissant aux bailleurs sociaux et aux bailleurs « fiscaux » le soin de les remplacer, ce qui pèsera encore davantage sur les finances publiques

La préférence donnée au droit de jouissance par rapport au droit de propriété, par les pouvoirs publics, incite les individus à rester locataires plutôt qu'à devenir propriétaires dans une nouvelle négation de l'ascenseur social, mais en même temps décourage les propriétaires à continuer d'investir, ce qui annonce une crise du logement plus sévère dans un effet de ciseaux législatif.

De plus, les bailleurs publics font désormais concurrence aux bailleurs privés en utilisant les mêmes méthodes de marketing ; or si les candidats locataires ne se déplacent pas spontanément aux guichets des bailleurs publics, cela prouve que le marché remplit sa fonction sans l'aide des bailleurs publics, c'est donc la démonstration de la concurrence déloyale envers les bailleurs privés dans les zones détendues. Ainsi, entre la réduction des droits des bailleurs privés et la concurrence des bailleurs publics, il apparait que l'Etat étrangle les bailleurs privés au profit des bailleurs publics dans ce qui pourrait être une nationalisation rampante du logement. Mais si le parc social-public avait rempli sa mission de loger les plus modestes, la critique de la collectivisation serait infondée, aussi il est temps d'établir un bilan de son action.

Chapitre VIII

L'échec du parc public

« *La France est une économie soviétique qui pense avoir réussie* »
Guy Carcassonne

Si la nationalisation rampante du logement avait éradiqué la crise du logement, les récriminations des propriétaires privés seraient apparues corporatistes, mais il faut constater que malgré les centaines de milliards d'euros que la collectivité a sacrifié pour le parc public depuis six décennies, la crise immobilière à Paris n'a pas été endiguée et l'on constate une vacance locative partout dans le reste de la France, ce qui démontre l'inefficacité du logement public dans les zones urbaines et son inutilité dans les zones rurales. L'échec du parc public est d'abord immobilier en ce qu'il a coûté cher à l'achat, qu'il coûte cher à l'entretien et qu'il n'a qu'une faible valeur de revente sauf à Paris et dans quelques métropoles (quand il n'est pas voué à la destruction), qu'il est inesthétique et créateur d'incivilités, c'est aussi un échec humain, car il s'est contenté d'entasser des personnes modestes dans des ghettos, négligeant leurs aspirations à mieux vivre. Ce dernier point est surtout sensible avec les bailleurs nationaux qui se préoccupent davantage de bilans que de conditions de vie harmonieuses.

NB. La centaine de présidents de chambres des propriétaires (UNPI) réunis à Lyon se souviennent des propos catégoriques de Christine Boutin alors ministre du Logement : *« Je ne permettrai pas de critiques des HLM en ma présence ».* Le sujet était clos, pas de discussion, pas de dialogue, pas de concertation, nous sommes en face d'un tabou : les HLM semblent intouchables.

Ce chapitre ne doit pas être considéré comme une charge contre le logement public qui a rempli et satisfait encore une mission d'utilité générale depuis sa création. Le parc public permet notamment le relogement des locataires expulsés qui sans cela seraient sans doute à la rue. De même que les bailleurs privés doivent se remettre en question quand ils louent des logements dégradés, qu'ils ne restituent pas le dépôt de garantie sans motif, etc. Les bailleurs publics ne peuvent espérer échapper à la critique pour leurs échecs sous le prétexte qu'ils remplissent une mission sociale nécessaire pour les ménages en difficulté. Il est difficile en France d'avoir des discussions sereines sur certains sujets sensibles comme celui-ci, en raison des partis pris et de la certitude de chacun de détenir la vérité. Ce ne serait pas aider le logement public que de taire ses défauts, ce chapitre s'attaque donc sans tabou aux insuffisances du parc public.

A . L'ECHEC IMMOBILIER DU PARC PUBLIC

1. Echec du parc public dans les métropoles et inutilité en province

a. Le parc public n'a pas résolu la crise du logement dans les grandes villes

Il est évident que la crise du logement perdure dans l'Ile-de-France et dans les métropoles et ce malgré l'intervention de l'Etat pour aider les bailleurs publics depuis plus d'un demi-siècle. Les causes de cet échec du parc public à résoudre la crise du logement sont multiples.

La première cause tient à la moins bonne efficience de la gestion publique par rapport à la gestion privée. C'est un fait connu que le couperet de la sanction économique ultime du dépôt de bilan, incite les dirigeants d'une entreprise privée à être inventifs dans la recherche continue de solutions adaptées au marché alors que la gestion publique n'est pas astreinte à la rationalité économique en ayant toujours la possibilité d'adapter les recettes aux dépenses par l'octroi de budgets additionnels en fin d'exercice. En réalité, on ne devrait pas parler de gestion publique, mais de consommation de budgets.

L'autre raison tient à ce qu'il n'y a pas de sanction personnelle à l'encontre des dirigeants d'organismes publics ayant échoué dans leur mission. Il manque une autorité de tutelle répressive ainsi que des agences de notation de l'activité publique, pour contrôler et améliorer l'action des organismes publics et de leurs dirigeants. La Cour des Comptes qui recense les déficiences de la gestion publique n'a pas de pouvoir coercitif.

L'aide à la pierre est une incitation aux stratégies patrimoniales, mais sans prescriptions géographiques et c'est un effet pervers. La facilité avec laquelle les organismes HLM ont obtenu des subventions et des aides diverses, entraine des réflexes et des envies d'accumulations capitalistiques qui deviennent des signaux de réussite. Plus une société HLM a de logements, plus ses dirigeants se sentent considérés, le succès d'un président de société HLM se mesure au nombre de logements qu'il a produit, autrement dit, plus il a obtenu de subventions auprès des pouvoirs publics, plus sa compétence est reconnue ; ceci explique l'importance de la composition des conseils d'administration dont les membres sont d'abord des partenaires chercheurs de subventions.

Cette autonomie des sociétés HLM a produit de l'anarchie par l'absence de planification d'ensemble des logements sociaux. Les pays communistes avaient une planification, lourde et maladroite certes, mais qui avait un sens global ; en

France on a voulu faire de même, sans la planification géographique ce qui explique des localisations aberrantes, insuffisantes ici et surabondantes ailleurs. Le pouvoir central a désiré un parc social qui soit public, mais a laissé le choix des implantations aux bons soins des sociétés HLM, cette autonomie n'était contrôlée que par une administration départementale qui n'avait pas de vision nationale d'ensemble, ni de prescriptions locales. Cette concession à la liberté d'entreprendre des dirigeants HLM a reproduit les défauts d'une économie de marché, mais sans les correctifs de la sanction économique des erreurs de gestion. On pourrait dire également que ce système a conservé la rigidité d'un système bureaucratique sans le contrôle d'une administration sourcilleuse. C'est ce régime hybride collectivisation-marché, d'une planification théorique avec des objectifs en pourcentage uniquement, sans indication géographique qui a causé les insuffisances du parc public. Pour reprendre l'expression de la sénatrice Isabelle Pasquet, c'est *« l'éclatement de la gouvernance du logement »* qui est responsable de la crise du logement ; d'ailleurs, on peut se demander s'il ne serait pas mieux d'évoquer l'absence de gouvernance du logement malgré ou en raison d'une profusion de textes et d'acteurs.

b. Le parc public a trop construit en province au point de créer puis de subir la vacance locative

Le parc public a trop construit en province, la prise de conscience s'est faite seulement au début de la vacance locative récente. Celle-ci a frappé d'abord le parc privé vers les années 2006-2007 puis a gagné le parc public depuis 2010. Avant cette date, les pourcentages de la loi SRU pouvaient sembler raisonnables et l'on pouvait estimer que les régions qui n'atteignaient pas l'objectif de 20 % étaient responsables de la crise du logement, car les HLM arrivaient à remplir leurs logements ; ce n'est plus le cas, ce qui prouve que les objectifs étaient trop ambitieux. Il faut rechercher concrètement maintenant la cause du dysfonctionnement du parc public mise en évidence par la vacance locative dans ce parc. On peut imaginer, car on ne peut faire que cela devant la discrétion de l'attribution géographique des aides que les bailleurs publics en régions ont été plus réactifs et ont consommé des crédits qui auraient été plus utiles dans la région parisienne.

c. Les effets pervers de la loi SRU

Le décalage entre l'intérêt général, la loi SRU et la survie des HLM

L'hypothèse de départ serait que la loi SRU avec ses pourcentages obligatoires a été la loi de trop à l'instar de la loi Scellier. Il y a eu en 2011 un début de mauvaise humeur des bailleurs sociaux, certains ne voulaient plus construire de nouveaux logements dans les zones détendues, ne souhaitant pas prendre le risque d'aggraver leur vacance locative ; dès 2011, certains ont commencé par refuser de nouvelles demandes d'agréments et de nouveaux financements, en raison de la vacance locative dans leur parc. (Intervention de la SA d'HLM et d'Habitat Sud

Deux-Sèvres le 17 novembre 2011 devant les élus de la communauté d'agglomération de Niort et le représentant de l'Etat). En 2012, ces mêmes représentants restaient silencieux sans que l'on ait d'explication, mais en privé s'inquiétaient de l'accroissement de leur vacance locative. Les pouvoirs publics ont été surpris de cette réticence des bailleurs sociaux à construire plus et se tournent vers les communes pour les obliger à appliquer le coefficient de 20 % de la loi SRU.

La vacance dans leur parc qui est pour l'instant minime peut si elle s'aggrave mettre en péril certains organismes HLM. En province, devant le choix de logements disponibles, on commence à constater que les candidats locataires refusent de plus en plus souvent, l'habitat groupé des cités, à l'étonnement des bailleurs publics. Les logements les plus anciens des bailleurs publics et ceux des tours et barres d'immeubles sont occupés par de nouvelles familles venues dans la région.

A l'évidence, chaque nouveau logement construit augmente la vacance locative d'une unité dans un accroissement marginal de la vacance locative. Une nouvelle stratégie pourrait expliquer en fait le silence des bailleurs publics qui consisterait à démolir les immeubles anciens et à reconstruire des logements neufs, améliorant le rapport qualité-prix qui permet d'attirer de nouveaux clients venant du parc privé.

L'imposition uniforme des taux de la loi SRU crée un échec d'objectif dans certaines régions et une offre inutile dans d'autres

L'article 55 de loi SRU qui est d'application uniforme pour toute le France crée un échec d'objectif pour la plupart des communes qui n'ont pas intérêt à construire d'autres logements sociaux, car la demande n'existe pas. Selon l'USH *« Dans quatre régions (Haute-Normandie, Champagne-Ardenne, Nord-Pas de Calais et Île-de-France), les logements sociaux constituent plus de 20 % du parc des résidences principales. Dans les départements d'outre-mer, les logements sociaux représentent 22 % du parc ».* Dans les autres régions les logements sociaux représentent moins de 20 %. 6 régions ont moins de 10 % (Poitou-Charentes, Aquitaine, Midi-Pyrénées, Languedoc-Roussillon, Corse, Auvergne), 8 régions ont entre 10 et 15 % de logements sociaux (Bretagne, Pays de Loire, Limousin, Bourgogne, Alsace, Lorraine, Jura, PACA et 4 entre 15 % et 20 % (Normandie, Rhône, Centre et Picardie).

Les communes périphériques des petits centres urbains ont une demande sociale moins forte due à l'absence de transports en commun qui pénalisent les ménages sans voiture ou ceux qui ont des petits salaires avec des emplois à temps partiel dans la ville principale. Certaines villes n'ont absolument pas besoin de nouveaux logements, car le chômage limite les migrations professionnelles et le bâti existant doit être en priorité rénové, d'autres villes qui ont appliqué ce quota sans avoir de difficultés de location se retrouvent depuis la loi Scellier avec des excédents de logements sociaux en concurrence avec les logements privés.

Dans les zones où sévit encore la crise du logement, les quotas SRU sont impuissants, car le blocage se situe dans la rareté du foncier et donc du prix de revient. De tout cela il ressort que cette obligation est dangereuse dans les zones de vacance locative et impuissante là où règne la crise du logement. On peut en conclure que la solution des pourcentages est une erreur.

d. Des critères d'accès trop larges qui dénaturent l'urgence des logements sociaux

L'échec du parc public provient en premier lieu de son objectif, les conditions d'accès au parc social permettent à 60 ou 70 % des Français de bénéficier d'un logement social. Un tel pourcentage est absurde dans les villes de moins de 100 000 habitants (or il n'y a qu'une trentaine de villes de plus de 100 000 habitants) car dans ces villes, les salaires moyens sont au dessous des seuils d'accès aux logements publics et pratiquement toute la France rurale a droit à un logement social, ce qui ne veut plus rien dire. Pour satisfaire leurs électeurs, les élus sont incités à demander toujours plus de logements sociaux dans une spirale de toujours plus de dépenses publiques.

Le parc public responsable du mal logement des plus modestes par un seuil d'accès trop large : 2,35 millions de ménages du parc social seraient trop riches et priveraient autant de ménages pauvres

Un constat inquiétant de la Cour des Comptes en 2006 relève que 53 % des locataires du parc public soit 2,65 millions de ménages bénéficiaient en 2006 d'une aide au logement. A contrario on peut donc dire que 47 % des locataires publics devraient déménager pour laisser la place à des gens aux ressources plus modestes, ce serait un moyen rapide d'en finir avec la crise du logement. Si l'on s'en tient à ces pourcentages ce n'est pas 300 000 locataires riches qui devraient quitter le logement social, mais 47 % du parc public, soit 2,35 millions de ménages. Il devient évident que la crise du logement disparaitrait si ces 2,35 millions de logements étaient affectés aux ménages les plus modestes en recherche de logement, la vacance locative du parc privé permettrait d'accueillir les locataires sortants. Autrement dit le parc social-public en acceptant des candidatures largement solvables, interdit l'accès au logement social à plus de deux millions de ménages pauvres.

Ainsi, il est clair que le parc public a failli à sa mission de loger les ménages modestes en préférant des ménages plus aisés pour diminuer ses risques d'impayés. Le parc public se trouve confronté à la même problématique de rentabilité que celle du parc privé et c'est logique, il convient d'en déduire que le parc public serait paradoxalement la cause du mal-logement à hauteur de 2,35 millions de ménages. Comment en est-on arrivé là ?

Un impératif de limitation des risques d'impayés

Les dirigeants des sociétés HLM ont privilégié les candidatures de 2,35 millions de ménages non pauvres pour limiter leurs risques d'impayés, utilisant les mêmes critères que les bailleurs privés. Ils ne pouvaient faire autrement en raison des lois privilégiant les locataires en cas de conflit judiciaire, il y a lieu d'incriminer la même législation douce envers les locataires.

Seuil de pauvreté et logement public : quelle est la clientèle logique du parc public ?

Le parc public avec 5,2 millions de logements, loge 10 millions de personnes. Selon l'USH, le parc public loge pour :

- 2 % des artisans, commerçants, chefs d'entreprise,
- 4 % des cadres et professions intellectuelles supérieures
- 12 % de professions intermédiaires

Soit un total de 18 % de professions aisées.

L'USH a classé les catégories sociales suivantes dans le parc HLM :

- 24 % d'ouvriers,
- 25 % d'employés
- 26 % de retraités

Il manque les revenus de ces diverses catégories sociales pour déterminer comment les ménages du parc public se situent par rapport aux plafonds autorisés. Mais il apparaît que ce dernier est allé au-delà sa mission d'origine de loger les plus pauvres en ne logeant que 7 % de locataires sans profession et surtout en logeant 18 % de professions aisées. Notons que le parc privé avec 8 % de locataires sans profession remplit mieux la fonction de bailleur social.

Quel est le seuil de pauvreté ?

Plusieurs méthodes permettent de calculer le nombre de ménages pauvres. La pauvreté est calculée en Europe et en France à partir du revenu médian des ménages. Le seuil de pauvreté est généralement défini à 60 % du revenu médian ce qui correspond en 2009 à 954 € par mois et par ménage ; avec cette définition, en 2008, l'INSEE estime que 13 % des ménages vivent en dessous de ce seuil de pauvreté soit un peu moins qu'en 2007. L'INED avait recensé 26 615 476 ménages en 2008, c'est donc 3 460 000 ménages qui vivent en dessous ce seuil.

Le CREDOC sous la plume de Régis Bigot dans « Fins de mois difficiles pour les classes moyennes » propose un autre concept celui « *du niveau de vie, plus précis même s'il est moins connu du grand public... Le niveau de vie consiste à tenir compte de la composition du ménage en divisant le revenu disponible par le nombre d'unité de consommation du foyer.* » Le revenu disponible est la somme de l'ensemble des revenus : le revenu initial avec les salaires, les pensions de retraite, les indemnités de chômage, les bénéfices des travailleurs indépendants, les revenus du patrimoine, les prestations sociales. On déduit les impôts directs, l'IRPP, la taxe d'habitation, les contributions sociales, la CSG et la CRDS (avec cette typologie, les classes pauvres comprenant les classes populaires et défavorisées représentent 20 % des Français). Selon une enquête du CREDOC sur le sentiment d'appartenance à une catégorie sociale, les personnes interrogées ont le sentiment d'être défavorisées pour 6 %, par ailleurs, les classes populaires représentent 21 % de la population et les classes moyennes se reconnaissent dans 66 % de la population. Le sentiment d'être pauvre varie donc de 6 % à 27 % si l'on inclut la classe populaire. On ne sait donc pas s'il faut retenir le chiffre de 6 % pour cerner les ménages pauvres ou celui de 27 % qui serait le pourcentage de ceux qui ne font pas partie des classes dites moyenne ou supérieure. Avec 26,6 millions de ménages en 2008 selon l'INED (tableau 3) on aurait donc 1,596 millions de ménages défavorisés (6 %) et 5,586 millions de ménages populaires (21 %). La question se pose donc de savoir si le parc HLM doit loger seulement les ménages défavorisés ou l'ensemble des ménages populaires et défavorisés, ce qui représenterait 7,182 millions de ménages et donc de logements. Nous savons également que le parc privé loge davantage de ménages pauvres que le parc public, mais pour simplifier disons que la vocation des deux parcs est de loger chacun la moitié des ménages populaires et défavorisés, il apparait que cette moitié s'élevait en 2008 à 3,591 millions, chiffre encore inférieur au nombre de logements du parc public.

Ainsi le parc public avait dès 2008, construit 1,5 million de logements en trop si l'on s'accorde à reconnaitre que son objectif était de loger simplement les classes défavorisées et populaires. En dépassant ce chiffre de 3,591 millions de logements, le parc public prétendait loger également les classes moyennes et perdrait donc de ce fait sa légitimité de parc social.

Un autre critère à retenir est celui de la CAF qui ne verse de l'argent qu'aux personnes qu'elle reconnait défavorisées selon les textes en vigueur. En 2010, 5 millions de familles recevaient les allocations familiales.

Evaluation de la concurrence du parc public en fonction des ménages pauvres et populaires : une surproduction d'au moins 1,7 million de logements publics

Avec la seule définition des ménages pauvres et populaires, il est possible de mesurer les parts de marché qu'a pris le parc public au détriment du parc privé en considérant le nombre de logements publics de 5 205 000 en 2011 (tableau 13). On sait que le parc privé loge plus de ménages pauvres que le parc public, mais si chacun des deux parcs loge la moitié des ménages pauvres et populaires, on peut estimer le nombre maximum de logements que les bailleurs publics auraient du construire, en divisant par deux le nombre de ménages pauvres et populaires.

Avec l'évaluation de l'INSEE de 3,46 millions de ménages pauvres, les bailleurs publics auraient dû construire seulement la moitié de 3,46 millions, soit 1,73 million de logements. Si l'on retenait la définition de la CAF pour un chiffre de 5 millions de ménages pauvres, le maximum de logements publics devrait s'établir à 2,5 millions. Avec les ménages pauvres et populaires du CREDOC de

7 millions, ce serait un maximum de 3,5 millions de logements publics qu'il aurait fallu construire.

Tableau 83 - Synthèse des évaluations des ménages pauvres

Organisme	CAF	Cour des Comptes	INSEE	CREDOC	CREDOC	CREDOC
Année	2010	2006	2008	2008	2008	2008
Critère	alloc familiales	aides logement	seuil pauvreté	mén pauvres	mén populaires	mén popul et pauvres
% des ménages		53 % des mén	13 % des mén	6 % des mén	21 % des mén	27 % des ménages
Ménages pauvres	5 000 000	2 650 000	3 460 000	1 596 000	5 586 000	7 182 000

mén = ménages

Le plafond des logements sociaux peut être fixé entre 3,46 et 7 millions de logements selon les définitions, à répartir entre les deux parcs public et privé. Il est donc possible d'évaluer la part de marché qu'a pris le parc public sur le parc privé. Dans l'hypothèse la plus favorable pour le parc public, c'est-à-dire en admettant qu'il pouvait loger les ménages populaires en plus des ménages pauvres, celui-ci n'aurait pas dû construire plus de 3,5 millions de logements (7/2=3,5) soit une surproduction de 1,7 million de logements (5,2-3,5). C'est cette surproduction qui paupérise actuellement les bailleurs privés par la vacance locative et la concurrence déloyale en raison des subventionnements reçus inutiles. C'est ce chiffre notamment qui justifie la plainte des bailleurs privés devant l'Europe.

2. Un parc démodé, vieillissant, dangereux, favorisant les ghettos, mal isolé phoniquement, énergivore…

Les immeubles sociaux ont été construits à une époque où l'isolation phonique était inexistante. L'isolation thermique n'était pas non plus une préoccupation avec du simple vitrage et le plus souvent sans contre-cloisons isolantes devenant de vraies passoires thermiques. Ces immeubles ont été construits en prenant en compte un prix du fuel ou du gaz très faible, le chauffage était même un luxe que n'avaient pas les propriétaires occupants modestes. Avec le temps, ce parc a mal vieilli et pose problème de la même façon que le parc privé. A la différence de ce dernier, l'information est confidentielle et les locataires les plus modestes n'osent pas se plaindre de leur bailleur social. Autant les pouvoirs publics stigmatisent les logements indignes du parc privé, autant le silence de l'Etat est retentissant sur le même état vétuste et dégradé du parc public.

a. Un parc datant des années 50-70

Les informations sur l'habitat indigne dans le parc public, pour reprendre le même terme réservé au parc privé, sont très rares. Elles ne transpirent qu'à l'occasion de la rénovation ou de la démolition d'HLM dégradées. On apprend alors que les locataires vont être relogés ce qui signifie très clairement qu'ils vivaient dans des logements indignes ; on suppose qu'ils ont payé leurs loyers jusqu'à leur départ, ce qui démontre l'honnêteté des locataires sociaux, mais également le manque d'écoute et l'avidité de certains bailleurs publics qui n'hésitent pas à encaisser des loyers dans des logements insalubres ou indignes.

La majeure partie du parc social date des années 50-70 et présente de nombreux signes de vétusté. Le Parisien du 15 mai 2010 relève « *des tours privées d'ascenseurs un jour sur deux, des immeubles entiers laissés sans chauffage au cœur de l'hiver, des appartements aux plafonds constellés de taches de moisissure...Les élus parisiens qui ont examiné un rapport sur l'état des ascenseurs dans la capitale ont évalué le nombre de pannes à 840 000 par an.*

Il ne se passe pas une semaine sans qu'une de nos amicales nous alerte sur des problèmes gravissimes d'entretien confirme-t-on à la CNL (Confédération nationale du Logement). »

L'Etat a débloqué 12 milliards d'euros depuis 2013 pour rénover 500 cités jugées prioritaires. Les autres attendront semble-t-il ! L'USH se plaint de ne pas recevoir davantage d'argent alors que la stratégie de tout bailleur est d'anticiper le vieillissement, en prévoyant des travaux incessants de rénovation. Ces propos illustrent, soit une stratégie d'assistanat du logement public qui attend tout de l'Etat, soit une absence de politique d'entretien alors que les bailleurs privés doivent rénover leurs logements sur leurs fonds propres. Il y a ainsi une discrimination supplémentaire qui est passée sous silence. Stéphane Peu le vice-président des Offices publics de l'habitat reconnait « *que les bailleurs publics nationaux qui gèrent 80, 100, voire 150 000 logements font mal leur travail* » et de citer « *les Beaudottes à Sevran, les Tarterêts à Corbeil, Orgement à Epinay, le Val-Fourré à Mantes-la-Jolie, par exemple sont dans un état déplorable. Les bailleurs nationaux sont souvent trop éloignés des locataires et des élus. Ils rendent des comptes à leurs actionnaires et réfléchissent plus en terme de bilan comptable que de performance sociale* ».

On se souvient de la grève de la faim du maire de Sevran dans une tente devant l'Assemblée nationale en novembre 2012, pour réclamer les 400 millions d'euros nécessaires, pour financer la rénovation des immeubles sociaux de sa ville. Les logements sociaux de la cité de la Croix Blanche à Angers étaient déclarés inhabitables le 11 décembre 2009.

On ne peut faire que des hypothèses sur le nombre de logements insalubres du parc public. Si l'on considère que plus de la moitié du parc public a été construit avant 1970, on peut estimer que cette moitié n'est plus aux normes électriques, thermiques, phoniques avec des états de dégradations variables. Les décisions de démolition illustrent clairement le mauvais état de certaines cités. Le parc public ne communique pas sur le nombre de logements inhabitables, mais sur les financements nécessaires à la réhabilitation. En 1973, le parc public avait 1 933 000 logements selon l'INSEE (tableau 89). Il faut certainement estimer à 2 millions le nombre de logements publics ayant un besoin urgent de rénovation en se basant sur leur date de construction.

Une autre caractéristique du parc public est son manque de valorisation immobilière, les immeubles construits il y a 40 ou 50 ans n'ont pas une valeur vénale de revente correspondant aux prix de revient de départ. Seules quelques SA d'HLM ont privilégié un bâti esthétique dans un environnement agréable avec de réelles possibilités de plus-values. Ce n'est que depuis quelques années que les rénovations du parc public ont le souci de l'esthétique même si les locataires constatent amèrement que les budgets vont plus souvent vers « un coup de peinture » que vers l'amélioration de leur confort.

b. Un parc où les incendies sont catastrophiques

Seuls 15 % des logements publics sont constitués de maisons individuelles selon l'USH, 28 % sont des grands ensembles et 18 % des immeubles HLM ont plus de 8 étages. Certains immeubles sont constitués de matériaux susceptibles d'incendies à propagation rapide et meurtrière. Les locataires et les pompiers expliquent que les cages d'escaliers importantes créent des cheminées de ventilation, asphyxiant les locataires des étages qui tentent de s'échapper de leur appartement dans un immeuble en feu. Dans les articles de presse décrivant certains incendies, les professionnels préconisent de démolir les cloisons qui réalimentent les flammes pour les remplacer par des matériaux sécurisés. L'absence d'escaliers de secours extérieurs rend préoccupante la survie des occupants des derniers étages, les locataires handicapés vivant dans les derniers étages ne peuvent utiliser les ascenseurs en cas d'incendie.

- Le 23 juillet 2003, une société HLM de Reims a été reconnue responsable de la mort d'un locataire le 4 juillet 1999 et condamnée à 30 000 € d'amende ainsi que 104 000 € de dommages et intérêts à la famille de la victime.
- Le 5 septembre 2005, l'incendie criminel provoqué par 3 jeunes filles fait 18 morts dans un immeuble social appartenant à l'immobilière 3 F propriétaire de 180 000 logements sociaux. Une simple allumette dans une boite à lettres a déclenché le feu dans le hall d'entrée. Il apparaît qu'au-delà de l'acte totalement irresponsable des auteurs, les matériaux de cet immeuble HLM n'étaient pas fiables et qu'il s'agissait d'un autre immeuble très dangereux.
- Le 10 août 2009, à Sevran un incendie dans une HLM fait 5 morts et des blessés graves.
- Le 20 avril 2011, à Revin dans les Ardennes un incendie dans une HLM fait un mort.
- Le 8 juillet 2011, à Niort un incendie causé par un court-circuit électrique a détruit une maison HLM. Un voisin donne l'alerte et sauve les occupants à l'exception d'une retraitée de 60 ans, brûlée vive dans l'encadrement de sa

fenêtre devant sa famille qu'elle venait de sauver. Les locataires des maisons voisines s'étaient plaintes sans succès auprès du bailleur social, de vivre dans des maisons dangereuses. (Nouvelle République et Courrier de l'Ouest du 9 juillet 2011).

- Le 22 juillet 2011, un incendie cause la mort de deux enfants dans un immeuble HLM de Rouen. La vétusté de cet immeuble en verre et en acier des années soixante a été la cause de la propagation rapide des flammes. La mère des deux enfants morts avait pu sauter de la fenêtre du deuxième étage avec son troisième enfant. On imagine la détresse de cette mère qui n'a pu sauver ses autres enfants. Les riverains disent que ce n'est pas la première fois qu'a lieu un tel incendie dans ce même immeuble et qu'il faudrait le raser. Le bailleur social savait donc que cet immeuble était mortifère.
- Le 2 janvier 2013, un incendie dans un immeuble de 6 étages de l'Office HLM de Gennevilliers fait 5 morts et 13 blessés. Les pompiers déclarent que cet immeuble n'était pas insalubre, mais un habitant explique cependant que la trappe de désenfumage était bloquée. La conception est sans doute à mettre en cause, car le feu qui a démarré au quatrième étage s'est propagé au cinquième où il a fait les 5 victimes, ce qui pose la question de sa reconfiguration ou de sa destruction.

c. Un parc en partie vétuste et mal entretenu

Selon l'USH, *compte tenu de la forte croissance du parc HLM des années 1950 à 1970, 62 % du parc HLM existant aujourd'hui a été construit avant 1980.* Le tableau 101 confirme ce chiffre.

En février 2012, la cité du Mirail à Toulouse est tombée en panne de chauffage pendant une semaine, une canalisation d'eau datant de 1970 s'était fissurée. 7000 locataires n'avaient plus de chauffage, ni d'eau chaude. Il faisait 10 degrés dans les logements, les familles se chauffaient avec des chauffages d'appoint qui dégageaient de l'oxyde de carbone, plusieurs personnes ont été hospitalisées pour intoxication.

Le 28 avril 2013, un pan d'immeuble public datant de 1958, s'écroule à Reims sous l'effet d'une explosion de gaz, faisant trois morts. 10 logements ont été détruits. Selon les habitants, interrogés par « France TV info » les canalisations de gaz en plomb, datant de la construction, ne sont plus étanches, ce qui menace la sécurité des immeubles ayant les mêmes canalisations. Selon l'architecte Christian Moley, l'effet d'effondrement « *château de cartes* » s'explique par la technique de construction de l'époque « *Avec des façades porteuses, les murs séparant les appartements, ainsi que leurs cloisonnements, ne sont plus porteurs* ». Les habitants excédés par la vétusté des logements expriment leur mécontentement « *Ils n'ont fait que repeindre l'extérieur, l'intérieur n'a pas changé depuis les années 60...ça devait arriver c'est trop vieux ici... quand on plante un clou dans un mur, ça s'effrite* »

d. Un parc dont l'entretien n'est pas assuré par les bailleurs publics sur leurs seuls fonds propres

Les bailleurs publics reconnaissent parfois que leur parc datant des années 50 à 70 est en mauvais état, n'ayant même plus les éléments de confort qui doivent être offerts dorénavant aux locataires : absence d'isolation dans les murs, dans les plafonds des derniers niveaux, simple vitrage, fenêtres en bois parfois défaillantes, revêtements de sols et muraux datant de 20 ou 30 ans (ayant donc du plomb), chauffage insuffisant, pannes de chauffage, électricité hors normes, sécurité incendie dépassée, cages d'escalier taguées, boites aux lettres hors d'usage, isolation acoustique inexistante, sécurité de l'environnement insuffisante, etc.

Les rénovations demandées par les locataires se font attendre des années. Le parc social est victime de son gigantisme, car il n'a pas anticipé le vieillissement et n'aurait donc pas la trésorerie pour maintenir en état les logements ce qui paraît étonnant avec le constat que les bailleurs publics ont 10 milliards d'euros de trésorerie. Les collectivités locales sont sollicitées or chacun sait que les finances de ces dernières sont alimentées par les impôts locaux payés notamment par les propriétaires privés.

L'ANRU, encore une aide pour le parc public

L'ANRU (Agence nationale pour le Rénovation urbaine) créée en 2004, est un établissement public industriel et commercial placé sous la tutelle du ministre chargé de la Politique de la Ville. Dans aucune des instances dirigeantes n'est désigné un représentant de la propriété privée alors que des personnalités de la vie civile y sont présentes : monde associatif, action syndicale, journalisme, éducation, entreprise, urbanisme, organismes du logement social, collectivités locales …ce qui ne peut manquer de surprendre d'autant que le programme prévoit la rénovation de 60 000 logements privés pour la période 2009-2016.

Notons que sur ces 60 000 logements privés, 20 000 doivent faire l'objet d'un conventionnement, 25 000 devront être des logements sociaux et 5000 doivent être affectés à l'hébergement. Il ne reste donc que 10 000 logements privés qui pourront rester sur le marché libre.

Des sociétés multinationales comme Bouygues Immobilier se sont développées sur ce créneau avec la publicité incitative pour les investisseurs privés de pouvoir bénéficier du taux de TVA de 7 % dans les quartiers répertoriés par l'ANRU. La motivation du gouvernement est de faire venir des propriétaires dans les quartiers sensibles, avec un objectif de mixité sociale inversée. La publicité précise pour rassurer ses futurs acheteurs que le projet peut être situé au maximum à 500 mètres du quartier sensible ! Il est mentionné également que dans le même programme immobilier il pourra y avoir des logements avec un taux de TVA réduit (avec des plafonds de ressources) et d'autres avec le taux normal ! Comment cohabiteront ces voisins quand ils se communiqueront leur prix d'achat ? A n'en pas douter, des jalousies ne manqueront pas de naitre qui ne favoriseront pas les relations de bon voisinage. Cependant, les bénéficiaires de ces taux privilégiés ne pourront pas revendre avant 15 ans sauf conditions exceptionnelles comme un décès ; après ces 15 ans il deviendra légal d'encaisser ces plus-values nées de cette différences de taux de TVA ! Soulignons le manque de cohérence entre ce délai de 15 ans avec celui des 30 ans ou 22 ans nécessaires pour les exonérations de plus-values des propriétaires privés.

L'ANRU finançait au 1er février 2007, les projets de rénovation de 508 quartiers accueillant 3,1 millions d'habitants pour un montant de travaux de 33 milliards d'euros qui sera porté à 40 puis à 45 milliards. L'ANRU intervient pour environ 12 milliards d'euros, les projets concernés sont indiqués dans le tableau ci-dessous.

Tableau 84 - Les logements neufs, anciens réhabilités et détruits, financés par l'ANRU

Programme ANRU 2007	Démolitions	Rénovations
Logements sociaux à construire		92 206
Logements à réhabiliter		204 217
Logements à démolir	97 941	
Logements à résidentialiser		224 351
TOTAL logements neufs ou réhabilités		520 774

Le programme finance également des collèges dégradés pour 24 millions d'euros et des « internats d'excellence et à l'égalité des chances » pour 500 millions d'euros, on ne voit pas la cohérence d'un tel projet hybride.

Avec ces 40 milliards destinés à la rénovation de 428 568 logements (204 217 + 224 351) alors que le parc public possède 12 fois plus de logements, il faut se demander si la nation ne devra pas financer 12 fois plus dans les décennies à venir, pour l'entretien de la totalité du parc public soit 480 milliards ! Cette somme n'est guère éloignée de la valorisation vénale du parc public ce qui donne l'impression de remplir sans fin un nouveau tonneau des Danaïdes avec les impôts des contribuables !

e. Les logements indignes et insalubres du parc public : entre 10 et 15 % du parc

On peut supposer que les logements détruits et financés par l'ANRU étaient insalubres ou indignes et que la décision de démolition était sage. Ils sont donc la démonstration que le parc public a des logements non seulement vieillissants ou vétustes ce qui est admis par les bailleurs publics, mais totalement inhabitables ce qui n'a jamais été reconnu, ni par eux, ni par l'Etat qui ne dénonce que l'habitat indigne du parc privé.

En novembre 2013, la société HLM France-Habitation à Asnières a été condamnée à 200 000 € pour location de logements indignes. Il s'agit probablement d'un des premiers jugements condamnant un bailleur public français, mais les médias ont été très discrets sur cette information.

Un quotidien des Deux Sèvres durant l'hiver 2013, révélait la souffrance d'un ménage de locataires habitant dans un logement insalubre d'un bailleur social. L'article évoquait l'humidité et le froid qui régnait dans ce logement. Le bailleur social interrogé a répondu qu'il sera réhabilité un jour comme une vingtaine de logements par an, mais que celui-là n'était pas d'actualité. Cet article est assez étonnant, car il y a quelques années il n'était pas possible d'évoquer les mauvaises conditions de logement dans le parc public (rappelons qu'en réunion sur les logements indignes du parc privé, il y a quelques années, un préfet m'avait empêché de signaler ce même état de fait dans le parc public). L'actualité est focalisée sur les seuls logements indignes du parc privé dont les propriétaires n'ont certes pas à être plus fiers. L'intérêt de souligner cette situation réside dans la préférence qui doit être accordée à la rénovation des logements publics plutôt qu'à la construction de nouveaux logements dès lors qu'il y a vacance locative pour cause de surproduction.

De 2005 à 2008, le parc public a détruit 51 400 logements (ANRU et hors ANRU, tableau 31), le tableau 84 sur le programme de l'ANRU de 2007 prévoit en plus de la démolition de 97 941 logements, la réhabilitation de 428 568 logements soit un total 526 509 logements. Avec les logements déjà démolis de 2005 à 2007, avec la possibilité des doubles comptes, il est permis d'évaluer à plus de 10 %, la part de logements en très mauvais état dans le parc public en 2010 (rappelons les 5,2 millions de logements du parc public). Cette estimation ne tient pas compte des logements qui seront détruits dans les années à venir pour lesquels aucune statistique n'existe. Si l'on additionne les logements qui seront détruits dans les années à venir, il faut considérer ce chiffre de 10 % comme étant très largement sous-évalué. Ce chiffre ne tient pas compte des logements inconfortables et bruyants, ni de ceux qui sont des passoires énergétiques, qui sont mal localisés dans un environnement désagréable ou dont la conception est démodée, etc.

En novembre 2012, une étude réalisée par l'ANIL établit que 15,3 % du parc public est dangereux ou possède des équipements insuffisants ce qui conforte l'hypothèse ci-dessus. Le parc privé avec 22,9 % de logements à l'équipement insuffisant ou dangereux n'a rien à envier au parc public.

Tableau 85 - Etat d'entretien des parcs privé et public

Statut d'occupation	Absence d'équipements de base	Equipements insuffisants ou dangereux	Défauts de confort ou d'entretien	Pas de défaut signalé	Ensemble
Propriétaires occupants	2,4 %	8,5 %	28,7 %	60,4 %	100,0 %
Locatif social	0,9 %	15,3 %	20,7 %	63,0 %	100,0 %
Locatif privé	2,5 %	22,9 %	30,5 %	44,1 %	100,0 %

Source : Jean Bosvieux de l'ANIL réalisé en novembre 2012 : Bailleurs et locataires dans le parc privé

Selon Jean Bosvieux, l'enquête logement de l'INSEE est la seule source permettant d'apprécier la qualité des logements, l'ANAH a tenté d'en fournir une vision synthétique en regroupant en trois familles les défauts en fonction de leur gravité :

- absence d'au moins un équipement de base : chauffage, production d'eau chaude, salle de bain dans une pièce réservée, wc, cuisine.
- équipements insuffisants ou dangereux : chauffage insuffisant, installation électrique défectueuse, fenêtres en mauvais état.
- défauts de confort ou d'entretien : inondations ou infiltrations d'eau, problème d'isolation, absence de double vitrage.

Le tableau démontre que les fonds publics destinés au logement devraient aller en priorité vers le parc privé (locatif et PO) qui a plus de défauts ou d'équipements insuffisants, ce qui n'est pas le cas.

f. Une situation de monopole sur un marché spécifique

Quand un ou quelques producteurs détiennent une majorité des parts de marché on qualifie ces structures de monopoles ou d'oligopoles. Les organismes HLM sont au nombre de 800 ce qui suppose des organisations considérables avec une moyenne de 5000 logements par société à comparer avec les 1 ou 2 logements possédés par 79 % des propriétaires privés. Comme ces sociétés se sont regroupées en fédérations avec une confédération unique, l'USH, on peut à bon droit supposer des ententes comme dans un cartel.

Le parc public est donc en situation de monopole violant la concurrence du marché locatif. Doit-on laisser ce monopole au motif qu'il s'agit d'un service public ? C'est toute l'ambigüité du concept de parc public avec la coexistence d'un parc privé qui remplit le même service public au nom du même intérêt général du Droit au logement.

g. Le décalage entre les priorités de l'Etat et celles des Français

Les trois domaines économiques primordiaux dans une société sont l'alimentation, la santé et le logement avec un conflit permanent entre le service rendu et le prix à payer. Certaines cultures privilégient le service public au motif que seul l'Etat serait capable d'assurer l'égalité d'accès quelque soit la hiérarchie des revenus, ce qui peut entrainer le choix politique de la collectivisation. La société française n'a pas fait de choix univoque entre le tout libéral ou le tout collectif, donc les choix ne sont pas figés.

En France, l'alimentation s'est toujours soustraite de la tutelle de l'Etat sauf pendant les guerres avec les tickets de rationnement. La santé a longtemps été administrée avec le principe qu'elle n'avait pas de prix, ce n'est que depuis quelques années, avec des prix de revient de plus en plus élevés et sous l'effet conjugué de la technique médicale plus sophistiquée, donc plus coûteuse et ensuite de la généralisation de la demande de soins au sein de la population, que l'on a intégré le nouveau principe que la santé à un prix. C'est l'Etat qui de manière inattendue, a décidé de limiter la progression des dépenses de santé et contrairement à ce que l'on aurait pu penser, on n'a pas assisté à une nationalisation des services de santé, mais au contraire à une privatisation des services médicaux avec le développement des cliniques privées effectué au détriment de l'hôpital public.

Par comparaison, il apparait que la controverse du prix de revient du service public du logement est en retard par rapport à celle du prix de revient de la santé. Nous avons donc une hiérarchie étonnante dans les préoccupations financières de l'Etat où le logement public va vers toujours plus de dépenses, alors que la santé à l'inverse est encouragée à se privatiser et que l'alimentation est entièrement libérale. Si l'on interroge les Français sur leurs priorités, il est évident que la hiérarchie s'inverse totalement avec l'alimentation qui est prioritaire suivie de la santé puis du logement ; cette évolution inversée permet de confirmer que des intérêts catégoriels sont à l'œuvre pour influencer ces politiques, ce que nous savons avec les lobbies du bâtiment.

3. Le surcoût du logement public par rapport au logement privé

Evaluation du surcoût du logement public par rapport au logement privé : 664 milliards d'euros ?

Il serait intéressant pour améliorer la gestion des finances publiques de tenter d'évaluer le surcoût du logement public par rapport au logement privé depuis la Seconde Guerre mondiale. Pour cela, on retient l'hypothèse suivante : si l'Etat avait donné une aide fiscale équivalente à celle donnée aux logements Scellier, à tous les petits investisseurs depuis le début de la création des HLM au lieu de financer le parc public, il y aurait eu autant de logements sociaux que ceux qui existent maintenant (le parc privé loge davantage de locataires pauvres que le parc social).

On a vu qu'un logement public de même valeur coûte à l'Etat 145 925 € de subventions et exonérations diverses sur 25 ans. (tableau 45). On sait également qu'un logement privé d'une valeur de 130 000 € a coûté à l'Etat 17 000 € en moyenne de déductions fiscales de type De Robien-Scellier (tableau 106).

Ceci nous donne la valeur approximative du surcoût payé par les contribuables, d'un logement public par rapport à un bien privé aidé par l'Etat. La préférence du parc public sur celle du parc privé coûte à la collectivité 128 925 € (145 925 – 17000) sur 25 ans pour un seul logement. Si l'on applique ce chiffre à l'ensemble du parc public, c'est à 664 milliards d'euros que l'on pourrait estimer le surcoût du parc public pour la collectivité. (128 925 x 5 157 000 logements). Ces chiffres pourtant élevés doivent être majorés du montant que l'ANRU va donner aux bailleurs publics pour la rénovation ou la démolition des logements.

Comme toutes les méthodes de simulation, celle-ci peut subir la critique sur le nombre de logements construits par le parc public faisant concurrence au parc privé et sur le montant de cette concurrence, si l'on envisage les différentes évaluations du tableau 83 sur le nombre de ménages pauvres, le montant de la concurrence déloyale peut varier. Cette question de principe se pose surtout depuis les années 2007-2008 date du début de la vacance locative du parc privé, elle n'a jamais été réellement abordée par les économistes du logement. Cependant même si on a pris conscience de cette concurrence vers 2007, il est évident qu'il faut remonter bien en arrière pour situer le début de la concurrence ; c'est ce que nous allons voir dans le tableau 101 et les graphiques 27 et 28. Les sommes colossales évoquées doivent simplement interpeller sur le choix politique du logement public, faut-il le réduire considérablement pour nos finances publiques ou le laisser prendre des parts de marché sur le parc privé dans une nationalisation rampante du logement ?

Evaluation du choix de constructions d'immeubles par rapport à des maisons individuelles : environ 400 milliards d'euros

La construction d'un immeuble de plusieurs étages coûte plus cher que celle d'un pavillon, la problématique de la gestion plus coûteuse se pose également pour l'entretien des extérieurs, des ascenseurs…En province, le prix de la construction du mètre carré d'un pavillon neuf de 90 m^2 était d'environ 1 000 € en 2013. Il convient d'ajouter le prix du terrain très variable en fonction de l'emplacement et pouvant osciller entre 20 000 € et 40 000 €. Les aménagements extérieurs seront évalués à 10 000 €. Le prix total est de 130 000 € (90 000 + 30 000 + 10 000) soit un prix de revient global de 1444 € le m^2 arrondi à 1500 € pour un pavillon de 90 m^2.

Pour un promoteur en province, le prix de revient d'un mètre carré pour un appartement dans un immeuble est de 2 500 €. Ce prix est plus élevé que pour la construction d'un pavillon, car la structure plus complexe entraine des obligations de moyens plus coûteux pour la mise en œuvre : grue, engins de levage, personnels de chantier avec une hiérarchie plus nombreuse et mieux payée, un service commercial plus étoffé, une publicité plus importante et divers frais variés absents dans une entreprise artisanale du bâtiment ; à cela s'ajoutent des frais financiers importants pendant la durée des travaux qui est d'ailleurs plus longue et un risque plus élevé de ne pas vendre la « queue » de programme, ce qui nécessite une marge plus importante que dans le cas d'un pavillon ; le prix de vente se situe à plus de 3 000 € le m^2 en province soit le double de celui d'un pavillon.

Le parc public en 2010 était constitué de 5,157 millions de logements (tableau 13) dont 84,6 % étaient situés dans des immeubles collectifs (tableau 20) soit donc 4,36 millions d'appartements.

En 2006, la moyenne des logements collectifs avait une surface habitable de 62 m^2 (tableau 8) soit une surface approximative de 270 millions de m^2 (4,36 x 62 m^2).

Sachant que la différence de prix au m^2 entre un appartement et un pavillon est de 1500 € (3 000 – 1 500), le surcoût du parc public à la construction, pour avoir choisi de loger les locataires en appartements plutôt qu'en pavillons, est de 405 milliards d'euros de notre époque (1500 x 270 M).

Il ne faut pas douter que ce calcul peut subir de nombreuses critiques, mais il reste un ordre de grandeur qui démontre que ce choix a été coûteux pour les finances publiques. Si l'on retient également que l'entretien et les charges de ces immeubles sont onéreux pour les locataires, que le choix de cités surpeuplées s'est révélé désastreux en production d'incivilités et d'effets externes négatifs déjà relevés ; il est évident que la stratégie des bailleurs publics a négligé les préoccupations légitimes des locataires, au détriment des contribuables, mais n'a pas été sans intérêt pour les sociétés multinationales du bâtiment, car ce surcoût représente le chiffre d'affaires additionnel de ces sociétés en 60 ans.

Les effets inflationnistes de l'aide à la pierre dans le parc public

Le prix de revient d'un logement public a augmenté de 86 % en 10 ans selon le rapport 3805 de l'Assemblée nationale, ce qui a obligé l'Etat et les collectivités territoriales à augmenter d'autant leurs aides financières, bien au-delà de l'indice INSEE du coût de la construction. Le même rapport parlementaire ne dénonce pas cette hausse anormale des prix et les effets d'aubaine qui ont profité aux entreprises nationales du bâtiment spécialisées dans le logement public. Pourtant quelques lignes plus haut, le même rapport s'était ému des effets d'aubaines pour les propriétaires privés avec les conventionnements Borloo sans travaux ce qui leur permettait une défiscalisation partielle en cas de loyers inférieurs au marché, allant jusqu'à considérer qu'il s'agissait d'effets pervers qu'il convenait d'endiguer.

Le coût de la production de 1,7 million de logements publics qui auraient pu être privés

Plus haut, nous avons vu que les bailleurs publics avaient construit 1,7 million de logements en trop si on se réfère à la mission de départ de loger les ménages pauvres et mêmes les ménages populaires, ce qui est une autre méthode pour évaluer la concurrence déloyale du parc public au plan macroéconomique. Si l'on évalue à 150 000 € le prix moyen d'un logement, le patrimoine correspondant est de 255 milliards d'euros. C'est ce patrimoine qui n'est plus la propriété des bailleurs privés.

Le calcul peut être plus sévère si l'on estime que les bailleurs publics ne devaient loger que les ménages pauvres, à part égale avec le parc privé ; l'estimation de l'INSEE de 3,46 millions divisés par deux représente 1,73 million au lieu de 5,2 millions de logements existants dans le parc public. Le patrimoine correspondant en euros 2014, serait de 520 milliards d'euros ((5,2 – 1,73) x 150 000) qui seraient la propriété de bailleurs privés si le parc public n'avait pas pris les parts de marché du parc privé (sachant que ces logements permettraient des rentrées fiscales annuelles). Ces chiffres seraient encore plus importants si l'on retient le nombre de ménages pauvres relevé par le CREDOC. Ces différentes valeurs donnent une idée du choix désastreux de la production de logements publics au-delà sa mission d'origine et doivent permettre pour l'avenir d'orienter différemment les politiques du logement.

B. L'ECHEC HUMAIN DU PARC PUBLIC ET SES EFFETS PERVERS

L'idée de départ de loger rapidement, avec le confort, des personnes modestes était généreuse, mais les bâtiments ont vieilli, sont devenus inadaptés et les locataires actuels doivent payer les lourdes factures de chauffage et les conséquences de l'idée généreuse, mais sommaire du départ avec le sentiment d'être emprisonnés dans des cités inhumaines.

1. Quel est le véritable intérêt des locataires sociaux-publics ?

a. Un toit pour tous et non pas un logement social pour tous

L'Etat a oublié l'objectif de départ qui était d'assurer un toit pour tous les Français et donc construire prioritairement pour les classes défavorisées, sachant que le reste de la population pourrait se loger sur le marché ; il ne s'agissait pas de construire des logements sociaux pour tous. Il faut revenir aux fondamentaux, les locataires ont besoin d'un logement confortable, de taille adaptée aux besoins de leur famille, près de leur lieu de travail, avec un loyer en adéquation avec leurs moyens financiers, peu leur importe que ce logement soit privé ou public.

b. Nécessité d'un logement public confortable et sécurisé

Les locataires sociaux aimeraient que l'on rénove leurs logements, qu'on améliore l'isolation thermique et acoustique avant de construire d'autres logements. Il est anormal que certains locataires sociaux doivent se contenter de 17 degrés en hiver et supporter 40 degrés en été avec des fenêtres poreuses sans volets, laissant passer la pluie, ce qui est la définition du logement insalubre (récits entendus sur les derniers étages de certains immeubles de la Cité du Clou Bouchet à Niort en 2013). L'auteur a été repris vertement par le préfet de l'époque devant les élus de l'arrondissement de Niort pour avoir signalé ce fait en 2010 ; depuis cette date, soit trois ans après, les mêmes locataires vivent dans les mêmes conditions ! Des locataires ont demandé à l'occasion d'incendies accidentels, causés par un court-circuit que l'électricité soit refaite ou du moins soit remise aux normes. Il est également anormal qu'il n'y ait pas davantage de gardiens dans les grands ensembles, ce n'est pas uniquement un problème de sécurité publique, mais aussi une obligation de droit privé, un bailleur même public doit pouvoir offrir une jouissance paisible à ses locataires. Les locataires qui subissent les violences quotidiennes dans les immeubles sociaux, seraient peut-être fondés à saisir la justice afin d'obtenir des baisses de loyers pour les troubles de jouissance subis, du fait du laxisme de leur bailleur public.

La notion d'indécence pourrait à bon droit s'étendre au droit à la tranquillité qui fait partie du droit de jouissance auquel ont droit les locataires. La santé publique passe par les relations harmonieuses de voisinage ; une femme qui n'ose pas sortir seule dans sa cage d'escalier, en raison des risques d'agression ou de harcèlement sexuel dans sa cité, ne bénéficie pas du droit de jouissance paisible que doit lui garantir son bailleur. Il y aurait lieu d'appliquer ce droit au logement paisible, à l'environnement immédiat des immeubles locatifs quand celui-ci comprend des espaces verts et des parkings. Les locataires des cités ne peuvent prendre le risque de posséder des voitures de qualité, en raison des probabilités élevées de vol, de dégradations et d'incendie.

c. L'intérêt des locataires est parfois secondaire par rapport aux objectifs patrimoniaux des sociétés HLM

Dans la course aux subventions nécessaires pour développer leur patrimoine locatif, les bailleurs publics semblent avoir perdu de vue les besoins périphériques de leurs locataires que sont la localisation proche des lieux de travail et des commerces, un environnement paisible et paysagé, une bonne isolation thermique et acoustique, une personnalisation architecturale décorative, des charges basses. Les bailleurs publics nationaux ont pu imaginer que les logements bâtis seraient de toute manière occupés, même si les emplacements et l'architecture ne sont pas ce que les locataires pouvaient attendre. Si le foncier est trop cher dans un quartier proche de zones d'activité et même s'il serait utile pour les locataires d'y résider, les projets de construction se déplacent vers des zones moins coûteuses ce qui explique que certains immeubles HLM sont construits près de voies ferrées ou de rocades bruyantes, là où un promoteur privé hésiterait à investir. Quant aux aspirations de logement individuel avec un jardin et un garage, celles-ci ont été largement ignorées même si on assiste à un début de constitution de patrimoine individuel chez certains bailleurs publics.

d. La ghettoïsation et les communautarismes : conséquences des hyper HLM

Les phénomènes de ghetto et de communautarisme sont les conséquences de l'absence d'intégration des locataires publics dans des tours démesurées, les bonnes relations de voisinage ne sont pas le fait du hasard, elles sont conditionnées par l'environnement architectural et paysager.

L'effet de concentration des logements sociaux est inévitable du fait du poids de chaque organisme ; la gestion d'une telle entité oblige à des réflexes de concentration, par la plus grande facilité qu'il y a de surveiller et de gérer un grand ensemble de 100 logements plutôt que 100 pavillons individuels disséminés. Dans les raisons de l'échec de la cession temporaire d'usufruit demandée par l'UNPI et signée par la ministre du Logement Christine Boutin, il faut incriminer en plus de la vacance locative des bailleurs sociaux, le manque de savoir-faire des organismes HLM qui ont déclaré ne pas pouvoir gérer l'habitat dispersé ; habitués aux grands ensembles, les HLM ont acquis une culture du gigantisme qui ne leur permet plus de penser micro architecture.

e. Locataires publics : dialogue social ou docilité locative

Contrairement à ce qui est dit par les pouvoirs publics, la paix sociale chez les bailleurs sociaux vantée par l'Etat, ne tient pas d'abord à la qualité du dialogue social entre bailleurs et locataires, mais au fait que les bailleurs publics ont des loyers plus faibles que ceux du marché.

Comme l'accès au logement social est un privilège, les locataires sociaux sont incités à la docilité, ne pouvant pas être très revendicatifs, car ils connaissent l'étendue de leurs privilèges. Les locataires qui ont attendu des années avant d'avoir le droit d'habiter dans un logement public à l'époque de la pénurie de logements, ne sont pas enclins à déménager ; même si le logement est en mauvais état, ils sont reconnaissants envers leur bailleur public de les avoir logés.

De plus, les bailleurs publics sont mieux organisés que les bailleurs privés dans l'indemnisation des réparations locatives par les locataires, car ils font signer aux organisations de locataires une liste de réparations tarifées préétablies, avec des grilles de vétusté qui s'imposent à l'ensemble des locataires, de telle manière que lorsque les locataires facturés par un bailleur public, demandent conseil aux organisations de locataires signataires, celles-ci ne peuvent que décourager les velléités de contestations. C'est peut-être ce que les pouvoirs publics appellent des relations apaisées.

Jean Perrin, le président de l'UNPI a pu écrire que *« le candidat au logement qui demande à être logé dans le parc public est encore plus soumis au bon vouloir de la collectivité publique. Il présente nécessairement une fragilité vis-à-vis de l'autorité publique. L'intérêt de la puissance publique qui cherche à renforcer son contrôle est donc que le maximum de gens soient conduits à demander un logement public. La destruction de la propriété privée fait penser à un instrument d'asservissement.* »

2. Le logement social est un frein à l'accession

a. Le logement social à « prix cassé » a empêché 1 ou 2 millions de locataires de devenir propriétaires

On sait que la mobilité résidentielle dans le parc public est très faible. Il faut se demander si la politique du logement social n'a pas empêché un ou deux millions de locataires sérieux du parc public, de devenir propriétaires. Si l'on répond par l'affirmative, on s'aperçoit que le droit au logement social n'est pas compatible avec l'accession à la propriété et donc s'oppose à une composante du droit de propriété. L'Etat aurait empêché ces un ou deux millions de locataires sociaux de devenir propriétaires.

L'ensemble des loyers qu'a versé un locataire pendant 20 ou 30 ans, à un office HLM, représente bien plus que la valeur de son appartement ; même si ce n'était pas la volonté de départ des bailleurs publics, ces derniers ont spolié objectivement les locataires qui ont versé scrupuleusement leurs loyers pendant une génération, souvent au-delà le temps habituel d'un emprunt.

Cette première impression passée, on peut se demander s'il ne s'agirait pas d'un évincement des locataires sociaux, notion déjà suggérée en 1975 dans le rapport précité de l'INED de P. Longone ; le rapport soulignait la faible différence de taux d'effort entre un locataire et un accédant à la propriété, ce qui sous-entendait que les locataires auraient eu intérêt à devenir propriétaires : *« Le taux d'effort net pour l'habitation (rapport du coût logement, allocation-logement déduite, au revenu déclaré) montre l'écart assez faible entre locataires et accédants à la propriété, alors que ceux-ci acquièrent un bien : 12,9 % pour ces derniers et 10 % pour ceux-là. »*

Ces chiffres démontrent à l'évidence que les locataires sociaux ont été délibérément mis à l'écart de l'accession à la propriété de leurs logements. L'Etat a préféré un système indéfiniment coûteux pour les finances publiques par le recours à l'aide à la pierre et le maintien d'un assistanat locatif préjudiciable pour les bénéficiaires solvables. On se demande aussi quel est l'intérêt pour la nation de maintenir cette aide à la personne à vie, alors qu'il était possible de la limiter à 20 ans, le temps d'un emprunt, il aurait été plus judicieux que l'Etat garantisse l'emprunt bancaire du locataire solvable et se substitue dans ses droits en cas de défaillance. Pour certains observateurs, ces réflexions créent des doutes sur le désintéressement des décideurs politiques qui ont eu peut-être d'autres objectifs parallèles plus inavouables dans l'affectation des logements.

b. Le manque d'incitation ou de motivation des bailleurs publics pour privatiser partiellement leurs logements

La privatisation des HLM est un moyen privilégié pour favoriser l'autonomie financière des sociétés HLM grâce à un apport permanent de trésorerie. Comme dans la gestion d'un parc privé, la vente partielle de biens est indispensable pour équilibrer les budgets des organismes HLM, leur permettant de rénover leur parc locatif sans l'aide de l'Etat.

Les bailleurs sociaux indiquent que malgré la mise en vente de logements sociaux, les locataires ne se sont pas porté acheteurs ou tellement peu que cela demeure une utopie. Stéphane Peu, vice président de la Fédération des Offices Publics de l'Habitat, indique dans le Parisien du 15 mai 2010 que 3800 logements HLM ont été vendus en 2009 sur les 50 000 proposés ; selon l'USH en 2010, ce sont 6 900 logements HLM qui ont été vendus à des particuliers.

Il semble que les campagnes de vente aient été discrètes ; il serait utile de faire un diagnostic de ces timides privatisations du parc HLM pour vérifier le niveau de motivation réelle des bailleurs sociaux et les techniques de marketing mises en place. La commercialisation de leurs logements n'est pas le cœur de métier des organismes HLM et l'on peut comprendre leur difficulté à mettre en œuvre la privatisation. Comment les locataires ont-ils été prévenus ? Par une simple lettre, des affichettes à l'entrée des immeubles ou par un conseiller ayant vraiment mission de vendre ? Quels financements ont été suggérés ? Quel mode de copropriété a été proposé ? Une mission d'étude serait indiquée pour aider ces sociétés à se former à la vente, on pourrait aussi envisager la création d'agences immobilières spécialisées dans la vente de logements publics.

3. Les effets pervers du parc public

En créant un parc social, l'Etat n'imaginait que des avantages, mais avec le temps, surgissent les inconvénients comme autant d'effets pervers à mettre au passif du bilan coût-avantage. Certains effets sont quantifiables d'autres relèvent de l'immatériel, mais doivent être néanmoins pris en considération dans un bilan sociologique de la recherche de l'intérêt général qui place la paix sociale comme premier objectif de la nation.

a. Effets pervers de la location sociale : l'enfermement dans un statut social de pauvre

Obtenir le privilège d'avoir un logement à bas prix, ne donne pas envie de le délaisser, c'est ainsi que de nombreux locataires du parc public dont les revenus ont augmenté ne veulent pas quitter leur logement même avec un surloyer, bien souvent minime. Le taux de mobilité dans le parc public, très faible par rapport à celui du parc privé, s'explique par l'immobilisme de certaines familles ventouses qui peuvent rester plus de trente ans dans le même appartement. L'effet pervers ici consiste en l'élimination de l'accès au logement social, des familles qui pourraient y prétendre, mais qui attendent indéfiniment qu'une place se libère.

Une mobilité locative insuffisante

Dans un système libéral, c'est le salaire qui déclenche le niveau de vie, par l'adaptation des dépenses aux revenus, à l'inverse, une société qui dispense des revenus d'appoint dans une logique égalitaire, peut entrainer des comportements pervers qui consistent à faire endosser par la société les dépenses contraintes comme le logement, l'alimentation, les transports, la santé et l'éducation des enfants, de telle façon que ne restent à financer que les loisirs. Alors, la maximisation des satisfactions du ménage conduit à solliciter l'adaptation des revenus d'appoint dispensés par la société aux dépenses.

La mobilité dans le parc public est de 9 % environ selon une enquête de la Cour des Comptes de 2008, ce qui représente un départ tous les 10 ans environ, alors que le parc privé a un taux de mobilité de 18 % ce qui avec un départ tous les 5 ans permet un meilleur accès au logement pour de nouveaux candidats ; un point de mobilité représente 40 000 logements remis sur le marché.

Ce taux de 18 % parait néanmoins sous-évalué depuis que le dépôt de garantie a été réduit de deux mois à un mois, et a entrainé un tourisme locatif, selon les bailleurs privés importants, il est probablement du double depuis le vote de cette disposition sous la Présidence Sarkozy.

Le symbole de l'échec du parc social parisien dans son impossibilité de loger les ménages modestes : 1 % de mobilité locative

Le taux de 1 % de mobilité locative à Paris dans le parc HLM, qui explique les années d'attente de candidats locataires, n'est pas suffisamment pris en compte dans la théorie économique du logement, car il prouve à lui seul l'échec de la politique du logement parisien. Un taux de mobilité aussi dérisoire démontre que le différentiel entre les loyers du marché et ceux du parc public est trop élevé, il est la démonstration que les locataires sociaux parisiens n'ont pas intérêt à déménager quand ils ont eu la chance d'obtenir un logement public.

L'INSEE a établi « *qu'un million de logements publics étaient sous-occupés avec des situations d'occupation anormale ou indue (sous-location, occupation à titre de résidence secondaire...) mal prises en compte.* » Rapport 3805 de l'Assemblée nationale.

Le Centre d'Analyse Stratégique (CAS) dans sa note d'analyse n° 230 de juillet 2011, considère que « *le droit au logement opposable ne pourra vraisemblablement être respecté qu'au prix d'une plus grande rotation dans le parc social...et d'un effort de simplification du système d'attribution.* »

Le CAS suggère d'élargir le dispositif du surloyer, cependant le surloyer pour les locataires riches est un aveu de la concurrence déloyale, car il signifie que ces locataires devraient être logés dans le parc privé. L'argument de mixité sociale est opportuniste, les HLM n'ont pas été construites pour des locataires riches !

Le mode de fixation des loyers dans le parc HLM sous réserve du plafond des ressources, est conditionné non par les revenus des ménages, ni par leur patrimoine (15 % des locataires publics soit 800 000 ménages, ont une résidence secondaire, selon Alain Godinot, dans « Les cafés de la statistique » du 9 juin 2009, Société Française de Statistiques) mais par l'année de construction et la nature du prêt initial, ce qui crée des effets d'aubaine quand les salaires progressent. La progression des revenus n'entraine pas d'évolution des loyers, ce qui n'incite pas à déménager, il a été suggéré d'introduire une progressivité dans les loyers pour réduire l'écart entre parc public et parc privé. L'objectif serait de faire disparaitre les rentes de situation et de procurer des ressources supplémentaires aux bailleurs publics, là encore, on s'acheminerait vers une nouvelle fausse bonne idée qui légaliserait le maintien de locataires riches dans le parc social, écartant de fait des candidats pauvres. Le problème vient de ce qu'il y a deux sortes de logements publics, un pour les « pauvres », en état moyen ou médiocre et un pour les « riches », en bon état et bien situé !

La Cour des Comptes proposait en 2008 que l'on substitue à la notion de maintien dans les lieux, celle de maintien dans le parc public et que l'on généralise le « parcours résidentiel » qui permettrait de revoir régulièrement la situation financière et familiale des occupants. Cette suggestion bienveillante de la Cour des Comptes serait apparemment un progrès...mais délicate à mettre en œuvre au nom des avantages acquis et de la protection législative des locataires, confirmée par la jurisprudence également bienveillante. Là encore, cette décision relèverait de la concurrence déloyale en détournant du parc privé les locataires aisés et solvables, plus grave, ce serait la consécration du principe de la nationalisation du logement par le droit de rester toute une vie dans le parc public en évacuant toute référence à un logement social. Cette césure entre un parc véritablement social et un parc bourgeois à l'intérieur du parc public est la démonstration que l'on s'achemine vers la collectivisation du logement dans cette volonté d'insérer des catégories sociales diverses dans un parc qui ne serait plus uniquement social.

En réalité, il devrait exister une hiérarchie des normes législatives au nom de l'équité et du devoir de la nation de loger les plus modestes avec l'argent public, en soumettant les baux sociaux à ces principes. Un locataire ne devrait pas avoir le droit de se maintenir dans les lieux quand ses revenus dépassent les plafonds autorisés, cette interdiction devrait être d'ordre public, avec une expulsion judiciaire de droit, en référé, assortie d'un préavis court de 3 mois comme pour le droit commun des congés des locataires, avec exécution provisoire.

Le privilège d'être dans le parc public décourage la mobilité professionnelle

Paradoxalement, la chance d'avoir eu un logement bon marché peut limiter les ambitions professionnelles par l'ajustement inhabituel du salaire au niveau de vie. Cette mobilité locative très faible n'encourage pas la mobilité professionnelle, on peut même dire que le logement social est une des causes du chômage par l'absence de certitude de retrouver un logement identique dans une autre région. Le privilège financier d'un logement social peut représenter 200 à 300 € par mois en province ce qui pour un SMIC correspond à 20 ou 30 % du salaire ; à Paris le privilège locatif est trois à quatre fois plus élevé. Il y a donc une sorte de sclérose du locataire public qui est incité à organiser sa vie professionnelle par rapport à son logement alors qu'un locataire du privé ne se sent pas attaché à son logement et n'hésite pas à déménager pour sa carrière professionnelle.

Une sédentarisation locative à vie ?

L'USH dans son rapport du congrès de Bordeaux, révèle que 46 % des locataires de son parc ont plus de 50 ans, alors que seulement 31 % des locataires du privé ont ce même âge. Il y a plus de retraités dans le parc public (26 %) que dans le parc privé (17 %). Les locataires vieillissants du parc public restent plus longtemps dans leurs logements ; au même âge, les locataires du parc privé sortent plus vite du système locatif pour devenir propriétaires, il y a un effet d'ascenseur social plus rapide dans le secteur privé. La mobilité plus grande des locataires privés et les loyers plus élevés incitent ces derniers à devenir propriétaires ; au contraire, les loyers plus faibles du secteur public incitent les bénéficiaires à s'enraciner dans le parc social dans une sédentarisation locative à vie. Une question sociale se pose : est-ce que cet ancrage dans un statut locatif associé à la pauvreté et dans une architecture immobilière dévalorisée est porteur d'espoir ?

b. Les anomalies des attributions et la nécessité d'une loi pour le départ des locataires aisés

Le scandale des dépassements de plafond ou l'appropriation par des locataires riches de places dans le parc social au détriment du parc privé

Il a été constaté que le bénéficiaire d'un loyer HLM, n'a plus intérêt à acheter quand ses revenus augmentent le long de sa carrière professionnelle. Il a meilleur profit à payer un petit loyer toute sa vie et d'économiser ou de dépenser son salaire dans les loisirs ou dans l'achat d'une résidence secondaire. Son revenu de début de carrière, lui permet d'avoir droit à une HLM et s'il demeure dans l'appartement d'origine, les organismes HLM ne seront pas trop curieux sur l'évolution de ses revenus, ce qui explique que selon l'INSEE, l'occupation anormale des logements publics serait d'un million (300 000 serait le chiffre officiel des locataires « riches »). Il existe donc un gisement d'un million de logements sociaux qui pourraient servir à loger les plus démunis si les locataires riches étaient contraints de partir.

La singularité des attributions est patente quand un ancien ministre vit depuis 1983 dans un logement HLM de 105 m^2 à Paris dans le Vème arrondissement pour un loyer de 1519 € par mois en 2012 ; cet appartement se louerait 3500 € dans le parc privé. Interrogé, ce ministre déclarait qu'il n'avait aucune intention de déménager, ne se considérant nullement comme un privilégié, mais au contraire dénonçait une manœuvre politique. Selon Libération, une ancienne secrétaire d'Etat à la Ville, désormais Inspectrice Générale des Affaires Sociales avec 8 000 € de revenu mensuel, louait un appartement HLM de 50 m^2 dans le XIIIe arrondissement pour un loyer de 525 € en 2012, en plus de son logement de fonction qu'elle n'occupait pas, mais qu'elle prêtait à sa famille. Celle-ci s'est justifiée en déclarant que sa présence était une garantie de mixité sociale ! Selon Libération également, un ancien secrétaire d'Etat à la fonction publique vit depuis 1992 dans un logement HLM de 118 m^2 dans le XVe pour un loyer de 1200 €. Ces trois exemples démontrent l'urgence d'une loi pour obtenir le départ des locataires ayant des revenus dépassant les plafonds. Ce sont 61 000 logements sociaux de la ville de Paris (RIVP) qui sont occupés par des locataires dont les revenus dépassent les plafonds. Pour un couple avec un enfant vivant dans un F3, avec un loyer de 490 € charges comprises, dont le revenu fiscal de référence dépasse de 1 000 € le plafond de 51 988 €, le surloyer de 34 € par mois n'est pas suffisamment dissuasif. En 2010, sur les 1800 locataires de la Ville de Paris (RIVP), soumis à un surloyer, seuls dix locataires ont déménagé.

Le paradoxe du logement social provient de la constatation de l'existence d'un nombre de logements sociaux supérieur à celui du nombre de ménages qui devraient y loger, pour en déduire que le problème ne provient pas du nombre de logements qui ferait défaut, mais du processus d'attribution qui ne permet pas de loger ceux qui en ont besoin. Il y a lieu de mettre en cause les types de financement qui n'ont pas permis de supprimer la crise du logement. Il résulte de ce constat que le problème du logement n'est pas financier, ni logistique, puisque la nation a construit plus de logements sociaux qu'il n'était nécessaire, mais politique. Les pouvoirs publics n'ont pas eu la volonté ou le courage de refuser l'accès à ces logements aux classes sociales moyennes et privilégiées qui se sont octroyées le droit de prendre la place des plus pauvres dans ce qui ressemble à un abus de biens sociaux grâce à des complicités politiques consternantes.

Le système d'attribution, source de rancœur et d'incompréhension ; des anomalies relevées depuis 1975

Le scandale des attributions avait déjà été soulevé en 1975 par l'INED dans un rapport de P. Longone dans le numéro 83 de septembre 1975 de Population et Société. *« En outre bien que la législation HLM ait prévu ces logements pour les familles à revenus modestes, ils ont été fréquemment attribués à des personnes ayant des revenus relativement élevés. »*

Tout système d'attribution d'un privilège par une autorité conduit à des pressions pour obtenir un passe-droit. Il est dans l'ordre des choses que dans un système de pénurie, les candidats à un avantage soient plus nombreux que les places disponibles. La régulation ne se faisant pas par les prix, doit se faire sur des critères de choix fatalement arbitraires. Ce mode attributaire est un facteur d'instabilité sociale. Il y a toujours suspicion de favoritisme, de manque de transparence et de bénéfices électoraux ; en fait l'équité des attributions ne repose que sur la probité de quelques hommes alors que l'on pouvait espérer que le système social soit en lui-même source d'équité.

c. L'anomalie passéiste des logements de fonction et des logements corporatifs

Les seuls logements de fonction justifiés seraient les domiciles des préfets dans les préfectures et encore il faut rappeler que les médecins de garde dans les hôpitaux, soumis à des astreintes n'ont pas de logement de fonction alors que l'urgence peut être plus grande. Les procureurs de la République n'ont pas de logement de fonction. Certains présidents de la République ne résidaient pas en permanence à l'Elysée, les moyens de communication permettent des alertes très rapides, il s'agit là encore d'une survivance de l'époque de la diligence. Les syndicats de l'enseignement motivent le maintien des logements de fonction par la surveillance de nuit pour détecter les incendies, oubliant qu'il existe des systèmes de vidéosurveillance ! L'argumentation passéiste fait penser au maintien d'un privilège.

Les Echos révélaient le 3 août 2009 que l'Inspection des Finances avait publié un rapport en 2003 pour estimer la valeur locative des logements de fonction ; à l'époque celle-ci s'appréciait pour un montant de 1,3 milliard d'euros par an alors que les redevances perçues ne dépassaient pas 30 millions d'euros. Le montant de ces privilèges représentait donc en 2003 la somme de 1,27 milliard d'euros par an ; la redevance payée par les fonctionnaires s'élevait à 2,3 % du montant d'un loyer sur le marché. Les logements de fonction sont occupés par les gendarmes et les militaires (60 %), par les fonctionnaires de l'Education nationale (28 %) et 12 % par les autres ministères. Le ministère du Budget est incapable de préciser le nombre de logements de fonction qui s'établirait dans une fourchette comprise entre 94 000 et 137 000 logements ! La vente de ces logements de fonction pourrait rapporter 50 milliards d'euros à l'Etat.

Dans le même ordre d'idée, on peut évoquer l'anomalie des logements corporatifs comme à la RATP, ce ne sont pas des logements pour des personnels soumis à des astreintes, il s'agit d'avantages en nature qui minorent la fiscalité des ménages bénéficiaires.

CONCLUSION DU CHAPITRE : RECENTRER LE PARC PUBLIC SUR SA MISSION ESSENTIELLE

L'accès au logement public légalement possible à des ménages aisés par le biais de critères trop larges contribue à repousser les candidatures de ménages modestes qui sont donc condamnés au mal-logement, à vouloir l'égalité d'accès de tous au parc public, on en est arrivé à exclure les plus pauvres dans une mauvaise gestion de la pénurie.

Il semble bien que le parc public ait dérapé en ne logeant pas que les personnes les plus modestes, ce faisant, il a bloqué l'accès à ces ménages qui doivent s'inscrire dans des listes d'attente en attendant que les plus fortunés des locataires publics veuillent bien quitter le logement qu'ils occupent légalement, mais de manière immorale. Le mécanisme d'entrée est en cause en ce qu'il dépend du type de prêt dont a bénéficié le bailleur public. Le bailleur public peut seulement appliquer un surloyer, ce qui est rarement effectué et qui n'est pas dissuasif ; dans les grandes villes le surloyer est largement inférieur aux loyers du marché. De même que les allocations familiales disparaissent lorsque les enfants quittent le foyer ou lorsque les revenus augmentent, l'Etat pourrait faire voter une loi d'ordre public qui imposerait la résiliation du bail lorsque les conditions de maintien dans les lieux n'existent plus.

Le parc public dans son ensemble ne peut être une solution durable pour les locataires, mais seulement une étape dans un parcours professionnel et résidentiel. La privatisation du parc public est une nécessité en raison des parts de marché qu'il a pris au détriment des bailleurs privés ; elle pourrait être faite par des agences immobilières à vocation sociale avec un accompagnement social si nécessaire. L'attribution des places dans le parc public pourrait être surveillé par un organisme indépendant avec des recours possibles. Il est impensable que dans un pays riche, les deux tiers de la population ait droit à un logement social alors qu'en réalité les plus modestes n'arrivent pas à se loger. A l'heure où il est de bon ton d'affirmer, même sans preuves que 10 millions de personnes sont mal logées, il est paradoxal qu'un million de locataires riches ou en situation anormale ne soient pas contraints de quitter leur logement HLM.

Le prix de revient supplémentaire du logement public par rapport au logement privé a été de plusieurs centaines de milliards d'euros, dû en grande partie au surcoût de construction des immeubles collectifs par rapport à des logements individuels. Il y a eu aussi des effets inflationnistes dus à l'aide à la pierre, ce qui a créé des effets d'aubaine pour le secteur du BTP. Le parc public loge donc des ménages qui devraient être dans le parc privé en raison de leurs revenus, ce faisant il fait une concurrence déloyale aux bailleurs privés et les spolie d'un patrimoine de plusieurs centaines de milliards d'euros et de revenus locatifs ; tout ceci contribue à des pertes fiscales conséquentes.

La prétention à l'égalité universelle exclut toujours les plus démunis, car les plus forts sont plus diligents à faire valoir leurs droits. Le parc public doit redevenir social en ne logeant que ceux qui ne peuvent l'être sur le marché. Pour redevenir social, il doit s'astreindre à sa mission d'origine, il n'a pas vocation à loger l'ensemble du pays sauf à ce que le logement soit nationalisé.

CHAPITRE IX

L'Etat responsable de la crise parisienne du logement et de la vacance locative provinciale

« *En matière de logement l'intervention de l'Etat n'est pas la solution, mais le problème* »
Vincent Bénard

Ce chapitre va à l'encontre des idées reçues sur les bienfaits a priori de la politique économique en général et de la politique du logement en particulier. Depuis la Deuxième Guerre mondiale, tous les gouvernements de droite ou de gauche ont cru bien faire avec des politiques du logement où les bonnes intentions prévalaient sur la capacité d'analyse de la crise du logement et donc de la mise en œuvre des moyens de la réduire. Les outils statistiques ont fait défaut certes, mais l'inculture économique de certains dirigeants politiques où chacun se mêle de vouloir faire le bien en accumulant les maladresses économiques et fiscales a découragé les propriétaires héréditaires et institutionnels au point que plus les bailleurs publics construisaient, plus les investisseurs privés se retiraient du marché. Les propriétaires ont appris peu à peu que le temps de l'argent facile avec l'investissement locatif était terminé, qu'il appartenait dorénavant aux illusions.

A. LE DIAGNOSTIC : CRISE IMMOBILIERE ET CRISE DU LOGEMENT DANS UNE FRANCE COUPEE EN DEUX

Le marché corrige ses excès avec le temps, d'une période à l'autre, par tâtonnements successifs, l'Etat sans contre-pouvoir s'enfonce dans ses errements jusqu'à la sanction (crise économique, échec électoral, crise politique). Avec le marché, il s'agit d'ajustements à la marge, conjoncturels, alors qu'avec la gestion administrative, les erreurs ne sont découvertes que lorsqu'il est trop tard quand le pays est engagé structurellement dans l'impasse ; ce qui nécessite un surcroit de volonté politique, d'énergie et de dépenses budgétaires dont il aurait été possible de se dispenser. Actuellement, on considère qu'il y a deux marchés principaux avec la crise du logement dans les zones tendues et la vacance locative dans les zones détendues, mais il va de soi que chacun de ces marchés sont eux-mêmes segmentés selon l'importance des villes, de leur plus ou moins grande attractivité commerciale, industrielle ou touristique.

1. La crise du logement qui perdure dans l'Ile-de-France

a. La nouvelle perception de la crise du logement

La crise du logement dans les métropoles résiderait selon les observateurs dans le coût du foncier et dans la préférence des locataires pour une maison avec jardin et garage au cœur des villes. Le manque d'espace en centre-ville serait donc la cause de la crise du logement, ce phénomène est exacerbé à Paris qui est la capitale européenne ayant la plus petite surface cadastrale ; Londres et Berlin ont des superficies 3 à 5 fois plus importantes.

Constatons d'abord que la crise du logement a évolué depuis la guerre pour passer d'une pénurie matérielle absolue avec les taudis des banlieues, à une insatisfaction des conditions de logement. Si l'on met à part les 33 000 sans-abris et les 540 000 hébergés (tableau 86 ci-dessous) qui peuvent être assimilés à des sans-abris n'ayant pas de toit leur appartenant, la crise du logement serait devenue une crise des mal-logés ou des « pas-trop-bien-logés » avec l'interférence du « mal-logement » ressenti. Les rapports de la Fondation Abbé Pierre ont pour titre « L'état du mal-logement en France » ce qui en soi, signifie que la population est logée, plus ou moins bien, mais est logée.

Ceux qui disent subir la crise du logement reconnaissent qu'ils dorment sous un toit, mais se plaignent de la qualité de leur logement pour plusieurs raisons comme le manque de confort, l'exigüité des superficies disponibles par personne, l'environnement bruyant ou hostile, la qualité médiocre des matériaux utilisés, l'humidité, le coût élevé du loyer, leur précarité en cas de difficulté de paiement... et même le quartier peu agréable ! Les enquêtes sur le « mal-logement » ne démêlent pas les critères objectifs d'un logement médiocre, du cadre légal de l'accès au logement ou des expulsions ainsi que des considérations subjectives liées à des sensibilités différentes et à des humeurs.

Le « mal-logement » ressemble parfois à un catalogue de récriminations qui exprimerait davantage le pessimisme des Français découragés devant la crise économique. On en arrive à un ressenti sur les conditions de logement où le mal être de la personne interfère sur la perception de son environnement comme dans une extériorisation de ses craintes et de son pessimisme individuel.

Il y a l'influence de la télévision avec la vie facile supposée des riches et des puissants, dans de grandes maisons confortables au milieu de parcs entretenus par des jardiniers. Les films policiers ordinaires montrent de simples commissaires de police ou des juges, dans des villas somptueuses avec des jardins luxuriants au milieu de Paris ; comment ne pas imaginer pour soi un tel standard de logement ?

De plus, un locataire du privé identifie facilement le responsable de son mal-logement et donc peut réagir soit en partant, soit en se plaignant auprès de son bailleur qu'il connaît ; alors qu'un locataire du parc public mal logé a le sentiment d'être à la merci de l'Etat tout puissant par l'empilement des hiérarchies qui font écran entre lui et les décideurs. Le sentiment d'impuissance des locataires du parc public contribue à la morosité collective par l'absence de pesée sur son destin ; la certitude paralysante de détenir un privilège n'incite pas à progresser dans un projet de vie. Par comparaison avec les propriétaires occupants également mal logés, mais qui ne se plaignent pas de leurs conditions de vie, car ils se situent dans un choix assumé, avec un projet d'avenir, on peut en déduire que le concept nouveau de mal-logement provient en partie de ce sentiment d'impuissance des locataires sociaux-publics. Le « mal-logement » serait la composante locative du « mal être social ».

b. Le « mal-logement » dans les métropoles, une conséquence du progrès technique des statistiques ou de l'échec des politiques du logement ?

Le « mal-logement » doit-il être considéré comme une conséquence de la politique du logement des différents gouvernements de droite et de gauche, car depuis le temps que l'Etat tente d'éradiquer les logements insalubres avec les centaines de milliards dépensés, on aurait pu espérer un résultat, or il n'en est rien. Faut-il incriminer les statistiques qui en évoluant et en modifiant les définitions du « mal-logement » donnent à penser que tel un nouveau Sisyphe, la tâche est toujours à recommencer en raison d'objectifs toujours plus contraignants qui font que le nouvel idéal du jour s'éloigne plus vite que les moyens financiers disponibles ? Le confort est un concept évolutif, de même que les notions de logement insalubre ou indigne. Faut-il dire que Louis XIV à Versailles habitait dans un logement indigne avec l'absence de sanitaires intérieurs, de douche et de chauffage central ? De même, les nouvelles normes BBC ne vont-elle pas rendre inconfortables dans quelques années tous les autres logements qui ne seront pas classés basse consommation ?

Le rapport du Sénat du 27 avril 2011 de la sénatrice Isabelle Pasquet estime que : « *Le nombre des demandes d'accès à des logements sociaux s'élevait en 2009 à 1 230 000 demandes enregistrées dans le fichier du Numéro unique, hors demandes de mutation. La même année, l'offre disponible de logements HLM (offre résultant de la croissance du parc et de l'offre correspondant à la mobilité) était de 448 100 logements. Elle a fluctué, de 2000 à 2009, entre 480 000 et 448 100 logements, le niveau le plus bas, soit 411 900, ayant été atteint en 2005* »

Il ressort de ces chiffres qu'en 2009, la demande nette de logements sociaux était de 781 900 (1 230 000-448 100). Il faudrait déduire de ce nombre les éventuelles doubles demandes dans des départements différents sous des noms différents ; le rapport n'évalue pas le nombre de refus de propositions par des ménages qui finalement préfèrent rester dans leur logement, démontrant ainsi qu'une demande de logement n'est pas équivalente à un besoin immédiat de logement, ce qui minimise le chiffre ci-dessus. Ce chiffre de 781 900 de demandes de logements sociaux doit être mis en relation avec la vacance locative qui varie selon les sources entre un et deux millions et doit être comparé au million de locataires aisés du parc public qui devraient partir et dont aucun média ne parle.

Le poids réel des besoins de logements n'est donc pas connu et mériterait une étude spécifique, mais on est loin des chiffres avancés par les associations et les promoteurs immobiliers nationaux qui varient de un à deux millions.

c. Quel est le poids du « mal logement » ?

La Fondation Abbé Pierre notait 3,6 millions de mal-logés en 2010. En 2012, elle ajoutait 6,5 millions de personnes ayant des difficultés avec le logement ce qui donne un chiffre sensationnel de 10 millions de mal-logés. Evidemment, cet effet d'annonce contribue à dramatiser une situation, il est clair que chacun peut trouver à redire sur son logement. Sur cette lancée inflationniste, le mal-logement pourrait concerner bientôt 15 ou 20 millions de personnes ; il se joue un vrai rapport de force avec l'Etat, ces chiffres ayant une portée émotionnelle considérable. Jean Perrin le président de l'UNPI a réagi le 1er février 2010 (info@unpi.org) avec un communiqué de presse qui s'intitulait « *Ne pas trop en rajouter* ». L'analyse de l'UNPI pointe une méthode tirée de la publicité qui utilise la sémantique émotionnelle : « *...du point de vue sémantique, répandre les vocables comme celui de « passoire thermique » ne peut que contribuer à renforcer l'impression de précarité pour les habitants de logements qui les considéraient jusqu'à présent comme très acceptables* ». Il est certain que le bâtiment comme toutes les technologies industrielles, progresse chaque année et chaque avancée du progrès technique contribue à dévaloriser les logements plus anciens. Peut-on pour autant, dire que ces logements abritent des mal-logés ?

A l'appui de l'affirmation du « mal-logement » qui concernerait 10 millions de Français en 2013 selon la Fondation Abbé Pierre, celle-ci s'émeut à juste titre des sans-abris et par une extension encore justifiée, des logements insalubres dans le parc privé (en oubliant le parc public) et dénonce le mal-logement ; mais la pertinence de l'affirmation s'arrête là, la Fondation reconnait elle-même que les statistiques n'existent pas dans les 5 catégories de « mal-logement » qu'elle tente d'établir.

1 – absence de logement
2 – difficulté d'accès au logement
3 – mauvaises conditions d'habitat
4 – difficultés de maintien dans le logement
5 – mobilité difficile et « assignation à résidence »

La première catégorie concerne stricto sensu 33 000 personnes qui dorment dans la rue ou n'ont pas de domicile fixe. Ce chiffre est la honte de notre société, car il est impensable que la cinquième puissance du monde n'ait pas les moyens d'héberger 33 000 personnes. Si l'on construisait un logement de 20 m^2 pour chacune de ces personnes pour un prix de 3000 € le m^2 (alors que les logements dans les villes de moins de 100 000 habitants se vendent entre 1000 et 1 500 € le m^2) ce serait un investissement de 2 milliards d'euros. (33 000 x 20 x 3000 = 1 980 000 000). Ce chiffre est à rapprocher des cadeaux fiscaux et aides diverses de

20 milliards d'euros par an au parc public pour en déduire que l'Etat pourrait loger immédiatement les sans-abris en diminuant ses cadeaux au parc public !

Point 2 : L'enquête sur le logement de 2008 comptabilise 66 000 personnes hébergées dans des établissements sociaux, plus 34 000 dans des logements temporaires. Il convient d'ajouter 85 000 personnes vivant dans des caravanes, 38 000 personnes logeant à l'hôtel en 2006 sur le budget de l'Etat pour 321 millions d'euros par an et 79 000 personnes contraintes à l'hébergement chez des tiers, soit un total de 302 000 personnes qui ont de réelles difficultés d'accès au logement (tableau 86).

Le point 3 sur les mauvaises conditions d'habitat est un problème social dont la solution est économique avant d'être politique. On peut mettre en cause l'excès de fiscalité qui réduit la rentabilité d'un logement et qui empêche les propriétaires privés de réaliser les travaux nécessaires, les mauvaises conditions d'habitat chez les bailleurs publics proviennent de l'état vétuste de certains immeubles non entretenus et sur ce point, la Fondation a également raison.

Le point 4 sur les difficultés de maintien dans les lieux, illustre bien la confusion entretenue par la Fondation, entre un niveau de vie insuffisant pour payer son loyer et le « mal-logement ». C'est presque la totalité de la population qui est confrontée à ce problème de budget familial ; personne ne gagne suffisamment pour obtenir le logement idéal car les désirs sont infinis ! Notre époque avec ses moyens de communication transfère des envies nouvelles dans nos esprits insatisfaits qui deviennent des besoins nouveaux... mais insolvables. Les désirs progressent plus vite que la solvabilité, à telle enseigne que le vrai problème n'est plus celui du logement (sauf pour les sans-abris et les hébergés), mais du niveau de vie et donc du salaire, qui ne suit plus les désirs des consommateurs.

Le point 5 « mobilité difficile et assignation à résidence » est en effet une caractéristique du logement public vue précédemment. Les bailleurs publics ont toujours préféré la concentration des logements pour une plus grande facilité de gestion et il est vrai que le manque d'habitat social dispersé produit une assignation à résidence dans la mesure où les locataires hésitent à déménager pour aller à la rencontre de l'emploi. Cet argument milite pour la disparition du parc public dans sa dimension concentrationnaire et pour l'extension du parc privé qui est par définition dispersé. La Fondation a raison également sur ce point.

Tableau 86 - Récapitulatif du « mal-logement » objectif

Sans-abris	33 000
Hébergement social	66 000
Hébergement temporaire	34 000
Caravaning	85 000
Hôtellerie	38 000
Hébergement chez des tiers	79 000
Total Hébergement précaire	335 000

Source : Enquête Logement 2008

Note. Ces chiffres se rapprochent de ceux de l'enquête INSEE de 2006. L'INSEE recensait 86 000 personnes sans-abris, 120 000 occupants d'habitations mobiles et 115 000 personnes hébergées chez des tiers soit un total de 321 000 personnes.

C'est au total ce chiffre de 335 000 ménages qui caractérise l'hébergement précaire non voulu, la Fondation veut ajouter dans le mal-logement les locataires en meublé or rappelle Jean Perrin dans son communiqué de presse déjà cité que « *c'est souvent un choix de commodité de la part de l'occupant. Il est donc excessif de les* (les meublés*) classer par principe dans les catégories non ou très mal logées.* »

Les mal-logés en 2014 selon la Fondation Abbé Pierre : 3,5 millions ou 10 millions ?

Le 18e rapport de la fondation Abbé Pierre a un chapitre 2 qui a pour titre « Le suivi des politiques du logement dans un contexte de crise du logement sans précédent ». Les rédacteurs ne sont pas aperçus de la vacance locative qui sévit en province pour cause de surproduction, ils ont oublié les 4 millions de logements qui faisaient défaut à la fin de la guerre, parler de crise du logement sans précédent en 2014 est inapproprié. Le 19e rapport annuel sur le mal-logement de la Fondation Abbé Pierre paru en 2014 évoque 3,5 millions de mal-logés en se basant sur l'enquête logement 2006. Le rapport 2014 évalue à 685 000, le nombre de personnes souffrant en 2006 d'une absence de logement ou ayant un hébergement précaire, plus 2 100 000 personnes qui vivaient dans un logement inconfortable et 800 000 qui étaient en situation de surpopulation. A ces chiffres, la Fondation ajoute 5 millions de personnes ayant une fragilité par rapport au logement en additionnant 1 252 000 locataires ayant des impayés locatifs en 2006, plus ceux vivant dans des copropriétés en difficulté. La Fondation arrive ainsi à 8 millions de personnes ayant des difficultés de logement.

« *A partir des ces différentes données, il apparaît aujourd'hui qu'au total 8 millions de personnes sont en situation de mal-logement ou de fragilité dans leur logement* »

Puis dans le paragraphe juste en dessous, page 289, elle annonce sans transition et sans guère d'explication, mais surtout avec sa seule certitude, un total de 10 millions avec une nouvelle liste de locataires ayant des difficultés.

« *Au vu de ces chiffres, la Fondation Abbé Pierre estime que le total de 8 millions de mal-logés et de fragiles est un minimum. Et que ce sont sans doute plus de 10 millions de personnes qui subissent en réalité les conséquences de la crise du logement aujourd'hui (production de logements insuffisante et inaccessible aux plus modestes, flambée des coûts du logement et des charges, blocage de la mobilité résidentielle...)* »

Cependant le rapport de l'ANAH « *Le parc privé dans l'enquête nationale logement 2006* » commentant ces mêmes données 2006, établit que le parc public était à peu près à égalité dans les conditions de mal-logement avec le parc privé, mais la Fondation ne mentionne pas cette réalité.

L'INSEE donne d'autres chiffres.

Tableau 87 - Les habitants des agglomérations de 20 000 habitants ou plus selon leur situation par rapport au logement (source INSEE 2001)

En milliers

Statut d'occupation	Lieu non prévu pour l'habitation (1) ou structure collective (2)	Logement (y compris pièces indépendantes, chambres d'hôtel)			Ensemble
		sans aucun confort (3)	sans confort (3)	avec confort (3)	
Aucun statut d'occupation	5	Nd	Nd	Nd	5
Hébergé par une institution	30	5	2	26	63
Résident d'un foyer de travailleurs migrants	85				85
Résident d'un foyer de jeunes travailleurs	47				47
Hébergé chez un ami ou un parent éloigné pour raisons économiques		2	1	31	34
Hébergé chez ses parents pour raisons économiques		2	7	81	90
Pensionnaire, sous-locataire		2	3	53	58
Logé chez l'employeur (domestique ou salarié logé)		0	0	5	5
Logé par l'employeur dans un logement indépendant à titre gratuit ou payant (salarié du secteur privé)		29	23	408	460
Autre logé dans un logement indépendant à titre gratuit (4)		39	60	925	1 024
Sous-locataire ou locataire d'un logement loué meublé ou d'une chambre d'hôtel (5)		58	12	321	391
Locataire, sous-locataire d'un logement loué vide HLM		24	170	7 710	7 904
Locataire, sous-locataire d'un logement loué vide non HLM		176	376	7 002	7 554
Propriétaire accédant		15	298	7 791	8 104
Propriétaire non accédant		135	310	7 517	7 962
Ensemble	167	487	1 262	31 870	33 786

1. Sans-abri.
2. Logements regroupés, studio, chambre, dortoir dans une structure collective.
3. Un logement est dit sans aucun confort s'il est sans installations sanitaires ou sans W.-C. à l'intérieur, sans confort s'il comporte installations sanitaires et W.-C. à l'intérieur du logement et qu'il est sans chauffage ou chauffé par des appareils indépendants. Enfin, un logement est dit avec confort s'il comprend installations sanitaires, W.-C. à l'intérieur du logement et chauffage central.
4. Hors logé gratuitement par l'employeur pour les salariés du secteur privé et les personnes logées à titre gratuit par une association
5. Les quelques personnes logées par l'employeur dans un logement meublé sont considérées comme logées par l'employeur et non comme locataire d'un logement loué non vide.

Lecture : en gris clair sont identifiés les sans-domicile aidés et en gris foncé les personnes logées de manière médiocre. Les personnes sans statut d'occupation qui occupent un logement ordinaire ne peuvent être identifiées (Nd) par le biais des enquêtes utilisées.

Champ : France métropolitaine, agglomérations de 20 000 habitants ou plus, hors personnes résidant à l'hôpital, en caserne ou en maison de retraite.

Sources : enquête auprès des personnes fréquentant les services d'hébergement ou les distributions de repas chauds (SD2001), janvier 2001, INSEE ; enquête Logement, 2002, INSEE ; recensement de la population 1/20ème, 1999, INSEE.
Référence : Économie et Statistique n°391-392, 2006, page 54.

Source : Les situations marginales par rapport au logement : méthodes et sources statistiques publiques. Rapport du groupe SML sous la direction de Maryse Marpsat.

En additionnant les trois premières colonnes, le total des logements inconfortables et des hébergements précaires est donc de 1,916 million. Il y a dans ce chiffre 758 000 propriétaires et donc 1 158 000 locataires. Même en prenant le chiffre le plus pessimiste de 1,158 million de locataires mal logés, on est loin des 10 millions de locataires mal logés de la Fondation Abbé Pierre.

Que dire des 27 millions de personnes qui habiteraient dans un logement dangereux ou inconfortable ou ayant au moins un défaut ?

Le tableau 85 de l'ANIL selon une étude l'ANAH classe par exemple les logements ayant du simple vitrage ou une fenêtre en mauvais état ou un problème d'isolation, dans les logements ayant un défaut de confort ce qui est une autre façon de considérer le problème du logement, eu égard aux travaux nécessaires pour améliorer et maintenir l'habitat des Français en très bon état. Il relève 36,9 % de logements du parc public ayant au moins un défaut de confort ou d'entretien et 55,9 % de logements du parc privé qui sont dans le même cas, cela représenterait donc 1 897 767 logements inconfortables dans le parc public et 3 689 400 logements inconfortables dans le parc privé en 2009 d'après le tableau 88 soit un total de 5 587 167 logements (1 897 767 + 3 689 400) ayant au moins un élément d'inconfort. Avec un nombre de 2,3 personnes par ménage, on obtiendrait 12,85 millions de personnes louant un logement ayant au moins un élément d'inconfort ou d'entretien. C'est ce chiffre qui se rapprocherait le plus des 10 millions de mal-logés « découvert » par la Fondation. Mais si l'on veut aller jusqu'au bout de cette démarche, il convient d'ajouter les 39,6 % de propriétaires occupants (PO) qui sont dans le même cas selon le tableau 85, ce qui avec 16,106 millions de PO établirait à 6 377 976 le nombre de PO subissant au moins un élément d'inconfort et d'entretien soit 14,669 millions de personnes. Le total de personnes, locataires et propriétaires vivant dans un logement inconfortable ou dangereux serait donc de 27,519 millions de Français. Et là, on est en droit de se demander ce que signifient ces chiffres. Faut-il leur accorder du crédit et mettre en place un plan national de réhabilitation et abandonner tout projet de construction, car le pays ne pourra financer de nouvelles constructions avec autant de rénovations ? Avec cette option, il faut relancer l'ANAH en multipliant ses crédits. Où faut-il tout simplement harmoniser la recherche et la définition des statistiques ?

Tableau 88 - Estimation du nombre de logements en 2009 nécessitant des travaux par rapport au nombre de logements ordinaires et à la population française

Logements ayant au moins un défaut		Personnes subissant au moins 1 défaut dans son logement	
Logements HLM	1 902 910	Locataires HLM	4 376 693
Logements privés	3 689 400	Locataires parc privé	8 485 620
Propriétaires occupants (PO)	6 377 976	Propriétaires occupants	14 669 344
Total	11 970 286	Propriétaires et locataires	27 531 657
Total des logements ordinaires	27 849 000	Population française	64 304 500

Synthèse des tableaux 100 (données 2009) et 85 (données 2012)
Les pourcentages de logements à rénover sont ceux de 2012, le nombre de locataires et de PO sont de 2009, le nombre de personnes par ménage a été arbitrairement uniformisé à 2,3 ; les données de ce tableau sont donc des estimations.

Méthodologie : le tableau 85 note que 60,4% des logements des PO n'ont pas de défaut donc 39,6% ont au moins un défaut. Le tableau 100 indique qu'il y avait 16,106 millions de PO en 2009. Ainsi il y avait 6 377 976 logements de PO ayant au moins un défaut. Avec 2,3 personnes par ménage, il y avait 14 669 344 personnes vivant dans un logement ayant au moins un défaut.

Ce tableau peut alimenter des statistiques sensationnelles en annonçant que 27 millions de personnes vivent dans un logement ayant au moins un défaut. En fait, le nombre de 11,97 millions de logements ayant besoin de travaux peut correspondre à la réalité, car par définition les logements vieillissent, subissent l'obsolescence et ont besoin en permanence de travaux d'entretien. C'est donc plus du tiers des constructions existantes qui ont besoin de travaux chaque année. Ces travaux correspondent au chiffre d'affaires des artisans spécialisés dans la rénovation. Il serait sans doute possible d'affecter une estimation quantitative correspondante du chiffre d'affaires, en évaluant le montant moyen des travaux pour une seule rénovation à partir des tableaux 14 à 16 avec 41,2 milliards d'euros dépensés en 2008 pour des travaux de rénovation.

Les logements inconfortables ont diminué, passant de 90 % en 1950 à 1,3 % en 2008

Le magazine Alternatives Economiques estimait à 3,5 millions le nombre de mal-logés en 2002. Dans ce chiffre étaient inclus 846 000 locataires en situation d'impayés, ce qui est manifestement une confusion entre des logements en mauvais état et des locataires en situation précaire.

L'INSEE recensait en 2006 un nombre de 872 000 logements inconfortables ce qui représentait 3,3 % du parc des résidences principales. Ces logements hébergeaient 2,04 millions de personnes.

On a vu que le logement avait considérablement évolué depuis 50 ans vers plus de confort. Mis à part les immeubles qui réellement menacent ruine, pour rester sur un plan technique, il faut renoncer à la sémantique émotionnelle qui est du ressort des associations et des médias, et utiliser l'expression de confort en définissant les éléments constitutifs du confort. Il faudra ensuite évaluer les catégories de locataires et de propriétaires subissant encore des éléments d'inconfort.

Le confort est quantifiable à partir des 3 éléments de confort sanitaire (eau courante, salle d'eau, WC intérieurs) et du chauffage. C'est cette définition qui a été retenue par les pouvoirs publics à l'époque de la construction des premières HLM. Au lendemain de la guerre, à peine plus de 10 % des résidences principales disposaient d'une douche ou d'une baignoire et un peu plus du quart avaient des WC intérieurs. A l'exclusion des internats, des foyers, des casernes et des habitations mobiles, il y a actuellement environ 350 000 logements qui ne disposent pas d'un des trois éléments de confort, c'est-à-dire qu'en 60 ans, la France est passée de 90 % de logements inconfortables à 1,3 % ! On ne peut donc pas laisser dire que le mal-logement progresse (voir tableaux 5, 6, 89 et 90), c'est seulement l'opinion des Français sur le confort qui évolue, il est évident que chaque fois qu'une étape est franchie dans l'accès au confort, elle devient un fait acquis et la demande se porte sur d'autres besoins, car les désirs sont infinis.

La surface disponible par personne, indice d'amélioration du niveau de vie

Nous avons déjà vu l'illustration des ces effets qualités dans les graphiques 17 et 18.

Tableau 89 - Évolution des conditions d'occupation des logements

	1954	1962	1968	1975	1982	1990	2004
Nombre de ménages (en milliers)	13 418	14 588	15 763	17 745	19 589	21 542	25 419
Nombre de personnes par ménage	3,06	3,10	3,06	2,88	2,70	2,57	2,31
Nombre de pièce par personne	0,96	0,99	1,08	1,20	1,35	1,47	1,72
Nombre de pièces par logement	2,95	3,08	3,29	3,47	3,65	3,80	3,99

Source : Insee, recensements de la population : Cinquante ans d'évolution des conditions de logement des ménages Alain Jacquot

Tableau 90 - Évolution du confort sanitaire des résidences principales
En %

	1954	1962	1968	1975	1982	1990	2002
Baignoire ou douche	10,4	28,9	47,5	70,3	84,7	93,4	98,4
W.C. intérieur	26,6	40,5	54,8	73,8	85,0	93,5	98,3

Sources : recensements de la population et enquête Logement 2002, Insee.
Données sociales - La société française 471, édition 2006 Logement repris dans Cinquante ans d'évolution des conditions de logement des ménages, Alain Jacquot.

L'autre élément de confort est la surface habitable disponible par ménage. L'augmentation de la surface disponible par personne est due au desserrement du taux d'occupation des logements du fait principalement du vieillissement démographique. En 1984, un ménage comptait 2,7 personnes pour tomber à 2,3 en 2006. Selon Pierrette Briant et Catherine Rougerie de l'INSEE, une maison achevée en 2002 possède 10 m^2 de plus qu'une maison achevée en 1975 ; en 20 ans, la surface moyenne par personne a augmenté de 11 m^2 dans l'habitat individuel et de 6 m^2 dans le collectif. Il est incontestable que la surface des logements a progressé en 60 ans ce qui est un indice de confort supplémentaire. Pourtant, certains auteurs ont introduit la notion de surpeuplement d'un logement en définissant arbitrairement des critères de surface. Ainsi l'INSEE a défini une norme culturelle, sans référence à un texte législatif semble-t-il, même si cette norme correspond aux envies de la population où un couple ou un adulte doivent avoir une pièce ainsi que les enfants de plus de 7 ans, s'ils ne sont pas de même sexe et une pièce pour deux enfants du même sexe s'ils ont moins de 18 ans.

Tableau 91 - Évolution du taux de surpeuplement dans le parc locatif
En % et en nombre

	1978	1984	1988	1992	1996	2002	2002
Parc locatif privé hors Loi 1948							
Surpeuplement modéré	16,3	14,4	15,2	12,4	12,2	11,8	569 940
Surpeuplement accentué	6,6	3,8	3,4	3,5	2,8	2,3	111 090
Total	22,9	18,2	18,6	15,9	15,0	14,1	681 030
Parc HLM							
Surpeuplement modéré	15,5	12,7	13,3	12,2	12,9	12,9	545 799
Surpeuplement accentué	4,1	2,9	3,4	3,1	2,4	2,9	122 699
Total	19,7	15,6	16,7	15,3	15,3	15,8	668 498
Total surpeuplement des deux parcs							1 349 528

Champ : ménages de deux personnes et plus.
Source : Insee, enquêtes Logement repris dans Cinquante ans d'évolution des conditions de logement des ménages. Alain Jacquot. Données sociales - La société française 470, édition 2006.
Le surpeuplement en nombre a été calculé à partir des pourcentages établis par Alain Jacquot et des données de l'enquête logement de l'INSEE reprises dans le tableau 103.
Méthodologie : pour estimer le nombre de logements en état de surpeuplement en 2002, les coefficients de surpeuplement déterminés par Alain Jacquot ont été appliqués aux nombres de logements relevés par l'enquête logement INSEE du tableau 103. Ainsi le surpeuplement dans le parc privé était de 4 830 000 x 14,1% = 681 030. Le parc HLM a été évalué en 2002 à 3 832 000 + 399 000 soit 4 231 000 logements.

En 2002, le surpeuplement, qu'il soit modéré ou accentué, est plus important en pourcentage dans le parc public que dans le parc privé alors que c'était l'inverse en 1978. Dans les deux parcs, le surpeuplement a diminué, ce qui est plutôt rassurant. Le calcul du surpeuplement (accentué et modéré) concernerait donc 1 349 528 logements dont 668 498 dans le parc public et 681 030 dans le parc privé.

Selon ces nouveaux critères, l'INSEE estime qu'un ménage sur 10 serait en situation de surpeuplement ce qui n'est vrai que pour le surpeuplement modéré. D'après Alternatives Economiques, le surpeuplement accentué est estimé à 1 037 000 personnes, ce qui semble exagéré au vu du tableau précédent qui note 237 789 surpeuplements accentués (111 090 + 126 699). Pour le Sénat, ce nombre de logements surpeuplés serait de 374 000, dépassant rarement 1 % des logements en province et atteignant 9,2 % en agglomération parisienne, un autre rapport du Sénat du 14 janvier 2012 évoque un million de logements surpeuplés ou inconfortables occupés par 2,3 millions de personnes (3,5 % de la population). Il y a vraiment urgence à harmoniser ces statistiques et ces informations contradictoires.

Dans une annexe du Compte du logement 2011, le tableau suivant illustre l'évolution des conditions de logement selon les niveaux de vie des Français regroupés en 5 catégories dénommés quintiles ; chaque quintile représente 20 % des ménages. Le niveau de vie d'un ménage est le rapport entre son revenu et le nombre d'unités de consommation du ménage : le nombre d'unités de consommation d'un ménage se fonde sur celui de l'OCDE qui attribue 1 pour le premier adulte du ménage, 0,5 pour les adultes suivants et 0,3 pour les enfants de moins de 14 ans.

En 2006, la surface habitable passe de 69,1 m^2 à 114,7 m^2 d'un ménage du premier quintile à celui du dernier, de même, l'inconfort sanitaire passe de 3,8 % à 0,2 %. Les appareils indépendants de chauffage comme les poêles à fuel et à carburant liquide qui sont généralement symboliques du manque de confort ont régressé sensiblement. L'utilisation des poêles à bois qui étaient autrefois utilisés en l'absence de chauffage central et étaient donc un marqueur social négatif, sont maintenant considérés comme un élément de confort par leur prix de revient inférieur à tous autres moyens de chauffage, ils sont également des chauffages d'agrément et donc un signe appréciable de niveau de vie.

Tableau 92 - Indicateur des conditions de logement selon les quintiles de niveau de vie

Quintiles de niveau de vie	Indicateurs	1984	1988	1992	1996	2001	2006
Q1	Surface moyenne (en m²)	70,1	71,9	71,3	68,7	68,3	69,1
	Surface moyenne par personne (en m²)	25,6	26,1	27,1	27,3	27,9	30,8
	Inconfort sanitaire (en %)	31,8	23,2	15,6	10,7	6,6	3,8
	AIC* (en %)	47,2	41,3	34,5	28,8	14,9	8,6
	Part de locataires (en %)	69,0	69,7	74,2	80,9	83,0	83,7
Q2	Surface moyenne (en m²)	77,3	78,8	79,5	81,2	81,9	81,9
	Surface moyenne par personne (en m²)	27,8	29,1	30,9	32,2	33,4	36,1
	Inconfort sanitaire (en %)	19,9	12,2	7,8	5,7	3,2	1,7
	AIC* (en %)	36,0	28,7	23,9	25,3	12,5	8,7
	Part de locataires (en %)	52,5	52,0	53,4	55,0	54,0	55,5
Q3	Surface moyenne (en m²)	78,7	83,6	84,6	86,5	88,9	90,9
	Surface moyenne par personne (en m²)	29,9	31,8	33	34,1	36,7	39,2
	Inconfort sanitaire (en %)	13,1	7,3	4,6	2,4	1,5	0,6
	AIC* (en %)	25,9	19,6	16,5	16,2	7,2	5,9
	Part de locataires (en %)	49,8	45,3	43,3	41,3	38,4	36,7
Q4	Surface moyenne (en m²)	86,0	87,4	90,7	93,8	96,5	99,4
	Surface moyenne par personne (en m²)	32,3	33,8	35,7	37,8	40,5	42,5
	Inconfort sanitaire (en %)	7,2	4,0	2,2	0,9	0,7	0,4
	AIC* (en %)	16,1	14,1	10,5	12,4	3,9	4,5
	Part de locataires (en %)	39,6	34,6	32,8	29,1	26,4	23,1
Q5	Surface moyenne (en m²)	98,0	102,5	105,8	110,1	112,2	114,7
	Surface moyenne par personne (en m²)	38,6	42,4	44,7	46,7	50	52,8
	Inconfort sanitaire (en %)	3,0	1,4	0,8	0,4	0,5	0,2
	AIC* (en %)	8,6	9,3	6,3	8,4	2,2	2,5
	Part de locataires (en %)	28,9	26,0	22,9	19,5	18,2	14,7
Ensemble	**Surface moyenne (en m²)**	**82,0**	**84,8**	**86,4**	**88,1**	**89,6**	**91,2**
	Surface moyenne par personne (en m²)	**30,7**	**32,4**	**34,1**	**35,5**	**37,5**	**40,2**
	Inconfort sanitaire (en %)	**15,0**	**9,6**	**6,2**	**4,0**	**2,5**	**1,3**
	AIC* (en %)	**26,8**	**22,6**	**18,4**	**18,2**	**8,1**	**6,0**
	Part de locataires (en %)	**47,9**	**45,4**	**45,2**	**45,0**	**44,0**	**42,7**

**AIC : Appareils indépendants de chauffage*
Champ : France métropolitaine, résidences principales.
Source : Compte satellite du logement et enquêtes nationales logement.

L'inconfort sanitaire recule dans toutes les catégories sociales. En 2006, la surface habitable par personne varie de 30,8 m² dans le premier quintile à 52,8 m² dans le dernier, ces 22 m² supplémentaires par personne sont le signe le plus parlant de la différence de train de vie entre les Français. Notons également que sans surprise, le premier quintile regroupe davantage de locataires avec 83,7 % que dans le dernier avec 14,7 % ce qui indique que plus le revenu augmente plus les occupants deviennent propriétaires.

Les critères de la loi DALO : 530 000 ménages subiraient le « mal logement »

Selon les deux auteurs de l'INSEE cités ci-dessus « *530 000 ménages pourraient répondre aux critères de la loi DALO, soient parce qu'ils habitent un logement insalubre ou menaçant de tomber en ruine, soit parce qu'ils n'ont pas le confort de base ou encore qu'ils se trouvent dans un logement surpeuplé, tout en abritant un enfant mineur ou un handicapé. Près de deux millions ne se plaisent pas dans leur quartier* ».

On ne sait pas si ce chiffre de 530 000 ménages est contesté ou contestable, mais il faut le retenir pour une comparaison dans les années à venir. Les statistiques en matière de logement font référence à des définitions mouvantes dans le temps. On ne sait pas, par exemple, si ce chiffre de 530 000 ménages inclut les 335 000 hébergements précaires de l'enquête logement 2008 du tableau 86. Le tableau 87 comptabilise 1,916 million (167 000 + 487 000 + 1 262 000) logements inconfortables en 2002 dont 758 000 (15 000 + 298 000 + 135 000 + 310 000) sont occupés par des propriétaires. Ainsi 40 % des logements inconfortables sont habités par des propriétaires (758/ 1916 = 39,56 %). Ce pourcentage justifie un effort accentué de l'ANAH vers les propriétaires occupants.

Il faut comparer également ce chiffre de 1,916 million de logements inconfortables avec celui des logements vacants (de 1 à 2 millions selon les sources) avec les 2 millions de logements manquants en 1939 du fait des blocages de loyers depuis 1914 et du total des 4 millions de logements manquants ou détruits après la Deuxième Guerre, pour affirmer que malgré l'accroissement de la population, on est passé de la crise absolue du logement à une crise relative (habitat partiel à rénover) et sectorielle du logement.

d. Le concept de « mal-logement » généralisé, une manipulation de lobby ?

Le « mal-logement » concerne entre 335 000 et 500 000 ménages selon les définitions démographiques et les organismes recenseurs. Il peut aller jusqu'à 1,916 million si l'on compte les logements inconfortables des locataires et des propriétaires. Il est dès lors curieux que cette expression serve de support pour des chiffres allant jusqu'à 10 millions de mal-logés. Le mal-logement par une dérive idéologique de communication, est devenu un fourre-tout, engrangeant toutes sortes de populations insatisfaites de leur sort au point de susciter la méfiance d'un observateur impartial.

Il faut essayer de comprendre à qui profite cet amalgame. C'est bien la Fondation Abbé Pierre qui utilise le plus fréquemment cette expression et la première impression est d'en déduire que cette association est la première bénéficiaire de cette sémantique.

Cependant les chiffres nous orientent dans une autre direction. En effet, si la Fondation en était restée à 300 000 ou 500 000 ménages de mal-logés (ou même à 1 million) on aurait pu considérer qu'elle remplissait sa mission d'aider les sans-abris et par extension ceux qui étaient les plus mal logés, les hébergés, ceux qui vivent à 5 dans une chambre d'hôtel ou ceux qui dorment dans leur voiture, etc. L'association était dans son rôle en dénonçant le logement d'urgence. Le chiffre avancé de 10 millions de mal-logés provient d'une autre stratégie, il rend service à un autre lobby en induisant des besoins de logements d'une autre ampleur. Le bénéficiaire de cette sémantique n'est plus la Fondation Abbé Pierre, mais le lobby du bâtiment. S'il y a 10 millions de mal-logés nous sommes incités à penser qu'il faut absolument construire 10 millions de logements par une confusion entretenue malicieusement, entre les ménages et les individus, car avec 2,3 personnes par ménage, les 10 millions de mal logés concernent 4,3 millions de logements.

Il faut donc se persuader que l'extension du concept de 500 000 non logés et mal logés réels, vers 10 millions de personnes qui seraient mal logés, provient du marketing des officines du bâtiment pour lancer de nouveaux chantiers. La campagne du bâtiment a déjà convaincu bien des médias et la ministre du Logement, Cécile Duflot, pour imposer sa loi ALUR avec la nécessité de construire toujours plus, sans évaluer les conséquences à long terme… et le spectre de l'Espagne avec ses centaines de milliers de logements vides et ses villes désertes n'est désormais pas si lointain, pas si étrange.

Pendant la campagne présidentielle de 2012, la Fédération du Bâtiment a fait passer des pleines pages de publicité pour rappeler aux 2 candidats du second tour et aux électeurs qu'il fallait penser au bâtiment. La reproduction de cette page entière de publicité ci-après provient de la Nouvelle République du Centre. Les trois titres nous éclairent sur la stratégie de ce lobby.

1 – Réduire le mal-logement

2 – Soutenir l'emploi

3 – Limiter les coûts

Le lobby du bâtiment est on ne peut plus clair sur sa stratégie apparemment commune avec celle de la Fondation Abbé Pierre de *« réduire le mal-logement »* dans son premier point, ce qui accrédite la vraisemblance de l'hypothèse de la manipulation du bâtiment, vitale pour son avenir, en instrumentalisant les associations dont le pré carré est le « mal-logement ». Le deuxième point est honnête dans son souhait de maintenir son chiffre d'affaires, expression synonyme de « *soutenir l'emploi* ». Le troisième consiste à repousser la responsabilité de la hausse des coûts sur les pouvoirs publics accusés à juste titre d'ailleurs, d'empiler les normes de construction. Ces trois vœux sont destinés aussi, à recueillir l'adhésion des différentes catégories de la population *« pour mieux répondre aux différentes attentes des Français »,* qui est le sous-titre de la publicité.

2. La nouveauté en province : vacance locative et crise immobilière

a. La vacance locative en province

Notons que le vocable de vacance locative recouvre principalement deux réalités bien distinctes, celle des logements abandonnés définitivement dans les zones rurales et celle des logements qui ne trouvent plus preneurs en raison de la surproduction. Les logements abandonnés tombent en ruine, car leurs propriétaires ne savent plus quoi en faire, certains ont été mis à prix à l'euro symbolique sans aucun succès. Nous ne savons pas quel peut être leur nombre, ni si l'administration les a répertoriés, chacun a remarqué dans des villages éloignés des bassins d'emplois, des dizaines de maisons aux volets fermés, aux toits en ruine, aux jardins en friche. A côté des conséquences de l'exode rural, la vacance locative étudiée ici est celle des logements dont les locataires ne veulent plus, car ils peuvent trouver mieux ; il y a également les logements qui tardent à trouver un occupant, dans les deux cas, la raison est la surproduction de logements par rapport au potentiel de demandeurs locataires ou d'acheteurs et le nouvel exode rural.

En 2008, il y avait 26 615 476 ménages (selon l'INED voir chapitre III, tableau 3) et 27 663 000 résidences principales (selon l'INSEE voir chapitre III, tableau 12) soit un excédent de 1,048 million de logements par rapport aux besoins qui sont exactement égaux au nombre de ménages. Le nombre de logements rapporté au nombre de ménages est de 1,039 avec un coefficient de vacance de 3,9 % brut, soit un nombre de logements vacants d'un million. Ce chiffre exprime à lui seul la fin de la crise du logement, car s'il y a plus de logements que de ménages, cela signifie que tous les ménages ont, ou peuvent avoir un logement s'ils acceptent de se délocaliser, car par définition un ménage n'a besoin que d'un seul logement. Chacun comprend qu'entre la théorie et la pratique ce n'est pas aussi simple, car une délocalisation d'un ménage n'est pas toujours facile.

Il est utile de rapprocher ce chiffre de celui de deux millions de logements qui seraient vacants volontairement selon les associations parisiennes de locataires. Le malentendu sur la vacance provient de la vacance dite volontaire par les pouvoirs publics par le seul argument d'autorité et par certaines associations militantes qui font un procès d'intention aux propriétaires privés ayant des logements vides ; cette attitude est inacceptable au regard de la Déclaration des droits de l'homme et du citoyen qui affirme la liberté et le droit de propriété comme étant des droits inaliénables. Selon les fondements de notre République, un propriétaire a le droit de laisser vacant son logement.

La vacance locative est mesurée par les services fiscaux qui enregistrent au premier janvier de chaque année les logements qui n'ont pas de locataires. Il s'agit d'un manque à gagner de l'administration qui ne peut facturer la taxe d'habitation par absence d'occupant. L'autre inconvénient de la vacance locative pour les services fiscaux est la possibilité pour les bailleurs de demander l'exonération de la taxe foncière si la vacance locative du logement normalement destinée à la location, dure plus de 3 mois. On ne connait pas les règles statistiques du service des Impôts sur la sortie des rôles, des logements vacants depuis plusieurs années ; à quel moment sont-ils considérés comme inexistants lorsqu'ils sont devenus inhabitables ou lorsque les propriétaires les ont déclarés ruinés ou rasés ?

La vacance technique : réalité ou fiction

Les bailleurs distinguent deux sortes de vacance locative, l'une structurelle et l'autre qui serait technique. Depuis 2007, cette nouvelle définition qui vient d'être inventée, est mal définie et recouvre plusieurs aspects. Elle est inhérente à la remise en état du logement avec le temps des travaux, mais aussi avec le temps nécessaire aux visites, à la prise de décision et à la disponibilité du futur locataire en fonction de son préavis précédent. C'est une vacance aussi bien administrative que technique selon les cas. Cette définition peut convenir aux bailleurs publics, car elle permettrait de sous-évaluer la vacance réelle par soustraction de la vacance technique. Il y a aussi une vacance technique indispensable lors de la mise en vente d'un bien, aucune statistique ne permet d'évaluer ces différentes vacances techniques. Cette vacance technique est évaluée probablement à 3 mois par les pouvoirs publics, car ces derniers ne commencent à comptabiliser la vacance subie par les bailleurs, qu'à partir du quatrième mois ; il est clair que cette astuce permet de minimiser la vacance réelle des propriétaires privés et publics ce qui a pu permettre à l'Etat d'encourager la surproduction, publique et privée, dans les zones détendues.

Les propriétaires privés contestent le concept de vacance technique qui était inexistant avant la vacance locative de 2007. Il s'agit d'une construction intellectuelle opportuniste. Il est d'ailleurs facile de comprendre qu'en cas de situation tendue où un locataire attend avec impatience que le locataire précédent déménage, le bailleur en accord avec le locataire entrant, limite les travaux à l'indispensable, voire ne perd aucun jour entre les deux baux, quitte à faire les travaux quand le locataire entrant est dans les lieux. A l'inverse, dans les zones détendues, les propriétaires n'hésitent pas à faire des travaux entre deux locations. Dans le premier cas, la vacance technique est toujours nulle alors que dans le deuxième cas la vacance technique atteint souvent un ou deux mois pour effectuer les travaux simples de remise en état. Cette vacance locative technique est estimée à 3 % par les pouvoirs publics ce qui correspond à environ 150 000 logements vides.

On peut donc se demander si l'expression de vacance technique ne serait pas une sémantique utile pour les pouvoirs publics qui espèrent voir s'instaurer une vacance locative importante dans l'absence de protestation des bailleurs privés, pour éradiquer les logements en mauvais état ; la surproduction est considérée par les élus comme le moyen de sortir les logements dégradés du marché locatif par la concurrence des nouveaux biens.

Un malentendu sur la définition de la vacance locative

Les professionnels du bâtiment ont intérêt à ignorer la vacance locative subie du fait de la surproduction de logements, ce qui est compréhensible d'un point de vue corporatiste, mais instrumentalise les pouvoirs publics. Il y a donc un déni de la vacance locative subie avec les définitions qui insistent uniquement sur le mauvais état des logements vacants et oublient la vacance locative des logements Scellier trop chers, la vacance locative du parc public et celle des logements neufs ou rénovés qui est inexplicable autrement que par la surproduction. Ainsi sur batiweb.com, actualité du BTP, on relève plusieurs définitions de vacance locative :

- La vacance frictionnelle, le temps de rechercher un locataire.
- La vacance d'obsolescence pour les logements en mauvais état.

- La vacance de transformation en cas de rénovation.
- La vacance expectative en cas de revente ou de conservation pour soi à un terme inconnu.
- La vacance de désintérêt quand le rendement est trop faible.

Evaluation de la vacance locative

Les services fiscaux évaluent la vacance locative par le relevé des logements vides le premier janvier, mais ce chiffre est une photographie d'une journée. L'INED calcule la vacance par soustraction entre les résidences principales et les ménages ce qui est une donnée plus économétrique.

Tableau 93 - Evolution de la vacance locative (en milliers)

	Nombre de ménages INED	Nombre de ménages INSEE	Nombre de résidences principales Compte du logement	Nombre de résidences principales INSEE	Vacance locative brute	coefficient brut	Vacance locative INSEE
1954		13 418					
1962		14 588					
1963				12 098			
1967				12 948			
1968		15 763					
1970				13 934			
1973				14 759			
1975		17 745					
1978				16 347			
1982		19 589					
1984				18 255			
1985			20 837				1 908
1988				19 300			
1990	21 542	21 542	22 042		**500**	**2,3 %**	1 939
1995			23 384				2 009
1999	23 776	24 332					
2000			24 801				2 060
2004		25 419					
2005	25 689		26 508		**819**	**3,19 %**	
2007		26 992	27 278		**286**	**1,05 %**	
2008	26 615		27 663		**1 048**	**3,9 %**	2 103
2009				27 849			2 115
2010	27 106						

Sources : Ménages INED, Résidences principales INSEE. Le nombre de logements de E.L. INSEE, Compte du logement 2008, proviennent du tableau n° 12. Il n'y a pas d'explication sur la valeur plus faible des résidences principales répertoriées par l'INSEE. Les % de vacance locative sont calculés par rapport aux total des résidences principales et non pas par rapport au nombre de résidences principales locatives ce qui a pour effet de minimiser la vacance locative.

Le nombre de ménages recensés par l'INSEE est plus élevé que celui enregistré par l'INED. Ainsi en 1999, l'INSEE relève 556 000 ménages de plus que l'INED. Ceci peut expliquer les écarts de vacance locative brute entre l'INED et l'INSEE. Il serait nécessaire d'avoir les séries statistiques des zones rurales et des grandes villes pour évaluer géographiquement la vacance.

Une progression récente, mais continuelle de la vacance locative : + 14 949 logements par an

On ne connait pas la ventilation de la vacance locative entre les deux parcs public et privé. Le nombre de logements est passé de 20,837 millions à 27,663 millions de 1985 à 2008, soit une augmentation de 6,826 millions en 23 ans avec une augmentation moyenne de 296 782 logements par an. De 1990 à 2008, le nombre de ménages a évolué de 21,542 millions à 26,615 millions soit une hausse de 5,073 millions en 18 ans ou une hausse de 281 833 ménages par an. Ainsi en 18 ans on a construit 14 949 logements de plus par an, en moyenne, que l'accroissement des ménages. Il est donc erroné de dire que la crise du logement s'aggrave, la progression du nombre de logements en moyenne chaque année est supérieure à celle des ménages ce qui crée au contraire la vacance locative. Le compte du logement 2010 relève 33,1 millions de logements à la date du 1er juillet 2009 à comparer avec le nombre de ménages de 27,106 millions en 2010 selon l'INED soit un excédent de 6 millions de logements duquel cependant il faut retirer les résidences secondaires et les logements vacants (tableau 95).

Il faut faire appel aux observations des propriétaires qui ne se plaignaient pas de vacance locative avant 2006-2007, d'une part et garder en mémoire pour chaque ville le début de la vacance. Les premiers symptômes de vacance se sont manifestés quand le seuil de 3 % a été atteint, c'est-à-dire en 2007. La vacance pour la France par rapport aux résidences principales était de 3,19 % en 2005, il est donc possible de fixer le seuil de vacance subie au delà 3 %. Le décompte de la vacance après 3 mois par la Direction Des Territoires est abusif, car il correspond à une perte de loyers de 25 % sur une année.

La vacance locative à Niort avec 2 500 logements vides a atteint 15 % en 2012 puis 3 000 en 2014 soit 18 %, elle est le début de l'insupportable. L'administration ne concède que le pourcentage de 8 % pour les mêmes années ce qui est manifestement sous-évalué et s'explique par la neutralisation des 3 premiers mois de vacance. Les propriétaires commencent à être en difficulté. Que dire des autres villes comme Agen, Poitiers, Belfort, Albi, Castres, Montauban …qui dépassent ces pourcentages avec des vacances locatives de 6 mois à un an !

La vacance locative est un handicap pour les propriétaires, car une perte de loyer d'un mois est égale à une perte de 8 % des recettes et dans le contexte de hausse des taxes foncières, de la fiscalité en général et des travaux associés à la baisse des loyers, la vacance entraine le découragement des propriétaires. Pour les locataires, la vacance a deux avantages : laisser plus de temps pour choisir un logement en ayant un choix plus important et espérer une amélioration du niveau de vie par une baisse des loyers.

De la crise du logement à la vacance locative en 54 ans

La comparaison du nombre de ménages avec celui des résidences principales est un indicateur supplémentaire de la résorption de la crise du logement. La comparaison des tableaux 2, 3, 12, 87 et 93 donne les résultats ci-dessous.

Tableau 94 - De la crise du logement à la vacance locative en 54 ans (en milliers)

	1954	1963	1985	1990	2008	Projection 2020
Résidences principales	13 404	14 600	20 837	22 042	27 663	31 410
Nombre de ménages	13 418	14 783	20 321	21 542	26 615	29 997
Excédent de Résidences	-14	-183	-515	+500	+1 048	+ 1 413

Le chiffre des ménages de 1963 a été estimé à partir de celui de 1962 qui était de 14 588 milliers. Celui de 1985 a été estimé à partir de celui de 1982. Il existe donc une marge d'erreur possible sur ces deux estimations, mais elle n'entache pas l'interprétation suivante. Les résidences principales ont été extraites des tableaux 12 et 93, les valeurs des ménages ont été extraites des tableaux 2, 3 et 87. Les résidences principales sont l'agrégat des résidences des locataires et des propriétaires occupants, de même que la somme des ménages est constituée des locataires, des propriétaires et de ceux qui vivent en hébergement précaire.

La crise du logement est patente globalement jusque dans les années 1985 où le nombre de ménages est encore supérieur à celui des résidences principales. Il y a retournement de tendance entre 1985 et 1990, car pour la première fois depuis la Deuxième Guerre mondiale, le nombre de résidences principales est supérieur à celui des ménages, l'excédent d'un million de résidences principales en 2008 est une confirmation macro-économique de la vacance locative subie par l'excès d'offre de logements. Si la cadence des constructions ne se ralentit pas il est facile de prévoir une vacance locative de type espagnol dans les années à venir avec un taux de chômage catastrophique (dans le bâtiment d'abord) qui en sera la conséquence par la chute nécessairement brutale des investissements dans le bâtiment. Dans certains départements, la baisse des permis de construire a été en 2013 de 25 à 40 %, ce qui confirme la prise d'acte des investisseurs de la surproduction de logements.

La projection pour 2020, est faite en supposant que l'évolution des résidences principales et des ménages soit identique à celle de la période 1990-2008, il apparait qu'en 2020, la vacance locative nationale sera de 1 413 000 logements et il est probable qu'elle se portera exclusivement en province. La vacance nationale sera alors de 4,5 % ce qui est tout à fait dangereux pour la stabilité immobilière en devenant un facteur de crise économique avec la récession probable du bâtiment.

L'INSEE donne une vacance locative plus sévère de 18 %

Tableau 95 - Evolution du parc de logements de 1985 à 2009

	1985	1990	1995	2000	2008	2009
Ensemble des propriétaires dont	**11 015**	**12 098**	**12 835**	**13 820**	**15 873**	**16 106**
Accédants	5 116	5 513	5 260	5 247	5 144	5 162
Non-accédants	5 899	6 585	7 575	8 573	10 729	10 944
Ensemble des locataires dont	**9 822**	**9 944**	**10 549**	**10 974**	**11 638**	**11 743**
Secteur libre	6 454	6 042	6 050	6 234	6 545	6 600
Secteur social et logements des collectivités territoriales et des établissements publics	3 368	3 902	4 499	4 740	5 093	5 143
Ensemble des résidences principales	**20 837**	**22 042**	**23 384**	**24 794**	**27 510**	**27 849**
Résidences secondaires	2 547	2 839	2 891	2 952	3 151	3 181
Logements vacants	1 908	1 939	2 009	2 060	2 103	2 115
Ensemble des logements ordinaires	**25 292**	**26 820**	**28 284**	**29 806**	**32 765**	**33 145**

Source INSEE, reprise dans le compte du logement 2010

La vacance : vacance fiscale ou vacance locative ?

La vacance locative mesurée par l'INSEE est de 2,115 millions de logements en 2009 qu'il convient de comparer au nombre de locataires 11,743 millions pour arriver à un taux de vacance locative de 18 %. Par définition, la vacance locative devrait se mesurer à partir du nombre de résidences vides destinées à la location par rapport au nombre de logements locatifs ou au nombre de locataires et non pas à partir du nombre de résidences principales ; si un propriétaire quitte ou abandonne sa résidence principale, il va chercher à la louer (elle rentre dans la vacance locative) ou à la vendre (mais cela procède d'une autre stratégie et donc d'une autre vacance qui est plutôt d'ordre fiscal). Si l'on calculait le pourcentage de logements vacants par rapport au chiffre des résidences principales on aurait alors 7,6 % de vacance (2115 /27 849) ce qui correspond à une vision fiscale de la vacance, éloignée de la valeur de la vacance locative stricto sensu par rapport au nombre de locataires. On le voit il n'y a pas de consensus sur la définition de la vacance locative, car ce phénomène est très récent.

L'état du logement 2011 du CGDD (Commissariat Général au Développement Durable) établit une vacance locative de 2 422 000 logements sur 33 842 000 logements ordinaires, ce qui ferait une vacance de 7 %, assez proche de celle reconnue par les pouvoirs publics, mais si l'on compare cette vacance aux seuls logements locatifs en excluant les résidences secondaires et celles des propriétaires occupants, en ne conservant que les seuls logements locatifs de 11 848 000, le taux de vacance est de 20 % (2422/11848) ce qui correspond à une autre vision plus proche de la réalité observée par les bailleurs privés.

Extension de la vacance locative subie vers les grandes villes

La vacance locative a épargné jusqu'en 2011 les grandes villes comme Toulouse, Marseille ainsi que des villes comme Rouen, La Rochelle et Grenoble, mais depuis 2012, elles commencent à ressentir les premiers signes de la vacance locative (ce qui paraissait inimaginable jusqu'en 2010), selon les constatations des présidents départementaux de chambres des propriétaires affiliés à l'UNPI. Si la progression de la vacance dans les grandes villes s'effectue selon le même schéma que dans les petites villes, il faut s'attendre en 2016 à une vacance généralisée dans toute la France, à l'exception de Paris et peut-être dans les plus grandes métropoles.

La vacance locative doit devenir une donnée économique plutôt qu'un recensement fiscal

En définitive personne n'est d'accord sur la définition de la vacance locative, ni donc sur le nombre de logements vacants, ni donc sur la méthode pour la calculer. Il faudrait connaître les logements vacants qui ont été recensés afin de savoir si ces logements sont habitables, destinés à la vente ou à la location. Pour l'administration fiscale, les logements vacants sont ceux qui sont inoccupés (ce qui concerne les résidences principales des propriétaires occupants abandonnées et les logements locatifs vides). Les associations parisiennes de locataires s'émeuvent des logements laissés vides volontairement à Paris, mais cela est anecdotique par rapport à la vacance locative subie en province

Pour les bailleurs, privés et publics, la vacance locative ne concerne que les logements qui pourraient être loués et qui ne le sont pas par manque de locataires, c'est-à-dire pour cause de surproduction, ce qui est une donnée économique et non plus fiscale. Cette vacance s'apprécie en comparant les logements vacants au nombre de résidences principales locatives, car par définition un ménage n'a besoin que d'un logement pour sa résidence principale. Le biais éventuel de cette hypothèse est l'absence de ventilation entre les logements abandonnés définitivement et les logements vacants provisoires. Jusqu'aux années 2007-2008, tant que la vacance locative subie n'existait pas, cette absence de ventilation était sans gravité, mais dorénavant devant la guerre des chiffres sur le nombre de logements à construire chaque année, il est indispensable de définir les types de logements vacants.

Vacance locative et baisse des loyers

Le tableau suivant est une illustration de la conséquence de la vacance locative par la baisse du prix des loyers du parc privé à partir de 2005. En 2005, l'indice du secteur libre était de 4,5 pour baisser en 2008 à 2,0 et à 0,8 en 2011. A partir de 2008, l'indice des loyers du parc privé est toujours inférieur à celui du parc public. Cet écrasement des loyers du parc privé est une des raisons de l'effondrement de la rentabilité locative.

Tableau 96 - Evolution des différents indices de loyers et de l'indice des prix

ÉVOLUTION DE L'INDICE DES PRIX DES LOYERS DU COMPTE DU LOGEMENT(2)

en %

Dans le compte du logement	2001	2002	2003	2004	2005	2006	2007	2008	2009	2010	2011
Indice de prix des loyers du compte(2)	2,1	3,3	3,0	3,5	4,3	3,9	3,2	2,0	1,8	1,3	0,9
Indice de prix des loyers secteur libre	**0,8**	**3,4**	**3,0**	**3,6**	**4,5**	**3,9**	**3,3**	**2,0**	**1,7**	**1,2**	**0,8**
Indice de prix des loyers secteur HLM	**0,3**	**2,5**	**3,2**	**2,8**	**3,0**	**3,3**	**2,9**	**2,6**	**3,0**	**2,0**	**1,1**
Indice des prix de la consommation(3)	2,0	1,2	1,9	2,1	1,8	2,0	2,1	2,9	- 0,7	1,1	2,1

Source : Insee, Comptes nationaux et enquête loyers et charges, Compte du Logement 2011

(2) Les indices de prix des loyers du compte du logement incorporent les taxes (droit de bail puis contribution représentative du droit de bail jusqu'en 2001). L'indice du compte est un indice de prix moyen des loyers, qu'ils soient réels ou imputés.

(3) Il s'agit de l'indice des prix de la dépense de consommation finale de la comptabilité nationale (source Insee).

La vacance locative a pour conséquence immédiate la création d'une crise immobilière

Personne ne conteste que la vacance locative, due à une surproduction de nouveaux logements a pour effet une baisse des loyers à la relocation ; dans un deuxième temps, sur le marché de la vente, quand la vacance est connue des acheteurs, ces derniers offrent des prix en dessous des prix annoncés et par un effet de contagion, les prix baissent.

Les deux marchés, de la vente et de la location, sont interconnectés, car une vacance locative a toujours un effet déprimant sur les prix de vente. Le temps d'inertie entre les deux marchés dépend du retard de l'information sur le second marché de la vente.

Sur le marché locatif, l'information est plus lente, l'administration n'a pas intérêt à diffuser cette information pour que les bailleurs sociaux puissent continuer à construire sans les critiques des bailleurs privés. Tout se passe comme si la stratégie des pouvoirs publics consistait à retarder la prise de conscience par les bailleurs privés de la concurrence des bailleurs publics car le député François Scellier connaissait ces mécanismes de baisses des loyers dès 2008 (rapport 1088 du 22 juillet 2008 de l'Assemblée nationale).

Il existe également une correspondance entre les deux marchés de la vente de l'immobilier locatif et celui des résidences principales, dans la mesure où si le marché de l'immobilier locatif chute plus que celui des résidences principales, les acheteurs peuvent transformer un immeuble locatif en résidence principale ou inversement comme dans les années 1980. D'une certaine manière, il est vrai que la baisse des taux d'intérêt et la mauvaise tenue de la bourse ont limité la chute de l'immobilier. Depuis 2012, un autre facteur intervient avec les difficultés financières de certaines banques qui devant assumer des pertes sur des créances internationales américaines et grecques notamment, ont eu un manque de trésorerie et ont limité les prêts, ce qui a eu un effet déflationniste sur le niveau des transactions immobilières.

La crise immobilière s'explique également par l'augmentation trop rapide des prix immobiliers par rapport à la hausse des revenus depuis 2002. Quand les revenus ne suivent pas les prix immobiliers, les salariés décrochent et repoussent leur décision d'achat. Jacques Friggit a élaboré le tunnel qui porte son nom « Tunnel de Friggit » qui établit que sur une longue période les prix de l'immobilier ne peuvent durablement s'écarter d'un tunnel ; quand les prix sortent de ce tunnel par le haut, c'est-à-dire quand les ménages doivent s'endetter davantage pour acquérir un bien, ils arrêtent d'acheter ce qui contribue à faire baisser les prix. Souvent les prix reviennent dans la partie basse du tunnel avant de repartir lentement à la hausse ; sur le long terme ce sont les acheteurs qui fixent les prix de vente par leur capacité d'endettement. Jacques Friggit prévoit que les prix immobiliers ayant été majorés dans les années 2000 devront baisser de 35 à 40 % dans les années 2010, ce qui a déjà commencé en province.

Ci-dessous, sont reproduits deux graphiques de Jacques Friggit.

Graphique 24 - Evolution des prix des logements et du nombre de transactions

2.1. Prix des logements et montant des ventes de logements

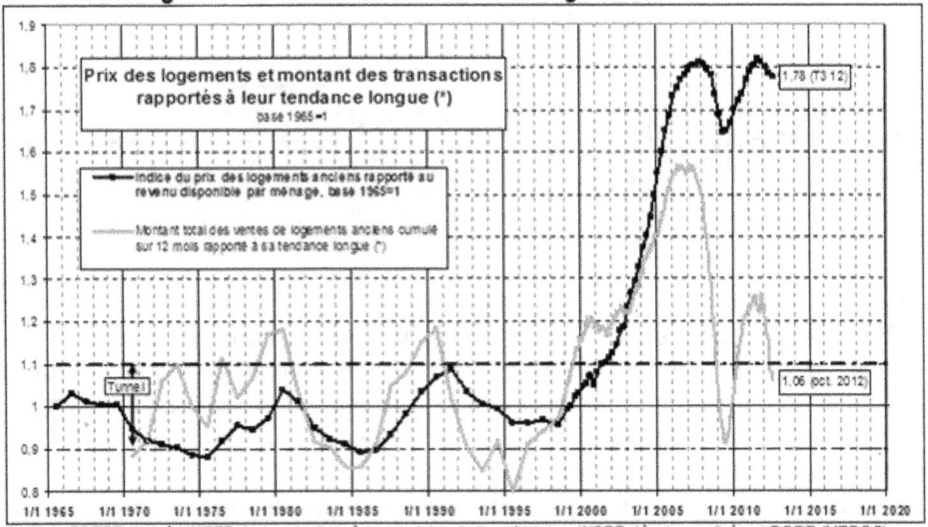

Source : CGEDD d'après INSEE, bases de données notariales, indices Notaires-INSEE désaisonnalisés et DGFiP (MEDOC).
(*) La tendance longue à laquelle on rapporte l'indice du prix des logements est le revenu disponible par ménage, parallèlement auquel il a crû de 1965 à 2001, cf. § 2.3.1.1. de [2]. La tendance longue à laquelle on rapporte le montant des ventes de logements anciens (somme du montant de toutes les ventes) est l'indice des prix à la consommation majoré de 4,9% par an, parallèlement auquel il a crû de 1970 à 2000, cf. § 5.1.2. de [2].

Les prix s'établissent autour de 1 avec une amplitude de plus ou moins 10 % qui est le tunnel. C'est en 2002 que les prix sont sortis du tunnel. Les deux courbes du graphique 24 montrent logiquement que c'est le volume des transactions (courbe plus claire) qui entraine le niveau de prix, vers la hausse comme en 1998-99 ou vers la baisse en 1991 avec un décalage d'environ une année. Ces deux courbes corroborent la loi de l'offre et de la demande.

Graphique 25 - Evolution du prix des logements rapporté au revenu des ménages

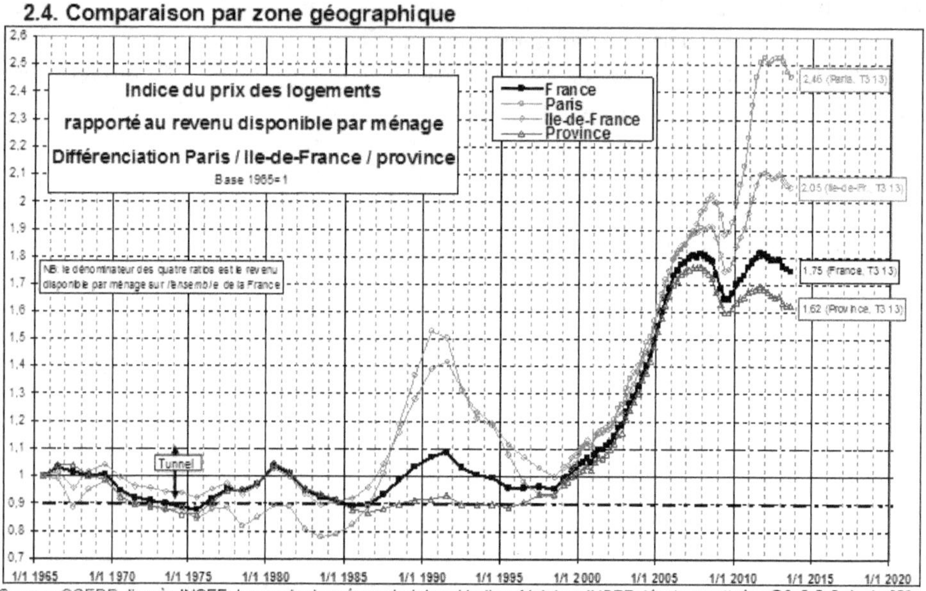

Source : CGEDD d'après INSEE, bases de données notariales et indices Notaires-INSEE désaisonnalisés. Cf. § 2.3.1. de [2].

La hausse des prix parisiens a contribué à la hausse de la moyenne nationale des prix. Les prix ont baissé en province depuis 2007, on a relevé en zone rurale des baisses de 40 %, certains biens ont été vendus à la moitié de la valeur estimée par les agents immobiliers, et au vu des ventes en cours, il semble selon certains professionnels que la baisse ne soit pas terminée en 2014. Notons que ces baisses spectaculaires de prix n'apparaissent pas dans ces courbes (quand il y a eu hausse, les deux secteurs ont progressé ensemble, l'un tirant l'autre). Les prix du neuf doivent amortir les baisses de l'ancien, il serait intéressant de différencier le neuf de l'ancien.

Pourquoi les prix immobiliers se sont envolés après 2002 ?

La sortie des prix immobiliers du « tunnel de Friggit » dès l'année 2002 ne s'explique pas seulement par la hausse du volume des transactions considérables entre 2000 et 2007. Il n'y a pas eu de destructions massives de logements qui auraient pu engager une hausse des prix, de toute façon l'élasticité prix des logements par rapport à la production est très faible de l'ordre de -1 à -2 selon Jacques Friggit.

Le fait historique marquant de cette période est la création de l'euro mis en circulation le 1er janvier 2002. L'INSEE a certes établi une relation entre l'indice des prix et la perception de l'euro, mais il n'y a pas eu d'analyse sur une relation possible entre la création de l'euro et l'envolée des prix immobiliers. Il faut certainement incriminer la mauvaise perception des prix élevés, par exemple un million de francs qui représentait une somme considérable devenait 150 000 euros ce qui ne paraissait pas aussi inaccessible.

La vacance expliquée par l'exode rural de l'après-guerre

Les économistes du logement en 1975 n'avaient pas la même analyse que ceux d'aujourd'hui sur la vacance locative. La vacance des années 70 était une vacance différente, ce n'était pas une vacance locative par excès de l'offre, mais une vacance de la migration et de l'obsolescence. Une étude de P. Longone parue dans Population et société de l'INED en septembre 1975 compare le nombre de résidences principales sur 20 ans. Ce dernier utilise même l'expression de « solde de désaffection des résidences principales » qui n'est plus utilisée. « *Il faut savoir que les constructions nouvelles excèdent toujours, au cours d'une période donnée, la variation du nombre de résidences principales ; la différence est appelée « solde des désaffections des résidences principales ». Ces dernières sont consécutives à plusieurs phénomènes : les migrations internes notamment vers les villes qui laissent vacantes d'autres résidences principales, les destructions par vétusté, etc.* »

La vacance de logements dont rien ne laissait penser qu'elle était locative, était autant celle des résidences principales des propriétaires occupants que celle des bailleurs ; il s'agissait des maisons abandonnées pour cause d'exode rural, de migrations vers les villes ou pour cause de vétusté, les logements vacants étaient le prix à payer de l'industrialisation. La vacance s'inscrivait dans un processus de construction de résidences principales dans les nouveaux bassins d'emplois et de résidences secondaires vers les lieux de villégiature grâce à la hausse du niveau de vie des classes moyennes, concomitamment avec l'abandon des résidences rurales vétustes ne trouvant plus preneurs.

Tableau 97 - Evolution du parc de logement de 1954 à 1973

Nombre de logements (en milliers).

	R54	R62	R68	EL70	EL73
Logements	14 429	16 392	18 256	19 130	20 321
Résidences principales %	92,9	88,9	86,4	85,8	84,3
Résidences secondaires %	3,2	5,8	6,9	7,3	7,8
Logements vacants %	3,8	5,3	6,7	6,9	7,9
Logements achevés depuis 1948 %	3,0	17,1	29,3	33,7	41,3

Source : INSEE de P. Longone paru en septembre 1975 dans la revue Population et société
R54 signifie Recensement de 1954, EL 70 est l'abréviation de Enquête Logement de 1970

Lecture du tableau : en 1973, 41,3 % des logements étaient achevés depuis 1948. Ce tableau permet de suivre l'évolution des résidences principales durant 19 ans. Pendant cette période, le nombre de constructions neuves s'élève à 5,892 millions (20, 321 – 14,429). Selon P. Longone, le nombre de résidences principales passe de 13,404 millions (14,429 x 92,9 %) à 17,13 millions (20,321 x 84,3 %) en 19 ans soit une augmentation de 3,726 millions ou 196 000 par an de 1954 à 1973 ; ce chiffre est à comparer avec les 296 782 logements construits par an de 1985 à 2008.

Le nombre de logements vacants passe de 548 302 en 1953 à 1 605 000 en 1975. La crise du logement due à l'exode rural, s'est accrue du nombre de maisons abandonnées dans les fermes et villages ruraux soit de 48 031 maisons en moyenne par an pendant 22 ans.

Le coût de la vacance locative pour les propriétaires privés : 6 ou 12 milliards d'euros par an

Les bailleurs publics n'ont pas annoncé de vacance locative avant 2010, ne reconnaissant qu'une vacance technique. Si l'on suppose que la vacance déclarée soit seulement celle subie par le parc privé, elle était de 1,048 million en 2008 (tableau 93). Les ressources par logement des bailleurs personnes physiques étaient de 6000 euros par an en 2008 (tableau 23), donc avec 1,048 million de logements vacants, la perte de loyers en 2008 était de 6,288 milliards d'euros (1,048 x 6000). Mais si l'on retient la vacance de l'INSEE de 2,115 millions en 2009, la déflation locative annuelle serait de 12,69 milliards d'euros.

En admettant que les bailleurs privés ne paient pas davantage d'impôts que l'ensemble des producteurs, ce qui est une hypothèse minimaliste, car les bailleurs publics sont exonérés de la majorité des taxes et impôts, il est possible d'évaluer la perte fiscale des Finances Publiques avec les logements vacants. En 2008, le taux de fiscalisation par rapport aux ressources des producteurs est de 27,7 % (56,25 milliards/ 203 milliards= 27,7) (voir tableaux 25 et 74). Avec ce taux, le manque à gagner de l'Etat se situe entre 1,73 et 3,51 milliards d'euros par an (6,28 x 27,7 % = 1,73 ou 12,69 x 27,7 % = 3,51) ; l'Etat n'a donc pas intérêt à la vacance locative, ce qu'il semble oublier quand il devient la cause de cette vacance par surproduction de logements publics et privés.

Impact de la vacance locative par département

Nous ne connaissons pas la vacance locative par département, ni par ville, en l'absence de données informatiques disponibles ou qui ne sont pas communiquées par l'administration. La valeur globale de la vacance locative de 1 048 000 logements en 2008 (ou 2 115 000 en 2009) pour l'ensemble du pays est une donnée macroéconomique qui n'exprime pas le ressenti des petits propriétaires désespérés de perdre le revenu complémentaire d'une retraite insuffisante. Il est donc nécessaire de répartir ces logements vides par département. Dans le chapitre X, nous découvrirons les 10 départements qui accusent une perte démographique sur une décennie ainsi que les 42 départements qui ont une croissance inférieure à la moyenne nationale. Nous émettons l'hypothèse que ces 52 départements ont une vacance locative plus forte que les départements ayant une croissance supérieure à la moyenne nationale. De même, il s'avère que l'exode rural explique encore l'abandon des résidences principales, les salariés se déplaçant vers les nouveaux bassins d'emplois.

Si la vacance locative de 1 048 000 logements en 2008 est répartie seulement sur ces 52 départements, cela représente 20 153 logements vides par département. Avec 2 115 000 logements vides relevés par l'INSEE, la vacance s'établit à 40 673 logements par département. Ces chiffres expliquent mieux le découragement des propriétaires ruraux et le désintérêt pour ce type d'investissement en zone rurale. Il peut être à l'origine d'un effet boule de neige de désinvestissement locatif, par la prise de conscience accélérée du manque de rentabilité d'une location immobilière.

b. La crise immobilière en province est la conséquence des politiques du logement qui ont déréglé le marché

La politique du logement a été estimée utile pour corriger les insuffisances et les excès supposés du libéralisme, car en l'absence de statistiques et d'analyse économique, les idéologies et les lobbies ont imposé des théories qui se révèlent fantaisistes. A vouloir corriger un marché, sans chercher à comprendre son fonctionnement, les pouvoirs publics ont tué ce marché.

Le rapport 1088 du 22 juillet 2008 de l'Assemblée nationale des députés François Scellier et Jean-Yves Le Bouillonnec évoquait déjà la vacance locative due aux logements Borloo et Robien avec une bonne analyse du député Jean Dionis, maire d'Agen. « *Les logements fiscaux étaient de petite taille et ne correspondaient pas aux attentes des familles. Malgré des baisses de loyers et des remises de plusieurs mois* » beaucoup de ces logements sont restés vacants et plus grave encore, *malgré une hausse démographique*, les logements anciens ont commencé à subir la vacance du fait des logements Borloo et Robien qui ont trouvé preneur. Alors qu'il aurait fallu subventionner les grands logements, le dispositif a inondé le marché de petits logements qui sont entrés en concurrence avec les appartements existants. « *Les dispositifs de garantie de vacance mis en place par les promoteurs ne sont pas toujours suffisants pour couvrir la période de vacance.* »

« Les nombreuses constructions locatives réalisées ces dernières années ont conduit à la fois à la multiplication des vacances de logements anciens dans le centre-ville, mais aussi de logements nouvellement construits. »

Et de poursuivre :

« Par conséquent, si ce phénomène est positif pour certains locataires, il peut mettre dans des situations difficiles des propriétaires, qui ont parfois des revenus modestes ou qui ont besoin des revenus locatifs pour accéder à la propriété ou pour compléter leurs revenus de retraite. »

François Scellier qui a signé ce rapport, savait donc dès 2008 que la vacance locative dans certains départements, était due aux logements défiscalisés. Que n'a-t-il retenu la leçon pour s'abstenir de continuer avec un dispositif qui porte son nom ! L'Etat par ses députés reconnait être responsable de la désorganisation du marché de l'immobilier en province, mais ne fait rien pour que cela cesse et c'est là que se situe la faute. Le prétexte de l'emploi sauvegardé ne disculpe pas ; au contraire c'est faire preuve de faiblesse envers le lobby de la construction. L'aveu de ces députés renseigne sur une conception de l'intérêt général qui n'est que l'assujettissement à des groupes de pression.

La crise immobilière dans la France rurale est due à la politique du logement qui a encouragé sans discernement la construction de logements Scellier dans les zones déjà saturées. Sur ce point, tout le monde est d'accord que ce soit le député Scellier lui-même ou l'ancien Secrétaire d'Etat au logement Benoit Apparu. Ce serait donc bien la surproduction de logements ordinaires privés qui serait la cause de la crise immobilière en province, mettant au surplus des dizaines de milliers de « propriétaires fiscaux » en difficulté. En réalité cette explication est insuffisante, il y a confusion entre la goute d'eau qui a fait déborder le vase et ce que l'on y avait mis auparavant avec la pléthore de logements publics comme nous le verrons avec l'effet d'éviction.

3. Evolution des deux parcs locatifs dans une explication des crises par la surproduction

a. Evolution du parc privé

Nous avons récapitulé l'ensemble des nouveaux logements ayant bénéficié d'un avantage fiscal, il s'agit donc de logements neufs et non pas de logements rénovés avec l'aide de l'ANAH. Les informations sont contradictoires, car aucun des services publics ne s'accorde à donner les mêmes chiffres. De 1984 à 1995, c'est environ 25 000 « logements fiscaux » qui ont été produits par an selon le ministère du Logement (rapport février 2008) soit environ 300 000 pendant ces douze années. La production s'accélère dans les années suivantes comme on peut le constater dans le tableau suivant.

Tableau 98 - Production de « logements fiscaux » de 1995 à 2010

	Quiles/Méhaignerie	Périssol	Besson	Robien	Scellier	TOTAL
1995	26 000					26 000
1996	28 700	6 900				35 600
1997	5 000	38 100				43 100
1998		55 000				55 000
1999		50 000	3 000			53 000
2000			19 000			19 000
2001			25 000			25 000
2002			30 000			30 000
2003				54 000		54 000
2004				62 000		62 000
2005				68 000		68 000
2006					62 600	62 600
2007					66 700	66 700
2008					35 000	35 000
2009					65 000	65 000
2010					77 500	77 500
TOTAL	59 700	150 000	77 000	184 000	306 800	777 500

Ce tableau reprend trois sources, l'Assemblée nationale, le ministère du Budget et la Commission des Finances.

Selon le ministère du Budget, 650 000 logements auraient bénéficié des dispositifs fiscaux entre 1996 et 2011, si l'on y ajoute les 300 000 logements construits entre 1984 et 1995, on obtient 950 000 logements.

D'après le rapport 1088 du 22 juillet 2008 de l'Assemblée nationale des députés François Scellier et Jean-Yves Le Bouillonnec corroboré par le rapport du ministère du Logement de février 2008 sur l'évaluation des dispositifs d'aide à l'investissement locatif, ce serait 470 000 au lieu de 470 700 logements indiqués dans le tableau ci-dessus qui auraient été construits entre 1995 à 2005.

En 2009, 50 000 logements Scellier ont été construits et 70 000 en 2010 selon le rapport n° 3805, Scellier-Carrez. En 2008, la production a chuté à 35 000. Entre 1995 et 2010, il s'agit bien de 777 500 logements fiscaux qui auraient été construits, auxquels il convient d'y ajouter les 300 000 logements construits entre 1984 et 1995 soit 1077 500 logements.

La commission des finances dans son rapport n°3631 du 6 juillet 2011 estime que ce sont 245 000 logements au lieu de 321 800 qui auront été acquis grâce au programme Scellier à la fin 2012 dont 65 000 en 2009 et 77 500 en 2010.

Jusqu'en 2002, les investissements fiscaux n'ont guère dépassé une moyenne de 30 000 logements par an alors qu'à partir de 2003, avec l'avantage De Robien, ils ont atteint les 60 000 logements par an.

Le « dispositif Scellier » a été créé en 2006. La commission des finances s'étonne de la baisse des ventes Scellier depuis le début 2011 et évoque deux raisons : le manque d'offre de logements et la hausse des taux d'intérêts sans vouloir prendre conscience de la saturation de logements dans la France rurale autrefois principale demanderesse de logements fiscaux ! La hausse des taux d'intérêts n'est pas significative pour décourager un investisseur par rapport au gain fiscal en raison de la déductibilité des intérêts ; le manque d'offre provient en réalité de la difficulté récente pour les promoteurs de vendre les fins de programmes à cause de la surproduction de logements dans la presque totalité du pays.

Tableau 99 - Récapitulatif du nombre de logements fiscaux de 1984 à 2011 selon trois sources

Ministère du Budget		Assemblée nationale		Tableau 86	
De 1984 à 1995	300 000	de 1984 à 1995	300 000	de 1984 à 1995	300 000 (1)
De 1996 à 2011	650 000	de 1995 à 2005	470 000	de 1996 à 2010	751 500 (2)
		Estimation de 2006 à 2008	150 000		
		2009	65 000		
		2010	77 500		
		2011	80 000	2011	80 000
Total	950 000	Total	1 142 500	Total	1 131 500

(1) 300 000 est un chiffre du ministère du Logement non contesté pour la période de 1984 à 1995
(2) 751 500 = 777 500 – 26 000 en 1995 du tableau 98

Le rapport Scellier-Carrez n° 3805 déclare que 50 000 logements Scellier en 2009 et 75 000 en 2010 auraient été vendus.

Le nombre de logements fiscaux de 1984 à 2010 s'est élevé à un million

Le nombre de logements défiscalisés dans le parc privé s'établit dans une fourchette comprise entre 950 000 et 1 142 500 logements. On peut donc estimer à environ un million le nombre de logements ayant bénéficié d'un dispositif fiscal entre 1984 et 2011.

Ce ne sont pas les logements Scellier qui ont causé seuls, la vacance locative

On a pu observer que la crise immobilière dans les villes de moins de 100 000 habitants a démarré en 2007 par un afflux de constructions Scellier sur certaines petites villes. Puis, par un effet de contagion, toutes les villes de moins de 100 000 habitants ont connu cette crise. En cinq ans, de 2007 à 2011, la France aurait été inondée de logements Scellier. Pourtant, quand on regarde ces logements construits en 5 ans, on est frappé par le petit nombre relatif de ces 324 200 (66 700 + 35 000 + 65 000 + 77 500 + 80 000) logements causant à eux seuls cette vacance locative ! Il faut en déduire que la France était pratiquement saturée de logements dès 2007, mais que personne ne le savait. Il y avait 11 580 000 locataires publics et privés en 2007 et donc les logements Scellier ne représentaient que 2,8 % du parc locatif, chiffre que l'on peut rapprocher de celui de la vacance locative de 3,9 % en 2008.

Si l'on considère l'ensemble des logements défiscalisés en 27 ans, ils représentent 9 % du parc locatif, il est difficile de croire qu'eux seuls auraient créé la vacance locative dans un pays où les associations, les fondations sur le logement, les élus et les promoteurs-constructeurs répètent qu'il manque d'un à quatre millions de logements ! Il faut donc se demander si cette double affirmation ne serait pas idéologique et s'il ne faudrait pas chercher ailleurs l'explication de la vacance locative, l'afflux de logements Scellier aurait été simplement le révélateur de la surproduction générale de logements.

b. Evolution du parc public et du parc privé

L'évolution du parc privé a été mesurée par rapport à celle du parc public et à la population française. Deux projections ont été faites pour 2033 pour une même période 24 ans. Les chiffres sont tirés des tableaux 12 et 13 établis par l'INSEE, la population est recensée au premier janvier et le nombre des logements au premier juillet.

Tableau 100 - Evolution et projection de la population et des résidences principales

	1985	2009	2033	2033
Population française	56 444 748	64 304 500	73 255 686	73 255 686
Propriétaires occupants	11 015 000	16 106 000		
Nombre de logements privés locatifs	6 454 000	6 600 000	6 745 000	5 745 000
Locataires HLM	3 368 000	5 143 000	6 817 731	7 817 731
Total des locataires	9 822 000	11 743 000	13 562 731	13 562 731
Pourcentage logements privés locatifs	65,7 %	56,2 %	49,7 %	42,4 %
Pourcentage de logements sociaux	34,3 %	43,8 %	50,3 %	57,6 %

La population française a augmenté de 7 859 752 habitants en 24 ans. Le parc privé des résidences principales locatives n'a pratiquement pas évolué depuis 1985. Il y avait 6 454 000 résidences principales privées en 1985 et seulement 6 600 000 en 2009, soit une hausse de 146 000 logements en 24 ans alors que le nombre de logements publics a progressé de 1 775 000 unités. Le parc privé a perdu 9,5 points de parts de marché passant de 65,7 % à 56,2 %. On sait que les lois fiscales incitant les investisseurs privés à construire des logements neufs ont produit un million de logements fiscaux sur la période, ce qui signifie que sans ces lois fiscales le parc privé aurait régressé d'autant.

Ce n'est pas la loi Scellier qui est responsable de la vacance locative

Ce n'est qu'en étudiant les statistiques sur le logement, en comparant la progression du logement public et la stagnation du logement privé, malgré une hausse de la population de 7,6 millions d'habitants en 24 ans qu'il faut se rendre à l'évidence, ce n'est pas l'aide fiscale à l'investissement privé qui a déclenché la vacance locative, mais l'accumulation progressive des logements publics avec 1 775 000 logements supplémentaires. En passant de 3 368 000 à 5 143 000, les logements sociaux ont progressé de 53 % en 24 ans alors que les logements privés n'ont augmenté que de 2,2 % sur la même période.

Les deux projections pour une même période de 24 ans

La projection pour 2033 a été faite en supposant la même hausse de population de 13,92 % avec 73,255 millions d'habitants. Le pourcentage de ménages de locataires par rapport à la population était 17,4 % en 1985 et de 18,26 en 2009. Supposons que ce pourcentage continue à progresser jusqu'à 19 % en 2033, cela ferait un nombre de ménages locataires de 13 918 580 (73 255 686 x 19 %).

L'hypothèse la plus vraisemblable est que la progression du parc privé ne sera pas plus élevée avec 2,2 % comme dans la période passée, soit un nombre de 6 745 000 et une progression de 145 000 logements privés. Le nombre des locataires publics est supposé résiduel par rapport au nombre de locataires privés soit 6 817 731.

Si les différents gouvernements à venir continuent à légiférer dans le même sens d'une réduction du droit de propriété, il est cohérent de considérer que le nombre de logements locatifs privés n'augmentera pas malgré la hausse de la population. Le pourcentage de logements privés locatifs serait donc de 49,7 %, le parc privé deviendrait minoritaire. En fait, la régression du parc privé sera plus rapide, car le découragement des petits propriétaires est très important en 2013 et 2014 (loi sur les plus-values à 30 ans de la présidence Sarkozy et loi ALUR) et leur moyenne d'âge est élevée. Les héritiers non habitués aux difficultés locatives ont tendance à revendre les logements locatifs de leurs parents.

Dans la deuxième projection pour 2033, une autre possibilité est envisagée avec la perte d'un million de logements fiscaux supplémentaires si le dispositif Duflot disparait sans être remplacé (5 745 000 au lieu de 6 745 000). Le logement public devrait donc loger ce million de locataires supplémentaires, la part du logement privé ne représenterait plus que 42,4 % du logement et celle du public atteindrait 57,6 %. Ces deux simulations illustrent bien les difficultés à venir en matière de logements aussi bien dans les nouveaux financements à trouver avec une économie en berne et les pertes fiscales dues aux exonérations de taxes foncières, au taux de TVA minoré des HLM, etc. Dans les deux cas en 2033, le parc public devient majoritaire et ce sera la consécration de la collectivisation du logement.

La construction de logements par rapport l'évolution démographique

L'autre observation à faire est de comparer les 7,6 millions supplémentaires de Français par rapport aux logements construits. Il y a eu 1,775 million de logements publics créés de 1984 à 2009. Si l'on ajoute le nombre de propriétaires occupants supplémentaires pendant ces 24 ans qui ont été de 5 091 000 (16 106 000 – 11 015 000) on arrive à 6,866 millions de logements (1 775 000 + 5 091 000) créés en 24 ans pour une accroissement de 7,6 millions d'habitants. Il apparait clairement que la construction de logements a été plus rapide que la croissance de la population ce qui est illustré avec le graphique ci-dessous de Jacques Friggit.

Graphique 26 - Evolution comparée de la progression des ménages
et de la production de logements

6.2. Construction de logements et accroissement du nombre de ménages

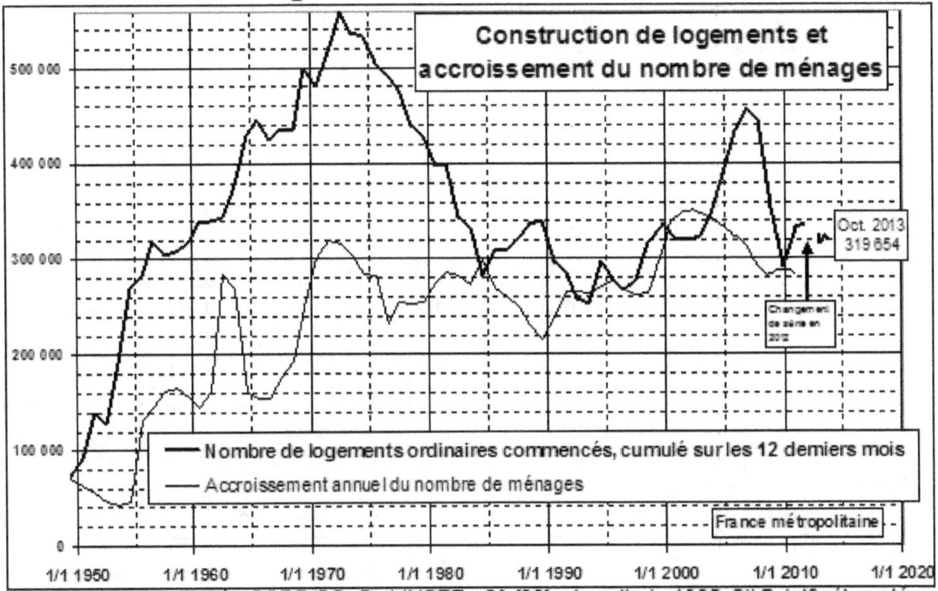

Source : CGEDD d'après CGDD/SOeS et INSEE. Cf. [32]. A partir de 1985, Sit@del2 rétropolé, en date réelle avant 1/1/10 puis en date de prise en compte. Sur la sensibilité du prix des logements par rapport au nombre de logements construits, cf. [11].

Depuis 1950, le nombre de logements construits a toujours été supérieur à l'accroissement démographique ce qui dément l'affirmation que le mal-logement progresse.

En 24 ans, la France a construit 3,5 millions de logements de plus que la hausse des ménages

Si un ménage est composé en moyenne de 2,3 personnes en 2009, la hausse de 7,8 millions de Français correspond à 3,391 millions de ménages. Il aurait donc fallu construire ce même nombre de logements en 25 ans. Or il en a été construit 6,866 millions soit 3,475 millions de plus ce qui représente un surplus de 144 791 logements par an. Le ratio de construction a donc été en 24 ans de 1,97 (6,866/3,475). Ce ratio selon les interprétations possibles représente, soit le rattrapage de notre retard de 1939 et 1945, soit la vacance locative en province, soit plus probablement les deux.

Analyse des parcs locatifs privés et publics sur 43 ans

La même analyse a été faite sur une période plus longue de 43 ans. Le tableau suivant confirme les résultats précédents et permet de situer le dérapage de la surproduction du logement public vers 1968 qui a cette année là, dépassé le pourcentage de ménages modestes de 20 %, quittant sa mission de service public de loger les plus démunis, pour loger de plus en plus de locataires aisés, donc prendre des parts de marché au parc privé, initiant une concurrence déloyale, inutile et coûteuse pour les finances publiques. Si l'on retient le pourcentage de 27 % vu plus haut, comprenant les ménages pauvres et les ménages populaires, ce chiffre est atteint en 1973.

Tableau 101 - Evolution des parcs locatifs depuis 1963
En milliers et en %

	1963	**1967**	**1970**	**1973**	**1978**	**1984**	**1988**	**1992**	**1996**	**2002**	**2006**	**1963/ 2006**
Population	47 573	49 373	50 528	51 915	53 271	54 894	55 966	57 110	57 935	58 586	61 040	
Résidences principales**	14 600	15 740	16 407	17 124	18 641	20 364	21 256	22 131			26 280	
Propriétaires occupants*	6 247	6 898	7 350	7 797	8695	10 323	11 387	11 913	12 645	13 724	15 032	
Locataires privés	4 971	4 886	5 019	5 029	5 171	4 570	4 291	4 650	4 786	5 076	5 369	398 8 %
Locataires HLM	880	1 164	1 565	1 933	2 481	3 362	3 622	3 775	4 091	4 231	4 487	3 607 410 %
Total des locataires	5 851	6 050	6 584	6 962	7 652	7 932	7 913	8 425	8 877	9 307	9 856	4 005 68 %
% logements privés	85	80,7	76,2	72,2	67,6	57,6	54,2	55,2	53,9	54,5	54,5	
% logements sociaux	15	19,2	23,8	27,8	32,4	42,4	45,8	44,8	46,1	45,5	45,5	

D'après les enquêtes logement de l'INSEE et la DGALN/DHUP
**Valeurs relevées dans le graphique 27*
***Données du tableau 11 et de « Quelques données sur le parc locatif privé » de l'INSEE et la DGALN/DHUP*
DHUP (Direction de l'Habitat, de l'Urbanisme et des Paysages)
DGALN (Direction Générale de l'Aménagement, du Logement et de la Nature)

On peut regretter que ce tableau synthétique ne se retrouve pas dans les comptes du logement, il serait utile d'y ajouter le nombre des ménages, celui des résidences secondaires et des hébergés. Le parc locatif privé a augmenté de 8 % en 43 ans alors que le parc public a augmenté de 410 % pendant la même période.

c. L'influence d'une législation coercitive (loi Quillot) sur la baisse des investissements privés

Le décrochement des investissements locatifs privés se situe entre 1978 et 1984, car en 6 ans le parc privé perd 10 points de parts de marché. Le diagramme suivant n° 27 et le graphique n° 28 proviennent des enquêtes Logement réalisées par l'INSEE, avec une exploitation des données réalisée par la DGALN/DHUP. Ils illustrent la perte de parts de marché du parc privé par rapport au parc public et la tendance vers la nationalisation du logement.

Graphique 27 - Décrochement de l'investissement privé avec le creux entre 1978 et 1984

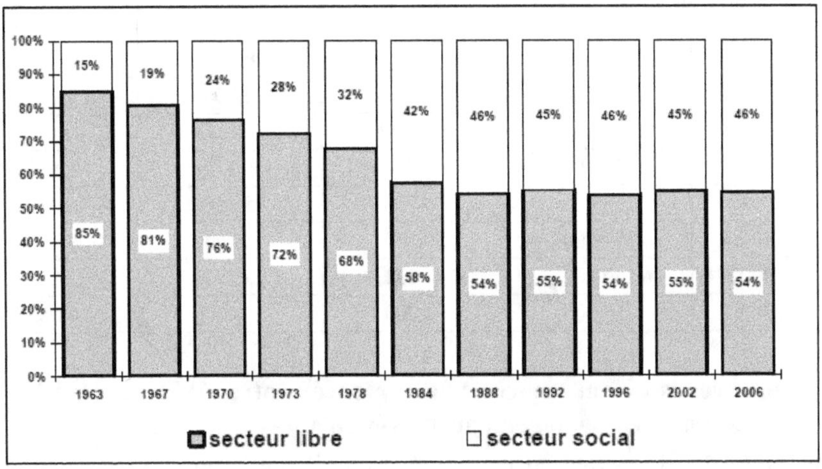

Le diagramme illustre le décrochement du parc privé avec une perte de 10 points de pourcentage entre 1978 et 1984 ce qui est le signe d'un désinvestissement brutal des bailleurs privés.

Graphique 28 - Evolution du parc des résidences principales

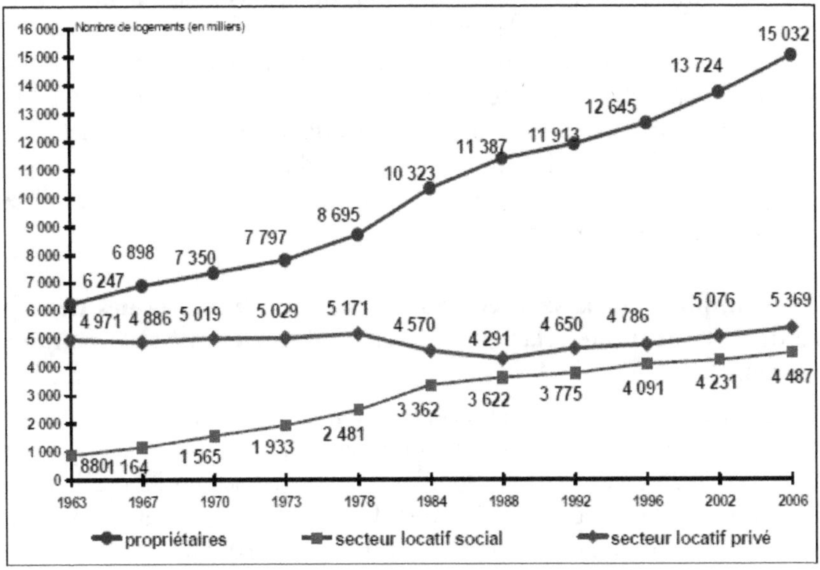

Commentaire : Il faut attendre les années 2002-2006 pour retrouver les logements privés perdus entre 1978 et 1984, soit une vingtaine d'années grâce à l'apport des lois de défiscalisation de type Scellier pour rattraper les désinvestissements.

Tableau 102 - Progressions annuelles des deux parcs à partir du tableau 101

	Parc public		Parc Privé	
	Sur la Période	Par an	Sur la période	Par an
De 1963 à 1967	284 000	71 000	- 85 000	- 21 250
De 1967 à 1970	401 000	133 666	133 000	44 333
De 1970 à 1973	368 000	123 666	10 000	3 333
De 1973 à 1978	548 000	109 600	142 000	28 400
De 1978 à 1984	881 000	146 833	-601 000	-100 166
De 1984 à 1988	260 000	65 000	- 279 000	- 69 750
De 1988 à 1992	153 000	38 250	359 000	89 750
De 1992 à 1996	321 000	80 250	136 000	34 000
De 1996 à 2002	140 000	23 333	290 000	48 300
De 2002 à 2006	256 000	64 000	293 000	41 857

Le désinvestissement privé a commencé entre 1978 et 1984 : une destruction de 601 000 logements privés en 4 ans

De 1967 à 1978, les deux parcs, privé et public ont progressé continuellement même si le parc public progressait plus vite. Durant cette période, le parc privé passait de 4 886 000 à 5 171 000 avec une hausse de 285 000 logements soit 25 909 logements par an alors que le parc public construisait 1 317 000 logements, de 1 164 000 à 2 481 000 logements pendant la même période de 11 ans, soit 119 727 logements par an. Sur 100 logements construits en 11 ans, le parc public en réalisait 82 % et le parc privé 18 %.

De 1978 à 1988, le désinvestissement privé a commencé avec une perte sèche de 880 000 logements. Pendant ces 10 ans, le parc public a construit 1 141 000 logements, pour 100 logements publics construits, le parc privé détruisait 77 logements soit pour la première fois de l'histoire du logement, un désengagement du parc privé consécutif à la progression du parc public, ce qui qualifie une concurrence entre les deux parcs.

Faut-il imputer au hasard ce bouleversement structurel des deux parcs locatifs ? Y a-t-il une relation entre ce bouleversement et la politique du logement ?

Il y a lieu de faire le rapprochement entre les destructions massives de logements privés de 1978 à 1984 (601 000 logements détruits dans le parc privé en 4 ans) et 1982, année de la loi Quillot restreignant les droits des bailleurs. Il n'y a eu dans cette période aucun autre fait marquant pouvant influencer les motivations des propriétaires privés ou pouvant expliquer une baisse des investissements privés, pour se demander si une loi qui restreint le droit de propriété dans le secteur locatif a pour conséquence une désaffection des investisseurs. Rappelons que la loi Quillot a inquiété les propriétaires privés puisque c'est à partir de cette année que l'UNPI a enregistré le quintuplement des adhésions des bailleurs privés inquiets, aux chambres des propriétaires affiliées à l'UNPI.

La construction de logements publics a progressé de manière accélérée (1 141 000 logements pendant la même période) et peut expliquer une partie de la chute des investissements privés. Notons que la période 1978-1984 a vu le record de livraisons de logements publics avec 146 833 en moyenne annuelle, mais la période 1967-1970 avec une moyenne annuelle de 133 666 logements, n'avait pas ralenti les investissements locatifs privés puisqu'ils s'étaient élevés à 44 333 en moyenne annuelle.

Ainsi ce ne serait pas le marché qui n'aurait pas rempli sa mission, mais l'Etat qui en le réglementant l'aurait déréglé ; cela semble si vrai que la demande locative a continué d'augmenter, mais s'est reportée sur le logement public. Les lois fiscales de type Méhaignerie-Besson-Scellier pour développer le parc privé n'auraient fait que substituer une partie des nouveaux investisseurs privés aux anciens qui jetaient l'éponge.

On pourrait donc dire qu'une loi qui restreint le droit de propriété a pour conséquence de doper le parc public par la désaffection des bailleurs privés. Tout se passe comme si le parc public avait intérêt à ce que le droit de propriété privé soit limité par de nouvelles lois réglementant le marché.

d. De 1963 à 2006, les parcs privé et public ont progressé respectivement de 8 % et de 410 %

L'analyse du tableau 101 montre qu'en 43 ans, les résidences locatives ont augmenté de 4 005 000 logements soit une hausse de 68 %.

Le parc privé a progressé de 398 000 logements, soit une hausse de 8 %.

Le parc public a construit 3 607 000 logements, soit une hausse de 410 %.

Le parc public a pris 30 points de parts de marché au détriment du parc privé, passant de 15 % à 45 %.

L'augmentation de 4 005 000 de logements en 43 ans provient pour 398 000 du parc privé, ce qui représente 10 % et pour 3 607 000 du parc public pour 90 %. Si le parc privé n'avait pas construit les 640 000 logements défiscalisés de 1995 à 2006, il aurait régressé de 242 000 unités. Cette vue à plus long terme confirme que ce ne sont pas les logements privés ayant eu un avantage fiscal qui sont responsables de la vacance locative. La loi Scellier (de même que les précédentes) présentée comme la cause de la vacance locative, n'en est pas responsable, car elle n'a fait qu'amortir la disparition de logements privés. Par contre on ne connaît pas le nombre de logements défiscalisés qui se revendent après les 9 années de détention obligatoire, si le pourcentage est élevé, cela minore d'autant l'intérêt de cette succession de produits défiscalisés.

Le parc privé a baissé en valeur absolue sauf entre 1967 et 1978 et entre 1988 et 2006, pendant ce temps, le parc public a progressé de manière continue, en moyenne de 93 000 logements par an, pendant 43 ans.

La population est passée de 47,573 millions à 61,04 millions soit une hausse de 13,83 millions en 43 ans. Pendant la même période, il a été construit 4,005 millions de logements locatifs et 8,9 millions de logements pour les propriétaires occupants, soit un total de 12,9 millions de logements. Sachant qu'un ménage se compose de 2,3 personnes en 2006, il aurait fallu construire seulement 6 millions de logements (13,83/2,3) entre 1963 et 2006 pour avoir le même rapport ménages/logement. C'est donc 6,9 millions de logements (12,9-6) qui représentent le progrès de la France en matière d'habitat sur cette période de 43 ans.

Le tableau suivant complète partiellement les informations du tableau 101 notamment sur les logements de la loi de 1948.

Tableau 103 - Évolution du parc des résidences principales
En milliers de logements

	1984			**1988**			**1992**			**1996**			**2002**			**2006**		
Propriétaires	**10 323**	*51 %*		**11 387**	*54 %*		**11 913**	*54 %*		**12 645**	*54 %*		**13 724**	*56 %*		**15 032**	*57 %*	
Locatif	**7 932**	*39 %*	**dont**	**7 913**	*37 %*	**dont**	**8 335**	*38 %*	**dont**	**8 877**	*38 %*	**dont**	**9 306**	*38 %*	**dont**	**9 856**	*38 %*	**dont**
HLM	2 978		*37 %*	3 189		*40 %*	3 376		*41 %*	3 656		*41 %*	3 832		*41 %*	4 126		*42 %*
Autres logements sociaux	384		*5 %*	433		*5 %*	399		*5 %*	444		*5 %*	399		*4 %*	361		*4 %*
Loi 1948	708		*9 %*	522		*7 %*	442		*5 %*	337		*4 %*	246		*3 %*	200		*2 %*
Secteur libre loi 1989	3 862		*49 %*	3 769		*48 %*	4 108		*49 %*	4 440		*50 %*	4 830		*52 %*	5 106		*52 %*
Autres statuts	**2 109**	*10 %*		**1 957**	*9 %*		**1 882**	*9 %*		**1 764**	*8 %*		1 495	*6 %*		1 392	*5 %*	
TOTAL	**20 364**	*100 %*	*100 %*	**21 257**	*100 %*	*100 %*	**22 130**	*100 %*	*100 %*	***23 286***	*100 %*	*100 %*	**24 525**	*100 %*	*100 %*	***26 280***	*100 %*	*100 %*

Les autres statuts comprennent les logements meublés, les locations gratuites ce qui explique les différences de chiffres avec le tableau 12
Source : enquêtes Logement INSEE

Les chiffres ci-dessus ne correspondent pas à ceux du tableau 12 de l'INSEE SOeS Comptes du logement 2008, car ils n'incluent pas les ménages logés gratuitement pour environ 3 %, ni les meublés, etc. Mais ces deux séries de chiffres montrent la même évolution de la disparition progressive du parc privé, en part relative, au bénéfice du parc public.

e. La progression toujours plus rapide du parc public

Le graphique n° 29 suivant démontre que la progression de construction de logements sociaux-publics de 2000 à 2010 a toujours cherché à battre le record de l'année précédente avec un triplement en 2010 des réalisations de 2000. Ces chiffres sont à comparer avec les logements Scellier de 65 000 par an en moyenne.

Graphique 29 - Evolution du nombre de logements publics

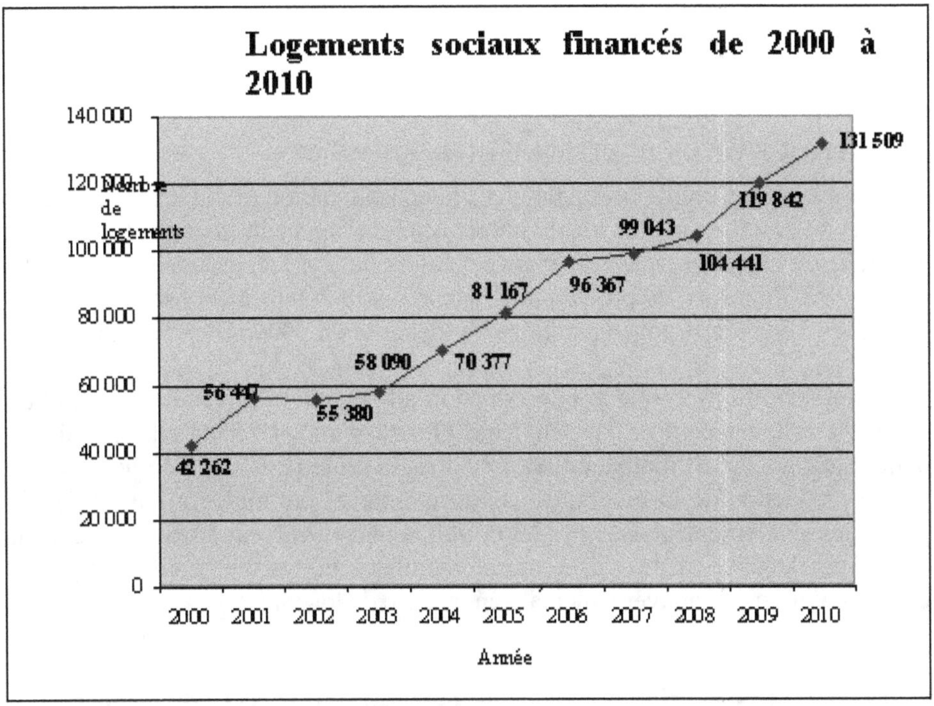

Source : Rapport 3805 de l'Assemblée nationale

Tableau 104 - Objectifs cumulés plan de cohésion sociale, « loi DALO » et plan de relance (en nombre de logements – hors VEFA)

	Plan de cohésion sociale		+ « loi DALO »		+ Plan de relance	Total
	2005	**2006**	**2007**	**2008**	**2009 étalé sur 2010**	
PLUS – PLA-I	58 000	63 000	80 000	100 000	93 000	**394 000**
dont PLA-I au moins	*5 000*	*5 000*	*20 000*	*20 000*	*27 500*	***67 500***
PLS	22 000	27 000	27 000	32 000	32 000	**140 000**
PLS Foncière	10 000	10 000	10 000	10 000	10 000	**50 000**
PLS Privés	–	–	–	–	15 000	**15 000**
Totaux	**90 000**	**100 000**	**117 000**	**142 000**	**150 000**	**599 000**

Source : ministère de l'Écologie, de l'Énergie, du Développement durable, des Transports et du Logement.

En 6 ans, de 2005 à 2010, l'Etat a financé 599 000 logements publics soit 100 000 par an alors qu'un million de logements privés neufs ont été aidés par l'Etat en 27 ans soit 37 000 par an.

B. CRITIQUE DE LA POLITIQUE DU LOGEMENT

Selon la Comptabilité nationale, dans la consommation des ménages en 2006, le poste de dépenses le plus important est celui du logement (logement, eau, gaz, électricité et autres énergies) avec 24,6 % alors qu'il ne représentait que 10,9 % en 1959. A l'opposé, les produits alimentaires et boissons alcoolisées ne pèsent plus que 13,5 % de la consommation des ménages en 2006 au lieu de 26,6 % en 1959.

Il convient d'observer que la production alimentaire n'a jamais été encadrée depuis le rationnement de la Deuxième Guerre mondiale et qu'elle a toujours donné satisfaction, en diminuant ses prix sous la seule règle du libéralisme, alors que la production de logements et sa consommation ont toujours fait l'objet de politiques gouvernementales avec les critiques concernant les crises du logement, la vacance locative et des crises immobilières, ce qui est un motif de mise en cause de l'efficacité gouvernementale en matière de logement.

1. Absence de statistiques fiables associées à des critères différents

L'évaluation des dépenses fiscales en faveur de l'investissement immobilier locatif par le ministère du Budget en date du 9 mai 2011, reconnait qu'il est impossible de connaitre exactement le nombre de logements locatifs construits grâce aux différents dispositifs fiscaux. Par exemple, les logements Périssol construits entre le 1er janvier 1996 et le 31 août 1999 sont estimés entre 132 242 selon l'INSEE (ENL), 150 000 selon la Fédération des promoteurs immobiliers et la DGFIP et à 157 000 selon la DGI ! Pour l'avantage Besson entre le 1er janvier 1999 et le 31 décembre 2002, les chiffres varient entre 73 000 selon la DGI à 89 816 selon l'INSEE et pour les autres dispositifs l'approximation est identique !

Le logement est soumis à la surenchère des chiffres sur les besoins. Aucune étude de marché n'a été faite pour lancer la construction des 4 millions de logements publics ce qui explique la surproduction actuelle dans les zones détendues. On a vu que le moteur du logement public est la chasse aux subventions, le fondement de cette logique approximative a été depuis la guerre et est encore 6o ans plus tard, un acte de foi sur les besoins illimités de logements dans toute la France.

Le rapport du Sénat du 27 avril 2011, dans un sous-titre 1 « *Un arsenal législatif peu efficace* » déclare avec bon sens : « *La troisième partie du rapport public 2009 précité du Conseil d'Etat propose un certain nombre de pistes de réflexion pour « repenser » le droit du logement - par ailleurs, défini comme « un arsenal impressionnant à l'efficacité limitée »* ; il insiste en premier lieu sur une nécessité trop souvent négligée, celle de permettre à l'Etat de disposer *« d'un appareil statistique de qualité et d'une expertise de haut niveau en matière d'urbanisme et de construction, éléments sans lesquels il est impossible de fixer des objectifs pertinents à la politique du logement et d'élaborer une législation appropriée »*.

On ne peut qu'y souscrire, mais depuis cette date aucun progrès dans la connaissance des besoins n'a été fait, ce qui n'a pas empêché le parlement de faire voter d'autres lois sur le logement ! Ces souhaits jamais satisfaits d'une connaissance statistique des besoins, fait imaginer d'autres solutions : s'il est impossible de connaitre les besoins, il serait préférable de laisser au marché et au marché seul, le soin de gérer le logement dans la pure tradition libérale en dérèglementant totalement le logement, sauf à maintenir une politique du logement pour les seuls sans-abris, le logement d'urgence et les publics insolvables ou sous curatelle, c'est-à-dire d'avoir une politique sociale du logement pour les seuls publics qui en ont réellement besoin et qui sont connus en fonction du seuil de pauvreté.

Une question préalable à toute politique du logement : Quels sont les besoins et où sont-ils ?

La préface de Cécile Duflot, ministre du Logement dans la première édition de « L'état du logement en 2010 » est révélatrice de la méconnaissance de l'Etat dans le domaine du logement, mais surtout de l'instrumentalisation des ministres par les lobbies du bâtiment et des associations. Il devient évident que l'ancienne ministre ne s'est jamais déplacée en province pour constater la vacance locative subie par les bailleurs privés devant la pléthore de logements qui ne trouvent pas de locataires.

« *Le logement occupe une place fondamentale dans les préoccupations des Français. Comment trouver du travail, comment aider ses enfants à se construire et avoir confiance en l'avenir quand se loger est impossible ? Dans notre pays, aujourd'hui, plus de 3 millions de personnes ne sont pas logées et près de 10 millions de gens sont en situation de fragilité de logement, à court ou moyen terme. 1,7 million de familles attendent un logement social.* »

Le besoin de logements pour les résidences principales est par définition égal au nombre de ménages, il est donc connu et limité. Si le nombre de logements est inférieur au nombre de ménages il y a crise du logement et à l'inverse si le nombre de logements est supérieur au nombre de ménages, il y a surproduction et donc vacance locative puis crise immobilière. A un moment donné, il peut y avoir les deux crises si celles-ci se produisent sur des territoires différents, il s'agit alors de crises géographiques sectorielles et non pas globales.

Le tableau 93 établit sans ambigüité que le nombre de logements est toujours globalement supérieur à celui des ménages depuis 1984. Il faut donc en déduire que le pays n'est plus en situation de crise du logement, il n'y a que des poches de crises du logement ; ces crises sont locales (essentiellement en région parisienne) et non plus nationales. Dans le chapitre X, sera proposée une approche territoriale en fonction de la démographie départementale.

Les besoins de logements en fonction de la hausse de la population et de la composition des ménages

Sachant qu'un ménage se compose de 2,3 personnes, il est possible de chiffrer les besoins marginaux de logements en fonction de l'accroissement démographique. En 2012, le coefficient marginal de besoin de logements en fonction de l'accroissement démographique est de 0,434782 (1/2,3=0,434782). Pour un million d'habitants supplémentaire, il est nécessaire de construire 434 782 logements, cela sans tenir compte de la vacance locative qu'il convient de résorber progressivement, ce ratio provient d'une tendance structurelle et doit donc être considéré comme fiable sur une décennie. Les autres estimations de besoins sont basées sur des hypothèses familiales de futurs comportements (familles recomposées, désirs de logements plus grands, mieux placés, mieux décorés, moins énergivores, etc.). Ces estimations ont rarement des bases scientifiques et donc sont sous influence des lobbies associatifs, professionnels et administratifs quand elles ne sont pas simplement idéologiques ou fantaisistes.

Enfin une enquête sur les besoins…mais est-elle objective ?

En 2011, quatre années après le début de la vacance locative, les Directions Départementales du Territoire ont enfin lancé une enquête sur les besoins prévisionnels en logements. Les auteurs de l'enquête ont repris les chiffres de la vacance locative admis par l'administration, dont on sait qu'ils sont contestés par les propriétaires, car sous-évalués.

L'hypothèse majeure de l'enquête est que l'afflux migratoire continuera même dans les départements ruraux (nous verrons que 52 départements ont une évolution démographique plus ou moins négative en contradiction avec les hypothèses optimistes de l'administration) ; à celle-ci s'ajoute l'hypothèse théorique que les familles recomposées vont avoir besoin de grands logements de 4 à 6 chambres qui n'existent pas sur le marché, par contre, rien n'a été fait en ce qui concerne leur solvabilité, ce qui est un déni des lois du marché ou une volonté de faire prendre en charge ces nouveaux besoins par le parc public, prétexte pour une nouvelle prise de parts de marché au détriment du parc privé. De fait, les premiers résultats régionaux de l'enquête ne sont pas fiables ; par exemple il est prévu de nouveaux besoins pour les Deux-Sèvres alors que l'on ne sait même pas combien de logements subissent la vacance (entre 5000 et 10 000 logements vides ?). L'enquête n'a pas pris en compte les estimations de vacance locative pour prévoir la résorption de la vacance !

Pour avoir rencontré des conseillers à l'Elysée, les DDT et les préfets, l'UNPI peut considérer que la seule préoccupation de l'Etat est de créer des emplois dans le bâtiment en continuant les constructions et en créant des normes nouvelles, sans état d'âme sur les conséquences à long terme. Or chaque économiste sait bien que la création d'emplois est un leurre, s'ils ne sont pas constitutifs d'une création de richesse effective correspondant à un besoin et non pas à une obligation administrative. Dans le cas contraire, ils sont source d'appauvrissement. Encore une fois l'exemple de la bétonisation de l'Espagne devrait servir de leçon et la phrase du président Giscard d'Estaing sur la méconnaissance de l'économie par les dirigeants politiques est toujours aussi inquiétante.

Devant le marasme prévisible du bâtiment, conséquence de la surproduction de logements, on a l'impression que cette enquête est un prétexte pour relancer la construction de logements publics comme pour une relance keynésienne inutile de la dépense publique.

La confusion due à des critères différents selon les organismes pour des situations identiques

La sur-occupation est appréciée différemment selon les organismes ce qui occasionne des lectures différenciées de la situation du logement et donc ne permet pas une appréhension consensuelle de la réalité.

Tableau 105 - La sur-occupation des logements

Les critères de sur-occupation en vigueur en France selon l'organisme

	Sur occupation				Sous occupation		
Organisme	**Suivant la surface**	**Suivant le Vol habitable**	**Supplément**	**LOURDE**	**Modérée**	**Prononcée**	**Très accentuée**
CCH	entre 9 et $14m^2$ (pour les 4 premiers habitants)	$33m^3$ (pr 4 1er habitants)	plus $10m^2$ et $23m^3$ / hab supplémentaire	Moins de $9m^2$ / pers	plus de $16m^2$ / pers		
CAF	$16m^2$ pr 2 pers		plus $9m^2$ / pers supp				
ANAH	moins de $16m^2$ / pers, puis $11m^2$ par pers supp			Moins de $9m^2$ / pers			
INSEE	Nombre de pièces et composition du ménage			2 pièces ou plus, en moins que la norme	1 pièce en plus que la norme	2 pièces en plus que la norme	3 pièces ou plus, en plus que la norme

Source : Les situations marginales par rapport au logement : méthodes et sources statistiques publiques
Rapport du groupe SML sous la direction de Maryse Marpsat, INSEE

Ce rapport de Maryse Marpsat a le mérite de souligner les divergences d'appréciation d'un critère de mal-logement, la sur-occupation, selon les organismes cités. On a déjà vu que la vacance locative variait selon les critères retenus ce qui oriente l'analyse de la théorie économique du logement vers un autre problème aussi inquiétant, qui est le manque de consensus sur les définitions des objectifs de la politique du logement, expliquant l'absence d'analyse économique. Quand on ne sait pas de quoi on parle, il est vain de mesurer, de recenser et d'envisager des décisions politiques.

2. L'absence d'analyse économique préalable à l'occasion des décisions politiques

A l'occasion de chaque loi de finances, les rapporteurs établissent des probabilités d'engagements de dépenses publiques associées à des estimations de retour sur investissements, mais il n'y a pas de démonstration économique.

En 2008, les députés Scellier et Le Bouillonnec ont clairement émis le vœu de *disposer de données fiables et détaillées sur les dispositifs d'aide à l'investissement locatif* (rapport 1088 déjà cité). Ils exposent que « *l'Etat n'est donc pas en mesure de chiffrer le nombre de logements Borloo et Robien, de localiser précisément les constructions par zone ou de dénombrer les logements vacants* ». La DGI a indiqué aux députés que *les données précises des contribuables … n'étaient pas saisies informatiquement ce qui empêchent qu'elles puissent être exploitées statistiquement.* Un aveu tout simplement sidérant ! Le rapport poursuit dans cette lapalissade : « *Il est primordial de donner à l'Etat et aux collectivités territoriales les instruments nécessaires à un pilotage efficace de leurs actions dans le domaine du logement.* »

Le compte rendu de la commission des finances du Sénat du 4 mai 2011 est encore plus effarant avec l'audition du Secrétaire d'Etat de l'époque chargé du logement, M. Benoit Apparu. Les dialogues entre le président Jean Arthuis, le rapporteur général Philippe Marini et Benoit Apparu sont étonnants. Le sort de la propriété privé est examiné à partir des impressions personnelles des participants, d'expériences fortuites, dans le regret de l'absence de statistiques qui est reconnue, mais qui n'empêche pas les participants d'avoir des certitudes sur les décisions à prendre !

M. Benoit Apparu -… *on peut discuter du coût budgétaire, 200 millions d'euros en 2011…*

M. Jean Arthuis – *On nous a parlé d'un coût de 75 000 € par logement*

M. Benoit Apparu – *Beaucoup moins ! L'an dernier, l'aide publique moyenne était encore de 31 000 € ... on a construit de nombreux logements dans des zones où l'on n'en avait nul besoin, les investisseurs n'ont pas trouvé de locataires et sans loyer perçu, ils n'ont pu bénéficier de la déduction fiscale ; certains ont été ruinés.*

M. Philippe Marini – *Ne pas obtenir un avantage fiscal ne peut entrainer la ruine tout de même !*

M. Benoit Apparu – *Dans 10 000 cas du moins, des petits épargnants avaient placé toutes leurs économies et ils se sont trouvés en grande difficulté.*

M. Jean-Jacques Jegou – *Que n'ont-ils regardé de plus près le bien qu'ils achetaient* !

….

Sur une interrogation du sénateur Philippe Marini concernant le coût pour le budget de la loi Scellier

M. Benoit Apparu – *Oui, il y a des niches (fiscales). Mais le coût total des outils fiscaux en faveur du logement est de 37 ou 38 milliards d'euros, pour des recettes fiscales de 55 milliards d'euros. C'est la commission des comptes du logement qui le dit. Il faut regarder le solde global pour les finances publiques.*

On se rappelle que les dépenses fiscales en faveur du logement sont de 39 milliards d'euros en 2011 (tableau 59) et que les recettes fiscales sont de 59 milliards d'euros la même année (tableau 74) !

M. Jean Arthuis – *Je retiens de votre intervention que le logement génère plus de recettes fiscales qu'il n'en coûte au budget de l'Etat. Votre force de conviction nous amènerait presque à apprécier les niches fiscales !*

M. Philippe Marini – *Sur l'imposition des plus-values foncières et le retour à la neutralité dans le temps, existe-t-il des chiffrages ?*

Pas de réponse

Les commentaires de deux sénateurs M. Marini et Jegou démontrent leur méconnaissance des stratégies des promoteurs-constructeurs qui ont intérêt à construire, peu importe l'endroit ; ils ne mesurent pas la confiance excessive (voire leur crédulité) des investisseurs privés qui, il est vrai pour certains, achètent un produit fiscal. Ils ne connaissent pas les chiffres de base sur le logement. La réponse du Secrétaire d'Etat sur les niches fiscales immobilières tord le cou à ses détracteurs, mais ses chiffres sont approximatifs. L'Etat gagne de l'argent avec les niches fiscales et c'est d'ailleurs le problème, car l'UNPI a réclamé la suppression de la loi Scellier dans les zones détendues depuis 2008, sans être écoutée. Lors d'un investissement privé, la TVA, les taxes d'équipement, les taxes foncières et d'habitation, etc. sont plus élevées que l'avantage fiscal. La seule TVA est à peu de chose près l'équivalent de l'avantage fiscal ! Ainsi un pavillon de 130 000 € HT, génère 26 000 € de TVA soit pratiquement l'équivalent de l'avantage Scellier.

3. Le coût de la réglementation du marché et de la surproduction des HLM : 700 milliards d'euros environ en 43 ans

Les réglementations ont certes un coût direct pour les propriétaires, mais le manque à gagner est bien plus conséquent pour le Trésor Public et les collectivités locales.

La désaffection des investisseurs privés a trois conséquences :

- Le coût des mesures fiscales qui ont été nécessaires pour mettre en place les dispositifs de défiscalisation concernant un million de logements pour remplacer ceux qui ont été détruits par les investisseurs privés découragés par les mesures des pouvoirs publics.
- Le coût des logements publics que les bailleurs sociaux ont dû construire pour remplacer la disparition de 2 millions de logements privés en 43 ans.

– Le manque à gagner pour les collectivités locales et l'Etat des exonérations de taxes foncières, d'impôts sur le revenu des bailleurs publics, etc.

a. Le coût de l'ensemble des dispositifs fiscaux pour le privé : 17 milliards d'euros en 25 ans

Il est possible de faire une estimation du coût fiscal des logements défiscalisés que l'Etat a dû mettre en place pour compenser le déficit de logements locatifs à la suite des errements des législateurs précédents. Evidemment cette méthode de freinage et d'accélération du marché souligne l'aspect ubuesque de la politique gouvernementale et est donc passée sous silence. Si le marché avait été libre, les investisseurs privés n'auraient pas eu besoin des incitations fiscales.

Comme dans toute comptabilité publique, la collecte des chiffres est difficile, il nous faut faire plusieurs approches. Nous devons additionner le coût de chaque mesure fiscale incitative à l'investissement locatif privé depuis 1987. Selon le député Jean-Yves Le Bouillonnec dans un rapport du 22 juillet 2008, chaque dispositif a couté au Trésor par logement les sommes suivantes :

Tableau 106 - Coût des mesures fiscales incitatives à l'investissement locatif privé

Méhaignerie 1987	13 100
Méhaignerie 1993	21 500
Périssol 1997	22 700
Besson 2000	15 600
Robien 2003	18 200
Robien recentré 2006	16 900
Borloo populaire 2006	15 800
Méhaignerie 1987	12200
Quilès-Méhaignerie 1993	19 400
Périssol 1997	17 900
Besson 2000	14 800
Robien 2003	16 100
Robien recentré 2006	15 700
Borloo populaire 2006	16 400
Total	236 300

La moyenne de ces 14 dispositifs a coûté à l'Etat 16 878 € (236 300/14 = 16 878 €). Avec un million de logements concernés, la dépense fiscale est approximativement de 16 878 000 000 d'euros. Sachant que l'avantage Scellier a couté davantage (25 000 € ou 35 000 € selon les sources au lieu de 16 000 pour le De Robien) ; selon cette méthode, c'est à 17 milliards d'euros qu'il convient d'évaluer l'ensemble des dispositifs fiscaux pour soutenir l'investissement privé défaillant. Notons qu'un logement de 130 000 HT génère 20 000 euros de TVA soit plus que l'avantage fiscal moyen de ces dispositifs !

b. Le coût des subventionnements et des pertes fiscales de 2,76 millions de logements publics en 43 ans : 700 milliards d'euros ?

Une autre méthode pour calculer le coût du logement public par rapport à la quasi-inexistence de dépenses par l'Etat pour le maintien du parc privé, il convient de chiffrer le nombre de logements publics que l'Etat a fait construire pour compenser la désaffection des investisseurs privés. On peut admettre que les constructions de logements publics étaient utiles jusqu'en 1968 où elles ont atteint le seuil de 20 % de logements occupés par des locataires (tableau 101) en raison de la nécessaire reconstruction rapide des logements détruits pendant la Deuxième Guerre mondiale. L'Etat aurait pu seulement encourager le logement privé par des incitations fiscales et des facilités d'emprunts, ce qui aurait permis également d'enrayer rapidement la crise du logement. Notons toutefois que les réflexes de recours à l'emprunt par les particuliers n'étaient pas spontanés dans les années cinquante, ce qui peut permettre de justifier historiquement un noyau de logements publics.

Le nombre de ménages locataires était de 11,7 millions en 2011 selon l'INSEE. Si l'on maintenait le pourcentage de 20 % de locataires publics, c'est 2,34 millions de locataires que le parc public aurait du loger au lieu de 5,1 millions logés effectivement en 2011. L'Etat a donc financé 2,76 millions de logements publics supplémentaires au lieu de laisser agir le marché.

Il convient d'évaluer les pertes fiscales et budgétaires pour l'Etat par logement public construit ; ce dernier n'a pu percevoir la TVA à taux plein, ni les taxes foncières des logements privés, ni les impôts sur le revenu, ni les droits de succession et de mutation, ni l'ISF et il a subventionné la construction de ces logements dont on a vu plus haut que l'ensemble représentait 145 925 € sur 24 ans pour un seul logement public.

Si l'on ramène ces pertes fiscales sur 43 ans, de 1968 à 2011, pour un logement, c'est la somme de 145 925 x 43 / 24 = 261 448 €, en euros de 2011, qu'il faudrait multiplier par ces 2,76 millions de logements pour évaluer les pertes fiscales et les dépenses budgétaires, soit la somme de 721,6 milliards d'euros.

Ces chiffres sont probablement sous-évalués, car dans un autre contexte législatif, avec une certitude de rendement locatif, les propriétaires privés auraient pris des parts de marché au détriment du parc public et la crise immobilière des grandes villes n'existerait plus. Les propriétaires non endettés investiraient même à Paris, non pas pour une rentabilité impossible, mais pour un espoir de plus-value.

Pour estimer le gaspillage de l'argent public provoqué par la progression du parc public au détriment du parc privé depuis 1968, il faut additionner le coût des mesures fiscales et budgétaires du parc public de 721 milliards d'euros à celui des dépenses fiscales pour soutenir le parc privé de 17 milliards d'euros.

Le total des dépenses budgétaires et fiscales pour compenser la désaffection des investisseurs privés serait de 17 + 721 = 738 milliards d'euros en 43 ans ?

C'est le coût du choix idéologique du logement public de 1968 à 2011 par rapport à l'absence de coût pour l'Etat, du parc privé si on n'avait pas pénalisé celui-ci par une réglementation ostracisante.

Comme cela a déjà été dit, chaque méthode pour évaluer le surcoût du logement public peut être contestée et ce chiffre de 700 milliards environ est seulement un ordre de grandeur qui justifie un débat économique sur ce thème auprès des chercheurs et des organismes étudiant le logement. Les Allemands dépensent moins que les Français dans le logement social pour un meilleur résultat comme nous allons le voir. Il reste que si l'on veut sortir du débat idéologique qui prédomine dans le secteur du logement, avec la part d'émotionnel que suscitera toujours avec raison un sans-abri, il faut bien se rendre compte que l'Etat ne pourra pas loger tous les Français. Et c'est là qu'intervient le dérapage intellectuel ; il faut loger tous les Français ce qui correspond à un devoir humanitaire, mais sans être obligé de proposer un logement social pour tous, ce qui procède d'une logique idéologique de nationalisation. Le marché peut répondre à 75 % des besoins si l'Etat n'asphyxie pas les bailleurs privés, comme la santé, le logement a un prix et il est inutile de faire supporter aux contribuables ce qui peut être résolu par le marché.

4. Les victimes de la loi Scellier : 50 000 propriétaires ruinés

Les associations de consommateurs évoquent l'abus de confiance des promoteurs-constructeurs qui ont fait fortune en ruinant des milliers de petits propriétaires. Selon le rapport parlementaire n° 1088 de F. Scellier et J.Y. Le Bouillonnec, il existe un certain nombre d'actions collectives menées devant la justice à propos des logements défiscalisés.

« UFC Que Choisir » a porté plainte en juin 2009 contre Akerys pour promesses non tenues. Reprenant un rapport parlementaire, l'association estime que 10 000 logements Scellier étaient vides. La Fédération des Promoteurs Constructeurs (FPC) avait évalué ce nombre à 5000. Il convient d'ajouter les logements qui ont été loués à un prix ne permettant pas d'équilibrer les mensualités d'emprunt contrairement à ce qui avait été prévu. Selon « UFC Que Choisir », *« ce sont des milliers d'investisseurs qui sont incapables de rembourser les crédits qu'ils ont souscrits pour financer leur projet ».* Akerys reconnaissait que 5 000 investisseurs peinaient à trouver un locataire, mais que cela ne représentait que 1,5 % de la production de la période. Nexity reconnaissait 2 % de logements neufs vides (rapport parlementaire n°1108), mais dans le même rapport, l'ADIL du Tarn et Garonne estimait ces chiffres sous-évalués et selon les professionnels interrogés, citait le chiffre de 10 % ce qui aboutirait à 30 000 investisseurs floués.

Ces propos d'Akerys tenus en 2009 qui sont l'aveu d'une surproduction n'ont pas empêché cette même société Akerys de produire d'autres logements Scellier en 2011 en sachant que beaucoup resteraient vides ! La FPC (Fédération des Promoteurs Constructeurs) reconnait qu'il y a eu des abus, mais insiste sur la nécessité pour les investisseurs de s'informer sur la qualité des emplacements et sur l'existence d'un marché locatif, ce qui est l'aveu que certains constructeurs promoteurs peuvent essayer de vendre des logements impossibles à louer ! L'Etat n'a rien fait, au contraire, la loi Scellier devait se poursuivre jusqu'à fin 2012 puis être reprise par la loi Duflot ; à aucun moment, l'Etat n'a encadré cette loi pour éviter que certains promoteurs ne s'enrichissent au détriment de petits investisseurs dans une espèce de délit d'initiés et d'abus de confiance.

Le numéro 3226 de l'Express du 1er mai 2013 rapporte l'estimation d'Erwan Seznec reprise par « UFC Que Choisir », ce serait 50 000 victimes des lois Scellier, De Robien...en 10 ans, qui ont été ruinés en surpayant leur investissement qui n'a jamais pu être loué sauf à le brader. La perte de ces bailleurs a été estimée par Erwan Seznec à 20 milliards d'euros.

La méthode de certains promoteurs nationaux était d'inonder rapidement un marché étroit comme dans une petite ville qui connaissait un léger déficit de logements. L'ANIL citée dans le rapport parlementaire n° 1108 atteste que « *dans ces petites villes, les premiers logements produits se sont d'ailleurs loués sans grande difficulté. Mais la production a rapidement pris des proportions excessives au regard de la demande locale. Les logements étant vendus en état futur d'achèvement, les promoteurs ont néanmoins pu écouler des volumes importants avant que l'excès d'offre ne devienne patent* ».

Lorsque la prise de conscience de la surproduction se fait, il est trop tard pour les propriétaires qui ont signé, ils voient s'édifier leurs logements en sachant qu'ils ne pourront pas les louer ou du moins pas au prix espéré et annoncé !

L'auteur a subi des critiques de professionnels de l'immobilier et de la Direction Départementale des Territoires pour avoir osé dire trop tôt en 2008, dans la presse locale et dans les commissions départementales que les logements Scellier étaient trop nombreux ! Cette vérité gênait les affaires de certains professionnels et de certains maires qui étaient satisfaits d'inonder leurs communes de logements neufs espérant attirer de nouveaux contribuables, méprisant les plaintes justifiées de leurs électeurs propriétaires. Dans ces cas-là, il y a conflit entre l'intérêt général des propriétaires privés qui soulignaient la surproduction et celui des maires niant cette surproduction pour construire davantage dans leurs communes et engranger des taxes foncières.

5. La négation de la crise de la vacance locative de 2007

Le sommet de l'Etat a méconnu ou pire a nié la crise de la vacance locative de 2006-2007. Benoit Apparu a déclaré le 27 janvier 2012 à la suite du discours du Président Sarkozy, que 2008 avait été une crise financière mondiale sans mentionner la crise nationale de la vacance de 2006-2007 pour tenter de justifier la poursuite de loi Scellier. Chacun comprend qu'il est plus facile d'avouer subir une crise mondiale que de reconnaitre une crise nationale provoquée par ses propres mesures gouvernementales. On savait dès 2008 que la loi Scellier était nuisible pour le logement dans la France rurale, mais profitable pour les promoteurs nationaux sous le prétexte du maintien de l'emploi.

6. Le poids des lobbies dans la politique du logement en France

La perception d'une crise du logement inextinguible est surtout spécifique à la France qui a une industrie du bâtiment remarquable, au premier plan mondial grâce notamment aux millions de logements publics que l'Etat lui a commandé depuis la guerre, lui assurant un chiffre d'affaires garanti de 100 000 logements par an. Ce lobby s'inquiète pour sa survie, de la satisfaction presque complète des besoins.

Alain Dinin le PDG de Nexity dans son éditorial de Réflexions pour une France de bien-logés (notons le titre par opposition aux mal-logés) de février 2012 « *préconise un pacte productif qui devra viser la construction annuelle de 500 000 logements pendant 5 ans* » juste après avoir affirmé qu'il manquait un million de logements. Il pourrait sembler qu'après deux ans l'objectif serait atteint ! Mais en fait Nexity se préoccupe d'une « *fluidité* » du marché à court terme en surproduisant pour que les locataires puissent avoir le choix ou… plus prosaïquement pour étoffer son carnet de commande ; le réel objectif du « *pacte national* » souhaité est la production tous azimuts, peu importe les conséquences immobilières à long terme. Nexity affirme par le seul argument d'autorité que dans 20 ans, 90 % la population sera regroupée dans 25 grandes agglomérations, oubliant les aspirations des Français pour les maisons individuelles avec jardin et garage ce qui est impossible avec les perspectives de supers agglomérations. Il y a actuellement 35 villes ayant plus de 100 000 habitants et s'il est vrai que la mondialisation va inciter les nouveaux cadres à rejoindre ces 35 villes, on ne voit pas comment celles-ci pourraient regrouper 90 % de la population. Cette vision incantatoire ne repose que sur les comparaisons d'évolution avec des pays en voie de développement, en croissance forte, alors que notre pays est proche de la récession. Il faut retenir de la propagande de Nexity, la volonté de bétonner coûte que coûte, de nouvelles villes verticales faisant fi du spectre de l'Espagne avec ses villes neuves désertes et ses immeubles gigantesques, mais vides !

Le marketing du bâtiment suscite l'insatisfaction des conditions de vie pour développer les envies de logements neufs

On sait que chaque secteur de l'industrie programme l'obsolescence des biens de consommation quand les besoins essentiels sont atteints. Maintenant que la plupart des Français sont logés dans des appartements de plus en plus grands et confortables, les stratèges du bâtiment ont développé des mécanismes d'envie de logements spacieux et luxueux, en plus des logements à basse consommation. Les films, les reportages sur la décoration des maisons et les revues de décoration incitent les consommateurs à s'endetter toujours plus pour obtenir la maison des rêves qui deviendra obsolète dès son acquisition par la création de nouvelles normes techniques ou environnementales et de nouvelles modes. La publicité est faite pour créer de l'insatisfaction et les actualités des médias entretiennent cette impression d'un monde négatif, dangereux où le malheur est la norme. La rubrique des faits divers que l'on croit dérisoire est là au contraire pour nous rappeler que le danger est omniprésent ; cette production journalistique du petit malheur quotidien s'est même développée vers l'étalage des crimes et horreurs sanglantes dans une compassion sociétale. Par opposition, la maison devient le havre de paix qu'il convient d'améliorer toujours plus.

L'alliance improbable du lobby du bâtiment avec les associations humanitaires

Les lobbies du bâtiment ont comme partie liée avec les associations qui luttent contre la crise du logement dans une instrumentalisation des élus, avec la croyance quasi religieuse que la crise du logement ne sera jamais résolue sans des programmes de construction infinis. Nexity a demandé le passage de 20 à 25 % de la loi SRU, ce qui effectivement remplira ses carnets de commandes. On découvre une alliance objective, même si elle n'est pas concertée institutionnellement, entre le lobby du bâtiment et des associations humanitaires telles que la Fondation Abbé Pierre et des associations de locataires pour demander à l'Etat toujours plus de logements neufs. Le 17e rapport de la Fondation Abbé Pierre en 2012, cite Nexity à plusieurs reprises qui s'inquiète de la difficulté croissante de se loger et qui serait amplifiée pour les générations futures. Ce genre d'affirmation qui ne repose que sur la conviction d'un constructeur national ayant besoin de nouvelles commandes, est la démonstration de l'influence des lobbies du bâtiment sur les associations. Cette impression de manque de rigueur scientifique se confirme par la liste des personnes auditionnées en tête du rapport de la fondation, il y a des syndicats, des associations humanitaires, des associations de locataires, l'organe des bailleurs publics, des syndicats patronaux et professionnels du Bâtiment (CAPEB Confédération des artisans et petites entreprises du bâtiment, FFB (Fédération française du bâtiment), FPI (Fédération des promoteurs immobiliers), CSTB (Centre scientifique et technique du bâtiment), mais personne de l'UNPI (association des bailleurs privés) qui représente plus de la moitié du parc national locatif, ce qui jette la suspicion sur l'impartialité de ce rapport.

Pour finir de se convaincre de la manipulation des lobbies du bâtiment ou de l'alliance objective même improbable entre les sociétés multinationales du bâtiment et la Fondation Abbé Pierre, il suffisait d'écouter le président Doutreligne de la Fondation, s'exprimer le 24 décembre 2012 sur Europe 1 ; ce dernier reprenait mot pour mot le slogan de Nexity cité plus haut, avec la même incohérence arithmétique : « *Il manque en France 900 000 logements pour résoudre la crise du logement, il faut donc construire 500 000 logements par an pendant cinq ans* ». (sic)

Personnes auditionnées dans le cadre de la préparation du 17e rapport de la Fondation Abbé Pierre

Sabine Basili (Capeb), Xavier Benoist et Rémi Girard (Fédération des Pact), Anne Berty (Nantes Métropole), Joëlle Bordet (Cstb), Gilles Bouvelot (Epfif), Loïc Chapeau (Ffb),Claude Chaudières (Uniopss), Jean-Michel David (Fapil), Claire Delpech (Adcf), Jean-Jacques Denisart (Cfdt), Gilles Desrumaux (Unafo), Sophie Donzel, Perrine Dubois(Fnars), Elodie Flumet (Csf), Loïc Gandais (Cg IdF), Véronique Gilet (Alpil), Guilhem Isaac-Georges (Arf), Patrick Kamoun (Ush), Jean-Pierre Labroille (Cgt), Patrice Lanco, Marie-Annick Lannou (Ville et Habitat), Victoire Le Coeur (Secours Catholique), Nelly Lordemus(Emmaüs Habitat), Fabrice Peigney et Damien Kacza (Ces Anru), Marc Pigeon (Fpi), Guy Potin (Rennes Métropole), Corinne Rinaldo (Cnl), Pascal Robin (Cgl), Michel Rouge et Rémy Nouveau (Grand Lyon).

Parmi les quatre acteurs d'une politique du logement, un absent

Une action de lobbying dans le logement comporterait quatre acteurs : les bénéficiaires (lobby du bâtiment), les perdants (les propriétaires qui ne pourront plus louer), les associations constructrices de l'idéologie (la Fondation Abbé Pierre, le DAL, les associations de locataires, etc.) et l'Etat qui trouve une justification de son action contraignante pour bâtir plus et pour rentrer plus d'impôts. Dans la politique du logement, l'UNPI est toujours écartée de la concertation.

NB. L'action de lobbying pour les assureurs automobiles pour diminuer le nombre d'accidents utilise le même schéma : les bénéficiaires (lobby des assureurs automobiles qui augmente ses cotisations même si le nombre d'accidents diminue), les perdants (les automobilistes qui devront payer), les associations constructrices de l'idéologie (les associations de protection des victimes de la route) et l'Etat qui trouve une justification de son action contraignante pour rentrer plus d'amendes et d'impôts.

Le rapport de l'Assemblée nationale n° 3805 du 12 octobre 2011 de François Scellier rapporte l'audition du secrétaire d'Etat du logement, de quelques hauts fonctionnaires, de deux personnes de l'Union de l'Economie Sociale pour l'Habitat, de la Caisse des dépôts et consignations, de la Caisse de garantie du logement locatif social, de l'ANAH, de trois personnes de l'USH (fédération des organismes HLM), d'une personne de la Fondation Abbé Pierre, du président de la FNAIM, du président du SNPI et de diverses personnes de la Fédération du Bâtiment (FFB), des Promoteurs Immobiliers (FPI), de Bouygues-Immobilier, de Nexity, d'Akerys, de la FNAIM (Agents Immobiliers), du SNPI (Syndicat National des Professionnels Immobiliers) de Kaufman & Broad, de la Fédération des Métiers de l'Investissement Locatif (FMIL)… mais là encore personne de l'UNPI ce qui pourrait passer pour une faute et la preuve que les propriétaires privés qui sont les premiers concernés sont complètement ignorés par les pouvoirs publics ; en réalité la petite assemblée réunie plus haut, ne pouvait inviter les propriétaires privés, car les décisions prises, le sont contre leurs intérêts.

La politique du logement se fait donc avec la Fondation Abbé Pierre, les bailleurs sociaux, Bouygues, Nexity, Akerys, des associations de promoteurs constructeurs, une fédération d'agents immobiliers et quelques officines du bâtiment, mais sans les propriétaires privés. Ce rapport est à lire avec intérêt si l'on veut perdre ses dernières illusions sur la conduite de la France sous influence des lobbies, il y a instrumentalisation intelligente des ministres du Logement.

Le lobbying concerté de la Fondation Abbé Pierre et du Bâtiment est admis par la Fondation dans son 17e rapport page 183 : « *Les organismes d'Hlm sont en effet des bâtisseurs qui se mettent au service de la collectivité quand ce n'est pas en soutien de la branche du BTP* ». Que penser dès lors de l'action des bailleurs privés ? Sont-ils au service de la collectivité ? Ne soutiennent-ils pas la branche du BTP ?

Les professionnels de l'immobilier (FNAIM, Foncia, BNP Immobilier, Nexity, Century 21...) se sont regroupés dans une Union des Professionnels des Services de l'Immobilier (UPSI) pour peser sur les décisions des pouvoirs publics dans l'évolution de leurs métiers. En 2014, la FNAIM a même demandé et obtenu l'élimination de l'UNPI du Conseil National de la Transaction et de la Gestion Immobilière pour la mise en place de la loi ALUR, ce qui signifie que la FNAIM se considère plus représentative de l'intérêt des propriétaires que les propriétaires eux-mêmes et le ministère du Logement a accepté cette mise à l'écart de ceux qui sont principalement concernés par cette loi ! Il est pourtant compréhensible que si cette loi n'est pas acceptée par les propriétaires, elle sera mal appliquée ce qui entrainera une production supplémentaire de procédures judiciaires.

Les rapports de la Fondation Abbé Pierre : une analyse sociologique du ressenti à partir de témoignages parcellaires à défaut de statistiques : « un labyrinthe émotionnel »

Avant de critiquer les rapports annuels de la Fondation Abbé Pierre sur le « mal-logement », il faut dire et redire que le combat de la Fondation contre l'exclusion et l'impossibilité de se loger à Paris pour les plus pauvres, est digne d'intérêt, car il est anormal que dans un pays riche, il y ait encore des sans-abris et cet échec national est avant tout l'échec de l'Etat, on l'a vu et il est tout à fait maladroit et improductif de stigmatiser les propriétaires privés qui peuvent mener une action sociale avec leurs seuls revenus, au risque de perdre totalement leurs économies d'une vie de travail comme le rapporte opportunément le livre blanc de l'UNPI 16. Il n'y a pas de lutte des classes entre les bailleurs et les locataires et c'est bien au parc public de loger les plus modestes. Pour rendre plus efficient la lutte de la Fondation Abbé Pierre, il est nécessaire de dire en quoi ces rapports sont dangereux pour l'harmonie d'un pays et inefficaces en se trompant de cible. La Fondation aurait intérêt à inviter les propriétaires bailleurs avant de faire un nouveau rapport pour éviter de tomber dans le sensationnel pessimiste, les mots n'ont pas le pouvoir de cacher la vérité qui surgit toujours quand elle est par trop maltraitée. Le 17e rapport a été choisi sans malice, car les autres rapports annuels auraient succombé à la même critique, c'est donc avec sympathie et par fidélité à l'Abbé Pierre lui-même que ce rapport a été analysé sans concession, pour éviter les déviances et les appropriations idéologiques de certains de ses co-auteurs.

En tête du 17e rapport, dans une note en caractère minuscules, page 11, il est reconnu que l'INSEE n'a dénombré que 1,3 % des logements comme inconfortables, représentant 350 000 logements, ce qui affaiblit les autres chiffres plus élevés, mais invérifiables sur le mal-logement.

Le rapport reconnait qu'il est bâti à partir de témoignages de personnes privées de domicile, de sondages sur le pessimisme des Français concernant « *le sentiment d'inéquité à propos de l'accès à l'emploi et au logement... les ménages rencontrés expriment fortement le contexte d'incertitude et de précarité qui se généralise de l'emploi vers d'autres secteurs de la vie quotidienne, et notamment vers celui du logement* ». Les témoignages proviennent surtout pour ne pas dire exclusivement de Paris et de quelques grandes villes dans une vision parisienne du malheur.

« C'est ce qu'exprime avec lucidité une personne sans-abri que nous avons rencontrée : « On ne compte pas. Mais il n'y a pas que nous, ceux qui bossent trinquent aussi. Un gars qui fait le manutentionnaire vers la Gare de l'Est, que je croise régulièrement... eh bien, je l'ai vu à la soupe un soir. »

Les statistiques sur les expulsions et les impayés qui s'appuient sur les témoignages des personnes reçues par les militants de la Fondation ne sont pas représentatives d'un échantillon national, et sont en contradiction avec l'analyse de l'ANAH déjà citée ; elles sont l'expression d'une empathie et d'une solidarité de cas minoritaires dans le microcosme parisien et celui de quelques grandes villes, mais ne devraient pas être généralisées.

Voici par exemple quelques phrases relevées sur seulement 16 pages (32 à 48) du 17e rapport qui démontrent un parti pris d'une description sombre de notre société :

« ...le sombre tableau des manifestations du mal-logement pour les pauvres et les précaires »

« ...dans les villes de province, on se saigne, et à Paris on se prive ».

« ...le logement contribue à la dégradation du pouvoir d'achat des ménages »

« ...les plus pauvres qui sont souvent amenés à renoncer à des soins »

« Finalement, si elles paraissent moins dramatiques que celles qui concernent les ménages pauvres et précaires, les manifestations du mal-logement pour les couches populaires et les classes moyennes n'en sont pas moins très préoccupantes »

« ...être logé ne les met pas définitivement à l'abri comme en témoigne la progression des impayés et des expulsions locatives »

« ...le logement apparaît non seulement comme le reflet des inégalités sociales, mais il les amplifie et en développe de nouvelles »

« ...les ménages modestes n'ont que de faibles espoirs de voir leur situation s'améliorer »

« Le logement générateur de nouvelles inégalités et facteur d'injustices »

« La progression du coût du logement a pour conséquence de creuser les inégalités sociales au sein de la société française »

« La progression du coût du logement a pour conséquence de pénaliser les nouvelles générations. »

« Le logement révèle aussi l'inégalité des destins résidentiels ».

« ...l'accès à la propriété et la constitution de patrimoine constituent désormais une nouvelle source d'inégalités »

« ...l'ampleur des inégalités... a été accentuée par l'envolée des prix... mais aussi par l'évolution de la fiscalité »

« Les solidarités de proximité ne compensent pas l'affaiblissement des mécanismes collectifs de solidarité »

« ...s'il n'y a pas encore de rupture sociale affirmée au sein de la société française à la hauteur de ces tristes constats, c'est parce que les ménages font encore le « dos rond » : ils « encaissent », ils s'adaptent. »

« Les personnes âgées sont très amères. Elles ont travaillé toute leur vie pour disposer finalement de petites retraites ».

« ...le logement n'est pas qu'un problème de logement. Avec la crise du logement, c'est aussi la perspective d'un avenir meilleur qui s'évanouit... »

« La situation est particulièrement difficile pour les jeunes même lorsqu'ils ont fait des études supérieures et obtenu un diplôme universitaire. »

« ...des parcours résidentiels chaotiques et des trajectoires bloquées ou qui ne se déploient plus sur une logique ascendante... »

«... le logement constitue une source de difficulté plus importante pour la génération actuelle que pour la génération précédente. »

Ces phrases répétées à longueur de rapport deviennent une complaisance pour le misérabilisme qui anéantit tout espoir de changement ; l'imbrication des malheurs locatifs, avec ceux de l'emploi, de la santé, de l'alimentation, de l'absence de lien social ...bloque les solutions dans une sorte de perception d'un karma de l'enfer individuel et ne peut que susciter l'aide ponctuelle et compassionnelle. La vie sociale de notre pays semble catastrophique par cet exposé de témoignages de la misère, de sentiments exacerbés et impuissants des auteurs.

Il s'agit non pas d'un rapport économique, mais d'une analyse sociologique sur le ressenti des Français à partir d'une catégorie de la population qui souffre des rapports sociaux du travail et des inégalités de la société.

La Fondation reprend une enquête d'opinion commandée par Nexity : « *Pour 3 Français sur 4 il est difficile de se loger* ». Les Français interrogés devaient être parisiens car en province cette difficulté a disparu depuis 2007 ! Les propriétaires de logements vacants en province qui se désespèrent de ne pas trouver de locataires pendant 6 mois ou un an doivent se demander pourquoi ils n'ont pas été interrogés ; il en est de même pour les bailleurs publics dans les mêmes secteurs, qui se voient refuser un logement par des locataires, au motif qu'il n'y a pas de placard dans les chambres (propos rapportés à l'auteur par un bailleur public).

Le rapport tente un mauvais jeu de mots avec « la lutte des places » qui n'est pas sans rappeler la lutte des classes : *« Finalement, la précarisation de la société conjuguée à l'insuffisance et à l'inadaptation de l'offre de logement crée les conditions d'une mise en concurrence des personnes qui ne peuvent se loger aux prix du marché. Tout se passe comme si s'organisait ainsi objectivement une véritable « lutte des places ».*

Une page plus loin, il est encore reproché aux bailleurs privés *« des exigences qui génèrent une compétition entre les demandeurs ».* C'est ainsi que peu à peu, les rédacteurs du rapport suggèrent une identité entre la fragilité de l'emploi et celle du logement. Rien n'est jamais dit à l'encontre des bailleurs publics qui rejettent autant de candidatures modestes et procèdent aux mêmes expulsions.

« ... avoir pour seul abri l'entrée d'un immeuble, une voiture abandonnée sur un parking, une cage d'escalier ou un hôtel pour une nuit, voilà quelques exemples de ce qu'est devenue peu à peu la « zone grise du logement **...***Cette « zone grise du logement » est le pendant de la « zone grise de l'emploi » constituée de petits boulots non déclarés, d'emplois à la journée, de CDD répétés, de missions d'intérim ».*

« De la même manière qu'elles (les personnes) sont contraintes d'accepter des missions d'intérim ou des CDD à temps partiel et de ne gagner que 75 à 10 % du SMIC lorsqu'elles sont à la recherche d'un emploi, elles acceptent de supporter des loyers élevés et de réduire leurs exigences quant aux conditions d'habitat. »

Quand les statistiques manquent pour décrire la réalité ressentie par les témoignages, le style littéraire est appelé à la rescousse avec le rappel de la nécessité d'un « combat » :

« Cependant, bien que les statistiques « officielles » tardent à exprimer la lame de fond qui s'attaque aux équilibres financiers chez les ménages fragiles, c'est un véritable combat contre le déclassement, l'appauvrissement ou la désinsertion dans lequel ces derniers sont engagés ».

Il ressort de la lecture de ce rapport, un volontarisme identitaire sur une vision sociale apocalyptique du monde avec des rappels lancinants d'un misérabilisme à la Zola où une classe sociale est écrasée par le mal-emploi et le mal-logement à partir de témoignages poignants, probablement réels, mais à l'écart de toute statistique ce qui rend ce rapport plus émotionnel que scientifique et qui finalement décrédibilise les auteurs. Si l'on veut voir l'aspect gris de la société il y a aussi la mal-nutrition, la mal-santé, la mal-rémunération, la mal-intégration, etc. et tous les malheurs, mais au bout du compte cette phraséologie de l'affect devient contre-productive par l'impression d'un pessimisme de l'exagération, car alors que pourraient dire les habitants des pays les plus pauvres de la planète !

Le rapport en soulignant les aspects négatifs de notre société s'enferme dans une France du pessimisme ; dans la seule page 29 du 17e rapport on note en plus du sous-titre du paragraphe démoralisants (*Depuis plus de dix ans, la crise du logement fragilise une société déjà déstabilisée),* plus de 30 mots négatifs dont la répétition à longueur de page produit un effet plus désespérant qu'émouvant dans notre regard sur la société :

Triste période... exclues précaire... subis...zone grise du logement...solutions précaires...fragile... double exclusion... pénalise souvent l'avenir... dépannage...difficultés rencontrées... un frein, perturbe leur vie...bloquent la plupart des projets

Triste période enfin, quand les ménages pauvres et précaires occupant un logement se trouvent souvent en grande difficulté pour faire face aux dépenses liées à son occupation.

« Vulnérable... incertitudes...gestion du « trop peu »...exercice difficile et épuisant... double exclusion... pénalisent souvent l'avenir... temps partiels subis... survivre... déséquilibre ...impayés... insupportable... tension extrême... déséquilibrés... difficulté... facture imprévue »

NB. Les mots soulignés le sont par l'auteur.

Ce spleen social ne peut encourager les victimes de ces vicissitudes et doit au contraire les démoraliser en les plongeant dans la certitude qu'ils ne pourront survivre à cette adversité. Le rapport de la Fondation à force de susciter la pitié pour les sans-abris et les mal-logés qui vivent dans des conditions réellement indécentes nous enferme dans le malheur et le sentimental dans une volonté de recherche des coupables qui apparait malsaine et qui mérite une analyse. Est-ce que trop d'émotion ne tuerait pas l'émotion ?

La réponse se trouve peut-être chez les rescapés des camps de la mort de la Deuxième Guerre mondiale, on sait que les revenants de ces camps ont été plus enclins au mutisme qu'à l'explication, mais la société a besoin de mots et d'explications.

Aharon Appelfeld est devenu un jeune orphelin de 10 ans pendant la guerre et a vécu dans la forêt après s'être échappé d'un camp. Dans « l'Histoire d'une vie » il écrit : « *Nous avons l'habitude d'entourer les grandes catastrophes de mots afin de nous en protéger...Sur la Seconde Guerre mondiale on écrivait principalement des témoignages. Eux seuls étaient considérés comme l'expression authentique de la réalité. La littérature apparaissait, elle, comme une construction factice. Moi, je n'avais pas de témoignage à offrir...Une trop grande propension à parler des affects nous entrainera toujours vers le labyrinthe sentimental, vers le piétinement sur place...* »

Aharon Appelfeld donne plus loin l'explication de la stigmatisation des bailleurs privés par certains élus et autres donneurs de leçons : *« Le moraliste ignore ses faiblesses et au lieu de s'en prendre à lui-même, il s'en prend à son prochain »*.

C'est à la lueur de ces réflexions qu'apparait la faiblesse du rapport de la Fondation qui est axé sur des témoignages suscitant des émotions de pitié et de révolte ; cette sphère émotionnelle conduit à rechercher des coupables et non pas des solutions ; elle aboutit à la réprobation des bailleurs privés, jugés sans être entendus, seuls responsables semble-t-il, de la misère des mal-logés. Il en résulte un piétinement sur place de la politique du logement, car depuis que la Fondation dénonce le mal-logement, la crise du logement perdurerait selon ses propres affirmations. Il ne peut y avoir de solution durable vers une société plus juste quand l'émotion déclenchée appelle à la vindicte.

L'accumulation de témoignages mêmes irréfutables, même poignants, même pour une cause noble, n'est que manipulation émotionnelle. En fin de compte, la méthode émotionnelle (ou le « *labyrinthe sentimental* » pour reprendre le terme d'Aharon Appelfeld) choisie par la Fondation pour améliorer le logement n'est pas opérative, car elle ne convainc que ceux qui le sont déjà et est sans effet sur les propriétaires privés désargentés qui ne peuvent rénover leurs logements, il serait plus utile de chercher des solutions avec l'ANAH. Cette méthode qui consiste en « *une trop grande propension à parler des affects* » entraine tout le monde dans le même travers « *du labyrinthe sentimental* » et du « *piétinement sur place* » et il a été reproché aux bailleurs privés d'utiliser la même accumulation de témoignages poignants (voir notamment le livre blanc de l'UNPI 16 qui a suscité la critique, par l'abondance de témoignages de bailleurs ruinés par des locataires indélicats avec l'action de l'Etat).

L'autre reproche que peut encourir le rapport de la Fondation est de laisser supposer que les bailleurs publics seraient à l'écart de ce mal-logement alors que des milliers de logements sociaux sont détruits chaque année pour cause d'insalubrité et d'indignité.

Les propositions de la Fondation Abbé Pierre : un dérapage vers la collectivisation ?

Les propositions intègrent bien les données de l'offre et de la demande :

« Pour l'heure, il s'agit d'examiner comment pourrait être conçue une stratégie d'action et de régulation dont la finalité serait de permettre à tous les ménages, quelles que soient leurs ressources, de disposer d'un logement conforme à leurs besoins. »

C'est la reprise presque mot pour mot de « *A chacun selon ses besoins* » des socialistes utopistes du XIXe siècle.

« ...au-delà de la quantité de logements à produire, il faut considérer leur accessibilité financière, leur taille, leur localisation ...on constate qu'il manque particulièrement des logements abordables là où la demande est forte... »

Ces dernières phrases sont la reprise de la loi de l'offre et de la demande d'un marché concurrentiel, mais malheureusement quelques pages plus loin reviennent les méthodes administratives :

« D'où l'urgence d'une véritable loi foncière, reconsidérant les diverses modalités d'administration (gouvernance, réglementation, taxation...) du territoire français, patrimoine commun de la Nation. »

C'est la résurgence des contradictions coutumières en matière de logement, en voulant cumuler l'analyse libérale et la planification bureaucratique avec :

– « *faciliter les moyens de constituer des réserves foncières... à des prix « hors-marché »* qui ont déjà fait la preuve de leur nocivité avec la surproduction de logements qui s'en suit.

- la « *redistribution de la plus-value* » qui est une expropriation de fait de la propriété privée immobilière, mais qui ne concerne pas les plus-values commerciales et industrielles des sociétés multinationales qui peuvent échapper à l'impôt par la compensation avec des pertes.
- « *dissuader la rétention foncière* » qui est une revendication d'atteinte au droit de propriété et dont la philosophie a été reprise par des collectivités locales.
- « *favoriser une maîtrise durable de l'usage des sols par les pouvoirs publics.* » qui est une violation de la Déclaration des droits de l'homme et du citoyen avec l'invention d'un intérêt général des collectivités locales qui porte atteinte au droit de propriété privé.

Ces propositions sont l'expression d'un laboratoire d'idées, dans l'ensemble, malveillantes vis-à-vis des propriétaires privés, ce qui exprime une colère à l'encontre de comportements agressifs réels, mais minoritaires de certains propriétaires vis-à-vis de leurs locataires. Elles illustrent un contexte social de haines et de rancunes accumulées à partir de quelques exemples ponctuels qui rejaillit sur l'ensemble des propriétaires-bailleurs faisant scrupuleusement leur métier. Elles ignorent les comportements odieux des locataires indignes relevés par l'UNPI 16 qui d'expulsion en expulsion ruinent des centaines de propriétaires.

Les auteurs de ces propositions n'intègrent pas les conséquences de cette charge émotionnelle sur les motivations des bailleurs privés qui désertent cet investissement à la suite des investisseurs institutionnels (banques, assurances). Pourtant la Fondation Abbé Pierre doit bien avoir pris conscience de cette désaffection, en écrivant page 190 que la part de ceux-ci est passée de 18 % en 1986 à 3 % en 2012, soit une perte de 27 000 logements par an entre 2000 et 2007 ; elle demande à l'Etat d'obliger ces institutionnels à revenir sur ce marché, ce qui est tout à fait illusoire, car si l'Etat peut contraindre de multiples propriétaires, il sera impuissant face à des institutionnels.

La proposition d'un véritable système de protection sociale du logement page 198, avec un signalement précoce, un accompagnement social et une garantie de paiement au propriétaire est bien perçue par ces derniers, car l'expulsion est un échec qui coûte cher en énergie, en temps passé et en argent…et n'encourage pas à recommencer une nouvelle location. Mais alors à quoi sert le logement social si un demi-siècle après sa création on s'aperçoit qu'il faut en plus une protection sociale du logement pour palier ses insuffisances ?

La Fondation se dit partisane de l'aide à la pierre dont on a vu les effets nocifs et suggère une liste d'impôts et de taxations supplémentaires :

- La contribution de solidarité urbaine qui doit être une solidarité entre différents quartiers d'une même ville à l'occasion de la taxe foncière ou de la plus-value dans une péréquation un peu floue.
- Triplement des prélèvements financiers et sanctions dissuasives à l'encontre des collectivités n'appliquant pas la loi SRU.

Parmi les idées pleines de bonnes intentions, qui rappellent les utopies du XIXe siècle notamment celles d'Etienne Cabet sur une cité idéale, on note l'envie de proposer des « *villes équitables et solidaires... inclusives et durables... au caractère plus participatif voire même d'initiative populaire...envisageant la mixité... qui permettent de produire une solidarité...relevant d'une appréhension du territoire qui considère le foncier et l'économie comme des moyens au service du projet urbain* » page 214.

Pour la mise en œuvre, la Fondation poursuit « *il s'agirait ainsi d'affirmer la primauté de la planification urbaine et du projet solidaire/inclusif dont il est porteur* ». On ne peut qu'être frappé par la contradiction entre le souhait de l'initiative populaire (qui appartient à l'ordre de la démocratie) et la nécessité de la planification urbaine pour la réalisation (qui nécessite l'autoritarisme) !

La conclusion du rapport indique plus clairement la préférence pour l'autorité même violente par rapport à la convivialité d'une initiative populaire : *« La question de la gouvernance territoriale des politiques du logement se pose tout au long de ce chapitre (...) Qui doit être responsable du système ? La question qui pose problème est celle de la définition des responsabilités entre le « national » et le « local ». Le partage...consisterait à répondre conjointement à un « besoin de service public » au sens d'une organisation collective pour le bien commun »*

« L'État doit fixer le cahier des charges et la loi poser les principes de la politique nationale du logement : se donner les outils qui lui permettent de rester garant du droit au logement et de la solidarité nationale (article 55 de la loi SRU, livret A, TVA, APL...) tout en s'assurant de leur mise en œuvre et, dans le cas contraire, sanctionner autant que de besoin. »

Nous sommes prévenus, la liberté individuelle ne peut s'exercer que sous les fourches caudines de la loi avec la menace de sanction. Faut-il craindre un intérêt supérieur du logement qui serait imposé comme dans les périodes de dictature, pour un bien commun à venir, mais par le biais d'une oppression locative ?

Cette partie du rapport est inquiétante pour l'évolution de la société en raison de l'audience nationale de cette association, reçue régulièrement à l'Elysée, à l'inverse de l'association des propriétaires jamais invitée. La première partie du rapport, construite sur l'émotion intense des témoignages, aboutit à des propositions révolutionnaires au sens primitif et violent du mot qui deviennent soudainement hors de propos par la radicalisation des projets politiques ; on en arrive à se demander si cet intégrisme intellectuel est bien conforme à la pensée humaniste de l'Abbé Pierre.

Dans le même paragraphe, la Fondation veut exonérer de responsabilité les personnes en difficulté, ce qui est particulièrement inquiétant pour les propriétaires bailleurs, car cela signifierait le droit aux impayés et le droit aux dégradations du bien d'autrui, en plus du droit à la trêve hivernale qui est presque le droit à la gratuité pendant 5 mois sur 12. Si les pouvoirs publics s'engageaient dans cette voie, ce serait la fin de la propriété privée et le début des malheurs annoncés par la Déclaration des Droits de l'Homme, l'Etat serait sollicité pour la nationalisation du logement. Si le droit au logement, légitime pour les sans-abris, aboutit à un droit de ne pas payer ses loyers, inscrit dans le marbre de la loi pour tout locataire, il faut craindre une déstabilisation de la société.

Il est clair que l'atteinte au droit de propriété est programmée : *« au vu de certaines causes du mal-logement, il apparaît aujourd'hui nécessaire de rétablir l'équilibre du rapport entre propriété et intérêt général... il s'agirait de lier la destination d'un bien, à son occupation souhaitée et à un intérêt supérieur »*

Malheureusement, l'intérêt général ou l'intérêt supérieur n'est pas défini ce qui soulève quelques inquiétudes. Les solutions pour arriver à cette déstructuration du droit de propriété sont annoncées : « *La première étape consisterait à rompre avec la logique d'individualisation des problèmes sociaux qui renvoie systématiquement les personnes en difficultés à leur propre responsabilité quant à leur situation. Il s'agirait aussi de sortir du face-à-face bailleur/locataire (dans le privé) en le « désindividualisant...* »

Que peut signifier la désindividualisation d'une contractualisation ? Que deviendrait en droit, une relation contractuelle synallagmatique qui ne le serait plus ? Le droit au logement est un droit individuel en ce qu'il permet à un individu d'avoir un toit ; dans un bail, le propriétaire accorde un droit de jouissance, en contrepartie d'un loyer. Le bail ne peut être autre chose qu'un face à face bailleur-locataire sauf à inventer une troisième partie, l'Etat, qui deviendrait le garant du locataire et assurerait le bon déroulement du contrat. La Fondation veut-elle supprimer le bailleur privé dans un processus collectiviste ? Les bailleurs publics ne seraient pas concernés par le face-à-face bailleur/locataire, ce qui est déjà mystérieux et partisan, mais alors il faut en déduire que la Fondation stigmatise les seuls bailleurs privés ! Il est opportun de se demander si cette pensée aurait l'agrément de l'abbé Pierre qui se situait dans l'harmonie des relations sociales pour une plus grande solidarité et non dans la guerre des classes.

Cette phrase a l'autre inconvénient majeur de refuser la responsabilité des actes des citoyens en rejetant la faute des malheurs individuels sur la société, organisatrice et responsable de ces malheurs, ce faisant elle déculpabilise les oubliés de la société en recherchant des boucs émissaires. Certaines religions ont adopté cette méthode bien avant les idéologies sociales accusatrices, ici on commence par une morbidité locative en décrivant complaisamment la souffrance réelle d'une minorité de locataires et l'analyse se poursuit par une diabolisation, incarnation du mal exogène dont la victime ne serait pas responsable.

L'abbé Pierre encourageait les laissés pour compte à se prendre en charge avec les compagnons d'Emmaüs et recherchait la solidarité qui sollicite la générosité inhérente à l'humain, plutôt que l'anathème qui valorise notre part d'ombre. D'ailleurs son appel de février 54 est un appel à la solidarité. Certains passages du 17e rapport semblent bien éloignés de la philosophie humaniste de son fondateur, on ne peut solliciter la solidarité et vouloir l'imposer, or ce 17e rapport et les suivants semblent davantage se situer dans la coercition législative que dans la solidarité ! En résumé il faut craindre une déviance intolérante de la Fondation en regard de la bienveillance de l'abbé Pierre.

Pourquoi la Fondation Abbé Pierre suscite-t-elle l'estime ?

La Fondation Abbé Pierre engrange une véritable adhésion auprès du public même avec un discours parsemé d'erreurs et d'approximations. Le fait est assez remarquable pour que l'on s'y attarde. Il satisfait le besoin de compassion dont tout le monde a besoin. Le mécanisme de solidarité fonctionne chez tous les peuples, quelque soit le degré de civilisation et la révélation de la misère locative par l'Abbé Pierre a attiré l'attention sur les marchands de sommeil ce qui est compréhensif, mais la généralisation de cette stigmatisation envers tous les bailleurs privés devient excessive et c'est un effet pervers de la bonne intention de départ. Il reste que l'abbé Pierre depuis son appel de février 54 est l'équivalent de Victor Hugo pour avoir écrit « Les misérables ». Notre culture occidentale a besoin de héros compatissants qu'elle se donne régulièrement depuis nos 2000 ans d'histoire chrétienne.

L'alibi de la création d'emplois

Les lobbies ne peuvent prétendre vouloir influencer la politique du logement sans une justification appartenant à un intérêt général censé être au-dessus de revendications corporatistes, sans cela ils n'auraient aucune raison d'être invités à donner leur avis aux pouvoirs publics. Le bâtiment est constitué de deux lobbies, l'un défendant les intérêts de l'artisanat œuvrant principalement dans la rénovation du bâti ancien et dans la construction individuelle, l'autre protégeant les sociétés nationales dont le secteur d'activité est la construction d'immeubles. Nul ne peut contester l'utilité sociale de l'artisanat qui est le substrat indispensable de la vie locale en maintenant la vie économique dans les régions. Il est certain que les emplois de l'artisanat sont financés par les propriétaires privés essentiellement et notamment par les propriétaires-bailleurs. De plus, le maintien du bâti ancien avec l'assistance des Architectes des Bâtiments de France, apporte une vraie plus-value architecturale dans les centres des villes anciennes, ce qui est un des atouts de notre pays dans le développement du tourisme.

L'utilité sociale des entreprises milliardaires est plus difficile à justifier auprès de la population pour ses réalisations d'immeubles en béton dont l'esthétique est souvent incertaine. Les effets de mode changeantes, la succession des architectes sur un même quartier avec des visions totalement différentes ont pour conséquence de démoder les immeubles récents ; les cités concentrationnaires des banlieues ne nous ont pas toujours habitués à un urbanisme de qualité. Au final, l'apport social de ces sociétés est la création d'emplois, elle est d'ailleurs mise en avant auprès de l'Etat pour justifier de nouvelles dépenses publiques dans une optique keynésienne de grands travaux financés par l'Etat.

En outre, il semblait réaliste de penser que le bâtiment était une industrie que l'Etat devait favoriser en raison de l'impossibilité matérielle de délocalisation, mais depuis l'ouverture des frontières, même si les sociétés du bâtiment ne se sont pas délocalisées, il en va autrement des emplois avec les détachements de main-d'œuvre. Depuis quelques années, des sociétés européennes de travail intérimaires proposent des travailleurs européens aux sociétés françaises, soit avec un statut de sous-traitant, soit par des contrats de travail intérimaire. Le prix de l'heure facturée officiellement variait en 2012 de 17 à 19 euros de l'heure, jusqu'à 24 euros avec logement fourni par la société intérimaire, toutes sommes bien éloignées des 40 à 50 euros d'une entreprise nationale. Ces sociétés respectent la législation française, car les salaires nets des personnels sont au SMIC, mais les charges payées dans les pays européens étant moins élevées, ces sociétés ont des prix de revient bien inférieurs aux sociétés françaises. Les principaux pays exportant de la main-d'œuvre sont la Roumanie, la Pologne, le Portugal, les salaires repartent dans les pays d'origine, appauvrissant d'autant la richesse nationale. Le nombre d'ouvriers européens travaillant en France a progressé de 60 % en 2012, ils sont principalement présents dans le bâtiment et dans l'hôtellerie.

Il devient évident que ces emplois détachés qui autrefois étaient justifiés par une pénurie de main-d'œuvre ne le sont plus dans un contexte national de taux de chômage excessif ; ces emplois contribuent à des destructions équivalentes d'emplois français. Dès lors, l'argumentation de la création d'emplois dans le bâtiment, associée à une politique de relance de la construction qu'il faut mettre en parallèle avec une vacance locative sans précédent, parait devenir un alibi.

NB. Le reportage de France 2, Envoyé Spécial, en 2013 consacré à ces fraudes au détachement de main-d'œuvre notait que la législation du travail n'est pas toujours respectée avec 60 heures de travail hebdomadaire, des rémunérations à hauteur de 3 à 5 € de l'heure, du travail clandestin, des absences de déclaration d'accident du travail, des absences de mentions des sociétés de sous-traitance sur les panneaux de chantier, une fragilité de ces travailleurs immigrés ne parlant pas le français, dormant parfois dans des cabanes de chantier. L'Inspection du Travail de l'Hérault a relevé 121 infractions en 2012, aussi bien dans les constructions de résidences privées que dans les immeubles des bailleurs publics.

Le poids des normes élimine les ménages les plus pauvres de l'accession à la propriété

Les récentes normes et obligations légales depuis le quinquennat Sarkozy, concernant les constructions nouvelles ont eu pour effet d'augmenter le prix de revient de ces constructions d'environ 10 à 15 000 € pour un pavillon de 100 m^2 (assurance dommages ouvrage obligatoire sous peine de refus de financement par les banques, normes sismiques, normes BBC de basse consommation, nouveaux diagnostics …). Ces obligations ont été le plus souvent mises en place pour créer des emplois, mais la conséquence de cette augmentation des prix de revient est l'impossibilité pour les ménages modestes et ceux de la classe moyenne de financer ce surcoût et a donc pour effet une réduction de la surface habitable des logements et même la renonciation au projet. L'Etat, avec ces nouvelles obligations, augmente considérablement le coût de construction et contribue à la baisse du chiffre d'affaires du bâtiment et donc participe à la croissance zéro.

Ainsi la volonté de créer des emplois artificiels ou inutiles contribue à la récession ce qui confirme une fois de plus que ce n'est pas l'emploi qui créé la richesse. Cette idée vieillotte remonte à la période de l'industrialisation de la fin du XIXe siècle où l'emploi créait la richesse. Il n'y a plus proportionnalité à notre époque et même souvent c'est le contraire qui se produit avec des salaires qui plombent les bilans quand ils ne sont pas suffisamment productifs.

7. La volonté de l'Etat de susciter une surproduction de logements au risque de provoquer une crise immobilière pour faire chuter les loyers

Les propriétaires ont toujours pensé que l'Etat était incompétent ou maladroit, mais il est temps d'envisager une autre hypothèse.

Le rapport 3805 établi par des députés UMP écrit très clairement :

« Face à l'insuffisance de l'offre de logements, l'Etat a développé des aides fiscales destinées à favoriser l'investissement locatif privé afin d'augmenter l'offre et permettre en conséquence une détente des prix des loyers. »

Il entre très clairement dans les objectifs de l'Etat de développer l'offre privée dans le but d'une baisse des loyers au risque de provoquer une crise immobilière ; il s'agit de la même stratégie que celle de Nexity vue plus haut pour une incitation à la surproduction. Les propriétaires en difficulté devant la vacance locative souhaitaient vendre leurs biens, ce qui aurait raréfié l'offre, contrecarrant la surproduction ; pour enrayer ce mouvement, l'Etat a fait voter l'exonération des plus-values à 30 ans (réduit à 22 ans par le président Hollande pour une partie de la fiscalité). Il faut y voir non seulement un moyen fiscal d'engranger plus d'impôts, mais surtout une offensive contre les bailleurs voulant se désengager de ce marché devenu aléatoire. L'effet inattendu a été une dépression immédiate des ventes et par ricochet une baisse des permis de construire et donc une hausse des licenciements.

L'élasticité production de logements/baisse des loyers

Jacques Friggit estime que *« l'élasticité du prix des logements par rapport à leur nombre apparaît de l'ordre de -1 à -2 : même la construction d'un million de logements supplémentaires (soit 3 % du parc) n'aurait diminué que de 3 à 6 % le prix des logements toutes choses égales par ailleurs ».*

« Le comportement du prix des logements sur le long terme...augmente à peine plus que les prix à la consommation. Il s'élève parfois lorsque lui est attribuée une « valeur refuge » ...mais ce phénomène temporaire est toujours suivi d'un retour vers le niveau antérieur. Son élasticité par rapport à la population ou... au nombre de logements est relativement faible ».

Il convient d'envisager une autre hypothèse.

Baisser les loyers ou augmenter le SMIC ?

La stratégie des pouvoirs publics consistant à produire toujours plus de logements ne serait pas fondée sur une générosité en faveur des locataires comme certains voudraient le faire croire, mais permettrait d'éviter une hausse du SMIC. En effet, il est évident pour tous les observateurs économiques que les bas salaires n'ont pas assez progressé depuis la mise en place de l'euro, par rapport aux loyers et charges, à l'énergie, à l'alimentation, aux nouveaux besoins des loisirs, de l'informatique, des télécommunications, etc. Il n'est plus possible d'acheter un pavillon en province avec un seul SMIC comme c'était encore possible dans les années 80. Si l'Etat choisissait d'augmenter sensiblement le SMIC, se poserait alors la question de la hausse généralisée des salaires et des charges avec pour conséquences l'augmentation des délocalisations, le déficit de la balance commerciale, l'aggravation du chômage, la diminution des rentrées fiscales, l'augmentation de la dette, etc. Le lobby des entreprises préfère inciter l'Etat à contenir les loyers plutôt que de se voir obligé d'augmenter les salaires (une des premières mesures du gouvernement Ayrault a été de limiter les hausses de loyer dans 43 villes et de bloquer le SMIC). L'Etat devant garantir la paix sociale doit s'assurer de la hausse du pouvoir d'achat des salariés, soit par la progression des recettes des ménages (allocations et salaires) soit par la contraction des dépenses contraintes comme les transports ou les loyers. Pour arriver à ce dernier résultat, l'Etat a choisi de créer la surproduction de logements quitte à appauvrir les propriétaires-bailleurs et à s'endetter pour toujours plus de logements publics. L'Etat, depuis la mise en place de l'euro, n'a plus à sa disposition la monétisation de la dette et la dévaluation ; les économistes réfléchissent à des solutions européennes comme un taux d'intérêt négatif, mais chaque pays a sa demande spécifique.

La hausse des loyers parisiens serait à l'origine de l'appauvrissement des ménages de la France entière : une manipulation !

Le travail des lobbies a été assez remarquable en faisant croire aux syndicats que la hausse du SMIC n'était pas nécessaire pour compenser cet appauvrissement et qu'il suffisait de faire baisser les loyers. En effet, même avec l'arrivée au pouvoir de la gauche et l'espoir que le SMIC progresserait sensiblement, « le coup de pouce du SMIC » a à peine dépassé l'inflation officielle.

Le simplisme du raisonnement s'est contenté de constater la hausse des loyers parisiens pour ensuite généraliser cette observation à l'ensemble de la France. Les initiateurs de cette théorie ne se sont jamais déplacés en province où ils auraient pu vérifier la baisse ou la stagnation des loyers dans l'ancien depuis 2007, seuls les loyers des résidences neuves ont tiré la moyenne des loyers vers le haut, mais il s'agit d'une moyenne qui n'est pas représentative du parc ancien.

L'appauvrissement réel des ménages est dû principalement à l'euro qui a provoqué une inflation non mesurée par l'INSEE consistant dans la mauvaise évaluation par les consommateurs de la parité franc-euro. On ne change pas impunément une monnaie sans introduire des effets pervers d'appréciation de la nouvelle monnaie. Souvent un euro a été perçu comme la transposition d'un franc et a eu un effet non mesurable par l'INSEE, de majoration des dépenses par un mécanisme de perception faussée des prix par les consommateurs. Depuis le passage à l'euro, le prix du café dans les bars est passé de 4 francs à 1,5 euro, soit une hausse de 6 francs et donc 150 % d'augmentation. La baguette de pain de 4 francs coûte 1 euro et même plus selon des présentations commerciales différentes, la hausse est de 60 %. L'INSEE se défend de ne pas avoir tenu compte de l'effet euro dans son indice des prix en mesurant une inflation perçue qui est supérieure à l'inflation réelle, l'idée est louable, mais il conviendrait d'en tirer des conséquences.

La province qui représente plus de la moitié des ménages locataires a vu les loyers stagner ou baisser, les loyers plus élevés des résidences sont recherchés par des locataires désirant un autre confort avec parking et balcon ; par contre les charges ont explosé (chauffage, ordures ménagères, électricité, eau, entretien des communs, etc.). L'information d'une hausse des loyers depuis 10 ans est donc vraie uniquement à Paris ; en province, il s'agit le plus souvent, d'une affirmation sans fondement pour les logements anciens.

8. La planification bureaucratique avec les 25 % SRU et le dédale des textes

La loi SRU avec ses 25 % de logements sociaux obligatoires dans toutes les communes de plus de 1500 habitants en Ile-de-France et de 3 500 habitants dans le reste de la France d'ici 2025 est typique de la robotisation législative. Ce pourcentage ne vise pas tant à satisfaire les besoins sociaux, mais à prendre des parts de marché avec le soutien du lobby du bâtiment des entreprises nationales qui voit dans cette loi, le moyen de relancer son activité.

La surproduction de logements sociaux met en situation potentielle de faillite des milliers de propriétaires qui cherchent à se débarrasser de leurs appartements locatifs devenus non rentables et vides, mais aussi difficilement vendables du fait de l'absence de rentabilité. Il y a donc urgence à abroger ce couperet de la loi SRU et de laisser aux communes la liberté de choix de construction de logements sociaux avec l'interdiction de dépasser le plafond de 20 % quand il y a vacance locative.

Le dédale des textes et réglementations est aussi une autre cause de l'échec de toute politique du logement, la bureaucratisation s'illustre dans l'arrêté du 5 mai 1995 relatif aux subventions de l'Etat et aux prêts pour les logements locatifs aidés ; le début de l'arrêté est reproduit ci-dessous pour illustrer le choc de complexification, mais le lecteur convaincu peut se dispenser de ce passage indigeste.

Art. 1 - Le montant de la subvention de l'État pour la construction, l'acquisition et l'amélioration de logements locatifs aidés, prévue aux articles R. 331-14 à R. 331-16 du Code de la construction et de l'habitation, est calculé en multipliant l'assiette définie ci-après par le taux prévu au 2° de l'article R. 331-15 du Code précité.

L'assiette de la subvention de l'État définie à l'article R. 331-15 du Code de la construction et de l'habitation est exprimée par la formule ci-après :

AS = VB x CS x SU x (1 + CM) + CFG x N

avec :

AS : assiette de subvention.

VB : valeur de base du mètre carré de surface utile prévue à l'article R. 331-10 du Code de la construction et de l'habitation en construction neuve ou en acquisition-amélioration.

CS : coefficient de structure dont les modalités de calcul sont fixées à l'article 2 du présent arrêté.

SU : surface utile définie à l'article R. 331-10 du Code de la construction et de l'habitation.

CM : coefficient de majoration dont la valeur maximum ne peut dépasser 0,30 et dont les modalités de calcul sont fixées par un arrêté du ministre chargé de la Construction et de l'Habitation.

CFG : le coût forfaitaire des garages dont les montants unitaires sont fixés à l'article 5 du présent arrêté. Ces montants unitaires sont actualisés au 1er janvier de chaque année en fonction de la variation de l'indice du coût de la construction.

N = nombre de garages pris en compte dans la limite du nombre de logements de l'opération ou dans la limite de la moitié du nombre de logements ou de chambres dans le cas de la réalisation de logements-foyers.

Art. 2 - Le coefficient de structure prévu à l'article 1er du présent arrêté est calculé selon la formule suivante : CS = 0,77 x (1 + N x 20 m²/ SU) dans laquelle :

N est le nombre de logements de l'opération ;

SU est la surface utile de l'ensemble des logements définie à l'article R. 331-10 du Code de la construction et de l'habitation.

Art. 2 bis - Pour la réalisation de logements-foyers, le coefficient de structure prévu à l'article 1er du présent arrêté est calculé selon la formule suivante : CS = 0,77 x [1 + (NL x 38 m²/ SU)] dans laquelle :

NL est le nombre total de logements ou de chambres de l'opération ;

SU est la surface utile de l'ensemble des logements et des chambres isolées définie à l'article R. 331-10 du Code de la construction et de l'habitation.

Art. 3 - (Abrogé par arr. 28 mai 1997, art. 1er).

Art. 4 - En application de l'article R. 331-10 du Code de la construction et de l'habitation, pour les opérations de construction neuve, pour les opérations d'acquisition-amélioration et pour les opérations de logements-foyers, les valeurs de base sont respectivement fixées de la manière suivante :

	Zone 1		**Zone 2 et 3**	
valeurs de base	**Collectif**	**Individuel**	**Collectif**	**Individuel**
Construction neuve	1 056	1 056	880	968
Acquisition-amélioration	1 056	1 056	827	880
Logements-foyers	1 056	1 056	880	880

Ces valeurs sont révisées chaque année le 1er janvier en fonction de la variation annuelle de l'indice du coût de la construction appréciée entre la valeur du 2e trimestre de l'antépénultième année et celui de l'année précédente.

Suivent 4 pages de formules et d'abréviations, de renvois à d'autres textes en vigueur ou abrogés qui nécessitent plusieurs heures de lecture et de mémorisation. L'élaboration de ce seul texte a nécessité sans doute des semaines ou des mois de travail pour de nombreux fonctionnaires et l'on se demande si les élus et les ministres qui ont validé chaque ligne, avec les renvois aux autres articles de textes divers, ont bien eu le temps de vérifier la pertinence des formules, en regard de l'intérêt général dont ils ont la charge ; de plus, une formule qui peut correspondre à un besoin à un instant donné, a fort peu de chance d'être adaptée aux nouveaux besoins quelques années plus tard. Il convient de se remémorer l'absence de statistiques sur les besoins et de vérification des conséquences économiques des décisions politiques dont se plaignent la Cour des Comptes et les Commissions parlementaires. Par contre, il apparait que la pléthore de salariés de l'USH (Union Sociale de l'Habitat) est sans doute utile pour décrypter des arrêtés aussi complexes, afin de s'assurer de l'adéquation de la demande de subvention avec les besoins de financements ; mais que devient l'efficacité administrative s'il faut des centaines de fonctionnaires pour comprendre ce qu'ont voulu dire d'autres centaines de fonctionnaires ? Le choc de simplification voulu par le président Hollande serait le bienvenu.

9. Absence de territorialisation

La loi Scellier même avec ses zonages a été la démonstration reconnue par tous qu'une loi ne peut être appliquée uniformément sur tout le territoire. Il s'agit d'un gaspillage des finances publiques et de pertes financières pour les bailleurs ; c'est la démonstration de l'influence néfaste des lobbies des promoteurs nationaux qui voulaient effectuer des ventes sur tout le territoire, c'est aussi le résultat de l'absence de concertation avec les propriétaires privés.

10. L'ANAH a réduit sa mission

L'ANAH ne remplit plus sa mission d'aide à la rénovation des logements anciens avec la même célérité qu'il y a 20 ou 30 ans. Les fonds disponibles se sont raréfiés d'année en année au point de se limiter essentiellement aux OPAH (Opération Programmée de l'Habitat dans les villes), aux logements sociaux et aux propriétaires occupants pauvres. Les ANAH départementales n'arrivaient plus à dépenser leur budget en raison de la complexité des dossiers et de la disparition de la possibilité de portage des dossiers de subventions par l'UNPI. Cette association de propriétaires avait en effet un rôle moteur dans l'encouragement des bailleurs privés à rénover leurs logements en mettant à disposition des investisseurs, des propriétaires bénévoles pour monter les dossiers et éviter le découragement devant la complexité des pièces demandées. Les propriétaires perdaient l'habitude de solliciter l'agence, ce qui raréfiait les aides accordées ; la non-consommation des budgets de l'ANAH signifiait sa perte d'influence.

L'Etat ayant mal analysé les causes de la non-consommation des budgets a cru qu'il fallait orienter l'aide vers les propriétaires occupants et les logements sociaux. Cependant la cible des propriétaires occupants modestes est trop étroite et tous n'ont pas les moyens financiers pour compléter les aides de l'Etat. De plus, l'autre cible des logements sociaux a été mal évaluée ne tenant pas compte des préoccupations des propriétaires privés inquiets de la montée des dégradations et des impayés de loyers chez certains locataires sociaux. Rappelons que l'ANAH a réduit le nombre de voix délibératives des bailleurs dans les réunions ANAH qui ne peuvent donc plus influencer l'administration en tenant compte des évolutions du marché en temps réel. L'ANAH était l'occasion de réhabiliter le patrimoine vétuste et obsolète des villes anciennes et des campagnes avec l'ajustement aux nouvelles normes environnementales. Si cette évolution n'est pas renversée, il y a lieu de craindre un accroissement de parts du marché du parc public au détriment des petits propriétaires privés qui devront laisser à l'abandon les grandes maisons rurales trop mal isolées et les étages des immeubles commerciaux dans les centres des villes.

11. La lutte contre le logement indigne : des méthodes contestables

a. Des méthodes contestables de diagnostic dans certains départements

Le livre blanc des propriétaires bailleurs de la Charente en 2014, donne une vision très particulière de la lutte contre l'habitat indigne dans ce département. Certains diagnostiqueurs ne convoquent pas le propriétaire du logement suspecté d'indignité et s'en remettent aux seules déclarations des locataires. L'UNPI 16 constate par exemple que le contrôleur coche la case « entretien de la chaudière » après avoir interrogé le locataire, alors que dans le même rapport il est noté que le chauffage ne se fait plus avec la chaudière, mais avec des poêles à pétrole. Le technicien conseille la pose d'une ventilation mécanique qui permettrait un meilleur renouvellement de l'air alors que l'huissier constatera lors de l'état des lieux de sortie qu'une ventilation mécanique existe, mais que les grilles sont très encrassées ou bouchées (ce qui interdit son fonctionnement). Le diagnostiqueur du PACT missionné par le Conseil Général prétend avoir vu une infiltration d'eau par la toiture alors que l'huissier ne remarquera aucune auréole au plafond, etc. Ces témoignages indiquent que la formation des diagnostiqueurs relève de l'amateurisme à moins que ce soit de la partialité assumée, confirmée dans d'autres départements. D'ailleurs, il convient de se demander comment ont été formés ces techniciens ?

Le plus préoccupant est l'absence de contradictoire car, après ce rapport, le bailleur est mis en demeure de réaliser des travaux alors qu'il n'a pas pu pénétrer dans son logement, soit parce que le diagnostiqueur a « oublié » de convoquer le propriétaire qui aurait pu amener son état des lieux d'entrée, soit parce que le locataire a refusé l'entrée de son propriétaire. L'UNPI 16 rapporte des cas de bailleurs qui ont été contraints de débourser 30 000 euros pour réparer les dégradations volontaires des locataires sur la seule base du rapport d'un technicien partial. Dans un autre cas, le locataire a empêché l'artisan missionné par le bailleur, de pénétrer dans le logement ce qui lui a permis de rester plus longtemps gratuitement et d'obtenir la condamnation du bailleur à lui verser des dommages et intérêts pour logement indigne !

Dans le constat du logement humide par exemple, il y a presque toujours une panne de la VMC (ventilation mécanique contrôlée) non signalée au bailleur, ou l'arrêt de la VMC pour éviter la rentrée d'air frais, mais froid en hiver, la non-utilisation du chauffage central par impécuniosité et son remplacement par des poêles à pétrole qui dégagent de la vapeur d'eau, l'obturation des entrées d'air pour se protéger du froid, l'absence d'ouverture des fenêtres en hiver, etc. Or toutes ces pratiques sont la cause d'une humidité anormale qui va se condenser sur les murs qui deviendront noirs. Le simple constat d'une humidité dans le logement ne permet pas l'imputation d'une responsabilité, il faut en déterminer la cause, ce qui n'est pas à la portée d'un simple diagnostiqueur (mais d'un expert) qui relève, comme le ferait une photographie, l'état du logement à un instant T. Ces problèmes d'humidité se retrouvent le plus fréquemment chez des locataires qui n'ont pas le budget chauffage adapté à leur logement. C'est par contre au bailleur de refuser des candidatures trop justes financièrement et cet état de fait est nouveau depuis la vacance locative dans les deux parcs public et privé, car la concurrence fait accepter des candidatures incertaines chez des bailleurs appauvris par des mois de vacance locative.

Il s'agit selon l'UNPI 16, de méthodes répétitives par des locataires indélicats qui ainsi ne paient plus légalement leurs loyers. A cette occasion, l'UNPI 16 suggère de substituer l'expression de locataire indigne à celle de logement indigne. L'association s'émeut de ces listes noires de logements indignes par l'administration avec ces observatoires départementaux des logements indignes qui auront des objectifs quantitatifs dans une émulation de la chasse aux sorcières. L'inquiétude de l'UNPI 16 est de voir se développer cette méthode musclée qui de fait, encouragerait les locataires indignes impunis à détruire leur logement afin de pouvoir se loger gratuitement et de percevoir des Dommages-Intérêts. La conséquence est que les propriétaires victimes de ces procédés sont ruinés et vendent leurs logements.

b. La stratégie sous-jacente de la lutte répressive contre le logement indigne sans l'accompagnement de l'ANAH : une volonté de prises de parts de marché par les bailleurs publics ?

Les propriétaires notent dans la presse et dans les réunions avec les élus et l'administration que celle-ci a décidé de lutter sans rémission contre le logement indigne dans le parc privé alors que la même préoccupation dans le parc public ne soulève pas la même combativité verbale. Dans le cas du parc public, l'Etat a créé l'ANRU pour éradiquer les logements publics indignes alors que l'ANAH n'a plus pour mission prioritaire de rénover l'habitat dégradé, mais seulement le logement social privé et celui des propriétaires occupants, ce qui traduit un comportement différencié. Les propriétaires de logements vétustes n'ont pas, le plus souvent, les moyens de rénover sans une aide financière, il est donc discriminant de stigmatiser ces propriétaires pauvres quand ils ont été victimes de locataires indélicats

Cette disparité de traitement n'est pas neutre, car elle incite les bailleurs publics à prendre des parts de marché sur le parc privé avec les encouragements des élus locaux qui sont à l'origine du combat contre l'habitat indigne. En effet, si les propriétaires de logements dégradés sont interdits de location pour cause de moyens financiers insuffisants, c'est autant de logements qu'il faut construire pour remplacer les logements dégradés que les propriétaires privés ne peuvent rénover. En clair, les lobbies nationaux du bâtiment peuvent voir dans cette suppression de subventions ANAH des logements privés indignes, un moyen de relancer la construction neuve au détriment de la rénovation et donc de l'artisanat local.

Un travail de sape de l'administration contre le parc privé ?

L'UNPI 16, dans son livre blanc, évoque un travail de sape de l'administration contre le parc privé « *Des contrôles de décence où la responsabilité locataire/propriétaire n'est pas établie, mais dont les conséquences financières sont toujours à la charge du bailleur. Persistant dans son travail de sape, l'administration encourage, invite et aide les locataires ayant dégradé à entamer contre leur propriétaire une procédure auprès des tribunaux.* » et d'ajouter « *ignorance, laxisme ou volonté politique ... ? Quelle qu'en soit la raison, les résultats sont palpables, visibles : fermeture du parc aux plus démunis, logements vacants ou bien en vente, maisons aux volets fermés dans les villes et villages...* »

Notons que la lutte contre le logement indigne n'est pas la même dans tous les départements, car l'UNPI 79 a applaudi le préfet des Deux-Sèvres en 2014, pour avoir dit qu'il fallait déterminer qui du locataire ou du propriétaire avait la responsabilité de la dégradation du logement indigne. Cette phrase n'est pas passée inaperçue dans la région Poitou-Charentes auprès des autres chambres de propriétaires.

12. La fraude aux allocations de la CAF : 1 milliard d'euros

Les aides à la personne sont distribuées par la CAF qui a versé 16,2 milliards d'euros à 6,1 millions d'allocataires en 2011 au titre du logement sur les 77 milliards de prestations versées ; 8,471 milliards ont été versés aux familles et 7,76 milliards ont été versés aux allocataires sans enfants (tableau 55).

Le rapport d'activité de la CNAF 2011 reconnaît 15 011 fraudes détectées pour un montant de 101,5 millions d'euros. Différents reportages ont évoqué de multiples escroqueries aux allocations logement avec les fausses déclarations de locataires indélicats. Les reportages évoquent l'inscription dans plusieurs départements, mais les fraudes les plus fréquentes sont l'absence de déclaration d'un ou d'une amie et de son salaire et la non-déclaration d'une vie en concubinage, ce qui permet une meilleure allocation pour le locataire tricheur. Les bailleurs deviennent complices en découvrant les stratagèmes ; les employés des CAF réagissent différemment, certains se désintéressent totalement de l'information, disant même que ce n'est pas leur métier de « fliquer » les allocataires, d'autres font leur travail, mais les propriétaires sont parfois soumis au chantage des locataires qui ne veulent pas négocier cette condition du plus petit revenu déclaré.

En mai 2014, sur RTL, le directeur général de la CNAF, a reconnu qu'aux 145 millions d'euros de fraude officielle avec 21000 fraudeurs identifiés, il fallait ajouter 600 millions de restitutions d'indus, qui n'ont pas donné lieu à sanctions et donc n'ont pas été répertoriées comme fraudes. Il estimait que 300 millions d'euros de fraude n'avaient pas été détectées. C'est donc à plus d'un milliard d'euros qu'il faut évaluer annuellement la fraude et les indus à la CNAF.

13. La trop grande tolérance des pouvoirs publics envers les mauvais payeurs

Les pouvoirs publics sont toujours inquiets des réactions des associations de locataires et des médias quand on évoque les expulsions avec le concours de la force publique qui représentent 0,1 % de l'ensemble des locataires. Sait-on que les procédures d'expulsions ne sont engagées que lorsque les locataires doivent plusieurs mois de loyers, la majorité des propriétaires espère toujours une amélioration des ressources de leur locataire. La fourchette des impayés dans les commissions départementales CCAPEX chargées de la prévention des expulsions varie de 4 000 € à 20 000 € par locataire. Souvent, il s'agit d'un résiduel entre le loyer dû et les allocations logement, avec de telles sommes, les débiteurs n'ont aucune chance d'apurer leur dette de loyer ; parfois, les logements sont trop grands ou trop mal isolés et le locataire aurait intérêt à rechercher un logement plus adapté à ses moyens. Les cas les plus fréquents sont souvent représentés par des personnes seules qui ne savent pas gérer leur budget et mériteraient un accompagnement social. L'expulsion est peut-être une mesure utile au locataire qui peut enfin espérer retrouver sa dignité dans un autre logement mieux approprié à ses besoins, avec une aide à la gestion. L'expulsion est représentée par les médias sous l'angle du XIXe siècle, façon Zola, avec pratiquement des enfants devant mendier dans la rue ; mais dans la France rurale, l'expulsion est toujours suivie d'un relogement en raison de la vacance locative du parc HLM. L'expulsion pourrait même être décrétée en hiver sans aucun inconvénient pour les locataires, exception faite des secteurs tendus. La trêve hivernale avait un sens dans les années cinquante quand il y avait crise du logement, elle n'en a plus en 2014. Le seul problème humain qui est toujours à considérer est l'explication, le dialogue à effectuer entre l'expulsé et le travailleur social qui doit faire comprendre à la famille où se trouve son véritable intérêt pour un nouvel avenir. Malheureusement parfois, certains cas relèvent davantage de la médecine ou de la psychiatrie que du social, ce qui n'apparait pas dans les études sur le mal-logement, comme un tabou social. Beaucoup de locataires en procédure d'expulsion ne font aucun effort pour rencontrer le personnel social, il y a alors non-assistance à personne en danger que de laisser ces personnes vulnérables dans le logement dévasté et que cette situation leur paraisse normale. Cette déviance de la normalité peut revêtir parfois des aspects dramatiques insoupçonnés du grand public comme des mètres cubes de déchets dans l'appartement avec l'impossibilité d'accéder aux chambres, des odeurs pestilentielles causées par des excréments humains ou d'animaux dispersés dans les pièces du logement, etc. Il n'y a jamais de reportage sur ces cas extrêmes que l'on trouve dans le parc public ou dans le parc privé. Un bailleur public des

Deux-Sèvres a eu pour 15 000 euros de nettoyage d'un seul logement, sans compter la remise en état.

Certains sont devenus des « professionnels de l'impayé » ne payant jamais par habileté juridique et connaissance parfaite de la lourdeur des procédures d'expulsion. Certains récidivistes en sont à leur septième expulsion (une chanteuse célèbre des années 70) sans manifester aucun état d'âme. Les expulsions ne les traumatisent absolument pas, les plus cyniques font même des recours à l'encontre des décisions ou déclarent *« c'est pas grave je vais aller squatter ailleurs »* démontrant que seule la répression peut modifier leur comportement. Pour ceux-là également, la trêve hivernale n'a pas de sens, leur stratégie inclut la trêve hivernale dans les délais escomptés et celle-ci devient un droit de ne pas payer son loyer pendant les cinq mois d'hiver. C'est toute la difficulté des impayés de loyers que de ne pas toujours faire la différence entre mauvaise foi et vraie misère.

14. Un système bancaire et assuranciel inadapté

Le système bancaire est inadapté aux stratégies patrimoniales des bailleurs privés qui veulent se professionnaliser en développant leur parc. Une banque accepte en général un encours maximum d'endettement de plus ou moins 350 000 euros pour un ménage, les banquiers encouragent leurs clients à les quitter quand le plafond est atteint, pour diversifier leurs risques. La pratique bancaire est adaptée pour le financement d'une ou deux maisons, il semble que la plupart des banques ne connaissent pas le métier d'investisseur immobilier ; elles ont rarement un expert immobilier pour évaluer les biens achetés.

Il manque une banque centrale d'investissement immobilier, privée ou nationalisée, qui puisse prêter et même racheter les biens d'investisseurs en difficulté dans un système de préemption provisoire réservé à ces derniers plutôt que de maintenir le système de vente aux enchères qui anéantit des patrimoines utiles au logement des Français. Comme la SAFER qui préempte les terres agricoles, cette banque-assurance pourrait garantir les achats, les racheter en cas de faillite de l'investisseur pour lui rétrocéder quand il sera revenu à meilleure fortune ou pour les revendre à un autre investisseur. Le système d'hypothèques est à revoir en ce qu'il est surtout une recette fiscale lors de la prise de garantie d'une part et de la main levée d'hypothèque de la garantie en cas de remboursement anticipé d'autre part, il serait utile de généraliser les cautions bancaires et de diminuer la fiscalité des mutations.

Le système des assurances décès est devenu un frein à l'investissement quand les acheteurs ont dépassé 65 ans, or avec l'accroissement de l'espérance de vie, ces règles sont devenues obsolètes. Le questionnaire médical peut devenir un moyen pour s'exonérer des obligations de remboursements après un décès, s'il y a eu la moindre erreur ou imprécision. S'il y a eu paiement des cotisations, il doit y avoir indemnisation ou rétrocession des cotisations ; même l'inexactitude des renseignements médicaux ne peut devenir un prétexte à un enrichissement sans cause des assureurs. En refusant d'indemniser pour déclaration erronée, l'assureur reconnait qu'il n'a pris aucun risque et donc ne devrait pas conserver les primes versées.

D'autres cas de résiliation d'assurance chez les propriétaires occupants pauvres ont été rapportés. Par exemple, une propriétaire âgée, vivant seule dans sa maison, a eu la surprise de voir une poutre maitresse se couper à la suite d'infiltrations anciennes, une partie de la toiture s'est donc effondrée. Elle n'avait pas payé la dernière mensualité de 58 euros de son assurance qui de ce fait a été résiliée. Les pompiers l'ont évacué, un arrêté de péril a été pris et la propriétaire a été mise en demeure de réparer la couverture, elle n'avait pas les moyens de payer le simple bâchage et l'évacuation de la poutre qui menaçait la ruine du mur. La maison déjà mal placée à un carrefour est devenue invendable ; la propriétaire a réussi à payer le solde sa cotisation, mais l'assureur a persisté dans son refus d'indemnisation. Rien n'est prévu dans ce cas.

15. L'USH (L'Union Sociale pour l'Habitat)

L'USH créée en 1929 rassemble cinq fédérations de sociétés HLM de toute la France, elle définit son action en déclarant remplir 3 missions :

- *La représentation nationale du secteur professionnel et des organismes auprès des pouvoirs publics, des grandes institutions et de l'opinion publique.*
- *L'étude des problèmes de l'habitat et l'élaboration de propositions pour une politique de l'habitat et de la ville.*
- *L'information, le conseil et l'assistance aux organismes, destinés à faciliter, à rationaliser et à développer leurs activités professionnelles.*

On ne saurait mieux définir une action de lobbying pour la défense de ses intérêts (représentation nationale du secteur professionnel auprès des pouvoirs publics).

L'USH dispose de filiales et de structures œuvrant à la professionnalisation des sociétés HLM : animation, information, formation, mutualisation des connaissances, des expériences et des pratiques, mais aussi la représentation du mouvement HLM auprès des pouvoirs publics, des Conseils Régionaux, des autres collectivités territoriales ; elle est constituée d'USH régionales qui ont elles-mêmes leurs publications, leurs manifestations régionales, etc. Les comptes rendus d'activité démontrent un lobbying auprès des élus et principalement des maires et des actions de dynamisations des personnels.

L'USH comprend plusieurs organes (conseil national du mouvement HLM, Collège des partenaires de l'USH, Conseil social) qui assurent l'implication d'une pléiade d'associations de consommateurs (UFCS, UNAF, CLCV, CNL, CSF, AFOC, CGL), d'insertions et d'aide humanitaire (les Restaurants du cœur, ATD Quart Monde, UNIOPSS, UNCCAS, FNARS Fédération nationale des Associations de Réinsertion Sociale), de tous les syndicats ouvriers, de syndicats patronaux (MEDEF, CGPME), de maires des petites villes et des grandes villes, des départements et d'organismes les plus divers comme la CNAF, la Fédération du Bâtiment, le Conseil Economique et Social, les Chambres Françaises de Commerce et d'Industrie, etc. L'objectif du rassemblement de ces multiples partenaires est évidemment d'obtenir, outre un lobbying pour recevoir des aides, un large consensus dans la société civile afin d'assurer la pérennité des sociétés HLM, l'USH emploierait 450 salariés.

Par comparaison, l'UNPI qui a le même rôle que l'USH de rassembler et de renseigner les propriétaires privés et de faire du lobbying n'a que 8 salariés pour toute la France. On a vu qu'il y a davantage de logements privés que de logements publics ce qui aurait pu justifier un nombre plus élevé de salariés à l'UNPI qu'à l'USH ! Nous avons ici une des raisons de la progression foudroyante du parc public par rapport à la stagnation du parc privé.

La lecture des activités de l'USH permet de constater que les actions envisagées ont pour objectif le développement du logement sans préciser qu'il s'agit de logement public, la sémantique a oublié les mots public et social alors que l'action de lobbying est évidemment de développer le logement public.

16. La rétention foncière privée, un droit inviolable et sacré par opposition à la rétention foncière administrative qui est souvent un abus

Le livre de Jean Perrin, Président de l'UNPI, « 25 millions de propriétaires » attire l'attention page 53 sur la volonté de l'Etat de lutter contre la rétention foncière des propriétaires privés alors que ce vocable n'est autre que l'expression de la liberté des propriétaires de conserver leurs biens. Il y a ainsi une volonté publique de lutter contre le droit de propriété dans ce qu'il a d'essentiel avec la liberté de vendre ou de ne pas vendre.

Par contre le droit de rétention foncière par les collectivités territoriales sur des terrains ne leur appartenant pas est un abus de pouvoir en ce qu'il contraint les propriétaires à ne pas vendre. C'est une entrave au droit de propriété. Ce gel des terres pour des emplois futurs éventuels, pourrait donner lieu à indemnisation en ce qu'il réduit le droit de propriété.

17. La multiplicité des acteurs

L'échec de la politique du logement provient aussi du nombre d'acteurs qui agissent sans concertation les uns avec les autres. La cascade d'intervenants ne permet pas d'avoir une homogénéité politique. L'IREF estime *qu'il y a enchevêtrement des décideurs, des compétences et des textes au point que la politique du logement devient opaque et incompréhensible.*

Le rapport du Sénat du 27 avril 2011 par Isabelle Pasquet confirme que la multiplicité des acteurs pénalise la politique du logement. « *Est également soulignée une autre nécessité, celle de clarifier le rôle de l'Etat, « depuis et devant l'éclatement de la gouvernance du logement à laquelle on a assisté et qui pénalise d'abord les personnes les plus défavorisées ».*

Les pouvoirs publics interviennent avec les Directions du Territoires, les Régions, les Départements, l'Intercommunalité, les Villes. Le Moniteur, cité par l'IREF, *relève 23 structures différentes d'intervention sur le logement, soulignant que l'Etat ne pourra pas assumer une politique claire du logement en matière de prévention des crises du logement si le système organisationnel et procédural perdure à un tel niveau de complexité.*

Liste des acteurs du logement (liste non exhaustive)

Au niveau national et autour de l'Etat

DGUHC (Direction Générale de l'Urbanisme, de l'Habitat et de la Construction
DGAS (Direction Générale des Affaires Sociales)
ANRU (Agence nationale pour la rénovation urbaine)
ANAH (Agence nationale pour l'amélioration de l'habitat)
CNAF (Caisse nationale des allocations familiales)
DRE (Directions régionales de l'équipement)
DDE (Directions départementales de l'équipement
Etablissements publics fonciers d'Etat
MIILOS (Mission interministérielle d'inspection du logement)
ANIL (Agence nationale pour l'information sur le logement)
CNH (Conseil national de l'habitat)
CES (Conseil économique et social)
Haut comité pour le logement des personnes défavorisées

Au niveau local

Conseil général
Conseil régional
CRH (Comité régional de l'habitat)
EPCI (Etablissements publics de coopération intercommunale)
CIL (Conférence intercommunale du logement)
Communes
FSL (Fonds de solidarité logement)
CIAS (Centre intercommunal d'action sociale)
CCAS (Centre communal d'action sociale)
Etablissements publics fonciers locaux

Au niveau national et local

Les principaux acteurs du 1 % logement
ANPEEC (Agence nationale pour la participation des employeurs à l'effort de construction)
ESH (Entreprises sociales pour l'habitat)
Opérateurs et bailleurs sociaux
OPHLM (Offices publics d'habitations à loyers modérés)
OPAC (Offices publics d'aménagement et de construction)
SACI (Sociétés anonymes de crédit immobilier)
SEM (Sociétés d'économie mixte locale)
Sociétés anonymes coopératives d'HLM et sociétés anonymes coopératives d'intérêt collectif d'HLM
UESL (Union d'économie sociale du logement)

Et aussi :

CGLLS (Caisse de Garantie du Logement Locatif Social)
Direction du Trésor
Direction Générale des Collectivités Locales
FAPIL (Fédération des associations pour la promotion et l'insertion par le logement)
Fondation Abbé Pierre

Habitat et Humanisme
Mouvement et Fédération nationale des Pact Arim
Sonacotra
Union des professionnels de l'hébergement social
UNAFO (Union Professionnelle du Logement Accompagné)
Logement Social.qxp 15/03/2011

Ces acteurs sont surtout des acteurs du logement social. L'UNPI n'est pas mentionnée.

18. Les critiques de la Cour des Comptes sur la politique du logement

La Cour des Comptes est très critique vis-à-vis de la politique française du logement notamment dans son Rapport public annuel 2012 de février 2012.

Des logements sociaux inutiles

En 2009, selon le ministère chargé du Logement, 75 % des logements sociaux étaient construits là où n'existaient pas de besoins manifestes, et seuls 25 % l'étaient dans les zones les plus tendues.

Un zonage inadapté par rapport aux besoins

Le ministère annonçait en conséquence un fort recentrage des priorités, déjà évoqué depuis 2006, mais jusqu'alors guère suivi d'effets. Cette politique de recentrage a été conduite, de façon paradoxale, par référence, non au zonage conçu spécifiquement pour les logements sociaux, mais à une cartographie du territoire dessinée pour les aides à l'investissement locatif privé. Au demeurant, ni l'un ni l'autre de ces deux zonages ne permettent de mesurer finement les besoins en logements sociaux sur les territoires et leur coexistence mal articulée induit, de surcroît, des effets négatifs pour la construction de ces logements.

La politique de concentration des financements sur les zones les plus tendues, mise en œuvre de façon effective depuis 2010, s'appuie ainsi sur des instruments inadaptés, parfois, même contre-productifs, et ses résultats sont, à ce jour, modestes.

Les services de l'Etat sourds aux recommandations ministérielles

Des propositions de déclassement (passage dans une catégorie moins tendue) et de reclassement (passage dans une catégorie plus tendue) ont été ensuite formulées et soumises aux 22 services déconcentrés régionaux de l'Etat compétents. Seuls six d'entre eux ont répondu.

Une méconnaissance des résultats de la politique du logement

Un zonage sommaire : Il n'existe pas, en effet, de système d'information unique permettant de connaître l'évolution du parc social. Comme la Cour l'a déjà montré, les systèmes d'information centraux ne s'améliorent que lentement. Ils privilégient, en outre, le suivi financier aux dépens du suivi des réalisations.

Au niveau national, les sources d'information disponibles pour mesurer la tension sont nombreuses, mais dispersées, non exhaustives et souvent peu fiables.

Les informations fiscales sur le logement, présentent des faiblesses et leur fiabilité est contestée. S'agissant de la connaissance des loyers, les informations disponibles sont souvent incomplètes et les différentes sources ont adopté des approches méthodologiques différentes, faute d'un outil national.

De plus, il n'existe aucune information, au plan national, sur le volume et la localisation des réalisations correspondant à des investissements locatifs privés financés grâce aux dépenses fiscales, ni a fortiori sur leur occupation et les loyers réels pratiqués. Il manque un outil prospectif de l'évolution des besoins en logements sociaux.

En 2003 et 2005, les révisions du zonage HLM, dont le but était de réduire les distorsions avec le zonage de l'investissement locatif privé, ont concerné l'Ile-de-France et, pour une part, le Genevois français. Pour le reste du territoire, la révision a été reportée sine die.

En conséquence, il existe, dans certaines régions, des écarts préoccupants entre les zones lettres (Scellier) et les zones chiffres (HLM), notamment en Rhône-Alpes et sur le littoral en Provence-Alpes-Côte d'Azur. Ces écarts ont plusieurs conséquences. Tout d'abord, les investissements en zone Scellier libre renforcent la tension sur le foncier et rendent ainsi la construction de logements sociaux plus difficile et, à tout le moins, plus coûteuse.

Par ailleurs, les opérations de construction de logements destinés aux plus défavorisés (aides PLAI et PLUS) ne sont pas faciles à équilibrer. On observe, dans les secteurs de changement de zone, des effets de frontière ou des effets de seuil. D'une commune à l'autre, alors que les différences de besoins en logements ne sont pas attestées, la situation peut changer considérablement pour les locataires comme pour les investisseurs. L'effet de frontière concerne (notamment) *les communes du sud de l'Oise où les loyers plafonds des opérations sont inférieurs de 8 % à 23 % aux loyers correspondants du Val-d'Oise. En conséquence, les bailleurs d'Ile-de-France réalisent peu d'opérations dans l'Oise, alors que ceux de l'Oise réalisent régulièrement des opérations en Ile-de-France.*

De forts écarts sont relevés entre communes de la même zone…A contrario, le loyer du régime Scellier intermédiaire en zone C est inférieur d'un centime par m² à celui du loyer du PLUS de zone III, ce qui évidemment n'incite pas à investir.

En l'absence d'étude à l'échelle de l'ensemble de la France, faute de collecte des informations par les services de l'Etat sur les opérations d'investissement locatif privé, aucune conclusion générale ne peut être tirée, mais les analyses produites pour certains marchés locaux comme les observations de plusieurs préfets de région permettent, toutefois, de constater des effets contraires aux résultats escomptés :

- *augmentation de la vacance du parc privé et social dans certaines agglomérations dont le marché du logement est détendu ;*
- *atonie du marché locatif dans des villes moyennes d'Aquitaine et de Poitou-Charentes, en raison de l'absence de locataires pour des produits défiscalisés à loyers élevés ;*
- *inadéquation entre l'offre et la forte demande de logements de grande taille, l'investissement locatif aidé privilégiant les logements de petite taille*
- *renchérissement du foncier là où la demande de logement est la plus forte (zones A et A bis) et ainsi aggravation des difficultés de construction des logements sociaux et singulièrement des plus sociaux d'entre eux (PLAI).*

Avec un zonage pertinent, les financements auraient dû être concentrés dans les zones relativement les plus tendues. Ce n'a pas été le cas en Auvergne (62 % en zone C), en Bourgogne et en Franche-Comté (59 %), dans le Centre, en Haute-Normandie, en Poitou-Charentes, en Picardie. Ainsi, entre 2005 et 2009, près de la moitié des logements sociaux ont été financés en zones C et B2.

La Cour des Comptes observe une réorientation tardive des financements vers la zone la plus tendue…avec un classement des régions selon leur niveau de tension :

Groupe 1 : Ile-de-France et Provence-Alpes-Côte d'Azur

Groupe 2 : Rhône-Alpes et Languedoc-Roussillon

Groupe 3 : Aquitaine, Midi-Pyrénées, Nord-Pas-de-Calais, Pays de la Loire, Corse.

Groupe 4 : Alsace, Bretagne, Centre, Lorraine, Haute-Normandie, Picardie, Poitou-Charentes

Groupe 5 : Auvergne, Bourgogne, Champagne-Ardenne, Franche-Comté, Limousin, Basse-Normandie.

En conclusion, la Cour formule les recommandations suivantes :

1. adopter un zonage spécifique pour la programmation des logements sociaux et le rendre cohérent avec le zonage relatif aux aides personnelles au logement ;

2. poursuivre l'amélioration au niveau national de la connaissance du parc social de logements et de son évolution et la compléter par un recensement du parc locatif privé aidé par les dépenses fiscales

3.établir ce nouveau zonage pour la construction des logements sociaux à partir des données nationales enrichies, mais aussi des études locales validées par les comités régionaux de l'habitat ;

4. choisir comme critères, outre les données économiques du marché du logement, l'importance du logement social existant, son occupation, la solvabilité des ménages et leur difficulté à accéder à un parc autre que le logement social ;

5. associer les professionnels du logement, les collectivités territoriales, mais aussi les bailleurs sociaux à l'élaboration du zonage ;

6. prévoir la révision du zonage tous les trois ans, établir une programmation glissante par région selon la même périodicité et donner aux préfets de région, en concertation avec l'ensemble des acteurs locaux, une latitude d'adaptation.

Ce rapport est une verte critique de la politique du logement, soulignant l'absence d'outils nationaux dans la recherche des besoins et des réalisations, il souligne l'inadaptation des lois fiscales encourageant l'investissement privé dans des zones détendues, des sources d'information dispersées et souvent peu fiables, un zonage inadapté aux besoins, l'augmentation de la vacance locative dans les deux parcs dans certaines zones, des logements sociaux inutiles, des aberrations administratives avec les effets de frontières, la surdité des services de l'Etat aux instructions ministérielles, des loyers privés intermédiaires en zones C, inférieurs à ceux des loyers publics, ce qui n'incite pas à investir… bref, un regard sans concession sur l'échec de la politique du logement ce qui est la matière de ce livre et la confirmation de son analyse.

La Cour ne remet pas en cause fondamentalement le secteur social du logement, elle constate des gaspillages, mais surtout un manque de rationalité économique dans la dépense publique qu'elle impute à un manque de statistiques et d'outils d'analyse et surtout à une absence de décentralisation des décisions au niveau local, mais c'est le propre de la gouvernance administrative par rapport au marché qui n'est pas doué de toutes les vertus, mais qui est sanctionné dans ses erreurs. La Cour ignore la possibilité de concertation avec les propriétaires privés, ce qui peut surprendre alors qu'elle préconise des relations avec les professionnels de l'immobilier.

La Cour demande un outil prospectif sur les besoins en logements sociaux, mais si cet outil est forgé par les bailleurs publics, les associations de locataires ou la Fondation Abbé Pierre, il est évident que les besoins seront infinis. La Cour ne mentionne pas les logements sociaux du parc privé et n'évoque pas la différenciation fiscale de ces deux types de bailleurs. Elle ne propose pas d'analyse économique du logement ce qui est le préalable de toute politique du logement. La Cour en constatant que *les systèmes d'information centraux privilégient le suivi financier aux dépens du suivi des réalisations* démontre qu'elle a compris que la politique du logement doit sortir des domaines financier, comptable ou même fiscal pour entrer dans l'économie du logement qui doit être concrète avec le suivi des réalisations.

En constatant le laxisme de 16 services déconcentrés régionaux de l'Etat sur 22, la Cour des Comptes envoie un message aux élus et à l'Administration, mais est-il possible d'avoir encore une politique unie et cohérente du logement avec autant de décideurs ?

19. Le parisianisme locatif : un autisme politique

Quand on regarde les critiques sur la politique du logement, il apparait que la synthèse peut être formulée dans un ensemble de prises de décisions centralisées faisant le malheur de la France et que certains observateurs appellent le parisianisme. Quand Cécile Duflot déclarait qu'il faut construire des millions de logements, elle ne faisait que voir la France à travers le prisme parisien de la crise parisienne du logement. Elle n'est pas la seule on l'a vu, la Fondation Abbé Pierre imagine des millions de logements indignes ou insalubres à partir de milliers de logements équivalents parisiens ; Nexity utilise le même miroir déformant. Le blocage des loyers a été imaginé en fonction de la hausse des loyers parisiens alors que les logements provinciaux subissent la vacance et la baisse des loyers. La loi ALUR-Duflot a été faite pour les Parisiens et quelques grandes villes. Les logements sociaux sont encore utiles à Paris, mais la construction de nouveaux logements sociaux en province est catastrophique. Des bailleurs sociaux provinciaux ont arrêté les demandes d'agrément en raison de leur vacance locative, mais cette information n'a jamais été rapportée dans les médias parisiens en raison d'une sorte d'autocensure parisienne ou d'un autisme politique. La césure politique droite-gauche est peut-être moins créatrice de comportements erratiques dans la politique du logement que le hiatus territorial Paris-Province ! Mais il s'agit d'un autre tabou quand on se remémore le tollé qu'avait soulevé la phrase du Premier ministre Jean-Pierre Raffarin sur la « France d'en bas ».

C'est probablement une des pesanteurs les plus consternantes de la politique du logement par le coût social des décisions parisiennes excluant le dialogue avec la province. Il faut dire également que les préfets même s'ils relaient l'information vers le pouvoir central, notamment sur la vacance locative des régions, n'ont apparemment pas été écoutés.

20. La mondialisation comme explication de la fracture de la territorialisation entre la crise parisienne du logement et la France de la relégation

De récentes études sociologiques estiment que la mondialisation attire dans les métropoles françaises de plus de 350 000 habitants et surtout à Paris, les cadres nécessaires à cette mondialisation. Ces derniers ont besoin de logements spacieux et confortables dans les centres des grandes villes, peu à peu, des quartiers populaires s'embourgeoisent comme le quartier de la Bastille où les bobos ont repoussé les ménages populaires des employés et des ouvriers dans des logements moins confortables et plus éloignés. L'habitat populaire et les petits commerces ont été investis par ces nouveaux bourgeois, l'embourgeoisement parisien est parti de la rive gauche vers la rive droite. Ces nouveaux cadres, jeunes, avec des moyens financiers pas assez conséquents ont commencé à acheter dans des quartiers où le prix du mètre carré était moins élevé puis ces quartiers devenant trop chers, ils ont été poussés vers d'autres quartiers plus abordables. Ce phénomène de « gentrification » contribue à la perpétuation de la crise du logement dans les métropoles dans cette hausse perpétuelle du prix des logements. De nouveaux travailleurs pauvres sont venus dans ces quartiers riches pour proposer leurs services à cette nouvelle clientèle, ces petits boulots pratiqués par une population immigrée sont identifiés comme un nouveau phénomène, parfois appelé le braconnage urbain. Ce n'est pas sans rappeler l'exode rural des précédentes décennies ou de nouvelles richesses côtoyaient de nouvelles pauvretés avec le même processus d'abandon de logements inappropriés. La mondialisation produit une nouvelle vacance locative associée à une nouvelle crise du logement. Il apparait que ces cycles de vacance locative et de crises du logement se répètent continuellement et ce n'est pas une politique du logement de type administratif qui pourra s'adapter à ces évolutions cycliques.

En même temps, cette vacance locative qui sévit dans les régions est devenue le symbole de la nouvelle fracture sociale qui est une fracture de la territorialisation. Les métropoles attirent les cadres avec leurs hauts salaires et les zones rurales sont devenues des secteurs de fragilité sociale avec un chômage endémique et une désertification qui se développe avec la disparition des commerces de proximité, de l'artisanat et des services publics ; la paupérisation de ses habitants se manifeste notamment par l'abandon des maisons. Parallèlement, les propriétaires précaires sont bloqués sur place avec leurs maisons en mauvais état, car ils n'ont pas les moyens de déménager vers un logement plus confortable ; ils ne peuvent rénover par manque de moyens et n'envisagent pas de revendre pour une location, car l'accession à la propriété a été vécue comme une réussite sociale. La revente serait l'aveu d'une régression sociale.

Les pouvoirs publics pensent que ces zones de vacance locative et de fractures territoriales sont minoritaires, car ces populations ne sont pas revendicatives, ne manifestent pas et n'intègrent pas les sphères décisionnelles. Le manque de revendication crée de l'invisibilité pour les pouvoirs publics habitués à gérer de la médiatisation remuante. Un président de la République qui se déplace pour un drame individuel, n'a pas de temps à accorder aux millions de propriétaires précaires qui se battent quotidiennement pour survivre. Les sociologues appellent cette France oubliée, la France périphérique ou la France invisible ou même la France de la relégation et c'est bien cette impression qui prédomine dans les réunions de propriétaires. Pourtant cette France oubliée représente plus de la moitié de la population et devient un facteur préoccupant d'instabilité politique avec des risques d'explosion sociale par les classes moyennes soudain conscientes de leur relégation ! Le risque social ne proviendrait plus des classes très pauvres depuis la mise en place du RSA, mais des classes populaires et moyennes abandonnées depuis la mondialisation.

C. Les causes politiques de l'Echec de l'Etat

1. Le droit au logement s'oppose-t-il au droit de propriété ?

a. Confusion entre le droit au logement et la gratuité du logement

Proudhon écrivait en 1840 « *La propriété c'est le vol* ». Cette phrase reprendrait-elle de l'actualité avec le droit au logement ? Il est probable que certains voient dans la propriété collective du logement social l'antidote de la propriété privée considérée comme spoliatrice des plus pauvres qui n'ont pas accès à la propriété de leur logement. Ce n'est pas le droit de propriété qui serait anormal, mais le manque d'accès pour tous au logement, qui est injuste en ce que le marché est incapable de loger les Français les plus modestes. Le droit au logement est reconnu par tous, mais une fois cela posé, reste à définir le paiement de ce droit matériel. La liberté et l'égalité sont des droits immatériels pour lesquels la solvabilité de ses détenteurs n'est pas en jeu. Or l'Etat n'a pas dit qui doit financer le droit au logement, est-ce le bailleur privé, le bailleur public, le locataire ou l'Etat ? La faiblesse du droit au logement opposable réside en ce qu'il a mis en exergue une sorte de droit au logement tout court sans contrepartie financière.

De la tolérance au laxisme : l'élaboration d'un droit sans devoir

La justice qui prononce les premières faillites personnelles avec l'effacement des dettes locatives à l'encontre des bailleurs privés contribue à introduire un sentiment d'impunité vis-à-vis des loyers impayés, la tolérance aboutissant à un droit. Dans un pays riche, ce droit nouveau est devenu possible, car la majorité de la population est bien logée, c'est l'élévation du niveau de vie qui a permis l'émergence de ce nouveau droit. Dans un pays pauvre, le droit au logement est secondaire par rapport au besoin de manger et de se soigner, on voit mal le droit au logement dans une tribu d'Amazonie. La Déclaration des Droits de l'Homme de 1789 n'avait pas imaginé que la location d'un logement puisse devenir l'objet d'un droit ; c'est le droit d'être propriétaire qui motivait les révolutionnaires.

b. Les effets pervers du droit au logement

L'abus du droit au logement par certains locataires indélicats

Les lettres de recours aux commissions DALO sont parfois l'illustration caricaturale de l'abus de ce droit au logement. *« J'ai besoin de quatre chambres, car j'ai trois enfants qui rentrent parfois le WE, le fait que je sois seul le reste de semaine ne doit pas interférer dans l'avis de la commission ».* Cet exemple émane d'un locataire qui en était à sa troisième expulsion pour impayés de loyer.

Effet pervers de l'APL versé directement aux bailleurs : Le sentiment d'un droit au logement gratuit

On conçoit l'agacement des bailleurs publics et privés devant ce laxisme locatif, il faut cependant reconnaitre que cette déresponsabilisation est la conséquence du loyer gratuit quand l'APL couvre totalement le loyer. Les locataires dont l'APL est égale au montant du loyer ont l'impression que leur logement est gratuit ; d'ailleurs quand ils font acte de candidature avec un nouveau propriétaire, ils ne comprennent pas les éventuelles réticences de celui-ci pour leur accorder un logement et leur phrase ressemble à celle-ci : « *Mais puisque je vous dis que l'allocation que vous percevrez est égale au montant du loyer, vous serez toujours payé* ».

Faut-il une qualification pénale de l'abus de droit au logement ?

Les propriétaires spoliés par un locataire indigne commencent à se poser la question de la pénalisation de l'abus de droit au logement en cas de récidive et estiment que les impayés de loyers pourraient être pénalisés en étant qualifiés dans une catégorie voisine de l'abus de confiance ou de l'escroquerie comme celle de l'abus de droit au logement. Dans le domaine de l'alimentation, l'article 313-5 du Code pénal condamne à 6 mois de prison et 7500 € d'amende, le délit de filouterie qui consiste notamment à ne pas payer son repas au restaurant, en matière de loyers, les sommes impayées sont considérablement plus élevées. Le raisonnement est le suivant, si l'on veut que le droit au logement perdure, ne faut-il pas condamner l'abus de droit comme dans chaque matière juridique ? Cet abus de droit devrait ensuite être constitutif de contraventions ou d'amende pour que l'Etat soit intéressé financièrement.

Certains pays poursuivent les locataires asociaux après une plainte pour nuisances diverses ; dans la ville d'Amsterdam, 13 000 plaintes sont enregistrées chaque année, les locataires après un avertissement, sont expulsés et ont l'interdiction de signer un bail pendant 6 mois, ils sont relogés dans des habitations sommaires.

> Note. On peut comparer le droit au logement avec le droit de manger qui est un droit encore plus essentiel, les épiceries et les supermarchés assurent le droit de manger et se font payer comptant. Il n'y a pas de Français qui meurent de faim alors que ce service est assuré par le système libéral de l'offre et de la demande. Si l'Etat proclamait le droit à l'alimentation comme étant un droit fondamental cela reviendrait à sortir l'alimentation des services marchands, en institutionnalisant les associations caritatives. L'Etat devrait alors créer des épiceries d'Etat avec des tickets ou des prestations alimentaires sur le même modèle que les prestations familiales. Peu de temps après la population viendrait à penser que l'alimentation devrait être accessible gratuitement à tous. On aurait un nouveau droit fondamental à inscrire dans la Constitution avec... des problèmes d'approvisionnement et des files d'attente.

La loi ALUR va pénaliser le comportement des bailleurs privés indélicats dans la continuité de la pénalisation fiscale des détenteurs de logements vacants, il ne serait pas illogique d'avoir un pendant pénal contre les locataires indélicats.

c. Quand l'intérêt général veut s'ériger contre le droit de propriété

On commence à assister aux premières formulations théoriques contre le droit de propriété et l'intérêt général est alors sollicité. Ce dernier a été élaboré dans une dialectique n'admettant pas le juste milieu en supposant implicitement que l'intérêt général s'oppose toujours aux intérêts particuliers d'une classe ennemie. Le sénateur socialiste Thierry Repentin qui était aussi le président de l'USH (le lobby des bailleurs publics) devenu ministre du gouvernement Ayrault a lu d'une manière inattendue, la Déclaration des droits de l'homme et du citoyen en insistant sur l'article IV dans ce qu'il a de restrictif et de protecteur au niveau individuel, en voulant l'utiliser abusivement contre le droit de propriété.

Article IV : La liberté consiste à pouvoir faire tout ce qui ne nuit pas à autrui : ainsi l'exercice des droits naturels de chaque homme n'a de bornes que celles qui assurent aux autres membres de la Société, la jouissance de ces mêmes droits. Ces bornes ne peuvent être déterminées que par la Loi.

Ce texte signifie que la liberté des uns s'arrête ou commence celle des autres. Thierry Repentin veut y ajouter une variante collective : « *Or c'est mal comprendre le droit de propriété que de le placer au-dessus de ce qui fait la société. Le droit de propriété est trop souvent brandi contre l'intérêt général.* » Ainsi le droit de propriété, selon le sénateur, devrait se soumettre à l'intérêt général des sols qui est défini par une autre affirmation péremptoire qui n'engage que son auteur : « *L'intérêt général commande d'intervenir sur la destination des sols. L'usage des sols relève de l'intérêt national.* » J.O. Débats Sénat 30 juin 2011, P 5522 repris dans *25 millions de propriétaires, Programme pour un ministre du Logement* de Jean Perrin.

Thierry Repentin semble ignorer le fondement de la société républicaine qui est le droit à la propriété privée pour tous, la Déclaration des droits de l'homme et du citoyen affirme qu'il n'y a rien au-dessus du Droit de la propriété, à part la liberté qui en est la clef de voûte ; il n'est nullement question d'un intérêt général. Les nobles et la monarchie comme toutes les élites au pouvoir ont toujours la certitude de détenir l'intérêt général du pays ; ce n'est souvent qu'un alibi pour cacher les ambitions et les intérêts corporatifs. Rappelons cette *Ligue du Bien Public* guère éloignée sémantiquement de l'intérêt général plus moderne et qui fomentait des troubles contre Louis XI, publia en 1465 un manifeste pour défendre ses privilèges féodaux.

Or, par un ensemble d'affirmations personnelles, le droit de propriété deviendrait l'accessoire de l'intérêt général ou de l'intérêt national qui n'est d'ailleurs jamais expliqué. Thierry Repentin ne dit pas ce qu'est cet intérêt général que les juristes révolutionnaires n'auraient pas découvert. En fait, il faut comprendre l'intérêt général comme le hochet du moment, la mode pour les communes étant de préempter et d'exproprier. Il serait plus clair d'avouer que l'intérêt général dans ce cas est celui de la commune avec sa majorité politique du moment, car un changement de majorité définirait peut-être un autre intérêt général. On voit bien quel était l'intérêt général de Thierry Repentin le président des organismes HLM, qui voudraient préempter toujours plus de terrains pour la construction d'autres logements sociaux.

Selon Laurent Béteille, *c'est la jurisprudence initialement forgée sur les troubles de voisinage qui a commencé à battre en brèche ce principe de l'absolutisme du droit de propriété.* Par exemple, à l'occasion d'un projet d'autoroute ou d'aéroport, l'intérêt général pour les sociétés d'autoroute et les élites au pouvoir, est la réalisation de ces projets alors que pour les riverains l'intérêt général est la protection des habitations, la tranquillité, la sauvegarde des terres agricoles...Il y a toujours conflit d'intérêts entre deux intérêts généraux.

Cette intrusion de l'intérêt général dans le débat républicain sur la propriété est une perversion intellectuelle dont avaient voulu se prémunir les rédacteurs de la Déclaration des droits de l'homme, dans une préscience des méfaits de l'opportunisme idéologique. Ils ont préféré dans leur sagesse s'en tenir à des droits très précis comme le droit de propriété qui était un gage de stabilité face aux appétits et aux intérêts de classe, des gouvernants et des élites en général. Ils auraient pu dans le préambule définir un intérêt général ou du moins rappeler qu'il existe ; au lieu de cela ils exposent que *le mépris des droits de l'homme sont les seules causes des malheurs publics* et s'adressant aux générations futures rappellent aux membres du corps législatif et du pouvoir exécutif *qu'ils ont à respecter les droits de l'homme et du citoyen dont la liste suit*. Quand les droits de l'homme s'opposent aux intérêts généraux, il faut se souvenir que ces derniers découlent des premiers.

On retient généralement de Proudhon « *la Propriété c'est le vol* » et cette phrase est souvent utilisée pour attaquer la propriété, mais lui-même écrivait quelques années plus tard qu'il avait été mal compris : « *Dans mes premiers mémoires, attaquant de front l'ordre établi, je disais, par exemple : La propriété, c'est le vol ! Il s'agissait de protester, de mettre pour ainsi dire en relief le néant de nos institutions. (...) Aussi, dans le mémoire où je démontrais, par A plus B, cette étourdissante proposition, avais-je soin de protester contre toute conclusion communiste.* Il continuait au contraire avec cette formule « *la propriété c'est la liberté* » et dans la Théorie de la propriété « *La propriété est la plus grande force révolutionnaire qui existe et qui se puisse opposer au pouvoir* ». Proudhon disait vouloir condamner l'injuste distribution de la propriété qui est le fait de l'étatisme. A voir les nouvelles théories de l'intérêt général de certains élus on se plairait à voir revenir Proudhon pour les commenter.

C'est Louis XIV qui a le mieux défini l'intérêt général sans hypocrisie en assénant « *l'Etat c'est moi* ». L'intérêt général est toujours celui du plus fort ! En politique, il faut toujours craindre que l'intérêt général soit celui des élites et des élus contre celui des électeurs et c'est ce qu'avait compris Proudhon à la fin de sa vie.

2. La mauvaise analyse du logement par les pouvoirs publics

Les pouvoirs publics n'analysent pas correctement la réalité du logement, faisant preuve parfois d'une étrange naïveté, il est utile d'illustrer ce propos par des exemples. Le rapport du Sénat du 27 avril 2011, préalable à une « proposition de loi relative aux expulsions locatives et à la garantie d'un droit au logement effectif » énonce une série d'analyses fausses.

a. « *Il serait également souhaitable d'**inciter les bailleurs privés, en cas d'impayés, à rechercher**, avant de s'adresser au juge, **un traitement « en amont » du problème** : cette démarche, usuelle chez les bailleurs sociaux, permet très souvent de résoudre les difficultés* ».

Les propriétaires privés ne se décident à saisir le juge que lorsqu'ils ont épuisé tous les moyens de dialogue, car ils savent que la négociation permet d'obtenir de meilleurs résultats. Ils savent que la saisie du tribunal coupe le dialogue, entraine un risque d'impayé plus lourd, des frais de justice irrécupérables et des délais de deux à trois ans pendant lesquels les locataires condamnés peuvent être encore plus insolvables ou pire disparaitre. Imaginer que les bailleurs privés n'ont pas pensé à cette étape préalable, est une erreur d'analyse incompréhensible de la part des sénateurs.

b. *« Dans le même temps, malgré le « rabotage » affiché des niches fiscales,* ***les finances publiques supportent toujours le poids des coûteuses « défiscalisations »*** *qui ont encouragé des investissements locatifs totalement déconnectés des besoins réels ».*

Cette affirmation a été contredite par le Secrétaire d'Etat au logement Benoit Apparu devant le Sénat. D'ailleurs, un simple calcul établit que le dégrèvement fiscal est approximativement égal à la TVA et si l'on ajoute les taxes foncières (exonération de deux ans au lieu de 15 ou 25 ans pour un logement social) il est évident que la prétendue niche fiscale est au contraire une source de rentrées fiscales.

c. *« De même, l'offre de logements sociaux qui demeure, comme on l'a déjà souligné, globalement insuffisante et n'a pas retrouvé son niveau de l'an 2000, reste inadaptée aux besoins des ménages »*

On a déjà vu que l'offre de logements sociaux ne sera jamais assez élevée sur un plan idéologique d'une part, mais aussi sur le plan économique, car la demande d'un bien gratuit ou presque, suscite toujours une demande exponentielle qui a vocation à tendre vers l'infini. Le souhait de l'adaptation de l'offre gratuite aux besoins des ménages est une chimère, s'il n'y a pas un taux d'effort pour limiter cette demande.

d. *« Les auteurs de la proposition de loi relèvent la contradiction entre la garantie du droit au logement et la multiplication des expulsions, conséquence de la précarisation croissante du logement. »*

Notons qu'entre 2006 et 2007 il y a eu 79 demandes supplémentaires de concours de la force publique (10 640 en 2006 et 10 719 en 2007) cependant d'une année à l'autre le nombre de ménages de locataires augmente d'environ 130 000, parler de multiplication des expulsions relève de la dramatisation erronée.

De plus, prétendre qu'il y a contradiction entre le droit au logement et la multiplication des expulsions relève de l'utopie blanquiste, le droit au logement ne supprime pas le droit à l'expulsion qui est la sanction de l'impayé. L'expulsion ne signifie pas la précarisation des locataires, mais la sanction de la violation d'une règle, si un individu ne paie pas l'emprunt de sa voiture, il sait qu'elle lui sera retirée. L'impayé de loyers n'est pas qualifié pénalement de vol, mais pour le propriétaire qui n'est pas payé il s'agit de la même soustraction financière qu'un vol. Tant que les pouvoirs publics n'auront pas compris ce que représente la violence des impayés de loyers pour un bailleur, il y a peu de chance pour que l'expulsion ne soit la seule solution.

e. « *On peut estimer que, dans une proportion non négligeable, les demandes de concours de la force publique correspondent à des cas où les locataires n'ont pas quitté les lieux faute de solution de relogement* »

Cette affirmation confirmée par aucune statistique est dénuée de tout fondement en province où la vacance locative permet des relogements immédiats. Les expériences des propriétaires et des huissiers établissent au contraire que le concours de la force publique déclenche enfin la volonté de retrouver un nouveau logement et cela dans un délai extrêmement court de quelques jours. Il est d'ailleurs compréhensible et humain de constater qu'un locataire qui a usé tous les délais pour se maintenir dans les lieux, ne le quitte que sous la menace de la force publique. C'est la base d'une société de droit qui refuse à ses concitoyens le droit de se faire justice eux-mêmes, l'oublier reviendrait à encourager la violence des bailleurs excédés.

f. « *La pénurie de logements sociaux ...expose de plus en plus de ménages au risque d'expulsion.* »

Les propriétaires qui n'arrivent plus à louer leur logement en raison de la surabondance de logements sociaux sont consternés par une telle affirmation. Prétendre que 43,8 % de logements publics représente la pénurie, relève d'un manque de réalisme préoccupant, à moins que cette affirmation ne soit l'aveu sous-entendu d'une volonté de nationalisation.

g. « *Les loyers du parc privé ont augmenté de 83 %, de 2001 à 2010* »

Ces statistiques sont contestées par les propriétaires de logements anciens en province qui au contraire constatent que leurs loyers n'ont pas augmenté et même souvent ont baissé en 10 ans. La collecte des prix de loyers ne donne pas satisfaction, car il n'y a pas de distinction entre les logements anciens et les appartements en résidences neuves avec balcon et parking. Chacun sait que le prix des immeubles neufs est singulièrement plus élevé (presque le double) que celui des logements anciens mêmes rénovés dans les centres-villes. Dans l'observatoire CLAMEUR, les propriétaires de logements anciens sont parfois moins diligents pour donner leurs prix de location que les propriétaires de logements neufs en résidence qui plus fréquemment donnent leurs logements en gestion dans des agences. Dans tous les départements, il y a eu des différences notables de certifications de prix de loyers entre les statistiques des Chambres de propriétaires, les ADIL, les fédérations de promoteurs et l'ANAH. Parmi cette cacophonie de statistiques, on comprend bien que les promoteurs aient intérêt à choisir des listes de loyers élevés dans leurs références pour vendre plus cher les programmes Duflot par exemple.

De tout cela, il apparaitrait que la principale source de renseignements du Sénat serait la Fondation Abbé Pierre qui est citée quatre fois ; il n'y a pas d'analyse économique à partir de statistiques fiables, c'est la démonstration d'une action de lobbying efficace, par la reprise des motivations d'une simple association.

3. Les erreurs intrinsèques de l'Etat dues à la prééminence de l'administration

L'Etat a une double tête, il est dirigé théoriquement par des élus, mais en pratique les hauts fonctionnaires qui restent en place d'un gouvernement à l'autre assurent une permanence qui leur permet de diriger l'Etat de facto.

a. L'Etat aux mains de la haute administration en raison de la technicité des lois

L'Etat n'est plus tout à fait dirigé par le parlement qui ne fait souvent qu'entériner les décisions du Président de la République, après les indications du parti au pouvoir. L'autre acteur de l'Etat moins officiel, mais réellement efficient est l'ensemble de quelques hauts fonctionnaires qui préparent les lois, sortant à propos de leurs tiroirs, les réformes souhaitées par la haute administration avec le soutien de quelques élus qui se sont spécialisés dans un domaine. Chaque époque a son groupe d'influence, la nouvelle technicité de chaque nouvelle loi ne permet plus aux députés généralistes d'en faire une lecture critique, dans les délais aussi courts réclamés par l'exécutif. Ils n'ont pas le temps de recueillir l'avis de leurs électeurs, ni de celui de spécialistes, parfois même, ils n'ont pas le temps de faire une lecture attentive du texte et des amendements innombrables noyés dans le texte principal. La loi ALUR avec ses 177 articles et ses 286 pages faites de renvois à d'autres textes et de suppressions a été uniquement discutée par un groupe de députés et les députés socialistes d'un département de l'ouest par exemple, reconnaissaient que ne faisant pas partie de ce groupe, ils ne connaissaient pas le texte qu'ils ont néanmoins voté, même après avoir reconnu en privé que le projet méritait des critiques.

NB. Rappelons cette anecdote d'un député qui de l'Assemblée nationale téléphona à l'un de ses électeurs l'ayant alerté sur un amendement de quelques lignes dans une loi de Finances rectificative. « *Je vais entrer en séance pour voter le texte auquel vous faites allusion, mais je ne retrouve pas l'amendement contestable que vous m'avez signalé et je n'ai pas le temps de lire les 140 pages. Pouvez-vous me dire où se trouve l'amendement en question ?* »

b. L'Etat se trompe sur les vrais acteurs du logement dans le secteur privé ?

Une autre erreur d'appréciation consiste pour l'Etat à avoir confondu les acteurs du logement avec les décideurs. Ignorant les mécanismes du marché du logement privé, les pouvoirs publics ont confondu les donneurs d'ordre avec les exécutants. Ce sont les propriétaires qui paient leurs investissements avec leurs économies ou leurs emprunts, ce sont eux qui prennent des risques pendant 20 ou 30 ans, qui subissent les aléas de la gestion locative, les contraintes réglementaires, les hausses fiscales, les sinistres, les contentieux judiciaires. Les entrepreneurs exécutent les travaux, se font payer et sortent du circuit. Ils ne sont pas les acteurs du logement, mais de simples partenaires comme les agents immobiliers, les notaires, les banquiers encore que ces derniers aient un rôle moteur ou pesant selon les périodes. Les seuls acteurs du logement locatif privé sont donc les propriétaires-bailleurs, en réalité ce sont les décideurs et l'ont voit bien l'impropriété du terme d'acteur lorsqu'il s'applique au logement public pour des administrations, des associations ou des promoteurs qui ne sont que des facilitateurs, des supporters ou des bénéficiaires.

L'absence des bailleurs privés dans la politique du logement : une faute incompréhensible

L'UNPI est à peine reconnu par l'Etat, il n'y a qu'un représentant des propriétaires privés au mieux dans les CESER (Comité Economique Social Environnemental Régional) mais parmi les 22 régions, certaines n'ont pas de représentant des propriétaires ; l'UNPI siège dans les commissions départementales de conciliation qui ont une portée limitée, car dans certains départements il n'y a qu'une session tous les deux ou trois mois. L'UNPI participe également aux commissions fiscales avec parfois à peine une réunion par an, dans les commissions DALO et la Commission de prévention des expulsions (CCAPEX). Ces dernières commissions ont un rôle humanitaire, mais ne pèsent pas sur les décisions des pouvoirs publics, la présence des propriétaires à l'ANAH est devenue négligeable depuis 2009 avec une seule voix délibérative au lieu de 3 auparavant. Les représentations institutionnelles de l'UNPI ne concernent jamais leur action sociale ou économique dans la société, seuls des rendez-vous ponctuels avec un ministre, un préfet, un parlementaire ou un maire, permettent quelquefois de façon aléatoire en fonction des agendas, de proposer ou d'informer les pouvoirs publics de la situation de la propriété privée. Il n'y a pas de représentation institutionnelle régulière où pourrait s'installer de la concertation. La CNC (Commission nationale de Concertation) a pour mission générale, par ses études, avis et propositions, de contribuer à l'amélioration des rapports entre bailleurs et locataires. Elle a pour mission particulière de conclure des accords collectifs de location, elle n'a pas été convoquée pour l'élaboration de la loi ALUR, mais seulement pour l'encadrement des loyers le 12 juillet 2012 ; elle sera seulement réunie pour la préparation des décrets, elle est devenue la belle endormie. C'est cette absence de concertation qui est la cause d'un certain nombre de dispositions de la loi ALUR complètement déconnectées de la réalité locative.

Il ne faut pas espérer que les rares communications entre les ministres du Logement et le président de l'UNPI puissent devenir un véritable dialogue et encore moins une concertation. L'absence de réunion entre le ministère, les associations de locataires et la seule organisation de propriétaires (en dehors des institutionnels), est révélatrice du peu de crédit que fait l'Etat des propositions de ses concitoyens. Un autre exemple de discrimination des propriétaires se manifeste dans le comité d'élaboration des Comptes du logement dans lequel on trouve les délégués de la Fondation Abbé Pierre et de la Fédération des logements publics (USH) mais pas celui du logement privé (UNPI) ! L'UNPI propose chaque année au ministre du Logement un ensemble de propositions dans un livre blanc annuel. Il n'y a jamais eu de discussions approfondies entre le ministère et l'UNPI sur ces propositions. Quelques ministres du Logement ont choisi parfois une idée « pour faire plaisir » pensant peut-être que c'était de la concertation, mais les propriétaires estiment qu'ils sont loin d'un dialogue social.

c. Des administrations en concurrence dans une culture du secret statistique

A force d'entendre des parlementaires et la Cour des Comptes se plaindre de ne pas avoir de statistiques fines sur le logement ce qui ne leur permet pas de faire des choix pertinents ou de les évaluer, il faut envisager une autre hypothèse, et si c'était voulu ? Dans une enquête policière, il faut se demander à qui profite le crime. Dans la politique du logement il conviendrait donc de se demander à qui profite l'absence de statistiques et d'une manière générale à qui profite l'absence de théorie économique du logement. Est-il possible d'envisager que l'Etat ne soit pas capable d'obtenir des renseignements statistiques avec les enquêtes logement, l'INSEE, l'INED, la Cour des comptes, le CREDOC, les services ministériels du logement, Bercy, les services parlementaires, etc. ? Entre 2002 et 2005, l'IREF a dénombré 28 rapports consacrés au logement, chaque lecteur se fera son opinion en relevant le nombre croissant de logements inutiles construits par des promoteurs nationaux, chaque année, dans les zones détendues.

On peut également envisager d'autres hypothèses. Chacun connaît la guerre des polices avec cette concurrence entre administrations, peut-on supposer que parmi toutes ces administrations qui travaillent sur le logement, il y ait un tel cloisonnement que des informations ne soient pas échangées et que même, certaines restent confidentielles pour éviter par exemple des fuites vers la presse ? On sait bien qu'il est moins facile de décider quand tout le monde se mêle de donner son avis.

Un exemple : Filocom

Filocom est une base de données du ministère de l'Équipement réalisée à partir de 3 fichiers de la Direction Générale des Impôts (fichier de la taxe d'habitation, fichier de la propriété bâtie, fichier des propriétaires). Ce fichier a pour finalité :

- l'aide à la définition des politiques locales de l'habitat ;
- l'aide à la programmation du logement social ;
- l'aide à l'observation et à la mise en œuvre des politiques locales de l'habitat ;
- l'évaluation des politiques publiques.

Les destinataires des informations statistiques agrégées et rendues anonymes sont :

- les directeurs régionaux de l'environnement, de l'aménagement et du logement ;
- les directeurs départementaux de l'équipement ;
- les services de l'Etat compétents en matière d'habitat, de politique de la ville et d'aménagement du territoire.

« Ces informations statistiques agrégées pourront être fournies, le cas échéant, à des collectivités locales ou à des bureaux d'études à des fins d'analyse des marchés locaux du logement ou de définition des politiques locales de l'habitat. » (arrêté du 11 juillet 1994)

Un particulier ou un chercheur, ne peut avoir accès à Filocom et même les administrations doivent demander l'autorisation de consulter ces statistiques qui sont déjà traitées et analysées et peuvent entrainer des biais et des interprétations erronées de ce fait. Cela donne l'impression que chaque administration travaille seule dans son secteur en interprétant à sa manière des informations quasi confidentielles, ce qui ne permet pas de discussion et de débat démocratique entre chercheurs, comme dans une culture du secret qui a déjà fait la preuve de perversions historiques ; c'est ainsi que les lobbies et les associations peuvent avancer des chiffres sans être démentis, autorisant ainsi la politique de gribouille du logement. Ceci explique notamment les discussions à l'infini sur la vacance locative, son absence de définition concertée, le nombre de logements indignes et de personnes mal logées, le nombre de logements nécessaires ou en surproduction et permet également de dissimuler certaines informations gênantes comme le nombre de logements indignes dans le parc public, etc.

d. Des concepts qui ressortent plus de l'incantation et des bonnes intentions que de l'analyse

La mixité sociale

La mixité sociale est un concept qui a été admis sans discussion par la société comme s'il s'agissait d'abord d'une bonne idée puis devant les excès et les échecs de cette mixité sociale, d'un tabou interdit de critique ; son objectif était de brasser les diverses composantes de la population avec l'espoir que le contact des classes sociales plus aisées avec les plus démunies créerait du lien social. Avec le temps, on s'est aperçu que la mixité sociale n'a rien résolu, les relations de voisinage ne sont possibles que lorsque les habitants d'une même rue appartiennent à des classes sociales voisines, sinon en général, quand les distances sociales ou même simplement les âges sont trop éloignés, les voisins s'ignorent. Souvent la mixité sociale crée des jalousies supplémentaires par des comparaisons de train de vie et des affrontements verbaux occasionnés par un manque de respect du style de vie d'autrui.

Ces échecs de la mixité sociale font penser à des transferts de population bruyante ou indésirable dans certains quartiers, ce qui ne résout pas le problème, mais le déplace ; cela est si vrai que la mixité sociale n'est pratiquement jamais envisagée à l'inverse par l'immersion de ménages aisés dans des immeubles délabrés pour inciter certains ménages bruyants à plus de civisme. Et quand cela a été essayé ce fut toujours un échec (immeubles sociaux dans la banlieue Lyonnaise).

L'illusion d'une politique de natalité vers les classes pauvres ?

Le logement est concerné par la politique de natalité en raison de la corrélation entre la structure des ménages, la surface habitable adéquate et le nombre de logements nécessaires. Les collectivités locales inquiètes du tarissement des financements de l'Etat, se focalisent sur le gisement financier du logement social qui leur permettrait de percevoir des taxes d'habitation à défaut de taxes foncières, sans compter le maintien d'écoles pour ces familles pauvres et parfois nombreuses. Elles oublient que c'est le travail qui crée la richesse et non pas l'hébergement de locataires faiblement solvables. On a aussi l'impression que le logement social est une nouvelle composante d'une politique de la natalité, dans la croyance passéiste que c'est l'importance de la population qui fait la puissance d'une nation. Or ce qui était vrai sous Louis XIV, car une population nombreuse signifiait un potentiel militaire rassurant et une main-d'œuvre équivalente et donc des richesses en rapport, ne l'est plus dans notre pays en pleine désindustrialisation, où la main-d'œuvre non qualifiée ne crée pas autant de richesses que le capital et l'innovation, mais au contraire devient un poids quand elle ne peut se recycler ; de plus, la forte natalité n'est plus un atout dès lors que les immigrants ne trouvent pas le travail qu'ils avaient escompté et que dans le même temps, les jeunes diplômés s'expatrient.

4. Les erreurs de stratégie dues à des préoccupations électorales

a. L'Etat une machine à prendre des décisions sans rapport avec la réalité ?

On aurait pu espérer que l'Etat qui a enfin découvert la vacance locative prenne des mesures, mais le rapport 3805 de l'Assemblée nationale est encore décevant. Après avoir reconnu *« l'inadaptation du zonage actuel aux besoins des publics prioritaires du logement social,* ce qui est un aveu de l'échec des politiques précédentes du logement, en souhaitant une politique territoriale du logement, le rapporteur espère *connaitre plus précisément le profil des demandeurs et donc d'affiner l'offre nouvelle à la demande.* » et pour cela suit avec grand intérêt les travaux entrepris par l'USH qui n'est autre que l'organe de lobbying des HLM. On ne peut qu'être consterné par une telle suggestion : la solution ne consiste pas à découvrir une demande faiblement solvable, mais de savoir jusqu'à quand les contribuables seront disposés à payer des habitations à loyers modérés pour les autres.

Le film « *L'exercice de l'Etat* » de Pierre Schoeller *illustre une autre vision du monde politique* celle de *l'indifférence relative des élites à la vie des gens ordinaires* pour reprendre les termes d'Emmanuel Crodde dans l'Express le 27 octobre 2011. Michel Rocard interrogé, confirmait que la vie politique pouvait bien ressembler à ce film. « *On a changé de monde quant on est passé de l'écrit à l'image. La télévision a tué le long terme et la complexité, pour lesquels il faut le temps de la lecture, de l'imprimé. Cette disparition a appelé un produit de remplacement : les destins individuels, les drames, les crises...Je crains qu'on vote avec des critères de plus en plus incertains* ».

Quelques observateurs commencent à remarquer l'inflation des textes dans tous les domaines, il suffit d'un événement médiatisé pour qu'une proposition ou un projet de loi apparaissent, ce qui a donné lieu à l'expression « un événement-une loi » très révélatrice d'une boulimie de lois dont l'efficacité reste à démontrer, en raison notamment de la précipitation de ses rédacteurs qui ne peuvent avoir eu le temps d'en mesurer tous les impacts.

b. La prévention des risques et le principe de précaution prétextes à légiférer sans fin

L'Etat a trouvé un nouveau champ d'intervention avec la prévention des risques pour prévenir les défaillances des propriétaires privés. D'après Jacques Garello et Nicolas Lecaussin dans l'ouvrage précité « La vérité sur le logement social », le principe de précaution est un autre moyen pour l'Etat d'accroitre son emprise sur la vie sociale, en légiférant dans tous les domaines et notamment sur le logement privé au nom du principe de précaution. Cela a donné notamment les multiples diagnostics dont l'utilité reste à démontrer, les nouvelles normes sismiques aberrantes dans la plupart des départements, etc.

c. Des communes en difficulté en raison de l'abondance des logements sociaux

Le maire de Sevran lors de sa grève de la faim devant l'Assemblée nationale en novembre 2012, a demandé plusieurs millions d'euros à l'Etat pour boucler son budget 2013. Il se plaignait de l'absence d'industrie dans sa commune avec un taux de chômage plus élevé que la moyenne nationale, on a ici l'illustration des méfaits de la concentration de logements sociaux ; si Sevran n'avait pas de logements sociaux, mais des logements détenus par des propriétaires privés, il n'est pas douteux que les taxes foncières seraient plus élevées et permettraient à la commune d'équilibrer son budget. Une des raisons du déficit de la ville est la rénovation des logements sociaux, la commune attendait les financements de l'ANRU qui devait participer à la rénovation des logements sociaux. Sevran est sans doute la préfiguration de ce qui attend les villes ayant trop construit de logements sociaux.

5. Comparaison des dépenses annuelles du logement public et du logement privé

Un surcoût annuel de 1 518 € par logement et de 8 milliards d'euros pour le logement public

Les recettes locatives annuelles du parc public sont de 20 milliards d'euros environ. On a vu que les avantages fiscaux annuels de ce même parc de 20 milliards d'euros sont aussi importantes que les recettes locatives. Le prix de revient du logement public est donc d'environ 40 milliards d'euros par an, sans compter les aides personnelles. Selon le Compte du logement 2011, celles-ci représentent 39 % des aides aux locataires (graphique 10) qui s'élevaient selon la CNAF à 15 milliards d'euros en 2010, ces aides représentent 5,85 milliards d'euros pour les locataires du logement public. Les dépenses annuelles de logement pour le seul parc public sont donc de 45 milliards d'euros (40 + 5,85) pour 5,205 millions de logements publics soit une dépense moyenne de 8 645 € par ménage, par an, pour le seul loyer.

Le logement privé générait 40 milliards d'euros de recettes locatives en 2011 (tableau 26) auquel il faut ajouter le montant des aides de la CAF qui s'élèvent à 49 % de 15 milliards d'euros soit 7,35 milliards. Les dépenses annuelles de logement pour le parc privé sont de 47,35 (40 + 7,35) milliards d'euros pour 6,643 millions de locataires du secteur privé. La dépense locative moyenne pour chaque ménage du secteur privé est donc de 7 127 € par an

Le total moyen des dépenses engagées par un locataire du parc public est supérieur à celles d'un locataire du parc privé pour un montant annuel de 1518 € (8 645 - 7 127).

Ce surcoût ne pèse pas sur le budget des ménages du secteur public, car il est pris en charge par la collectivité qui finance les bailleurs sociaux, c'est un effet externe négatif du logement social, certes, mais c'est surtout la démonstration que le logement privé est plus économique pour la collectivité.

Nous avons ainsi une autre manière de chiffrer le surcoût du logement public par rapport au logement privé qui avoisine 8 milliards d'euros par an (5,205 millions x 1 518 € = 7,9). Si l'on se souvient que le parc privé loge davantage de ménages pauvres que le parc public, il est légitime de se poser la question de l'utilité du logement public surtout en période de crise.

6. Location ou propriété de son logement : une erreur de stratégie ou une volonté délibérée

a. Les dépenses en logement des locataires presque égales à celles de propriétaires

Le total annuel des dépenses en logement des locataires est de 95 milliards d'euros.

Pour calculer les dépenses en logement des locataires il convient d'additionner les dépenses fiscales et budgétaires de 39,652 milliards par an citées dans le rapport 3805 de l'Assemblée nationale (tableau 59) avec les loyers des bailleurs publics de 17,7 (ou 20) milliards et ceux des bailleurs privés de 40,2 milliards en 2011 pour obtenir le total de 97,552 milliards (39,652 + 17,7 + 40,2). Il est nécessaire de soustraire les aides aux propriétaires occupants qui apparemment ne seraient pas spécifiquement incluses dans le tableau 59 et qui atteindraient 2,821 milliards d'euros en 2009 selon l'IREF (tableau 57). Le total est ramené à 94,73 milliards d'euros soit environ 95 milliards d'euros par an en 2011. Cela représente un coût moyen de 7995 € pour un locataire ou 666 € par mois pour les 11,848 millions de locataires en 2011 (tableau13).

Ces dépenses annuelles ne comprennent pas les aides aux producteurs qui chaque année dépendent du nombre de mises en chantier et de rénovations.

On se rappelle que la valorisation des loyers pour chaque propriétaire occupant (PO) serait de 8 191,52 € par an ou 682,6 € par mois (voir commentaires du tableau 26). La réserve à faire est évidemment la méthode qui a été utilisée pour évaluer les loyers virtuels des PO. Si l'on s'en tient aux loyers imputés de ces derniers, cette comparaison est le constat de l'échec de notre politique du logement, car elle signifie que les dépenses en logement des propriétaires occupants sont à peine plus élevées que celles des locataires avec 666 €, ce qui était déjà le cas en 1975. La différence de 16,6 € par mois ne justifie certainement pas les dépenses de l'Etat vis-à-vis des locataires en ce sens qu'elles sont perpétuelles. Dès lors, la politique du logement aurait sans doute intérêt à privilégier l'accession à la propriété et à ne conserver le logement public que pour les publics minoritaires qui sont peu ou pas solvables, le parc privé serait à privilégier en raison de son utilité sociale plus grande en ce qu'il assure une mobilité professionnelle plus importante.

La politique d'aide au logement locatif empêche l'accession à la propriété des plus modestes or les loyers versés par une famille modeste pendant 30 ans représentent bien plus que les mensualités d'emprunt. Si bien que l'on pourrait même dire en paraphrasant Proudhon, mais avec plus de pertinence que la location à vie c'est le vol.

b. La location : un moyen d'asservissement des citoyens ?

Dans une perspective plus philosophique en évaluant comparativement le statut de citoyen inséré dans la vie politique de son pays, que penser de l'influence de la politique du logement sur le comportement de l'électeur face aux élites politiques qui monopolisent l'Etat comme si celui-ci leur appartenait ?

Jean Perrin dans son ouvrage « La propriété en danger Sauvons-la ! » écrit en conclusion que « *…les attaques contre la propriété viennent restreindre le droit de vendre un bien, le droit de louer ou le droit de construire. Elles résultent aussi de la forte pression fiscale qui caractérise notre pays. D'autres éléments sont contraignants : le développement des diagnostics, la prolifération de la* *réglementation, l'affaiblissement de la liberté contractuelle. On pourrait penser que la restriction du droit de propriété a pour objectif de trouver les moyens de parvenir à davantage de justice sociale. Si cette quête était réelle, elle aurait alors une vraie justification. Il est certain que la recherche d'une plus grande justice est un objectif parfaitement légitime dans une société.*

Mais la question se déplace sur le terrain de l'efficacité : est-il efficace de prendre une fraction de la propriété d'un citoyen, pour venir en aide aux plus démunis ? La solidarité nationale se grandit effectivement de solliciter par une contribution forcée une aide aux plus pauvres, pour aller au-delà de certains égoïsmes individuels ? Mais cette idée tire tout le monde vers le bas.

La question est alors celle du curseur ; jusqu'où faut-il aller dans la solidarité, sans étouffer l'esprit d'initiative des plus dynamiques et sans inciter une fraction de la population à tout attendre de l'aide publique ?

Ce débat est au fond assez ancien.

Mais ma conviction est qu'il se double d'une autre motivation. L'objectif des pouvoirs publics n'est-il pas d'arracher les racines qui soutiennent les personnes dans la solidité de leur qualité de citoyen pour en faire des consommateurs dociles et des électeurs inoffensifs ?

En effet, par essence, le propriétaire se prend nécessairement en charge (pour engager des travaux, pour tisser des relations avec ses voisins, pour vivre en bonne intelligence avec les autorités locales...). Il est donc appelé à la responsabilité.

Par rapport à l'occupant locatif, dont le statut est par construction plus précaire, le propriétaire se prend en main et il rechigne à faire appel à un autre, supposé plus riche, plus compétent...

Alors que le locataire a naturellement tendance, en cas de difficulté à se tourner vers le bailleur qui n'aurait pas fait son travail d'entretien, ou pour qu'il s'adresse au syndic afin d'agir, etc.

Certains politiques pourraient être tentés de réduire la proportion de propriétaires qui sont plus indépendants, moins contrôlables.

La destruction de la propriété fait penser à un instrument d'asservissement (...)accepter ce genre de dérives nous fait entrer dans une évolution dangereuse, car pour qu'une vraie démocratie existe, il faut des citoyens libres, cultivés, animés d'un esprit d'initiative, de responsabilité et de décision.

Défendre la propriété, c'est donc contribuer à cette défense de la liberté et de la démocratie. »

Rappelons que la démocratie athénienne reposait sur le statut de propriétaire ; seuls les propriétaires pouvaient diriger la cité. Marx estimait que le statut de la propriété des moyens de production déterminait le type de pouvoir politique. Le débat d'aujourd'hui sur la volonté des élites de loger 25 % de la population (objectif officiel) dans le parc public en permettant à 70 % des Français (objectif officieux) de prétendre à un logement public, fait penser à une stratégie occulte qui ne serait plus de loger les ménages les plus modestes, mais de contrôler la population par le biais du logement public.

La théorie marxiste de la propriété des moyens de production se déplacerait donc de la politique industrielle vers la politique de la consommation en général et de la politique du logement en particulier, puisque les dépenses de logement sont classées dans les dépenses de consommation des ménages. Le faux débat, jamais ouvertement évoqué, consisterait donc à savoir qui du propriétaire ou du locataire serait le plus citoyen ? Ne peut-on craindre qu'un nouvel intérêt général de la citoyenneté sociale consisterait à permettre à l'ensemble de la population de devenir plus citoyen en devenant locataire plutôt que propriétaire, avec une mention spéciale pour les locataires publics qui seraient plus citoyens que les locataires du parc privé parce que davantage sous la domination des bailleurs publics représentant à eux seuls un intérêt général.

L'industrie nationale du bâtiment se trouverait ainsi en devoir de construire toujours plus de logements financés par les contribuables pour prétendument satisfaire un intérêt général des locataires, qui en fait deviennent un prétexte dans un cercle vicieux de toujours plus d'impôts pour développer le chiffre d'affaires des multinationales du bâtiment. C'est ce mélange de keynésianisme du logement, prémisses d'une nationalisation du logement, avec cette volonté d'assimiler les dépenses de logement à de la simple consommation, pour transformer les candidats emprunteurs privés en locataires publics à vie. Le locataire public spolié de son droit à devenir propriétaire, deviendrait le rouage consentant d'un nouveau capitalisme social, par sa réduction au rang de consommateur et serait inféodé à la puissance politique, grâce à la sélection des candidatures dans le parc public, opérée par des comités Théodule dont personne ne connaitrait les règles d'attribution.

D. La comparaison France-Allemagne des depenses publiques de logements

L'Allemagne est pratiquement le seul pays avec lequel les Français acceptent d'être comparés. Ce paragraphe reprend le travail de l'Institut Thomas More sur *l'Analyse comparative de la dépense publique en France et en Allemagne.165 milliards de plus.* Paru en mai 2011, ce travail remarquable s'attache à démontrer que l'Allemagne fait mieux que la France dans 5 secteurs dont celui du logement… en dépensant moins. L'institut, en constatant *les dizaines de milliards d'économies à réaliser trouve dérisoire le débat sur les niches fiscales, l'ISF, ou le bouclier fiscal. Le principal problème budgétaire de la France n'est pas au niveau des ressources… mais bien au niveau des dépenses.*

Même avec le coût de la réunification de l'ordre de 1 300 milliards d'euros, le taux d'endettement de l'Allemagne est inférieur à celui de la France qui avec 53 % de dépenses publiques a un des taux les plus élevés du monde. La France dépense 163 milliards d'euros par an de plus que l'Allemagne alors qu'elle compte 18 millions d'habitants en moins, avec un PIB inférieur (1 895 milliards au lieu de 2 432 milliards). *« Le taux de fiscalité étant déjà un des plus lourds du monde, l'augmentation des recettes est illusoire (elle pèserait sur la croissance et donc sur les déficits futurs), il ne reste que la réduction massive des dépenses publiques ».*

L'Institut estime qu'on ne peut affirmer que l'Etat allemand rend moins de services que l'Etat français, il s'est attaché à identifier secteur par secteur les économies réalisables *«... la difficulté de ce genre d'exercice est de faire la différence entre ce qui relève d'un choix politique délibéré dont on assume le coût et ce qui relève d'un problème de productivité du service rendu ».*

Le logement coûte annuellement à la France 36 milliards d'euros (1,9 % du PIB) au lieu de 17 milliards en Allemagne (0,7 % du PIB) ce qui représente 19 milliards de plus.

Tableau 107 - Comparaisons France Allemagne

	France	**Allemagne**	**Ecarts**	
			Différence	**Variation**
Données générales				
PIB (en milliards d' €)	1 895	2 432	-537	-22,1 %
Population totale	63 645 065	82 314 906	-18 669 841	-22,7 %
Croissance de la population depuis 20 ans				
- En %	11,5 %	3,42 %	8,08 pts	236 %
- En millions d'habitants	6,22	2,71	3,52	130 %
Croissance des ménages				
- En %	32,51 %	11,5 %	21,01 pts	182,7 %
- En millions d'habitants	7	5,35	1,65	30,8 %
Caractéristiques des parcs de logements				
Taille moyenne des logements en m² (2006)	91,54	85,84	5,70	6,65 %
Surface moyenne par individu en m² (2006)	39,77	41,6	-1,83	-4,4 %
Conditions de logement (2008)				
- Sur-occupation	9,7 %	7 %	2,7 pts	38,57 %
- Personnes très mal logées	3,4 %	2 %	1,4 pts	70 %
Taille du parc de logements				
- Nombre de logements rapportés au nombre de ménages	0,98	1,01	-0,03	-2,5 %
Nombre de logements par 1000 habitants	446	493	-46	-9,42 %
Indice comparatif des niveaux des prix pour les coûts du logement (loyer et énergies)				
- 2000	117,6	125,8	-8,2 pts	-6,52 %
- 2008	128,1	110,2	17,9 pts	16,24 %
Loyer moyen des grandes villes (€/m²)	10,2	10	0,2 pts	2 %

Source Institut Thomas More

Tableau 108 - Coût de la politique du logement

	France	**Allemagne**	**Écarts**	
		Différence	**Variation_**	
Locataires				
Allocations logement (en milliards d' €)	16,55	1,56	14,99	964 %
- Soit par ménage (en €)	579,68	38,84	540,83	1392 %
Avantage de loyer consenti aux locataires du parc social par rapport au loyer moyen du marché (1) en milliards d' €	24,32	6,12	18,2	297 %
- Soit par ménage (en €)	850,71	152,88	697,83	456 %
Ménages et privés				
Bonifications d'intérêts accession (en milliards d' €)	2,55	nc		
Subventions ou mesures fiscales en faveur de l'investissement locatif (en milliards d' €)	1,04	nc		
Subventions/mesures fiscales à l'amélioration de l'habitat (en milliards d' €)	2,37	nc		
Bailleurs sociaux				
Bonifications d'intérêts (en milliards d' €)	1,26	nc		
Subventions (directes ou via prix de vente du foncier) (en milliards d' €)	4,53	nc		
Mesures fiscales (impôt foncier, TVA, IS, etc.) (en milliards d' €)	2,94	0	2,94	100 %
Coûts et surcoûts de gestion et autres (en milliards d' €) (1)	6	1,98	4,01	203 %
Investissement annuel (en milliards d' €) (1)	17,63	3,65	13,98	383 %
- Soit par ménage (en €)	617,61	91,19	526,42	577 %
Moins cessions d'actifs (en milliards d' €)	-1,48	nc		
	France	Allemagne	Ecarts	
			Différence	Variation
Total				
En % de PIB	3,98 %	0,53 %	3,45 pts	655 %
En valeur (en milliards d' €)	**77,7**	**13,31**	**64,39**	**484 %**
- Soit par ménage (en €)	2 720,59	332,42	2 388,17	718 %
- Par habitant (en €)	1 237,3	162,65	1 074,66	661 %
Dont ressources allouées au parc social et aux allocations logement (2)				
En valeur (en milliards d' €)	67,57	12,07	55,51	460 %
Soit par ménage (en €)	2 365,68	301,38	2 064,3	685 %
Nombre de bénéficiaires (en millions de ménages)	8,09	3,01	5,08	169 %
- Soit en %	28,35 %	7,51 %	20,84 pts	277 %
- Coût par ménage censé en bénéficier (en €/an)	8345,44	4 012,23	4 333,21	108 %

Source : Institut Thomas More
nc : non communiqué
(1) En l'absence de données précises pour l'Allemagne, il s'agit d'ordres de grandeur.
(2) Nettes des surcoûts de gestion du parc de logements sociaux répercutés sur les locataires sociaux.
Sources : Eurostat (Housing Statistics in the European Union), INSEE (France), Destatis (Allemagne), Centre d'Information et de Documentation de l'Ambassade d'Allemagne en France, Commission des comptes du logement (ministère de l'Ecologie, du Développement durable, des Transports et du Logement, France), CLAMEUR (Connaître les Loyers et Analyser les Marchés sur les Espaces Urbains et Ruraux, France).

Note. Certains chiffres des tableaux ci-dessus mériteraient des explications en l'absence de sources précises. Ainsi le montant moyen au m^2 des loyers des grandes villes en France de 10,2 € parait faible. CLAMEUR donnait un prix de loyer en 2008 pour la même année de 12,6 € pour l'ensemble des logements neufs en France, ce qui compte tenu des loyers plus faibles dans les villes de moins de 100 000 habitants, doit de fait, augmenter la moyenne pour les grandes villes. En 2008, il y avait 11 663 000 ménages de locataires qui ont reçu 13 140 millions d'euros d'aides (7 140 millions pour les locataires privés et 6 000 millions pour les locataires publics. Des 16 550 millions d'euros d'aides au logement relevées par l'Institut (alors que les comptes du logement mentionnent 15 700 millions), il faut retirer les aides versées aux propriétaires occupants pour 1 020 millions ainsi que diverses aides versées aux foyers d'hébergement (1 040 millions d' €) et d'autres aides diverses aux ménages en difficulté (500 millions d' €). Selon nous, les ménages locataires français ont donc perçu en moyenne 1 126 € (13 140 000 000 / 11 663 000 = 1 126) dans l'année. L'Institut Thomas More a évalué l'aide reçue à 579,68 € par ménage, il n'y a pas d'explication sur cette différence. Si l'on rapporte les aides à la personne aux seuls bénéficiaires, le montant versé est encore plus élevé. La CNAF annonce au 31 décembre 2010, un nombre de 6,31 millions d'allocataires ayant reçu des aides (APL, ALS, ALF) pour un total de 15 milliards d'euros (tableaux 53 et 54), ce qui représente 2 377 € par bénéficiaire par an.

Les commentaires de l'Institut Thomas More

L'Institut constate que la population française s'est accrue plus vite que celle de l'Allemagne (11,5 % au lieu de 3,4 %) et que l'Allemagne a augmenté son parc plus vite que celui de la France (+27,9 % en Allemagne et de +19,1 % en France).

« Le résultat est que le nombre de logements, rapporté au nombre de ménages est de 0,98 en France contre 1,01 en Allemagne ». Selon l'Institut, il y aurait donc un déficit de l'ordre de 720 000 logements en France.

La France possède 446 logements pour 1000 habitants (elle en avait 430 en 2006 selon nos calculs d'après le tableau 101 : 26280 x100/61040 = 430) alors que l'Allemagne en a 493.

Note. Il y aurait, selon l'Institut, 28,22 millions de ménages en France contre 40,164 millions en Allemagne. Avec 27,663 millions de logements en 2008 (27,663/0,98= 28,22), la France aurait eu en 2008 moins de logements que de ménages (0,98) ce qui serait signe de crise du logement contrairement à ce que précise le tableau 93. L'Allemagne a plus de logements que de ménages (1,01). Ce différentiel de 0,03 mesurerait le manque de logements en France par rapport à l'Allemagne. (27 663 000 x 0,03 = 829 890 logements en 2008) à comparer avec les 720 000 logements calculés par l'Institut. Nos constatations ne vont pas dans le même sens. En 2008, le nombre de ménages est de 26,615 millions (tableau 93) ce qui avec 27,663 millions de résidences principales donne un taux de 1,039 au lieu de 0,98. Cette différence d'appréciation provient sans doute du manque de définition des séries de chiffres déjà souligné plus haut, mais ne contrarie pas les conclusions de l'Institut sur le mauvais emploi des aides en France.

Le manque de logements serait l'une des principales raisons de l'envolée des prix en France qui sont plus élevés qu'en Allemagne *: « ...alors qu'en 2000, le coût pour se loger en France était de 8,2 points inférieur à celui de l'Allemagne, il était en 2008 supérieur de 17,9 points – soit une dégradation relative de 24 %... »* (le graphique 8 de Jacques Friggit corrobore cette différence)

L'Institut estime que les conditions françaises du logement sont nettement moins bonnes que les conditions allemandes, mais que ce n'est pas en mettant plus de moyens que la France pourrait régler le problème du logement, car elle dépense déjà beaucoup plus que l'Allemagne :

« 4 fois plus de ménages sont bénéficiaires des allocations logement et de logements sociaux, 15 fois plus d'argent distribué au titre des allocations logement, 7 fois plus d'argent investi chaque année dans le parc locatif social, etc. »

La France consacre 6 fois plus de ressources que l'Allemagne. L'Institut estime que l'effort budgétaire est lourd, inégalement réparti et inefficace, il synthétise la politique du logement français en 2007 avec 77,7 milliards d'euros qui représentent 4 % du PIB au lieu de 20 milliards d'euros en Allemagne soit moins de 1 % du PIB.

La masse salariale des 85 000 salariés des organismes publics avoisine 3 milliards d'euros par an représentant la majorité des frais de gestion du parc public qui s'élèvent à 5,3 milliards d'euros contre 0,7 milliard pour le parc privé, soit un coût 7,5 fois plus élevé, alors que le parc privé est plus important que le parc public. L'Institut constate que 78 % de l'effort collectif est affecté au seul parc social, lequel représente moins de la moitié de logements en France ce qui est un signe supplémentaire de la concurrence déloyale du parc public.

Selon l'Institut, les allocations françaises sont 15 fois plus importantes qu'en Allemagne. Le parc social français reçoit 7 fois plus que le parc allemand ; par habitant les dépenses publiques en logement sont 8 fois plus élevées qu'en Allemagne. L'Institut explique ce manque d'efficacité de la politique française par une conception radicalement différente. Le logement social est réservé en France à la population aux revenus modestes alors qu'il s'adresse en Allemagne aux classes moyennes, ces dernières quittent les logements anciens pour aller vers les logements sociaux modernes, ce qui contribue à faire baisser les prix de l'ancien et donc à permettre aux ménages modestes de se loger à un prix inférieur, le logement social est considéré comme provisoire. Quand les bailleurs sociaux ont achevé les remboursements des emprunts, les logements publics deviennent privés. Les bailleurs sociaux ne sont pas incités à profiter des effets d'aubaine des subventions, ils ne sont pas encouragés à accroitre démesurément leur parc. On le voit, la logique allemande est totalement différente de la logique française qui contribue à inciter les ménages modestes à rester dans le parc public, dans un déclassement social des locataires, associé à un assistanat regrettable pour les finances publiques et qui encourage le parc public à posséder toujours plus de logements. Enfin, l'Institut se demande si la flambée des prix en France n'est pas alimentée par la masse des allocations allouées aussi bien à la personne qu'à la pierre.

CONCLUSION DU CHAPITRE

Notre époque découvre que la crise du logement n'est pas résolue à Paris malgré les centaines de milliards d'euros alloués au parc public depuis 60 ans, ce qui donne l'impression qu'il faut encore et encore, le subventionner, mais malgré cela, vient d'apparaitre la vacance locative dans les régions, provoquée par la surproduction de logements publics.

On en arrive à un cercle vicieux où chaque initiative de l'Etat contribue à appauvrir les bailleurs privés qui ne peuvent plus entretenir leurs logements et doivent se résigner à vendre ou à les laisser vacants, ce qui oblige l'Etat dans un autre cycle, à construire l'équivalent des logements disparus avec plus de fiscalité, mais avec moins de rentrées fiscales du fait de la disparition des bailleurs privés. Ainsi on constate que les politiques dirigistes du logement, aboutissent à une impasse.

Le logement social est à l'origine d'effets pervers, car plus de la moitié des ménages est éligible à ce privilège, l'arrivée de nouveaux logements neufs à bas prix, déclenche un comportement opportuniste des locataires bien logés dans le parc privé qui cherchent à maximiser leur budget grâce à un différentiel de loyer. Ce faisant, ces locataires bien logés et solvables s'inscrivent dans des listes d'attente qui s'allongent, ce qui limite les possibilités de relogement des personnes moins bien logées et moins solvables par une concurrence anormale.

La concurrence déloyale du parc public qui consiste à attirer les locataires du parc privé, appauvrit les bailleurs privés, les dépossédant de leurs revenus, au point que certains n'ont plus les moyens de rénover. Le parc public a donc une responsabilité dans les logements délabrés du parc privé ; de plus le désir de rentabilité légitime des bailleurs publics écarte de fait les ménages les plus pauvres contribuant à perpétuer la crise du logement des plus pauvres. En effet, il n'y a pas de crise du logement pour les classes moyennes et supérieures et cette évidence a besoin d'être rappelée pour souligner l'échec du parc public à loger les plus modestes.

Les associations de locataires et les médias incriminent la hausse des loyers dans la crise du logement. Il y a confusion entre la crise du logement absolue des années d'après-guerre et celle relative des années 2000 qui est territorialement localisée dans les métropoles. L'impression de crise du logement vue depuis Paris est démentie par l'analyse ; le logement en 2013 ne ressemble pas au logement de 1950, au début des trente glorieuses, beaucoup de logements n'avaient aucun des trois éléments de confort (WC à l'intérieur, salle de bains, chauffage). En un demi-siècle, les logements ont pratiquement tous acquis le confort qui faisait défaut à 90 % de la population au début du siècle.

Le problème résiduel est celui des sans-abris, mais on a vu qu'il s'agit d'un problème de solvabilité et surtout de la nécessité de faire sortir du parc public les locataires les plus riches. L'autre problème est celui du niveau de vie des Français qui a régressé depuis la mondialisation, la désindustrialisation du pays, les destructions d'emplois et le passage à l'euro qui ne permet pas les dévaluations nationales. Les bas salaires sont trop faibles, à peine plus élevés que les revenus de substitution et ne permettent plus d'assurer les dépenses contraintes locatives.

Finalement, le vrai débat qui n'a jamais lieu est celui du niveau de vie des Français. Faut-il faire baisser les dépenses contraintes et notamment les loyers en appauvrissant deux millions de ménages français propriétaires-bailleurs ou bien augmenter les bas salaires et risquer la compétitivité des PME sans autres mesures protectrices ?

Le maintien du pouvoir d'achat des propriétaires bailleurs privés qui n'auraient plus les moyens d'entretenir leurs logements, et d'en vivre n'est jamais au centre des préoccupations gouvernementales, pour qui les propriétaires sont riches par essence et n'ont donc pas besoin d'être soutenus. On se souvient des associations de professionnels du bâtiment qui sont invitées et écoutées lors des négociations avec les pouvoirs publics en l'absence des propriétaires immobiliers qui sont les seuls acteurs, risquant leurs économies alors que les industriels du bâtiment ne font que faire des profits avec ces économies.

L'Institut Thomas More s'est attaché à critiquer les seuls financements de la politique du logement en insistant avec raison sur le manque d'efficacité des dépenses publiques par rapport à l'Allemagne, mais n'a pas remis en question la culture française de la pléthore de normes administratives et l'absence de protection des propriétaires privés, au nom d'un intérêt général incertain qui met en déroute l'investissement locatif privé, en réglementant abusivement le marché.

Il est contradictoire de vouloir mettre en place des systèmes de relance de l'investissement locatif et de pénaliser ces mêmes investissements par des règles castratrices, cela ressemble à une tentative d'accélérer une voiture qui a les freins bloqués. Le droit au logement, avec les aides à la personne et les aides à la pierre, ne peut durablement exister qu'après la sécurisation du droit de propriété, le premier découlant du second. Il ne s'agit pas d'une affirmation gratuite, mais de la constatation de la coexistence de la crise du logement et de la crise immobilière. L'Etat a initié la seconde sans pouvoir prévenir la première, croyant faire mieux que le marché, en détruisant ses mécanismes de régulation, le logement est devenu la victime des ingérences de l'Etat dans les rapports locatifs.

Cette constatation des conséquences néfastes des décisions prises par les élites au nom de l'intérêt général n'est pas nouvelle, Aristote déjà critiquait les décisions que Lycurgue avait pris cinq siècles auparavant dans l'organisation de la cité de Sparte ; selon lui le changement des règles successorales et les obligations sociales des citoyens prises avec l'objectif d'une plus grande richesse collective ont été les causes de la décadence de cette cité autrefois florissante comme si les normes prises au nom d'un intérêt général étaient devenues un carcan. Les idéaux invérifiables de fraternité et d'égalité dont s'extasiait Plutarque dans une société idéale du passé relevaient d'un âge d'or illusoire plus qu'ils n'expliquaient les victoires militaires ayant fait la gloire de Sparte. A notre époque, la politique du logement avec sa fiscalité pénalisante pour les propriétaires relève encore, davantage de considérations idéologiques émotionnelles, présentes dans tous les partis politiques ; l'analyse économique fait défaut, substituée par les bons sentiments et les bonnes intentions dont l'application écarte de fait les plus modestes de l'accès au logement.

Enfin, et c'est le plus surprenant, il apparait que le prix de revient moyen du loyer d'un locataire est à peine moins élevé que celui estimé d'un propriétaire occupant, ce qui permet de douter globalement de la politique du logement en direction des locataires, il serait moins coûteux pour la collectivité d'inciter les Français à devenir propriétaires ; en effet, une fois l'emprunt remboursé, les propriétaires ne sollicitent plus l'aide de l'Etat alors que les locataires modestes ont besoin à vie de l'aide de la collectivité. La politique d'aide au logement locatif empêche l'accession à la propriété des plus modestes or les loyers versés par une famille modeste pendant 30 ans représentent bien plus que les mensualités d'emprunt. C'est l'illustration de la phrase de Confucius « *Quand un homme a faim, mieux vaut lui apprendre à pêcher que de lui donner un poisson* ». En ce sens le logement public relève davantage de l'assistanat que de l'éducation et de l'aide humanitaire. Si bien que l'on pourrait même dire en paraphrasant Proudhon, mais avec plus de pertinence que la location à vie c'est le vol.

La phrase de Guy Carcassonne « l'économie française est une économie soviétique qui pense avoir réussie » prendrait tout son sens avec la politique du logement qui tend vers la collectivisation avec 45 % de logements publics, ce qui indique un consensus des élites françaises sur cette nationalisation rampante, mais inéluctable du logement au nom d'un intérêt général incertain et en contradiction avec la Déclaration des droits de l'homme et du citoyen. Toutes les lois sur le logement accentuent cette décrépitude du parc privé et la complexité de la loi ALUR-Duflot va accélérer cette tendance en mettant de fait hors la loi, la majorité des petits bailleurs mal informés, l'incitation à plus de procédures judiciaires en sera une conséquence. Cette violence fiscale et législative qui s'abat sur les petits propriétaires va les obliger à jeter l'éponge et engendrera à terme soit une nouvelle crise du logement, soit une accélération de la progression du parc public.

QUATRIÈME PARTIE

PROPOSITIONS THÉORIQUES ET PRATIQUES

CHAPITRE X

Fragments de théorie économique du logement locatif

« *Contrairement à une idée largement répandue, la construction de logements sociaux ne conduit pas nécessairement à une amélioration de l'accès au logement.* »

Sébastien Ménard

Il est temps de s'affranchir des réactions épidermiques que suscite toujours le thème du logement depuis l'appel de l'abbé Pierre de 1954 et par extension de la suspicion permanente à peine voilée vis-à-vis des propriétaires privés à qui l'on reproche d'être plus ou moins des marchands de sommeil. Pour solutionner cet aspect de notre vie sociale, il est nécessaire de revenir aux fondamentaux de la théorie économique.

A. LE MARCHE PUR ET PARFAIT ET LES DEMANDES INSOLVABLES

1. La segmentation des demandes

La définition d'un marché pur et parfait selon l'école libérale, est un marché où l'Etat n'intervient pas et où l'offre est confrontée à la demande ; dans ce système, il y a adaptation permanente et réciproque de l'offre et des besoins. Par exemple, en cas de surproduction de logements, les loyers baissent ce qui incite les investisseurs à ne plus construire jusqu'au moment où la demande n'est plus satisfaite entrainant une augmentation des loyers et donc de nouvelles mises en chantier par la certitude de la pénurie durable de logements, avec une perspective nouvelle de rentabilité. Les adaptations se font plus rapidement qu'avec une planification bureaucratique qui peine à recevoir l'information sur les tensions territoriales diverses du marché et qui met plus de temps à réagir. En théorie, le marché libéral est plus efficace, car plus rapide à s'adapter, mais en l'espèce il y a plusieurs types de demandes sur plusieurs marchés segmentés dont une catégorie est difficilement solvable, celle des sans-abris, des sans-papiers, des titulaires du RSA et des petits salaires dans les grandes villes.

Le problème du logement ramené à la théorie économique, est l'insolvabilité de ces catégories sociales, car dans la théorie libérale, la demande est toujours supposée solvable à minima. Une demande insolvable n'existe pas, car elle ne déclenche aucun prix.

C'est bien là, le problème spécifique du marché du logement en économie libérale, de même que l'alimentation des populations les plus pauvres ne déclenche pas de demande solvable sur une grande partie des produits alimentaires ; en ce sens, il y a défaillance du marché sur ce créneau de la demande. L'erreur des étatistes est de croire que cette demande insolvable doit être satisfaite par des logements publics, par le biais de la théorie des biens publics gratuits. A l'erreur théorique, s'ajoute la contrainte financière, car ces biens publics coûtent plus cher à la collectivité que si les logements étaient construits par des opérateurs privés ; de plus, la théorie de la gratuité des logements ne sait pas répondre à la dispersion de la demande. On l'a vu, il y a à la fois au moins un million de logements vides en attente de locataires, dans les zones détendues en raison de la surproduction inutile (indépendamment des logements vacants inadaptés ou abandonnés dont les statistiques sont apparemment inexistantes) et peut-être autant de demandes non satisfaites dans les zones tendues, ce qui pose le problème de l'adéquation géographique de l'offre à la demande.

L'aspect quantitatif de la demande est plus simple à résoudre, car s'agissant de demandes de résidences principales, le chiffre est connu, c'est celui du nombre de ménages qui est révélé par les enquêtes logement et les recensements. Un ménage n'a besoin que d'une résidence principale.

Comment solvabiliser la demande insolvable

Deux solutions opposées ont été adoptées depuis la Deuxième Guerre mondiale. La première a consisté à créer des sociétés HLM fournissant des logements à loyers modérés. Pour parvenir à ces faibles loyers, l'Etat a octroyé de l'argent et divers avantages à ces sociétés et les a exonérées de pratiquement tous les impôts qui frappent le parc privé, de manière à ce que les logements construits soient plus ou moins gratuits dans un bilan sur une période de 20 à 25 ans, c'est l'aide à la pierre initiale suivie des aides fiscales annuelles. Ainsi, les sociétés HLM avaient peu de remboursements d'emprunt ce qui leur permettait d'équilibrer leurs comptes annuels en ayant juste les frais de gestion locative et d'entretien des logements, la principale charge des HLM étant la masse salariale des 85 000 employés. Ce système d'aide à la pierre a prouvé que des constructions inutiles ont été réalisées dans des secteurs détendus, il ne s'agit pas de hasards regrettables, mais d'une impossibilité de savoir des années à l'avance où se situera la demande, ce sont les limites de l'interventionnisme de l'Etat par rapport au marché.

La deuxième solution consiste à solvabiliser la demande pour conserver l'indication précieuse du prix du marché, en permettant les ajustements de la loi de l'offre et de la demande. C'est l'aide à la personne. La CAF remplit cette mission de solvabiliser les locataires qui peuvent ainsi vivre dans un logement, même en ayant peu de revenus. Cette solution permet une liberté de choix des locataires qui peuvent se localiser n'importe où et donc près des bassins d'emplois, alors que l'aide à la pierre contraint les locataires à se cantonner dans des zones limitées, parfois éloignées de leurs lieux de travail ; dans ce cas, le logement public est un frein à l'embauche, ces deux aides ne sont pas exclusives l'une de l'autre.

L'aide à la pierre est évidemment préférée par les organismes HLM, ce qui pouvait se justifier dans l'après-guerre, dans une logique de planification de la reconstruction, pour un aménagement rapide du territoire. Le plan entraîne le gaspillage des ressources quand l'objectif est atteint et que les auteurs ne le savent pas, comme un train qui ne peut s'arrêter immédiatement en raison de la loi d'inertie. Dans le cas présent, la loi d'inertie spécifique au logement peut s'apprécier approximativement à cinq ans. En 2007, une enquête réalisée par l'auteur, publiée dans le journal de l'UNPI et reprise dans *Le Monde*, est passée totalement inaperçue, elle soulignait que 27 départements subissaient déjà une vacance locative et que celle-ci gagnait d'autres départements. Il a fallu attendre 2012 pour que la vacance locative soit enfin reconnue par les pouvoirs publics, même si elle a été minimisée et même si elle est encore mal analysée !

L'aide à la pierre dans les deux secteurs, privé et surtout public, a entraîné une vacance locative subie que l'on peut estimer à un million de logements par différence entre le nombre des ménages et des résidences principales (à deux millions selon l'INSEE), avec pour conséquence une crise immobilière dans l'ensemble de la France à l'exception de Paris, de quelques grandes villes et de certaines zones touristiques. L'aide à la pierre doit donc être abandonnée pour les logements publics afin que lui soit préférée l'aide à la personne ; cela permettrait que les bailleurs publics ne soient pas tentés de construire toujours plus, même dans les secteurs détendus.

La question reste posée pour les zones tendues où l'on sait que le prix du foncier décourage les investisseurs. Soit, il faudra continuer l'aide à la pierre à Paris et dans quelques grandes villes, seulement pour le logement d'urgence, mais de manière extrêmement minoritaire et limitée dans le temps, en attendant les départs des locataires riches du parc public, soit on peut imaginer que la CAF institue un barème totalement différencié dans les grandes villes afin de compenser les loyers majorés. On peut même envisager de rendre éligibles à l'allocation logement, les salaires moyens dans les grandes villes qui actuellement n'y ont pas droit ; on peut aussi envisager une politique volontariste d'accession à la propriété et encourager les investisseurs à construire des logements dans ces grandes villes. Actuellement aucun logement parisien, à part les studios, ne dégage une rentabilité permettant à un investisseur d'emprunter pour une location vide, même sur 25 ans ; les biens actuellement mis en location par les investisseurs sont déjà payés. Pour inverser la tendance et encourager de nouveaux investisseurs à venir à Paris, il est nécessaire d'améliorer la solvabilité des classes modestes et moyennes et de faciliter l'investissement privé par des prêts à taux réduits, en même temps qu'il est utile de maintenir le logement d'urgence. Il est assez anormal que les salaires de certains emplois et notamment ceux des petits fonctionnaires en début de carrière soient pratiquement les mêmes à Paris et en province alors que tout est beaucoup plus cher à Paris.

Il faut conclure qu'avec la politique française actuelle du logement, l'intérêt des locataires se trouve dans le maintien de l'aide à la personne, à l'exclusion de l'aide à la pierre.

Il reste un intérêt pour l'aide à la pierre avec la rénovation des logements privés pour sauvegarder le bâti ancien des centres-villes et des campagnes. Beaucoup de petits propriétaires n'ont plus les moyens d'entretenir leurs maisons qui tombent en ruine. De plus, dans les zones commerçantes des centres-villes anciens, les commerces ont privilégié les rez-de-chaussée, supprimant les accès aux étages pour agrandir les vitrines avec des façades modifiées. L'ANAH est la solution privilégiée si bien sûr les collectivités locales développent les parkings et les transports en commun. On peut même se demander si la création de places de stationnement ne doit pas être financée par l'ANAH tant il est vrai que la voiture dans les régions est l'accessoire indispensable au logement et est de fait son prolongement. Toutes les villes petites et moyennes qui ont tenté de supprimer les parkings des centres-villes ont vu les zones de chalandise se déplacer vers les zones périphériques, asphyxiant les centres urbains piétonniers.

Ne pas confondre les besoins et la demande

Les besoins en matière de logements sont déterminés principalement et logiquement par l'évolution démographique, cependant ces dernières années ont vu l'apparition de besoins d'origine légale avec de nouvelles normes techniques et environnementales et des qualifications administratives de salubrité, de dignité, de décence ainsi que des besoins liés aux recompositions familiales et aux nouvelles demandes de confort. Une famille avec un enfant a besoin théoriquement d'un logement avec deux chambres, mais ce n'est pas pour autant qu'elle ne souhaite pas trois chambres pour recevoir des amis ou l'enfant d'un premier mariage, dans le cas d'une famille recomposée. De même, les nouvelles normes techniques et administratives ne seront pas fatalement disponibles dans l'offre, car il est plus facile de créer des normes que de pouvoir s'y conformer. Le besoin de logements BBC est fonction de la publicité qui en est faite et de l'impression de dépenser trop dans le poste chauffage. Pour résumer, il y a les besoins théoriques qui peuvent être définis de manière standardisée et prévisible, les besoins ressentis par les ménages et la demande qui est conditionnée par les revenus du ménage, les aides au logement et la capacité d'effort. Il faut même ajouter la « demande solvable appréciée » par les bailleurs selon qu'ils considèrent le type de revenu. Par exemple, les revenus de substitution de la CAF peuvent varier selon l'évolution des autres revenus et parfois disparaitre en cas d'absence de diligence des allocataires, ils sont souvent sous-estimés ou négligés par les bailleurs.

La demande s'enroule autour des besoins avec des variations plus ou moins fortes qui rendent incertaines et vaines les prévisions statistiques globales par l'absence de pertinence géographique. A quoi sert une prévision de demande de logements sur la France entière si l'on ne sait où elle se positionnera ? Seuls les acteurs privés multiples du marché peuvent prendre les risques d'investir localement en raison de leur faiblesse économique et de leur dispersion géographique.

Les promoteurs-constructeurs nationaux souhaitent que la demande de logements n'échappe pas à la loi de la production industrielle de produits standardisés, pour améliorer leurs marges, ce qui les incite à promouvoir le gigantisme locatif dans le parc public et la standardisation des appartements en résidences privées. Les pouvoirs publics sont instrumentalisés plus ou moins consciemment dans cette quête du profit, car ces industriels du BTP, au nom du maintien de l'emploi, sont toujours invités à donner leurs conseils pour toute nouvelle politique du logement, nationale ou locale dans la révision des plans d'urbanisme.

Ne pas confondre les listes d'attentes avec la demande nette

L'Etat considère que les besoins en logements publics sont équivalents aux listes d'attente des organismes publics en oubliant qu'un locataire a le droit de postuler dans plusieurs établissements et dans plusieurs départements. La plupart des demandes proviennent de locataires en place qui tentent d'obtenir un logement plus grand, plus confortable ou dans un quartier plus bourgeois ou plus proche du travail. La demande quantitative insatisfaite réelle est celle du nombre de ménages diminuée du nombre de logements existants. Or nous avons vu que le nombre de logements est plus élevé que celui des ménages, la demande insatisfaite nette est donc inexistante globalement, elle provient seulement de la territorialisation insatisfaisante, de la structure des logements par rapport à la demande fluctuante et des diverses motivations des ménages pour un autre logement.

« L'effet Ferrari »

Depuis la Deuxième Guerre mondiale, après la satisfaction des besoins essentiels concernant l'habitat et l'alimentation pendant les trente glorieuses, apparait un nouveau type de demande qui génère de la frustration en raison de l'impossibilité financière de la réaliser. Chaque ménage qui a une voiture en veut deux puis se met à rêver d'une troisième qui serait un marqueur social comme le serait une Ferrari. Le budget familial est donc sollicité pour obtenir plus de valorisation sociale, le ménage souhaite un substitut se rapprochant de plus en plus de l'idéal convoité. Cet « effet Ferrari » se manifeste dans les autres secteurs de consommation : pour le logement, « l'effet Ferrari » devient le besoin de château ou d'hôtel particulier avec le besoin de résidence secondaire et plus modestement un appartement plus spacieux.

Quand un ménage de 6 personnes vit dans une chambre d'hôtel de 10 m^2, il y a une vraie demande insatisfaite de logement, mais quand un ménage de deux personnes vivant dans un logement social de 60 m^2 fait une demande de logement de 80 m^2 en s'inscrivant sur une liste d'attente, chacun comprend que l'urgence n'est pas la même et pourtant ces deux demandes entrent dans les statistiques de demandes de logement social.

La spécificité de la demande locative : les vases communicants

L'erreur économique en matière de production de logements a été de copier les modes de fabrication industrielle des produits standardisés. Le logement obéi à d'autres lois économiques que celles de la demande (et donc de l'offre) manufacturée.

Dans le système libéral c'est le plus souvent l'offre qui tire la demande. Par exemple avant l'existence des scanners, il n'y avait aucune demande pour ces derniers, c'est donc bien l'arrivée des scanners sur le marché qui a déclenché la demande.

Dans le domaine locatif, la caractéristique de cette demande est qu'elle est figée par le nombre de ménages qui par définition n'ont qu'une résidence principale, le marketing ne peut jouer que sur le confort, la taille et l'emplacement. Dès lors, si l'offre excède la demande à un moment donné, celle-ci ne suscitera pas une nouvelle demande, mais un déplacement de la demande vers cette nouvelle offre, il s'agira d'un déplacement qualitatif, mais pas quantitatif. Les locataires quitteront par exemple un logement privé trop petit ou trop cher par rapport au nouveau logement public qui aura un meilleur rapport qualité-prix. C'est un effet de vases communicants. Le volume de liquide étant le même, si l'on rajoute un nouveau vase, le liquide se dirige vers le nouvel espace disponible et abandonne l'ancien.

C'est cet effet de vases communicants qui explique le mieux la concurrence du parc public sur le parc privé. C'est encore cette demande locative spécifique de résidence principale unique qui explique l'effet d'éviction que crée la construction d'un seul logement public dans un environnement fermé. Le marché des résidences principales, celui des propriétaires occupants ou celui des locataires, est un marché fermé, toute nouvelle offre dans un marché local saturé, entraine la vacance d'un logement ancien. Il y a même interférence entre le marché des propriétaires occupants et celui des locataires ; si un locataire achète un logement, il libère un logement locatif. La seule ouverture de ces marchés fermés est la variation des migrations d'un secteur géographique à un autre et la modification des besoins solvables (confort, grandeur, emplacement, évolution de la composition familiale…)

L'ignorance de cette loi par les pouvoirs publics et les bailleurs publics fait que chaque programme de nouveaux logements publics dans un marché saturé crée de la vacance locative additionnelle immédiate et la destruction équivalente de logements privés. Or en France, le marché est saturé globalement, sauf à intégrer les apports migratoires. En réalité, la destruction à long terme n'est pas égale au nombre de logements construits, mais est supérieure et affectée d'un coefficient de 119 % qui est le taux d'éviction de la période 1984-2008 que nous allons voir. Plus l'Etat construit de logements publics, plus il devra construire dans un cercle vicieux infernal pour les finances publiques et plus la France se dirige de manière inéluctable vers la nationalisation du logement à moins qu'à plus long terme le système explose et entraine la disparition du logement public par l'impossibilité de le financer.

2. Les contraintes de l'offre locative

Une offre locative inélastique dans un contexte de vacance locative subie

L'offre de logement est inélastique, car la production d'un logement est longue. Face à une demande exprimée il faut plusieurs années pour la satisfaire ; le temps de la prise de conscience peut prendre une année ou plus, en raison de l'absence de statistiques fiables et territorialisées. Ensuite les bailleurs s'interrogent sur l'opportunité de prendre un risque nouveau dans une conjoncture qui peut se renverser, viennent alors la recherche de terrains, l'élaboration de plans, les appels d'offre et de financements puis la demande de permis de construire et enfin la construction. C'est donc un total de deux à trois ans après la prise de conscience qui est nécessaire pour adapter l'offre à une demande réelle, mais non anticipée. Pour les bailleurs publics, le délai est plus long, car il faut l'agrément de l'Etat pour obtenir les avantages liés aux logements sociaux. L'inélasticité de l'offre conduit à des ajustements retardés et peut alimenter une instabilité permanente du marché locatif. De plus, l'offre publique qui arrive avec des ensembles toujours trop importants dans des marchés fermés a pour conséquence d'écraser les marchés locaux. C'est cet effet d'écrasement d'un micro marché qui condamne dorénavant les bailleurs publics à ne plus se développer dans les zones détendues. Seul, le marché privé peut s'adapter à des micro-demandes géographiques.

Les pesanteurs administratives sur l'offre locative : liberté des loyers ou blocage des loyers ?

Cette question revient périodiquement et est insoluble, car elle est posée sur deux plans différents inconciliables. Les partisans du blocage des loyers se placent sur un plan idéologique dans une perspective sociale, envers les victimes supposées d'un système économique, spoliant les catégories sociales les plus pauvres. Les tenants de cette théorie sont étatistes pour la plupart et ne se soucient guère des conséquences sociales sur les autres catégories sociales. Les partisans de la liberté des loyers se fondent sur la Déclaration des droits de l'homme et du citoyen en rappelant que la violation de la loi économique de l'offre et de la demande ne peut durablement s'exercer, car le marché se venge.

Dans les zones détendues, le blocage des loyers n'a aucune incidence, car les propriétaires voulant conserver leurs locataires se gardent bien d'augmenter leurs loyers et lors d'une relocation, ont tendance à baisser encore leurs loyers pour limiter le temps de vacance locative. Paradoxalement, les bailleurs privés dans les villes de moins de 100 000 habitants souhaiteraient un vrai blocage des loyers à la baisse pour éviter qu'ils ne baissent par l'effet de la concurrence, dans un contexte de surproduction.

Dans les zones tendues, le blocage des loyers est ressenti par les propriétaires comme une mesure vexatoire et démagogique et entraine le retrait où la vente de logements ce qui aggrave la pénurie.

C'est l'absence de concurrence dans la production d'un service public qui est la cause des gaspillages

Il faut bien observer d'ailleurs que ce n'est pas le fait d'être public qui crée le surcoût d'un bien ou d'un service, mais le fait de ne pas avoir de concurrence. S'il y avait des HLM privées avec les mêmes possibilités d'accès aux subventions, financements et exonérations fiscales, il n'est pas douteux que le secteur public du secteur social deviendrait plus compétitif. Il y aurait une obligation de responsabilité des investissements associée au risque de disparaitre, et la possibilité d'HLM privées peut être une solution simple pour éradiquer la crise parisienne du logement et la vacance locative provinciale. Par exemple, le rachat en 2012 par la société HLM de la ville de Paris des immeubles appartenant à GECINA, une société privée, n'a pas eu pour conséquence de faire baisser les loyers, alors que cette dernière était assujettie à l'ISF, à l'impôt sur le revenu ...bref avait des charges plus importantes ; que deviennent les comptes du nouveau propriétaire social qui a moins de charges et qui par définition ne doit pas faire de bénéfice ?

3. Les Bailleurs privés sont des quasi-salariés

Les petits bailleurs à qui Bercy refuse le statut de professionnels sont avant tout des détenteurs de revenus locatifs. Comme les salariés qui vont au travail chaque jour afin de percevoir à la fin du mois un salaire, les bailleurs privés n'acceptent de louer un bien que pour recevoir un salaire mensuel qui se nomme loyer. Le bien loué est le produit d'un travail différé ou pour mieux dire, le produit du travail d'une vie, ils sont les demandeurs de loyers de même que les locataires sont des demandeurs de logement. Cette vision renversée des rapports locatifs permet de comprendre mieux la spoliation que représente un impayé de loyer. De la même façon que tout travail mérite salaire, toute location mérite loyer.

B. L'EFFET D'EVICTION : UN MECANISME DE DESTRUCTION DE LOGEMENTS PRIVES DU A LA PROGRESSION DU PARC PUBLIC

On a vu que les mesures législatives en matière de logement en 1914 et en 1982 ont contribué à détruire le patrimoine des propriétaires privés sans une justification d'un bien supérieur, mais cette constatation empirique n'a pas été corroborée par une analyse scientifique. C'est Sébastien Ménard qui en France a décrit dans une analyse microéconomique le processus de destruction du parc privé causé par des mesures gouvernementales, il nomme et calcule un taux d'éviction qui est le pourcentage de logements privés détruits en raison d'une initiative publique. Ce concept est novateur, car dans notre pays, les initiatives publiques sont toujours présentées comme étant la mise en action ou la défense de l'intérêt général. Le taux d'éviction illustre et mesure l'échec de l'action publique sensée être porteuse d'intérêt général.

1. Modélisation du marché locatif par Sébastien Ménard : l'effet d'éviction

La recherche microéconomique a élaboré une modélisation qui établit et mesure les conséquences de la politique gouvernementale sur le logement en établissant un lien de causalité entre des mesures gouvernementales et la destruction de logements privés. La théorie de « l'effet d'éviction » a été modélisée à partir de 2 variables qui sont deux mesures régulièrement proposées en France pour réduire la crise du logement : la construction de logements publics et la taxe sur les logements vacants. L'effet d'éviction calculé par le modèle de Sébastien Ménard est de 100,6 % c'est-à-dire que pour 100 nouveaux logements publics construits, le parc privé détruit 100,6 logements sur le long terme pour s'adapter à la nouvelle concurrence du parc public et sortir d'un marché où les investisseurs sont sanctionnés pour user légalement de leur liberté de gestion.

La taxe sur les logements vacants est considérée par les propriétaires comme une entrave à la liberté de gérer son patrimoine, mais surtout est analysée comme un ostracisme catégoriel qui n'existe pas dans d'autres métiers ; il n'y a pas de taxe sur les usines abandonnées ou les commerces vacants. La taxe devient une vexation qui incite au renoncement du projet économique. La production de logements sociaux à bas prix dans un secteur géographique, incite les producteurs de logements privés de ce même secteur à se retirer, dans une anticipation de la future concurrence.

Sébastien Ménard poursuit « *A l'état stationnaire, nous montrons que la hausse du stock de logements sociaux est à l'origine d'un effet d'éviction sur le logement privé* ». Cet effet se produit sur les logements ayant les loyers les plus faibles, car directement en concurrence avec ceux du parc public. « *Ainsi, la construction de logements sociaux réduit le nombre de logements privés et augmente le loyer moyen dans ce secteur... D'un côté la situation des locataires du secteur social s'améliore nettement alors que de l'autre les locataires du secteur privé ont à la fois des loyers plus élevés et une probabilité plus faible de voir leur situation s'améliorer ».*

« Le nombre de logements privés est endogène et dépend du rendement du marché de l'immobilier locatif...A l'inverse, le nombre de logements sociaux et la distribution des offres des loyers du secteur social sont exogènes et fixés par les pouvoirs publics. » Cette analyse pourtant évidente à priori semble avoir échappé aux promoteurs du logement social. C'est le rendement du marché qui détermine le niveau du marché par les perspectives de gains d'un côté et le coût des réglementations, les probabilités d'impayés, les aléas des procédures judiciaires... d'un autre.

Plusieurs auteurs, Rosenthal (1997), Sommez (1996), Read (1997), Desgranges et Wasmer (2000), Wheaton (1997) ont déjà démontré que les mesures de protection de certains locataires ont des effets négatifs sur ceux qui cherchent à se loger. L'économiste Sébastien Ménard utilise un modèle d'appariement à la Pissarides-Burdett afin de modéliser le marché de l'immobilier locatif.

« A tout moment un propriétaire peut choisir entre fixer un loyer élevé avec le risque de voir son locataire déménager plus rapidement ou déterminer un loyer plus faible et conserver son locataire plus longtemps ce qui diminue ses probabilités de vacance locative ainsi que les frais de remise en état à chaque fin de bail. Les propriétaires obéissent à la loi de maximisation de leurs gains nets. »

Logiquement, la construction de nouveaux logements publics doit augmenter le stock de logements disponibles à court terme. *Ce raisonnement* qui a conduit à construire toujours plus de logements publics dans l'espoir de résorber la crise du logement *néglige cependant l'impact du logement public sur le secteur privé à long terme.* C'est ce que Sébastien Ménard appelle « l'effet d'éviction sur le logement privé » qui est d'ailleurs presque équivalent à un effet de substitution dans la mesure où les logements publics remplacent les logements privés qu'ils contribuent à détruire. Cet effet d'éviction explique que depuis 24 ans, le parc privé ne s'est pas développé malgré les incitations fiscales de type Scellier.

Sébastien Ménard décrit ainsi le processus théorique de l'effet d'éviction :

« Pour commencer, la construction de logements sociaux renforce les perspectives des chercheurs de logement. Ces derniers peuvent alors trouver plus facilement un logement ce qui augmente les durées de vacance dans le secteur privé et décourage les investisseurs à construire de nouveaux logements ».

Ensuite cet afflux de logements sociaux augmente le taux de mobilité dans le parc privé ce qui se traduit par *« un allongement de la durée de vacance et une baisse du rendement du marché locatif privé ».*

Les locataires du secteur privé, constatant l'arrivée de ces nouveaux logements neufs à bas prix espèrent un différentiel de loyers, ils cherchent eux aussi à maximiser leur budget. Ce comportement opportuniste des locataires bien logés peut être à l'origine d'une file d'attente dans le secteur social ce qui limite les possibilités offertes aux plus démunis de mieux se loger. Ce type d'effet pervers existe dans les pays où l'éligibilité au logement social est élevée comme c'est le cas en France ou plus de la moitié des ménages sont éligibles. « *Dans de telles conditions, les bailleurs sociaux rentrent en concurrence avec les bailleurs privés en louant des appartements à des ménages dont la solvabilité permettrait d'obtenir un logement privé* ».

Pour financer ces logements sociaux, les propriétaires privés paient des taxes spécifiques (taxe sur les logements vacants : 21,2 millions d'euros en 2004, le taux sera augmenté en 2012 avec le même espoir vain que cela suffira à remettre des logements vides sur le marché). Au final, les propriétaires sont incités à se retirer du marché locatif en diminuant le nombre de logements privés ou à réduire la qualité des logements offerts afin de rétablir le rendement perdu.

« A long terme, les effets du logement social sont ambigus. Il ne faut pas sous-estimer la vitesse d'adaptation du marché privé : une baisse de rentabilité décourage la construction et la rénovation. Il y a donc corrélation entre la construction nouvelle de logements publics et la dégradation des logements privés ainsi que la désaffection des propriétaires privés pour ce type de placements. »

La modélisation numérique aboutit à démontrer que « *lorsque 100 000 logements publics sont construits, cela aboutit à la destruction de 100 600 logements privés...avec un taux d'éviction de 100,6 %. Comme nous pouvons le constater, une hausse du stock de logements sociaux a pour résultat de réduire le stock total de logements dans l'économie... le logement social réduit le rendement du marché de l'immobilier locatif par rapport au marché financier* ».

Ainsi, non seulement la construction de nouveaux logements publics n'augmente pas l'offre locative globale, mais au surplus, conduit à la diminution de cette offre par un retrait des investisseurs privés supérieur à la nouvelle offre.

La conclusion de Sébastien Ménard est sans appel : « ***Nous montrons que contrairement à une idée largement répandue, la construction de logements sociaux ne conduit pas nécessairement à une amélioration de l'accès au logement. En effet, une augmentation du nombre de logements sociaux réduit la rentabilité du marché locatif ce qui incite les propriétaires privés à réduire la quantité de logements offerts et à positionner ces logements sur des loyers plus élevés*** ».

Sébastien Ménard ne connaissait pas en 2008 l'impact de la vacance locative subie en province depuis 2007. Dorénavant, les propriétaires privés doivent baisser leurs loyers et faire des travaux pour limiter la période de vacance entre deux locations.

Le modèle de Sébastien Ménard n'a que deux variables, la construction de logements sociaux et la taxe sur la vacance locative, il est probable qu'avec d'autres variables comme le durcissement de la règlementation, le taux d'éviction modélisé soit plus élevé. Ceci expliquerait la réduction considérable en part relative du parc locatif privé que nous avons constaté en 24 ans et en 43 ans.

2. Evaluation macroéconomique de l'effet d'éviction : 2 millions de logements privés détruits

Dans l'observation macroéconomique, il n'est pas possible de se cantonner à deux variables explicatives. Dans l'analyse des causes et des effets, on inclura toutes les mesures pénalisant le logement privé, toutes celles qui ont un effet dépressif sur l'investissement privé : hausse de la fiscalité, poids spécifique de l'ISF par son caractère stigmatisant la réussite sociale, lois favorisant les locataires, vécues comme des atteintes au droit de propriété, droit au logement par opposition au droit de propriété, diagnostics divers alourdissant la gestion, procédures d'expulsion trop longues, garanties insuffisantes contre les dégradations, impayés de loyers, vacance locative due à la concurrence du parc public, comportements hostiles de certains locataires, etc.

Il convient de rejeter le hasard et d'accepter un principe de causalité entre les mesures ressenties par les bailleurs comme spoliatrices ou simplement décourageantes et les décisions de retrait du marché par les investisseurs. Il s'agit d'une hypothèse analogue à ce qui se passe sur n'importe quel marché industriel ou commercial. L'étonnement des décideurs politiques sur cette causalité provient de ce qu'ils n'ont pas imaginé que l'investissement locatif privé obéisse aux mêmes règles économiques que dans les autres secteurs de la vie économique où les investisseurs abandonnent les secteurs moins productifs.

Il ne serait pas raisonnable de rechercher un taux d'éviction avant 1978, car jusqu'à cette date, le parc privé a toujours augmenté en valeur absolue (voir le tableau 101 et le graphique 27). D'ailleurs il n'y a pas eu de mesures législatives contre le droit de propriété après 1948 jusqu'en 1982.

Entre 1985 et 2009, le pourcentage de propriétaires bailleurs privés est passé de 65,7 % à 56,2 % (tableau 68). Si les conditions du marché avaient été identiques on peut supposer que le pourcentage n'aurait pas varié. Les propriétaires confiants dans la rentabilité de leurs investissements auraient conservé leurs logements et poursuivi leurs achats. Le parc privé aurait donc dû être de 7 715 151 logements (11 743 000 x 65,7 %) au lieu de 6 454 000 ce qui signifie une perte de 1 261 151 logements ; rappelons que les lois fiscales de type Scellier ont permis la construction d'environ 850 000 logements de 1985 à 2009. Sans cet ensemble de lois de défiscalisation, le parc privé aurait donc perdu 2 111 151 logements sur 24 ans (1 261 151 + 850 000). C'est donc environ 2 millions de logements privés qui ont été détruits en 24 ans du fait de la politique de l'Etat.

Sachant que pendant la même période le parc public a augmenté de 1 775 000 de logements, on a une illustration de l'effet d'éviction avec les données macro-économiques sur une période de 24 ans. En finançant 1 775 000 nouveaux logements publics et en ayant une législation agressive, les pouvoirs publics ont causé la destruction de 2 111 151 logements privés, soit une perte nette de 336 151 logements, ce qui donne un taux d'éviction global de 119 % (2 111 151 / 1 775 000).

Ce taux d'éviction de 119 % signifie que lorsque les pouvoirs publics font construire 100 000 logements sociaux et pratiquent une législation défavorable aux bailleurs privés, ceux-ci détruisent 119 000 logements privés.

Ce taux est bien plus élevé que celui calculé dans le modèle de Sébastien Ménard de 100,6 % car ce dernier n'avait modélisé que deux variables, la construction de logements publics et la taxe sur les logements vacants. Ici nous sommes en grandeur réelle avec toutes les contraintes qui ont pesé sur les propriétaires-bailleurs, il est donc normal que le taux réel soit plus élevé que le taux théorique sur deux variables.

Le coefficient dissuasif de la réglementation du marché, un effet d'éviction législatif de 18,4 %

Les propriétaires privés sont découragés non seulement à cause de la concurrence déloyale du parc public, mais aussi par la contrainte d'une gestion hostile provenant d'une législation douce envers les locataires (impayés de loyers, contentieux judiciaires, agressions d'une minorité de locataires, harcèlement règlementaire, stigmatisation médiatique, etc.). C'est l'effet d'éviction législatif qu'il convient de mesurer.

Le coefficient d'éviction législatif sera estimé par soustraction entre le coefficient déterminé macro économiquement à 119 % et celui calculé par Sébastien Ménard de 100,6 % (représentant l'effet concurrentiel du parc public et de la taxe sur les logements vacants) soit 18,4 %. Le nombre de logements privés détruits en 24 ans par l'environnement législatif hostile et l'accroissement de la fiscalité est de 2 111 151 x 18,4 % = 388 451.

Tableau 109 - Le taux d'éviction législatif en 24 ans

Nombre de logements et %

Effet d'éviction dû aux nouveaux logements publics	1 722 700	100,6 %	84,54 %
Effet d'éviction législatif et fiscal	388 451	18,4 %	15,46 %
Total des destructions de logements privés en 24 ans	2 111 151	119 %	100 %

Sur 100 logements privés qui ont disparu en 24 ans, 15,46 l'ont été en raison de la législation hostile et de la fiscalité dissuasive et 84,54 ont disparu en raison de la construction de nouveaux logements publics et de la taxe sur les logements vacants. Ces chiffres nous donnent l'ordre de grandeur des effets pervers de l'acharnement législatif et fiscal sur une période de 24 ans de 1984 à 2008 avec 388 451 destructions nettes de logements privés malgré la hausse de la demande locative globale.

Il est probable que la mesure de ce taux d'éviction législatif et fiscal s'aggravera dans la décennie à venir avec les mesures du quinquennat Sarkozy (suppression de l'abattement forfaitaire de 14 %, suppression d'un mois de dépôt de garantie, plus-value trentenaire...) associée au retournement de la jurisprudence en faveur des locataires et de la hausse des taxes foncières. La loi ALUR-Duflot votée à l'encontre des investisseurs privés va contribuer à augmenter cet effet d'éviction.

La constatation de cet effet d'éviction de 19 points est l'expression du pessimisme des investisseurs privés préférant anticiper l'aggravation de la régulation étatique du marché comme dans la bourse où les mauvaises nouvelles déclenchent des mécanismes d'adaptation amplifiés. La régulation du marché qui est toujours présentée comme un principe de justice entre locataires et propriétaires est perçue par les bailleurs privés comme une régulation discriminante de l'Etat en raison de l'absence de mesures compensatoires.

3. La politique sociale du logement produit l'exclusion des ménages les plus modestes

Un autre effet complémentaire évoqué par Sébastien Ménard est celui du rejet des ménages les plus modestes de l'accès au logement, ce qui expliquerait que malgré les décennies de politique du logement, il y a encore des sans-abris et des ménages mal logés. Cette hypothèse est fondamentale dans l'explication de la crise du logement pour les plus pauvres.

« Le parc privé abandonne le secteur des loyers faibles pour se repositionner sur des loyers élevés. Au final, le bien-être dans l'économie augmente, mais ***le nombre des mal-logés est en hausse*** *par la pénurie des loyers à bas prix. »*

Le parc privé exclu du marché des loyers faibles, se positionne sur celui des loyers élevés, en même temps, ne restent sur le secteur des loyers très bas, donc non rentables, que les investisseurs pauvres (ou sans trésorerie en raison des emprunts) qui ne sont pas en mesure de proposer des logements en bon état. Le parc public participe au maintien des mal-logés en privant de ressources les investisseurs pauvres. On a vu qu'en dépit de l'existence du parc public, il y a encore des sans-abris, ce qui indique la préférence des bailleurs publics pour les locataires solvables or les investisseurs pauvres qui pouvaient loger les ménages les plus pauvres, se retirent du marché par manque de rentabilité.

Il ne faut pas se dissimuler qu'une très faible partie de la population ne sera jamais solvable avec des difficultés à se sédentariser ou à accepter la vie en communauté et qu'il faut admettre soit des logements privés ou publics à petits loyers donc en état médiocre, soit une acceptation par la société, sans tartufferie, de conditions de vie non conventionnelles de certains locataires, du moins de manière temporaire.

4. L'effet d'éviction a pour conséquence la paupérisation des bailleurs

L'effet d'éviction qui aboutit au désengagement des bailleurs privés a pour autre conséquence la paupérisation des bailleurs qui restent sur des marchés moins rentables. Il devient dès lors évident que la perte de rentabilité a pour conséquence la dégradation des logements ; les propriétaires les plus fragiles n'ont plus les moyens d'entretenir leurs logements qui vieillissent plus vite, l'étape ultime est l'insalubrité du logement ou la faillite.

Ainsi, les pouvoirs publics ont contribué indirectement et pour partie à la création de logements indignes dans le parc privé par la concurrence du parc public et parfois par le refus objectif de certains bailleurs publics, plus ou moins patent, de loger les locataires les plus fragiles. Il ne devrait pas échapper aux pouvoirs publics que si des logements véritablement indignes existent (et avec un regard identique à celui de la Fondation Abbé Pierre sur le comportement scandaleux des marchands de sommeil) c'est qu'il existe une clientèle qui est contrainte de s'en satisfaire, car elle ne peut trouver de logement nulle part, ni même dans le parc public.

5. Des prises de conscience longues de la part des petits agents économiques dispersés

La règlementation en faveur des locataires a eu un effet dépressionnaire à long terme sur le marché privé, la relation n'a pas été constatée par les pouvoirs publics en raison de l'absence de corrélation immédiate. En politique économique, les effets sont distanciés par la longueur des prises de conscience et des réactions des agents économiques. Par empirisme, les bailleurs privés ont constaté que les prises de conscience se faisaient dans les assemblées générales des adhérents de l'UNPI et dans les discussions entre propriétaires.

Le monde des investisseurs privés n'a guère d'empathie pour les manifestations de rue, considérant celles-ci comme l'affichage d'un manque de pudeur sociale, dans une sorte de timidité catégorielle (il y a eu peu de manifestations de rue à l'occasion de la loi ALUR). Les pouvoirs publics en déduisent à tort que le manque de réaction immédiate des petits agents économiques que sont les propriétaires privés vaut acquiescement.

C. LE LOGEMENT : BIEN PUBLIC OU BIEN PRIVE ?

Notre société a compris les limites des nationalisations industrielles, les croissances sont plus rapides avec les PME, l'emploi y est plus productif, les créations d'emplois sont plus nombreuses même si elles sont moins spectaculaires ; il est donc surprenant que le pan de l'économie sociale du logement soit encore géré sous les auspices de la collectivisation, alors que rien ne s'oppose à ce que le logement social ne redevienne privé.

Pour nous aider dans une réflexion sur les choix à faire pour une politique du logement il faut se demander si le logement est un bien public ou un bien privé. Si le logement est un bien public, il serait conséquent que l'Etat prenne en charge la construction et l'attribution de ce bien public alors que si le logement est un bien privé, il convient d'écarter l'Etat de ce marché privé. Par exemple, la construction d'automobiles ou de téléphones est mieux satisfaite par des constructeurs privés que par des opérateurs publics. La concurrence a fait chuter le coût des factures téléphoniques depuis que le secteur est devenu privé et donc concurrentiel.

La théorie du bien public

Le bien public dans l'analyse économique est un bien utilisable par tous et dont la consommation par un individu n'empêche pas celle d'un autre. Ainsi, une rivière est un bien public, car un pêcheur n'empêche pas un autre de faire la même chose ou n'interdit pas aux bateaux de naviguer, si je regarde un feu d'artifice, cela ne prive pas mon voisin de la même vue ; la surconsommation d'un bien public ne gêne personne. Il n'y a pas rivalité pour consommer ce bien public, tout le monde à droit d'y accéder, il n'y a pas non plus excluabilité, c'est-à-dire que même ceux qui ne paient pas d'impôts ne sont pas exclus des services publics, en cas de guerre tout le monde est défendu par l'armée.

NB. Le bien public peut être soumis à un phénomène de rareté qui entraine alors l'obligation de protection pour éviter l'épuisement de la ressource (ainsi l'eau qui était un bien public sans aucune restriction, devient susceptible d'être protégée selon les périodes et les régions au nom des conflits d'utilisations dans un contexte de progression de la rareté) ; cela justifie l'intervention des pouvoirs publics ou la privatisation partielle de l'eau. En l'espèce, certains pourraient tirer argument de la crise territoriale du logement dans les grandes villes pour prétendre que c'est la rareté qui justifierait l'action de l'Etat, mais alors à l'inverse, cet argument militerait pour la disparition des bailleurs publics dans les zones détendues.

Deux écoles de pensée interprètent différemment cette définition théorique. Les libéraux réduisent le nombre de domaines où l'Etat doit intervenir, les limitant à la sécurité (armée, police, justice) aux infrastructures (transports, télécommunications...) ou à la certification (cartes d'identité, cadastre, création de standards...). Les étatistes estiment que l'Etat peut faire mieux que le marché et doit être présent lors des défaillances du marché, ils présentent les interventions de l'Etat comme des services rendus aux citoyens, ce qui leur permet de justifier l'intervention de l'Etat dans n'importe quel domaine même en cas d'échec flagrant. Les débats relèvent souvent de croyances idéologiques plus que de démonstrations rationnelles.

Le logement est un bien privé selon le critère de rivalité

Le classement d'un bien en bien public, vient de l'impossibilité de l'identification du consommateur et donc de l'impossibilité d'une facturation. Mais en matière de logement, le client est toujours identifiable, c'est le locataire. Il est évident également que le critère de rivalité classe sans hésitation le logement dans les biens privés : si Pierre habite dans le logement A, Jacques ne pourra y habiter, il devra attendre qu'une place se libère, il y a excluabilité.

Il convient de déduire de tout cela que le logement n'est pas un bien public, mais un bien privé. La conclusion théorique devient évidente, le logement doit revenir intégralement sur le marché à l'exception de la demande insolvable qui doit rester dans le parc public. L'histoire du logement français fait que les pesanteurs idéologiques freineront cette évidence, mais à terme les locataires trouveraient un meilleur service sur le marché privé.

La mauvaise analyse économique du logement : le logement bien de consommation, épargne ou investissement ? L'interférence négative du droit fiscal et de la Comptabilité nationale

Le logement est considéré comme un bien de consommation, ce qui mérite une analyse. Quand les ménages sont locataires, il est compréhensible d'affecter cette dépense dans le poste des biens de consommation, car elle se renouvelle indéfiniment sans provoquer d'enrichissement. Par contre quand les dépenses en logement sont constituées de remboursements bancaires, de frais de notaire, de réparations, il s'agit d'un investissement par le fait qu'il y a enrichissement potentiel du ménage à l'inverse d'une location.

Par commodité, les économistes de la Comptabilité nationale ont considéré que toutes les dépenses des ménages relevaient de la consommation, y compris les investissements immobiliers. Ce point de vue correspond à la réalité chez les ménages locataires, car lorsque la location se termine, le locataire ne possède plus son logement. Le loyer est la contrepartie de la jouissance du bien, mais n'en permet pas l'appropriation ; la location s'analyse comme de la consommation de logement. La fiction des dépenses en logement en bien de consommation chez un propriétaire occupant est accréditée par l'imputation des loyers virtuels pour les propriétaires occupants ; ils sont censés se verser un loyer pour rémunérer leur investissement immobilier constitué par l'achat de leur résidence principale. Cette vision comptable qui prédomine dans l'élaboration de la Comptabilité nationale, facilite le besoin de classement des dépenses de logements des ménages, mais fausse la vision économique et génère des contradictions dans les politiques du logement. Pour les économistes, l'achat d'un logement est d'abord une épargne ou un placement en raison de sa liquidité potentielle lors de la revente. Cette qualification qui au premier abord ne conviendrait guère pour un propriétaire accédant devant emprunter, peut néanmoins s'analyser davantage en épargne forcée qu'en dépense de logement, car au final, le logement remboursé représentera un capital négociable.

La difficulté provient de ce que l'analyse libérale considère qu'un investissement produit de la richesse à l'occasion d'un processus répétitif de production, ce qui ne parait pas être le cas dans l'achat d'un bien immobilier destiné à la résidence principale de son propriétaire. Cette analyse est tellement ancrée que par extension, les propriétaires bailleurs qui produisent de la richesse chaque mois par la perception des loyers ne sont pas considérés comme des professionnels, car leur outil de travail, en l'espèce le logement, est passible de l'ISF et leur activité est considérée comme une activité civile, c'est-à-dire ni professionnelle, ni commerciale. En économie, on ne sait pas trop ce qu'est une activité civile, on la définit par ce qu'elle n'est pas, ce qui est plutôt une définition juridique qu'économique. Il semble que ce soit le droit fiscal qui ait élaboré cette conception de l'activité immobilière ce qui fausse sa perception économique.

En réalité, le logement individuel produit de la richesse et les Centres des Impôts savent bien s'en souvenir à l'occasion d'une vente en taxant les plus-values. Il y a contradiction entre le refus de considérer le logement comme bien professionnel et sa taxation sur la plus-value à l'occasion de la revente. Par contre, l'exonération de plus-values sur la résidence principale ne valide pas cette théorie, mais il est clair qu'il s'agit d'une concession au nom de motifs électoraux et non pas la consécration d'une théorie économique.

NB. Notons que la revente d'une voiture d'occasion à un prix supérieur à son achat quand celle-ci a été réparée ou rénovée ne donne pas lieu à plus-value !

L'inconvénient de cette mauvaise appréhension de la réalité économique pour des motifs opportunistes, apparait dans la confusion d'analyse à l'occasion des dépenses des ménages quand les auteurs s'apitoient sur la lourdeur des dépenses de logement dans le budget des ménages. Cette erreur d'analyse apparait par exemple dans le commentaire du PDG de Nexity déjà cité :

« La part du logement dans le budget des ménages dépasse 30 %, contre moins de 20 % il y a 15 ans. Le poste logement est devenu le premier poste de dépenses des ménages et ampute leur pouvoir d'achat, ce qui pèse sur leur consommation d'ensemble et donc sur la croissance économique et l'emploi en France ».

Selon ce commentaire, les dépenses de logements amputerait le pouvoir d'achat des ménages ce qui pèserait sur la croissance et l'emploi alors que les dépenses de logement participent par définition à la croissance du bâtiment. C'est comme si l'on disait que les dépenses en automobiles ou en informatique amputaient le pouvoir d'achat des ménages alors qu'elles en font partie. Il est probable que ces erreurs d'analyse proviennent du mauvais classement des dépenses de logements dans la théorie économique ainsi que du poids de 61,3 % des loyers virtuels imputés aux propriétaires occupants avec 157,8 milliards d'euros en 2012 (résidences principales et secondaires) par rapport aux locataires versant 59,6 milliards d'euros en loyers réels (tableau 26).

L'Etat qui a imposé les règles de la Comptabilité nationale s'est donné les moyens de contrôler toutes les activités humaines afin de pouvoir les fiscaliser. On ne peut qu'être surpris du projet de loi ALUR de Mme Duflot qui voulait taxer les loyers virtuels des propriétaires occupants ayant fini de rembourser leur emprunt. C'est une dérive de certains écologistes que de vouloir taxer toutes les activités humaines, cette dernière initiative a provoqué une levée de boucliers et les propriétaires espèrent que cette idée saugrenue est définitivement abandonnée. Cette taxation aurait découragé l'accession à la propriété, au profit de placements financiers plus liquides et donc plus volatils. Elle aurait incité à la revente des résidences principales à l'issue des remboursements, avec des tentations d'expatrier le produit de la vente. A terme, elle aurait encouragé la délocalisation des capitaux des ménages vers des pays plus accueillants fiscalement.

D. LES EXTERNALITES

Toute activité humaine génère des effets externes positifs et négatifs non voulus par leurs auteurs. Parfois, les effets externes entrainent des coûts de remise en état, supérieurs aux bénéfices produits par l'action de départ, mais comme ces effets externes sont supportés par la collectivité et non par le producteur, ce dernier n'est pas incité à arrêter sa production.

1. Les externalités du parc social : quelques externalités chiffrées

a. Les voitures incendiées dans les cités : en 2010, 160 millions d'euros de pertes pour la société ?

L'effet concentrationnaire de certaines cités de logements sociaux produit de l'exclusion sociale avec des incivilités (agressions dans les cages d'escaliers, tapages nocturnes et diurnes...), de la délinquance (drogues, vols, recels, « caillassages » des pompiers et des forces de l'ordre…), des destructions de biens privés et publics (bris de boites à lettres, tags, incendies de voitures et de poubelles entrainant parfois des incendies d'immeubles…). Cette ghettoïsation produit des effets externes qui n'ont jamais été mesurés. Le ministère de l'Intérieur ne communique plus sur le nombre de voitures incendiées pour éviter des concours de voitures brulées, mais le journal Le Monde annonçait le 5 janvier 2011 que 40 000 voitures auraient été brûlées en 2010. Ces incendies sont majoritairement localisés dans les cités, même si ce n'est pas totalement vérifiable, c'est donc un des coûts sociaux du logement public. Avec une moyenne arbitraire de 4000 € par voiture, la collectivité aurait payé en 2010 la somme de 160 millions d'euros d'effets externes rien que pour les seules voitures incendiées.

b. Le parc public spolie 2 millions de retraités avec un manque à gagner de 10 000 € par ménage ou l'occasion manquée du complément de retraite des travailleurs indépendants : 20 milliards d'euros par an

Pour comprendre l'externalité négative majeure du parc public, il faut faire une hypothèse. Si les 5 millions de logements publics étaient détenus par des retraités ayant deux logements en moyenne, il y aurait 2 millions de retraités qui s'assureraient d'un complément de retraite annuelle de 10 000 € bruts environ (20 milliards de loyers du parc public divisés par 2 millions de retraités). La pression sur les caisses de retraite serait moins forte, ainsi on peut dire que les organismes HLM ont privé deux millions de retraités d'un complément de retraite.

2. Externalités du logement privé

Les retraites économisées par les caisses en 2010 : 28 milliards d'euros ?

Les petits propriétaires ont construit, acheté (ou hérité) ces logements locatifs et se sont organisés afin que les emprunts s'achèvent à l'âge de la retraite. Les propriétaires plus importants ont fait le même calcul avec des prévisions de revenus plus élevés, mais il s'agit toujours d'un substitut de retraite. Il y a des logements qui appartiennent à des sociétés, mais ces SCPI sont détenues elles-mêmes par des particuliers ayant pour objectif identique des revenus complémentaires pour la fin de leur vie, de telle manière que l'on peut dire que la presque totalité des revenus locatifs du parc privé sont des compléments de retraite.

Les Comptes du logement estiment que le montant des loyers privés s'est élevé à 39,7 milliards d'euros en 2010, ce qui correspond approximativement à une moyenne locative de 550 € par mois pour l'ensemble des 6 millions de logements privés.

Le Compte du logement 2008 (tableau 12) ne ventile pas ces loyers entre les propriétaires bailleurs, en accédants et non accédants, ce qui ne permet pas de savoir combien de bailleurs sont endettés ; ils ne nous renseignent pas non plus sur le nombre de propriétaires retraités. Nous savons seulement que 5,184 millions de propriétaires occupants et bailleurs sont endettés en 2008 sur les 18,2 millions de propriétaires (16 millions de propriétaires occupants et 2,2 de bailleurs) ce qui représente un pourcentage de 28,5 % (5,184/18,2) de propriétaires endettés.

Si l'on émet l'hypothèse que les bailleurs endettés représentent le même pourcentage de 28,5 % que celui de l'ensemble des propriétaires occupants et bailleurs, accédants et non-accédants, il s'agit donc de 70 % des loyers du secteur privé de 40 milliards d'euros, qui représentent l'effet externe positif des retraites économisées, soit 28 milliards d'euros d'économie annuelle pour les caisses de retraite. Ces 28 milliards d'euros répartis sur 2,2 millions de bailleurs, représentent la richesse annuelle qui peut s'investir, s'économiser ou se dépenser.

Si le logement privé était nationalisé, il s'agirait alors d'une externalité négative annuelle du parc public de 28 milliards d'euros par la privation de revenus des bailleurs privés ; le parc privé produit une externalité positive de la même somme.

L'appauvrissement des bailleurs du fait des impayés : un milliard d'euros par an

Les impayés de loyers et les dégradations des locataires indélicats sont des privations de revenus pour ces retraités qui ne pourront plus payer leur maison de retraite. La misère n'est pas seulement du côté des expulsés, mais frappe avec la même violence ces propriétaires peu fortunés, dépendants de la ponctualité de leurs locataires. Le moratoire des expulsions demandé par la Fondation Abbé Pierre a été refusé à juste titre par le gouvernement Fillon, car il occasionnerait une perte de confiance accrue des bailleurs privés, ce qui les engagerait à abandonner davantage cet investissement et donc réduirait l'offre locative. Les positions extrémistes des associations comme celle du DAL (Droit Au Logement), de Jeudi Noir ou même de la Fondation Abbé Pierre, ne prennent pas en compte la détresse des petits propriétaires ruinés par les dettes des locataires indélicats que rapporte la Chambre des Propriétaires de Charente (UNPI 16).

Le nombre d'expulsions locatives est toujours source de différences d'appréciations selon les associations qui dramatisent les chiffres en confondant les demandes d'expulsions devant le juge, avec les concours effectifs de la force publique. Dans les villes de moins de 100 000 habitants, les expulsions ne donnent jamais lieu à la mise à la rue comme le prétend abusivement la Fondation Abbé Pierre, car les parcs public et privé subissant la vacance locative ont toujours des places disponibles. De plus, ce n'est pas 100 000 expulsions par an qui sont prononcées, mais 9 717 en 2004. Les statistiques du ministère de la Justice donnaient les chiffres suivants :

111 107 contentieux locatifs demandant l'expulsion
83 836 jugements d'expulsion
52 351 commandements de quitter les lieux
39 924 demandes de concours de la force publique
23 089 décisions accordant la force publique
9 717 expulsions par la force publique

Ainsi le pourcentage des expulsions par la force publique par rapport aux demandes d'expulsion est de 8,7 % (9 717/111 107). Le nombre de concours de la force publique accordés, rapporté au nombre de locataires en place est inférieur à 0,1 % (9 717/11 000 000= 0,00088).

Il n'y a pas de statistiques sur les expulsions réelles par la police, mais seulement sur le nombre de concours de la force publique accordés par les préfets qui est de 10 000 à 11 000 par an pour l'ensemble du pays depuis 2006 (10 640 en 2006, 10 719 en 2007).

Si le nombre d'expulsions demandées en France est de 110 000 et que l'on évalue à 10 000 € le montant des impayés et des dégradations pour un sinistre, car une expulsion est presque toujours accompagnée de dégradations, c'est la somme de 1,1 milliard d'euros (110 000 x 10 000 €) qu'il faut déduire du PIB, en tant que destruction de richesse nationale, correspondant à l'appauvrissement des propriétaires et donc à une perte de solvabilité des petits investisseurs. Cette somme d'un milliard d'euros par an ne comprend pas les autres impayés de loyers des locataires qui restent en place. Ce chiffre correspond au rapport « Faciliter l'accès au logement en sécurisant bailleurs et locataires » précité, qui estime le poids des impayés de loyers entre 1,5 et 2 % des loyers, ce qui avec 60 milliards de loyers publics et privés, représente 1,2 milliard d'euros d'impayés.

Si l'on compare la France à un pays comme le Canada qui n'a pas de trêve hivernale et qui a réduit la procédure d'expulsion à un mois ou deux limitant ainsi les dettes de loyer des locataires au minimum, on a la mesure du coût de notre conception sociale de la gestion locative. Chaque nation a le droit de choisir ses procédures d'expulsion ; en France ces lois pénalisent la catégorie sociale des bailleurs, il est de simple justice que la nation indemnise les victimes. L'Etat doit donc approximativement un milliard d'euros par an aux bailleurs publics et privés pour leur avoir imposé ces procédures d'expulsion aussi longues. Un dédommagement possible serait l'exonération de taxe foncière pendant la durée de la procédure et le remboursement par l'Etat des loyers impayés et des dégradations et cela sans le concours d'une assurance loyers impayés. Le fondement juridique serait la responsabilité civile de l'Etat qui en imposant une loi douce sur les expulsions, pénalise l'ensemble des bailleurs. Ce serait également l'application de l'article XVII de la Déclaration des droits de l'homme et du citoyen de 1789 qui impose « la juste et préalable indemnisation » en cas de violation du droit de propriété.

3. Les externalités de l'action publique

La part de l'impôt est devenue tellement importante dans notre pays qu'elle induit des comportements négatifs que la théorie économique doit prendre en considération. Il s'agit de nouvelles externalités négligées par les pouvoirs publics.

L'ISF et l'encouragement au non-investissement, facteur de destruction d'emplois et de récession

Les assujettis à l'ISF ont le sentiment d'une ségrégation pour avoir enrichi leur pays, car l'ISF frappe l'investissement immobilier et non pas la consommation. Par exemple, quelqu'un qui gagnerait un million d'euros par mois, mais qui dépenserait tout en consommation et locations diverses, sans jamais investir dans un logement ou dans des voitures de luxe, ne serait jamais imposable à l'ISF, ce qui devient une incitation à ne pas investir. Or la richesse d'un pays se mesure autant par le PIB que par la valeur vénale des immobilisations qui est au final la garantie des créanciers.

Un pays producteur d'une matière première qui vendrait toute sa production à l'étranger peut avoir un PIB par habitant très élevé, mais s'il n'a pas immobilisé une partie de ses revenus dans des infrastructures et autres investissements, il est considéré comme un pays sous-développé, car est fragilisé par le risque de tarissement de ses revenus miniers ou pétroliers. Par extension, il faut se persuader que l'ISF est une incitation au sous-développement et c'est ce qui se passe dans l'immobilier locatif ou passé le seuil d'imposition, les investisseurs sont incités à ne plus acheter en raison de la fiscalité confiscatoire, ce qui explique la désaffection des institutionnels. Cette démobilisation économique est un facteur de limitation de croissance.

Avec le taux maximal de l'ISF de 1,8 % du capital, il faut 55 ans, soit deux générations, pour anéantir le capital lui-même, ce qui revient à dire qu'un propriétaire de biens immobiliers doit racheter son patrimoine tous les 55 ans. Si l'on considère qu'il faut emprunter sur 20 ans pour financer l'achat d'un bien et qu'il faut entièrement rénover son logement locatif tout les 10 ou 20 ans selon les locataires en place, on voit bien l'absurdité du système fiscal français avec le seul ISF.

L'expatriation

L'autre comportement négatif pour le pays est l'expatriation, avant 2010, chaque jour une grande fortune quittait la France pour un pays fiscalement plus accueillant. Il semble que depuis les annonces de taxations supplémentaires des fortunes et des revenus, les expatriations soient plus conséquentes de 2 à 3 par jour. Il s'agit d'un appauvrissement continu du pays, bien supérieur aux rentrées fiscales totales de l'ISF, ce qui rend contreproductif cet impôt. Le départ quotidien de plusieurs grandes fortunes a deux conséquences néfastes, la perte de consommation annuelle de la famille qui disparait et la perte de chance d'investissements.

La balance négative des coûts-avantages de l'ISF a conduit la majeure partie des pays riches à abandonner cet impôt producteur d'externalités comportementales indésirables. Il faut se demander si cette perte annuelle est supportable par rapport aux bénéfices électoraux escomptés. La réponse est idéologique, car la perte annuelle de PIB associée à la destruction d'emplois appartient à l'intérêt général du pays alors que le bénéfice électoral appartient à l'intérêt particulier de l'élite politique au pouvoir.

La fuite des jeunes cerveaux : 3 milliards d'euros par an ?

L'autre aspect de l'expatriation est le départ des jeunes diplômés vers l'étranger. Il s'agit d'un des dégâts collatéraux de l'ISF emblème de la punition de la réussite, car celle-ci est toujours associée à la richesse immobilière. En 2012, ce sont 40 000 jeunes qui sont partis vers le Canada, les USA, l'Angleterre, l'Australie, etc. Si l'on suppose que la moitié des expatriés est diplômée et sachant que la formation d'un diplômé s'évalue à 170 000 euros, c'est plus de 3 milliards d'euros par an que coûte cette fuite des étudiants qui ne trouvent pas de travail valorisant en France ou qui sont découragés par la fiscalité. L'autre externalité négative consiste dans les pertes de chances pour le pays d'accroitre son PIB avec cette évasion de main-d'œuvre très qualifiée qui s'échappe de France pour aller vers des pays prometteurs.

E. Recherche de l'optimum economique et social : demographie et logement

1. Les objectifs sociaux de la demande : quels outils ?

La résorption de la crise du logement était jusqu'en 2007 le seul objectif de la politique sociale du logement, depuis cette date, devrait s'ajouter l'objectif de la résorption de la vacance locative qui concerne 2,2 millions de propriétaires privés et la quasi-totalité des bailleurs sociaux en province. L'effet de la concurrence du parc public sur le parc privé crée une nouvelle demande sociale en privant les bailleurs privés de revenus.

La synthèse des propositions des propriétaires consiste à revenir à un système libéral dans les zones détendues où le marché régulerait de lui-même les variations de l'offre et de la demande ; dans les zones tendues, la proposition de libérer les terrains des contraintes administratives, avec des coefficients d'occupation des sols permettant de construire sur de plus grandes hauteurs, pourraient enrayer la crise du logement dans les métropoles, mais il serait nécessaire d'y ajouter une politique de transports en communs qui soit révolutionnaire et rapide, associée également à une volonté de transférer plus d'activité salariée à la périphérie de ces villes pour les désengorger, de même qu'il faudrait plus de logements privés dans ces banlieues accessibles.

La démographie des résidents principaux et des résidents secondaires

A la lueur de ces propositions, on s'aperçoit que les outils demandés par la Cour des Comptes et le Parlement reposent sur une maitrise des statistiques de la démographie et des constructions de logements, toutes choses qui sont réalisables à partir des recensements. Il est possible lors de ces enquêtes d'analyser finement et régionalement les évolutions géographiques et démographiques des ménages dans le temps. Des aléas sont à insérer dans les courbes de progression ou de régression des populations locales dépendant essentiellement de la natalité et des migrations qui consistent à insérer les soldes migratoires des populations étrangères, se localisant dans certaines régions en fonction des premiers arrivants d'une même nationalité. On connait les préférences des Anglais et des Hollandais pour le Périgord notamment, il y a eu les vagues polonaises, italiennes, portugaises, espagnoles, algériennes, marocaines, africaines, etc. Il y a maintenant les arrivées de l'Europe de l'est et des anciens pays de l'URSS.

Les frais de ces enquêtes nationales plus fines, mais surtout centralisées par un organisme unique seraient amortis par des choix plus judicieux en matière d'investissement en logement. L'évolution des migrations des résidents principaux doit se compléter par celle des résidences secondaires qui contribuent dans les zones touristiques à accentuer les crises locales du logement par la concurrence foncière.

La démographie des bassins d'emplois

La demande de logements ne repose pas uniquement sur la démographie, car l'évolution des bassins d'emplois est également importante, en ce qu'elle révèle des poches de vacance en cas de licenciements massifs et des micro zones tendues en cas de créations d'emplois. L'importance des bassins locaux d'emplois est une variable exogène de la politique du logement, cette variable est aléatoire et non pas linéaire et prévisible comme se plairaient à l'imaginer certains urbanistes, il est admis que la crise parisienne du logement est la conséquence du bassin d'emplois de la région parisienne au même titre que l'immigration étrangère et provinciale (exode rural). D'autres pays ont adapté le logement à l'emploi, ainsi outre-Atlantique, la maison peut devenir mobile en fonction de l'emploi.

La résorption de la vacance locative

En 2008, le nombre de ménages était de 26 615 476 (tableau 3). La progression des ménages a été de 2 807 404 en 9 ans avec une hausse moyenne de 311 933 ménages par an, soit une hausse de 1,17 % de ménages par an (311 933/26 615 476 = 1,17 %). Pour une projection dans la décennie à venir ce chiffre de 300 000 ménages supplémentaires par an semble assez fiable.

C'est ce chiffre qui fixe le niveau macro-économique de construction. Comme nous avons deux crises en France, il faut distinguer deux objectifs différents, il est souhaitable pour ne pas aggraver la vacance locative que le nombre annuel de constructions de résidences principales ne dépasse pas 300 000 unités par an, les résidences secondaires n'étant pas concernées. D'autre part, pour résorber la vacance rurale il est nécessaire de limiter drastiquement la construction en zones rurales et donc annuler les incitations fiscales type Duflot et supprimer les agréments des bailleurs publics pour privilégier la rénovation. D'autre part l'effort de construction doit se porter vers l'Ile-de-France et vers quelques métropoles.

La baisse des permis devrait s'accélérer en 2014 selon les professionnels du bâtiment ce qui participe de la bonne décision. L'inquiétude que l'on peut avoir provient de la progression du parc public de plus de 100 000 logements par an.

En fait, pour résorber la vacance locative de la France rurale il faudrait que les mises en chantier des deux parcs public et privé soient inférieures à 200 000 logements par an pour espérer résorber la vacance en 5 à 10 ans. Il est évident que le bâtiment va perdre de nombreux emplois dans les zones rurales, mais cela est nécessaire afin de purger la surproduction ; le bâtiment devra se relocaliser dans les métropoles pour lutter contre la sous-production urbaine. Il ne faut pas se dissimuler que cette chute des permis de construire dans la France rurale va entrainer à son tour une baisse des prix dans l'ancien, cette hypothèse sera valable tant que les revenus n'augmenteront pas suffisamment pour resolvabiliser les candidats acheteurs. Il est évident également que les taux d'intérêt doivent baisser pour s'approcher de zéro tant que l'euro ne sera pas minoré.

Le bâtiment est calibré pour réaliser 500 000 logements par an selon Didier Ridoret président de la Fédération française du bâtiment (FFB) ; cette fédération avec la Fédération des promoteurs immobiliers (FPI) et son président François Payelle (ainsi que le ministère du Logement), se désolent de la chute du nombre de nouveaux logements réalisés de l'ordre de 330 000 en 2013 avec une perte de 25 000 emplois et incriminent le manque de confiance avec l'encadrement des loyers et la dégradation des rapports propriétaires locataires qui résulteront de la loi ALUR ; mais cette baisse de production est salutaire pour enrayer la vacance locative. On le voit, les préoccupations des industriels du bâtiment et du ministère du Logement sont très éloignées de celles des propriétaires bailleurs.

La variation démographique de l'agglomération parisienne

Selon l'INSEE, Paris avec ses 2,2 millions d'habitants, a gagné 110 124 habitants entre 1999 et 2009 à raison d'un rythme annuel de 0,5 % par an, inférieur donc à celui de la France avec ses 1,17 %. Pour Patrick Hernandez de l'INSEE, cette hausse est due à la construction de 22 000 logements pendant la même période. Paris avec un gain moyen annuel de 11 000 habitants depuis 10 ans n'explique guère la hausse des 300 000 ménages par an dans l'ensemble de la France.

Notons que Paris avait près de 3 millions d'habitants dans les années 20 (2 906 472 habitants en 1921), la ville a perdu 800 000 habitants malgré les nouvelles constructions. L'agglomération parisienne est passée de 10 952 011 habitants en 1999 à 11 728 240 en 2009. Soit une progression de 776 229 habitants en 10 ans. La hausse annuelle moyenne de 77 000 habitants, correspondant approximativement à 35 000 ménages, ne rend pas compte non plus, par son poids démographique, de la progression de 300 000 ménages par an. Il faut donc en déduire que la croissance des ménages se porte principalement hors de l'agglomération parisienne. L'impression de croissance de l'agglomération parisienne est donc une idée reçue. Il est donc du plus grand intérêt de rechercher parmi les départements français ceux qui gagnent des habitants, car les besoins de constructions de logements sont proportionnels aux hausses locales de la population.

Il convient de mettre en garde les élus qui s'imaginent que la construction de logements va attirer de nouveaux habitants, ceci n'est vrai qu'en zones tendues. C'est une idée valorisante pour les maires de croire dans cette corrélation, mais dans le passé de nombreux déboires ont accompagné cette illusion.

Les besoins locaux en logements : la vacance locative en fonction de la démographie

Le tableau suivant donne l'évolution de la population par départements selon l'INSEE.

Tableau 110 - Evolution de la population des départements

Rang 2009	Département	Population légale de 1999	Population légale de 2008	Population légale de 2009	Superficie (km²)	Densité (hab./km²)	Numéro de départe-ment
1	Nord	2 555 020	2 564 959	2 571 940	5 743	448	59
2	Paris	2 125 246	2 211 297	2 234 105	105	21 277	75
3	Bouches-du-Rhône	1 835 719	1 966 005	1 967 299	5 087	387	13
4	Rhône	1 578 869	1 690 498	1 708 671	3 249	526	69
5	Hauts-de-Seine	1 428 881	1 549 619	1 561 745	176	8 874	92
6	Seine-Saint-Denis	1 382 861	1 506 466	1 515 983	236	6 424	93
7	Pas-de-Calais	1 441 568	1 459 531	1 461 257	6 671	219	62
8	Gironde	1 287 334	1 421 276	1 434 661	10 000	143	33
9	Yvelines	1 354 308	1 406 053	1 407 560	2 284	616	78
10	Val-de-Marne	1 227 250	1 310 876	1 318 537	245	5 382	94
11	Seine-et-Marne	1 193 767	1 303 702	1 313 414	5 915	222	77
12	Loire-Atlantique	1 134 266	1 255 871	1 266 358	6 815	186	44
13	Seine-Maritime	1 239 138	1 248 580	1 250 120	6 278	199	76
14	Haute-Garonne	1 046 338	1 217 344	1 230 820	6 309	195	31
15	Essonne	1 134 238	1 205 850	1 208 004	1 804	670	91
16	Isère	1 094 006	1 188 660	1 197 038	7 431	161	38
17	Val-d'Oise	1 105 464	1 165 397	1 168 892	1 246	938	95
18	Bas-Rhin	1 026 120	1 091 015	1 094 439	4 755	230	67
19	Alpes-Maritimes	1 011 326	1 084 428	1 079 100	4 299	251	6
20	Moselle	1 023 447	1 042 230	1 044 898	6 216	168	57
21	Hérault	896 441	1 019 798	1 031 974	6 101	169	34
22	Var	898 441	1 001 408	1 007 303	5 973	169	83
23	Ille-et-Vilaine	867 533	967 588	977 449	6 775	144	35
24	Finistère	852 418	890 509	893 914	6 733	133	29
25	La Réunion	706 300	808 250	816 364	2 504	326	974
26	Oise	766 441	799 725	801 512	5 860	137	60
27	Maine-et-Loire	732 942	774 823	780 082	7 166	109	49
28	Haut-Rhin	708 025	746 072	748 614	3 525	212	68
29	Loire	728 524	742 076	746 115	4 781	156	42
30	Meurthe-et-Moselle	713 779	729 768	731 019	5 246	139	54
31	Haute-Savoie	631 679	716 277	725 794	4 388	165	74
32	Morbihan	643 873	710 034	716 182	6 823	105	56
33	Gard	623 125	694 323	701 883	5 853	120	30
34	Calvados	648 385	678 206	680 908	5 548	123	14
35	Loiret	618 126	650 769	653 510	6 775	96	45
36	Pyrénées-Atlantiques	600 018	647 420	650 356	7 645	85	64
37	Puy-de-Dôme	604 266	628 485	629 416	7 970	79	63
38	Vendée	539 664	616 906	626 411	6 720	93	85
39	Charente-Maritime	557 024	611 714	616 607	6 864	90	17
40	Ain	515 270	581 355	588 853	5 762	102	1
41	Indre-et-Loire	554 003	585 406	588 420	6 127	96	37

42	Côtes-d'Armor	542 373	581 570	587 519	6 878	85	22
43	Eure	541 054	577 087	582 822	6 040	96	27
44	Somme	555 551	568 086	569 775	6 170	92	80
45	Marne	565 229	566 010	566 145	8 162	69	51
46	Sarthe	529 851	559 587	561 050	6 206	90	72
47	Saône-et-Loire	544 893	553 968	554 720	8 575	65	71
48	Vaucluse	499 685	538 902	540 065	3 567	151	84
49	Aisne	535 489	538 790	539 870	7 369	73	2
50	Doubs	499 062	522 685	525 276	5 234	100	25
51	Côte-d'Or	506 755	521 608	524 144	8 763	60	21
52	Manche	481 471	496 937	497 762	5 938	84	50
53	Drôme	437 778	478 069	482 984	6 530	74	26
54	Pyrénées-Orientales	392 803	441 387	445 890	4 116	108	66
55	Vienne	399 024	424 354	426 066	6 990	61	86
56	Eure-et-Loir	407 665	423 559	425 502	5 880	72	28
57	Dordogne	388 293	409 388	412 082	9 060	45	24
58	Savoie	373 258	408 842	411 007	6 028	68	73
59	Guadeloupe	422 496	401 784	401 554	1 6283	247	971
60	Martinique	381 427	397 693	396 404	1 128	351	972
61	Vosges	380 952	380 145	380 192	5 874	65	88
62	Landes	327 334	373 142	379 341	9 243	41	40
63	Haute-Vienne	353 893	373 940	374 849	5 520	68	87
64	Tarn	343 402	371 738	374 018	5 758	65	81
65	Deux-Sèvres	344 392	365 059	366 339	5 999	61	79
66	Aude	309 770	349 237	353 980	6 139	58	11
67	Charente	339 628	351 581	351 563	5 956	59	16
68	Yonne	333 221	342 359	343 377	7 427	46	89
69	Allier	344 721	342 807	343 046	7 340	47	3
70	Lot-et-Garonne	305 380	326 399	329 697	5 361	61	47
71	Loir-et-Cher	314 968	326 599	327 868	6 343	52	41
72	Ardèche	286 023	311 452	313 578	5 529	57	7
73	Cher	314 428	313 251	311 022	7 235	43	18
74	Mayenne	285 338	302 983	305 147	5 175	59	53
75	Aube	292 131	301 327	303 298	6 004	51	10
76	Orne	292 337	292 282	292 210	6 103	48	61
77	Ardennes	290 130	284 197	283 296	5 229	54	8
78	Aveyron	263 808	275 889	277 048	8 735	32	12
79	Jura	250 857	260 740	261 277	4 999	52	39
80	Corrèze	232 576	242 896	243 352	5 857	42	19
81	Tarn-et-Garonne	206 034	235 915	239 291	3 718	64	82
82	Haute-Saône	229 732	238 548	239 194	5 360	45	70
83	Indre	231 139	232 004	232 268	6 791	34	36
84	Hautes-Pyrénées	222 368	229 079	229 670	4 464	51	65
85	Guyane	157 213	219 266	224 469	83 534	3	973
86	Haute-Loire	209 113	221 834	223 122	4 977	45	43
87	Nièvre	225 198	220 653	220 199	6 817	32	58

88	Meuse	192 198	194 218	194 003	6 211	31	55
89	Gers	172 335	185 266	187 181	6 257	30	32
90	Mayotte	131 3204	186 4525	186 4526	376	496	976
91	Haute-Marne	194 873	186 470	185 214	6 211	30	52
92	Lot	160 197	172 796	173 562	5 217	33	46
93	Haute-Corse	141 603	162 013	164 344	4 666	35	2B
94	Alpes-de-Haute-Provence	139 561	157 965	159 450	6 925	23	4
95	Ariège	137 205	150 201	151 117	4 890	31	9
96	Cantal	150 778	148 737	148 380	5 726	26	15
97	Territoire de Belfort	137 408	141 958	142 461	609	234	90
98	Corse-du-Sud	118 593	140 953	141 330	4 014	35	2A
99	Hautes-Alpes	121 419	134 205	135 836	5 549	24	5
100	Creuse	124 470	123 907	123 584	5 565	22	23
101	Lozère	73 509	76 973	77 163	5 167	15	48

Ce tableau ne peut à lui seul expliquer les besoins futurs en logements, mais il démontre l'urgence de la territorialisation, car il est évident que les départements qui voient baisser leur population n'ont pas besoin de constructions nouvelles.

Il faut également identifier les départements dont la population stagne ou progresse très peu. On ne pourra pas fatalement en déduire qu'ils n'ont pas besoin de logements nouveaux, car au contraire dans certains cas comme Paris, c'est la rareté des logements qui limite la croissance de la population, l'offre étant insuffisante. Le facteur explicatif déterminant est l'évolution des loyers, si les loyers stagnent c'est que l'équilibre offre-demande est stable, si les loyers grimpent c'est que l'offre est insuffisante et si les loyers baissent c'est qu'il y a surproduction et nécessité d'arrêter de construire ou même obligation de détruire des logements ; dans ce dernier cas, même si la proposition paraît iconoclaste, par rapport au tabou touchant le parc public, il faut envisager en priorité la démolition de logements publics, car le marché peut assurer seul, le service du logement.

Par exemple, le Nord qui est le département le plus important de France, avant Paris, a vu sa population augmenter de 16 920 habitants seulement en 10 ans soit une hausse de 0,6 % sur la période de 10 ans, ne peut argumenter sur la progression négligeable de sa population pour demander de nouveaux logements.

Pour classer les départements, il est possible de prendre comme référence la croissance de la population française pendant la même période de 10 ans de 1999 à 2009 qui a été de 7,05 %. (62 616 000 – 58 492 000 = 4 124 000/ 58 492 000 = 7,05 %). Ainsi les deux tableaux suivants classent les départements selon qu'ils ont ou non dépassé 7 % de croissance démographique. Le troisième tableau répertorie les départements ayant une décrue démographique.

Tableau 111 - Dans 42 départements : hausse de la population supérieure à 7 % en 10 ans
Vacance Locative (VL)

1 Guyane	42,67 %,	
2 Mayotte	42,00 %,	
3 Corse-du-Sud	19,49 %	
4 Haute Garonne	17,59 %	VL
5 Vendée	16,14 %	
6 Haute-Corse	16,31 %	
7 Tarn-et-Garonne	16,02 %	VL
8 Landes	15,90 %	VL
9 La Réunion	15,58 %	
10 Hérault	15,06 %	VL
11 Haute-Savoie	14,80 %	
12 Alpes-de-Haute-Provence	14,39 %	
13 Aude	14,24 %	
14 Ain	13,98 %	
15 Pyrénées-Orientales	13,48 %	
16 Ille-et-Vilaine	12,68 %	
17 Gard	12,52 %	VL
18 Var	12,13 %	
19 Loire Atlantique	11,64 %	
20 Gironde	11,42 %	
21 Morbihan	11,35 %	
22 Charente-Maritime	10,7 %	
23 Drôme	10,29 %	
24 Ariège	10,22 %	VL
25 Savoie	10,18 %	
26 Seine et Marne	10,05 %	
27 Seine-Saint-Denis	9,68 %	
28 Ardèche	9,44 %	
29 Isère	9,41 %	
30 Hauts-de-Seine	9,31 %	
31 Tarn	9,03 %	VL
32 Gers	8,72 %	VL
33 Pyrénées-Atlantiques	8,33 %	
34 Côtes-d'Armor	8,30 %	
35 Hautes-Alpes	8,26 %	VL
36 Lot	8,12 %	VL
37 Vaucluse	8,06 %	
38 Lot-et-Garonne	7,86 %	VL
39 Eure	7,73 %	

40 Val-de-Marne	7,41 %	
41 Bouches-du-Rhône	7,19 %	
42 Mayenne	7,01 %	

VL signifie Vacance locative répertoriée en 2007 par l'auteur

Tableau 112 - Dans 48 départements la progression en 10 ans n'a pas atteint 7 %

43 Vienne	6,76 %	VL
44 Alpes-Maritimes	6,72 %	
45 Haute-Loire	6,70 %	VL
46 Bas-Rhin	6,62 %	
47 Essonne	6,52 %	
48 Maine-et-Loire	6,41 %	VL
49 Deux-Sèvres	6,39 %	VL
50 Dordogne	6,18 %	
51 Indre-et-Loire	6,14 %	
52 Haute-Vienne	5,95 %	VL
53 Sarthe	5,89 %	
54 Val d'Oise	5,70 %	
55 Loiret	5,66 %	
56 Haut-Rhin	5,65 %	VL
57 Lozère	5,48 %	
58 Doubs	5,21 %	
59 Paris	5,12 %	
60 Aveyron	5,00 %	
61 Calvados	4,94 %	
62 Finistère	4,80 %	
63 Corrèze	4,74 %	VL
64 Oise	4,57 %	
65 Jura	4,40 %	
66 Eure-et-Loir	4,42 %	VL
67 Haute-Saône	4,37 %	
68 Puy-de-Dôme	4,31 %	VL
69 Loir-et-Cher	4,14 %	
70 Martinique	3,98 %	
71 Yvelines	3,90 %	
72 Aube	3,77 %	
73 Mayenne	3,76 %	
74 Territoire-de-Belfort	3,65 %	VL
75 Charente	3,54 %	
76 Côte-d'Or	3,41 %	

77 Manche	3,38 %	
78 Hautes-Pyrénées	3,15 %	VL
79 Yonne	3,00 %	
80 Somme	2,52 %	
81 Meurthe-et Moselle	2,52 %	
82 Loire	2,47 %	
83 Moselle	2,05 %	VL
84 Pas-de-Calais	1,38 %	
85 Meuse	1,04 %	
86 Seine Maritime	0,88 %	
87 Aisne	0,74 %	VL
88 Indre	0,43 %	VL
89 Saône-et-Loire	0,20 %	
90 Marne	0,17 %	VL

Tableau 113 - Dans 10 départements la population se réduit depuis 10 ans

91 Orne	- 0,04 %	
92 Vosges	– 0,19 %	
93 Allier	- 0,49 %	VL
94 Creuse	– 0,80 %	
95 Cher	- 0,95 %	
96 Cantal	– 1,33 %	VL
97 Nièvre	– 2,22 %	
98 Ardennes	– 2,40 %	
99 Haute-Marne	– 4,60 %	VL
100 Guadeloupe	- 4,97 %	

Parmi les 15 départements qui ont la croissance la plus forte en 10 ans, on trouve 12 départements touristiques ! Sur les 42 départements qui dépassent la moyenne de la croissance nationale, il y a 29 départements touristiques ! A l'exception de la Haute-Garonne qui peut s'enorgueillir de sa réussite industrielle à la quatrième place et la Vendée à la cinquième place qui cumulent réussite industrielle et touristique, c'est la constatation inquiétante que la France n'accroit pas sa population dans les villes industrielles, mais dans les zones touristiques. Comme il s'agit de la population recensée au domicile, il ne s'agit pas de l'accroissement des résidences secondaires, mais probablement de retraités qui ont déménagé dans les zones où le climat est agréable et la nature exceptionnelle. Un proverbe hollandais qui probablement encourage l'expatriation vers la France dit « Heureux comme Dieu en France ». C'est un indice supplémentaire qui marque la désindustrialisation de notre pays et sa réorientation vers le tourisme et la résidence de fin de vie. Cette première constatation est l'illustration de la perte de 500 000 emplois industriels en 10 ans. La deuxième observation est l'effet du papy-boom, les retraités désertent les pays ordinaires pour s'expatrier vers les pays enchanteurs.

A l'inverse, dans les 58 départements qui ont une croissance inférieure à la moyenne nationale, seule une dizaine a une industrie touristique, la Guadeloupe étant une exception. Ces départements ne peuvent prétendre à des encouragements fiscaux pour développer l'habitat, seule la rénovation est nécessaire. Il est probable que le logement privé peut assurer seul le logement de la population sans qu'il soit utile de construire de nouveaux logements sociaux publics. Dans ces départements, la démolition des immeubles sociaux est une option à privilégier. Paris est une exception qui doit s'interpréter différemment.

La corrélation entre les débuts de la vacance locative de 2006-2007 et la régression démographique des départements concernés

Dans l'enquête réalisée en 2007 sur la vacance locative auprès de l'UNPI, 30 départements se disaient concernés par la vacance locative (voir chapitre IV). Cette enquête faite à partir du volontariat n'a que la valeur d'un sondage. La réponse de la Haute-Garonne avait précisé que si le centre de Toulouse souffrait de la crise du logement, la périphérie subissait la vacance locative, car les salariés hésitaient à s'installer loin de leur emploi. Cette réponse mettait déjà le doigt sur une vacance très territorialisée à quelques kilomètres d'une zone souffrant d'une crise du logement, ce qu'aucun urbaniste n'avait envisagé. Cette réalité de deux microcosmes dans un même département, à moins de 5 km, nous démontre que seul le marché était capable de réguler cette dichotomie et qu'il a été regrettable de voir la loi Scellier administrée depuis Paris. Cette théorie des microcosmes proches géographiquement, mais irrémédiablement dissemblables, est la démonstration de l'impossibilité de légiférer en matière de logement. Si on laisse à l'Etat ou même aux élus locaux le soin de décider d'un zonage, il n'est pas douteux que des lobbies se mettront en place pour se partager les investissements défiscalisés à leur profit, comme l'a démontré le maintien nocif de la loi Scellier dans les zones de vacance locative.

Les 18 réponses confirmant la vacance locative dans les départements en souffrance démographique ne sont pas surprenantes. A l'inverse, les 9 réponses de départements déclarant la vacance alors qu'ils manifestaient une embellie démographique sont plus déconcertantes. Une partie de l'explication repose sans doute sur le fait que ces départements se situent au sud d'une ligne Lot-Hautes Alpes, dans des départements touristiques où la concurrence des résidences principales et des résidences secondaires a fait grimper le prix du foncier et des loyers et chassé les salariés vers des zones où les loyers étaient moins élevés.

Dans cette enquête de 2007, l'absence de dénonciation de la vacance locative dans les départements en régression démographique démontre soit le manque de réponse des présidents de chambre de propriétaires UNPI, soit une perception hésitante de la vacance au moment du sondage.

Tableau 114 - Croissance démographique régionale, apports du solde naturel et du solde migratoire (en %)

Région	**Taux de croissance annuel moyen entre 1990 et 2007**	**Contri-bution du solde naturel**	**Contri-bution du solde migratoire**	**Taux de croissance annuel moyen entre 2030 et 2040**	**Contri-bution du solde naturel**	**Contri-bution du solde migratoire**
Guadeloupe	0,21	1,02	-0,82	-0,15	-0,09	-0,06
Martinique	0,6	0,87	-0,27	0,02	-0,11	0,13
Guyane	3,72	2,67	1,05	2,64	2,25	0,39
La Réunion	1,69	1,51	0,18	0,62	0,67	-0,04
Île-de-France	0,5	0,85	-0,35	0,22	0,56	-0,34
Champagne-Ardenne	-0,04	0,32	-0,35	-0,1	-0,05	-0,05
Picardie	0,28	0,44	-0,16	0,14	0,17	-0,03
Haute-Normandie	0,26	0,45	-0,19	0,13	0,15	-0,02
Centre	0,38	0,21	0,17	0,25	-0,02	0,27
Basse-Normandie	0,29	0,28	0	0,15	-0,12	0,27
Bourgogne	0,09	0,04	0,05	0,12	-0,21	0,33
Nord - Pas-de-Calais	0,08	0,5	-0,42	0,03	0,21	-0,17
Lorraine	0,08	0,31	-0,22	-0,02	-0,02	0
Alsace	0,69	0,47	0,23	0,19	0,08	0,11
Franche-Comté	0,32	0,37	-0,05	0,18	0,06	0,12
Pays de la Loire	0,77	0,4	0,37	0,57	0,22	0,35
Bretagne	0,65	0,18	0,47	0,53	-0,01	0,54
Poitou-Charentes	0,51	0,02	0,49	0,41	-0,17	0,58
Aquitaine	0,71	0,04	0,66	0,5	-0,12	0,62
Midi-Pyrénées	0,86	0,08	0,77	0,61	-0,01	0,62
Limousin	0,11	-0,34	0,46	0,27	-0,34	0,6
Rhône-Alpes	0,74	0,51	0,23	0,49	0,3	0,19
Auvergne	0,08	-0,09	0,17	0,19	-0,24	0,42
Languedoc-Roussillon	1,13	0,11	1,02	0,58	-0,09	0,67
Provence - Alpes - Côte d'Azur	0,78	0,2	0,58	0,32	-0,07	0,39
Corse	1,07	0,02	1,05	0,32	-0,4	0,72
France métropolitaine	**0,52**	**0,38**	**0,14**	**0,32**	**0,13**	**0,19**
France entière	**0,54**	**0,4**	**0,13**	**0,33**	**0,15**	**0,18**

Source INSEE Omphale 2010

Commentaires : Ce tableau par régions donne une explication du taux de croissance annuel sur une période de 17 ans entre 1990 et 2007 en décomposant la contribution naturelle calculée entre les naissances et les décès et la contribution du solde migratoire. Il est suivi d'une projection entre 2030 et 2040, la Guadeloupe et la Martinique voient leur population émigrer alors que la Guyane et La Réunion attirent de nouveaux habitants. Les régions surpeuplées comme l'Ile de France et le Nord-Pas-de-Calais perdent des habitants par émigration. La contribution migratoire positive se confirme dans les régions ayant au moins un département touristique. La France qui se désertifie inexorablement est constituée de la Guadeloupe, la Champagne-Ardenne, de la Martinique et dans une moindre mesure par rapport à la moyenne Française, de la Picardie, de la Normandie, du Centre, de la Bourgogne, de la Franche-Comté, de l'Alsace et de l'Auvergne.

Dans la projection 2030-2040, la moyenne nationale de progression est de 0,33 et l'on peut retenir comme hypothèse que les régions qui progresseront au-delà de 0,33 annuellement auront besoin de logements, il s'agit des régions suivantes : Guyane, Pays–de-Loire, Bretagne, Poitou-Charentes, Aquitaine, Midi-Pyrénées, Rhône-Alpes, Languedoc-Roussillon. L'Ile-de-France avec une prévision de 0,22 doit régresser dans les années à venir, probablement en raison de la contrainte du prix des logements, cela est significatif du barrage insurmontable du prix de l'immobilier dans l'évolution démographique d'une région, si des décisions fortes d'aménagement du territoire (notamment avec une politique des transports) ne sont pas prises. Cette projection prévoit une véritable régression relative du Nord-Pas-de-Calais avec 0,03.

Dans la comparaison des deux tableaux, le Poitou-Charentes qui devrait progresser dans la projection de l'INSEE ne peut s'appuyer que sur la progression de la Charente-Maritime. Il ne faut pas être dupe de la moyenne avantageuse de la région qui dissimule la régression des trois autres départements ruraux, ni industriels, ni touristiques des Deux-Sèvres, de la Charente et de la Vienne. Il faut rester prudent dans l'interprétation des analyses régionales qui sont des entités géographiques trop vastes pour rester pertinentes.

2. Les objectifs des offreurs : quelle quantité de logements doivent-ils produire ?

Les HLM ne communiquent pas le nombre de logements vides pour cause de surproduction, les bailleurs privés sont totalement sous-informés et écartés des organismes de prévisions et d'analyse de l'Etat. Cette information est essentielle pour les bailleurs privés qui doivent en permanence savoir si l'offre est supérieure à la demande ou l'inverse, pour décider de vendre ou d'acheter. Les statistiques locales en temps réel manquent sur le nombre de logements loués, vacants et en projets (permis de construire) dans les secteurs public et privé.

3. L'optimum social (spatio-temporel) décrété par l'Etat est arbitraire et voué à l'erreur

La question essentielle pour un investisseur ou pour un économiste est la suivante : est-ce qu'un optimum économique du logement peut être évalué par l'Etat ?

L'impossibilité théorique de l'optimum social en raison du rationnement qui crée la pénurie

Les guerres créant de la pénurie, on a cru que c'est la pénurie qui entrainait le rationnement, mais tout système de rationnement génère à son tour de la pénurie qui suscite un nouveau rationnement dans un cercle vicieux entretenu par l'Etat. Quand un locataire obtient un logement social dans une zone tendue, il en parle à ses amis ce qui suscite un nouvel espoir et donc de l'envie d'avoir pour soi le même avantage que son voisin, si bien que l'on peut dire que chaque nouvelle affectation dans le parc social suscite des inscriptions supplémentaires sur les listes d'attente. Plus l'Etat confère des avantages à de nouveaux locataires, plus il encourage les autres locataires à vouloir bénéficier de ces avantages ; autrement dit le rationnement organisé du logement social (par l'attribution sélective parmi les candidats locataires) crée de la pénurie additionnelle en aggravant la crise du logement ressentie (frustration des candidats refusés par l'accroissement de la demande, malgré la hausse de l'offre) ; c'est la violation des lois du marché qui est ainsi sanctionnée. Plus le parc public construit, plus l'impression de mal-logement s'aggrave par l'impression qu'ont les candidats locataires d'avoir été écartés d'un droit. Ce mécanisme n'existe pas avec l'accroissement du parc privé, car plus l'offre locative augmente, plus elle va pouvoir satisfaire de nouveaux clients. La différence de ressenti provient de l'effort qu'est disposé à s'imposer un locataire du parc privé par comparaison avec l'impression d'un droit bafoué (vécu comme une vexation) que ressent un candidat éliminé de l'accès au parc public.

Même si un Etat avait les capacités financières de proposer un logement social pour tous, il y aurait toujours pénurie, car chaque offre additionnelle de logements à bas prix susciterait une nouvelle demande supérieure. Les locataires ayant déjà un logement social depuis des années postuleraient pour les nouveaux logements neufs. Dans un système de rationnement, il ne peut y avoir d'équilibre, ni d'optimum ; un équilibre ne peut se réaliser que si l'on est en présence de deux forces antagonistes, c'est l'effort financier du locataire rencontrant celui du propriétaire qui peut déterminer un prix d'équilibre par des concessions réciproques. Autrement dit, c'est le taux d'effort des locataires qui permet l'équilibre et donc la satisfaction des besoins par l'ajustement de l'offre à la demande. Vouloir réduire le taux d'effort, comme le souhaite la Fondation Abbé Pierre est un encouragement à la progression de la liste d'attente et donc à l'absence de satisfaction des ménages les plus modestes, tant il est vrai que le système d'attribution du parc public favorise les locataires les plus solvables.

L'illusion des prévisions planificatrices et du paternalisme locatif

Dans une société démocratique, ce n'est pas à l'Etat de définir tous les besoins. La Cour des Comptes qui a critiqué justement la politique du logement, propose une gestion locale du logement qui serait déjà un progrès dans une garantie plus grande d'une meilleure rationalité administrative, mais reconnait qu'il n'existe pas d'outil statistique, ni économique pour anticiper les besoins et cet outil existerait-il qu'il faudrait quatre années pour mettre en place les agréments, les financements et réaliser les logements. Finalement, il faut se demander si une politique du logement n'appartient pas aux illusions des urbanistes quand il s'avère que dans un seul département, l'on doive considérer au moins 6 territoires (arrondissement, canton, communauté de communes, pays, commune, quartier). L'arrondissement est un ensemble trop vaste pour y imposer des règles uniformes, le canton est trop petit, la règle nous est donné par la distance variable qu'accepte de s'imposer quotidiennement un salarié pour relier son domicile à son lieu de travail ; cet espace mesuré plus souvent en minutes qu'en kilomètres est susceptible d'élasticité en fonction de la politique des transports. C'est cette complexité qui rend vaine toute planification du logement, des centaines de fonctionnaires par région seraient nécessaires pour élaborer des plans régionaux et autant pour contrôler les réalisations, or ces emplois ne seraient pas productifs et entraineraient encore plus de déficit budgétaire.

L'Etat peut simplement corriger les excès et les insuffisances, en laissant le maximum de liberté aux agents économiques. Un optimum social du logement décrété, est fatalement arbitraire en raison des facteurs exogènes aléatoires, ce qui est bien à l'instant T est une erreur à l'instant T+1. L'économie du logement obéit à la loi des microcosmes différenciés qui ne supporte pas la gestion administrative centralisée ou même décentralisée. Il ne peut donc pas y avoir d'optimum social administratif du logement. L'optimum ne peut s'établir que sur un marché, par tâtonnements successifs, par des erreurs et des corrections, dans des remises en causes permanentes.

La mission de l'Etat consiste à s'assurer que les populations défavorisées peuvent se loger, mais sans l'obligation de loger tous les Français dans un nouveau paternalisme locatif.

F. L'ENVOLEE INTERNATIONALE DES PRIX IMMOBILIERS APRES 2000

Graphique 30 - Pouvoir d'achat immobilier et inflation

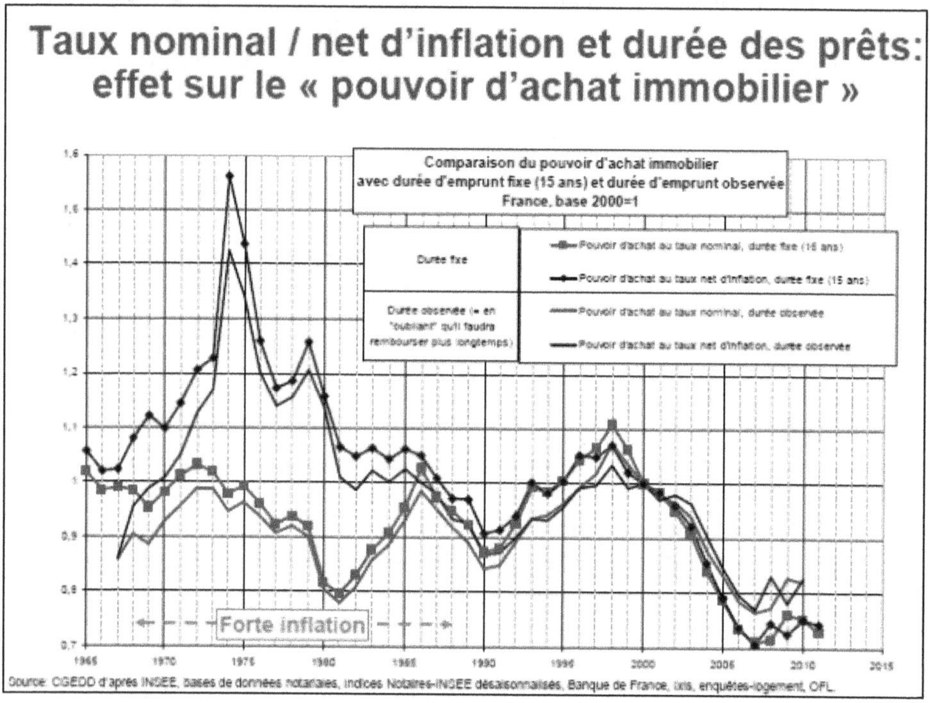

Source : Jacques Friggit dans « Le prix des logements sur le long terme » déjà cité.

Jacques Friggit estime à juste titre que l'inflation a financé le logement de 1968 à 1988, le graphique 30 ci-dessus démontre que le pouvoir d'achat immobilier net d'inflation n'a jamais été aussi élevé que pendant cette période de forte inflation où les revenus augmentaient proportionnellement à l'inflation, ce qui réduisait d'autant la charge des emprunts. A contrario, on constate que depuis la mise en place de l'euro, l'inflation et les taux d'intérêt qui sont historiquement bas correspondent à un pouvoir d'achat amoindri. La tendance de la courbe du pouvoir d'achat net d'inflation est une droite qui descend régulièrement depuis 1974. C'est en 2007 que le pouvoir d'achat des Français a atteint le fond. Il est apparemment paradoxal de constater que cette baisse du pouvoir d'achat sur presque un demi-siècle corresponde à une amélioration continuelle du confort des logements (graphique 17), l'explication se situe dans la baisse de rentabilité de l'investissement locatif, la vacance locative a débuté en 2007.

L'année 2000 marque le début de l'envolée des prix immobiliers par rapport aux revenus des ménages ce qu'illustre parfaitement le graphique 8 de Jacques Friggit page 118.

La nouveauté des taux d'intérêt bas a favorisé l'envolée des prix par l'impression qu'ont eue les acheteurs français, d'une amélioration inattendue de leur pouvoir d'achat ; la capacité d'emprunt s'est soudainement améliorée. Les acheteurs les plus rapides ont profité de cet effet d'aubaine pour investir contribuant dans un deuxième temps à faire monter les prix, car les vendeurs voyant la nouvelle capacité d'emprunt des acheteurs se sont mis à espérer des prix de vente de plus en plus élevés. Ce comportement opportuniste explique également que les prix de l'ancien ont davantage progressé que ceux du neuf, car le nombre de transactions, aux environs de 800 000 (voir graphique ci-dessous), n'a jamais été aussi élevé pendant la période 2000/2007. A partir de 2007, le nombre de transactions a chuté en raison de la hausse des prix qui affaiblissait à nouveau le pouvoir d'achat des ménages.

L'analyse pour l'Allemagne est probablement différente, car les taux d'intérêt étant déjà bas depuis de nombreuses années, cela n'a donc pas entrainé de comportements opportunistes, et explique sans doute une évolution inverse par rapport aux autres pays, de la courbe des prix immobiliers après l'année 2000, nettement visible dans le graphique 8.

Observons que c'est en Espagne que les prix ont le plus augmenté, juste devant la France. Si les mêmes causes entrainent les mêmes effets, la France doit s'inquiéter du spectre de « l'espagnolisation ».

Graphique 31 - Nombre de transactions immobilières dans l'ancien

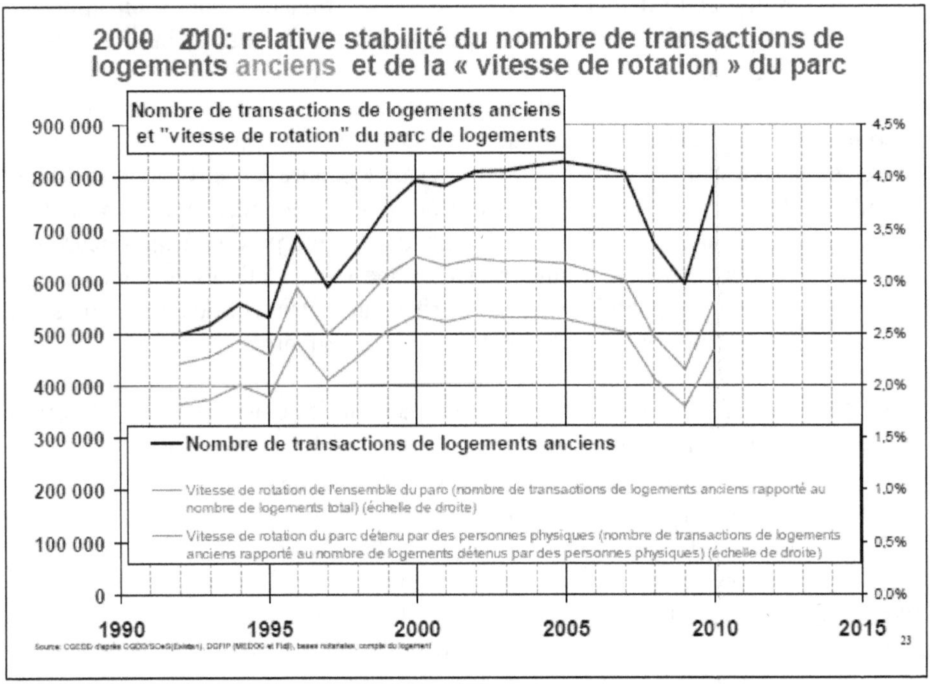

Source : Jacques Friggit dans « Le prix des logements sur le long terme » déjà cité.

Conclusion du chapitre

L'origine de la prise de conscience de la nécessité d'une économie du logement

La prise conscience de la nécessité de l'économie du logement n'est pas le résultat de l'existence de logements insalubres, elle n'est pas le fait de l'Etat, ni des économistes, ni des urbanistes, mais de la nécessité pour les entreprises nationales du bâtiment d'élaborer une stratégie à long terme. Ce sont ces sociétés qui ont trouvé dans les associations de défenses des locataires, les supports populaires et médiatiques nécessaires pour porter des revendications auprès des pouvoirs publics, en adéquation avec leur souhait d'accroitre chiffres d'affaires, emplois et profits. Dans ce secteur de l'économie, c'est le système libéral qui a sollicité l'Etat pour assurer et conforter ses commandes. On a affaire à un keynésianisme inversé où l'économie privée instrumentalise les demandeurs insolvables pour déclencher une politique étatique qui solvabiliserait des commandes inespérées. En l'absence de ces commandes groupées de logements, l'industrie nationale du bâtiment verrait ce pan de l'économie lui échapper au profit de l'artisanat traditionnel qui aurait pu réaliser autant de constructions et bien sûr plus de rénovations. L'objectif final de ces multinationales n'est pas le logement social, mais l'habitat vertical complexifié exigeant des financements lourds, mettant hors jeu les petites entreprises locales. Comme les Français préfèrent l'habitat dispersé avec jardin et garage individuel, les multinationales ont court-circuité cette demande, en absorbant les financements et en imposant des loyers minorés qui attireraient les ménages appauvris. Par exemple, dans les années 80, un couple avec deux enfants n'ayant qu'un SMIC pouvait faire construire un pavillon individuel de 80 m^2 avec 3 chambres et un garage alors que la politique du logement social des années 2000 ne permet plus à ce même couple de devenir propriétaire, ce qui l'oblige à rester locataire à vie. Or pendant cette période, toutes les sociétés nationales qui ont essayé de construire des pavillons individuels ont abandonné en raison du manque de marge due à la concurrence des petits pavillonneurs. On a ainsi assisté à une réorientation des financements vers des immeubles collectifs, publics et privés, au détriment des aspirations des Français à devenir propriétaires d'une maison avec son jardin.

Cette évolution s'est faite avec l'encouragement des élus ; ces élus supporters de ces sociétés nationales ou multinationales qu'ils condamnent parfois par ailleurs pour leurs profits jugés indécents et pour leurs stratégies d'évitement de l'impôt, ne semblent pas conscients de ces stratégies.

Il faut incriminer les aspects émotionnels du logement qui émasculent les raisonnements logiques, ce que connaissent bien les commerciaux, vendant du rêve quand ils font signer un contrat de construction. Contrairement à ce que l'on pourrait croire, l'achat de la résidence principale qui est le plus important d'une vie pour un ménage, n'obéit pas à des raisonnements rationnels, mais à des décisions émotionnelles avec le « coup de cœur ». Il y a eu transposition au niveau politique de cet excès d'émotionnel avec des décisions irrationnelles où les bonnes intentions ont prévalu sur le bon sens.

Les bidonvilles et les masures du XIXe siècle ont logé des millions de personnes sans que personne ne s'en émeuve. Ni les libéraux anglais, ni les divers socialismes du XIXe siècle, ni le marxisme n'ont analysé cette conséquence du système libéral brutal et l'on a l'impression que c'est uniquement par les fortes hausses de loyers de 1914 et 1939 que l'Etat et les économistes ont pris conscience de l'économie du logement. Il faut sans doute corréler cette inexistence d'analyse avec les faibles dimensions des entreprises du bâtiment, avant les programmes sociaux du deuxième Plan de l'après-guerre. C'est la logistique nécessairement importante des entreprises nationales du bâtiment qui a induit des lobbying puis des stratégies de prises de parts de marché pour arriver à une nouvelle conception théorique d'offre et de demande de logements. Tout se passe comme si le concept de crise du logement n'était que le fruit des entreprises du bâtiment dans leur prospective de besoins à susciter ; il était impératif pour la survie de ces sociétés du BTP, d'influencer les gouvernements seuls capables d'engager des programmes de millions de logements. Par une inversion du raisonnement, on pourrait sans doute dire que si les entreprises du bâtiment étaient restées artisanales, personne n'aurait su dire qu'il y avait une crise du logement. Tout au plus aurait-on invoqué la fatalité ou le destin comme dans toutes les sociétés archaïques, mais le plus souvent on aurait ignoré la misère locative, car elle ne mettait pas en danger l'Etat. Aucun des ministres de l'Ancien Régime, ni des premières républiques n'a suggéré de politique du logement, car la politique sociale restait cantonnée aux besoins de nourriture et des revenus ; seules les famines ont jamais inquiété le pouvoir par le risque de jacqueries ou de révolutions ; ce sont les cours des denrées qui explosaient et la fiscalité confiscatoire qui ont suscité jalousies et colères. De même que les épidémies n'étaient jamais reprochées au pouvoir politique, de même l'existence de logements insalubres n'a jamais mis en danger un gouvernement avant le milieu de XXe siècle ; même le Front Populaire de 1936 a ignoré la crise du logement de l'entre-deux-guerres, s'attachant à la seule politique salariale ! Dans l'histoire des idéologies, les socialismes ont privilégié les analyses des rapports de force dans l'entreprise, négligeant le logement qui ne faisait l'objet d'aucune théorie sociale ou philosophique ; c'est la rencontre improbable de la Fondation Abbé Pierre et des lobbies des multinationales du bâtiment qui sont à l'origine d'une théorie du logement social-public, qui va à l'encontre des aspirations des Français et notamment des plus modestes qui restent à l'écart des logements neufs du parc public !

CHAPITRE XI

Propositions des propriétaires privés

La propriété est le droit de jouir et de disposer des choses de la manière la plus absolue, pourvu qu'on n'en fasse pas un usage prohibé par les lois ou par les règlements.

Article 544 du Code Civil.

Cette étude a été alimentée par les réflexions des propriétaires privés sur leur métier et sur le logement, ce chapitre leur est dédié en signe de remerciement pour leurs observations, leurs analyses courageuses en ce qu'elles osent critiquer les tabous du logement social, c'est donc leur expression ; ce travail recense leurs propositions pour introduire de la démocratie participative dans les dépenses publiques affectées au logement, il s'agit de leur apport original, le plus souvent ignoré par les pouvoirs publics, dans une construction d'un intérêt général des locataires et des propriétaires qui représentent à eux tous, l'ensemble des contribuables et des électeurs ; on l'aura compris ce n'est pas forcément l'intérêt général des promoteurs, des professionnels de l'immobilier, des élus et de quelques associations. Les propriétaires pensent que le logement est un domaine beaucoup trop important pour le laisser aux mains des politiques qui sont trop éloignés de la réalité locative et qui subissent les influences des lobbies du bâtiment. Il s'agit selon les propriétaires d'un début de résistance face à l'oppression législative, bureaucratique et fiscale qui s'abat sur eux, ce droit à résister à l'oppression est fondé sur l'article II de la Déclaration des droits de l'homme et du citoyen dans son article II « *Ces droits sont la liberté, la propriété, la sûreté et la résistance à l'oppression.* »

1. L'utilité du ministère du Logement ? Faut-il l'appeler le ministère du Logement public ?

Dans l'échec de la politique du logement, ils incriminent en premier, le ministère du Logement qui n'a pas su proposer les solutions efficaces ; il avait une obligation de résultat, mais il n'est pas au rendez-vous, or dans une entreprise, quand un service n'apporte pas de plus-value, il est supprimé, c'est la base de la gestion.

Selon les propriétaires, la seule réussite du ministère du Logement est le développement tous azimuts du logement public, ainsi quand ils se demandent à qui profite le ministère du Logement, ils mettent en avant le mouvement HLM puis les entreprises nationales de construction et enfin les Direction des Territoires (anciennes DDE) qui ont à leur actif des emplois de fonctionnaires et le maintien de l'ANAH. Mais justement ces derniers emplois ne sont pas des emplois productifs et le mouvement HLM vient en concurrence avec le logement privé et donc contribue indirectement à créer de la pauvreté chez les propriétaires. Les emplois dans le logement social phagocytent les revenus des retraités-propriétaires. Pour une majorité de propriétaires, le ministère du Logement ne sert pas à grand-chose et certainement pas au parc privé, il serait même toxique pour l'emploi dans l'artisanat. Il n'existe pas de ministère de l'Alimentation qui procède d'un besoin plus vital, le marché a résolu les problèmes d'approvisionnement sans que l'Etat ne s'en mêle.

A partir du moment où l'Etat a voulu mettre en place une politique du logement, il en est devenu responsable. L'échec est patent si l'on considère les affirmations même exagérées des associations telles que le DAL ou la Fondation Abbé Pierre. Symboliquement, notons que Cécile Duflot ne s'est pas déplacée au congrès 2012 des propriétaires privés (l'UNPI), ce qui est une première, car tous ses prédécesseurs ont assisté aux congrès de l'UNPI alors que deux semaines plus tard elle se rendait au congrès du logement public accompagnée au surplus du Premier ministre, ce qui semble confirmer que les ministres du Logement sont d'abord les ministres du Logement public.

2. Le concept de partenaires locatifs : libérer le parc privé de la tutelle de l'Etat

Le monde de l'entreprise a mis au point le concept de partenaires sociaux avec les syndicats ouvriers et les syndicats patronaux. Les propriétaires privés auraient intérêt à importer ce système pour dialoguer avec les associations de locataires, ces derniers ont de nombreux intérêts communs avec les locataires ; ce sont leurs clients, ils sont à l'écoute de leurs besoins pour remplir leur mission de les loger correctement. Les propriétaires privés cherchent à satisfaire les demandes de leurs clients, ils n'ont pas besoin des avis de l'Etat. Les associations de locataires ont l'habitude de se concerter avec les bailleurs publics, les échanges entre locataires et propriétaires sont fructueux par les transferts d'informations, les deux sont objectivement des partenaires, il est possible de donner un cadre institutionnel à cet état de fait. L'Etat aurait tout intérêt lui aussi, à prendre acte de cette nécessité de consulter les partenaires locatifs plutôt que de s'immiscer maladroitement en légiférant au nom d'un intérêt général qu'il ne connait pas, ce qui le met à la merci des appétits des lobbies des professionnels immobiliers ou des sociétés HLM. Son rôle est de veiller simplement à ce que les plus modestes trouvent un logement décent, il doit laisser le choix des moyens aux partenaires locatifs.

3. Privatisation des HLM pour combler la dette publique et sortir les locataires sociaux de l'assistanat locatif

Il est anormal de maintenir les locataires solvables toute une vie dans un locatif, les HLM qui ont perçu des loyers de la même famille pendant 10 ou 20 ans, pourraient vendre le logement à ses occupants à prix réduit et avec des conditions de paiement ou de garantie ; la location-vente est une solution par la reprise partielle des loyers versés comme acompte. Il y a lieu de trouver des modes de financement adaptés aux ressources de ces locataires fidèles, en proportion de la régularité des paiements passés et de leur occupation en bon père de famille, ce serait un encouragement pour les autres locataires du parc public et relèverait d'une justice sociale que de récompenser la bonne attitude. Le dossier crédit par locataire préconisé plus haut deviendrait un passeport pour le droit de propriété.

Comme les pouvoirs publics ont avancé la quasi-totalité des financements aux organismes publics, il serait juste et vertueux que ceux-ci restituent l'argent à l'Etat. Avec la vente de la moitié du parc public, la recette pourrait peut-être s'élever de 3 à 400 milliards.

Il faut se poser la question de l'existence des SA d'HLM qui, pratiquant des loyers quasi comparables au secteur privé, voire plus élevés, dans les zones détendues, n'ont peut-être plus de raison d'exister. Si le marché remplit la même fonction, il devient anormal de financer des organismes publics avec les impôts de tous, pour un service équivalent à celui du parc privé. Il convient d'envisager la privatisation et la dissolution progressive des SA d'HLM dans les zones détendues en revendant leur patrimoine soit aux occupants, soit au secteur privé.

Les SA d'HLM peuvent être maintenues dans les secteurs tendus, c'est à dire dans les centres urbains de plus de 300 000 habitants, là où le prix du foncier décourage les investisseurs. Là encore, si les aides à la pierre disparaissent au profit de l'aide à la personne, il n'y aurait plus d'intérêt à maintenir des organismes ayant des coûts de gestion plus élevés que dans le secteur privé. Les bailleurs publics pourraient se spécialiser dans l'hébergement, le logement des ménages pauvres et des salariés ayant des revenus équivalents au SMIC, c'est-à-dire revenir à la fonction pour laquelle ils ont été créés.

4. Vendre les logements de fonction de la République

La République possède des logements de fonction qui en période de crise deviennent indécents, car leurs occupants sont des privilégiés en raison du faible montant des loyers, voire de leur inexistence. Les serviteurs de l'Etat qui disent travailler de manière désintéressée, ne peuvent s'arroger le droit de profiter de privilèges. Tant qu'ils existeront, ces logements exciteront les convoitises des grands commis de l'Etat, il est donc impératif de vendre les logements de fonction, non pas sur une estimation des domaines, mais sur leur véritable valeur marchande.

5. Plaidoyer pour un retour à l'inflation maitrisée et la monétisation de la dette

Il est vraisemblable que la dette publique ne pourra s'effacer que par le retour à une inflation maitrisée de 5 à 6 %. Cette technique économique fait peur, car en cas de dérapage, elle est associée aux périodes noires de l'histoire, cependant les trente glorieuses se sont faites avec une inflation allant jusqu'à 15 %. Ces dernières années, les matériaux de construction ont enregistré des hausses de 10 % par trimestre qui n'ont pas été prises en compte par l'INSEE en raison de dénominations commerciales différentes non répertoriées dans le panel des indices des prix. Le prix des ampoules électriques à économie d'énergie a été multiplié par 8 en deux ans sans que les consommateurs aient le choix d'un autre achat. L'électroménager a une obsolescence programmée pour obliger les consommateurs à renouveler leurs achats périodiquement. L'industrie du bâtiment est surtout ingénieuse pour ses gadgets et ses nouvelles normes pour accélérer la rotation des achats et la hausse des prix de vente. Le pouvoir d'achat des locataires est amputé par ces nouvelles normes que les propriétaires subissent. La création des nouveaux besoins informatique, téléphonique et électronique a changé les priorités des ménages réduisant la part allouée à l'alimentation et à l'habitat. Le pouvoir d'achat qui a été amputé depuis la mise en place de l'euro, doit être revalorisé même en l'absence de croissance. Les propriétaires privés ont besoin de locataires ayant des salaires qui progressent ; les variations du SMIC sont très insuffisantes pour permettre aux faibles salaires de prétendre aux nouveaux logements ayant les nouvelles normes locatives et environnementales.

Il faut reprendre ce qu'a dit Michel Rocard à contre-courant des thèses monétaristes majoritaires.

« C'est sous l'influence des thèses monétaristes qu'on a interdit aux banques centrales d'émettre de la monnaie, ce qui oblige les Etats à emprunter sur le marché avec intérêts, et aggrave leur endettement ! Il faut une riposte intellectuelle sur le thème : jusqu'où doit-on payer ses dettes ? Il y a un seuil limite au-dessous duquel on doit faire attendre les marchés pour ne pas sombrer dans la récession. »

Pour les politiques français, le passif de l'inflation est l'obligation de la dévaluation périodique par rapport aux autres puissances économiques, qui est vécue comme une humiliation nationale alors que la Chine fait sa fortune avec une monnaie abusivement faible. On se rappelle les hésitations de François Mitterrand à son arrivée au pouvoir pour évaluer l'impact politique d'une dévaluation. Ses adversaires l'attendaient comme au coin d'un bois, pour savourer ce qui est ressenti par l'opinion comme un échec, voire une faute personnelle du chef de l'Etat. L'aspect psychologique d'une dévaluation est considérable, elle est vécue avec le même niveau émotionnel qu'une défaite militaire. L'histoire récente de notre pays a contribué à l'émergence d'un complexe d'infériorité pour ne pas avoir possédé un franc fort et apprécié à l'étranger comme le mark, la livre, le franc suisse ou le dollar.

Les grands prêtres de la stabilité des prix ont les yeux rivés sur l'indice des prix et l'euro. Les taux d'intérêt réduits ont été une illusion qui a permis l'envolée des prix immobiliers dans les zones urbaines. Les banquiers ont encouragé l'augmentation de la durée des prêts jusqu'à 25 et 30 ans ce qui est trop long dans l'horizon économique des ménages avec les aléas de la vie économique et de la vie familiale. Une planification d'emprunt sur une génération peut devenir un boulet s'il n'y a pas d'inflation pour un pays qui n'a pas la tradition d'une stabilité monétaire. Depuis la Deuxième Guerre mondiale, les Français ont appris à investir avec des emprunts et de l'inflation, il faut craindre que l'absence d'inflation ne produise des comportements de rejets des emprunts, ce qui serait préjudiciable pour l'avenir de notre pays par le tarissement des investissements des ménages.

6. La démolition nécessaire de centaines milliers de logements publics

Le délabrement de plusieurs centaines de milliers de logements publics dans des tours inhumaines et dangereuses pose la problématique de leur démolition dans un contexte national de vacance locative. Ces démolitions massives sont la solution dans les zones détendues pour rendre au parc privé les parts de marché accaparées par le logement public. La ville de Châteauroux a déjà procédé à la démolition de centaines de logements publics pour enrayer la vacance locative dans les années 2005-2006. Le parc public doit saisir cette opportunité pour limiter sa vacance locative, se recentrer sur sa mission de parc social et avoir les moyens de mieux entretenir un parc réduit. Cette politique associée à la vente de lots aux locataires sociaux permettrait au parc public de dégager la trésorerie qui lui fait parfois défaut. Si le ministère du Logement doit demeurer, c'est dans cette direction de restitution au parc privé des parts de marché accaparées par les bailleurs publics qu'il doit œuvrer.

Un inventaire sans concessions est à faire, ville par ville pour rééquilibrer le marché du logement en privilégiant le parc privé et en donnant à l'ANAH les moyens financiers nécessaires à la rénovation des centres-villes et à l'habitat ancien.

7. Redynamiser l'ANAH élément décisif contre la crise du logement dans les métropoles

La construction neuve ne participe que partiellement à la résorption de la crise du logement en raison de la densité de l'habitat urbain. Pourtant il est évident que la crise du logement sévit dans les agglomérations urbaines c'est-à-dire dans les zones denses où la construction est quasiment impossible sauf à démolir d'autres immeubles. La crise du logement ne peut être résorbée durablement que par la rénovation des logements anciens existants. Les rénovations sont surtout réalisées par des artisans qui n'ont pas les réseaux nationaux auprès des pouvoirs publics, ce qui explique la raréfaction des subventions de l'ANAH par rapport à celles accordées au parc public.

L'habitat insalubre ne peut pas disparaitre sans l'aide de l'ANAH, car la plupart des logements en mauvais état, du parc privé, appartiennent à des propriétaires âgés et pauvres. Ces derniers n'ont d'autres choix que de laisser leurs logements vacants plutôt que d'engager des dépenses lourdes si leur espérance de vie est moins élevée que la durée d'amortissement de leur projet d'investissement. Le calcul économique fatalement à court terme pour des bailleurs âgés, interdit la valorisation de ces investissements, ce qui associé à une fiscalité successorale pénalisante décourage l'investissement. Si l'on ajoute l'obstacle infranchissable de l'assurance décès en cas d'emprunt pour un propriétaire âgé de plus de 65 ans, on a l'équation du logement vacant volontaire par impossibilité de faire autrement. Il y a une réflexion à mener sur les assurances décès au-delà 65 ans. Au lieu que l'ANAH soit une agence tatillonne dans le montage des dossiers, il serait préférable qu'elle devienne l'initiatrice et le moteur de la rénovation.

Si les budgets de l'ANAH étaient équivalents à ceux de l'ANRU, ce qui n'aurait rien d'anormal en raison de l'importance plus grande du parc privé, il n'est pas douteux qu'en quelques années, les logements vétustes et vacants du parc privé seraient réhabilités, ce qui réduirait la crise urbaine du logement.

L'ANAH est la seule solution pour la protection du patrimoine ancien et la sauvegarde des revenus locatifs des petits propriétaires. Pour cela il faut revenir sur la réforme qui a retiré aux propriétaires privés des voix délibératives dans les commissions ANAH, d'ailleurs un nouveau frémissement d'envie de dialogue se fait sentir dans l'administration depuis que les bailleurs privés et les artisans ont été écartés des prises de décision avec pour conséquence un désintérêt des subventions ANAH. Celle-ci a été surprise par les réactions de rejet des propriétaires, oubliant que l'UNPI n'ayant plus le droit de présenter les projets de rénovation de ses adhérents, se trouvait démotivée et n'encourageait plus les propriétaires à solliciter des subventions de l'ANAH. La préférence de l'ANAH pour le logement social en raison de budgets limités est à remettre en cause.

8. Pour des agences de notation de l'administration locale et pour une meilleure appréhension des données macro économiques

On a déjà évoqué la nécessité de contrôler l'administration, la Cour des Comptes dénonce les abus, mais est impuissante à les sanctionner. Il y a probablement nécessité d'instaurer une police décentralisée de l'administration avec une section de contrôle de gestion qui veillerait en plus de la légalité des décisions administratives, au respect des règles de saine gestion pour éviter les gaspillages.

Le marché gagne toujours contre le plan et on le sait désormais avec l'échec de l'URSS et la transformation capitaliste de la Chine. Il est nécessaire de mettre en place des indicateurs locaux indépendants comme des agences de notation privée ou des extensions locales de la Cour des Comptes permettant notamment d'alerter les pouvoirs publics sur la vacance locative, les HLM insalubres, etc. On a vu que l'Assemblée nationale, le Sénat et la Cour des Comptes souhaitent une meilleure connaissance de la réalité économique du pays, pour que les lois votées puissent être plus efficaces sans entrainer un gaspillage des finances publiques. Cette envie suppose la création d'organismes de collectes d'informations, d'analyse économique et comptable ayant une totale indépendance (aussi bien du pouvoir politique, que des associations et des professionnels de l'immobilier et de la construction). Les simulations souhaitées par les parlementaires permettraient de meilleurs ciblages des mesures économiques.

Dans les années 60, le CREDOC était l'organisme de référence qui analysait les données économiques, il était financé par l'Etat. Depuis que cet organisme n'est pratiquement plus subventionné, ce sont différentes institutions qui analysent le logement en fonction de leurs centres d'intérêts : le ministère du Logement, le Sénat, l'Assemblée nationale, l'INSEE, l'INED, la DHUP (Direction de l'Habitat, de l'Urbanisme et des Paysages, la DGALN (Direction Générale de l'Aménagement, du Logement et de la Nature) qui a 13 sous-directions, etc. Il serait souhaitable que le CREDOC ou un organisme semblable reprenne sa mission d'autrefois, ce qui garantirait une homogénéité des chiffres et une interprétation impartiale permettant une politique du logement économe et plus efficiente.

9. Un fichier des mauvais payeurs ou un dossier crédit des locataires

Le député Dominique Perben a présenté une proposition de loi en vue de la création d'un fichier des mauvais payeurs qui serait accessible à tous les bailleurs afin de sécuriser les recettes locatives. Il s'agit de mettre un terme aux incivilités des récidivistes qui ne paient jamais leurs loyers, en employant divers stratagèmes allant jusqu'à fournir de faux justificatifs de revenu, de faux contrats de travail et autres faux papiers. Ce fichier permettrait de faire revenir sur le marché des milliers de logements que les propriétaires hésitent à rénover ou à remettre en location à la suite de déconvenues locatives. Les décisions de justice sont publiques, aussi rien ne s'oppose à ce que les locataires condamnés soient listés dans un fichier tenu par les Tribunaux d'Instance et accessible aux bailleurs.

Une autre solution consisterait à instituer un dossier de solvabilité par locataire, accessible aux bailleurs comme une lettre de recommandation ou un CV pour un salarié, dans une extension du Pass-GRL. Quand un banquier consulte le fichier des interdits bancaires personne ne s'en émeut Les locataires pourraient utiliser ce dossier personnel comme bon leur semblerait, comme un passeport crédit, favorisant ainsi l'accès à la location de ménages modestes, mais consciencieux dans le paiement de leurs loyers, mais leur permettrait également de recourir à des emprunts immobiliers.

10. Propositions règlementaires et législatives

On a vu que les règlementations récentes élaborées dans le silence d'un cabinet sans la moindre concertation avaient abouti à des incohérences. Parmi les demandes des propriétaires voici une liste non exhaustive de propositions :

Liberté de faire ou de ne pas faire les diagnostics actuellement obligatoires en laissant agir la concurrence, pour les remplacer par la possibilité de remettre aux locataires entrants, la consommation des locataires sortants.

Procédure d'expulsion par référé, réduite à trois mois avec indemnisation par l'Etat des loyers impayés au-delà du troisième mois, pour faire revenir les locataires voyous à des pratiques vertueuses, ce qui permettrait de ne pas aggraver les dettes de loyer et de ne pas ruiner les petits propriétaires.

Accroissement des budgets de l'ANAH pour la rénovation de l'habitat privé ancien. Retour aux voix délibératives des bailleurs privés au sein des ANAH départementales et nationales.

Désignation d'un représentant des propriétaires privés dans chaque CESER régional (Conseil Economique Social Environnemental Régional).

Création d'un comité consultatif paritaire bailleurs privés, locataires avec consultation obligatoire avant tout projet ou proposition de loi concernant la fiscalité et la règlementation locative ou alors faire fonctionner enfin la Commission nationale de Concertation prévue à l'article 41 de la loi du 23 décembre 1986.

Possibilité dérogatoire de baux à durée déterminée pour convenance personnelle du bailleur ou du locataire.

Possibilité de créer un label pour les logements.

Possibilité d'un syndicat professionnel des bailleurs privés avec un pourcentage prélevé sur les taxes foncières pour son fonctionnement.

Etablissement de grille de vétusté et réactualisation des réparations locatives en concertation avec les partenaires locatifs.

Possibilité pour les bailleurs privés de s'organiser en société HLM privée avec les mêmes avantages que les HLM publiques.

Interdiction pour le parc public de faire de la publicité pour louer ses logements.

Création d'un fonds de garantie pour le paiement des impayés et des dégradations pour les bailleurs privés, exclusivement abondé par les locataires avec des malus et des bonus, identiques à ceux des assurances automobiles.

Réactualiser et étendre la concertation des bailleurs et des propriétaires occupants avec l'administration des Impôts pour instaurer de nouvelles relations plus conviviales entre les contribuables et l'administration, notamment pour les évaluations des taxes foncières, les recours amiables. Prévoir l'élargissement de la compétence des Commissions fiscales de Conciliation, la suppression des pénalités de retard des impôts à l'instar de l'interdiction des pénalités de retard des locataires pour paiement tardif.

Retour à deux mois de dépôt de garantie financés par le locapass.

Prévoir une réglementation à deux vitesses pour les bailleurs privés ayant moins de 5 ou 10 logements (ou plus de 65 ans), comme dans le droit du travail pour les PME, en allégeant les contraintes, notamment pour les congés des bailleurs.

11. Résumé de propositions fiscales

Déduction des remboursements de capital en plus des intérêts :

Il y a lieu de distinguer les investisseurs qui empruntent appelés accédants, des autres non-accédants. Pour les premiers prévoir un abattement forfaitaire de 25 % pendant toute la durée de remboursement de capital, ou la déduction des remboursements de capital ce qui serait plus juste et plus adapté à la réalité.

Frais de gestion : Instituer 8 % d'abattement forfaitaire sur les recettes locatives pour frais de gestion au lieu des 20 € par logement, les agences immobilières facturent 8 % de frais de gestion. Cette dernière proposition n'est pas exclusive de la précédente.

Plus-values : En cas de vente, imputation des moins-values immobilières et pertes foncières sur les plus-values immobilières comme cela existait avant la réforme Raffarin. Etaler les plus-values sur la durée de détention pour le calcul de l'impôt afin de lui donner le régime de l'impôt sur le revenu.

Ordures ménagères : Comme cela existe dans certaines communes avec la redevance des ordures ménagères proportionnelle au nombre d'occupants : facturer les ordures ménagères directement aux locataires pour une simple raison d'équité fiscale et pour éviter une facturation d'ordures ménagères en cas de vacance locative.

Frais de succession : Actuellement la fiscalité successorale est tellement lourde qu'elle oblige les héritiers à vendre rapidement et donc à perte, pour payer les droits de succession. L'abattement de 100 000 € par enfant est dérisoire pour un veuf qui n'a qu'un enfant dans le cas d'une donation de la résidence familiale. Les successions aboutissent au démantèlement des patrimoines locatifs familiaux par l'importance des frais de succession.

L'exonération totale des frais de succession sur les logements destinés à la résidence principale des locataires pendant 9 ans, permettrait de relancer le logement à condition qu'elle soit inscrite dans la Constitution pour éviter sa suppression conjoncturelle par un changement de majorité électorale. C'est par une fiscalité protectrice que l'on a conservé les forêts en France, le logement est une priorité au moins aussi grande que celle des forêts.

Refonte des taxes foncières sur la valeur locative réelle et non pas sur une valeur locative fictive en utilisant les baux effectifs pour les résidences locatives et le prix de location au m^2 pour les propriétaires occupants. Dans un deuxième temps, envisager l'extension de l'exonération de cet impôt sur les immeubles locatifs destinés à la résidence principale des locataires comme pour les bailleurs publics et remplacer cet impôt payé par les bailleurs par une augmentation de la TVA. La taxe foncière est source d'inégalité entre les grandes villes qui paient peu, par exemple la taxe foncière à Paris est parfois de la moitié d'un mois de loyer alors qu'elle peut atteindre 3 mois de loyers dans les petites villes. Une mesure juste consisterait à limiter celles-ci à un mois de recettes locatives par immeuble et par an (1/12) avec une péréquation nationale des taxes foncières (redistribution des surplus de recettes des grandes villes vers les petites villes). Il y aurait solidarité nationale entre les villes qui profitent des soldes migratoires et des zones rurales qui subissent des pertes migratoires.

Exonération des taxes foncières sans conditions en cas de vacance locative, ce qui impose la réécriture de l'article 1389 du Code général des Impôts qui prévoit l'exonération de la taxe foncière pour les bailleurs ayant un bien vacant.

L'ISF est l'impôt emblématique de la richesse tangible, son iniquité vient de ce qu'il ne frappe pas la richesse industrielle et commerciale et de ce qu'il peut être mis à la charge de contribuables non imposables ou dans l'incapacité de le payer. L'abolition de l'ISF sur les locaux d'habitation pour la résidence principale locative ou occupée par leur propriétaire en raison de leur participation à la mission d'intérêt général du logement serait une mesure équitable.

Egalité fiscale entre bailleurs publics et privés, assujettissement des bailleurs publics aux mêmes taxes et impôts que les bailleurs privés.

Suppression de la taxe sur les locaux vacants.

12. Sur les bailleurs sociaux

Suppression de tous les privilèges fiscaux des bailleurs sociaux dans les zones de vacance locative pour les astreindre à la même rigueur de gestion que les bailleurs privés et éviter la concurrence déloyale. Obligation de rentabilité par les seules recettes locatives.

Suppression des quotas obligatoires de logements sociaux de la loi SRU avec l'interdiction de dépasser 20 % de logements publics dans une commune ce qui correspond aux classes pauvres.

Désignation d'un représentant des bailleurs privés dans les conseils d'administration des bailleurs publics comme observateur, à l'ANRU et d'une manière générale dans toutes les commissions ou organisations traitant du logement public ou privé en raison de la fiscalité importante sur le logement.

Expulsion immédiate par référé de tous les locataires occupant illégalement les HLM pour dépassements des plafonds, par une loi d'ordre public.

Limiter l'accès aux logements sociaux à 27 % de la population en déterminant annuellement un plafond des ressources en se référant aux classes pauvres et populaires et non pas à 70 % comme actuellement.

Obligation pour les bailleurs sociaux de loger les plus pauvres même insolvables ou asociaux.

Destruction partielle et progressive des cités trop importantes ou dégradées pour en finir avec les ghettos et les incivilités pénalisant les locataires sociaux paisibles.

Privatisation des logements publics en province dans tous les départements subissant une vacance locative, soit par vente aux occupants soit par vente à des HLM privées.

13. Pour un statut de bailleur professionnel avec un syndicat professionnel

Les bailleurs ayant plus de 20 logements consacrent une grande partie de leur temps à gérer leur patrimoine. Les propriétaires-bailleurs estiment indispensable de créer un statut de bailleur professionnel pour ceux qui le désirent à l'instar des loueurs de logements meublés pour en finir avec les discriminations fiscales, limiter la concurrence déloyale du parc public et encourager le professionnalisme dans ce secteur porteur d'intérêt général. L'immobilier est le secteur où le retour sur investissement est le plus long avec des durées d'emprunt sur 20 ou 30 ans. Dans les caractéristiques originales de ce statut, il convient de supprimer l'obligation de cotisations sociales puisque les titulaires n'ont pas besoin de retraite, ni d'assurance chômage ; la cotisation à l'assurance maladie doit être libre. Comme les investisseurs immobiliers paient déjà la taxe foncière sur leur outil de travail, ils ne doivent pas être assujettis aux taxes professionnelles reposant sur l'investissement. La conséquence d'un changement de statut serait que les biens nécessaires à la location deviendraient des biens professionnels comme dans l'industrie ou le commerce et seraient donc exonérés d'ISF.

Un syndicat ou un ordre professionnel des bailleurs privés

La propriété privée a besoin d'être défendue, pour cela il serait judicieux de prévoir la création d'un ordre professionnel ou d'un syndicat professionnel des propriétaires bailleurs dont le fonctionnement serait assuré par le versement d'une cotisation venant en déduction du paiement de la taxe foncière des bailleurs. Cet ordre professionnel aurait pour mission de préserver la propriété privée, de défendre ses adhérents, d'ester en justice, de donner son avis avant toute réforme immobilière...

14. Restreindre le droit de préemption

Le droit de préemption est une violation délibérée du droit de propriété. L'intérêt général du droit de préemption n'est pas toujours démontré, c'est souvent un intérêt général opportuniste qui est du ressort d'une majorité municipale. Il lèse toujours des intérêts particuliers sans apporter la démonstration de son utilité dans le temps, il serait utile de qualifier des majorités plus élevées comme dans les copropriétés, au sein des assemblées locales, pour avoir le droit de violer un droit individuel aussi essentiel à l'équilibre d'une nation.

15. Les solutions judiciaires pour l'UNPI

Les propriétaires privés qui n'arrivent pas à se faire entendre des pouvoirs publics ont les solutions judiciaires pour défendre leurs droits notamment attaquer l'Etat pour les procédures trop longues et trop coûteuses en matière d'expulsion.

La Cour Européenne des Droits de l'Homme sur la base de l'article 1 du Protocole protégeant la propriété, a condamné la Pologne le 19 juin 2006 qui avait institué un contrôle des loyers trop restrictif qui ne permettait plus aux propriétaires d'avoir les revenus suffisants à l'entretien du logement.

Une procédure contre l'Etat pour concurrence déloyale du parc public est déjà initiée par l'UNPI devant la Commission Européenne (voir annexe) ; plusieurs pays (Suède et Pays-Bas) ont déjà été condamnés pour concurrence déloyale des bailleurs publics. Les éléments sont constitués avec les sociétés HLM qui interviennent sur le même marché que les bailleurs privés dans la situation des marchés détendus, en ayant des subventions de l'Etat et des avantages fiscaux que n'ont pas les bailleurs privés.

16. Création d'un observatoire du logement privé dirigé par l'UNPI

Cet observatoire du logement privé sur financement de l'Etat serait le pendant de l'observatoire de l'USH qui ne travaille que pour le logement public et qui est financé sur fonds publics. Cet observatoire uniformiserait les statistiques sur le logement, serait en contact permanent avec l'Assemblée nationale, le Sénat, la Cour des Comptes, le ministère du Logement, le ministère du Budget et serait initiateur et critique des politiques du logement, comme une agence de notation dans le secteur bancaire. Il pourrait saisir la Cour des Comptes et le Conseil Constitutionnel.

17. Représentation de l'UNPI dans les organismes du logement

L'UNPI devrait être associée dans tous les organismes traitant du logement non pas d'une manière symbolique, mais comme un partenaire : Compte du logement, Comité Economique et Social, USH, INSEE, INED, etc.

18. Réforme judiciaire

L'expérience des juges de proximité n'a pas été toujours probante. On a vu des jugements dont le montant inférieur à 100 € pouvait défier les lois du bon sens. Les petits litiges inférieurs à 4000 € ne sont pas susceptibles d'appel, mais seulement d'un recours devant la Cour de Cassation. Or les frais d'avocats devant la Cour s'élèvent à plus de 5000 €, ce qui est véritablement dissuasif quand l'enjeu est de quelques centaines d'euros. Il serait utile de prévoit dans ces cas-là, un recours devant le Tribunal de Grande Instance.

En matière de dégradations, la charge de la preuve devrait reposer sur les deux parties, un texte précis devrait imposer non seulement au bailleur, mais aussi au locataire, de chiffrer le montant des dégradations.

En matière de calcul des dégradations, l'échevinage serait utile avec un assesseur locataire et un autre propriétaire pour conseiller les juges qui n'ont qu'une formation de juriste. Le fonctionnement des Commissions Départementales de Conciliation démontre que les représentants des locataires et des bailleurs s'accordent presque toujours sur le montant des dégradations. Il serait même préférable dans le domaine locatif de remplacer les juges de proximité et d'instance par des formations paritaires bailleurs-locataires à l'instar des Conseils de Prudhommes. En cas de désaccord un juge départiteur pourrait trancher.

L'aide juridictionnelle est parfois abusivement sollicitée par des locataires insolvables qui initient des procédures injustifiées en appel, simplement motivées par l'envie de faire supporter au bailleur des frais de justice supplémentaires. Dans ces cas, lorsque le locataire insolvable est débouté et que le bailleur est dans l'impossibilité de recouvrer ses frais d'avocat, ceux-ci devraient être payés par un fonds abondé soit par les taxes foncières, soit par une cotisation des locataires. Une autre solution pourrait être identique à la procédure devant la Cour de Cassation qui prévoit qu'un magistrat estime recevable ou non la demande pour éviter les appels dilatoires ou abusifs.

19. Le livret A abonde la CDC qui finance le logement public

Les propriétaires-bailleurs ayant des économies auraient intérêt à ne plus les placer sur le livret A qui alimente la Caisse des Dépôts et Consignations (CDC) finançant au final le logement social ; c'est un paradoxe que de constater que ce sont en partie les placements des petits propriétaires qui financent les logements publics qui leur font concurrence. Il serait plus cohérent de créer un livret d'épargne qui alimenterait la rénovation des seuls logements privés.

20. Déconcentrer Paris par de nouvelles villes à une demi-heure du centre

Les solutions de constructions de nouveaux immeubles sociaux sont irréalistes, infinançables et pas souhaitables, si l'on veut en finir avec les ghettos, ce sont des solutions du passé qui ont fait la preuve de leur inefficacité. Poser le problème de la crise du logement par le seul constat des loyers élevés revient à enfermer le problème dans une seule hypothèse avec une seule solution.

Il apparait que Paris est une capitale trop petite géographiquement, ne permettant pas la construction infinie de logements avec la préservation de son architecture haussmannienne de 6 étages faisant sa réputation mondiale. Les pouvoirs publics n'ont pas anticipé la croissance de la population parisienne, ni organisé la proximité des logements et des lieux de travail. Paris ne peut envisager la démolition des immeubles qui attirent les touristes du monde entier, pour mettre à la place des immeubles comme la tour Montparnasse, ce serait évidemment la solution pour résoudre la crise immobilière, mais en même temps cela signerait la disparition du tourisme. Il serait peut-être possible de décentraliser Paris vers sa banlieue par la construction de nouvelles villes et de nouvelles résidences privées. Pour réussir ce pari, les pouvoirs publics doivent envisager des infrastructures ferroviaires mettant ces villes nouvelles à une demi-heure de Paris, ce n'est qu'à ce prix-là que la crise immobilière parisienne peut être surmontée définitivement. L'abondance de nouveaux logements privés à des distances très courtes de Paris ferait baisser les prix des loyers parisiens. La concurrence entre les promoteurs privés contiendra les prix à condition que soient ouverts en même temps de multiples chantiers, c'est-à-dire que les pouvoirs publics devront financer en même temps plusieurs lignes de métro ou de tramway vers les banlieues proches et éloignées.

21. Education à l'économie familiale dans les programmes scolaires

Cette partie est souvent sous-estimée, mais l'Education nationale ne forme pas ses élèves à l'économie familiale préférant les théories mathématiques au calcul. Les enfants de l'entre-deux-guerres recevaient une éducation les initiant à l'économie familiale. Les participants aux réunions de prévention des expulsions s'aperçoivent que les impayés de loyers sont principalement le résultat de l'incapacité de certains locataires à gérer leur budget familial. Les programmes scolaires du primaire de l'après-guerre prévoyaient des problèmes simples de rentabilité qui familiarisaient les élèves avec les problèmes de la vie quotidienne. Or les collégiens et lycéens ne sont pas formés à la résolution de ces problèmes, ce qui explique pour une part d'entre eux l'incapacité d'équilibrer les recettes et les dépenses familiales et donc d'anticiper les grosses dépenses. Ce n'est pas seulement la faiblesse des revenus qui est en cause, mais l'absence de faculté d'adaptation des dépenses aux recettes avec parfois la mauvaise habitude de recourir à l'emprunt pour des dépenses de consommation.

CONCLUSION

Ainsi certaines gens, faisant les empressés,
S'introduisent dans les affaires :
Ils font partout les nécessaires,
Et, partout importuns, devraient être chassés ».
« Le Coche et la Mouche » de Jean de la Fontaine

Les chiffres arrondis à retenir pour l'année 2013 :

Loyers des bailleurs privés	40 milliards d' € environ
Loyers des bailleurs publics	20 milliards d' € environ
Nombre de logements privés 2008	6 566 000
Nombre de logements publics 2008	5 097 000
Nombre de ménages pauvres	3 500 000
Redistributions (aides fiscales diverses)	40 milliards d' €
Fiscalité immobilière	60 milliards d' € (qui frappe aussi les propriétaires occupants)
Vacance locative subie en province	1 à 2 millions de logements en recherche de locataires
Sans-abris pour la France entière	35 000
« Locataires riches » dans le parc public	1 000 000 ?
Expulsions avec la force publique par an	10 000
Destructions de logements privés en 24 ans	1 784 000

Nombre d'actions de l'Etat pour apaiser les relations locatives ou améliorer le parc locatif se sont soldées par des échecs retentissants, mais n'ont pas été retenus par les responsables politiques, dans une amnésie des mesures prises par leurs prédécesseurs ; cela fait penser à une mouche du coche croyant que ses imprécations feraient avancer le char du logement, oubliant que les espagnols qui ont bétonné les côtes et construits des villes désertes ont contribué à la ruine de milliers d'entreprises et de particuliers et plongé l'Espagne dans la récession. Oubliant aussi que le premier encadrement des loyers en 1914 a entrainé la disparition de 2 millions de logements en 1939 en raison de l'appauvrissement des bailleurs privés. Il faut sortir des ornières idéologiques du passé : « quand le bâtiment va, tout va » est une phrase de l'après-guerre à l'époque où l'on pensait que la reconstruction serait infinie. Un ménage n'a besoin que d'un seul logement et dès que le nombre de logements dépasse celui des ménages, il y a vacance locative. Or, malgré les statistiques et les réticences du pouvoir central à le reconnaître et même avec la crise parisienne du logement, il y a vacance locative globale en raison de la surproduction des logements publics.

De même, la relance keynésienne par le logement public est une autre illusion, car il y a effet d'éviction : pour 100 000 logements publics construits, les bailleurs privés excédés détruisent 119 000 logements privés. Si l'on ne veut pas créer une nouvelle crise du logement dans les années à venir, il faut arrêter de décourager les bailleurs privés. Déjà les institutionnels ont déserté massivement ce type d'investissement qui n'est plus sécurisé par l'Etat, en violation de la Déclaration des droits de l'homme et du citoyen. L'intérêt général n'a jamais été mis en exergue dans la déclaration républicaine, car le plus souvent c'est une idée creuse au service de l'élite au pouvoir et en matière de logement, l'intérêt général des locataires n'est pas supérieur à celui des bailleurs, en ce qu'il est un complément de retraite, un revenu qui relance la consommation et l'investissement et donc participe à la croissance.

Le logement n'a pas besoin du paternalisme de l'Etat, de même que la téléphonie et l'alimentation n'en ont pas besoin. Si les bailleurs privés disparaissaient, les cotisation retraites exploseraient, car sur les 2,2 millions de bailleurs privés, il y en a 79 % qui n'ont qu'un ou deux logements pour compléter leur retraite. Le propriétaire de 2014 n'a rien à voir avec le propriétaire arrogant du XIXe siècle de Zola, il a subi la paupérisation du pouvoir central. Il faut craindre la désaffection des petits bailleurs privés qui sont désespérés par les comportements de locataires de mauvaise foi et d'une manière générale par la stigmatisation dont ils sont l'objet dans la société civile (même si certains d'entre eux se comportent abusivement avec leurs locataires, on ne peut condamner l'ensemble des bailleurs privés) ; ils veulent vendre leurs logements, sources de désillusions depuis les attaques législatives et fiscales des différents gouvernements.

Depuis un siècle, l'Etat s'acharne sur les bailleurs privés par une fiscalité écrasante, une réglementation invraisemblable, une judiciarisation des rapports locatifs où le bailleur est a priori coupable et doit démontrer qu'il n'est pas un marchand de sommeil. La trêve hivernale n'a plus aucun sens en province, car il y a des centaines de milliers de logements vacants en recherche de locataires (probablement 2 millions). Dès qu'un locataire est expulsé en région, il retrouve aussitôt un autre logement. Les bailleurs privés français ont besoin d'un fichier des impayés de locataires ou d'un dossier crédit des locataires qui étalonnerait leur solvabilité comme cela existe dans d'autres pays, car il est anormal que certains locataires aillent ruiner leurs bailleurs, d'expulsion en expulsion alors que la majorité des locataires paie scrupuleusement ses loyers.

Nos ministres du Logement ne voient la France locative qu'avec les œillères parisiennes de la crise du logement de l'Ile-de-France relayée et dramatisée par la Fondation Abbé Pierre et le lobby des promoteurs.

L'abbé Pierre a eu raison en 1954, et le scandale des 35 000 sans-abris existant encore en 2014, dans un pays riche est la preuve de l'insignifiance de la politique du logement. Cet échec de toutes les politiques du logement depuis un siècle provient de l'absence d'analyse économique du logement et de statistiques comme le soulignait le Sénat le 27 avril 2011. Cela provient sans doute de la multiplicité des organes recenseurs et du cloisonnement de ceux-ci, sans compter la confidentialité de certains fichiers comme celui de Filocom et cela malgré les regrets du Parlement sur l'absence de statistiques ce qui est un comble dans une démocratie. Or l'absence de statistiques et d'analyse économique préalable à des engagements de dépenses sur le logement par le Parlement est tout simplement sidérant en ce qu'il met ce dernier sous influence des lobbies (lobbyings émotionnels des associations et des bailleurs publics et lobbyings corporatistes des promoteurs et des professionnels de l'immobilier). Le cas des bailleurs privés est assez surprenant par leur absence de lobbying institutionnel ; ils ont été écartés de fait des instances décisionnelles pour on ne sait quelle raison.

Il ne faut pas rester dans l'émotionnel si l'on veut éradiquer les logements indignes des parcs public et privé, car on ne peut se contenter de dire que les logements anciens du parc public sont vieillissants et en même temps s'attaquer avec passion aux mêmes logements vétustes du parc privé ; cela sans donner les mêmes moyens financiers aux bailleurs privés que ceux que l'on alloue aux bailleurs publics. Si le ministère du Logement veut perdre son image de ministère du seul Logement public, l'ANAH doit reprendre un rôle moteur pour aider à la rénovation et à l'entretien des logements privés en ne se limitant pas aux seuls logements sociaux. Se contenter d'affirmer que les bailleurs privés sont riches par le seul fait de posséder une ou deux maisons, procède d'une analyse vieillotte de plus d'un siècle, car ces deux millions de petits propriétaires font œuvre publique et sociale en évitant à l'Etat de financer des logements publics équivalents.

La construction de logements neufs privés et publics dans les zones détendues devient une surproduction catastrophique en accroissant la vacance. Et d'ailleurs qu'est-ce que la vacance locative subie ? Est-ce celle de 3 % de certaines statistiques, celle de 7 % reconnue à demi-mot par l'Etat ou bien est-ce celle de 18 à 20 % subie par les bailleurs selon l'INSEE ? Dans le conflit entre le lobby des promoteurs immobiliers et les bailleurs privés, l'Etat ignore ces derniers quitte à ce qu'ils soient ruinés comme l'ont été 50 000 propriétaires de logements Scellier qui n'ont pas trouvé preneur, abusés par les promoteurs et l'Etat. De même, le fardeau fiscal qui pèse sur les bailleurs privés a pour conséquence le déficit d'entretien du parc privé et donc l'absence de travaux de rénovation par l'artisanat essentiellement rural qui se paupérise au rythme de l'appauvrissement des propriétaires. Mais la faute la plus grave des divers ministres du Logement a été de construire 2 à 3 millions de logements publics inutiles avec l'argent des contribuables alors que les bailleurs privés auraient pu construire les mêmes logements sans que cela coûte de l'argent à l'Etat. Ainsi l'Etat a privé 2 ou 3 millions de retraités, de revenus complémentaires.

Les listes d'attente du parc public sont un trompe-l'œil, car ce sont les conditions d'attribution trop larges du parc public qui éliminent les locataires faiblement solvables au profit des candidats plus riches ce qui a pour effet de gonfler les listes d'attente. Tant que les bailleurs publics en régions seront contraints de faire passer des petites annonces pour remplir leurs immeubles vides, la construction de nouveaux logements publics est tout simplement l'expression d'une concurrence déloyale qui devrait être sanctionnée par l'Europe dans la procédure initiée par l'UNPI contre la France. En ce sens, la privatisation des HLM doit être mise en route, il est anormal qu'une famille qui a payé ses loyers pendant 20 ou 30 ans ne soit pas propriétaire de son logement. La CAF faisant des économies pourrait redéployer ses aides.

A la fin de cette étude incomplète, je suis conscient de ses imperfections et notamment des méthodes de simulation utilisées à partir d'informations incomplètes, inexistantes ou confidentielles avec le même regret que celui de la Cour des Comptes et du Parlement. Cet essai se veut une contribution à l'économie du logement pour ne pas rester dans le témoignage compassionnel. Il m'a semblé qu'il fallait sortir de l'émotionnel et bannir les bonnes intentions pour avoir une politique du logement qui ne soit pas soumise aux lobbies associatifs et corporatistes dans un accaparement d'un pseudo intérêt général, oubliant les contraintes économiques et financières et surtout les mises en gardes des rédacteurs de la Déclaration des droits de l'homme sur « *l'ignorance, l'oubli ou le mépris des droits de l'Homme* (qui) *sont les seules causes des malheurs publics et de la corruption des Gouvernements* ».

Or, la propriété est le deuxième des droits de l'homme, juste après la liberté, car elle en est le garant. Accepter la réduction progressive du droit de propriété au profit d'un droit au logement de plus en plus dominateur, c'est se mettre en danger d'une nationalisation rampante du logement et donc des malheurs publics et des corruptions des gouvernements à venir.

ANNEXES

Décret n°2002-120 du 30 janvier 2002 relatif aux caractéristiques du logement décent pris pour l'application de l'article 187 de la loi n° 2000-1208 du 13 décembre 2000 relative à la solidarité et au renouvellement urbains

Article 1

Un logement décent est un logement qui répond aux caractéristiques définies par le présent décret.

Article 2

Le logement doit satisfaire aux conditions suivantes, au regard de la sécurité physique et de la santé des locataires :

1. Il assure le clos et le couvert. Le gros œuvre du logement et de ses accès est en bon état d'entretien et de solidité et protège les locaux contre les eaux de ruissellement et les remontées d'eau. Les menuiseries extérieures et la couverture avec ses raccords et accessoires assurent la protection contre les infiltrations d'eau dans l'habitation. Pour les logements situés dans les départements d'outre-mer, il peut être tenu compte, pour l'appréciation des conditions relatives à la protection contre les infiltrations d'eau, des conditions climatiques spécifiques à ces départements.
2. Les dispositifs de retenue des personnes, dans le logement et ses accès, tels que garde-corps des fenêtres, escaliers, loggias et balcons, sont dans un état conforme à leur usage.
3. La nature et l'état de conservation et d'entretien des matériaux de construction, des canalisations et des revêtements du logement ne présentent pas de risques manifestes pour la santé et la sécurité physique des locataires.
4. Les réseaux et branchements d'électricité et de gaz et les équipements de chauffage et de production d'eau chaude sont conformes aux normes de sécurité définies par les lois et règlements et sont en bon état d'usage et de fonctionnement.
5. Les dispositifs d'ouverture et de ventilation des logements permettent un renouvellement de l'air adapté aux besoins d'une occupation normale du logement et au fonctionnement des équipements.
6. Les pièces principales, au sens du troisième alinéa de l'article R. 111-1 du Code de la construction et de l'habitation, bénéficient d'un éclairement naturel suffisant et d'un ouvrant donnant à l'air libre ou sur un volume vitré donnant à l'air libre.

Article 3

Le logement comporte les éléments d'équipement et de confort suivants :

1. Une installation permettant un chauffage normal, munie des dispositifs d'alimentation en énergie et d'évacuation des produits de combustion et adaptée aux

caractéristiques du logement. Pour les logements situés dans les départements d'outre-mer, il peut ne pas être fait application de ces dispositions lorsque les conditions climatiques le justifient.

2. Une installation d'alimentation en eau potable assurant à l'intérieur du logement la distribution avec une pression et un débit suffisants pour l'utilisation normale de ses locataires.

3. Des installations d'évacuation des eaux ménagères et des eaux-vannes empêchant le refoulement des odeurs et des effluents et munies de siphon.

4. Une cuisine ou un coin cuisine aménagé de manière à recevoir un appareil de cuisson et comprenant un évier raccordé à une installation d'alimentation en eau chaude et froide et à une installation d'évacuation des eaux usées.

5. Une installation sanitaire intérieure au logement comprenant un w.-c., séparé de la cuisine et de la pièce où sont pris les repas, et un équipement pour la toilette corporelle, comportant une baignoire ou une douche, aménagé de manière à garantir l'intimité personnelle, alimenté en eau chaude et froide et muni d'une évacuation des eaux usées. L'installation sanitaire d'un logement d'une seule pièce peut être limitée à un w.-c. extérieur au logement à condition que ce w.-c. soit situé dans le même bâtiment et facilement accessible.

6. Un réseau électrique permettant l'éclairage suffisant de toutes les pièces et des accès ainsi que le fonctionnement des appareils ménagers courants indispensables à la vie quotidienne.

Dans les logements situés dans les départements d'outre-mer, les dispositions relatives à l'alimentation en eau chaude prévues aux 4 et 5 ci-dessus ne sont pas applicables.

Article 4

Le logement dispose au moins d'une pièce principale ayant soit une surface habitable au moins égale à 9 mètres carrés et une hauteur sous plafond au moins égale à 2,20 mètres, soit un volume habitable au moins égal à 20 mètres cubes.

LA PLAINTE CONTRE LA FRANCE

Le journal « 25 millions de propriétaires » de novembre 2013, sous la plume de Paul Philippot fait le point sur la plainte de l'UNPI après avoir remercié Madame France Bauvin, vice-présidente de l'UIPI à Bruxelles : « *La plainte de l'UNPI sur les aides d'État a été déposée devant la Commission européenne (direction générale de la concurrence : DCG) le 5 mai 2012, veille du deuxième tour de l'élection présidentielle, et elle a été retenue. La DCG a transmis notre plainte à la France avec une trentaine de questions, et la France a répondu le 6 août 2012. Mais la DCG a considéré que la réponse de la France était satisfaisante, et nous avons donc dû fournir un deuxième dossier pour démontrer que la France n'avait pas dit la vérité concernant l'importance et la nature des subventions aux organismes HLM. Nous avons demandé l'aide des Chambres pour nous fournir certains éléments de preuve nécessaires, comme les campagnes de publicité pour louer des logements HLM, qui contredisent la nécessité d'un nouveau quota de logements sociaux (25 %). Nous avons donc déposé le 5 janvier 2013 devant la Commission européenne notre dossier de réfutation de la réponse française, entièrement axé sur le manque de transparence des autorités françaises, en nous appuyant sur des chiffres officiels. Ce dossier démontre que, chaque année, le parc public coûte à l'État et aux collectivités territoriales au minimum 18 milliards d'€ (25 milliards selon un rapport de 2002 de la Cour des comptes), au lieu des 6 milliards avancés dans la réponse française du 6 août 2012. Il apparaît également que :*

- *75 % des logements sociaux publics sont construits là où il n'existe pas de besoin manifeste, ou pour des populations qui ne sont pas parmi les plus démunies, selon un rapport de la Cour des comptes de 2012 ;*
- *que 1 % seulement des constructions neuves de logements HLM est destiné aux populations les plus pauvres (PLAI), selon un rapport de septembre 2012 de la MILOS (Mission interministérielle d'inspection du logement social) ;*
- *et que les niveaux de subvention sont tels qu'ils permettent aux bailleurs publics de dégager un bénéfice moyen après impôts de plus de 12 %, selon le rapport annuel de septembre 2011 des organismes de logement social SA et OPH, et jusqu'à 22 % selon différents audits des organismes par les Chambres régionales des comptes. Avant de prendre une décision sur l'ouverture officielle d'une enquête, la Commission nous a demandé de concentrer notre plainte sur un ou deux organismes de logement social public. Les cas choisis (OPH Nord-Pas-de-Calais et EPINORPA-SOGINORPA) ont été présentés à Bruxelles le 28 mai 2013. Ils démontrent que toutes les infractions dénoncées au niveau national se retrouvent dans ces organismes (quatrième rang national en nombre de logements) et qu'il est nécessaire d'ouvrir une procédure formelle d'examen pour déterminer l'étendue de la violation des règles européennes. La Commission européenne a envoyé notre dossier du Nord-Pas-de-Calais le 23 août à la France (sa représentation permanente à Bruxelles), qui doit répondre prochainement, sauf demande d'un délai supplémentaire d'un ou deux mois. Les enjeux :*

Contrairement à ce que certains médias ont déclaré, il ne s'agit pas d'une guerre que mènerait l'UNPI contre le secteur HLM, dont personne ne conteste la nécessité pour loger ceux qui ne peuvent avoir accès au logement privé. Et l'Europe admet la nécessité d'un secteur du logement subventionné, à travers la notion de SIEG, service d'intérêt économique et général. Mais les règles européennes exigent que les aides et subventions publiques soient limitées au surcoût occasionné par un service réel d'intérêt général et que la compensation de ce surcoût soit effectivement contrôlée au niveau des projets de chaque organisme HLM, et au niveau global du secteur, puis sanctionné en cas de contravention. Le dossier de l'UNPI montre que dans bien des cas il y a surcompensation (la subvention va au-delà du surcoût), et que les aides sont souvent utilisées pour des activités hors SIEG. Nous voulons donc obtenir une plus grande transparence de l'utilisation des fonds publics, qui ne doivent pas être détournés sous prétexte de mixité sociale. Les aides publiques doivent être efficacement contrôlées dans le cadre de l'accomplissement d'une mission réelle de SIEG des bailleurs publics, et dans les conditions prévues par les articles 9, 151, 153, 160 du Traité européen, le protocole 26 sur les SIEG, la décision SIEG du 20 décembre 2011. Ce qui devrait avoir pour conséquence de recentrer l'activité du secteur HLM sur le logement des plus pauvres, et non pas des classes moyennes avec une vocation quasi universelle. »

REFERENCES ET BIBLIOGRAPHIE

La vérité sur le logement social par l'IREF de Nicolas Lecaussin et Jacques Garello.
La Documentation Française : Définition d'un système d'observation des expulsions locatives, de leurs mécanismes et de leur prévention.
Etat des lieux des expulsions locatives en France selon le DAL.
Les chiffres-clés de l'immobilier Lemoneymag.fr
Vincent Bénard : Le logement : crise publique, remèdes privés.
Urbanisme et logement Georges Mesmin Edition PUF Collection Libre Echange, 173 pages, novembre 1992. Epuisé.
Le logement en France, Emmanuel Edou, Economica, poche, 110 pages, août 1996. Epuisé.
Economie immobilière, Jean-Jacques Granelle, Edition Economica, Collection Immobilier Finances, 530 pages février 1998.
Rapport n° 3805 annexe 47 de François Scellier enregistré à la Présidence de l'Assemblée nationale le 12 octobre 2011.
Rapport n° 1088 de François Scellier et Jean-Yves Le Bouillonnec sur l'évaluation des dispositifs fiscaux d'encouragement à l'investissement locatif enregistré à la Présidence de l'Assemblée nationale le 22 juillet 2008.
Le compte rendu de la commission des finances du Sénat du 4 mai 2011.
Vingt ans de dépenses publiques de logement – Frédéric Gilli de l'INSEE
165 milliards de plus…Analyse comparative de la dépense publique en France et en Allemagne – Institut Thomas More-Note de Benchmarking n°6 paru en mai 2011.
Lucie Lechevalier-Hurard, « Le marché au cœur de la politique de logement allemande », 2008, disponible sur http://base.d-p-h.info/fr/fiches/dph/fiche-dph-7682.html.
INED Population et société P. Longone Septembre 1975, N° 83.
Enquête sur la Vacance locative en 2007 par Jean Bigot. Le Propriétaire Immobilier UNPI
Faciliter l'accès au logement en sécurisant bailleurs et locataires de Mme Baietto-Beysson directrice générale de l'ANAH et de M. Beguin du groupe Générali établi en mars 2008, à la demande de Mme Boutin ministre du Logement et de Mme Lagarde ministre de l'Economie. La Documentation Française.

Que peut-on attendre de la construction de logements sociaux ? Une Application au marché du logement des modèles à la Burdett-Mortensen par Sébastien Ménard TEPP – GAINS Avril 2008.

Le Logement, Reconstruction, grands ensembles et accession à la propriété, Alain Bonnaud, Béatrice Lévy et Yves Robin.

Données statistiques, USH congrès de Bordeaux 27, 28, 29 septembre 2011.

Alain Dinin, PDG de Nexity, éditorial de « Réflexions pour une France de bien-logés » février 2012.

Les difficultés de logement des classes moyennes et les besoins de mobilités résidentielles CREDOC, Régis Bigot.

Maryse Marpsat Direction des Statistiques Démographiques et Sociales de l'INSEE N° F0903, « Les situations marginales par rapport au logement : méthodes et sources statistiques publiques, Rapport du groupe SML

Proposition de loi relative aux expulsions locatives et à la garantie d'un droit au logement effectif, du Sénat présentée par Isabelle Pasquet le 27 avril 2011

17 e, 18e et 19e rapport de la Fondation Abbé Pierre sur le mal-logement en 2012

Le prix des logements sur le long terme, Jacques Friggit CGEDD http://www.cgedd.developpement-durable.gouv.fr/r

Article de Jacques Friggit « De Philippe Auguste à François Hollande, le prix des logements à Paris sur huit siècles » paru dans le numéro de septembre 2012 de Variance, la revue de l'association des anciens élèves de l'Ecole nationale de la Statistique et de l'Administration économique.

« Mieux Vivre Votre Argent » numéro du 2 novembre 2012.

Jean Perrin « La propriété en danger Sauvons-la ! »

Jean Bosvieux de l'ANIL de novembre 2012, Bailleurs et locataires dans le parc privé.

Enquête de Particulier à Particulier, édition 2010, « Les propriétaires-bailleurs, leur patrimoine et leurs locataires »

Communiqué de presse de Jean Perrin président de l'UNPI du 1er février 2010 sur le rapport de la fondation Abbé Pierre « Ne pas trop en rajouter » info@unpi.org

Livre blanc avril 2014 du propriétaire bailleur de l'UNPI 16. 9 boulevard Alsace-Lorraine 16000 Angoulême. Tél 05 45 94 48 47, unpi16@gmail.com

Glossaire

AAH : Allocation aux adultes handicapés.
ADCF : Assemblée des communautés de France
ADIL : Agence départementale d'information sur le logement.
AHI : Accueil hébergement insertion.
AIVS : Agence immobilière à vocation sociale.
AL : Allocation logement.
ALF : Allocation logement à caractère familial.
ALUR : Loi pour l'accès au logement et un urbanisme rénové.
ALS : Allocation logement à caractère social.
ALT : Aide au logement temporaire.
ANAH : Agence nationale pour l'amélioration de l'habitat.
ANIL : Agence nationale pour l'information sur le logement.
ANRU : Agence nationale pour la rénovation urbaine.
BBC : Bâtiment basse consommation.
BIT : Bureau international du travail.
BTP : Bâtiment et travaux publics.
CACRDB : Contribution additionnelle sur la CRDB.
CAF : Caisse d'allocations familiales.
CAPEB : Confédération de l'artisanat et des petites entreprises du bâtiment
CAS : Conseil d'analyse stratégique
CCAS : Centre communal d'action sociale.
CCAPEX : Commission de coordination des actions de prévention des expulsions.
CDC : Caisse des dépôts et consignations.
CDD : Contrat à durée déterminée.
CDI : Contrat à durée indéterminée.
CEREN : Centre d'études et de recherches économiques sur l'énergie
CESE : Conseil économique, social et environnemental.
CGI : Code général des impôts.
CGEDD : Conseil général de l'environnement et du développement durable

CLAMEUR : Connaitre les loyers et analyser les marchés sur les espaces urbains et ruraux.

CLCV : Confédération du logement et du cadre de vie.

CNAF : Caisse nationale d'allocations familiales.

CPC : Code de procédure judiciaire.

CRDB : Contribution représentative au droit au bail.

CREDOC : Centre de recherche pour l'étude et l'observation des conditions de vie.

CREP : Constat de risque d'exposition au plomb.

CRL : Contribution sur les revenus de location (taxe).

CSF : Confédération syndicale des familles.

CSF : Crédit social des fonctionnaires.

CSTB : Centre scientifique et technique du bâtiment.

DAL : Droit au logement.

DALO : Droit au logement opposable.

DDT : Direction départementale des territoires.

DGALN : Direction générale de l'aménagement du logement et de la nature.

DGCS : Direction générale de la cohésion sociale.

DGFIP : Direction générale des finances publiques.

DHUP : Direction de l'habitat, de l'urbanisme et des paysages.

DIHAL : Délégation interministérielle à l'hébergement et à l'accès au logement.

DIREN : Direction régionale de l'environnement.

DPE : Diagnostic de performance énergétique.

DREAL : Direction régionale de l'environnement, de l'aménagement et du logement.

DREES : Direction de la recherche, des études, de l'évaluation et des statistiques.

DRIHL : Direction régionale et interdépartementale de l'hébergement et du logement.

ENL : Enquête nationale logement (Insee).

ENSAE : Ecole nationale de la statistique et de l'administration économique.

EPCI : Etablissement public de coopération intercommunale.

EPFIF : Etablissement public foncier Ile-de-France.

FAAD : Fonds d'aide aux accédants en difficulté.

FAPIL : Fédération des associations et des acteurs pour la promotion et la réinsertion par le logement.

FART : Fonds d'aide à la rénovation thermique.

FFB : Fédération française du bâtiment.

FFSA : Fédération française des sociétés d'assurances.

FILOCOM : Fichier du logement communal.

FNAH : Fonds national d'amélioration de l'habitat.

FNARS : Fédération nationale des associations d'accueil et de réinsertion sociale.

FPI : Fédération des promoteurs immobiliers.

FPC : Fédération des promoteurs constructeurs

FSL : Fonds de solidarité pour le logement.

GRL : Garantie des risques locatifs.

HCLPD : Haut comité pour le logement des personnes défavorisées.

HLM : Habitation à Loyer Modéré.

ICC : Indice du Coût de la Construction.

INED : Institut national des études démographiques.

INSEE : Institut national de la statistique et des études économiques.

IRL : Indice de référence des loyers.

LHSS : Lit halte soin santé.

MEDEF : Mouvement des entreprises de France.

MOLLE : Loi de mobilisation pour le logement et la lutte contre l'exclusion.

OLAP : Observatoire des loyers de l'agglomération parisienne.

ONPES : Observatoire national de la pauvreté et de l'exclusion sociale.

ONZUS : Observatoire national des zones urbaines sensibles.

OPAC : Office public d'aménagement et de construction (HLM).

OPAH : Opération programmée d'amélioration de l'habitat.

ORI : Opération de restauration immobilière.

PAH : Prêt à l'amélioration de l'habitat.

PALULOS : Prime à l'amélioration des logements à usage locatif et à occupation sociale.

PAP : Prêt pour l'accession à la propriété.

PAP : Projet annuel de performance.

PARSA : Plan d'action renforcé en faveur des personnes sans-abris.

PAS : Prêt à l'accession sociale.

PDALPD : Plan départemental d'action pour le logement des personnes défavorisées.

PDH : Plan départemental de l'habitat.

PIB : Produit intérieur brut.

PIG : Programme d'intérêt général.

PLA : Prêt locatif aidé.

PLAI : Prêt locatif aidé d'insertion.

PLH : Programme local de l'habitat.

PLI : Prêt locatif intermédiaire.

PLS : Prêt locatif social.

PLU : Plan local d'urbanisme.

PLUS : Prêt locatif à usage social.

PLUS-CD : Prêt locatif à usage social-construction démolition.

PNRU : Programme national de rénovation urbaine.

PTZ : Prêt à taux zéro.

RBC : Résultat brut courant.

RIVP : Régie immobilière de la ville de Paris.

RMI : Revenu minimum d'insertion.

RSA : Revenu de solidarité active.

SCI : Société civile immobilière.

SCPI : Société civile de placements immobiliers.

SDF : Sans domicile fixe.

SEM : Société d'économie mixte (HLM).

SHON : Surface hors œuvre nette.

SMIC : Salaire minimum interprofessionnel de croissance.

SML : Situations marginales par rapport au logement.

SOeS : Service de l'observation et des statistiques.

SOFRES : Société française d'études par sondages.

SPANC : Service public d'assainissement non collectif.

SRU : Loi solidarité et renouvellement urbains.

TFPB : Taxe foncière sur les propriétés bâties.

TEOM : Taxe d'enlèvement des ordures ménagères.

UNAFO : Union professionnelle du logement accompagné.

UNIOPSS : Union nationale interfédérale des œuvres et organismes privés sanitaires et sociales.

UNPI : Union nationale de la propriété immobilière.

USH : Union sociale pour l'habitat.

VEFA : Vente en l'état futur d'achèvement.

ZAC : Zone d'aménagement concerté.

ZUP : Zone d'urbanisation prioritaire.

Économie et Entreprise aux éditions L'Harmattan

Dernières parutions

COMMENT (RE)FAIRE DE LA FRANCE UN PAYS ENTREPRENANT ?
Daniel Laurent, Lirzin Franck - Préface de Claude Bébéar ; avec la collaboration de Hubert Lévy-Lambert
Comment relancer l'économie française et en exploiter le formidable potentiel ? Le pays a déjà été confronté à des situations semblables à la fin du XIXe siècle ou après 1945, et chaque fois il a su se réinventer. Après Friedman et Keynes, voici venu le temps de Schumpeter et de la «destruction-créatrice». Loin du déclinisme actuel, ce livre montre au travers d'exemples précis que les initiatives se multiplient pour créer un nouveau «modèle français», original et performant.
(19.00 euros, 184 p.)
ISBN : 978-2-343-00992-6, ISBN EBOOK : 978-2-296-53749-1

FILIÈRE (LA) PORCINE EN FRANCE – Le porc français a-t-il un avenir ?
Marzio Antoine
Consommerons-nous encore du porc français dans dix ans ? Et de quelle qualité ? Après une visite détaillée de la filière, ce livre analyse la question environnementale, du bien-être animal, des surconsommations vétérinaires, de l'hyperconcentration des élevages en Bretagne, et propose des solutions axées sur le redéploiement géographique, la diversification des races de porcs et des techniques d'élevage et la montée en gamme.
(23.00 euros, 232 p.)
ISBN : 978-2-343-00634-5, ISBN EBOOK : 978-2-296-53791-0

ÉCONOMIE (L') SOCIALE ET SOLIDAIRE ET LE TRAVAIL
Sous la direction de Patrice Braconnier et Gilles Caire
Dans un contexte où l'accès à l'emploi se fait toujours plus difficile et où les conditions de travail se durcissent, l'économie sociale et solidaire est-elle en mesure de proposer des façons de «travailler autrement» ? Existe-t-il une spécificité de l'emploi et de l'organisation du travail dans le champ de l'ESS ? Entre travail et bénévolat, entre salariat et entrepreneuriat, entre employeurs et employés, les frontières au sein de l'ESS sont floues. Mais peut-elle encore proposer de nouvelles utopies en matière de travail ?
(Coll. L'esprit économique, série L'économie formelle, 26.00 euros, 252 p.)
ISBN : 978-2-343-00563-8, ISBN EBOOK : 978-2-296-53764-4

ART (L') DE LA CRISE – Prévenir, contenir et sortir d'une situation sensible
Fusalba Thierry
L'objectif de cet ouvrage est de proposer aux organisations prises dans le maelström des événements une méthode fiable et performante qui leur permette d'avoir des points de repères solides afin d'élaborer une stratégie de sortie de crise efficace. L'auteur propose une réflexion sur la stratégie, sur l'organisation et l'entraînement des cellules de crises, sur l'exploitation des enseignements ainsi que sur le management et la communication de crise.
(34.00 euros, 332 p.)
ISBN : 978-2-343-00042-8, ISBN EBOOK : 978-2-296-53717-0

CONTRÔLE (LE) DES CONCENTRATIONS TRANSNATIONALES
Burnier Da Silveira Paulo - Préface de Bruno Lasserre ; avant-propos de Vinicius Carvalho
Les concentrations transnationales augmentent et les systèmes de contrôle des concentrations se multiplient. Alors que les enjeux économiques revêtent désormais une dimension internationale,

les mécanismes juridiques de régulation demeurent cantonnés à une échelle nationale ou régionale. Le risque : être confronté à des décisions contradictoires ou incohérentes rendues par différentes autorités de la concurrence... Des mécanismes de régulation s'imposent, ainsi que l'adoption par l'OMC de règles contraignantes.
(39.00 euros, 406 p.)
ISBN : 978-2-336-29198-7, ISBN EBOOK : 978-2-296-53776-7

DES HOMMES ET DES RISQUES
Le rôle des assurances dans la construction des sociétés humaines
Nabeth Marc - Préface de Jean-Hervé Lorenzi - Postface de François-Xavier Albouy
Il est difficile d'imaginer un monde sans assurance ni protection sociale de nos jours. Pourtant, pour plus de 80% de la population des pays en développement, l'absence d'assurance est une réalité tangible. Les témoignages que ces personnes nous livrent sur leur perception des risques et leur créativité pour y faire face démentent de nombreux préjugés religieux, sociaux et culturels. L'enjeu est stratégique : il révèle le rôle essentiel de l'assurance dans la construction des sociétés humaines.
(Coll. Affaires stratégiques, 20.00 euros, 194 p.)
ISBN : 978-2-343-00120-3, ISBN EBOOK : 978-2-296-53744-6

INTELLIGENCE STRATÉGIQUE ET ÉNERGIE : UN TANDEM INDISSOCIABLE AU SERVICE D'UNE NOUVELLE GÉOPOLITIQUE
Du Castel Viviane
Voici un éclairage sur les enjeux énergétiques de demain, à travers la grille de lecture que propose l'intelligence économique et stratégique. Celle-ci permet, grâce à ses capacités d'analyse et d'investigation, de se projeter dans l'avenir, d'anticiper les évolutions et de se positionner en leader sur le marché international de l'énergie.
(Coll. Intelligence stratégique et géostratégie, 28.00 euros, 276 p.)
ISBN : 978-2-336-00726-7, ISBN EBOOK : 978-2-296-53876-4

DES MARCHÉS SANS FOI NI LOI
Bensebaa Faouzi, Boudier Fabienne
Tout est vendable, tout est échangeable, tel est le credo des « drôles de marchés ». Parmi eux, les « marchés sans foi ni loi ». Jetant aux orties le sacré, contournant la règle ou profitant de ses imperfections, ils sont peu visibles du grand public. Pourtant, les pratiques que l'on y découvre sont inédites et permettent souvent à des acteurs situés à la marge du système de se rencontrer. Ces « marchés sans foi ni loi » peuvent tout aussi bien être facteurs de désordre et de transgression que sources de créativité.
(Coll. Drôles de Marchés, 14.00 euros, 132 p.)
ISBN : 978-2-343-00469-3, ISBN EBOOK : 978-2-296-53537-4

PROJETS ET ENTREPRENEURIAT AU SEIN DES PAYS ÉMERGENTS
Coordonné par Robert Paturel
Voici les dernières investigations réalisées dans des pays émergents. Le rôle de trois institutions de formation dans le développement de l'entrepreneuriat est exposé, puis des particularités de trois autres contrées permettant de voir la façon dont leur entrepreneuriat est stimulé sont relevées. Enfin, ce livre étudie l'entrepreneuriat féminin : objet d'un projet d'envergure au Maroc, il est analysé différemment à Madagascar et en Turquie.
(CEDIMES, Coll. Mouvements Économiques et Sociaux, 31.00 euros, 316 p.)
ISBN : 978-2-343-00345-0, ISBN EBOOK : 978-2-296-53631-9

RAPPORTS (LES) ENTRE AUTORITÉS DE RÉGULATION EN MATIÈRE DE CONCURRENCE
Medjnah Mourad
Parce que le droit suit le mouvement du marché et compte tenu de la réalité économique des secteurs régulés, la quête d'une réelle efficacité des autorités de régulation et d'une meilleure protection de la sécurité juridique des acteurs de marché (entreprises et consommateurs) commande d'adopter

une nouvelle conception de régulation, selon laquelle des rapports équilibrés entre les deux types de régulateur doivent progressivement laisser place à un processus d'intégration des régulateurs sectoriels au sein du régulateur commun de la concurrence.
(79.00 euros, 892 p.)
ISBN : 978-2-336-29750-7, ISBN EBOOK : 978-2-296-53649-4

TAUX D'INTÉRÊT ET MARCHÉS FINANCIERS
Daniel Laurent, Ruimy Michel
Les taux d'intérêt ont récemment acquis une place centrale au sein des marchés de capitaux. Cet ouvrage vise à mieux cerner le «prix de l'argent» à travers trois axes : l'évolution de la place des taux d'intérêt dans l'économie, les impacts des fluctuations sur le comportement des ménages, des entreprises et de l'État ; et enfin le marché monétaire et la courbe des taux pour décrypter les dernières évolutions de la politique monétaire. Un ouvrage didactique, illustré par de nombreux exemples.
(Coll. L'esprit économique, série Cours Principaux, 22.00 euros, 226 p.)
ISBN : 978-2-343-00362-7, ISBN EBOOK : 978-2-296-53423-0

QUOTIDIEN (LE) DES BÂTISSEURS OU L'HISTOIRE HUMAINE D'UNE CONSTRUCTION
Revon Jacques - Préface de François Rebsamen
La philosophie dégagée à travers ce témoignage photographique se veut avant tout humaniste : un vrai patrimoine à transmettre et à faire découvrir. Les images (photos toutes réalisées par l'auteur) témoignent du travail et de l'engagement d'ouvriers, de compagnons, de cadres, tous en action, au rythme des saisons en toutes circonstances. Chaque chapitre aborde une étape de la vie d'un chantier : une phase de construction, un métier, une méthode, un événement de chantier, une cérémonie... (Nombreuses illustrations en couleur.)
(35.00 euros, 264 p.)
ISBN : 978-2-343-00100-5, ISBN EBOOK : 978-2-296-53419-3

INDUSTRIE (L') EN CALE SÈCHE – Matière premières : de la gestion des flux aux rapports de forces
Charles Thierry
À force d'abnégation les gueules noires des siècles passés ont permis le développement industriel de notre pays. «Il faut rappeler aux nations croissantes qu'il n'y a point d'arbre dans la nature qui, placé dans les meilleures conditions (...) puisse grandir et s'élargir indéfiniment» (Paul Valery, 1931) Pour l'avenir de l'industrie, la crise des matières premières et de l'énergie est mère de toutes les batailles. Quant aux choix qui s'offrent à nous, ils doivent désormais être considérés comme des choix de civilisation.
(21.00 euros, 206 p.)
ISBN : 978-2-336-00868-4, ISBN EBOOK : 978-2-296-53416-2

ART (L') DE DIRIGER ?
Lajous Olivier
L'art de diriger conduit à conjuguer de nombreux paramètres humains, techniques et financiers en vue de faire aboutir un projet dont les valeurs partagées assurent la cohésion de l'équipe qui le porte. Il suppose de la part des dirigeants la maîtrise de la savante alchimie entre savoir, savoir être, savoir-faire et faire savoir. L'autorité, le bonheur, l'esprit d'innovation, la gestion du temps et du sens sont autant d'ingrédients de cette alchimie qui fait les grands capitaines d'entreprise.
(Coll. Diplomatie et stratégie, 16.50 euros, 164 p.)
ISBN : 978-2-343-00175-3, ISBN EBOOK : 978-2-296-53352-3

UNE AUTRE IMAGE DE L'ORGANISATION – Mises en perspective analytiques
Castille Emmanuel, Cifali Mireille, Arnaud Gilles, Cerdin Jean-Luc, Dubouloy Maryse
Ouvrage coordonné par Emmanuel Castille - Préface d'Yvon Pesqueux
Interroger l'organisation avec les concepts de la psychanalyse n'est pas chose aisée. Lorsqu'il s'agit de comprendre l'implication de l'inconscient dans les actions, les décisions, les processus,

voire dans le déterminisme organisationnel au sens large, il est difficile de trouver une réponse. Comment voir l'organisation à l'échelle du savoir analytique ?
(Coll. Perspectives organisationnelles, 18.00 euros, 188 p.)
ISBN : 978-2-343-00602-4, ISBN EBOOK : 978-2-296-53445-2

FABRIQUE (LA) DU PRÊT-À-PENSER
Zerbib Romain
Comment les cabinets de conseil en stratégie procèdent-ils pour imposer leur offre sur les marchés ? Comment font-ils pour qu'au même moment la quasi-totalité des managers utilisent le même champ lexical, emploient la même pratique de gestion ? Cet ouvrage met en évidence les techniques pour y parvenir, en décryptant le protocole de production, de légitimation et de diffusion d'un dispositif de gestion au sein des médias spécialisés, des universités et des entreprises.
(Coll. Entreprises et Management, 18.00 euros, 170 p.)
ISBN : 978-2-343-00311-5, ISBN EBOOK : 978-2-296-53479-7

RESPONSABILITÉ (LA) SOCIALE DES ENTREPRISES MULTINATIONALES
Stratégies et mise en œuvre
Pestre Florent
L'auteur se plonge dans le fonctionnement interne des entreprises multinationales et dévoile les différents processus à l'œuvre entre les directions générales et leurs filiales. L'observation des pratiques de cinq entreprises françaises offre un véritable voyage d'études à travers les initiatives de lutte contre le sida de Lafarge en Afrique du Sud ou de celles contre la malnutrition de Danone en Pologne. L'ouvrage présente les différentes phases de la construction des stratégies de RSE.
(Coll. Entreprises et Management, 37.50 euros, 374 p.)
ISBN : 978-2-336-29291-5, ISBN EBOOK : 978-2-296-53291-5

MANAGEMENT (LE) STRATÉGIQUE, D'ABORD HUMAIN
De la maîtrise de l'intelligence individuelle à celle de l'intelligence collective
Delcroix Jean-Luc, Tisserand Isabelle - Préface de Michel Roger, ministre d'État de la principauté de Monaco
Aujourd'hui, le management en entreprise joue un rôle prépondérant dans les stratégies culturelles de développement global. La gestion des ressources humaines n'est-elle pas un art, une mission de confiance, d'autorité, de créativité ? Quels sont les impacts de la stratégie sur l'épanouissement et le bien-être du corps social ? La réussite économique n'est-elle pas le fruit d'un plan d'action qui replace l'humain au centre du dispositif de réussite ?
(Coll. Intelligence stratégique et géostratégie, 13.50 euros, 132 p.)
ISBN : 978-2-343-00302-3, ISBN EBOOK : 978-2-296-53275-5

MANUEL DES AFFAIRES – Ou traité théorique et pratique des entreprises industrielles, commerciales et agricoles
Courcelle Seneuil Jean-Gustave - Édition scientifique par Luc Marco
Jean-Gustave Courcelle Seneuil, économiste parisien ainsi que rédacteur spécialisé des notes de lecture sur le sujet des affaires dans la revue mensuelle *Le Journal des économistes*, fait le bilan économique de soixante-dix ans de révolution industrielle. En tant que témoignage exceptionnel de la pensée gestionnaire du XIXe siècle, ce livre est ici proposé dans une édition scientifique restituant les citations de l'auteur dans le contexte de l'époque.
(Coll. Recherches en Gestion, 40.00 euros, 388 p.)
ISBN : 978-2-343-00626-0, ISBN EBOOK : 978-2-296-53436-0

L'HARMATTAN ITALIA
Via Degli Artisti 15; 10124 Torino

L'HARMATTAN HONGRIE
Könyvesbolt ; Kossuth L. u. 14-16
1053 Budapest

L'HARMATTAN KINSHASA
185, avenue Nyangwe
Commune de Lingwala
Kinshasa, R.D. Congo
(00243) 998697603 ou (00243) 999229662

L'HARMATTAN CONGO
67, av. E. P. Lumumba
Bât. – Congo Pharmacie (Bib. Nat.)
BP2874 Brazzaville
harmattan.congo@yahoo.fr

L'HARMATTAN GUINÉE
Almamya Rue KA 028, en face du restaurant Le Cèdre
OKB agency BP 3470 Conakry
(00224) 60 20 85 08
harmattanguinee@yahoo.fr

L'HARMATTAN CAMEROUN
BP 11486
Face à la SNI, immeuble Don Bosco
Yaoundé
(00237) 99 76 61 66
harmattancam@yahoo.fr

L'HARMATTAN CÔTE D'IVOIRE
Résidence Karl / cité des arts
Abidjan-Cocody 03 BP 1588 Abidjan 03
(00225) 05 77 87 31
etien_nda@yahoo.fr

L'HARMATTAN MAURITANIE
Espace El Kettab du livre francophone
N° 472 avenue du Palais des Congrès
BP 316 Nouakchott
(00222) 63 25 980

L'HARMATTAN SÉNÉGAL
10 VDN en face Mermoz, après le pont de Fann
BP 45034 Dakar Fann
33 825 98 58 / 33 860 9858
senharmattan@gmail.com / senlibraire@gmail.com
www.harmattansenegal.com

L'HARMATTAN BÉNIN
ISOR-BENIN
01 BP 359 COTONOU-RP
Quartier Gbèdjromèdé,
Rue Agbélenco, Lot 1247 I
Tél : 00 229 21 32 53 79
christian_dablaka123@yahoo.fr

629384 - Novembre 2015
Achevé d'imprimer par
1livre.com
du rêve à la réalité !

www.ingramcontent.com/pod-product-compliance
Lightning Source LLC
LaVergne TN
LVHW021142061026
849535LV00002B/330
9782343043975